Karten zu Deuts

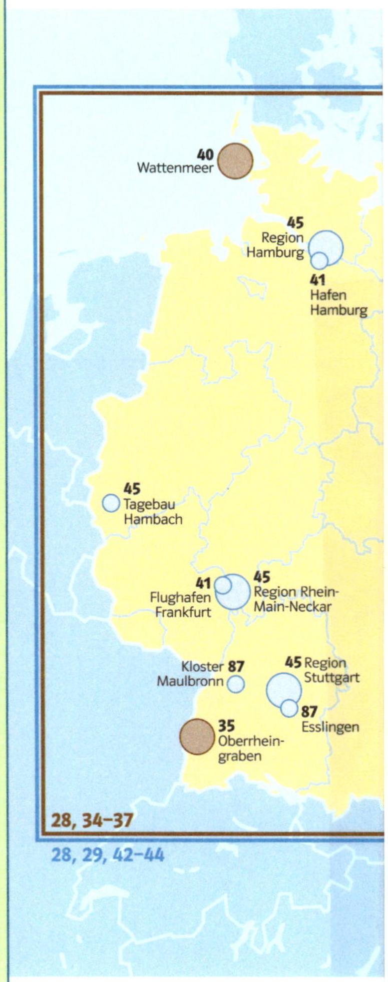

Planet Erde

Karten zu Deuts

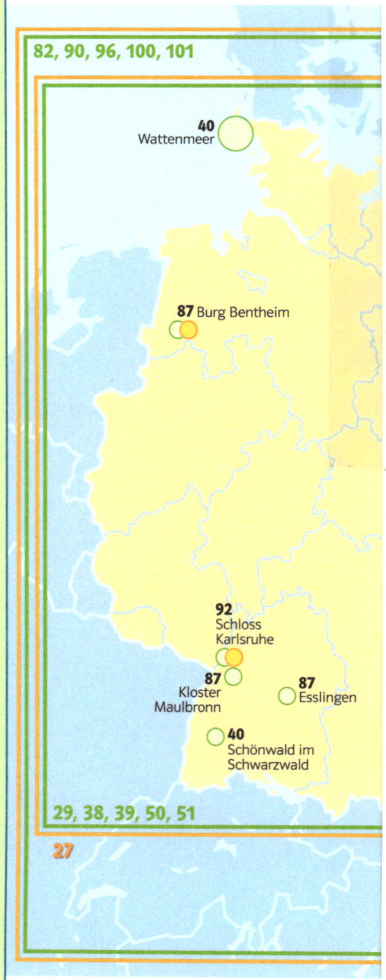

Mensch und Ges

Generallegende Physische Karten

Orte

- über 5 000 000 Einwohner
- 1 000 000 - 5 000 000 Einwohner
- 500 000 - 1 000 000 Einwohner
- 100 000 - 500 000 Einwohner
- unter 100 000 Einwohner
- dicht bebaute Siedlungsfläche
- Ortsteil

W0461690

Sehenswürdigkeiten

- Burg, Schloss
- Burgruine, Schlossruine
- Kirche, Kloster
- Kirchenruine, Klosterruine
- Ruinenstätte
- Höhle
- Denkmal
- sonstige Sehenswürdigkeit
- historische Stätte

Verkehrswege

- schiffbarer Fluss über 600 t Tragfähigkeit
- wichtiger schiffbarer Kanal über 600 t Tragfähigkeit
- Schifffahrtskanal
- Staustufe, Schleuse
- Stausee, Staudamm
- Kanal zur Bewässerung oder Entwässerung
- Fährverbindung
- Eisenbahn, Hauptstrecke
- Eisenbahn, Nebenstrecke
- Autobahn, Autobahn im Bau
- Hauptverkehrsstraße
- Pass, Tunnel
- Flughafen

Grenzen

- Staatsgrenze
- umstrittene Grenze, Waffenstillstandslinie
- Grenze eines Bundesstaates, Verwaltungsgrenze

TOGO	Staat
Lomé	Hauptstadt ist unterstrichen
Färöer	abhängiges Gebiet mit Selbstverwaltung
Franz. Guayana	Bundesstaat bzw. Verwaltungsgebiet
Cayenne	Hauptstadt ist gerissen unterstrichen

Küsten, Flüsse, Seen

- Korallenriff
- Sandbank, Watt, Küstendüne
- Fluss
- Wasserfall, Stromschnelle
- periodisch Wasser führender Fluss
- trockenes Flussbett (Wadi)
- 874 Seehöhe über dem Meeresspiegel (in m)
- periodischer See

Landhöhen

- über 5000 m
- 2000 – 5000 m
- 1000 – 2000 m
- 500 – 1000 m
- 200 – 500 m
- 100 – 200 m
- 0 – 100 m
- unter 0 m

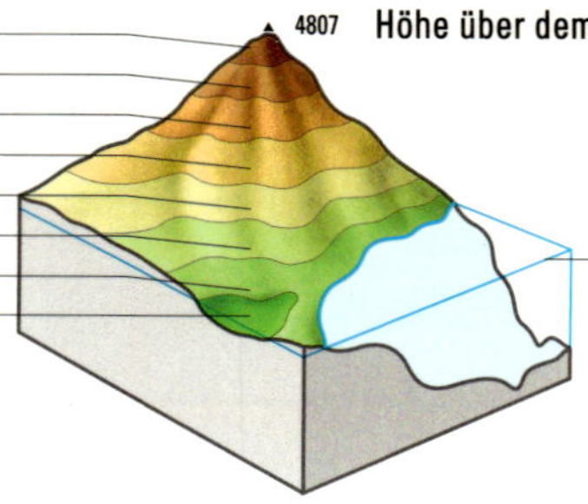

- Inlandeis, Gletscher

Haack Verbundatlas-Online

Haack Verbundatlas-Online ist eine Online-Ergänzung zu den Atlasthemen. Über den Online-Link gelangt man direkt zu passenden Informationen und Materialien.
Folgende Lernmedien werden angeboten: Atlaskarten auf virtuellem Globus, Infoblätter, Lernen im Netz mit Einheiten zum interaktiven Selbstlernen, Lernfilme, interaktive Grafiken, interaktive Ebenen- und Zeitreihenkarten, Lernspiele und Linktipps.
Empfohlene Online-Inhalte sind am oberen Seitenrand ausgewiesen. Die rote Schrift kennzeichnet den Typ und die schwarze Schrift das Thema des Materials.

Zur Nutzung von
Haack Verbundatlas-Online einfach die Internetseite www.klett.de öffnen und in das Suchfeld den Online-Link der gewählten Atlasseite eingeben.

1. Auflage 1 4 3 2 1 | 14 13 12 11

Alle Drucke dieser Auflage können im Unterricht nebeneinander verwendet werden.
Die letzte Zahl bezeichnet das Jahr des Druckes.

Beratung zur Konzeption: Peter Kraus, Wäschenbeuren; Jürgen Leicht, Mutlangen; Barbara Steinhoff-Haverland, Soest
Assistenz bei der Kartenredaktion: Conrad Franke, Berlin; Katharina Schmidt, Erfurt
Kartographische Mitarbeit: ARTIFEX, Gotha; Ing.-Büro Müller und Richert GbR, Gotha

Hergestellt in der Klett-Perthes Kartographie:
Leitung: Volker Streibel
Konzeption: Stefan Wagner
Redaktion und Bearbeitung: Silvia Einsporn, Andreas Hempel, Dr. Ulrich Hengelhaupt, Peer Janson, Markus Koch, Gabriele Löffel, Lars Pennig, Dr. Manfred Reckziegel, Christian Weih

Illustrationen: Wolfgang Schaar, Grafing
Druck: Firmengruppe APPL, aprinta druck, Wemding
Bindung: Firmengruppe APPL, m. appl, Wemding

MIX
Papier aus verantwortungsvollen Quellen
FSC® C004592

Printed in Germany
ISBN 978-3-12-828315-9

Planet Erde | Wirtschaft, Handel, Verkehr | Mensch und Gesellschaft | Politik und Staat

Suchhilfen

Vorderer Einband — Blattschnitte und Themen
Vordere Klappe — Generallegende
2 — Inhaltsverzeichnis
212 — Sachregister
218 — Namenregister für den Heimatteil
222 — Namenregister
Hintere Klappe — Zeitsäule zu den Geschichtskarten

Einführung

6 Kartentypen und Navigation
6.1 Die Kartentypen
6.2 Das Inhaltsverzeichnis
6.3 Die Blattschnitte
7.4 Das Namenregister
7.5 Das Sachregister

8 Was ist eine Karte?
8.1 Vom Bild zur Karte
8.2 Kartenmaßstab und Generalisierung
8.3 Die topographischen Signaturen

10 Oben und unten – Nord und Süd – Kugel und Karte
10.1 Höhenschichten
10.2 Gradnetz und Himmelsrichtungen
10.3 Die Kartenprojektion

12 Formen, Farben, Diagramme
12.1 Sprechende Signaturen in thematischen Karten
12.2 Das Klimadiagramm
12.3 Farbflächen und Diagramme

Baden-Württemberg

Lernpyramide

14 Auf einen Blick
14.1 Physische Übersicht
15.2 Verwaltungsgliederung

16 Physische Karte (Nordteil)

18 Physische Karte (Südteil)

20 Klima
20.1 Jahresniederschläge mit Klimadiagrammen
20.2 Jahrestemperaturen mit Klimadiagrammen

21 Landwirtschaft

22 Wirtschaft

23 Verkehr

24 Tourismus und Freizeit

25 Landeshauptstadt, Geschichte
25.1 Innenstadt von Stuttgart
25.2 Südwestdeutschland 1789 und 1900

Deutschland

Lernpyramide

26 Auf einen Blick
26.1 Physische Übersicht
27.2 Bundesländer mit Statistik
28.1 Klima
28.2 Landwirtschaft
29.3 Wirtschaft
29.4 Bevölkerungsverteilung

30 Physische Karte (Nordteil)

32 Physische Karte (Südteil)

34 Landschaften und ihre Entstehung
34.1 Naturraum und Landschaft
35.2 In der Eiszeit geformte Landschaft
35.3 Entstehung des Oberrheingrabens
35.4 Landschaften in Deutschland (Fotos)

36 Klima
36.1 Jahresniederschläge
36.2 Klimadiagramme
37.3 Jahrestemperaturen
36.4 Steigungsregen
37.5 Klimawandel

38 Tourismus und Naturschutz
38.1 Tourismus und Naherholung
39.2 Tourismus in Stadt und Natur (Fotos)
39.3 Natur- und Landschaftsschutzgebiete

40 Urlaub am Meer und im Mittelgebirge
40.1 Wattenmeer in Schleswig-Holstein
40.2 Urlaub im Schwarzwald

41 Große Verkehrszentren
41.1 Hamburger Hafen
41.2 Flughafen Frankfurt am Main

42 Wirtschaft, Energieversorgung, Verkehr
42.1 Wirtschaft
43.2 Verkehr
44.1 Energieversorgung
45.2 Wirtschaftsraum Rhein-Main-Neckar
45.3 Wirtschaftsraum Hamburg
45.4 Wirtschaftsraum Stuttgart
45.5 Braunkohlentagebau Hambach

46 Verbundprojekt Ruhrgebiet
Aufstieg und Wandel einer alten Industrieregion

48 Hauptstadt Berlin und Umland
48.1 Berlin: Innere Stadt
48.2 Großraum Berlin
49.3 Leben in Berlin und Umland (Fotos)

50 Bevölkerung
50.1 Bevölkerungsdichte und Verdichtungsräume
50.2 Bevölkerungspyramide
50.3 Wanderung und Bevölkerungsentwicklung
51.4 Raumstrukturen und soziales Umfeld
51.5 Ausländer

Haack Verbundatlas

Erdkunde
Geschichte
Wirtschaftskunde
Gemeinschaftskunde

Ernst Klett Verlag
Stuttgart • Gotha

Europa

52 Auf einen Blick
52 Kennst du Europa?
54 Physische Übersicht
56 Staaten mit Statistik
58.1 Klimazonen
58.2 Landwirtschaft
59.3 Wirtschaft
59.4 Bevölkerungsverteilung

60 Physische Karte (Nordteil)

62 Physische Karte (Deutschland u. Nachbarländer)

64 Physische Karte (Südteil)

66 Klima
66.1 Niederschäge im Januar
66.2 Temperaturen im Januar
66.3 Niederschläge im Juli
66.4 Temperaturen im Juli
66.5 Klimadiagramme
67.6 Klimazonen Europas
67.7 Vegetation in den Klimazonen (Fotos)

68 Eiszeit
68.1 Weichsel- oder Würmeiszeit
68.2 Eiszeitlandschaften früher und heute (Fotos)

69 Vulkanismus und Erdbeben
69.1 Tektonik
69.2 Der Ätna
69.3 Entstehung der Alpen

70 Tourismus
70.1 Tourismus
70.2 Sommertourismus am Mittelmeer
71.3 Urlaubsorte (Foto)
71.4 Wintertourismus in den Alpen

72 Wirtschaft
72.1 Wirtschaftszentren
73.2 Wirtschaftsraum Nordfrankreich, Benelux
73.3 Bergbau und Rohstoffgewinnung

74 Europäische Union
74.1 Wohlstand in den Regionen
74.2 Wirtschaftskraft der Staaten
75.3 Entwicklung und Aufbau der EU
75.4 Standorte der EU (Fotos)

76 Bevölkerung und Ballungsräume
76.1 Bevölkerungsdichte und Ballungsräume
76.2 Bevölkerungsstruktur ausgewählter Staaten
77.3 Ballungsräume im Vergleich

78 Sprachen in Europa

Geschichte: Deutschland und Europa

80 Europa 3500 v. Chr.–117 n. Chr.: Vorgeschichte, Griechen, Römer
80.1 Die Menschen werden sesshaft
80.2 Griechische Kolonisation
81.3 Wirtschaft und Handel im Römischen Reich

82 Europa 12 v. Chr.–526 n. Chr.: Römer und Germanen
82.1 Römer und Germanen am Limes
83.2 Völkerwanderung und Germanenreiche

84 Europa 511–1200: Herrscher im Mittelalter
84.1 Das Frankenreich
85.2 Reich der Ottonen

86.1 Europa 1054–1270: Kreuzzüge

87 Deutschland 1350–1450: Leben im Mittelalter
87.1 Kloster Maulbronn
87.2 Burg Bentheim
87.3 Esslingen
87.4 Dreifelderwirtschaft im Modell

88 Europa 1400–1560: Wende zur Neuzeit
88.1 Wirtschaft am Ende des Mittelalters
89.2 Herrschaft der Habsburger

90 Europa 1510–1685: Glaubensspaltung – Absolutismus
90.1 Reformation
91.2 Dreißigjähriger Krieg, Westfälischer Friede

92 Europa 1703–1789: Absolutismus
92.1 Absolutistische Staaten in Europa
92.2 Absolutistische Residenzen

93.1 Europa 1792–1815: Herrschaft Napoleons

94 Europa 1815–1914: Wiener Kongress – Industrialisierung
94.1 Wiener Kongress
95.2 Industrialisierung in Europa

96 Deutschland 1815–1918: Deutscher Bund und Deutsches Kaiserreich
96.1 Deutscher Bund
97.2 Deutsches Kaiserreich und Österreich-Ungarn

98 Europa 1914–1933: Erster Weltkrieg und Folgen
98.1 Neuordnung nach dem Ersten Weltkrieg
99.2 Weimarer Republik

100 Deutschland 1933–1990: Nationalsozialismus und Folgen
100.1 Nationalsozialismus
101.2 Mitteleuropa nach dem Zweiten Weltkrieg
101.3 Kriegszerstörung
101.4 Zwei deutsche Staaten

102 Europa 1939–1993: Zweiter Weltkrieg und Nachkriegsordnung
102.1 Teilung Europas nach dem Zweiten Weltkrieg
103.2 Europa nach dem Kalten Krieg

Planet Erde | Wirtschaft, Handel, Verkehr | Mensch und Gesellschaft | Politik und Staat

Asien

Lernpyramide

104 Auf einen Blick
104 Kennst du Asien?
106 Physische Übersicht
108 Staaten mit Statistik
110.1 Klimazonen
110.2 Landwirtschaft
111.3 Wirtschaft
111.4 Bevölkerungsverteilung

112 Physische Karte (Nordteil)

114 Physische Karte (Südteil)

116 Wirtschaft
116 Wirtschaftszentren
118.1 Bergbau und Rohstoffgewinnung
118.2 Wirtschaftsraum Indien
119.3 Wirtschaftsraum Westsibirien
118.4 Wirtschaftraum Ostchina, Korea, Japan

120 Lebensraum
120.1 Gunst- und Ungunsträume
120.2 Überschwemmungsgebiete in Bangladesch
121.3 Drei-Schluchten-Stausee am Jangtsekiang

Afrika und Orient

Lernpyramide

122 Auf einen Blick
122.1 Kennst du Afrika und den Orient?
123.2 Kulturerdteile Schwarzafrika und Orient
123.3 Religionen und Sprachen
124.1 Physische Übersicht
125.2 Klimazonen
125.3 Landwirtschaft
126.1 Staaten mit Statistik
127.2 Wirtschaft
127.3 Bevölkerungsverteilung

128 Physische Karte: Afrika (Nordteil) und Orient

130 Physische Karte: Afrika (Südteil)

130 Wirtschaft
130.2 Wirtschaftsraum Nordafrika
131.3 Wirtschaftsraum Persischer Golf
132.1 Wirtschaftszentren
133.2 Bergbau und Rohstoffgewinnung
133.3 Wirtschaftsraum Südafrika

134 Verbundprojekt Ägypten
Leben am Nil – früher und heute

136 Verbundprojekt Naher Osten
Kampf um Lebensraum und Wasser seit über 60 Jahren

138 Trockenräume
138.1 Landwirtschaft am Mittelmeer und in der Sahara
138.2 Oase Ouargla
138.3 Wüstenformen und Kulturpflanzen (Fotos)
138.4 Wüstenformen in der Sahara

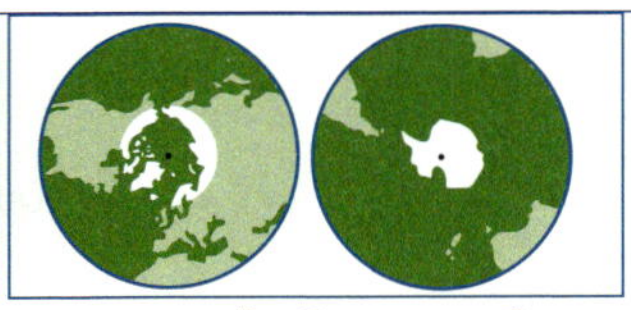

Australien und Ozeanien, Polargebiete

Lernpyramide

139 Auf einen Blick
139.1 Kennst du Australien?
139.2 Kennst du die Antarktis?
140 Physische Übersicht Australien/Ozeanien
142 Staaten mit Statistik

144 Physische Karte: Australien und Neuseeland

145 Wirtschaft und Bevölkerung
145.1 Wirtschaftszentren
145.2 Bergbau und Rohstoffgewinnung
145.3 Bevölkerungsdichte und Ballungsräume

146 Polargebiete
146.1 Landschaft und Umwelt in der Arktis
146.2 Landschaft und Umwelt in der Antarktis
147.3 Gebietsansprüche und Rohstoffe in der Arktis
147.4 Gebietsansprüche und Rohstoffe in der Antarktis

Amerika

Lernpyramide

148 Auf einen Blick
148.1 Kennst du Nordamerika?
149.2 Kennst du Südamerika?
150.1 Physische Übersicht von Nordamerika
151.2 Physische Übersicht von Südamerika
152.1 Staaten mit Statistik in Nordamerika
153.2 Staaten mit Statistik in Südamerika
154.1 Klimazonen
154.2 Landwirtschaft
155.3 Wirtschaft
155.4 Bevölkerungsverteilung

156 Physische Karte: Nordamerika

158 Physische Karte: Mittel-/Südamerika (Nordteil)

160 Physische Karte: Südamerika (Südteil)

161 Wirtschaft
161.1 Wirtschaftsraum Manufacturing Belt
161.2 Wirtschaftsraum Texas, Golfküste
161.3 Wirtschaftsraum Rio de Janeiro
162.1 Wirtschaftszentren in Nordamerika
163.2 Wirtschaftszentren in Südamerika

164 Wirtschaft, Bevölkerung
164.1 Bergbau und Rohstoffgewinnung
164.2 Bevölkerungsdichte und Ballungsräume

165 Minderheiten in den USA, New York
165.1 Minderheiten in den USA
165.2 Manhattan

Welt

Lernpyramide

166 Auf einen Blick
166.1 Kontinente und Ozeane
166.2 Klimazonen und Wetterrekorde
167.3 Kulturerdteile
167.4 Bevölkerungsverteilung
168 Rekorde der Erde

170 Physische Karte: Welt

172 Erde, Sonne und Planeten
172.1 Unser Sonnensystem
172.2 Planeten und Monde im Größenvergleich
172.3 Jahreszeiten und Tageslängen
172.4 Wärmezonen
173.5 Tageszeiten und Zeitzonen

174 Klima
174.1 Klimazonen
174.2 Passatwinde
174.3 Typische Klimadiagramme
176.1 Niederschläge im Januar
176.2 Niederschläge im Juli
177.3 Temperaturen im Januar
177.4 Temperaturen im Juli

178 Tektonik
178.1 Plattentektonik
178.2 Kräfte der Erde
178.3 Wanderung der Kontinente
179.4 Schnitt durch die Erde

180 Naturgefahren
180.1 Naturgefahren und Naturkatastrophen
180.2 Hurrikan Katrina vor New Orleans
180.3 Tsunami in Khao Lak
181.4 Globaler Klimawandel

182 Umwelt
182.1 Umweltbelastungen und Umweltschäden
182.2 Umweltkatastrophe am Aralsee
183.3 Umweltschäden (Fotos)

184 Vegetation
184.1 Vegetationsbild der Erde
184.2 Reise durch die Vegetationszonen
185.3 Anteile der Vegetationsformen

186 Landwirtschaft
186.1 Landwirtschaftliche Produkte
187.2 Produktionsmengen und Warenwert

188 Verbundprojekt Pfeffer
Herkunft und Geschichte eines vielseitigen Gewürzes

190 Meere
190.1 Fischfang und Fischzucht
190.2 Globale Meeresströmungen
191.3 Bedeutende Speisefische

192 Wirtschaft und Verkehr
192.1 Seeverkehr und Flugverkehr
192.2 Welthandel zwischen Wirtschaftsregionen
193.3 Wirtschaftskraft und Wohlstand

194 Bevölkerung
194.1 Bevölkerungsentwicklung
194.2 Bevölkerungsdichte und Verstädterung
195.3 Lebenserwartung und Geburtenrate

196 Entwicklungsstand
196.1 Entwicklungsstand in Staaten und Metropolen
196.2 Ernährung und Trinkwasser
197.3 Gesundheit

Geschichte: Kontinente und Welt

Lernpyramide

198 Die Welt 150 000 v. Chr.–800 v. Chr.: Anfänge der Menschheit, Erste Hochkulturen
198.1 Ausbreitung des modernen Menschen
198.2 Neolithische Revolution und frühe Hochkulturen
199.3 Fundamente früher Hochkulturen

200 Die Welt 1492–1783 n. Chr.: Entdeckungen und Frühkolonialismus
200.1 Frühe Kolonialreiche
200.2 Erste Hochphase des Kolonialismus
201.3 Atlantischer Dreieckshandel

202 Die Welt 1848–1918: Imperialismus und Folgen
202.1 Imperialismus
202.2 Staaten nach dem Ersten Weltkrieg
203.3 Europäische Großmächte

204 Verbundprojekt Nigeria
Entwicklungsland mit kolonialer Vergangenheit

206 Die Welt 1929–1945: Weltwirtschaftskrise, Zweiter Weltkrieg, UN
206.1 Zweiter Weltkrieg
206.2 Vereinte Nationen (UN)
207.3 Opfer des Zweiten Weltkrieges

208 Die Welt 1946–1991: Kalter Krieg
208.1 Die Welt im Kalten Krieg
208.2 Wettrüsten
209.3 Koreakrieg

210 Die Welt 1990–2010: Staaten, Konflikte, Menschenrechte
210.1 Staaten und Konfliktgebiete heute
210.2 Menschenrechte
211.3 Politische und militärische Bündnisse

EINFÜHRUNG DEUTSCHLAND EUROPA ASIEN AFRIKA und ORIENT AUSTRALIEN und POLE AMERIKA WELT REGISTER

1 Haack – Schritt für Schritt Die Kartentypen *Wie unterscheiden sich die Karten im Atlas?*

Im Atlas gibt es unterschiedliche Kartentypen.

An der Markierung kann man sie erkennen.

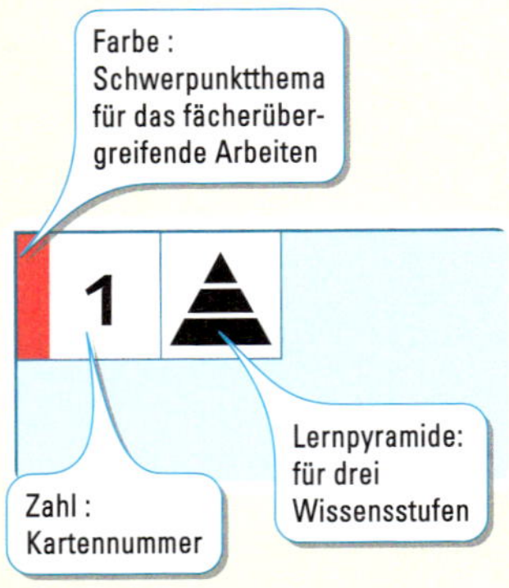

Erkenne das Schwerpunktthema an der Farbe.

***Rot** : Topographie in der physischen Karte*

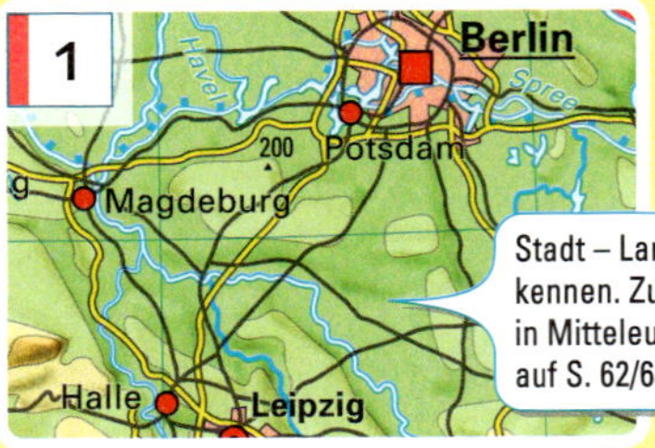

Stadt – Land – Fluss kennen. Zum Beispiel in Mitteleuropa auf S. 62/63.

***Blau** : Wirtschaft, Handel, Verkehr*

Wo und was die Menschen produzieren. Zum Beispiel Produktion und Dienstleistung in Ostchina auf S. 119.

***Braun** : Planet Erde*

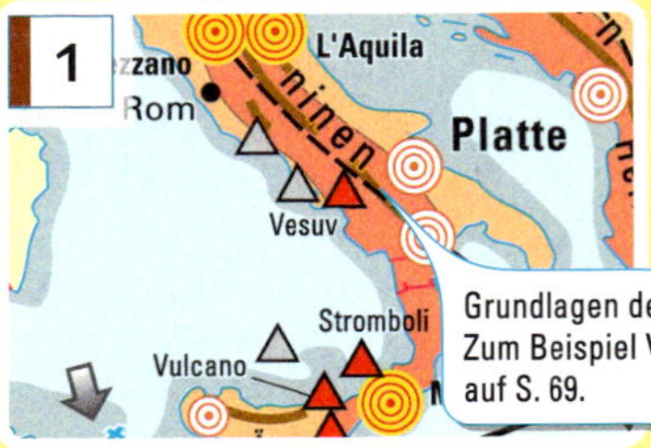

Grundlagen der Natur. Zum Beispiel Vulkanismus auf S. 69.

***Grün** : Mensch und Gesellschaft*

Wie die Menschen leben und gestalten. Zum Beispiel im Urlaub in den Alpen auf S. 71.

2 Haack – Schritt für Schritt Das Inhaltsverzeichnis *Wie ist der Atlas aufgebaut?*

KLETT-PERTHES

Du willst dir einen Überblick verschaffen und wissen, wo einzelne Karten zu finden sind?

Nutze das Inhaltsverzeichnis auf Seite 2–5 .

Die Region. Das Gebiet, das in den Karten zu sehen ist.

Der Themenblock. Die Kartengruppe auf einer oder mehreren Seiten.

Die einzelne Karte, Grafik oder Fotos.

Seite

Kartennummer

Das Verbundprojekt. Zusammenstellung von vielen Informationen mit einer Arbeitsanleitung.

Der Kartentyp. Lernpyramide und Schwerpunktthema

Große Karte, komplett auf ein oder zwei Seiten

Deutschland

Lernpyramide

26 Auf einen Blick
26.1 Physische Übersicht
27.2 Bundesländer mit Statistik
28.1 Klima
28.2 Landwirtschaft
29.3 Wirtschaft
29.4 Bevölkerungsverteilung
30 Physische Karte (Nordteil)
32 Physische Karte (Südteil)
45.5 Braunkohlentagebau Hambach
46 Verbundprojekt Ruhrgebiet
Aufstieg und Wandel einer alten Industrieregion

Löse die Aufgaben.

1. Nenne die Reihenfolge der Regionen im Atlas.

2. Auf welcher Seite findest du eine einfache Wirtschaftskarte von Deutschland für Einsteiger? Achte auf die Markierung der Karte.

3 Haack – Schritt für Schritt Die Blattschnitte *Welche Karten gibt es für ein bestimmtes Gebiet?*

KLETT-PERTHES

Du suchst Informationen zum Beispiel zu einem Kontinent?

Du willst Kontinente vergleichen?

Im vorderen Einband findest du die Lage der Atlaskarten und das Gebiet, das sie abdecken.

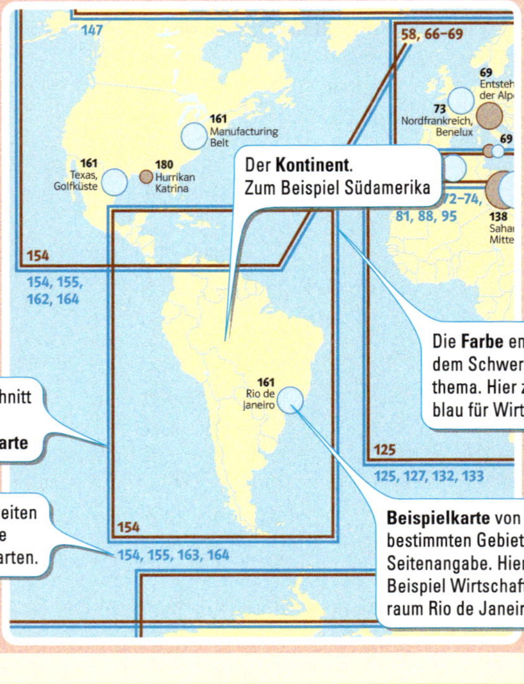

Der Kontinent. Zum Beispiel Südamerika

Die **Farbe** entspricht dem Schwerpunktthema. Hier zum Beispiel blau für Wirtschaft.

Kartenausschnitt von einer **Übersichtskarte**

Auf diesen Seiten findest du die Übersichtskarten.

Beispielkarte von einem bestimmten Gebiet, mit Seitenangabe. Hier zum Beispiel Wirtschaftsraum Rio de Janeiro.

Löse die Aufgaben.

3. Vergleiche die Wirtschaft von Afrika und Südamerika. Wähle Karten aus.

4. Du sollst die natürlichen Grundlagen Italiens beschreiben (Leitfarbe braun). Nenne die geeigneten Karten.

KLETT-PERTHES

Gelb : Politik und Staat

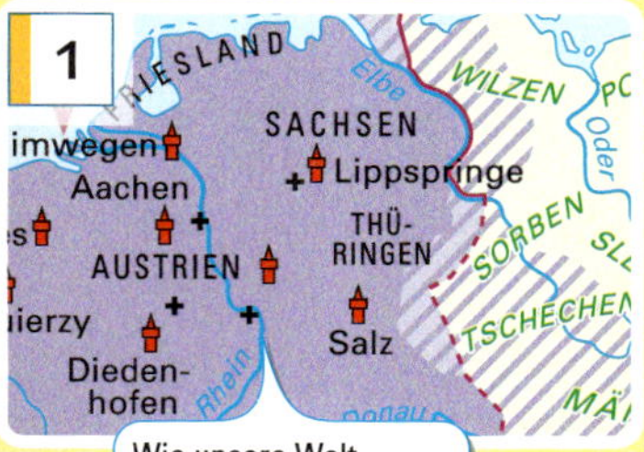

Wie unsere Welt organisiert ist, wie unsere Staaten und Völker entstanden sind. Zum Beispiel unter Karl dem Großen vor 1200 Jahren auf S. 84.

Mit jedem Schuljahr lernst du Schritt für Schritt. Deshalb gibt es im Atlas leichte und schwere Karten.

Pyramide für Einstiegswissen

Leichte Karten für deinen Einstieg und wichtige Grundlagen. Zum Beispiel die Bundesländer auf S. 27.

Pyramide für Vertiefungswissen

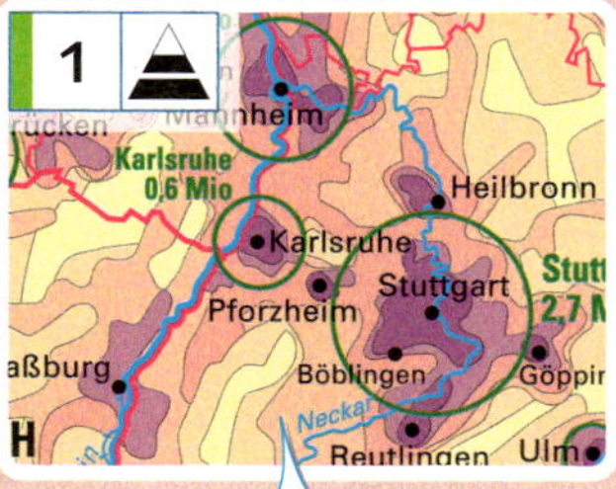

Du erweiterst deine Kenntnisse und erschließt neue Themen. Zum Beispiel Bevölkerungsdichte und Verdichtungsräume auf S. 50.

Pyramide für Abschlusswissen

Du bearbeitest anspruchsvolle Themen und kannst Karten sehr gut lesen. Zum Beispiel Umlandverflechtung Berlin-Brandenburg auf S. 48.

4 Haack – Schritt für Schritt

Das Namenregister *Wo liegt der gesuchte Ort?*

KLETT-PERTHES

Du willst wissen, wo die Känguru-Insel liegt? Nutze hierzu das Namenregister ab Seite 222.

A — Sortierung von A bis Z

Aachen 30/31 B5
Aachquelle 32/33 D5
Aalen 32/33 F4
Aarau 32/33 D5
Aare 62/63 J6
Aba 128/129 D5
Abadan 128/129 H2
Abakan 112/113 K4
Abasa 112/113 JK4
Abbot-Schelfeis 146.2 B33

Name

Kangeaninseln 114/115 G7
Kangirsuk 156/157 L3/4
Känguru-Insel 144 C5
Kanin, Halbinsel 60/61 H2
Kankan 128/1[…] C4
Kano

Atlasseite

Suchgitterkoordinate

Im Register suchen.

Atlasseite aufschlagen und Gitterquadrat suchen.

Im Gitterquadrat C5 nach der Känguru-Insel suchen.

Löse die Aufgabe.

5. Die Städte Cagliari, Sapporo und Stanley haben etwas gemeinsam. Finde es heraus.

Tipp: Schreibe Name, Seite und Suchgitter auf, damit du die Angaben beim Blättern nicht vergisst!

5 Haack – Schritt für Schritt

Das Sachregister *Welche Karte behandelt das gesuchte Thema?*

KLETT-PERTHES

Du hörst oder liest einen Fachbegriff und möchtest die passenden Karten finden?

Fachbegriff: Sortierung von A bis Z

Sachwort	Deutschland	Europa	Asien	Afrika und Orient	Amerika Australien Pole	Welt
2+4-Verträge		102.Z				
Abendländische Kultur		78, 84-86				
Abflussregime				134		
Abholzung						182.1+3
Ablagerung	35.2					
Abraumhalden	45.5					
Abschmelzendes Eis	35.2				146	
Absolutismus	92	92, 93.Z				
Abwanderungsgebiete	46, 50.3					
Ackerbau	28.2, 87.4			138.1		186.1
Ackerbau und Viehzucht	87.4	80.1				198.2
Agglomeration	46				165.2	194.2
Agrarprodukte	28.2	52, 58.2, 81.3	104, 110.2	122, 125.3, 138.1	139, 148, 154.2	186-187, 188
Ägyptische Hochkultur				134		198.2, 199.Z
AIDS (HIV)						197.3
Alliierte		102.1				206.1
Alphabetisierung		90.Z, 94.Z				196.1

Region, in der das Thema behandelt wird.

Schwarze Farbe: Themen aus der Gegenwart

Rote Farbe: Themen aus der Geschichte

Seite und Kartennummer

Das Sachregister auf den Seiten 212–217 erleichtert dir die Suche.

Löse die Aufgaben.

6. Finde heraus, wo sich eine Karte zum Fischfang befindet.

7. Nach welchem Begriff musst du suchen, wenn du wissen willst, wo Kartoffeln angebaut werden?

EINFÜHRUNG
DEUTSCHLAND
EUROPA
ASIEN
AFRIKA und ORIENT
AUSTRALIEN und POLE
AMERIKA
WELT
REGISTER

1 Haack – Schritt für Schritt Vom Bild zur Karte *Was ist eine Karte?*

Du unternimmst einen Rundflug über Berlin in einem Hubschrauber und startest am Brandenburger Tor.

Hier vorne wirken die Häuser größer, weil sie näher sind.

*Der Hubschrauber steigt höher und du fotografierst schräg über die Stadt. Du erhältst ein **Schrägluftbild**.*

*Nach 5 Minuten ist dein Hubschrauber hoch über der Stadt. Von den Häusern siehst du nur die Dächer und nicht mehr die Seite. Jetzt hast du ein **Senkrechtluftbild** aufgenommen.*

mapping service, © 2007 Aero West, © 20

2 Haack – Schritt für Schritt Kartenmaßstab und Generalisierung *Warum sind dieselben Gebiete unterschiedlich groß?*

Eine Karte ist kleiner als die Wirklichkeit. Die Maßstabszahl zeigt Dir, dass diese Karte 15000 mal kleiner ist.

Mit dieser Karte lernst du einen Stadtteil kennen.

Wir verkleinern.

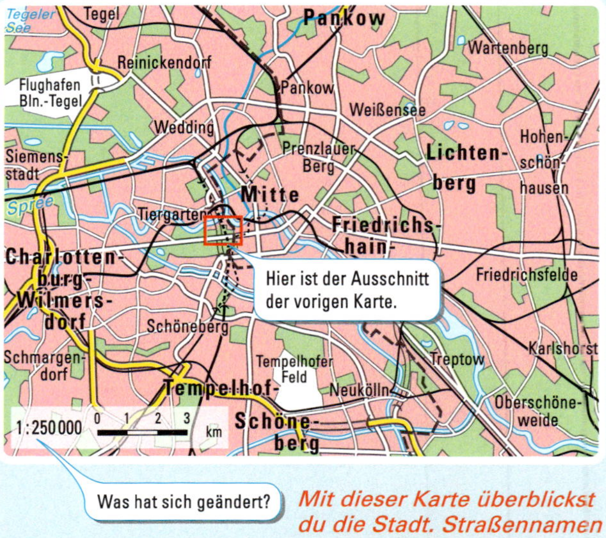

Mit dieser Karte überblickst du die Stadt. Straßennamen und Brandenburger Tor sind verschwunden.

Wir verkleinern.

3 Haack – Schritt für Schritt Die topographischen Signaturen *Was bedeuten die Zeichen in der physischen Karte?*

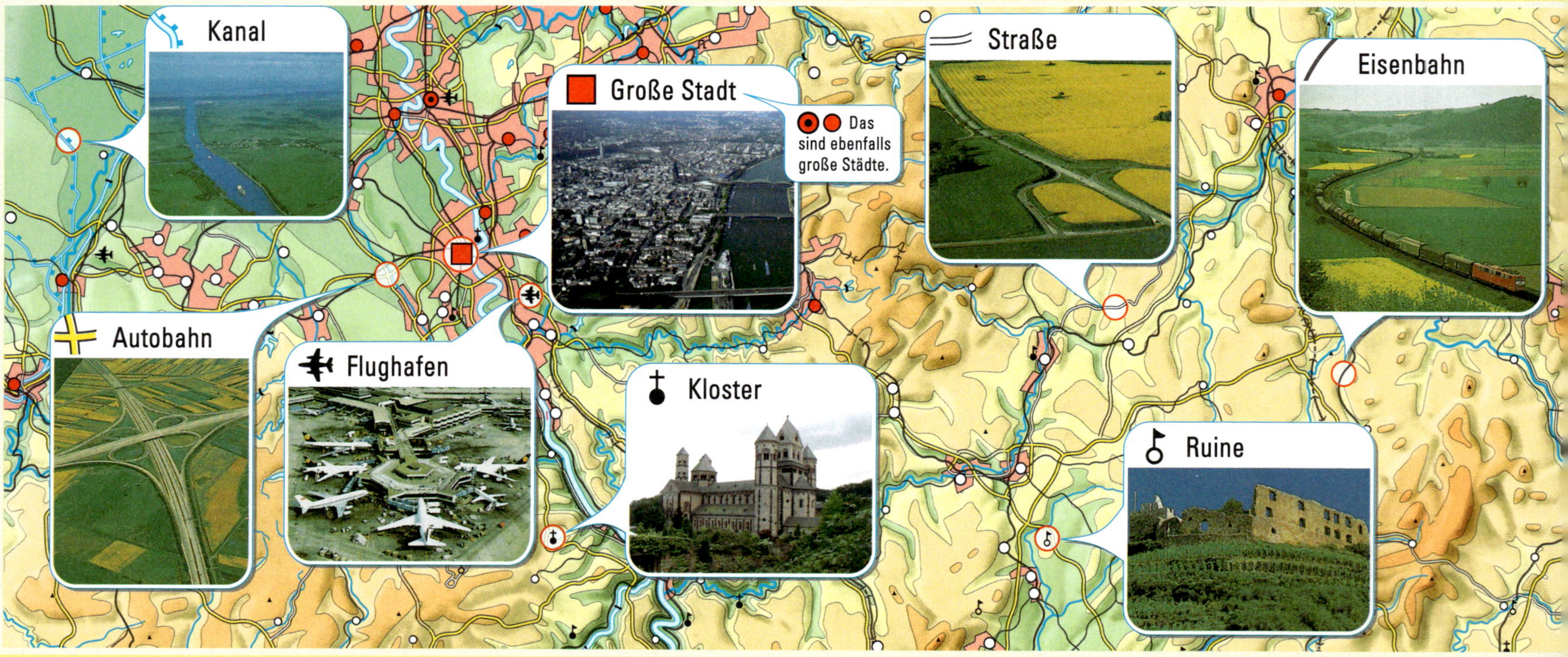

KLETT-PERTHES

*Aus diesem Senkrechtluftbild zeichnet der Kartograph die **Karte**. Sie ist einfacher als die Wirklichkeit und du kannst viele Dinge leichter erkennen. Farben und Kartenzeichen geben dir zusätzliche Informationen.*

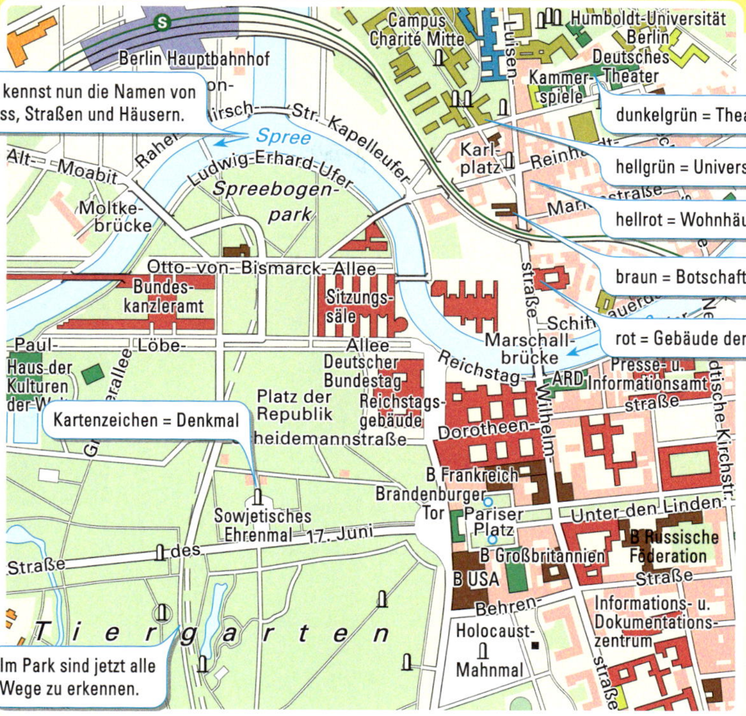

KLETT-PERTHES

Mit dieser Karte lernst du die Umgebung der Stadt kennen. Die Stadtteilnamen kannst du nun nicht mehr erkennen.

Wir verkleinern.

Mit dieser Karte erkennst du die Lage der Stadt in Deutschland. Die kleinen Orte und der Flughafen sind nun nicht mehr zu erkennen.

KLETT-PERTHES

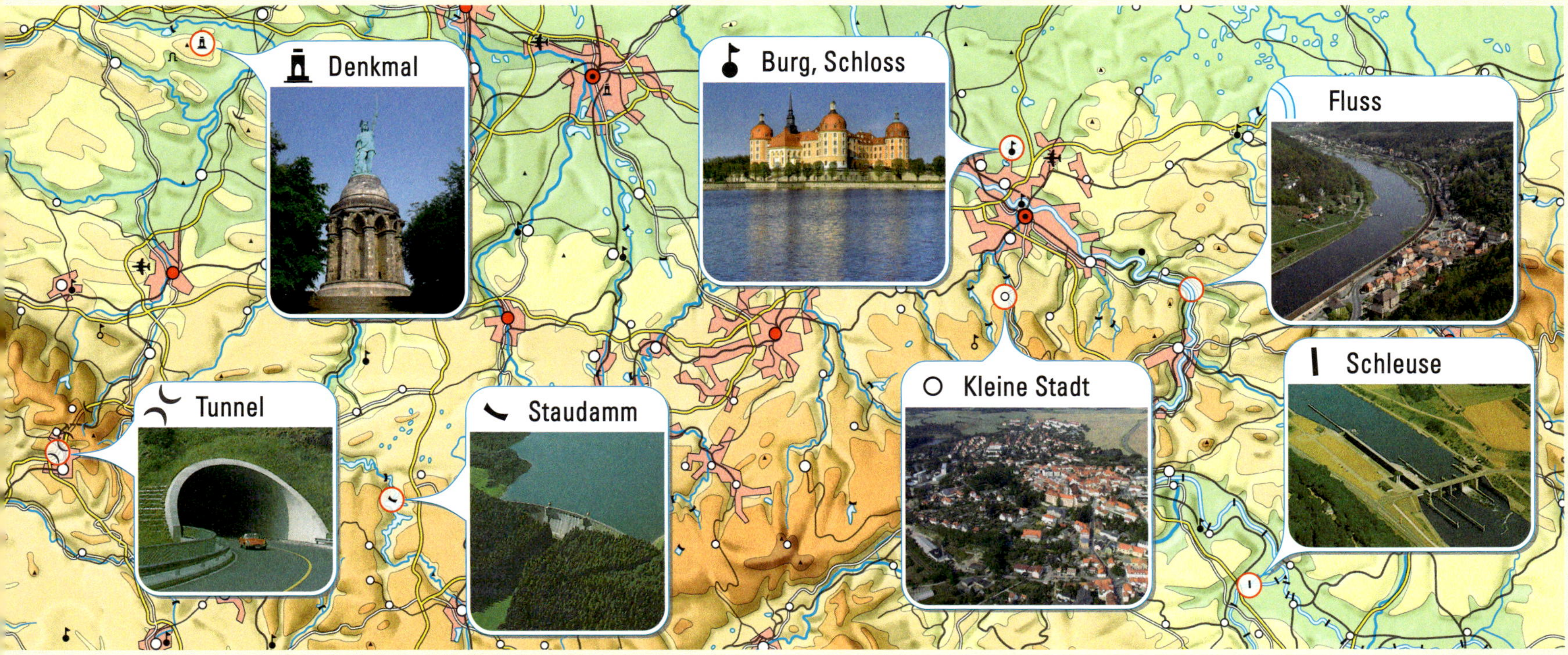

EINFÜHRUNG
DEUTSCHLAND
EUROPA
ASIEN
AFRIKA und ORIENT
AUSTRALIEN und POLE
AMERIKA
WELT
REGISTER

1 Haack – Schritt für Schritt — Höhenschichten — *Was bedeuten die Farben in der Physischen Karte?*

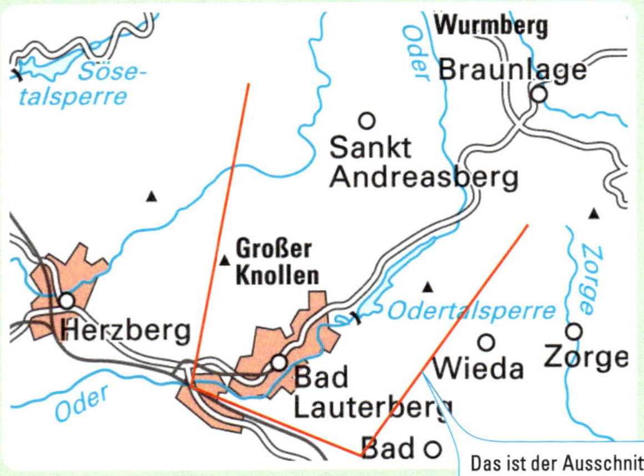

?

Auf dieser Karte siehst du Orte, Straßen, Flüsse und Seen. Du weißt nicht, wie die Landschaft aussieht. Gibt es Berge und Täler, oder nur flaches Land?

Wir vergrößern.

© 2010 Google, Image © 2011 GeoContent, © 2011 Cnes/Spot Image, © 2010 Tele Atlas

Du siehst dir das Gebiet von schräg oben an. Nun erkennst du Berge und Täler!

Damit du Berge und Täler besser unterscheiden kannst, färben die

2 Haack – Schritt für Schritt — Gradnetz und Himmelsrichtungen — *Wie kommen die blauen Linien in die Karte?*

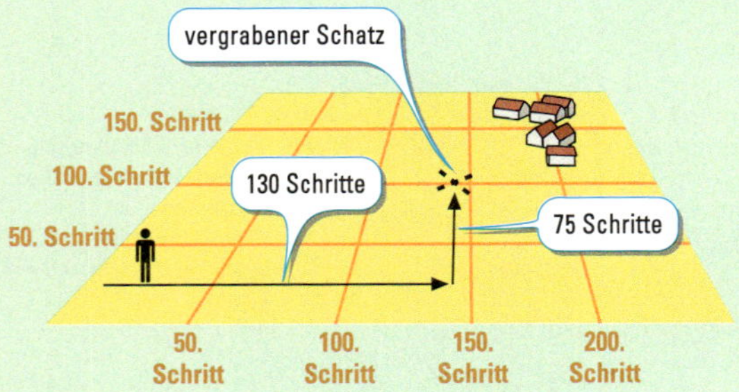

*Um den Schatz zu finden, musst du Schritte geradeaus und nach links abzählen. Du bist in einem **Koordinatensystem** und kannst jeden Punkt mit zwei Zahlen genau bestimmen.*

?

In der Fläche ist es einfach. Aber wie funktioniert ein Koordinatensystem auf der Erdkugel?

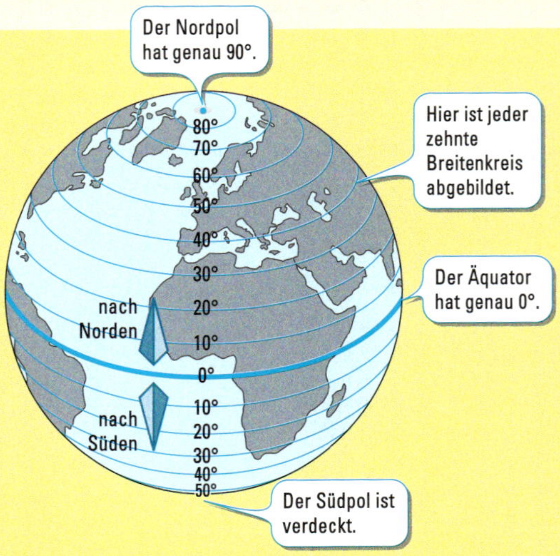

*Linien liegen wie Gürtel um die Erde. Sie heißen **Breitenkreise**. Der längste ist der **Äquator**. Sie werden mit Grad (°) bezeichnet. 90° bis zum Nordpol und 90° bis zum Südpol.*

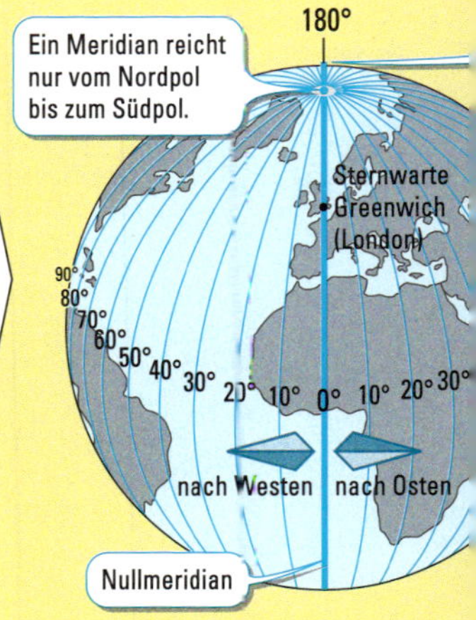

*Jetzt brauchst du eine zweite Linie. Diese Linie nennt man **Meridian**. Man zählt ab dem **Nullmeridian**, den die Menschen 1884 festgelegt haben*

3 Haack – Schritt für Schritt — Die Kartenprojektion — *Wie kommt die Kugel auf die Karte?*

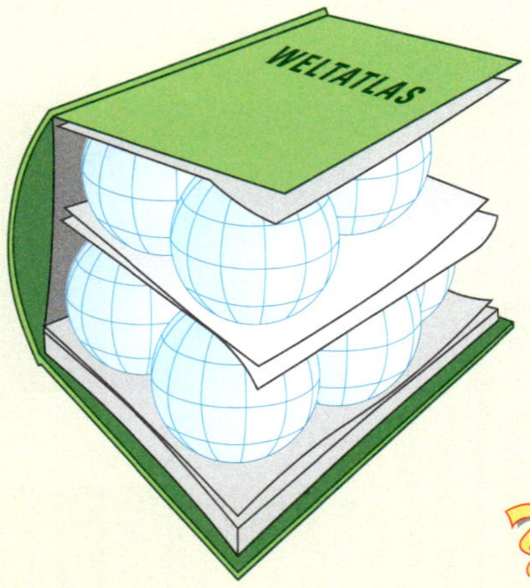

Wenn du die Erde sehen willst, genau so, wie sie in Wirklichkeit ist, müsstest du viele Erdkugeln (Globen) in deinem Atlas haben. Das ist natürlich nicht möglich!

?

Wie aber kommt die runde Kugeloberfläche auf die flache Karte?

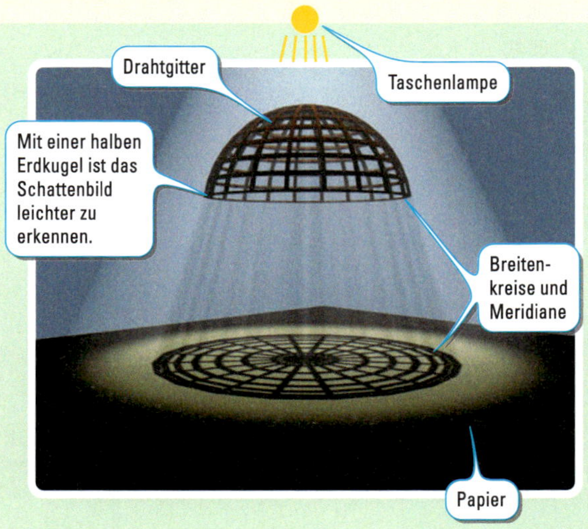

*Stelle dir vor, die Erde ist durchsichtig und du leuchtest mit einer Taschenlampe hindurch. Das Schattenbild ist das Gradnetz auf dem Papier. Man nennt dieses Abbild **Kartenprojektion**.*

Hier siehst du zwei Möglichkeiten, wie man die

KLETT-PERTHES

Kartenmacher das Bild ein. Jede Farbe bedeutet eine bestimmte Landhöhe.

Wir ver-klei-nern.

Jetzt werden die Farben auf die ganze Karte übertragen und du kannst hier Berge und Täler erkennen.

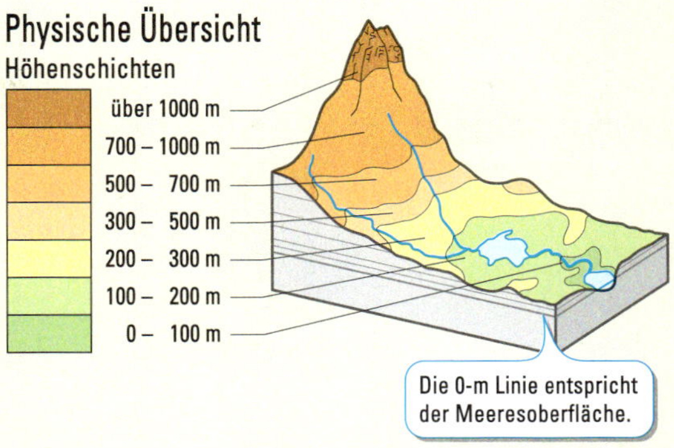

In jeder physischen Karte sind die Höhenschichten mithilfe der Blocklegende gut dargestellt. So kannst du dir die Höhenschichten gut vorstellen.

KLETT-PERTHES

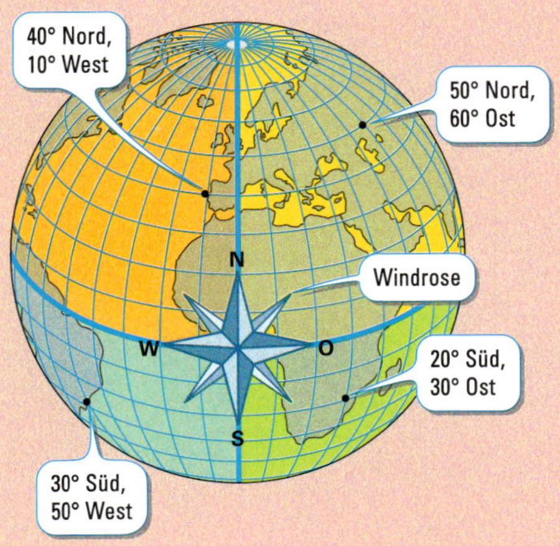

*Kombinierst du beide Linien, erhältst du das Welt-Koordinatennetz und kannst jeden Punkt auf der Erde benennen. Achte immer auf den Zusatz **Nord** oder **Süd** bei den Breitenkreisen, bzw. **Ost** oder **West** bei den Meridianen.*

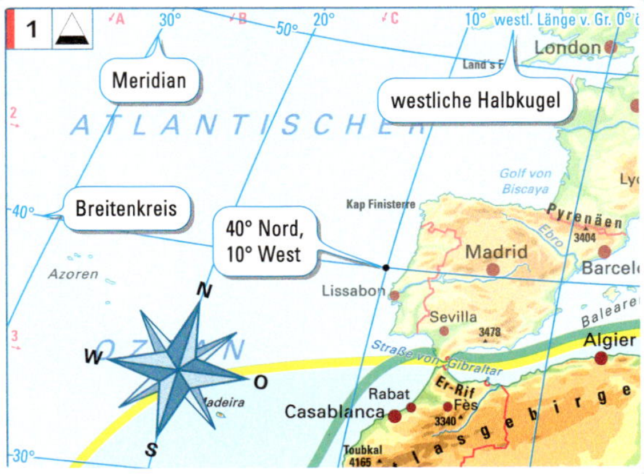

*In jeder physischen Karte findest du ein beschriftetes Koordinatennetz. Man nennt es **Gradnetz**. Die Windrose richtet sich am Gradnetz aus.*

Löse die Aufgabe.

8. Die Anfangsbuchstaben folgender Städte ergeben einen Namen.

1. *40° Nord 33° Ost*
2. *30° Nord 90° West*
3. *33° Nord 130° Ost*
4. *17° Nord 100° West*

Tipp: Suche zuerst nach dem Kontinent in der Weltkarte, nutze dann die passende Karte.

KLETT-PERTHES

Das ist eine **Azimutalprojektion**. Hier liegt das Papier gerade ausgebreitet auf dem Globus. Man nennt sie **polständig**, weil das Papier auf dem Pol liegt.

Zu welchen Projektionen gehören die Lampen?

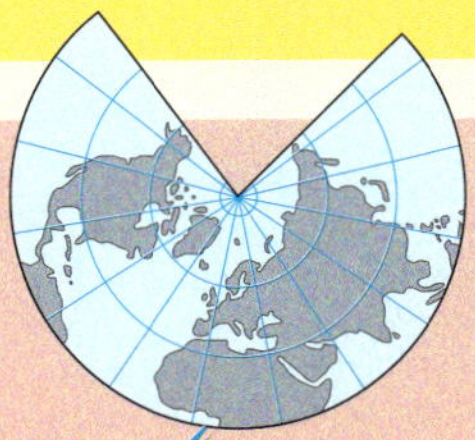

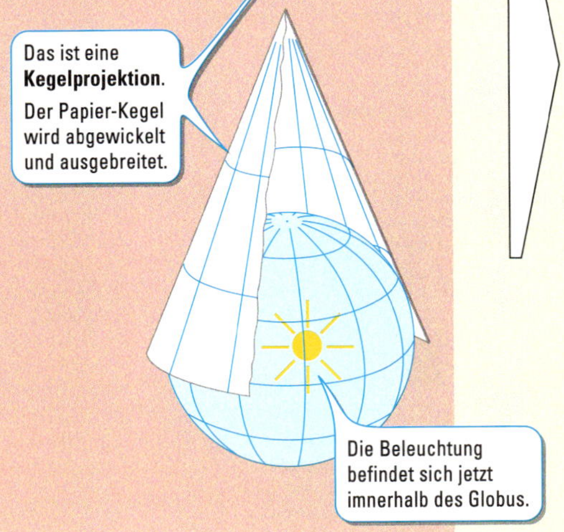

Erdoberfläche auf dem Papier abbilden kann.

$$x = R \cdot \cos\varphi \cdot \cos\lambda$$
$$y = R \cdot \cos\varphi \cdot \sin\lambda$$

Natürlich arbeiten die Kartenmacher nicht mit einer Taschenlampe. Sie verwenden mathematische Formeln, mit denen das Kartennetz berechnet wird.

*Mithilfe solcher Formeln sind auch die Weltkarten im Haack Verbundatlas entstanden. Die Formeln wurden vom Mathematiker Oswald Winkel erfunden. Deshalb heißt die Projektion **Winkels Entwurf**.*

EINFÜHRUNG
DEUTSCHLAND
EUROPA
ASIEN
AFRIKA und ORIENT
AUSTRALIEN und POLE
AMERIKA
WELT
REGISTER

1 Haack – Schritt für Schritt

Sprechende Signaturen in thematischen Karten *Kartenzeichen richtig deuten.*

Straßentunnel

Haltestelle

Fluchtweg

Täglich siehst du viele Schilder mit Zeichen. Sie symbolisieren einen Gegenstand oder eine Einrichtung.

?

In thematischen Karten gibt es Kartenzeichen mit Symbolen. Wenn du die Bedeutung erkannt hast, kannst du dir die Zeichen leicht merken.

Wattwanderung (S. 40)

Seehafen (S. 43)

Höhlenmalerei (S. 68)

Golfplatz (S. 40)

Maisanbau (S. 58)

Chemische Industrie (S. 45)

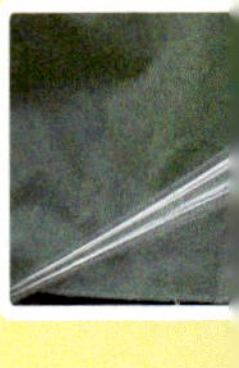

Freizeitpark (S. 38)

2 Haack – Schritt für Schritt

Das Klimadiagramm *Welches Klima kann man in einem Klimadiagramm erkennen?*

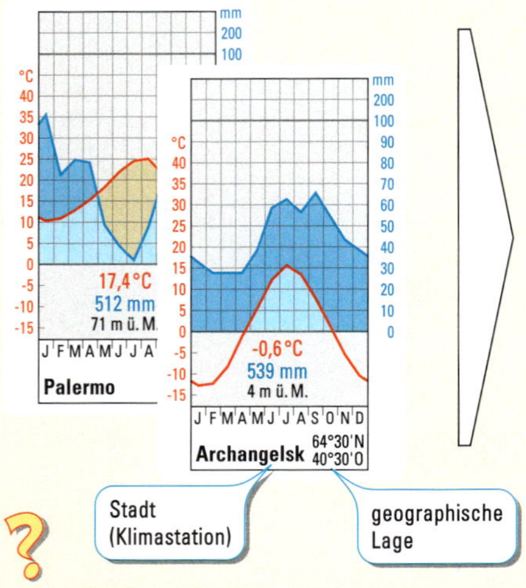

?

Klimadiagramme findest du überall im Atlas. Es sind Klimadiagramme nach H. Walter. Welche Informationen kannst du ihnen entnehmen?

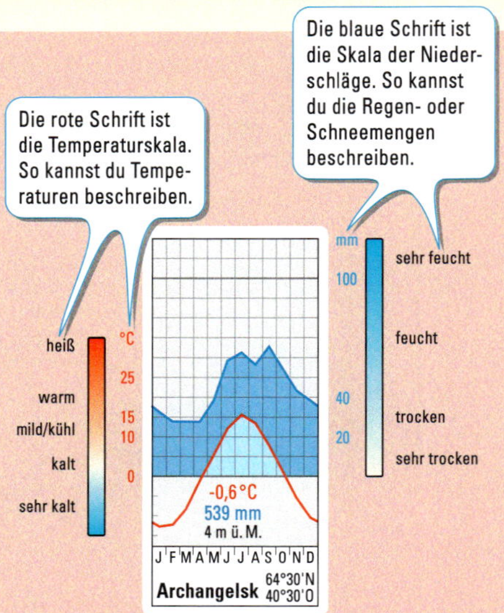

Was bedeuten die Zahlen an jeder Seite? Eine einfache Einteilung hilft dir, die Werte zu verstehen.

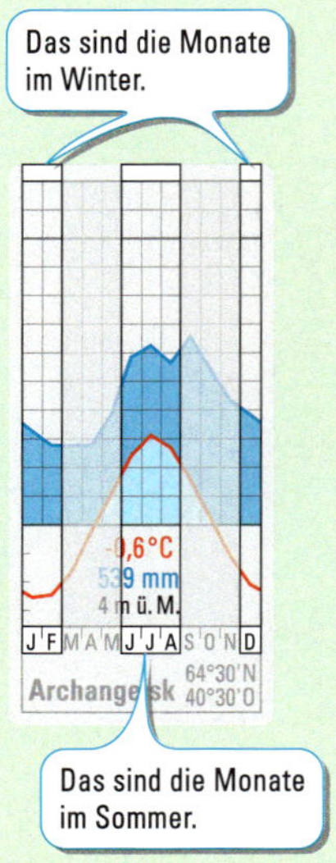

Du musst auch die Jahreszeiten unterscheiden.

Klimastation	Winter (Dezember bis Februar)
Archangelsk	trocken und sehr kalt
Palermo	feucht und mild

Jetzt kannst du das

3 Haack – Schritt für Schritt

Farbflächen und Diagramme *Wie lese ich Zahlen aus der Karte?*

Kartenbeispiel: siehe S. 194/195

*Im Atlas gibt es **thematische Karten** mit farbigen Flächen und Formen.*

?

Wie liest man diese Karten richtig?

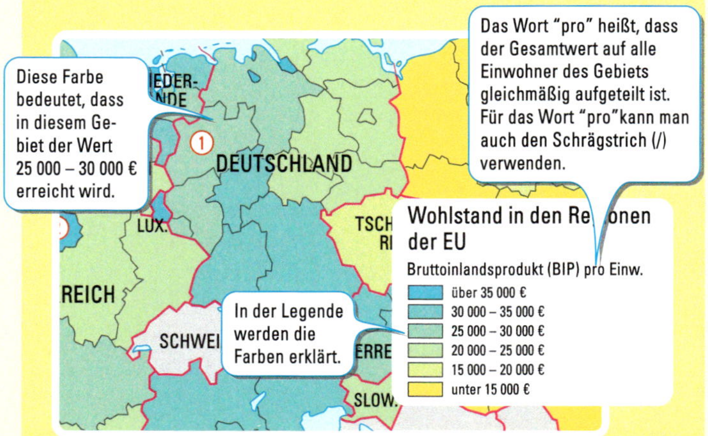

Kartenbeispiel: siehe S. 76

*Die Farbflächen zeigen einen **relativen** Wert. Du kannst nicht die gesamte Menge erkennen. Aber die Gebiete, ob groß oder klein, sind vergleichbar.*

Löse die Aufgabe.

21. Finde heraus, was die Länder Lettland, Litauen und Rumänien gemeinsam haben?

*Die farbigen Formen nennt man **Diagramme**. Sie zeigen einen **absoluten** Wert, also die gesamte Menge in einem Gebiet oder einer Stadt.*

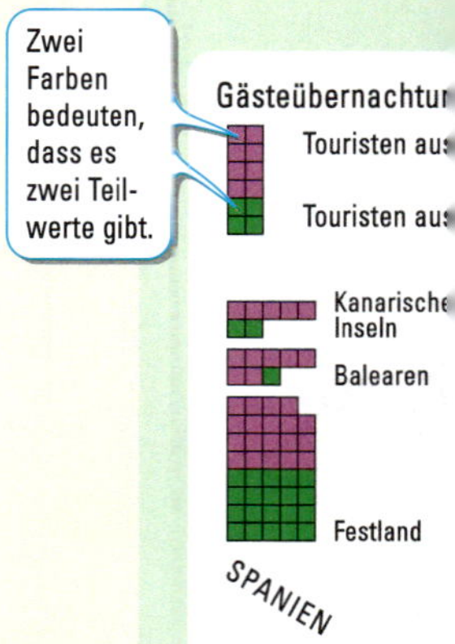

Kartenbeispiel siehe S. 70/71

*Gestapelte Kästchen nennt man **Zählkästen**.*

KLETT-PERTHES

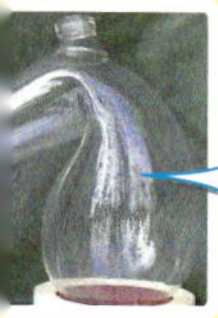

Steinkohlen-Bergbau (S. 44)

Wintersport (S. 38)

Löse die Aufgaben.
Wähle die richtige Bedeutung der Kartenzeichen aus.
Es gibt jeweils nur eine richtige Atnwort.

9 (S.38)  *a: Regenwald b: Botanischer Garten/Zoo c: Rinderzucht*

10 (S.40)  *a: Hallenbad b: Freibad c: Werft*

11 (S.28)  *a: Bahnhof b: Erdölförderung c: Erdgasförderung*

12 (S.58)  *a: Urlaubsort b: Anbau v. Zitrusfrüchten c: Vulkan*

13 (S.58)  *a: Weinbau b: Supermarkt c: Kegelbahn*

14 (S.71)  *a: Städtetourismus b: Fotoindustrie c: Geschwindigkeitskontrolle*

15 (S.71)  *a: Fahrzeugherstellung b: Seilbahn c: Bergbau*

16 (S.45)  *a: Uhrenindustrie b: Sonnenkraftwerk c: Maschinenbau*

17 (S.92)  *a: Königliche Residenz b: Schmuckherstellung c: Filmstudios*

18 (S.82)  *a: Besteckherstellung b: Leuchtturm c: historische Schlacht*

KLETT-PERTHES

ommer (Juni bis August)
feucht und kühl
sehr trocken und warm

Klima beschreiben.

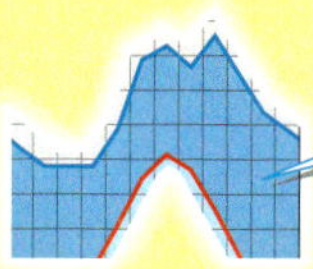

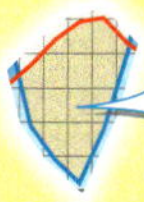

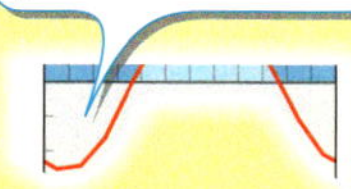

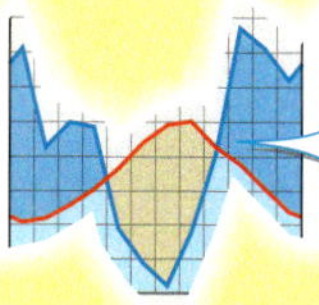

Auch mithilfe der Form und der Füllfarbe des Diagramms kannst du die Auswirkungen auf Mensch und Natur schnell erkennen und beschreiben.

Löse die Aufgaben.
Nutze hierzu die Klimadiagramme und Karten auf Seite 66/67.

19. Du bist Fährmann auf der Wolga. In welchen Monaten kannst du dein Geld verdienen?

20. Ein Reisebüro hat ein Sonderangebot für einen Strandurlaub auf Nordsizilien im Oktober. Würdest du den Urlaub buchen? Begründe.

KLETT-PERTHES

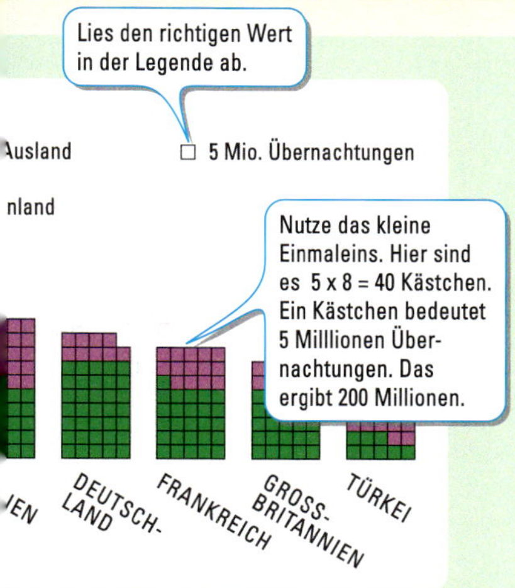

Hier kannst du die Werte genau abzählen.

Löse die Aufgabe.
22. Vergleiche Deutschland und Frankreich. Wieviel mehr Übernachtungen hat Deutschland?

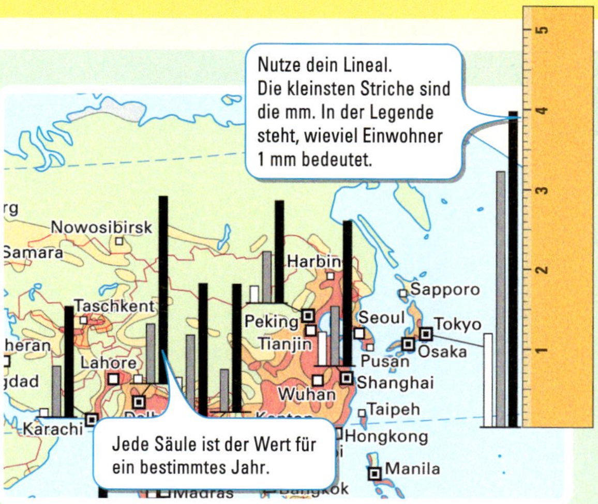

Kartenbeispiel: siehe S. 194

*Hier sind **Säulen** dargestellt. Man kann sie mit dem Auge vergleichen oder genau abmessen.*

Löse die Aufgabe.
23. Finde heraus, welche Stadt 1950 die größte der Welt war und wieviele Einwohner sie hatte. Nutze dein Lineal.

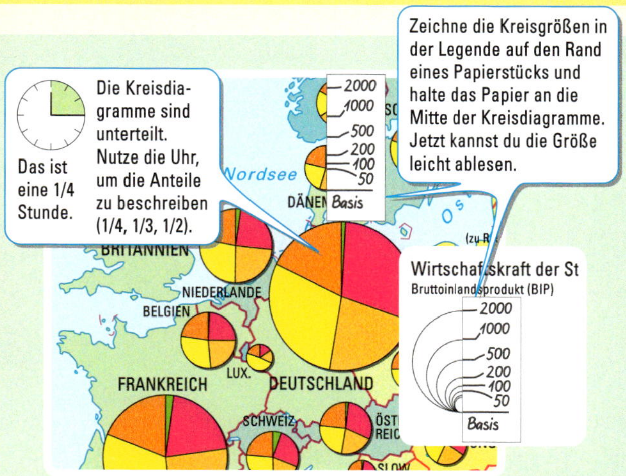

Kartenbeispiel: siehe S. 74

*Das sind **Kreisdiagramme**. Die Größe und die Einteilungen (**Sektoren**) sind sehr gut unterscheidbar.*

Löse die Aufgaben.
24. Lies ab, wer die größere Wirtschaftskraft hat.
25. Ermittle, welcher Staat den größten sekundären Sektor hat.

EINFÜHRUNG
DEUTSCHLAND
EUROPA
ASIEN
AFRIKA und ORIENT
AUSTRALIEN und POLE
AMERIKA
WELT
REGISTER

Baden-Württemberg in Deutschland

Die wichtigsten Flüsse
(Länge nur in Baden-Württemberg)

Rhein:	402 km
Neckar:	367 km
Donau:	251 km

Die größten Gebirge mit höchstem Berg

Schwarzwald:	Feldberg	1493 m
Schwäbische Alb:	Lemberg	1015 m
Allgäuer Alpen:	Schwarzer Grat	1118 m
Odenwald:	Katzenbuckel	626 m
Frankenhöhe:	Hornberg	579 m

Die größten Städte

Stuttgart:	600 205 Einw.
Mannheim:	311 279 Einw.
Karlsruhe:	290 146 Einw.
Freiburg:	219 892 Einw.
Heidelberg:	145 636 Einw.
Heilbronn:	122 156 Einw.
Ulm:	121 898 Einw.
Pforzheim:	119 756 Einw.
Reutlingen:	112 129 Einw.

1

Physische Übersicht

Höhenschichten

über 2000 m	
1000 – 2000 m	
700 – 1000 m	
500 – 700 m	
300 – 500 m	
200 – 300 m	
100 – 200 m	
unter 100 m	

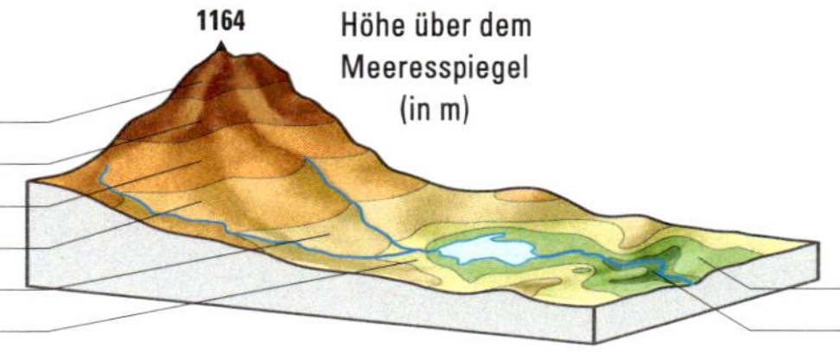

Fluss
Kanal
See, Stausee

Belchen Berg
▲1164 Höhe in Meter
Haardt Gebirge

Landesgrenze
wichtige Städte

Landtag

Plenum

Staatskanzlei

2

Verwaltungsgliederung

Land Baden-Württemberg
- Staatsgrenze
- Landesgrenze
- **STUTTGART** Landeshauptstadt, Sitz der Landesregierung und des Landtags

Regierungsbezirke
- Stuttgart
- Karlsruhe
- Freiburg
- Tübingen
- **FREIBURG** Sitz des Regierungspräsidiums

Stadt- und Landkreise
- Kreisgrenze
- Calw Name eines Landkreises
- CW Kraftfahrzeug-Kennzeichen
- Stadtkreis (kreisfreie Stadt)
- Sitz der Kreisverwaltung

1:1 200 000 — 0 10 20 30 40 50 km

Mannheim: Geometrische Stadtanlage

Schwarzwald: Bad Wildbad / Calmbach

Oberrheinische Tiefebene: Schleuse bei Rheinau

Höhenschichten

über 2000 m	
1000 – 2000 m	
700 – 1000 m	
500 – 700 m	
300 – 500 m	
200 – 300 m	
100 – 200 m	
unter 100 m	

• 1164 Höhe über dem Meeresspiegel (in m)

Orte

- 500 000 – 1 Million Einwohner
- 100 000 – 500 000 Einwohner
- 20 000 – 100 000 Einwohner
- unter 20 000 Einwohner
- Ortsteil
- dicht bebaute Siedlungsfläche (Darstellung ab 10 000 Einwohner)

Innerhalb Baden-Württembergs sind alle Orte enthalten, die Standort einer weiterführenden Schule sind. (Stand: 2010)

Sehenswürdigkeiten

- Burg, Schloss
- Burgruine, Schlossruine
- Kirche, Kloster
- Klosterruine
- Höhle
- sonstige Sehenswürdigkeit

Tauberland: Weikersheim

Neckartal: Weinberg bei Hessigheim

Stuttgart: Stadt im Talkessel

Gewässer und Verkehr

- Fluss
- Staustufe, Schleuse
- Be- und Entwässerungskanal
- See, Moor
- Stausee, Staudamm
- schiffbarer Fluss (über 600 t Tragfähigkeit)
- schiffbarer Kanal (über 600 t Tragfähigkeit)
- internationaler Flughafen
- Regionalflughafen
- Eisenbahn, Hauptstrecke
- Eisenbahn, Nebenstrecke
- Autobahn, Autobahn im Bau
- Hauptverkehrsstraße
- Tunnel

Grenzen

- Grenze von Baden-Württemberg
- Staatsgrenze
- Landesgrenze
- Regierungsbezirksgrenze
- Grenze der Stadt- und Landkreise

- Stuttgart: Landeshauptstadt und kreisfreie Stadt
- Aalen: Kreisstadt oder kreisfreie Stadt
- Calw: Name eines Landkreises

EINFÜHRUNG
DEUTSCHLAND
EUROPA
ASIEN
AFRIKA und ORIENT
AUSTRALIEN und POLE
AMERIKA
WELT
REGISTER

Kaiserstuhl mit Weinbauterrassen

Hegau mit Hohentwiel

Höhenschichten

- über 2000 m
- 1000 – 2000 m
- 700 – 1000 m
- 500 – 700 m
- 300 – 500 m
- 200 – 300 m
- 100 – 200 m
- unter 100 m

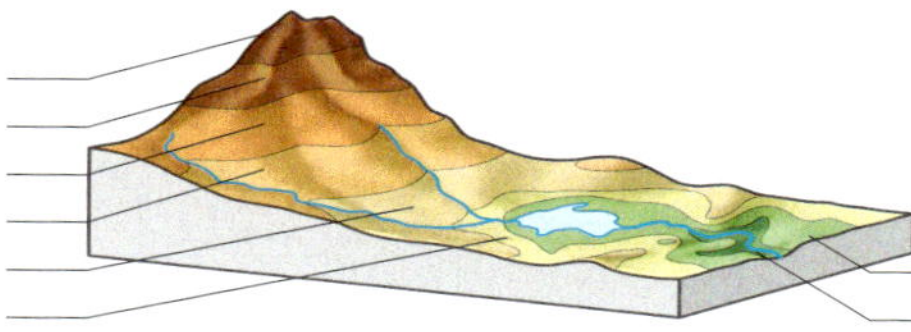

• 1164 Höhe über dem Meeresspiegel (in m)

Orte

- 500 000 – 1 Million Einwohner
- 100 000 – 500 000 Einwohner
- 20 000 – 100 000 Einwohner
- unter 20 000 Einwohner
- Ortsteil
- dicht bebaute Siedlungsfläche (Darstellung ab 10 000 Einwohner)

Innerhalb Baden-Württembergs sind alle Orte enthalten, die Standort einer weiterführenden Schule sind. (Stand: 2010)

Sehenswürdigkeiten

- Burg, Schloss
- Burgruine, Schlossruine
- Kirche, Kloster
- Klosterruine
- Höhle
- sonstige Sehenswürdigkei

Schwäbische Alb: Albtrauf mit Burg Teck

Donaudurchbruch bei Beuron

Bodensee: Meersburg, Schloss und Hafen

Gewässer und Verkehr

- Fluss
- Staustufe, Schleuse
- Be- und Entwässerungskanal
- See, Moor
- Stausee, Staudamm
- schiffbarer Fluss (über 600 t Tragfähigkeit)
- schiffbarer Kanal (über 600 t Tragfähigkeit)
- internationaler Flughafen
- Regionalflughafen
- Eisenbahn, Hauptstrecke
- Eisenbahn, Nebenstrecke
- Autobahn, Autobahn im Bau
- Hauptverkehrsstraße
- Tunnel

Grenzen

- Grenze von Baden-Württemberg
- Staatsgrenze
- Landesgrenze
- Regierungsbezirksgrenze
- Grenze der Stadt- und Landkreise

- Stuttgart – Landeshauptstadt und kreisfreie Stadt
- Aalen – Kreisstadt oder kreisfreie Stadt
- Calw – Name eines Landkreises

EINFÜHRUNG
DEUTSCHLAND
EUROPA
ASIEN
AFRIKA und ORIENT
AUSTRALIEN und POLE
AMERIKA
WELT
REGISTER

EINFÜHRUNG
DEUTSCHLAND
EUROPA
ASIEN
AFRIKA und ORIENT
AUSTRALIEN und POLE
AMERIKA
WELT
REGISTER

Jahresniederschläge
Langjährige Mittelwerte

1:2000000 0 10 20 30 km

- unter 600 mm
- 600 – 750 mm
- 750 – 900 mm
- 900 – 1200 mm
- 1200 – 1500 mm
- 1500 – 2000 mm
- über 2000 mm

804 ausgewählter Niederschlagswert (in mm)

1164 Höhe über dem Meeresspiegel (in m)

Niederschlagsdiagramme

mittlere Niederschlagshöhe pro Monat — mm 100 90 Niederschlagsskala

Niederschlagskurve — **Feldberg** Klimastation (Messstation)

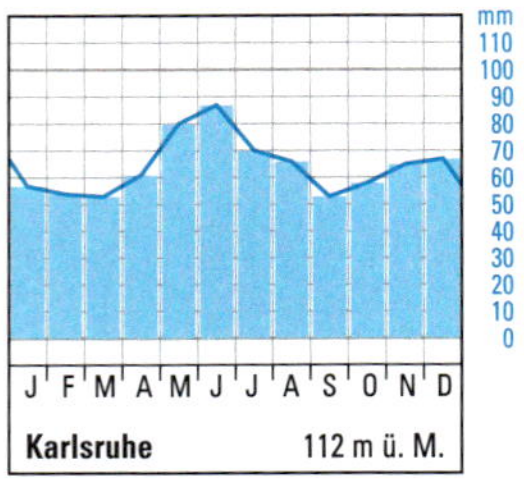

769 Jahresniederschlag (in mm)

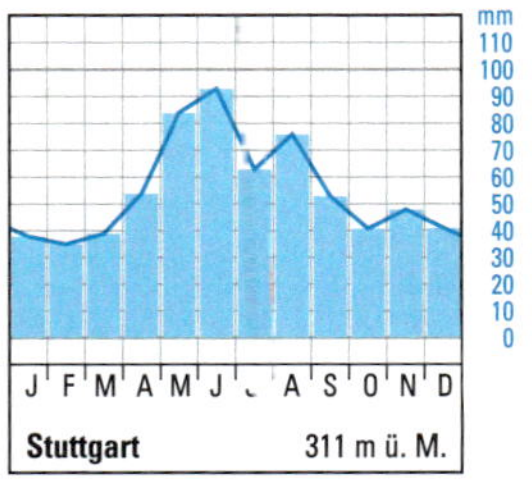

665 Jahresniederschlag (in mm)

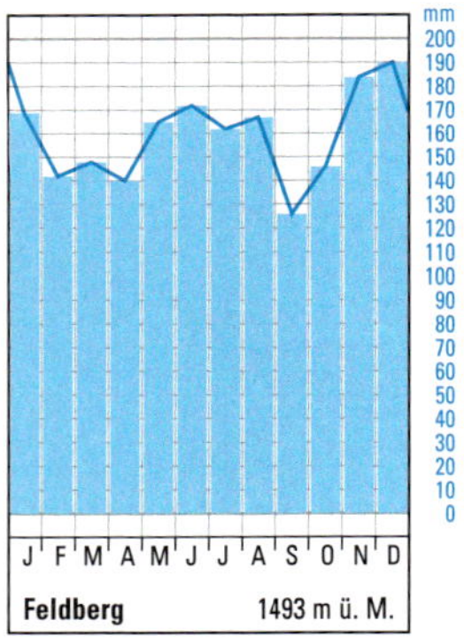

1904 Jahresniederschlag (in mm)

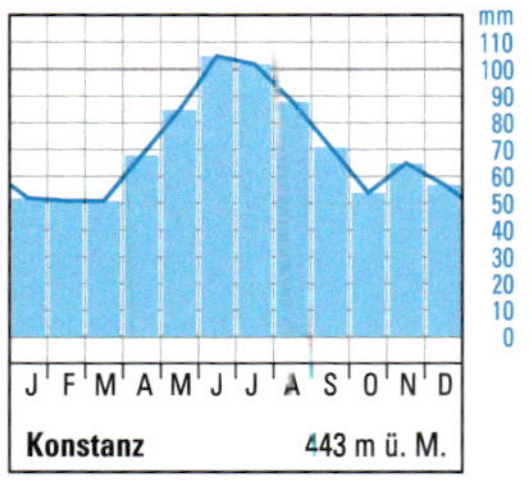

855 Jahresniederschlag (in mm)

Jahrestemperaturen
Langjährige Mittelwerte

1:2000000 0 10 20 30 km

- unter 5 °C
- 5 – 6 °C
- 6 – 7 °C
- 7 – 8 °C
- 8 – 9 °C
- über 9 °C

9,5° ausgewählter Temperaturwert (in °C)

1164 Höhe über dem Meeresspiegel (in m)

Temperaturdiagramme

Durchschnittstemperatur pro Monat — °C 30 25 Temperaturskala

Temperaturkurve — durchschnittliche Jahrestemperatur

Feldberg Klimastation (Messstation)

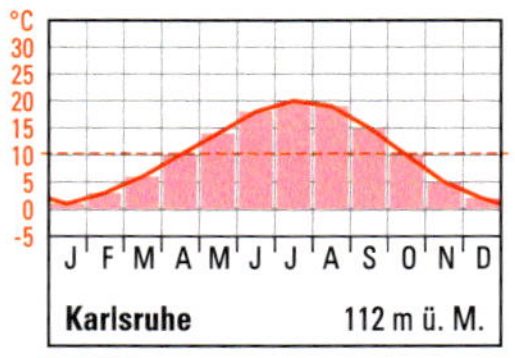

10,2° Jahrestemperatur (in °C)

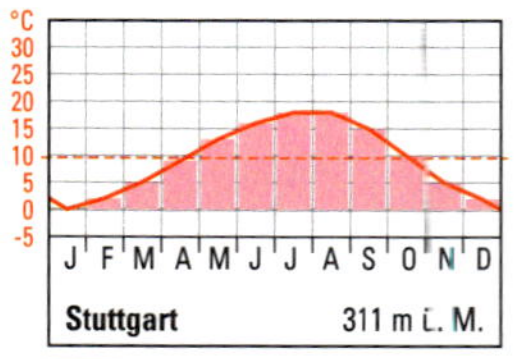

9,5° Jahrestemperatur (in °C)

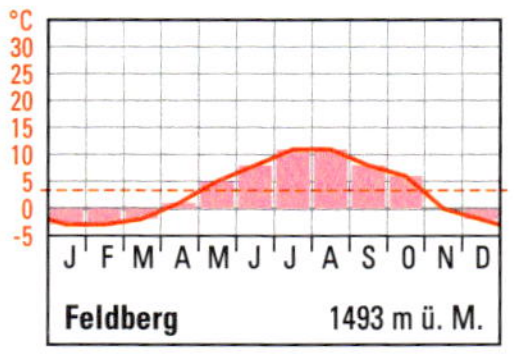

3,3° Jahrestemperatur (in °C)

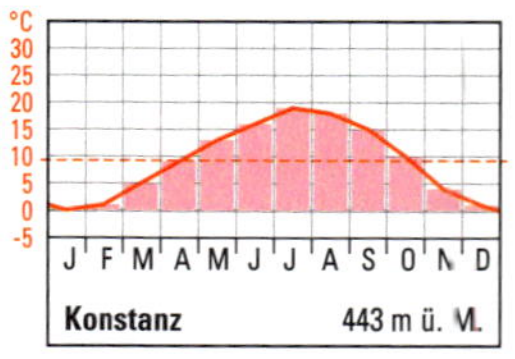

9,4° Jahrestemperatur (in °C)

Baden-Württemberg Landwirtschaft

Spargelernte bei Freiburg

Krauternte bei Filderstadt

Obsternte bei Überlingen

Landwirtschaft

Ackerbau
- auf guten Böden (Weizen, Mais, Zuckerrüben)
- auf mittleren und schlechten Böden (Weizen, Roggen, Gerste, Raps, Kartoffeln)

Sonderkulturen
- Wein
- Spargel
- sonstiges Gemüse
- Obst
- Hopfen
- Tabak

Holzgewinnung
- Wald

Viehhaltung im Stall und auf der Weide
- Wiesen (Futteranbau, Viehweiden)
- Milchkühe und Mastrinder
- Schweine
- Schafe
- Truthühner (Puten)

Herstellung von Nahrungsmitteln und Genussmitteln
- Nahrungsmittel aller Art
- Milch, Käse
- Zucker
- Bier
- Zigaretten

Orte
- wichtiger Ort
- dichte bebaute Siedlungsfläche

Infoblatt 328315-0060
Baden-Württemberg in Zahlen

Kraftfahrzeugbau in Stuttgart

Kraftwerk Altbach-Deizisau

Rechenzentrum der Universität Stuttgart

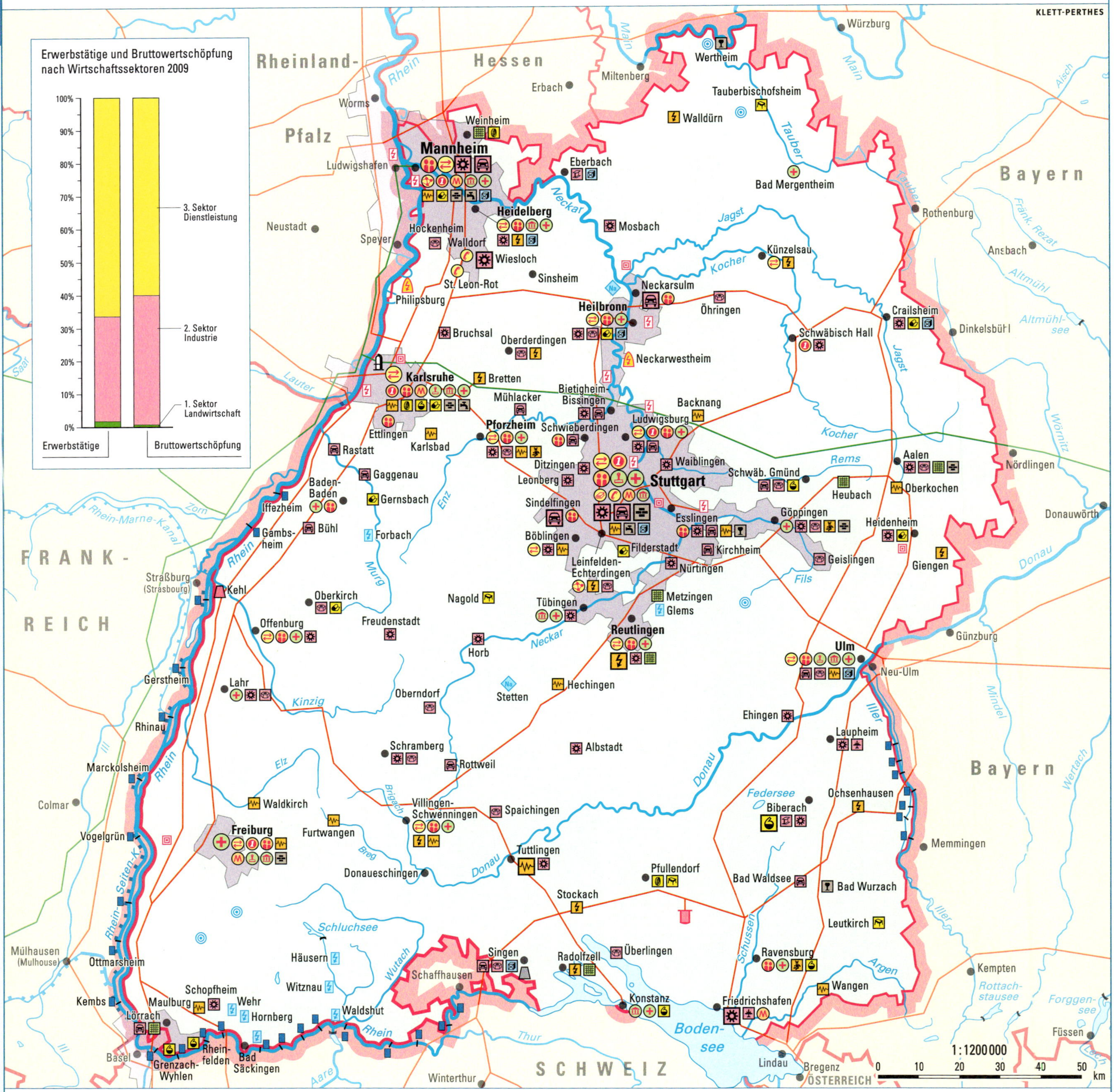

Wirtschaft und Energie

Dienstleistungen

Handel, Transport, Tourismus und Information
- Handel
- Verkehr, Lagerei
- Erdölpipeline
- Erdgaspipeline
- Medien, Verlage
- Telekommunikation, Informationstechnologie
- hohe Industrie- und Siedlungsdichte

Finanz- und Wirtschaftsdienstleistungen
- Banken, Versicherungen
- Beratung, Ingenieurbüros, Werbung
- Messen, Kongresse

Verwaltung, Bildung und Gesundheit
- Öffentliche Verwaltung, Behörden
- Schulen, Universitäten
- Krankenhäuser, Heime

Die Größe der Signatur entspricht ihrer Bedeutung.

Industrie

Bergbau und Energieversorgung
- Steinsalz
- Wärmekraftwerk
- Kernkraftwerk
- Pumpspeicherkraftwerk
- Laufwasserkraftwerk mit Staustufe
- Windpark
- Sonnenenergieanlage
- Erdgasuntertagespeicher

Produktionszweige
- Eisenverhüttung, Stahlerzeugung
- Leichtmetallverhüttung
- Gießerei, Walzwerk
- Maschinenbau
- Metallbau, Metallwaren, Werkzeuge
- Kraftfahrzeugbau (einschl. Zulieferindustrie)
- Luft- und Raumfahrttechnik
- Elektrotechnik
- Elektronik, Optik, Feinmechanik
- Schmuckwaren, Spielwaren
- Textilien, Bekleidung
- Chemie, Pharmazie
- Erdölraffinerie
- Gummi, Kunststoffe
- Holzverarbeitung, Möbel
- Papier, Druckereien
- Glas, Keramik, Baustoffe
- Baugewerbe
- Ver- und Entsorgung
- Lebensmittel

Stadtverkehr in Stuttgart

Neckar bei Gundelsheim

Flughafen Stuttgart

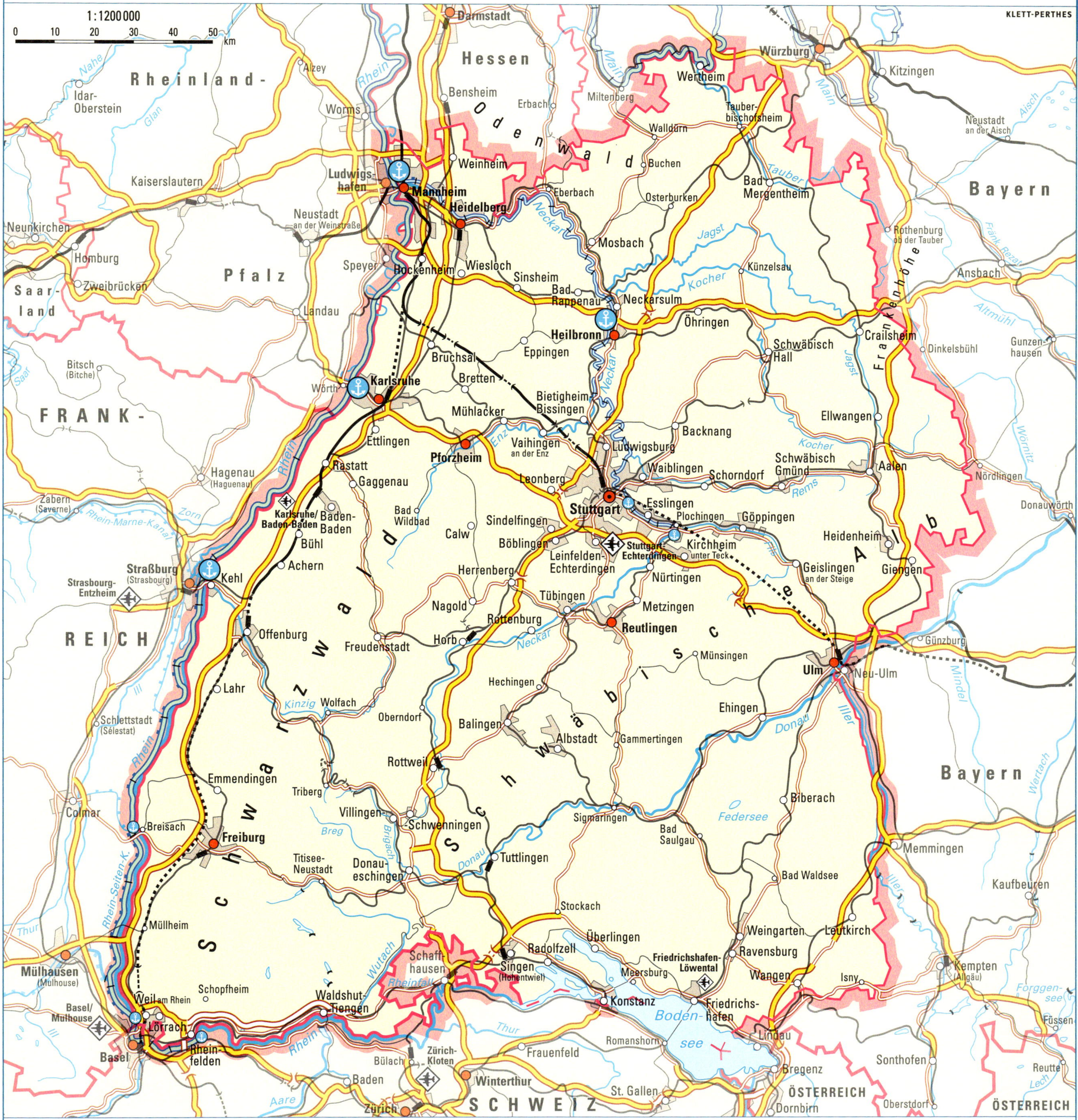

Verkehr

Schifffahrt
- Fluss und Kanal für große Flussschiffe bis 2000 t Fracht
- Fluss und Kanal für Flussschiffe bis 1350 t Fracht
- Schleuse
- Hafen

Bahnverkehr
- ICE-Schnellstrecke
- Schnellstrecke im Bau oder in Planung
- ICE-Bahnhof
- Hauptstrecke für den Fernverkehr
- Nebenstrecke für den Nahverkehr
- Tunnel

Straßenverkehr
- Autobahn
- Autobahn im Bau oder in Planung
- wichtige Bundesstraße
- Tunnel

Flugverkehr
- ständige Flüge in das Ausland
- Flüge innerhalb von Deutschland und in ausländische Urlaubsgebiete

Städte
- dicht bebaute Siedlungsfläche
- über 500 000 Einwohner
- 100 000 – 500 000 Einwohner
- 20 000 – 100 000 Einwohner
- unter 20 000 Einwohner

EINFÜHRUNG
DEUTSCHLAND
EUROPA
ASIEN
AFRIKA und ORIENT
AUSTRALIEN und POLE
AMERIKA
WELT
REGISTER

Infoblätter 828315-0080
Tourismus

Am Hockenheimring

Meersburg

Rottweiler Narrensprung

Tourismus

Landschaften
- Wald
- Felder und Wiesen

Naturschutz
- Naturpark
- Biosphärenreservat

Urlaubsgebiete
- Allgäu Ferienlandschaft
- Ferienstraße

Orte mit vielen Hotels, Pensionen und Ferienwohnungen

Angebot
- Heilbad
- Erholungsort
- Erholungsort mit Wintersport
- Stadt mit besonderen Kulturangeboten, Kongressen und Messen

Übernachtungen von Gästen pro Jahr
- über 1 000 000
- 500 000 – 1 000 000
- unter 500 000

Einzelne Sehenswürdigkeiten und Attraktionen
- Weltkulturerbe der UNESCO
- Burg, Schloss, Burgruine
- Kirche, Kloster, Wallfahrtsstätte
- schönes Stadtbild
- Tierpark, Zoo
- Freizeitpark, Volksfest
- Messe, Festspiele
- Freilichtmuseum
- schwäbisch-alemannische Fasnet
- Schauhöhle
- sonstige Sehenswürdigkeit

Baden-Württemberg Landeshauptstadt und Landesgeschichte

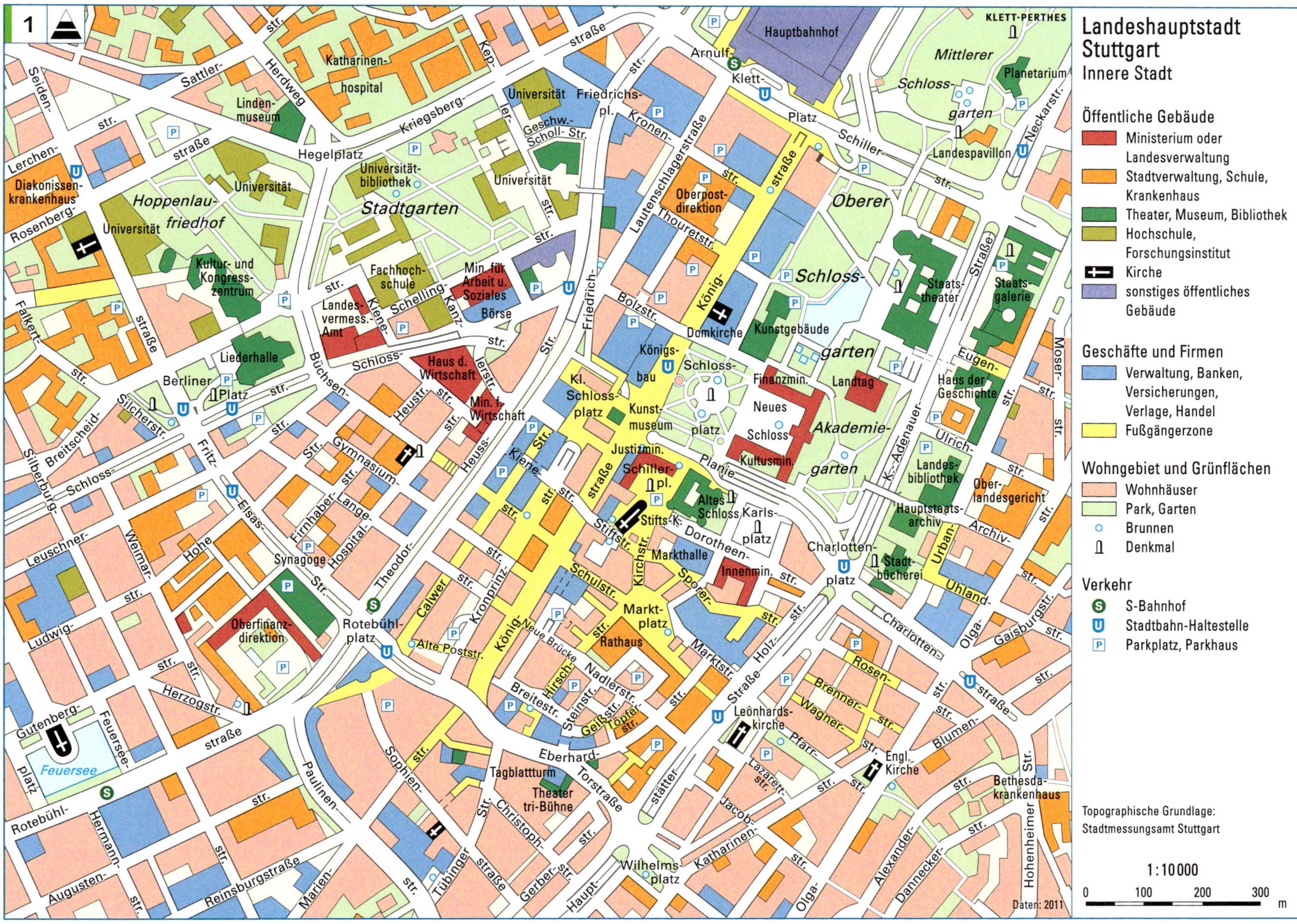

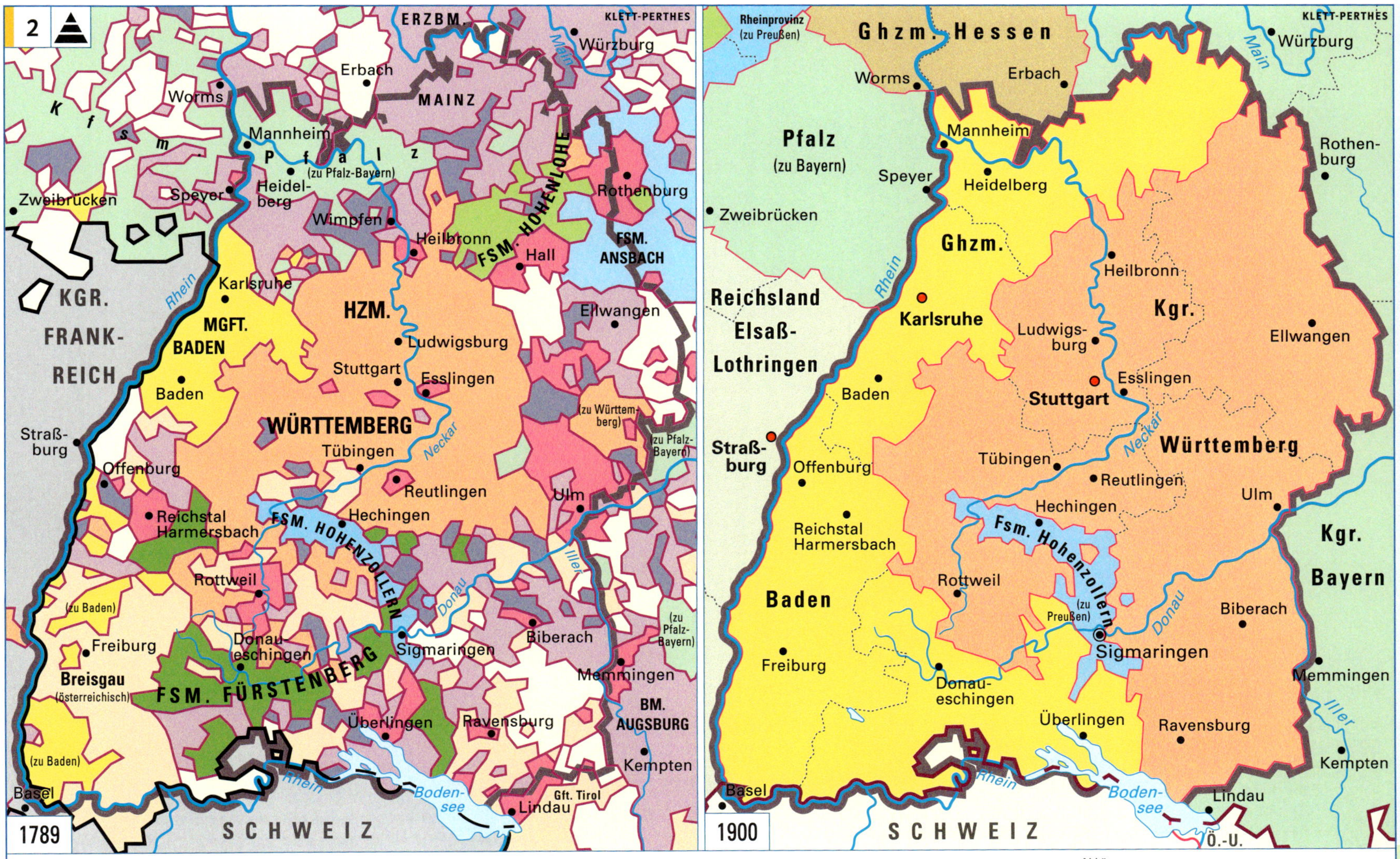

Südwestdeutschland 1789 und 1900

1:2000000 — 0 10 20 30 km

- Heiliges Römisches Reich
- Deutsches Kaiserreich
- Staat
- Bundesstaat
- Regierungsbezirk
- heutiges Baden-Württemberg
- Reichsstädte
- Reichsritterschaft
- Österreichische Erblande
- geistliche Gebiete
- sonstige Herrschaftsgebiete
- Hauptstadt eines Bundesstaates
- Provinzhauptstadt Preußens
- sonstige Städte

Abkürzungen:

Kgr.	Königreich	Mgft.	Markgrafschaft
Ghzm.	Großherzogtum	Gft.	Grafschaft
Hzm.	Herzogtum	Bm.	Bistum
Kfsm.	Kurfürstentum	Erzbm.	Erzbistum
Fsm.	Fürstentum	Ö.-U.	Österreich-Ungarn

Große Flüsse
(Flusslängen innerhalb von Deutschland)

1. Rhein	865 km
2. Weser (mit Werra)	744 km
3. Elbe	727 km
4. Donau	647 km
5. Main	524 km

Große Seen

1. Bodensee (deutscher Anteil)	306 km²
2. Müritz	117 km²
3. Chiemsee	80 km²
4. Schweriner See	62 km²
5. Starnberger See	56 km²

Große Inseln

1. Rügen	926 km²
2. Usedom (deutscher Anteil)	373 km²
3. Fehmarn	185 km²
4. Sylt	99 km²
5. Föhr	82 km²

Physische Übersicht

Höhenschichten

- über 2000 m
- 1000 – 2000 m
- 500 – 1000 m
- 200 – 500 m
- 100 – 200 m
- 0 – 100 m
- unter 0 m

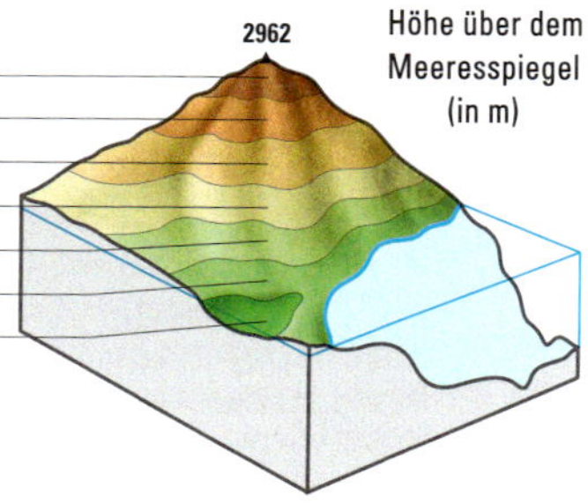

- Fluss
- Kanal
- See, Stausee
- Brocken — Berg
- ▲1142 — Höhe in Meter
- Harz — Gebirge
- Staatsgrenze
- große Städte

1:3500000

0 20 40 60 80 100 km

N, O, S, W

Unsere Großlandschaften

2

Bundesländer

— Staatsgrenze
— Grenze der Bundesländer
■ Hauptstadt eines Staates
● Hauptstadt eines Bundeslandes

1:3 500 000
0 20 40 60 80 100 km

Alle Bundesländer (nach Einwohnern) Stand: 2009

10 Mio. Einwohner
1 Mio. Einwohner

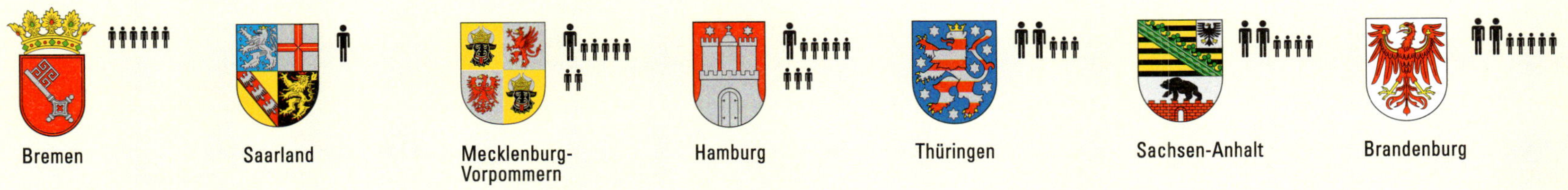

Klima

- kühler Sommer, milder Winter, feucht
- warmer Sommer, kalter Winter, trocken
- warmer Sommer, kalter Winter, feucht
- kühler und feuchter als das Umland, oft windig
- wärmer und trockener als das Umland
- Staatsgrenze
- Grenze der Bundesländer

1:5000000 0 50 100 km

Landwirtschaft

Anbaugebiete

Grundnahrungsmittel
- Getreide (Weizen, Gerste
- Kartoffeln

Zuckerpflanzen
- Zuckerrüben

Gemüse und Früchte
- Gemüse
- Obst
- Weintrauben

Genussmittel
- Hopfen
- Tabak

Tierische Produkte
- Milch, Fleisch
- Fleisch
- Fleisch,Wolle

Futtermittel
- Mais

Landschaften

- Wald
- Grünland (Weide und Futteranbau)
- Ackerland
- Hochgebirge (keine Nutzung)

- Staatsgrenze
- Grenze der Bundesländer

1:5000000 0 50 100 km

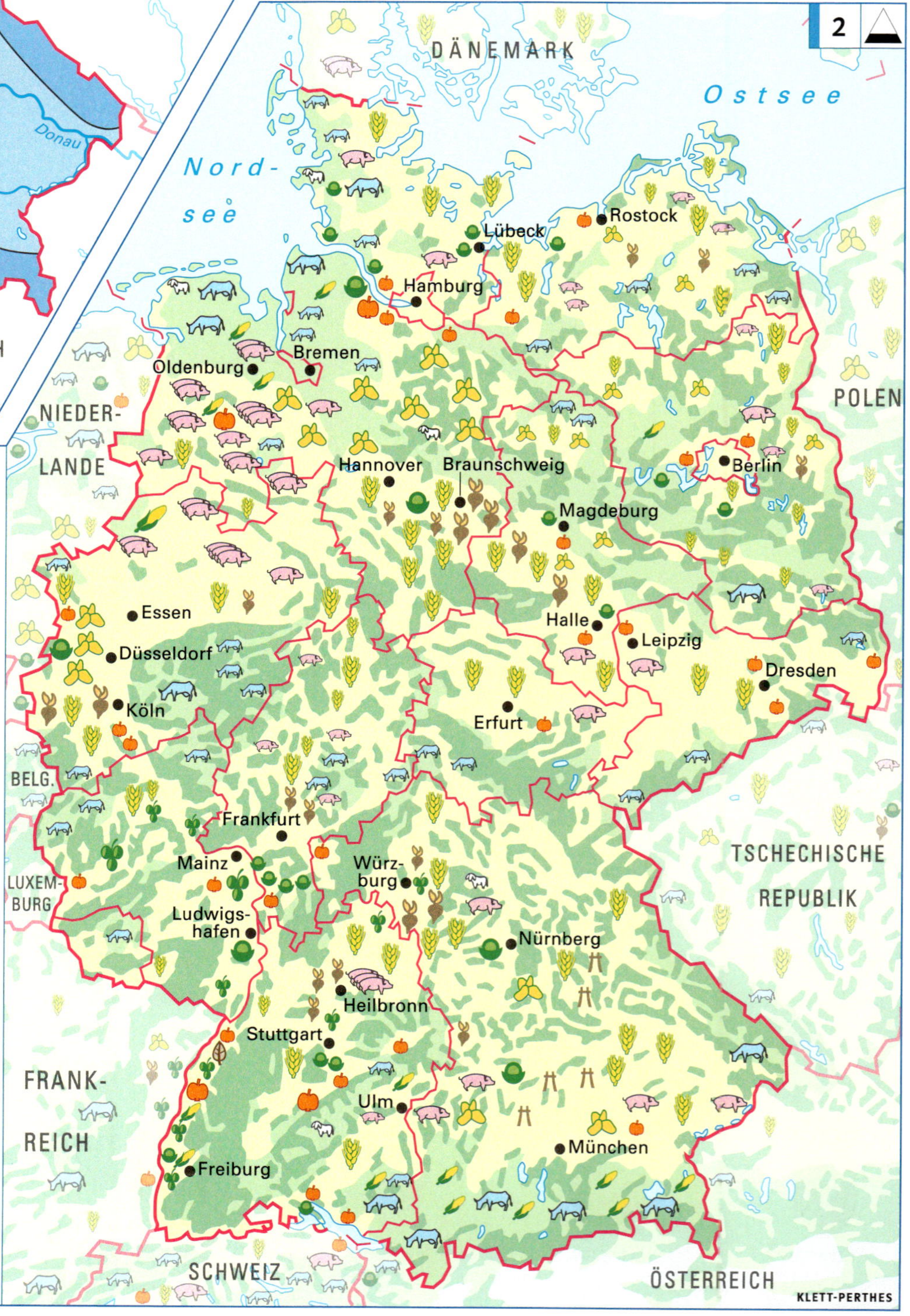

3

Wirtschaft

Rohstoffgewinnung

- Erdöl
- Erdgas
- Kohle (Steinkohle und Braunkohle)
- große Fördermenge
- kleine Fördermenge

Wirtschaftszentrum

- Industrie (Arbeitsplätze in Fabriken, auf Baustellen, im Bergbau)
- Dienstleistungen (Arbeitsplätze in Büros, Hotels, Geschäften, Schulen, Krankenhäusern)
- großes Wirtschaftszentrum
- kleines Wirtschaftszentrum
- viel Industrie, wenige Dienstleistungen
- wenig Industrie, viele Dienstleistungen

- Staatsgrenze
- Grenze der Bundesländer

1 : 5 000 000 0 50 100 km

4

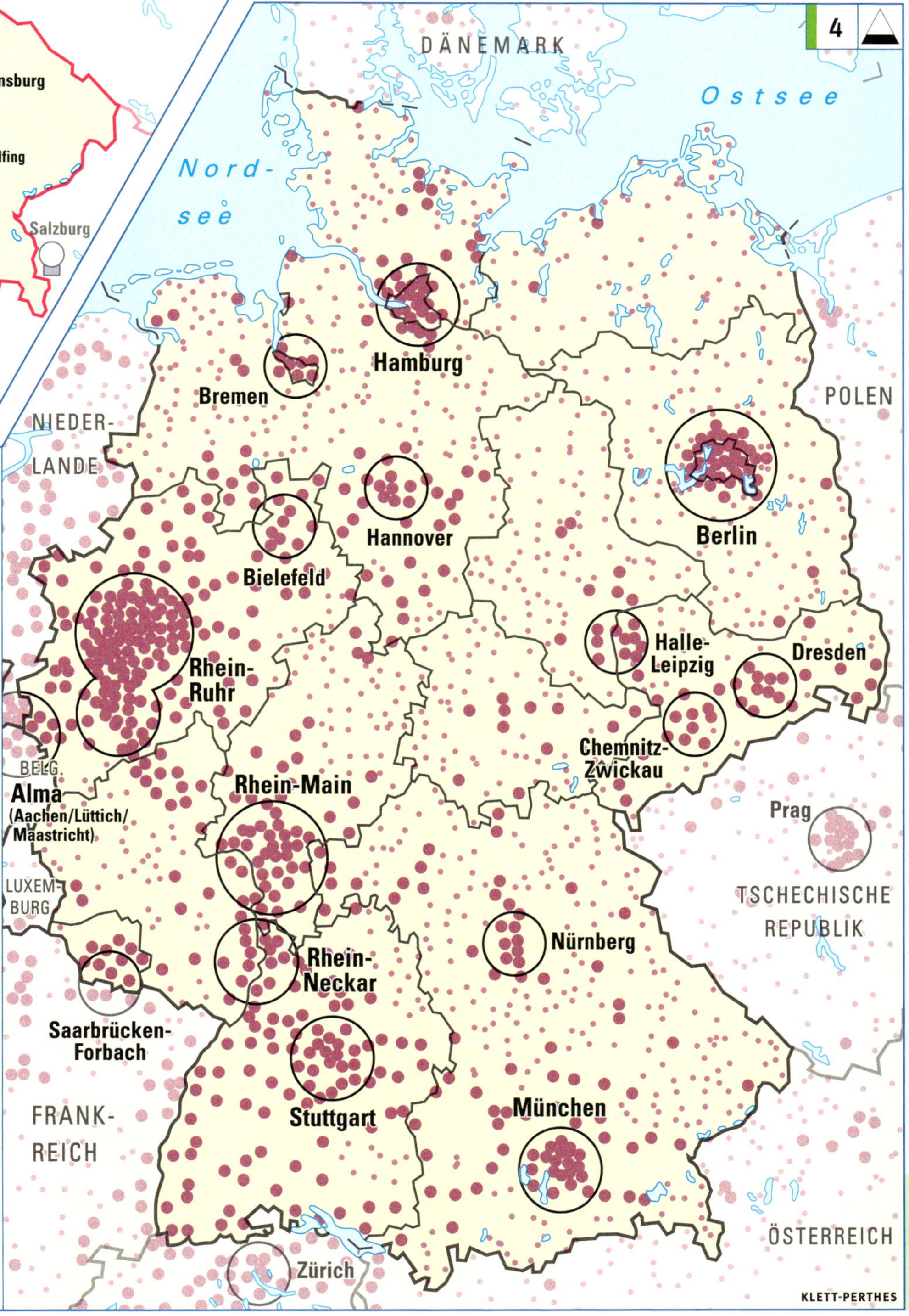

Bevölkerungsverteilung

- 100 000 Menschen
- 20 000 Menschen

Berlin großer städtischer Ballungsraum

- Staatsgrenze
- Grenze der Bundesländer

1 : 5 000 000 0 50 100 km

EINFÜHRUNG
DEUTSCHLAND
EUROPA
ASIEN
AFRIKA und ORIENT
AUSTRALIEN und POLE
AMERIKA
WELT
REGISTER

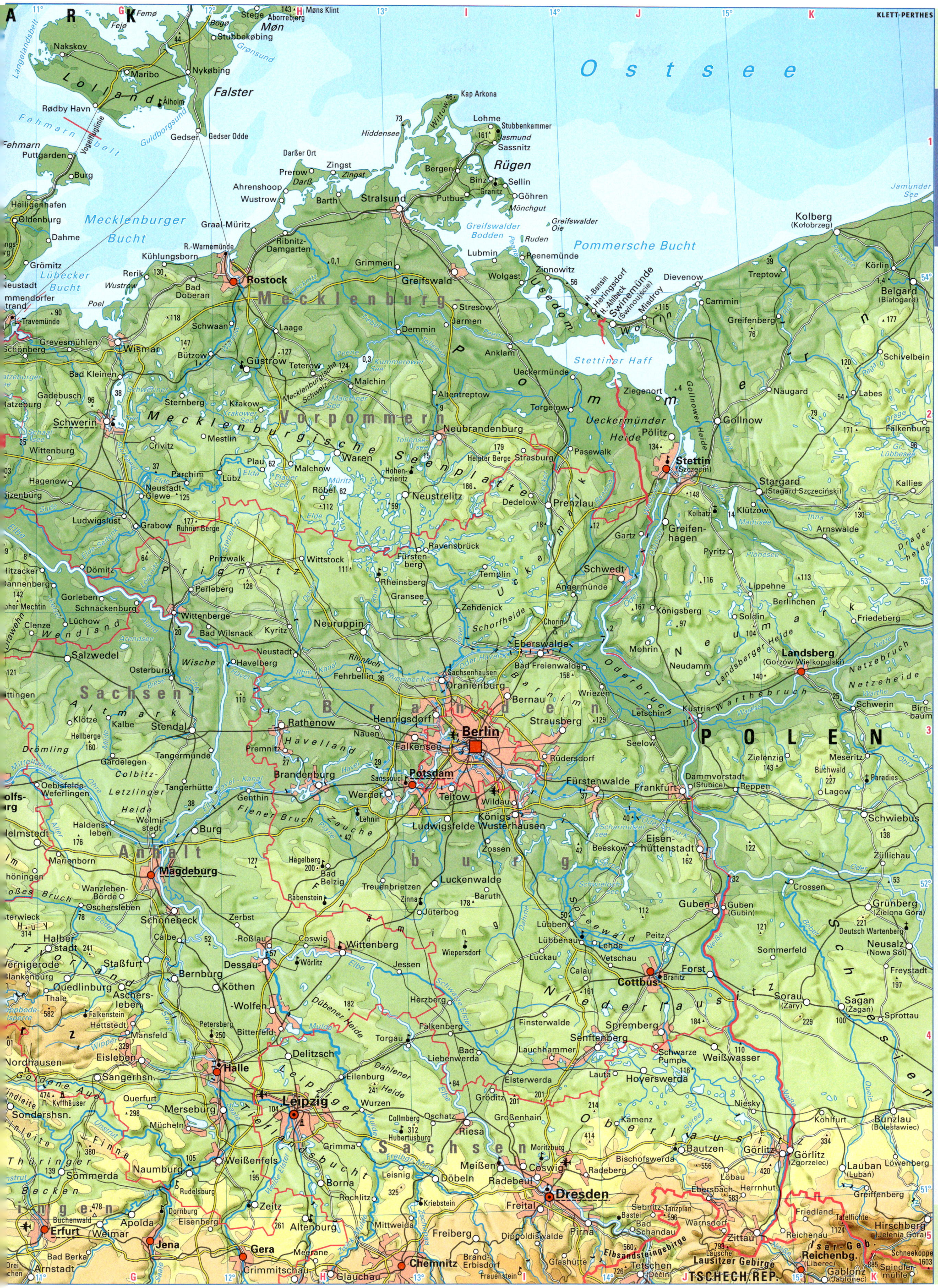
KLETT-PERTHES
Ostsee
Lolland
Falster
Møn
Mons Klint
Stege
Stubbekøbing
Nykøbing
Maribo
Nakskov
Rødby Havn
Gedser
Gedser Odde
Fehmarn
Fehmarnbelt
Puttgarden
Burg
Heiligenhafen
Oldenburg
Dahme
Grömitz
Neustadt
Lübecker Bucht
Mecklenburger Bucht
Travemünde
Kap Arkona
Lohme
Stubbenkammer
Sassnitz
Rügen
Bergen
Hiddensee
Wittow
Binz
Sellin
Göhren
Mönchgut
Putbus
Stralsund
Barth
Zingst
Prerow
Darßer Ort
Ahrenshoop
Wustrow
Graal-Müritz
Ribnitz-Damgarten
R.-Warnemünde
Kühlungsborn
Rerik
Bad Doberan
Rostock
Wismar
Grevesmühlen
Greifswald
Greifswalder Bodden
Greifswalder Oie
Ruden
Lubmin
Wolgast
Peenemünde
Zinnowitz
Usedom
Pommersche Bucht
Swinemünde (Świnoujście)
Misdroy
Dievenow
Wollin
Kolberg (Kołobrzeg)
Treptow
Cammin
Greifenberg
Körlin
Belgard (Białogard)
Schivelbein
Labes
Naugard
Falkenburg
Stettiner Haff
Ueckermünde
Ueckermünder Heide
Anklam
Demmin
Jarmen
Stresow
Grimmen
Laage
Schwaan
Güstrow
Teterow
Bützow
Malchin
Kummerower See
Mecklenburg
Vorpommern
Mecklenburgische Seenplatte
Schwerin
Gadebusch
Ratzeburg
Crivitz
Sternberg
Krakow
Mestlin
Parchim
Plau
Lübz
Malchow
Waren
Müritz
Röbel
Neustrelitz
Neubrandenburg
Altentreptow
Torgelow
Pasewalk
Strasburg
Prenzlau
Pölitz
Stettin (Szczecin)
Gollnow
Stargard (Stargard Szczeciński)
Pyritz
Greifenhagen
Gartz
Schwedt
Angermünde
Königsberg
Soldin
Lippehne
Berlinchen
Friedeberg
Landsberg (Gorzów Wielkopolski)
Netzebruch
Warthebruch
Küstrin
Neumark
Ludwigslust
Grabow
Hagenow
Wittenburg
Dömitz
Prignitz
Perleberg
Pritzwalk
Wittstock
Wittenberge
Rheinsberg
Gransee
Fürstenberg
Templin
Uckermark
Zehdenick
Schorfheide
Eberswalde
Bad Freienwalde
Oderbruch
Wriezen
Seelow
Neuruppin
Kyritz
Wendland
Lüchow
Salzwedel
Gorleben
Schnackenburg
Altmark
Stendal
Sachsen-Anhalt
Havelberg
Rathenow
Havelland
Nauen
Oranienburg
Hennigsdorf
Bernau
Strausberg
Berlin
Falkensee
Potsdam
Teltow
Werder
Brandenburg
Ludwigsfelde
Königs Wusterhausen
Fürstenwalde
Frankfurt
Słubice
Eisenhüttenstadt
Beeskow
Zossen
Luckenwalde
Baruth
Jüterbog
Treuenbrietzen
Bad Belzig
Genthin
Tangermünde
Gardelegen
Wolmirstedt
Haldensleben
Burg
Magdeburg
Schönebeck
Zerbst
Dessau
Wittenberg
Coswig
Jessen
Köthen
Bernburg
Staßfurt
Halberstadt
Wernigerode
Quedlinburg
Aschersleben
Harz
Mansfeld
Eisleben
Sangerhausen
Nordhausen
Halle
Bitterfeld
Delitzsch
Leipzig
Merseburg
Querfurt
Weißenfels
Naumburg
Zeitz
Altenburg
Gera
Jena
Weimar
Erfurt
Sömmerda
Thüringen
Arnstadt
Grimma
Wurzen
Eilenburg
Torgau
Herzberg
Bad Liebenwerda
Elsterwerda
Finsterwalde
Lübben
Lübbenau
Spreewald
Cottbus
Forst
Guben
Peitz
Senftenberg
Spremberg
Hoyerswerda
Weißwasser
Niederlausitz
Oberlausitz
Kamenz
Bautzen
Görlitz
Zgorzelec
Niesky
Löbau
Zittau
Riesa
Meißen
Döbeln
Radebeul
Dresden
Pirna
Freital
Freiberg
Chemnitz
Mittweida
Sachsen
Elbsandsteingebirge
Lausitzer Gebirge
Bad Schandau
Tetschen
Reichenberg (Liberec)
Gablonz (Jablonec)
TSCHECH. REP.
POLEN
Züllichau
Schwiebus
Crossen
Grünberg (Zielona Góra)
Sommerfeld
Sorau (Żary)
Sagan (Żagań)
Sprottau
Neusalz (Nowa Sól)
Freystadt
Bunzlau (Bolesławiec)
Lauban (Lubań)
Löwenberg
Greiffenberg
Hirschberg (Jelenia Góra)
Friedland
Schlesien
Meseritz
Paradies
Lagow
Zielenzig
Sternberg
Neudamm
Mohrin
Kallies
Arnswalde

EINFÜHRUNG
DEUTSCHLAND
EUROPA
ASIEN
AFRIKA und ORIENT
AUSTRALIEN und POLE
AMERIKA
WELT
REGISTER

KLETT-PERTHES
POLEN
DEUTSCHLAND
TSCHECHISCHE REPUBLIK
ÖSTERREICH
Sachsen
Leipzig
Dresden
Chemnitz
Halle
Erfurt
Jena
Gera
Zwickau
Plauen
Hof
Bayreuth
Bamberg
Erlangen
Fürth
Nürnberg
Regensburg
Ingolstadt
Augsburg
München
Landshut
Passau
Salzburg
Linz
Innsbruck
Prag (Praha)
Pilsen (Plzeň)
Budweis (České Budějovice)
Karlsbad (Karlovy Vary)
Aussig (Ústí)
Reichenbg. (Liberec)
Görlitz
Bautzen
Zittau
Erzgebirge
Fichtelgebirge
Frankenwald
Oberpfälzer Wald
Bayerischer Wald
Böhmerwald
Kaiserwald
Tepler Hochland
Duppauer Gebirge
Brdywald
Böhmisches Mittelgebirge
Elbsandsteingebirge
Lausitzer Gebirge
Isergeb.
Oberlausitz
Leipziger Bucht
Thüringer Becken
Thüringer Wald
Fränkische Alb
Fränkische Schweiz
Hallertau
Donaumoos
Bayerische Alpen
Mangfallgebirge
Ammergebirge
Karwendel-Geb.
Chiemgauer Alpen
Kaisergebirge
Salzburger Alpen
Kitzbüheler Alpen
Niedere Tauern
Totes Gebirge
Dachstein
Sengsen-Geb.
Eisenerzer A.
Hochschwab
Hausruck
Innviertel
Mühlviertel
Weinsberger Wald
Böhmen
Donau
Elbe
Moldau
Inn
12° östliche Länge von Greenwich
13°
14°
15°
50°
49°

EINFÜHRUNG
DEUTSCHLAND
EUROPA
ASIEN
AFRIKA und ORIENT
AUSTRALIEN und POLE
AMERIKA
WELT
REGISTER

Naturraum und Landschaft

Norddeutsches Tiefland
- Watt, Sand
- Marsch
- weite Talniederungen
- flachwellige Geest, Schotterplatten
- hügeliges Jungmoränenland

Mittelgebirgsland
- Becken und Senken mit milderem Klima
- Berg- und Hügelland, Stufenland
- Höhen des Berglandes mit rauerem Klima

Alpenvorland
- flache Schotterplatten
- sanftes Hügelland
- hügeliges Jungmoränenland

Alpen
- große Alpentäler
- Hochgebirgsketten, Hochgebirgsplateaus

- Eiszeitsee
- Endmoräne Weichsel-/Würmeiszeit
- Endmoräne Saale-/Rißeiszeit
- Sander
- Urstromtal

Grenze zwischen den naturräumlichen Großregionen Norddeutsches Tiefland, Mittelgebirgsland, Alpenvorland, Alpen

EINFÜHRUNG
DEUTSCHLAND
EUROPA
ASIEN
AFRIKA und ORIENT
AUSTRALIEN und POLE
AMERIKA
WELT
REGISTER

2

KLETT-PERTHES

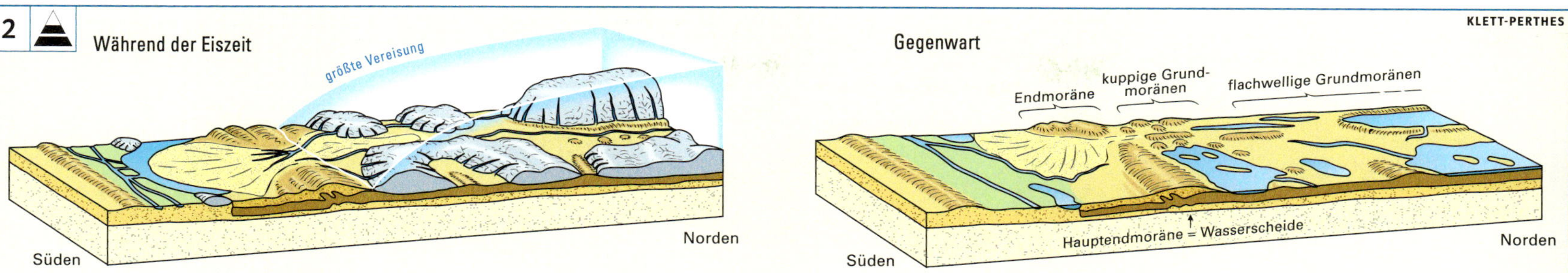

In der Eiszeit geformte Landschaft
Kräfte an der Erdoberfläche

- geologischer Untergrund
- Eiszeitgletscher
- Schuttmaterial der Grundmoräne
- Kiessande der Endmoräne
- Schmelzwassersande
- Sandersande
- Urstromtal
- Fluss, Bach
- Toteisblöcke
- See (z. B. Toteissee)

3

KLETT-PERTHES

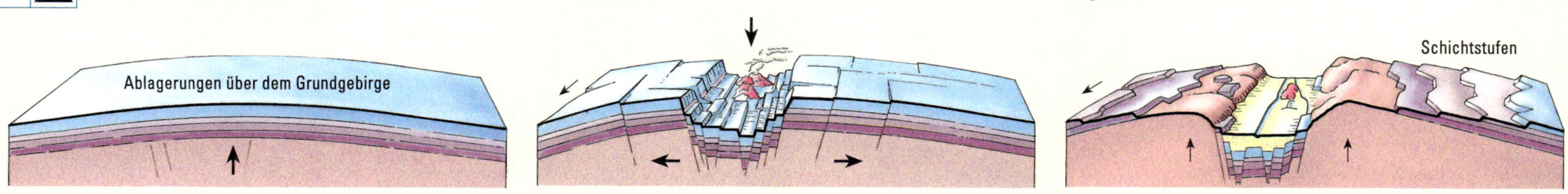

Entstehung des Oberrheingrabens
Kräfte aus dem Erdinneren

- Sedimentgestein, Ablagerungen (z. B. Sand, Kies)
- Gesteinsschichten aus unterschiedlichen Erdzeitaltern
- vulkanisches Gestein (z. B. Basalt)
- kristallines Gestein (z. B. Gneis)
- Verwerfung, Einbrüche
- Absenkung, Grabenbildung
- Hebung
- Dehnung, Auseinander-Driften

4

Landschaften in Deutschland

KLETT-PERTHES

1 Tiefland: Marsch

2 Tiefland: Flachwellige Geest, Schotterplatten

3 Tiefland: Hügeliges Jungmoränenland

4 Mittelgebirge: Becken und Senken

5 Mittelgebirge: Berg- und Hügelland, Stufenland

6 Mittelgebirge: Höhen des Berglandes

7 Alpenvorland: Flache Schotterplatten

8 Alpenvorland: Sanftes Hügelland

9 Alpenvorland: Hügeliges Jungmoränenland

10 Alpen: Große Täler

11 Alpen: Hochgebirgsketten, -plateaus

1

Jahresniederschläge

500 | 600 | 700 | 800 | 1000 | 1500 | 2000 mm

591 Jahresniederschlag ausgewählter Klimastationen (in mm)

▲ 1493 Höhe über dem Meeresspiegel (in m)

2 Klimadiagramme

Konstruktion eines Klimadiagramms

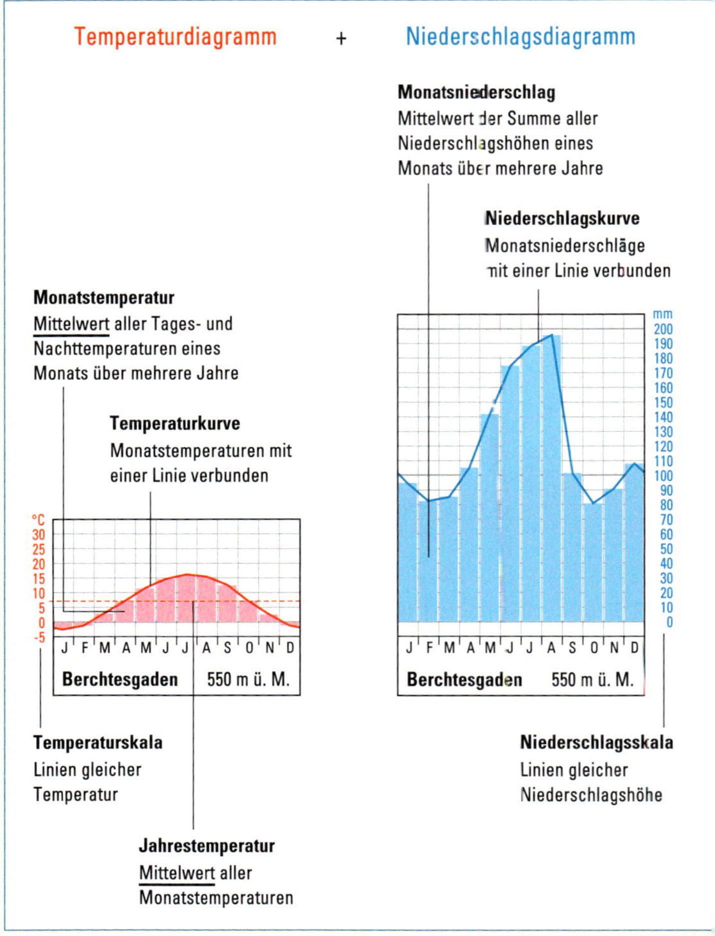

Beispiele für Klimastationen in Deutschland

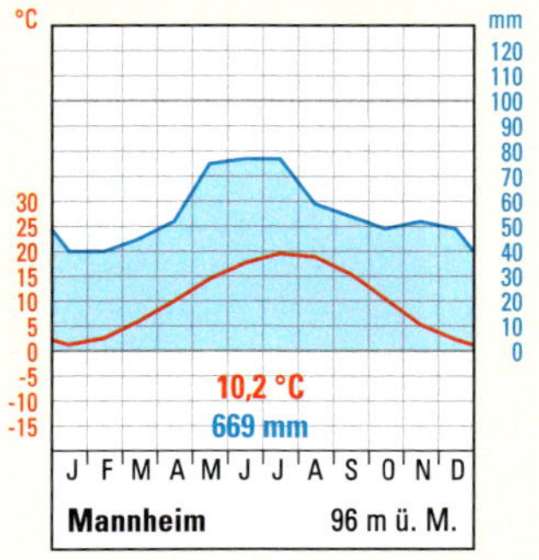

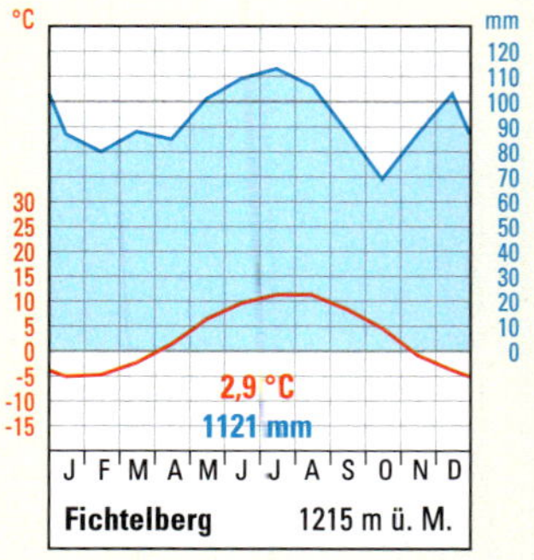

4

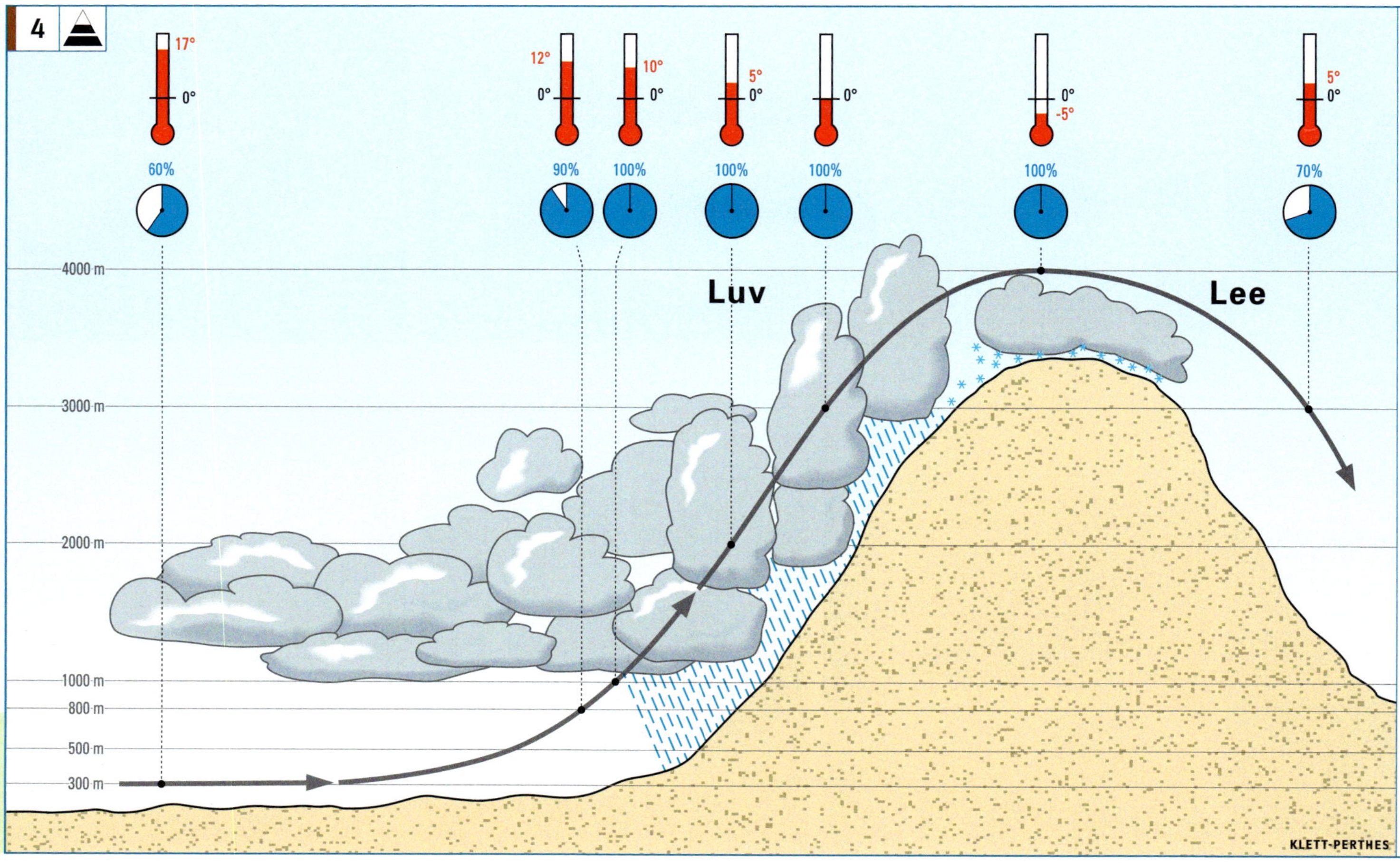

Steigungsregen

Luftmassen

10° 0° Temperatur

70% relative Luftfeuchtigkeit

Messpunkt

Regen

Schnee

KLETT-PERTHES

= Klimadiagramm

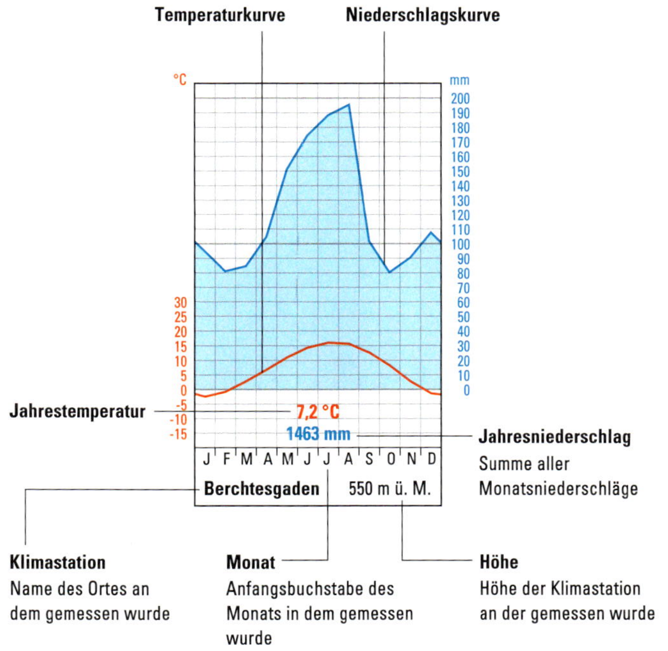

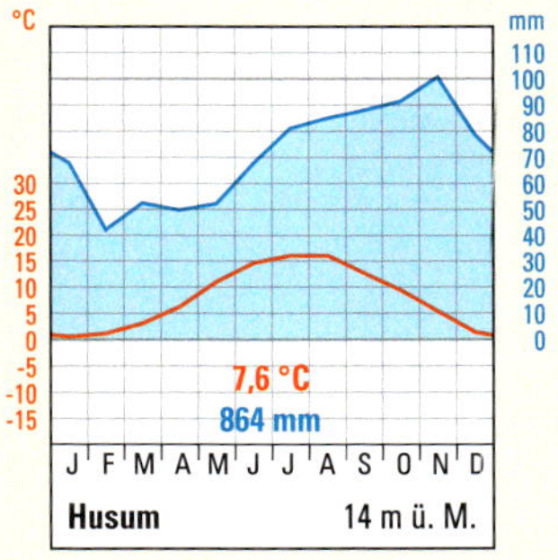

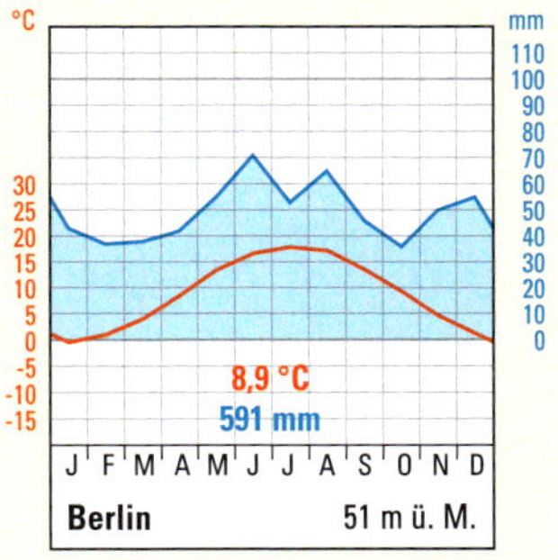

3 Jahrestemperaturen

5 Klimawandel 1990 – 2040

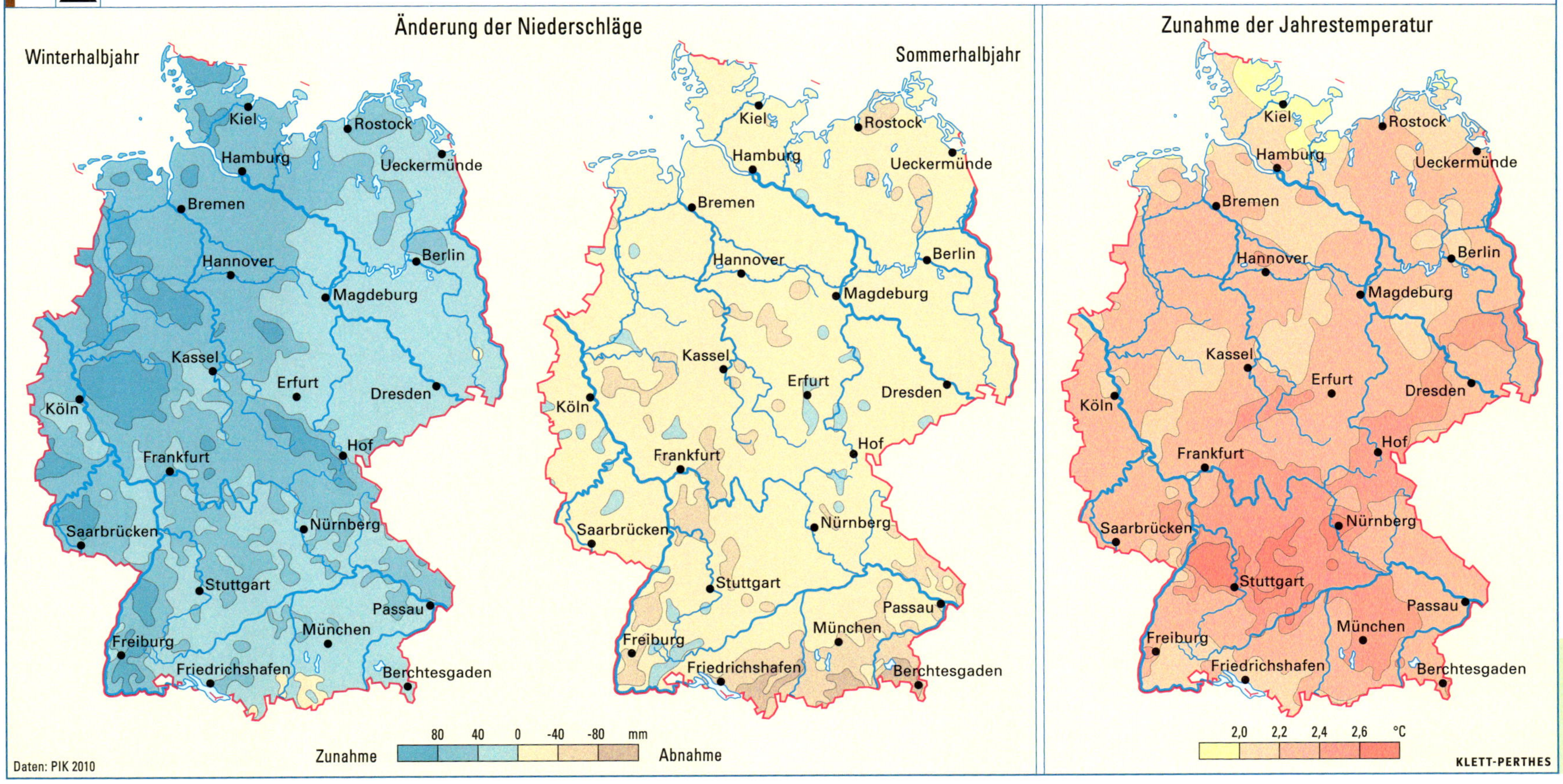

Tourismus und Naherholung

hohe Industrie- und Siedlungsdichte	

Tourismus- und Naherholungsgebiete
- Harz – wichtige Ferienlandschaft
- Erholungsgebiete in der Natur
- Chiemsee – Badegewässer

Erholungs- und Kurorte
- Kurort mit Seeklima
- Kurort mit Heilquelle
- sonstiger Erholungsort
- Wintersportzentrum

Städtetourismus
- Kultur- und Geschäftstourismus

Übernachtungen pro Jahr
- über 5 Mio.
- 1 – 5 Mio.
- unter 1 Mio.

Ausflugsziele
- Limes – UNESCO-Weltkulturerbe

sonstige Sehenswürdigkeiten (in Auswahl)
- besondere historische Bauten (Burg, Schloss, Kloster)
- Botanischer Garten, Zoo
- Freizeit- und Erlebnispark

2 Tourismus in Stadt und Natur

Ostseebad Binz

Hamburger Hafenfest

Harz

Dresdner Zwinger

Frankfurter Messe

Schwarzwald

3

Natur- und Landschaftsschutzgebiete

▲ Naturschutzgebiet (in Auswahl)

Landschaft: kleines und unberührtes Naturgebiet

Ziel des Schutzes: Erhaltung gefährdeter Pflanzen und Tiere

Kieshofer Moor

Naturpark

Landschaft: der Erholung dienender, vom Menschen geprägter Raum

Ziel des Schutzes: Vermeidung großräumig zerstörender Eingriffe

Thüringer Wald

Nationalpark
HARZ

Landschaft: einzigartiger und wenig veränderter Naturraum

Ziel des Schutzes: ungestörte Entwicklung der Natur

Unteres Odertal

Landschafts-schutzgebiet

Landschaft: der Naherhohlung dienendes, wenig bebautes Gebiet

Ziel des Schutzes: Sicherung des Erholungsraums, Erhaltung d. Luft-, Wasser- u. Bodenqualität

Fränkisches Neuseenland

Biosphären-reservat

Landschaft: einzigartige, zum Teil vom Menschen geprägte Landschaft

Ziel des Schutzes: Erhaltung oder Wiederherstellung, Erforschung der Mensch-Natur-Beziehung

Bliesgau

Belastete Räume

hohe Industrie- und Siedlungsdichte mit zentraler Großstadt

Ruhrgebiet

Staatsgrenze
Landesgrenze

Lernfilm 828315-1060
Entstehung der Gezeiten

EINFÜHRUNG
DEUTSCHLAND
EUROPA
ASIEN
AFRIKA und ORIENT
AUSTRALIEN und POLE
AMERIKA
WELT
REGISTER

1

Wattenmeer in Schleswig-Holstein

Urlaub im Küstenschutzgebiet

Urlaub und Erholung
- Unterkünfte
- Badestrand
- Hallenbad
- Wattwanderung
- Golfplatz
- Museum
- Klinik, Kurhaus

Küstenschutz
- Marsch (überflutungsgefährdet)
- Geest
- Steilufer (starke Abtragung)
- Hauptdeich mit Siel
- Buhne, Lahnung (Landgewinnung)
- Sandaufspülung
- Küstendüne
- Salzwiese mit Warft

Naturschutz im Nationalpark
- Watt
- Sandbank
- Salzwiese
- Vogelrastplätze
- Seehund-liegeplätze

Zwischen Amrum und Föhr bei Ebbe

um 1300

2010

Landverluste an der Nordsee
- Rungholt untergegangener Ort
- heutige Staatsgrenze

1:2 500 000 0 25 50 km

250 mittlerer Tidenhub (in cm)

2

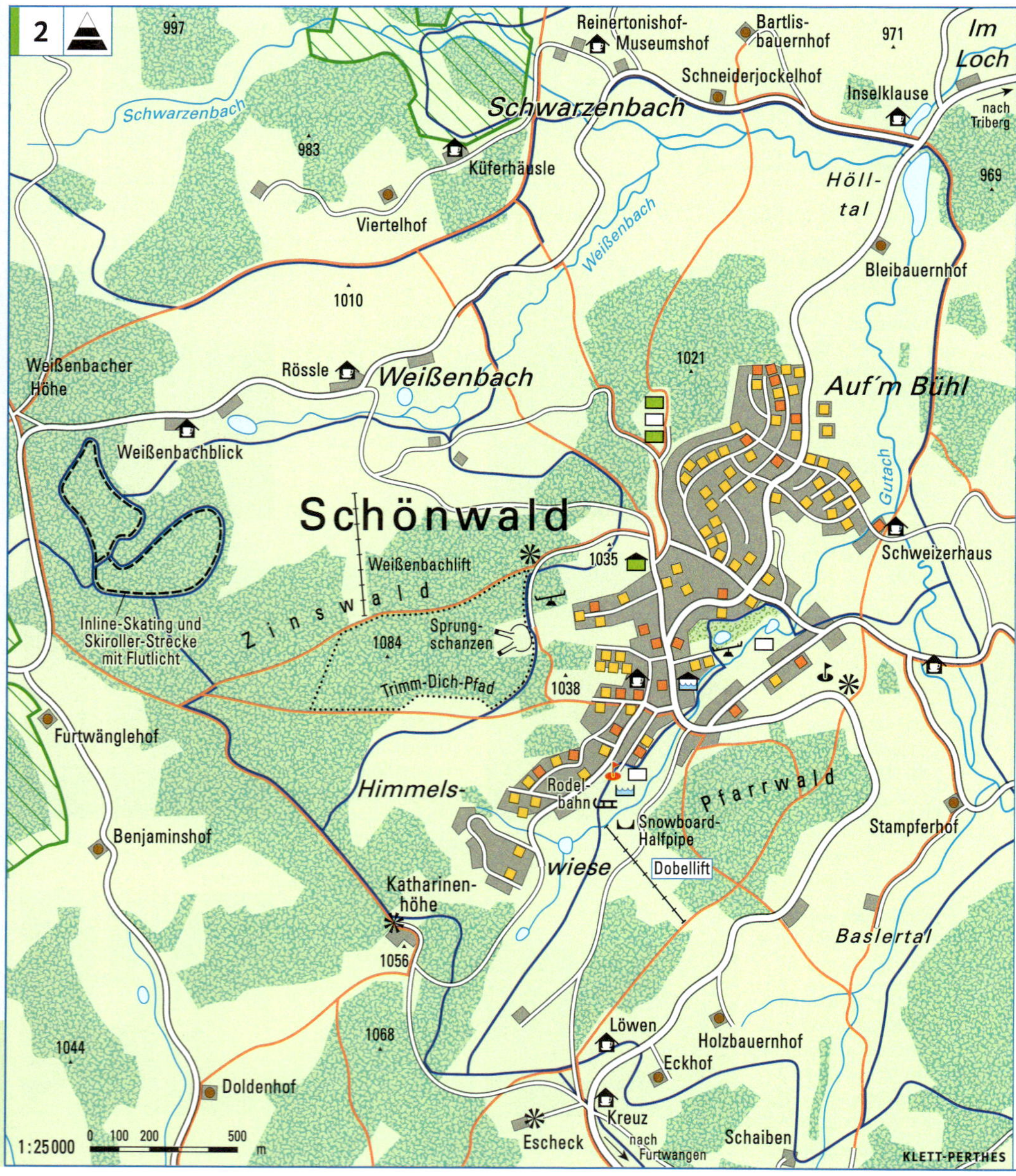

Urlaub im Schwarzwald

Erholungsort Schönwald

Landschaft
- Wald
- Wiese
- Park
- Naturschutz-gebiet
- Siedlungsfläche

Unterkünfte
- Hotel, Pension
- Privatzimmer, Ferienwohnung
- Ferien auf dem Bauernhof

Freizeit und Erholung
- Wanderweg
- Loipe
- Sportplatz, Sporthalle
- Freibad, Hallenbad
- Tennisplatz
- Golfplatz, Minigolfanlage
- Spielplatz
- Gasthof
- Aussichtspunkt

Am Dobellift im Sommer

Am Dobellift im Winter

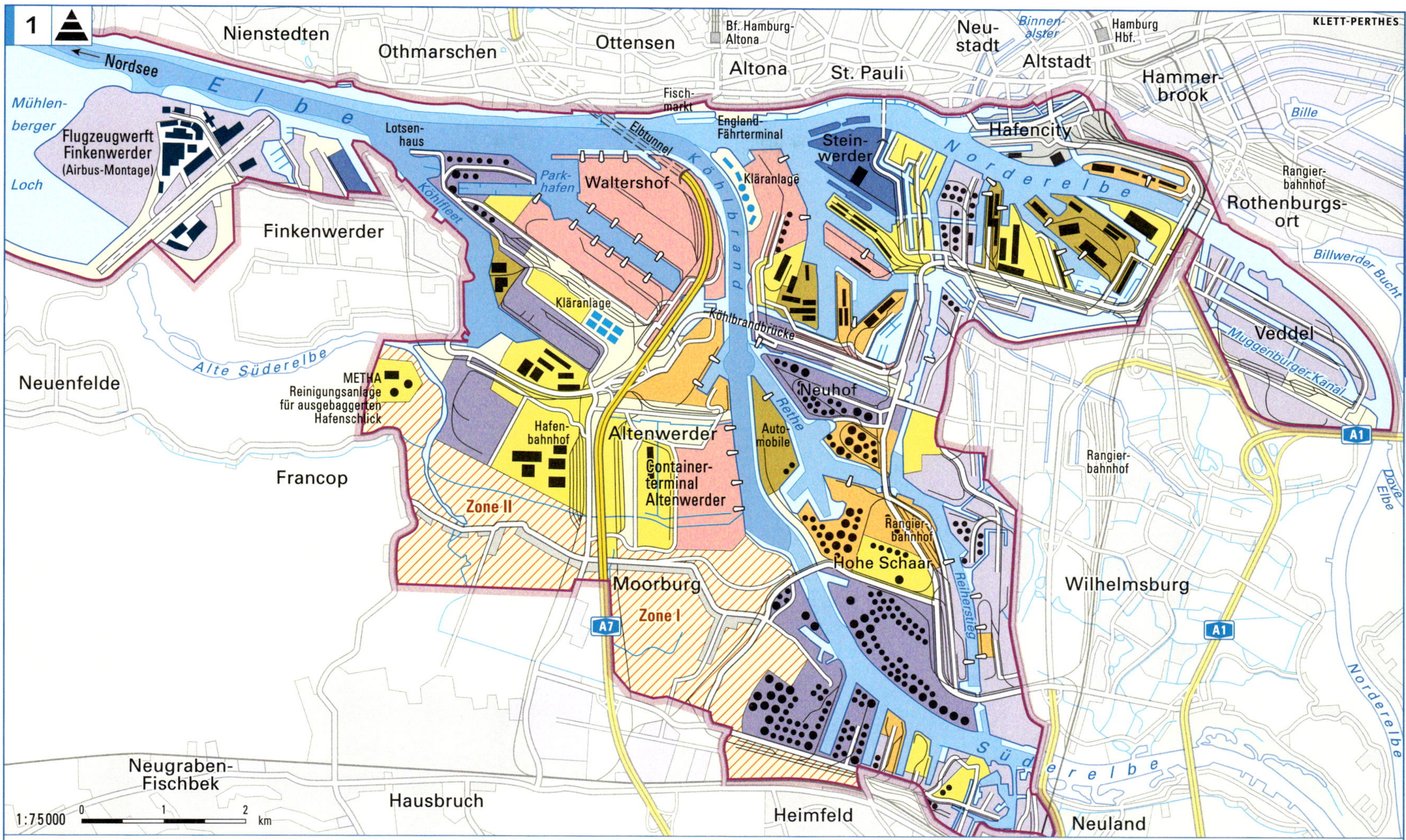

Hamburger Hafen

Hafengebietsgrenze
geplante Hafenerweiterung

Hafenbecken und Gewässer
- für Seeschiffe (bis 16 m tief)
- für Seeschiffe (bis 13 m tief)
- flachere Gewässer

Hafenanlagen
- Anlagen zum Löschen der Fracht (Containerbrücken, Kräne, Rampen)
- Lagerhalle
- Tanklager

Schiffsfracht
- Container
- Massengut
- Stückgut
- Weitertransport der Schiffsfracht (Logistik)

Hafenindustrie
- Bau und Reparatur von Schiffen (Werft)
- Mineralöl- und Rohstoffverarbeitung
- sonstige Industrie

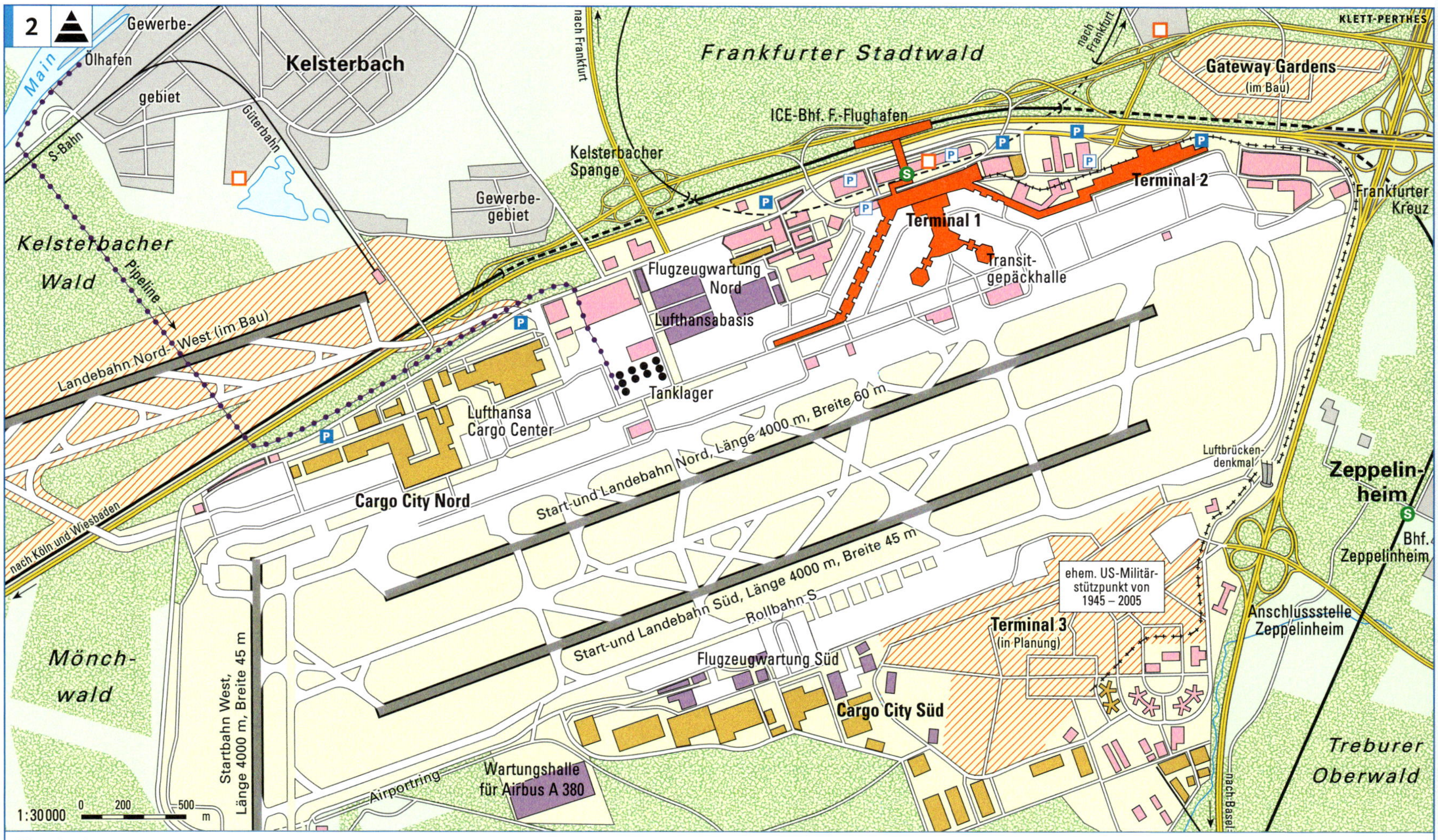

Flughafen Frankfurt am Main

Flugbetriebsflächen
- Rollbahn, Flugzeugstellfläche
- Start- oder Landebahn
- Grünfläche

Flughafengebäude
- Passagierabfertigung
- Frachtabfertigung
- Verwaltung und Service
- Flugzeugwartung
- Erweiterungsflächen

Verkehrsanbindung des Flughafens
- Fernbahn mit ICE-Bahnhof
- S-Bahn mit Bahnhof
- unterirdische Bahnstrecke
- Autobahn, Schnellstraße
- sonstige Straße
- Flughafen-Hochbahn (Sky Line)
- Flughafen-Hochbahn (Sky Line) in Planung
- Parkplatz
- Parkhaus

Sonstiges
- Bebauung außerhalb des Flughafens
- Großhotel
- Garten, Wiese, z. T. Brachland
- Wald

1
1:3000000
0 10 20 40 60 80 100 km
KLETT-PERTHES
D Ä N E M A R K
O s t s e e
N o r d s e e
NIEDER-
LANDE
BELGIEN
LUXEM-
BURG
FRANKREICH
S C H W E I Z
Ö S T E R R E I C H
TSCHECHISCHE
REPUBLIK
POLEN
Flensburg
Kiel
Nord-Ostsee-Kanal
Neumünster
Sassnitz
Stralsund
Rostock
Lübeck
Wismar
Cuxhaven
Hamburg
Bremerhaven
Wilhelmshaven
Nordenham
Emden
Schwerin
Neubrandenburg
Stettin
Groningen
Oldenburg
Küstenkanal
Papenburg
Bremen
Weser
Ems
Elbe
Elbe-Seitenkanal
Havel
Schwedt
Lohne
Hennigsdorf
Berlin
Potsdam
Brandenburg
Frankfurt
Oder
Warthe
Mittellandkanal
Aller
Hannover
Wolfsburg
Braunschweig
Osnabrück
Minden
Herford
Bielefeld
Hildesheim
Salzgitter
Magdeburg
Eisenhütten-
stadt
Spree
Enschede
Emsdetten
Arnheim
Münster
Gütersloh
Bocholt
Ijssel
Maas
Rhein
Essen
Marl
Dortmund
Lippe
Paderborn
Lippstadt
Wittenberg
Cottbus
Dessau-
Roßlau
Bitterfeld-
Wolfen
Saale
Mulde
Eindhoven
Duisburg
Hagen
Bochum
Krefeld
Velbert
Wuppertal
Ruhr
Mönchengladbach
Neuss
Solingen
Düsseldorf
Leverkusen
Köln
Aachen
Attendorn
Siegen
Lüttich
Bonn
Korbach
Kassel
Baunatal
Göttingen
Nordhausen
Halle
Leipzig
Leuna
Senftenberg
Meißen
Bautzen
Dresden
Görlitz
Neiße
Unstrut
Fulda
Werra
Eisenach
Erfurt
Jena
Gera
Chemnitz
Zwickau
Plauen
Reichenberg
Stadtallendorf
Marburg
Gießen
Wetzlar
Lahn
Koblenz
Mosel
Fulda
Hof
Selb
Eger
Prag
Coburg
Frankfurt
Wiesbaden
Hanau
Offenbach
Rüsselsheim
Ingelheim
Mainz
Main
Aschaffenburg
Darmstadt
Bad Kreuznach
Lohr
Schweinfurt
Würzburg
Bamberg
Erlangen
Weiden
Pilsen
Beraun
Trier
Luxemburg
Mettlach
Dillingen
Kaiserslautern
Homburg
Ludwigshafen
Mannheim
Heidelberg
Saarlouis
Völklingen
Zweibrücken
Saarbrücken
Walldorf
Wiesloch
Neckar
Neckarsulm/
Heilbronn
Herzogenaurach
Fürth
Nürnberg
Amberg
Main-Donau-Kan.
Naab
Altmühl
Metz
Wörth
Karlsruhe
Schwieberdingen
Pforzheim
Stuttgart
Schwäb.
Gmünd
Aalen
Oberkochen
Heidenheim
Gaggenau
Sindelfingen/
Böblingen
Reutlingen
Tübingen
Regensburg
Budweis
Moldau
Donau
Ingolstadt
Donauwörth
Dingolfing
Landshut
Passau
Nancy
Saar
Straßburg
Ulm
Augsburg
Freising
Isar
Inn
München
Linz
Villingen-
Schwenningen
Biberach
Burghausen
Traunreut
Ottobrunn
Salzburg
Salzach
Enns
Freiburg
Tuttlingen
Memmingen
Iller
Lech
Penzberg
Mülhausen
Friedrichs-
hafen
Kempten
Basel
Zürich
Daten: 2010
Wirtschaft
Die Größe der Signatur entspricht ihrer Bedeutung.
Energie: siehe Karte Energieversorgung
Dienstleistungen
Handel, Transport, Tourismus und Information
Finanz- und Wirtschaftsdienstleistungen
Verwaltung, Bildung und Gesundheit
Industrie: Produktionsgruppen
Verhüttung, Gießerei, Walzwerk
Maschinen- und Metallbau
Fahrzeug-, Schiff- und Flugzeugbau (einschl. Zulieferer)
Elektrotechnik, Elektronik, Optik
Textilien, Bekleidung
Chemie, Gummi
Holz, Papier, Druck
Bau, Glas, Keramik
Ver- und Entsorgung
Lebensmittel
Wirtschaftszentrum
hohe Industrie- und Siedlungsdichte
Staatsgrenze

Verkehr
Vernetzung von Großstädten

Kassel – hohe Industrie- und Siedlungsdichte

Straßenverkehr
- Autobahn
- wichtige Bundesstraße
- Straßen mit besonders viel Autoverkehr

Bahnverkehr
- Hochgeschwindigkeitsstrecke (ICE: über 200 km/h)
- sonstige Hauptstrecke (ICE, IC: maximal 200 km/h)

Flugverkehr
Flughafen mit einem Passagieraufkommen von
- über 50 000 Passagieren/Tag
- unter 50 000 Passagieren/Tag

Schiffsverkehr
Seehafen mit einer Umschlagmenge von
- über 100 000 t/Tag
- unter 100 000 t/Tag

Binnenhafen mit einer Umschlagmenge von
- über 100 000 t/Tag
- unter 100 000 t/Tag

Schifffahrtsstraßen
- Fluss
- Kanal

Transportmenge
- über 50 000 t/Tag
- unter 50 000 t/Tag

EINFÜHRUNG
DEUTSCHLAND
EUROPA
ASIEN
AFRIKA und ORIENT
AUSTRALIEN und POLE
AMERIKA
WELT
REGISTER

Energieversorgung

Energierohstoffe	Lagerstätten	Förderung
Steinkohle		
Braunkohle		
Erdöl		
Erdgas		

- Erdöl-/Erdgasterminal
- Erdölpipeline
- Erdöluntertagespeicher
- Erdölraffinerie
- Erdgaspipeline
- Erdgasuntertagespeicher

Wasserkraftwerke
- Pumpspeicherkraftwerk
- Laufwasserkraftwerk

Wärmekraftwerke
- Steinkohle
- Braunkohle
- Öl
- Gas
- Mischfeuerung (Steinkohle, Öl, Gas)
- Kernenergie

Größe	Leistung in Megawatt
	50 – 150 MW (nur Wasserkraftwerke)
	150 – 500 MW
	500 – 1000 MW
	über 1000 MW

- Windkraftwerksgruppe, Windpark (ab 50 MW)

Stromaustausch mit Nachbarstaaten (Mengen in Gigawattstunden, GWh)

Export 54800, Import 40500 } Gesamtmenge Deutschland

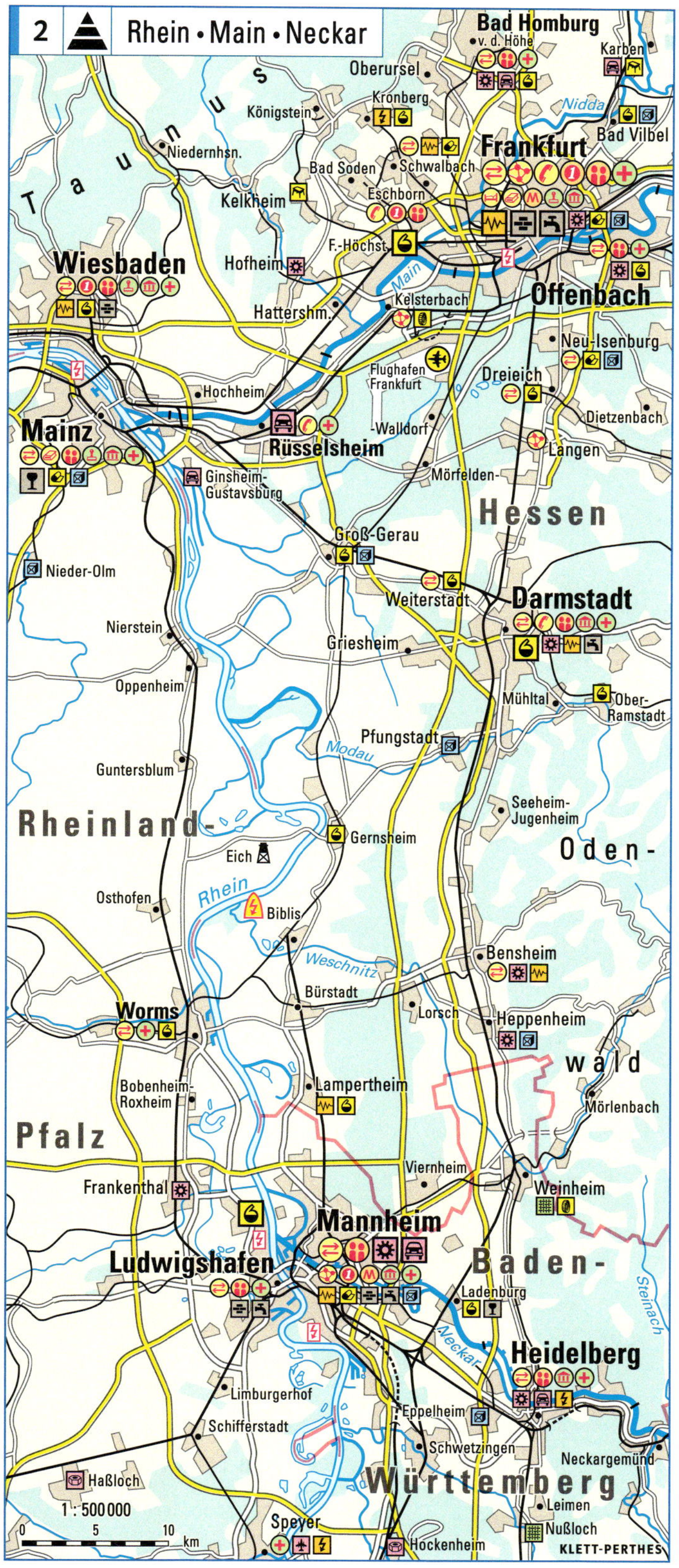

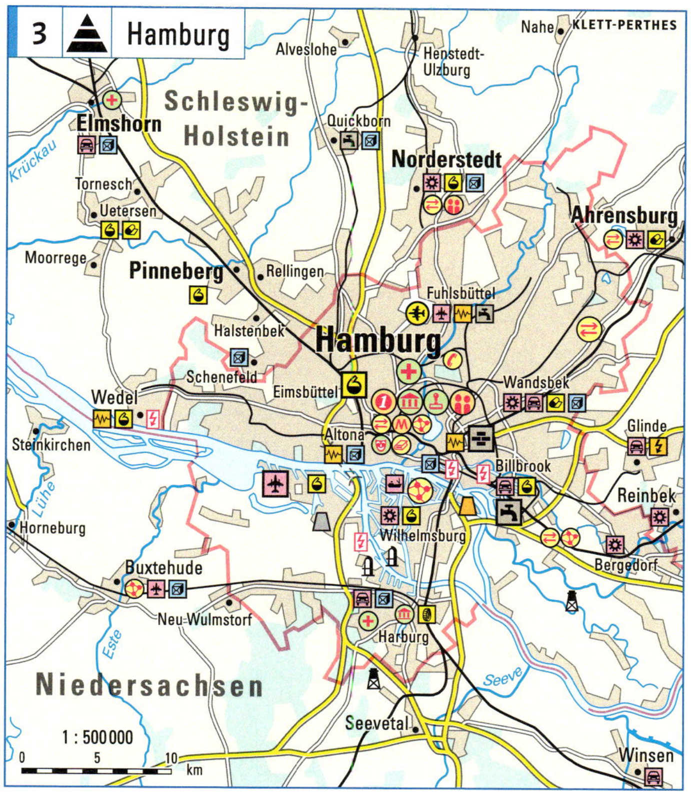

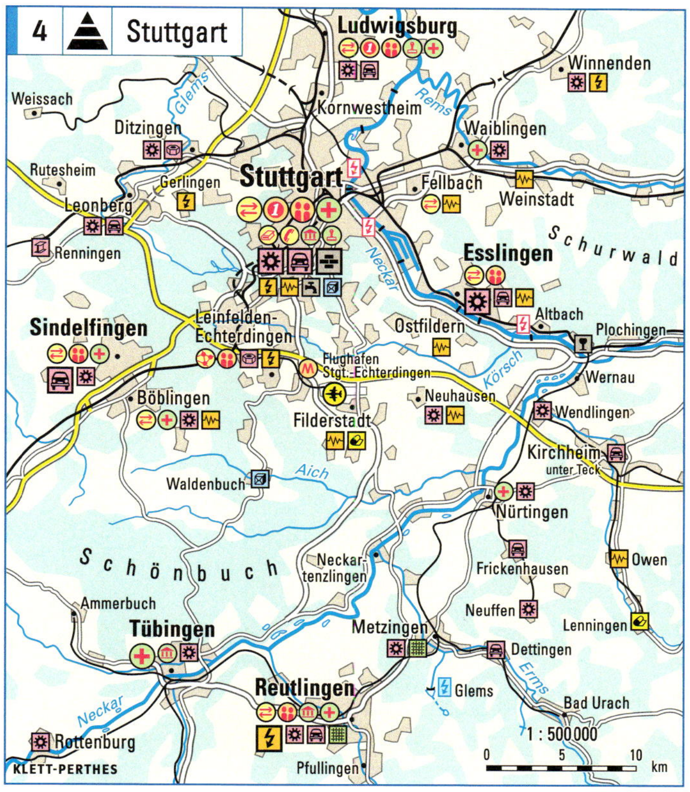

Wirtschaftsräume

Legende für die Karten 3 – 5

Dienstleistungen

Handel, Transport, Tourismus und Information
- Handel
- Verkehr, Lagerei
- internat. Verkehrsflughafen
- Hotels, Gaststätten
- Medien, Verlage
- Telekommunikation, Informationstechnologie

Finanz- u. Wirtschaftsdienstleistung
- Banken, Versicherungen
- Beratung, Ingenieurbüros, Werbung
- Messen, Kongresse

Verwaltung, Bildung und Gesundheit
- Öffentliche Verwaltung, Behörden
- Schulen, Universitäten
- Krankenhäuser, Heime
- Kultur, Erholung

Industrie

Rohstoffgewinnung und Energieversorgung
- Erdöl
- Pumpspeicherkraftwerk
- Wärmekraftwerk
- Kernkraftwerk

Produktionszweige
- Buntmetallverhüttung
- Leichtmetallverhüttung
- Gießerei, Walzwerk
- Maschinenbau
- Metallbau, Werkzeuge
- Kraftfahrzeugbau (einschließlich Zulieferindustrie)
- Schiffbau
- Luft- und Raumfahrttechnik
- Elektrotechnik
- Elektronik, Optik
- Textilien, Bekleidung
- Chemie, Pharmazie
- Erdölraffinerie
- Gummi, Kunststoffe
- Holzverarbeitung, Möbel
- Papier, Druckereien
- Glas, Keramik, Baustoffe
- Baugewerbe
- Ver- und Entsorgung
- Lebensmittel

- schiffbarer Fluss
- Kanal
- Eisenbahn
- Autobahn
- Straße
- Ort, bebaute Fläche

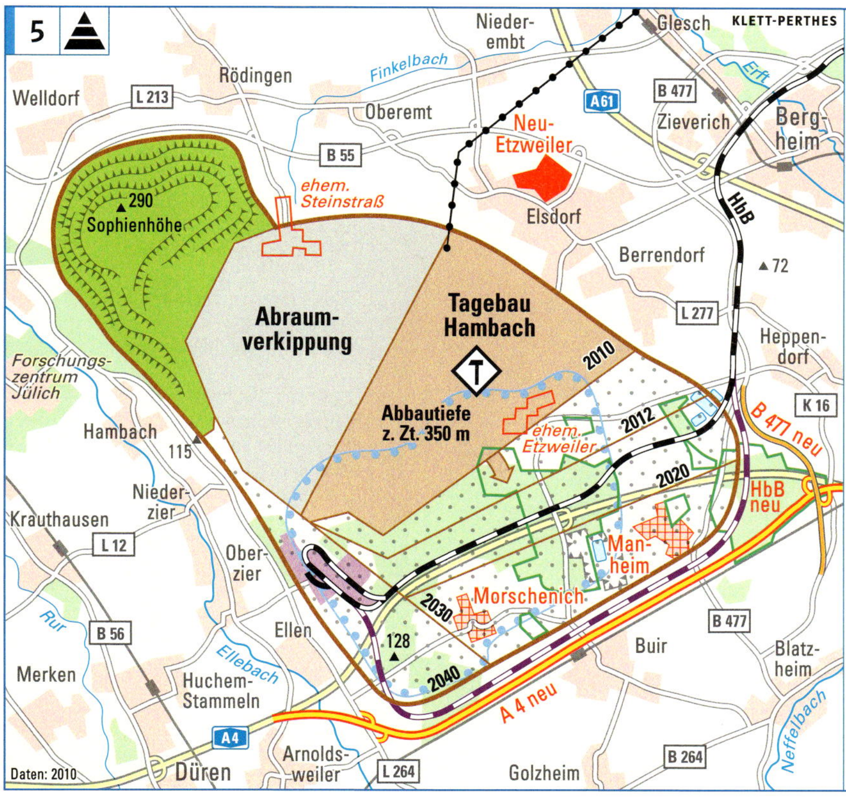

Tagebau Hambach

Braunkohlenabbau
- Abbaugebiet Hambach I
- Tieftagebau in Betrieb
- Richtung des Abbaus
- Abraumverkippung
- Fortschreiten des Tagebaus (Planung)
- Betriebsgelände
- Hambachbahn (HbB), Kohlentransport zu Kraftwerken und Brikettfabriken
- Abraumbandanlage, Abtransport überschüssigen Abraums

Umsiedlung von Orten
- ehemaliger Ort, Umsiedlung abgeschlossen
- noch umzusiedelnder Ort
- neues Wohngebiet für Umsiedler (neuer Ortsteil)

Naturschutz und Rekultivierung
- forstwirtschaftlich rekultivierte Fläche (Mischwald)
- vom Tagebau betroffenes Natur- oder Landschaftsschutzgebiet
- möglicher „Restsee" (Alternative zur Verkippung)

Verlegung von Verkehrswegen
- Hambachbahn
- Bundesstraße B 477
- Autobahn A 4

Siedlung und Verkehr
- Siedlungsfläche
- Autobahn
- Straße
- Eisenbahn, Bahnhof
- Kiesgrube
- Wald
- ▲ 290 Höhenangabe (in m)

1 : 150 000 0 1 2 km

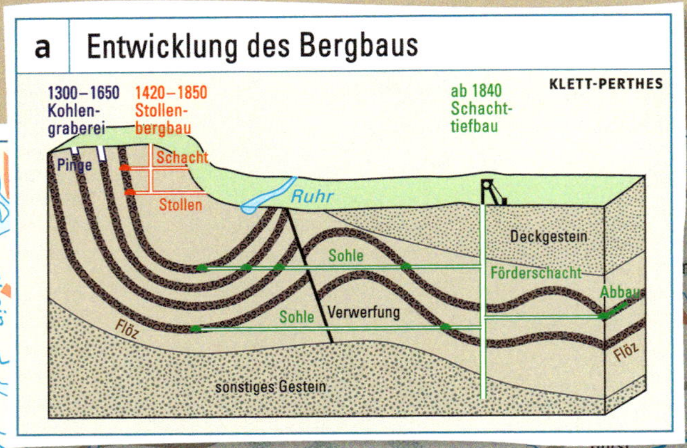

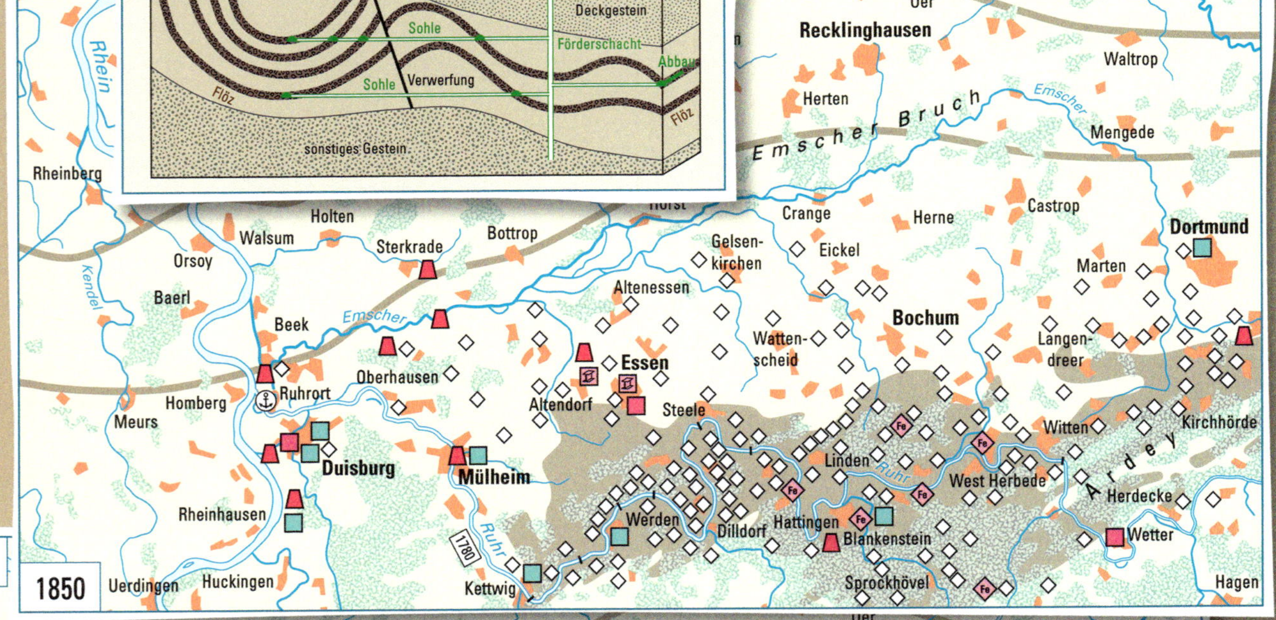

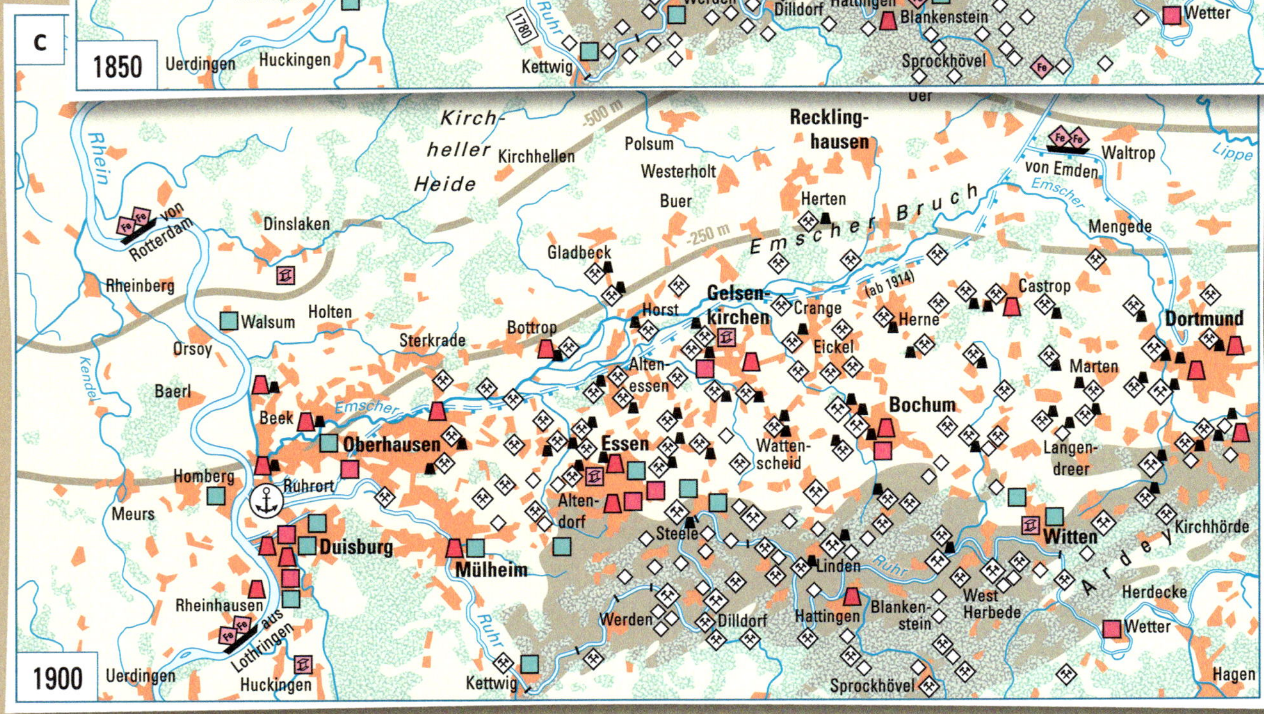

Legende für die Karten b, c, f und g

Kohlelagerstätten
Die obersten Flöze liegen
- an der Oberfläche
- -250 m unter der Oberfläche

Rohstoffe
- Kohle aus Stollen oder Schacht
- Kohle aus Tiefbauzeche
- Eisenerz

Eisen- und Stahlindustrie
- Kokerei
- Eisen- oder Stahlhütte
- Walzwerk

Sonstige Industrie
- Maschinen- und Fahrzeugbau
- Chemie, Elektro und andere
- Technologie- und Gründerzentrum

Dienstleistungen
- Universität
- Handel, Banken
- Revierpark (Tourismus)

Wasserwege
- Fluss
- Fluss (schiffbar), Schleuse
- Kanal, schiffbar
- Hafen

Bebauung
- Siedlung
- großes Industriegebiet

1:400000
0 5 10 km

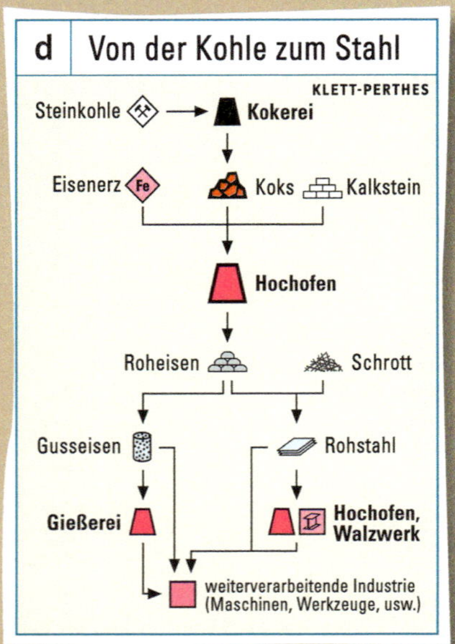

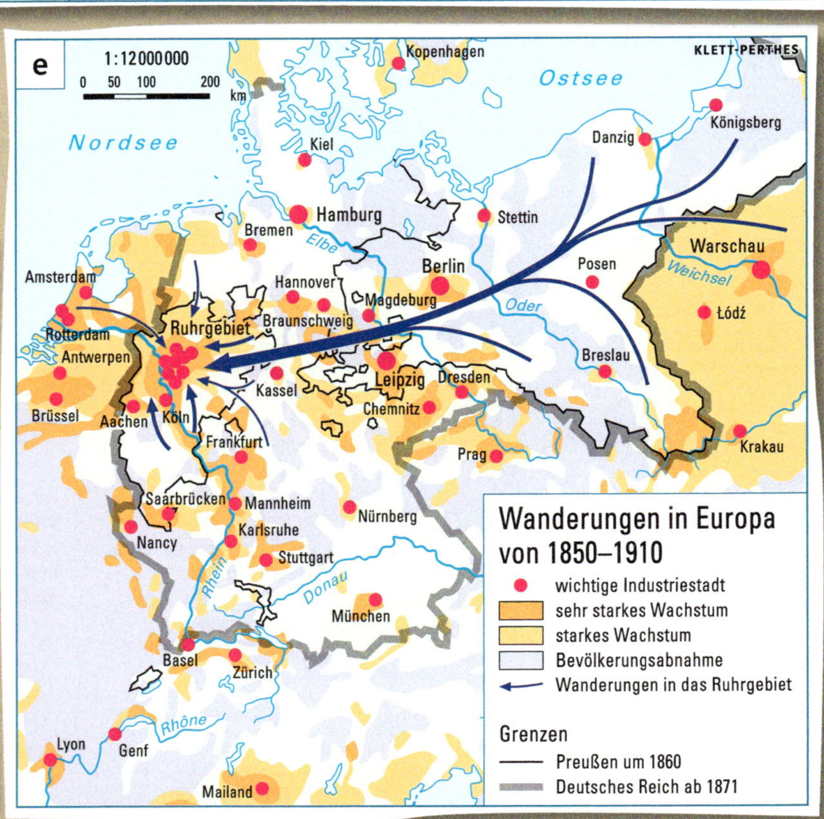

beschreiben • fragen • beantworten

Kläre Begriffe.
Zum Beispiel: Zeche, Gusseisen, Bevölkerungsentwicklung

Stelle dir Aufgaben, zum Beispiel:

Zähle auf, welche Veränderungen du in den Karten des Ruhrgebiets erkennen kannst. Erstelle eine Tabelle. Orientiere dich an den Signaturen in der Legende. b c g h

Beschreibe die Entwicklung des Bergbaus. Begründe seine Verlagerung. a f

Erkläre, wieso die Ruhrkohle so wichtig war. Achte auch auf die Wasserwege. d k

Ordne das Wachstum des Ruhrgebiets in die politischen und sozialen Veränderungen zwischen 1850 und 1900 ein. Nutze auch andere Atlaskarten. e i k

Beschreibe eine wichtige Veränderung ab 1965 und die damit verbundenen Probleme. f i k

Werte aus, welche Maßnahmen ergriffen wurden, um den Problemen zu begegnen. j

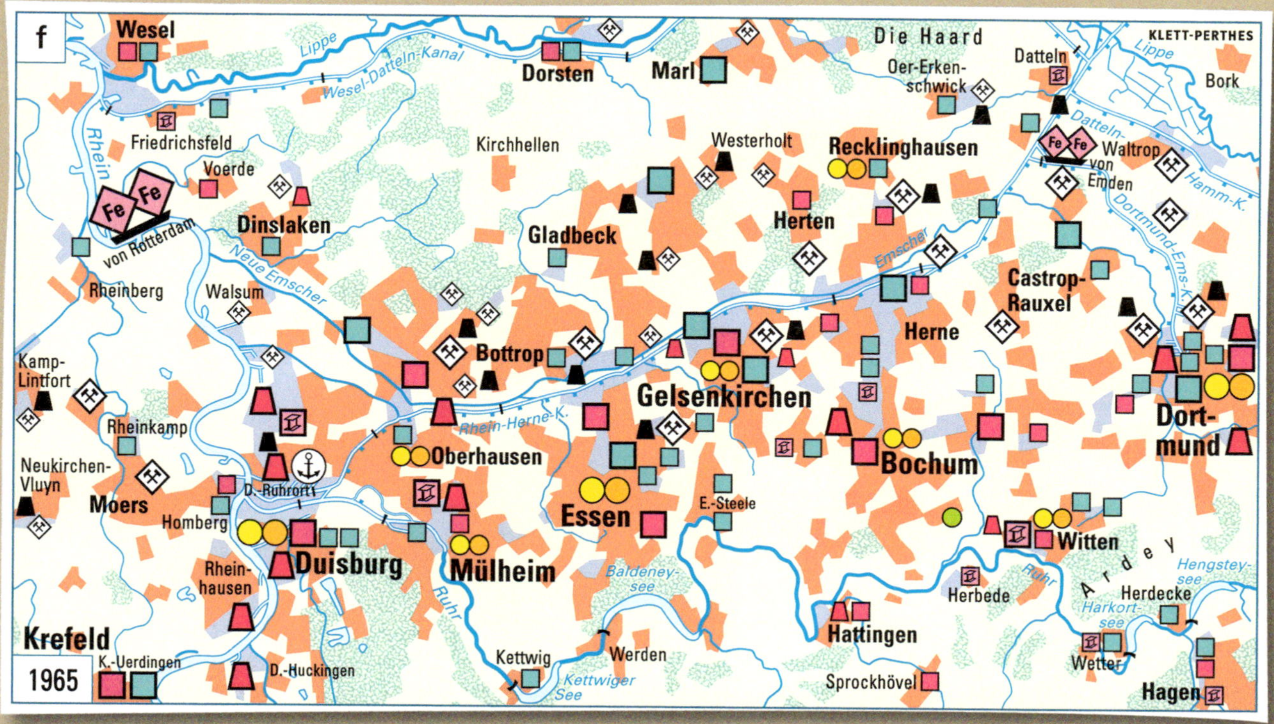

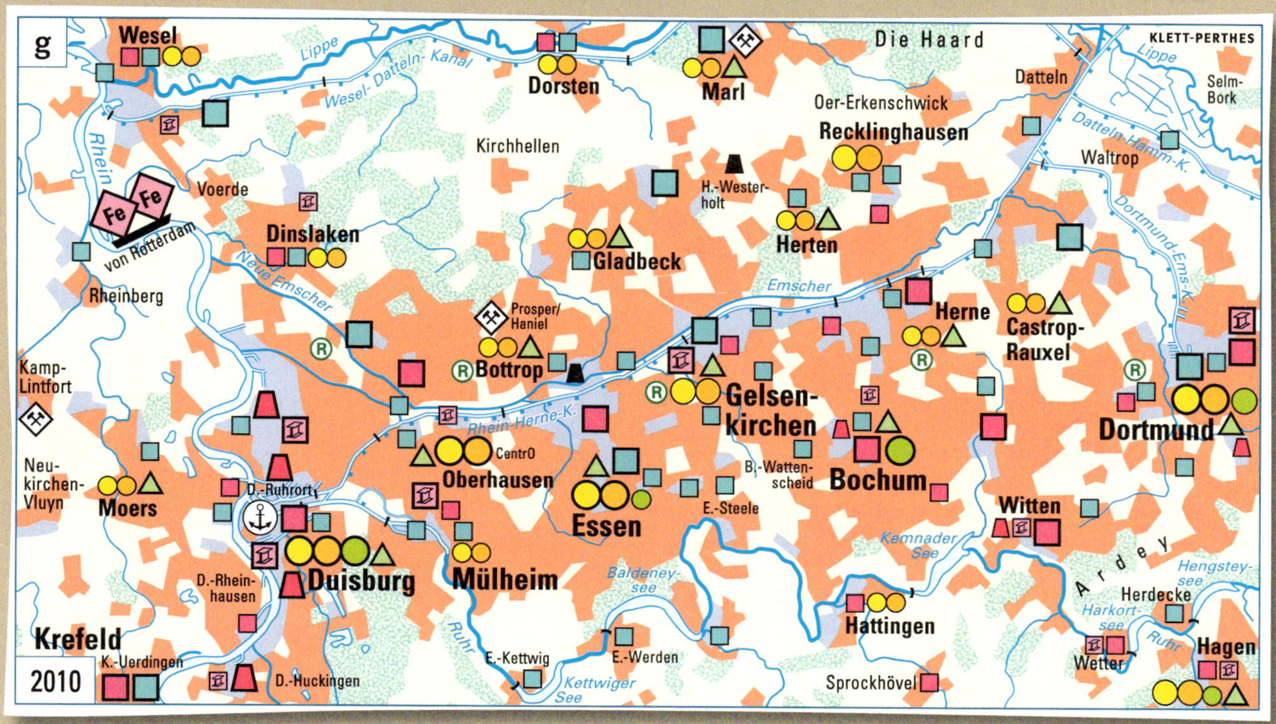

h Bergbau und Eisenproduktion

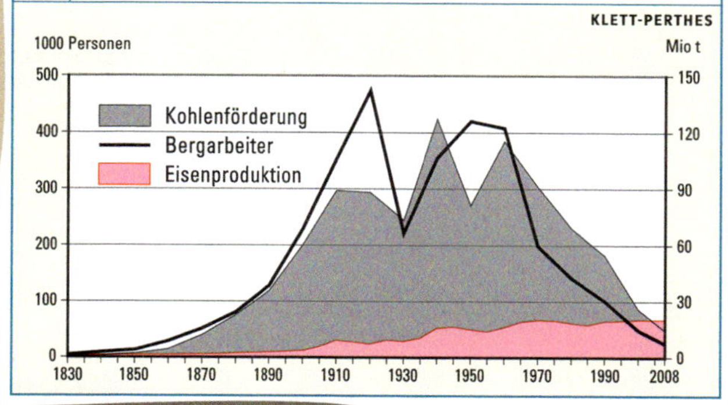

i Bevölkerungsentwicklung und Arbeitslosigkeit 1820–2009

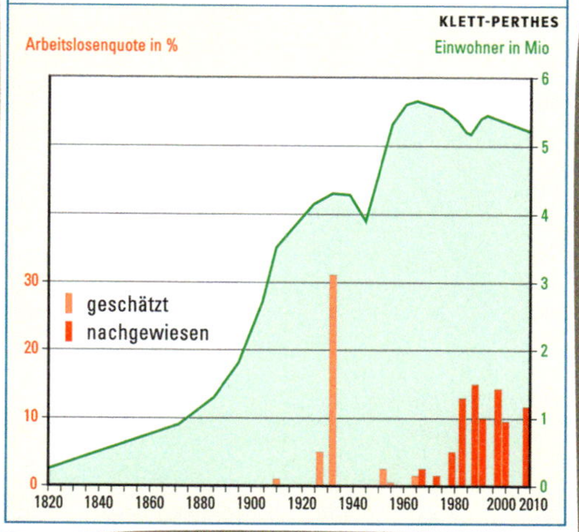

j Beschäftigte

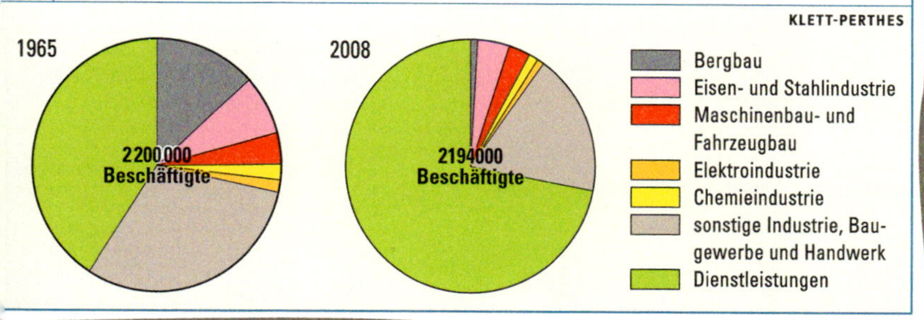

k Geschichte des Ruhrgebietes

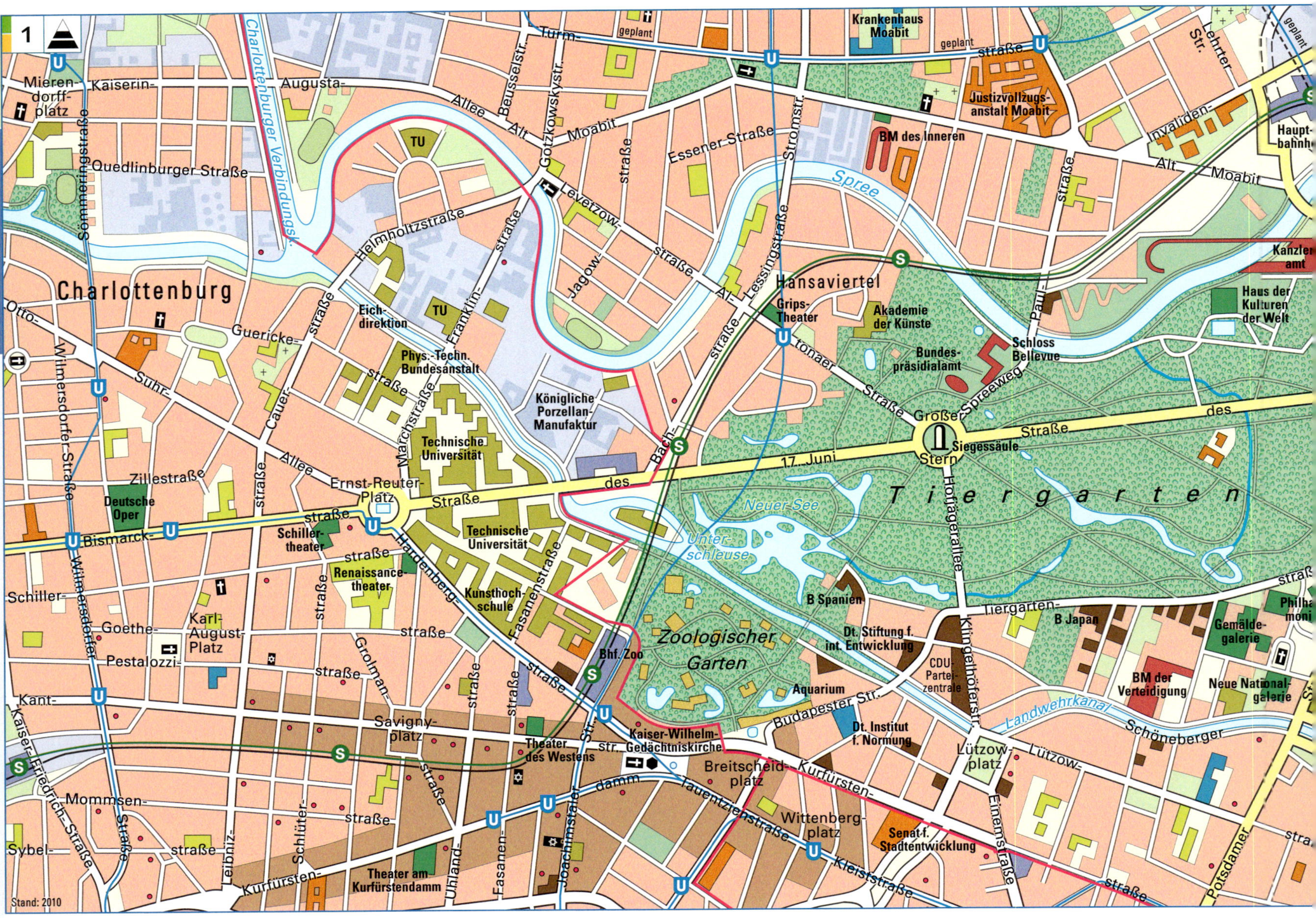

Großraum Berlin
Verflechtung zwischen Stadt und Umland

Berlin
- Bebauung
- Berliner Stadtgrenze

„Engerer Verflechtungsraum"
- Bebauung
- Grenze des Verflechtungsraumes
- Kreisgrenze in Brandenburg

Arbeitsplätze
- Handels- und Dienstleistungszentrum
- Industriezentrum (vorwiegend produzierendes Gewerbe)
- Forschungs-, Technologiezentrum, Universität

Regionalverkehr
- Regionalbahn, S-Bahn mit Endstation
- Autobahn
- Verbindungsstraße

Freizeit und Erholung
- Großveranstaltung, Unterhaltung
- Sportzentrum
- Wald
- Teltow Park — Regionalpark zur Naherholung
- Badegewässer

Tagespendler zwischen Berlin und dem engeren Verflechtungsraum
- in das Umland
- nach Berlin

1mm Pfeilbreite entspricht 4000 Pendlern

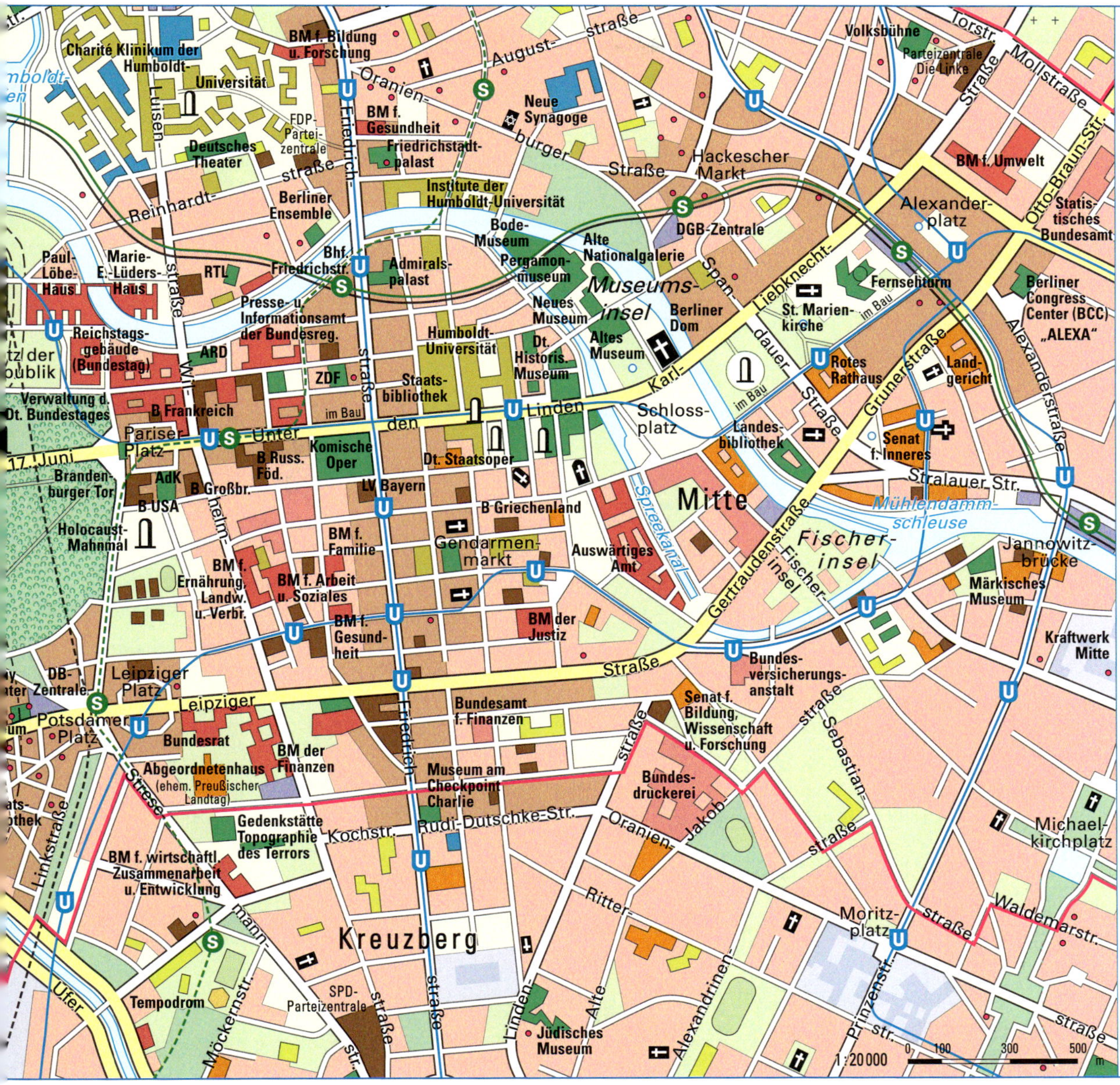

Berlin Innere Stadt

Flächennutzung
- Hauptgeschäftszentrum, Citybereich
- Wohnbebauung z. T. mit gewerblicher Nutzung
- Industrie- und Gewerbegebiet, Bahnanlagen
- Freifläche, Hof, Hausgarten, sonstige Fläche
- Parkanlage
- Sportplatz, Tennisplatz
- Friedhof
- Grünfläche

Regierung und Verwaltung
- Parlament, Regierung und Ministerien
- sonstige Behörden
- Regierung von Berlin mit Landesbehörden
- Botschaften, Vertretungen, nationale und internationale Organisationen
- Industrie, Verbände, Bahn

Bildung, Gesundheit und Religion
- Wissenschaft und Forschung
- Schulen
- Kliniken und Pflegeheime
- bedeutende Kirche
- Synagoge

Kultur und Unterhaltung
- Theater, Oper, Museum, Medien
- Denkmal
- Freizeit- und Veranstaltungsorte
- Unterhaltung (Abendlokal, Disco, Kino)

Verkehr
- Eisenbahn
- S-Bahn mit Bahnhof; oberirdisch
- S-Bahn mit Bahnhof; unterirdisch
- U-Bahn mit Bahnhof
- Bundesstraße
- Hauptverkehrsstraße
- Tunnelstrecke
- Hauptverkehrsstraße
- Nebenstraße
- Wege und sonstige Straßen
- Bezirksgrenze

AdK	Akademie der Künste
B Russ. Föd.	Botschaft der Russischen Föderation
B Großbr.	Botschaft von Großbritannien und Nordirland
BM f. Familie	Bundesministerium für Familie, Senioren, Frauen und Jugend
BM f. Umwelt	Bundesministerium für Umwelt, Naturschutz und Reaktorsicherheit

3 Leben in Berlin und Umland

KLETT-PERTHES

Berliner Philharmonie

Kurfürstendamm Ecke Joachimstaler Straße

Technische Universität

Eingang zum Zoologischen Garten

Falkensee

Radtour entlang der Havel

Olympiastadion in Spandau

Wandlitzsee

EINFÜHRUNG
DEUTSCHLAND
EUROPA
ASIEN
AFRIKA und ORIENT
AUSTRALIEN und POLE
AMERIKA
WELT
REGISTER

Bevölkerungsdichte und Verdichtungsräume

- über 1000 Einw./km²
- 500 bis 1000 Einw./km²
- 200 bis 500 Einw./km²
- 100 bis 200 Einw./km²
- 50 bis 100 Einw./km²
- 10 bis 50 Einw./km²
- unter 10 Einw./km²

Verdichtungsraum (in Mio Einwohner)
Hamburg 2,1 Mio

1

2 Bevölkerungspyramide

Altersaufbau in Deutschland

- Männer
- Frauen
- Männerüberschuss
- Frauenüberschuss

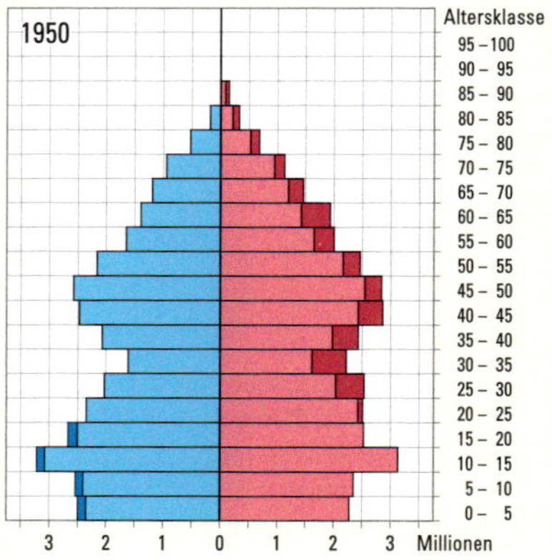

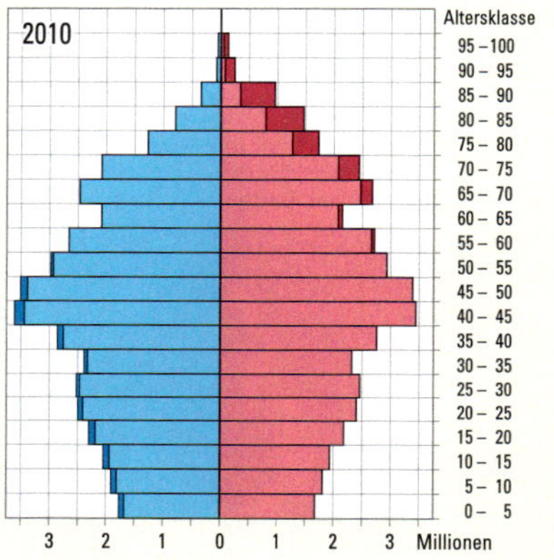

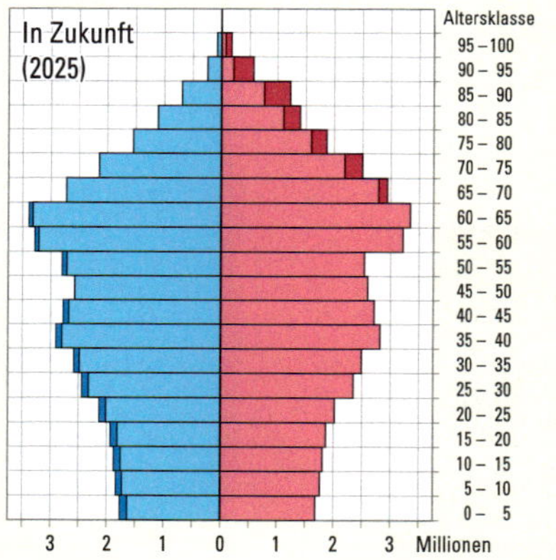

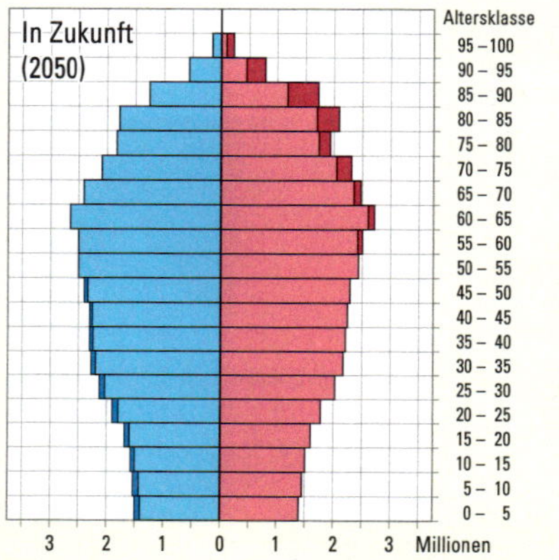

KLETT-PERTHES

3

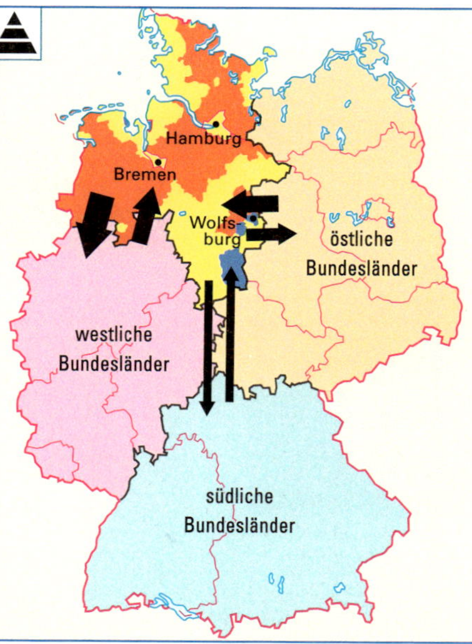

Von und nach den nördlichen Bundesländern

Von und nach den westlichen Bundesländern

4

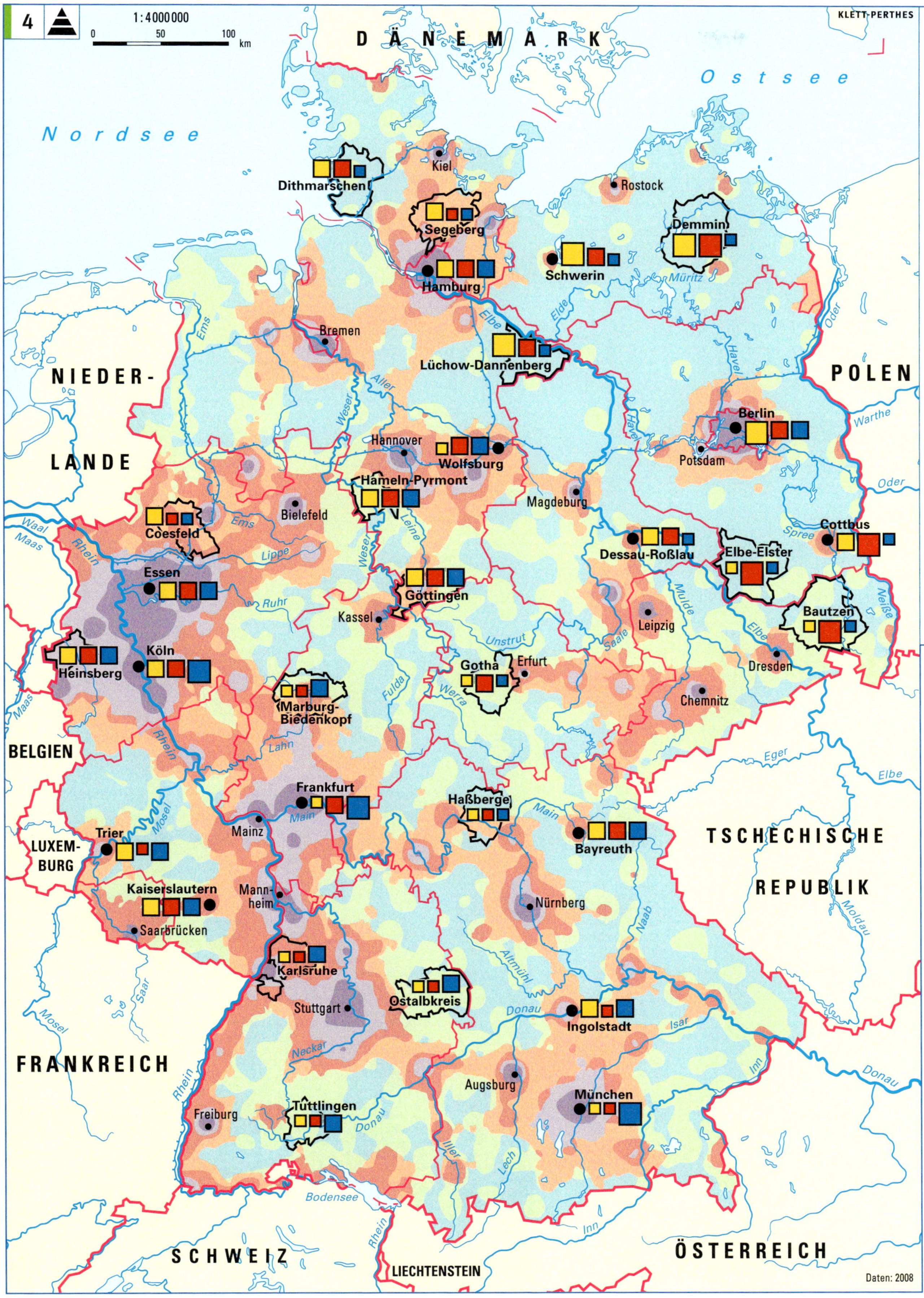

Raumstrukturen

Wo wir leben – wie wir leben

Raumtypen

Großstädte sind bestimmend (Zentralraum)
- zentrale Großstadt, viele Arbeitsplätze
- Umgebung, sehr dicht bebaut, viele Auspendler

Mittlere Städte sind bestimmend (Zwischenraum)
- dichte Bebauung, viele Auspendler
- geringe Bebauung, wenige Auspendler

Kleine Städte und Dörfer sind bestimmend (Peripherraum)
- ländlich, Dörfer mit Neubaugebieten, wenig Arbeitsplätze, Tourismus, zentrale Städte für die ländliche Versorgung
- sehr ländlich, gering besiedelt, vorwiegend Landwirtschaft

Soziales Umfeld

Stadt oder Landkreis als Beispiel

Sozialhilfeempfänger: Lebensunterhalt für das Existenzminimum (in % der Bevölkerung)
über 0,6% | 0,4 – 0,6% | unter 0,4%

Arbeitslose (in % der Erwerbstätigen)
über 16% | 8 – 16% | unter 8%

Ausländer: Mitbürger ohne deutsche Staatsangehörigkeit (in % der Bevölkerung)
über 15% | 5 – 15% | unter 5%

Daten: Bundesamt für Bauwesen und Raumordnung (BBR)

5

Ausländer

Herkunft

Daten: 2006

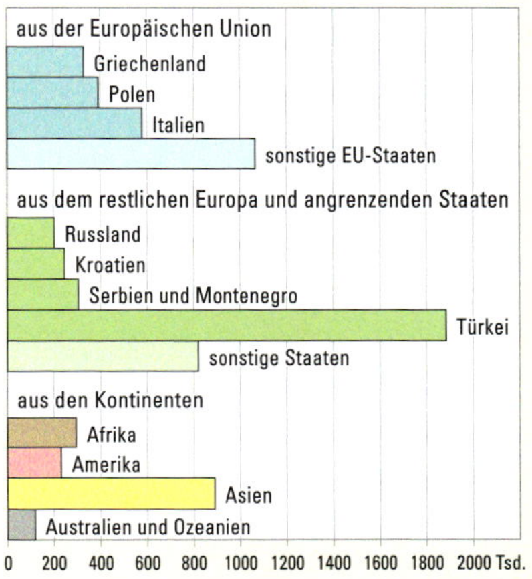

Aufenthaltsdauer

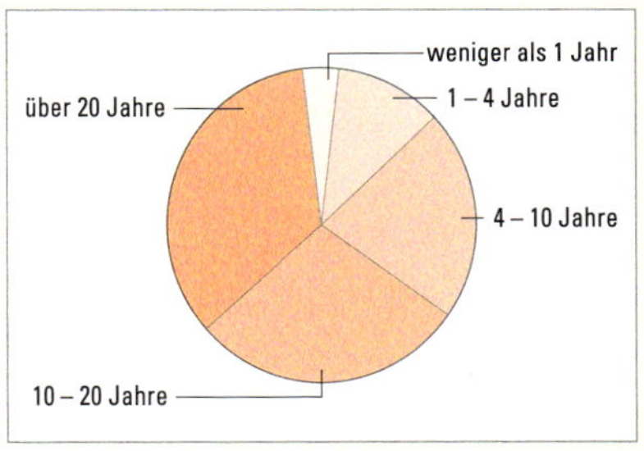

KLETT-PERTHES

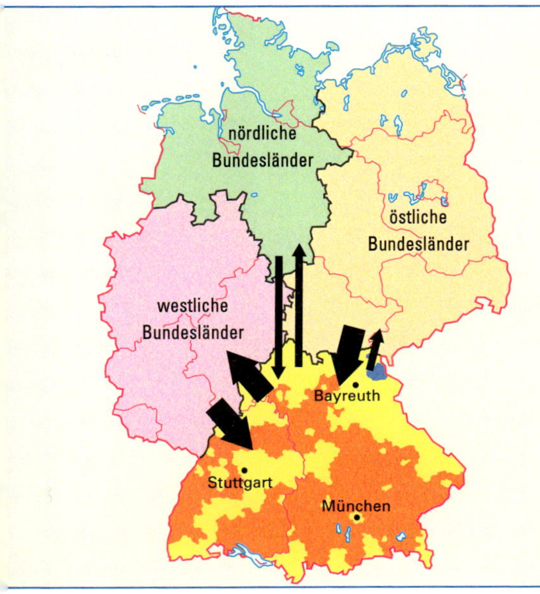

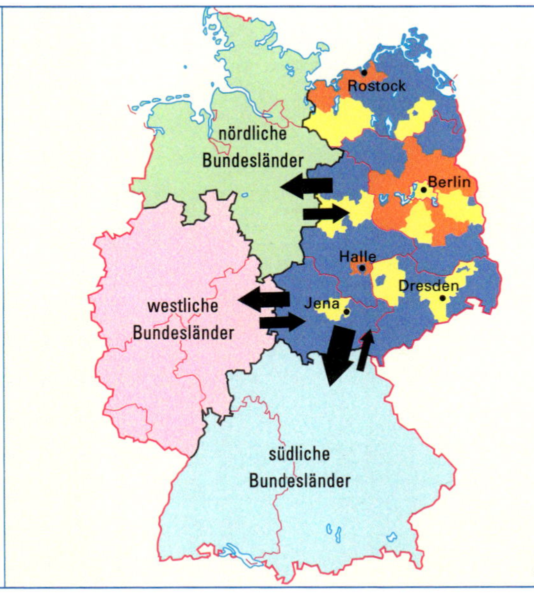

Wanderung und Bevölkerungsentwicklung 1990 – 2005

Wanderung
- unter 600 000 Personen
- 600 000 – 800 000 Personen
- 800 000 – 1 000 000 Personen
- über 1 000 000 Personen

Bevölkerungsentwicklung
- Zuwachs
- geringe Veränderung
- Abnahme

1:11 500 000 0 50 100 km

Kennst du Europa?

Wichtiges aus Natur, Kultur und Technik

Landschaften

Polarmeer:
- im Winter vereist
- gelegentlich vereist
- Vorkommen von Eisbergen
- Inlandeis, Gletscher
- Tundra, Hochgebirge
- Ackerland
- Steppe, Savanne
- Halbwüste, Wüste
- Nadelwald
- Mischwald

KLETT-PERTHES
Öl und Gas
Elch
Holzgewinnung
Mobiltelefon
Seen
Möbel
Braunbär
Moskau
Wolgastauseen
Wodka
Orthodoxe
denburger Tor
Kulturpalast
Kartoffeln
Tschernobyl
Getreide
Prag
Braunbär
Budapest
edig
Urlaub
Urlaub
İstanbul
Brücke von Mostar
Meteoraklöster
Oliven
Oliven
Athen

EINFÜHRUNG
DEUTSCHLAND
EUROPA
ASIEN
AFRIKA und ORIENT
AUSTRALIEN und POLE
AMERIKA
WELT
REGISTER

EINFÜHRUNG
DEUTSCHLAND
EUROPA
ASIEN
AFRIKA und ORIENT
AUSTRALIEN und POLE
AMERIKA
WELT
REGISTER

Die größten Staaten in Europa (nach Einwohnern)

10 Mio. Einwohner 1 Mio. Einwohner Daten: 2009

1:15000000 0 100 200 300 km

KLETT-PERTHES
Barentssee
Nordmeer
Lofoten
Weißes Meer
Petschora
Ob
Irtysch
Tobol
Nördl. Dwina
Wytschegda
Kama
Suchona
Onegasee
Ladogasee
FINNLAND
NORWEGEN
SCHWEDEN
Bottnischer Meerbusen
Tornealv
Ångermanälv
Klarälv
Göta älv
Vänersee
Vättersee
Oslo
Helsinki
Åland (finn.)
Stockholm
Finnischer Meerbusen
Tallinn
ESTLAND
Peipussee
Skagerrak
Gotland
Ostsee
Riga
LETTLAND
DÄNEMARK
Kopenhagen
Bornholm
LITAUEN
Wilna
(zu Russland)
Düna
Minsk
Dnjepr
WEISSRUSSLAND
R U S S L A N D
Rybinsker Stausee
Wolga
Moskau
Ural
KASACHSTAN
Don
Elbe
Oder
Weichsel
Berlin
Warschau
DEUTSCHLAND
P O L E N
Kiew
U K R A I N E
Prag
TSCHECHISCHE REPUBLIK
Donau
Dnister
SLOWAK. REP.
Pressburg
Wien
LIECHTENSTEIN
Vaduz
ÖSTERREICH
Budapest
UNGARN
MOLDAU
Chişinău
Dnipro
Asowsches Meer
Kaspisches Meer
SLOWENIEN
Ljubljana
Zagreb
KROATIEN
Save
RUMÄNIEN
Bukarest
BOSNIEN U. HERZEGOWINA
Sarajewo
Belgrad
SERBIEN
SAN MARINO
San Marino
ITALIEN
VATIKANSTADT
Rom
Adriatisches Meer
MONTENEGRO
Podgorica
KOSOVO
Priština
Skopje
MAZEDONIEN
Tirana
ALBANIEN
BULGARIEN
Sofia
Schwarzes Meer
GEORGIEN
ASERBAIDSCHAN
ARMENIEN
(zu Aserb.)
Arax
Urumiehsee
Vansee
Kizilirmak
Tuzsee
T Ü R K E I
I R A N
Tigris
Euphrat
I R A K
SYRIEN
Tyrrhenisches Meer
GRIECHENLAND
Ionisches Meer
Ägäisches Meer
Lesbos
Chios
Athen
Sizilien
Valletta
MALTA
Kreta
Rhodos
Mittelmeer
Kleine Syrte
Große Syrte
L I B Y E N
Ä G Y P T E N
Nil
Suezkanal
ZYPERN
LIBANON
ISRAEL
Totes Meer
JORDANIEN
SAUDI-ARABIEN
Staaten
Stand: 01.01.2011
Staatsgrenze
umstrittene Grenze, Waffenstillstandslinie
SCHWEIZ Staat
Hauptstadt
Regierungssitz
Färöer abhängiges Gebiet mit Selbstverwaltung
Sonderfall Zypern: gehört geographisch zu Asien, ist jedoch politisch-kulturell stark europäisch geprägt

1

Klimazonen

- kalte Zone
- gemäßigte Zone
- subtropische Zone
- klimatische Höhenstufe der Gebirge
- Klimazonengrenze
- Grenze von Europa

1:30 000 000 0 500 km

2

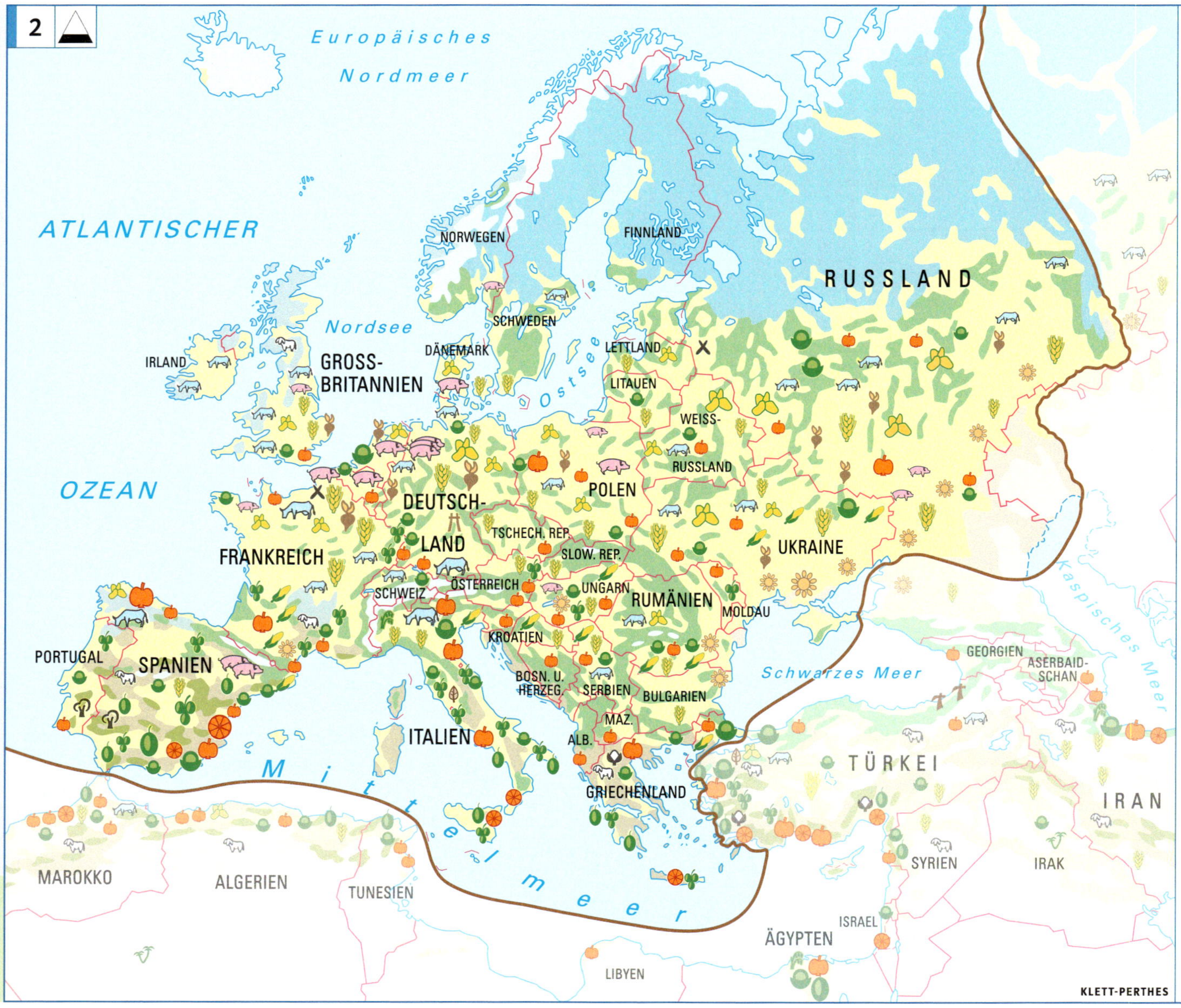

Landwirtschaft

Anbaugebiete

Hauptnahrungsmittel
- Weizen
- Mais
- Kartoffeln
- Reis

Gemüse und Früchte
- Gemüse
- Obst
- Datteln
- Zitrusfrüchte
- Weintrauben

Tierische Produkte
- Milch, Fleisch
- Fleisch
- Fleisch, Wolle

Zucker-, Ölpflanzen
- Zuckerrüben
- Oliven
- Sonnenblumen

Genussmittel
- Tee
- Hopfen
- Tabak

Faserpflanzen
- Baumwolle
- Flachs

Sonstige Produkte
- Kork

Landschaften

- Eis und Tundra
- feuchter Buschwald
- Nadelwald
- Mischwald
- sommertrockener Wald
- trockenes Buschland, Gestrüpp
- Grasland, Steppe
- Halbwüste, Wüste
- Ackerland, Weideland

1:30 000 000 0 500 km

3

Wirtschaft

Rohstoffgewinnung

- Erdöl
- Erdgas
- Kohle
- Eisenerz
- andere Metalle
- große Fördermenge
- kleine Fördermenge

Wirtschaftszentrum

- Industrie (Arbeitsplätze in Fabriken, auf Baustellen, im Bergbau)
- Dienstleistungen (Arbeitsplätze in Büros, Hotels, Geschäften, Schulen, Krankenhäusern)
- großes Wirtschaftszentrum
- kleines Wirtschaftszentrum
- viel Industrie, wenige Dienstleistungen
- wenig Industrie, viele Dienstleistungen

1:30 000 000 0 500 km

4

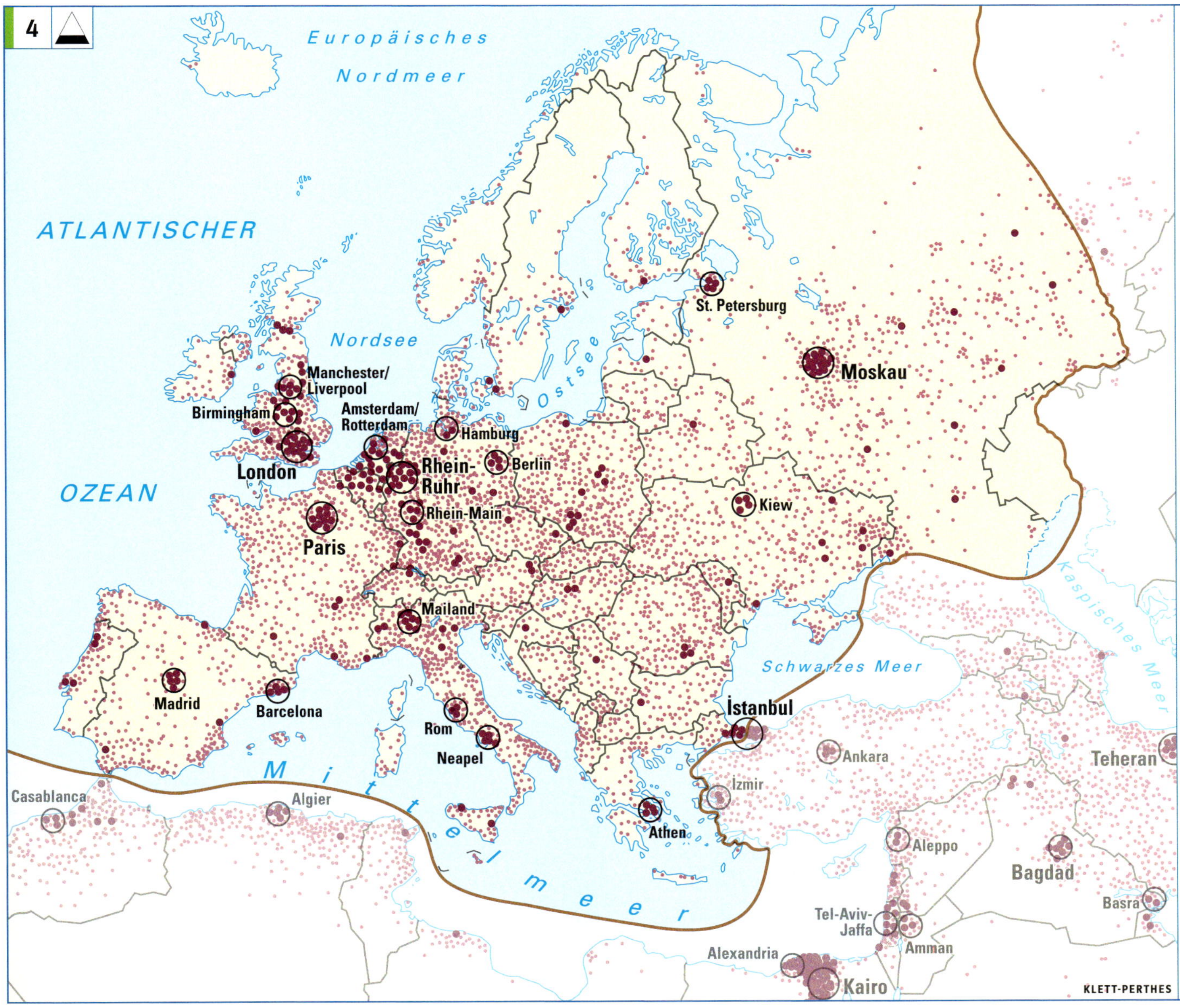

Bevölkerungsverteilung

- 1 000 000 Menschen
- 100 000 Menschen
- Rom — großer städtischer Ballungsraum
- Staatsgrenze
- Grenze von Europa

1:30 000 000 0 500 km

EINFÜHRUNG
DEUTSCHLAND
EUROPA
ASIEN
AFRIKA und ORIENT
AUSTRALIEN und POLE
AMERIKA
WELT
REGISTER

EINFÜHRUNG
DEUTSCHLAND
EUROPA
ASIEN
AFRIKA und ORIENT
AUSTRALIEN und POLE
AMERIKA
WELT
REGISTER

EINFÜHRUNG
DEUTSCHLAND
EUROPA
ASIEN
AFRIKA und ORIENT
AUSTRALIEN und POLE
AMERIKA
WELT
REGISTER

Schottland
Glasgow
Edinburgh
Southern Uplands
Cheviot Hills
Nordirland
Belfast
Londonderry
Giant's Causeway
Malin Head
IRLAND
Dublin
(Baile Atha Cliath)
Connacht
Leinster
Munster
Galway
Limerick
Cork
(Corcaigh)
Waterford
Wexford
Rosslare
Mizen Head
Irische See
Man
(brit.)
Douglas
GROSS-
BRITANNIEN
Newcastle upon Tyne
Sunderland
Middlesbrough
Lancaster
Blackpool
Liverpool
Manchester
Leeds
Bradford
Sheffield
York
Hull (Kingston-upon-Hull)
Flamborough Head
Nottingham
Derby
Birmingham
Leicester
Coventry
Northampton
Norwich
Great Yarmouth
Cambridge
Ipswich
Harwich
Oxford
Luton
London
Southend-on-Sea
Wales
Cambrian Mountains
Swansea
Cardiff
(Caerdydd)
Bristol
Bristolkanal
Stonehenge
Southampton
Bournemouth
Portsmouth
Brighton
Hastings
Dover
Ramsgate
Plymouth
Torquay
Cornwall
Land's End
Penzance
Scilly-In.
St.-Georgs-Kanal
England
Pennines
Nordsee
Der Kanal
Str. v. Dover
Themse
Kanalinseln (brit.)
Guernsey
Jersey
St. Hélier
Cherbourg-Octeville
Kap Hague
Golf v. St-Malo
Le Havre
Caen
Dieppe
Amiens
Rouen
Normandie
Bretagne
Brest
Quimper
Lorient
Rennes
St-Brieuc
Mont-St-Michel
Le Mans
Angers
Nantes
St-Nazaire
Tours
Orléans
Paris
Versailles
Chartres
Reims
Île de France
Champagne
Troyes
Dijon
Burgund
Lyon
FRANKREICH
Poitiers
La Rochelle
Limoges
Clermont-Ferrand
Zentralmassiv
Bordeaux
Arcachon
Golf von Biscaya
Garonne
Guyenne
Landes
Gascogne
Toulouse
Montpellier
Nîmes
Marseille
Toulon
Aix-en-Provence
Provence
Golfe du Lion
Perpignan
Bayonne
Biarritz
Pau
Lourdes
ANDORRA
Pyrenäen
Languedoc
Cevennen
Grenoble
Alpen
Jura
Vogesen
Lothringen
Metz
Nancy
Straßburg
Besançon
Genf
MONACO
Nizza
NIEDERLANDE
Amsterdam
Den Haag
Rotterdam
Utrecht
Haarlem
Eindhoven
BELGIEN
Brüssel
Antwerpen
Gent
Brügge
Ostende
Lüttich
Charleroi
LUXEMBURG
Ardennen
Lille
Calais
Boulogne-sur-Mer
Köln
Aachen
Maastricht
Kantabrisches Gebirge
Costa Verde
Gijón
Oviedo
Santander
Bilbao
Donostia-San Sebastián
Vitoria-Gasteiz
Pamplona
Burgos
Logroño
León
Valladolid
Palencia
Zamora
SPANIEN
Kastilien

1 : 5 000 000
0 50 100 km
DÄNEMARK
DEUTSCHLAND
POLEN
LITAUEN
WEISS-RUSSLAND
UKRAINE
TSCHECHISCHE REP.
SLOWAK. REP.
ÖSTERREICH
UNGARN
RUMÄNIEN
SLOWENIEN
KROATIEN
BOSNIEN UND HERZEGOWINA
SERBIEN
MONTENEGRO
KOSOVO
ITALIEN
SCHWEIZ
LIECHTENSTEIN
SAN MARINO
Ostsee
Kattegat
Adriatisches Meer
Ligurisches Meer
Golf von Genua
Gotland
Öland
Bornholm (dän.)
Rügen
Fehmarn
Seeland
Fünen
Jütland
Kopenhagen (København)
Göteborg
Malmö
Helsingborg
Lund
Århus
Ålborg
Odense
Hamburg
Bremen
Bremerhaven
Kiel
Lübeck
Rostock
Stralsund
Schwerin
Neubrandenburg
Hannover
Osnabrück
Bielefeld
Wolfsburg
Braunschweig
Magdeburg
Berlin
Potsdam
Cottbus
Göttingen
Kassel
Halle
Leipzig
Dresden
Chemnitz
Erfurt
Jena
Gera
Zwickau
Frankfurt
Würzburg
Nürnberg
Regensburg
Ingolstadt
Augsburg
München
Stuttgart
Karlsruhe
Mannheim
Ulm
Passau
Stettin (Szczecin)
Danzig (Gdańsk)
Gdingen (Gdynia)
Köslin (Koszalin)
Stolp (Słupsk)
Bromberg (Bydgoszcz)
Thorn (Toruń)
Posen (Poznań)
Warschau (Warszawa)
Łódź
Kalisch (Kalisz)
Breslau (Wrocław)
Liegnitz (Legnica)
Oppeln (Opole)
Kattowitz (Katowice)
Krakau (Kraków)
Tschenstochau (Częstochowa)
Lublin
Radom
Kielce
Rzeszów
Białystok
Allenstein (Olsztyn)
Elbing (Elbląg)
Königsberg (Kaliningrad) (zu Russland)
Memel (Klaipėda)
Kaunas
Wilna (Vilnius)
Schaulen (Šiauliai)
Panevėžys
Grodno
Brest
Lemberg (Lwiw)
Prag (Praha)
Pilsen (Plzeň)
Budweis (České Budějovice)
Brünn (Brno)
Ostrau (Ostrava)
Olmütz (Olomouc)
Königgrätz (Hradec Králové)
Pardubice
Wien
Linz
Salzburg
Innsbruck
Graz
Klagenfurt
Villach
St. Pölten
Pressburg (Bratislava)
Košice
Budapest
Győr
Miskolc
Debrecen
Szeged
Pécs
Székesfehérvár
Kecskemét
Zürich
Chur
Mailand (Milano)
Bergamo
Brescia
Verona
Vicenza
Padua
Venedig (Venezia)
Triest (Trieste)
Udine
Bozen (Bolzano)
Genua (Genova)
Parma
Modena
Bologna
Ferrara
Ravenna
Rimini
Florenz (Firenze)
Pisa
Livorno
Siena
Perugia
Ancona
Ljubljana
Maribor
Zagreb
Rijeka
Zadar
Split
Osijek
Banja Luka
Sarajewo
Mostar
Belgrad (Beograd)
Novi Sad
Subotica
Kragujevac
Niš
Priština
Timișoara
Arad
Oradea
Satu Mare
Baia Mare
Zakopane
Hohe Tatra
Erzgebirge
Thüringer Wald
Harz
Böhmerwald
Sudeten
Karpaten
Dolomiten
Apennin
Alpen
Donau
Plattensee (Balaton)

KLETT-PERTHES
westl. Länge 0° östl. Länge v. Greenwich
Nordsee
GROSS-
BRITANNIEN
IRLAND
Dublin
(Baile Átha Cliath)
Galway
Belfast
Larne
Stranraer
Man
(brit.)
Irische See
Slea Head
Cork
Rosslare
Holyhead
Manchester
Liverpool
Leeds
Hull
Sheffield
Newcastle upon Tyne
Sunderland
Nottingham
Stoke-on-Trent
Fishguard
Birmingham
Coventry
Northampton
Harwich
Cardiff
Bristol
London
Southampton
Plymouth
Land's End
Dover
Britische
Inseln
ATLANTISCHER
OZEAN
Der Kanal
Str. v. Dover
Kanal-inseln
(brit.)
Cherbourg
Le Havre
Calais
Amiens
Lille
Brest
Pointe du Raz
Bretagne
Normandie
Rennes
Le Mans
Versailles
Paris
Île de France
Reims
Nantes
Angers
Tours
Loire
FRANKREICH
Golf von Biscaya
Limoges
Bordeaux
Clermont-Ferrand
Grotte v. Lascaux
Zentral-
massiv
Lyon
St-Étienne
Grenoble
Dijon
Toulouse
Lourdes
Montpellier
Nîmes
Provence
Marseille
Golfe du Lion
Toulon
Nizza
MONACO
NIEDERLANDE
Amsterdam
Den Haag
('s-Gravenhage)
Rotterdam
Utrecht
Eindhoven
Antwerpen
BELGIEN
Brüssel
(Brussel, Bruxelles)
Ardennen
LUXEMBURG
Luxemburg
(Luxembourg)
DÄNEMARK
Jütland
Ålborg
Århus
Odense
Kopenhagen
(København)
Seeland
Helsingborg
Malmö
Göteborg
Kattegat
Bornholm
Kiel
Rostock
Hamburg
Bremen
Norddeutsches Tiefland
Hannover
Berlin
Bielefeld
Magdeburg
Harz
Dortmund
Essen
Duisburg
Düsseldorf
Köln
Bonn
Halle
Leipzig
Dresden
DEUTSCH-
LAND
Frankfurt
Chemnitz
Erzgebirge
Prag
(Praha)
Plzeň
TSCHECH. R
Mannheim
Nürnberg
Karlsruhe
Stuttgart
Straßburg
(Strasbourg)
Vogesen
Schwarzwald
Böhmerwald
Donau
Augsburg
München
Alpenvorland
Basel
Zürich
Bern
Genf
(Genève)
SCHWEIZ
Jura
LIE.
Zugspitze
ÖSTERREICH
Großglockner
Ortler
Mont Blanc
Alpen
Linz
Mailand
(Milano)
Turin
(Torino)
Brescia
Verona
Padua
Venedig
(Venezia)
Triest
Ljubljana
SLOWEN.
Rijeka
KROATIEN
Poebene
Genua
(Genova)
Parma
Bologna
Florenz
(Firenze)
SAN MARINO
Livorno
Ligurisches Meer
Apennin
Adriatisches Meer
Perugia
Gran Sasso d'Italia
Elba
Korsika
(franz.)
Apenninen-
halbinsel
VATIKANSTADT
Rom
(Roma)
ITALIEN
Montecassino
Neapel
(Napoli)
Vesuv
Pompeji
Salerno
Foggia
Olbia
Porto Torres
Sassari
Sardinien
(ital.)
Cagliari
Tyrrhenisches Meer
Liparische Inseln
Palermo
Messina
Ätna
Sizilien
Catania
Syrakus
Kap Passero
Pantelleria
(ital.)
MALTA
Valletta
La Coruña
Kap Finisterre
Santiago de Compostela
Galicien
Gijón
Oviedo
Santander
Bilbao
San Sebastián
Vigo
León
Altamira
Vitoria-Gasteiz
Pamplona
Pyrenäen
Pico de Aneto
ANDORRA
Burgos
Kastilien
Porto
Valladolid
Duero
PORTUGAL
Salamanca
Zaragoza
Katalonien
Ebro
Barcelona
Fátima
Iberische
El Escorial
Madrid
Tajo
Lissabon
(Lisboa)
SPANIEN
Kastilien
La Mancha
Halbinsel
Valencia
Balearen
Menorca
Mallorca
Palma de Mallorca
Ibiza
Pityusen
Huelva
Guadalquivir
Córdoba
Albacete
Sevilla
Andalusien
Elche
Alicante
Murcia
Jerez de la Frontera
Cádiz
Granada
Alhambra
Betische Kordillere
Sierra Nevada
Cartagena
Algeciras
Gibraltar (brit.)
Málaga
Almería
Str. v. Gibraltar
Tanger
Ceuta (span.)
Tetouan
Mittelmeer
Kénitra
Rabat
Er-Rif
Melilla
(span.)
Oran
Algier
Ech Cheliff
Bejaïa
Skikda
Annaba
Bizerte
Kap Bon
Karthago
Menzel Bourguiba
Tunis
Casablanca
(Dar-el-Beida)
Fès
Meknès
Oujda
Sidi Bel Abbès
Tellatlas
Sétif
Constantine
Khouribga
Mittl. Atlas
Moulouya
Maghreb
Hochebene der Schotts
Batna
Tébessa
Sousse
Kairouan
MAROKKO
Hoher Atlas
Djelfa
Biskra
Saharaatlas
Sfax
Tinerhir
Figuig
Laghouat
Gafsa
TUNESIEN
Kleine Syrte
Djerba
Gabès
Béchar
Hassi R'Mel
El Oued
Touggourt
Abadla
Ghardaïa
ALGERIEN
Ouargla
Hassi Messaoud
Hamada des Draa
Beni Abbès
Westl. Großer Erg
Timimoun
El Goléa
Oasen von Guérara
Plateau von Tademaït
Östl. Großer Erg
Ghadamis
Hamada el Hamra
Tripolis (Tarabulus)
Az Zawiyah
Leptis Magna
Misratah
Djebel Nefusa
Tripolitanien
LIB
Kanarische Inseln
(span.)
La Palma
Lanzarote
Teneriffa
Sta. Cruz
Gomera
Fuerte-ventura
Pico de Teide
Hierro
(Ferro)
Gran Canaria
Las Palmas
1:10 000 000
0 50 100 200 km

Gotland
Ventspils
Riga
LETTLAND
Libau
Schaulen (Šiauliai)
Memel (Klaipėda)
LITAUEN
Kaunas
Wilna (Vilnius)
Dünaburg
Polozk
Witebsk
Smolensk
Waldai-höhe
Twer
Sergijew Posad
Zelenograd
Moskau (Moskwa)
Wladimir
Murom
Kolomna
Rjasan
Podolsk
Serpuchow
Kaluga
Tula
Nowomoskowsk
Simbirsk
Toljatti
Samara
Saransk
Sysran
Pensa
Balakowo
Saratow
Engels
Saratower Stausee
R U S S L A N D
Wolga-platte
Gdingen
Danzig (Gdańsk)
(zu Russland) Königsberg (Kaliningrad)
Grodno
WEISS-RUSSLAND
Minsk
Borisow
Bobruisk
Mogilew
Gomel
Baranowitschi
Masuren
Białystok
Thorn
Warschau (Warszawa)
Brest
Pripjetniederung
Pripjet
Brjansk
Orel
Lipezk
Tambow
Mittelrussische Platte
Donniederung
Borissoglebsk
Woronesch
Kursk
Stary Oskol
Belgorod
Tschernihiw
Sumi
Charkiw
KASACH-STAN
Wolgograder Stausee
Wolgograd
Wolschski
POLEN
Łódź
Radom
Kielce
Tschenstochau
Lublin
Luzk
Riwne
Kiewer Stausee
Kiew (Kiiw)
Dnjeprniederung
Wolynien
Schitomir
Bila Zerkwa
Krementschuker Stausee
Poltawa
Krementschuk
Tscherkasi
Gleiwitz
Kattowitz (Katowice)
Krakau (Kraków)
Lemberg (Lwiw)
Chmelnizki
Ternopil
Winnizja
UKRAINE
Dnipropetrowsk
Kirowohrad
Dnipro-dserschinsk
Saporischja
Donezk
Luhansk
Horliwka
Schachty
Nowotscherkassk
Rostow
Taganrog
Wolgodonsk
Zimljansker Stausee
Jergenihügel
Kaspische Senke
Manytschniederung
Ostrava
Karpaten
SLOWAK. REP.
Hohe Tatra
Kaschau
Iwano-Frankiwsk
Czernowitz (Tschernivzi)
Mariupol
Nikopol
Kriwi Rih
Kachowkaer Stausee
Melitopol
Mikolajiw
Cherson
Odessa
Tiraspol
Chişinău
MOLDAU
Bălţi
Iaşi
Miskolc
Debrecen
Budapest
Baia Mare
Klausenburg (Cluj-Napoca)
Siebenbürgen
Oradea
Bacău
UNGARN
Szeged
Arad
RUMÄNIEN
Hermannstadt
Kronstadt (Braşov)
Galaţi
Brăila
Timişoara
Pécs
Novi Sad
Südkarpaten
Ploieşti
Piteşti
Belgrad (Beograd)
Craiova
Bukarest (Bucureşti)
Walachei
Constanţa
Ruse
Donau
Asowsches Meer
Krasnodar
Kertsch
Krim
Simferopol
Sewastopol
Jalta
Noworossijsk
Stawropol
Armawir
Maikop
Pjatigorsk
Naltschik
Grosny
Wladikawkas
Kaukasus
Elbrus 5642
Kasbek 5047
Sotschi
Suchumi
GEORGIEN
Tiflis (Tbilisi)
Kutaissi
Batumi
Schwarzes Meer
SERBIEN
Sarajewo
MONTENEGRO
Podgorica
Priština
KOSOVO
Niš
Balkan
BULGARIEN
Sofia (Sofija)
Varna
Burgas
Stara Zagora
Plovdiv
Rhodopen
Skopje
MAZEDONIEN
ALBANIEN
Tirana (Tiranë)
Balkanhalbinsel
Istanbul
Bosporus
Izmit
Adapazarı
Zonguldak
Pontisches Gebirge
Kap İnce
Samsun
Giresun
Trabzon
Armenisches Hochland
ARMENIEN
Eriwan (Jerewan)
Gümri
Wanadsor
Erzurum
Marmarameer
Bursa
Eskişehir
Ankara
Kırıkkale
Hattuša
Kleinasiatische
Sivas
Ostanatolien
Vansee
Van
Elazığ
Malatya
Batman
Diyarbakır
TÜRKEI
Balıkesir
Troja
Saloniki
Athos
Lecce
Olymp 2917
Pindos
Westanatolien
Afyonkarahisar
Halbinsel
Kayseri
Kahramanmaraş
Atatürk-stausee
Gaziantep
Urfa
Al Qamishli
Mosul (Al Mawsil)
Mesopotamien
Lesbos
Pergamon
Manisa
Izmir
Ephesos
Konya
Taurus
Adana
Mersin
Osmaniye
Iskenderun
Aleppo (Halab)
Assad-stausee
Ar Raqqah
Euphrat
Dayr az Zawr
GRIECHENLAND
Euböa
Delphi
Patras (Pátrai)
Olympia
Athen (Athínai)
Mykene
Sparta
Peloponnes
Chios
Ägäisches Meer
Kykladen
Denizli
Milet
Antalya
Rhodos
Al Ladhiqiyah
SYRIEN
Hamah
Palmyra
Hims
IRAK
ZYPERN
Nikosia
Tripoli
LIBANON
Baalbek
Beirut
Zahlah
Damaskus
Syrische Wüste
Kreta
Iraklion
Knossos
Mittelmeer
Akko
Haifa
Dara
Irbid
Tel Aviv-Jaffa
ISRAEL
Az Zarqa
Amman
Jerusalem
Totes Meer
Beersheba
JORDANIEN
SAUDI-ARABIEN
Al Jawf
Petra
Al Bayda
Darnah
Dj. el Akhdar
Banghazi
Tubruq
Salum
Große Syrte
Cyrenaika
Al Burayqah
Alexandria
Rashid
Damiette
Port Said
El Mansura
El Mahalla el Kubra
El Alamein
Tanta
Zagazig
Suezkanal
Gise (El Gîza)
Kairo (El Qahira)
Suez
Helwan
El Faiyum
Kattarasenke
ÄGYPTEN
Sinai
Elat
Aqaba
Katharinen-Kloster
Tabuk
Nefud

EINFÜHRUNG
DEUTSCHLAND
EUROPA
ASIEN
AFRIKA und ORIENT
AUSTRALIEN und POLE
AMERIKA
WELT
REGISTER

1

Monatsniederschläge im Januar

unter 10 mm	50 – 100 mm
10 – 25 mm	über 100 mm
25 – 50 mm	

Oban • 146 Klimastation mit Januarniederschlag (in mm)

2

Monatstemperaturen im Januar

unter -10 °C	0 – 15 °C
-5 – -10 °C	5 – 10 °C
-0 – -5 °C	über 10 °C

Oban • 3,9 Klimastation mit Januartemperatur (in °C)

3

Monatsniederschläge im Juli

unter 10 mm	50 – 100 mm
10 – 25 mm	über 100 mm
25 – 50 mm	

Oban • 120 Klimastation mit Juliniederschlag (in mm)

4

Monatstemperaturen im Juli

unter 10 °C	20 – 25 °C
10 – 15 °C	25 – 30 °C
15 – 20 °C	über 30 °C

Oban • 13,9 Klimastation mit Julitemperatur (in °C)

5

Klimadiagramme

nach H. Walter

Essen Klimastation
J F M Monate
9,9 °C Jahrestemperatur
934 mm Jahresniederschlag
154 m ü. M. Höhe der Klimastation
Temperaturkurve
Niederschlagskurve
arider Zeitraum
humider Zeitraum
humider Zeitraum, Skala auf 1/10 verkürzt

KLETT-PERTHES

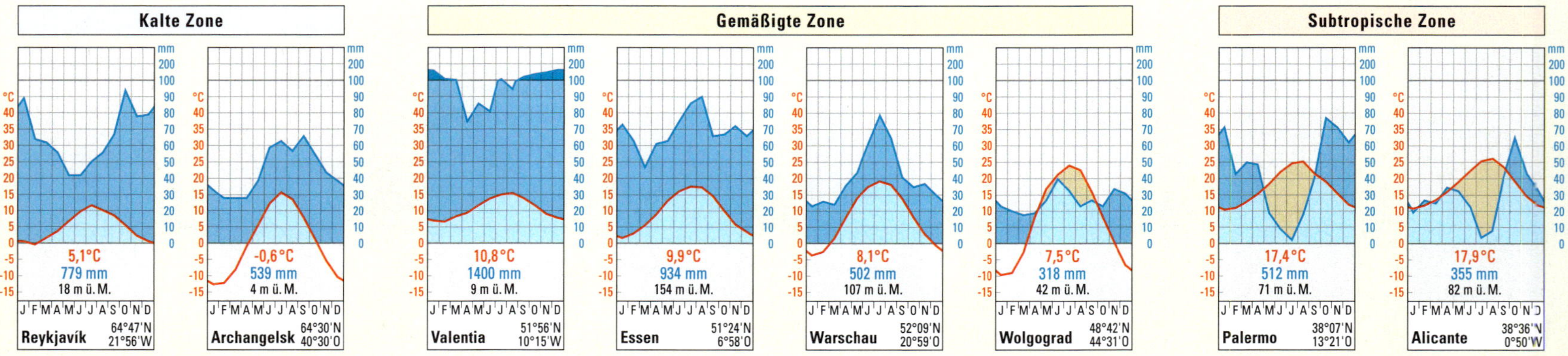

6

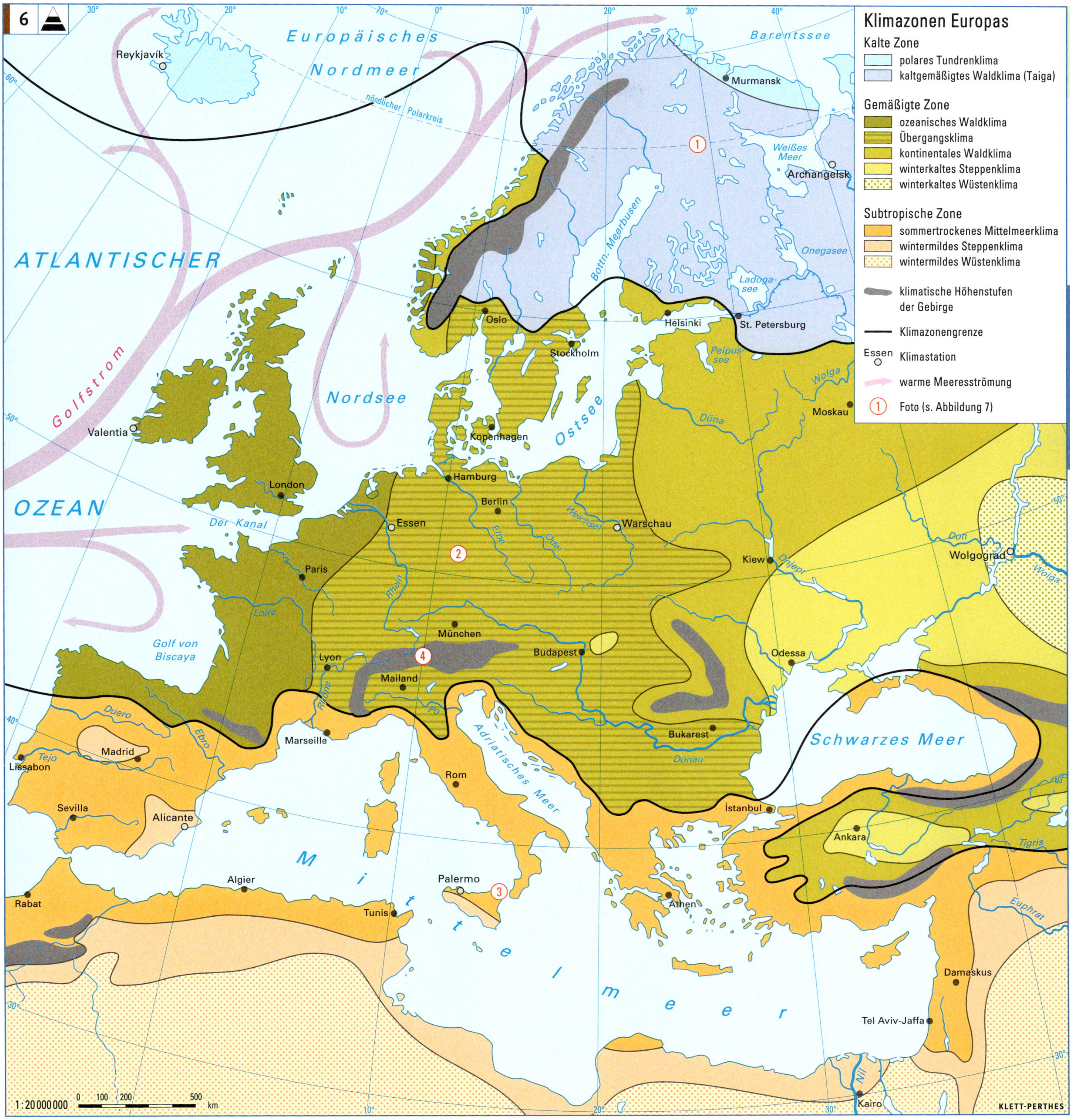

7 Vegetation in den Klimazonen Europas

1 Kaltgemäßigtes Waldklima: Taiga

2 Übergangsklima: Bergmischwald

3 Sommertrockenes Mittelmeerklima: Macchie

4 Klimatische Höhenstufen der Gebirge

KLETT-PERTHES

1

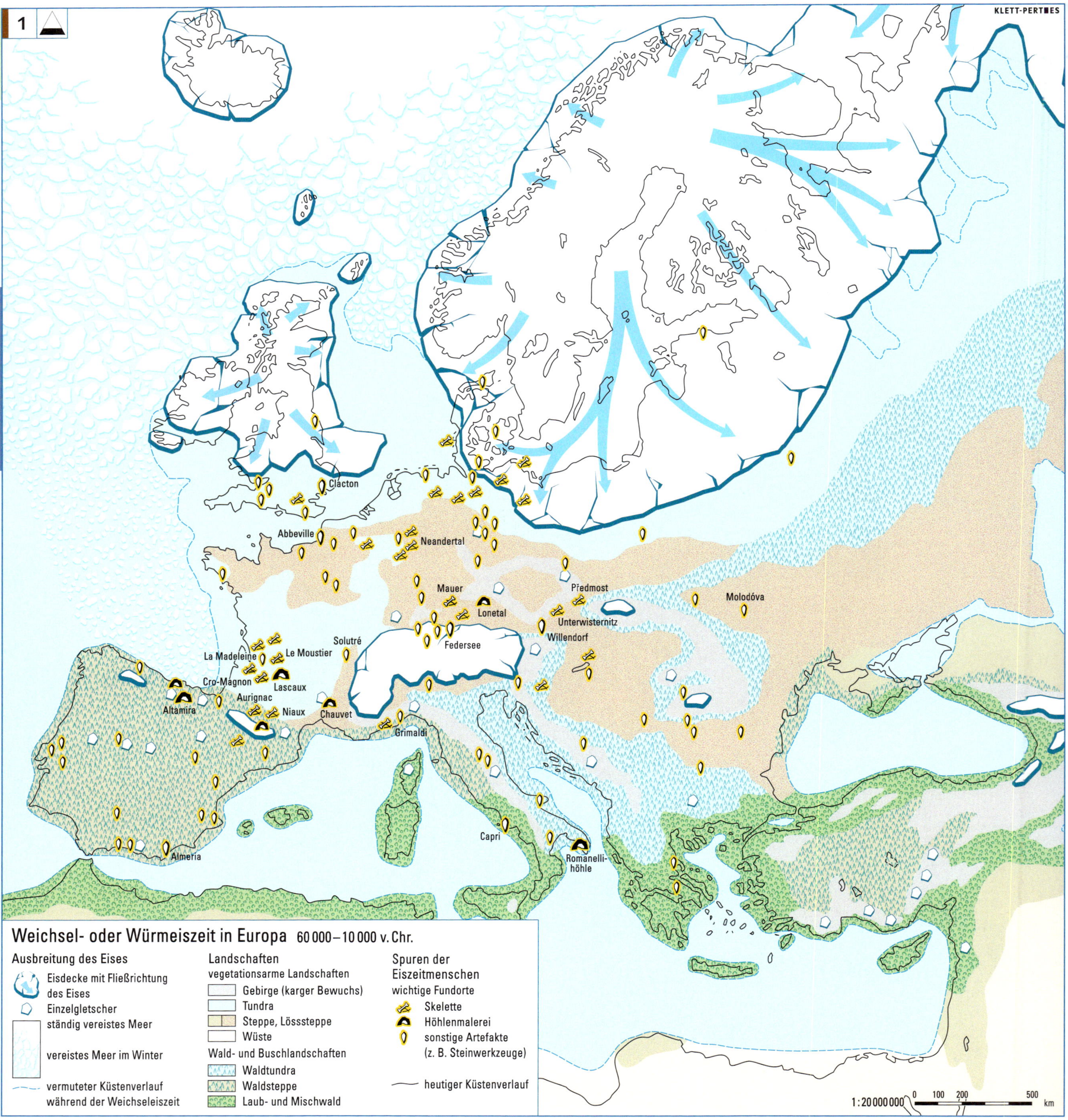

2

Eiszeitlandschaften vor 20 000 Jahren und heute

Am Eisrand

Waldtundra wie vor 20 000 Jahren

Eiszeitsee in Brandenburg

Endmoräne mit gesammelten Findlingen

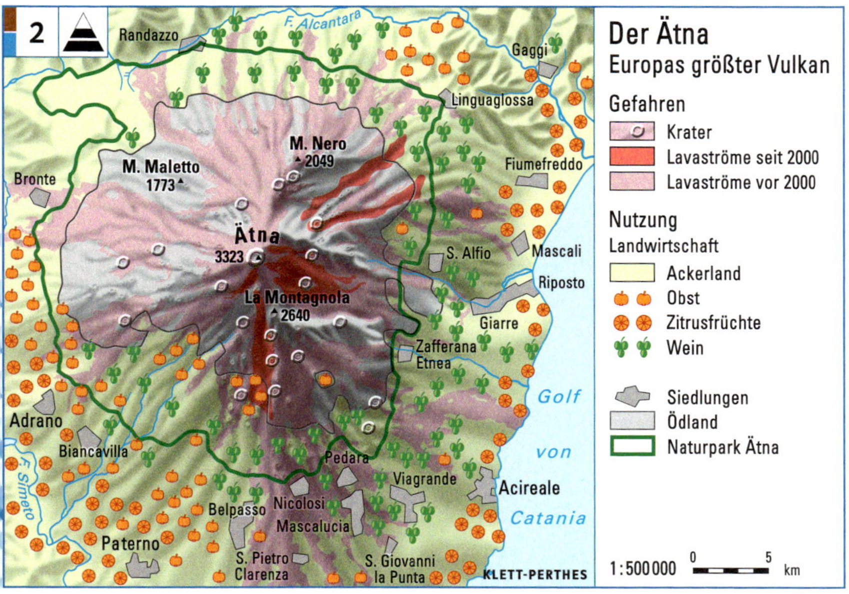

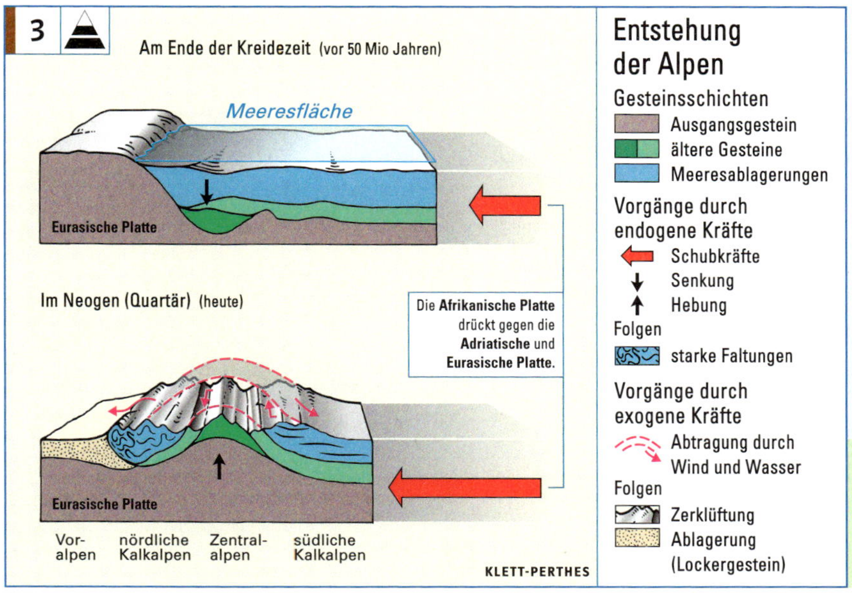

EINFÜHRUNG
DEUTSCHLAND
EUROPA
ASIEN
AFRIKA und ORIENT
AUSTRALIEN und POLE
AMERIKA
WELT
REGISTER

EINFÜHRUNG
DEUTSCHLAND
EUROPA
ASIEN
AFRIKA und ORIENT
AUSTRALIEN und POLE
AMERIKA
WELT
REGISTER

1

2

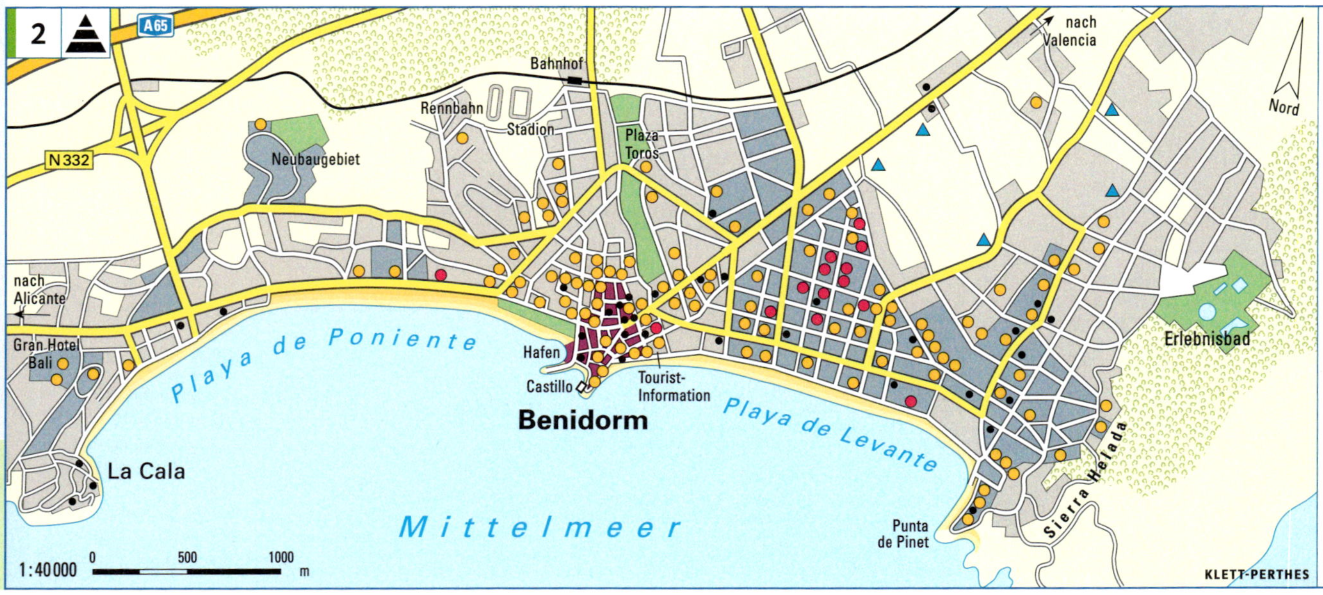

Sommertourismus am Mittelmeer
Touristenzentrum Benidorm

Bebauung
- alter Ortskern bis 1952
- geschlossene Bebauung
- vorwiegend Hochhäuser

Tourismus
- Hotelanlage
- Apartmenthaus
- Campingplatz
- Restaurant, Nachtlokal, Diskothek (in Auswahl)
- Sandstrand
- Parkanlage
- Autobahn
- Hauptverkehrsstraße
- sonstige Straße
- Eisenbahn
- Hartlaubgehölz

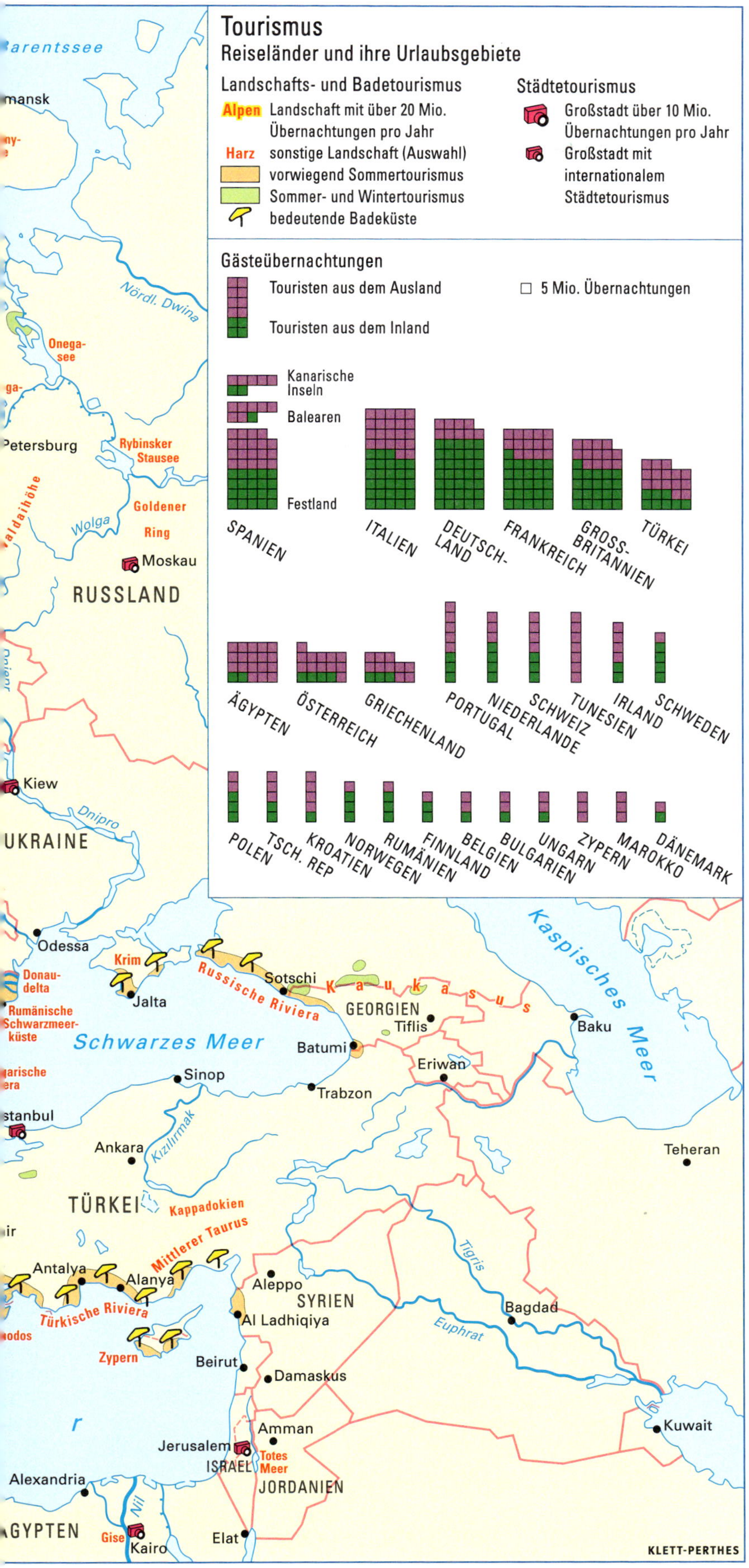

3 Urlaubsorte in Europa

London

Mayrhofen

Toskana

Benidorm

Alpen

Kreta

KLETT-PERTHES

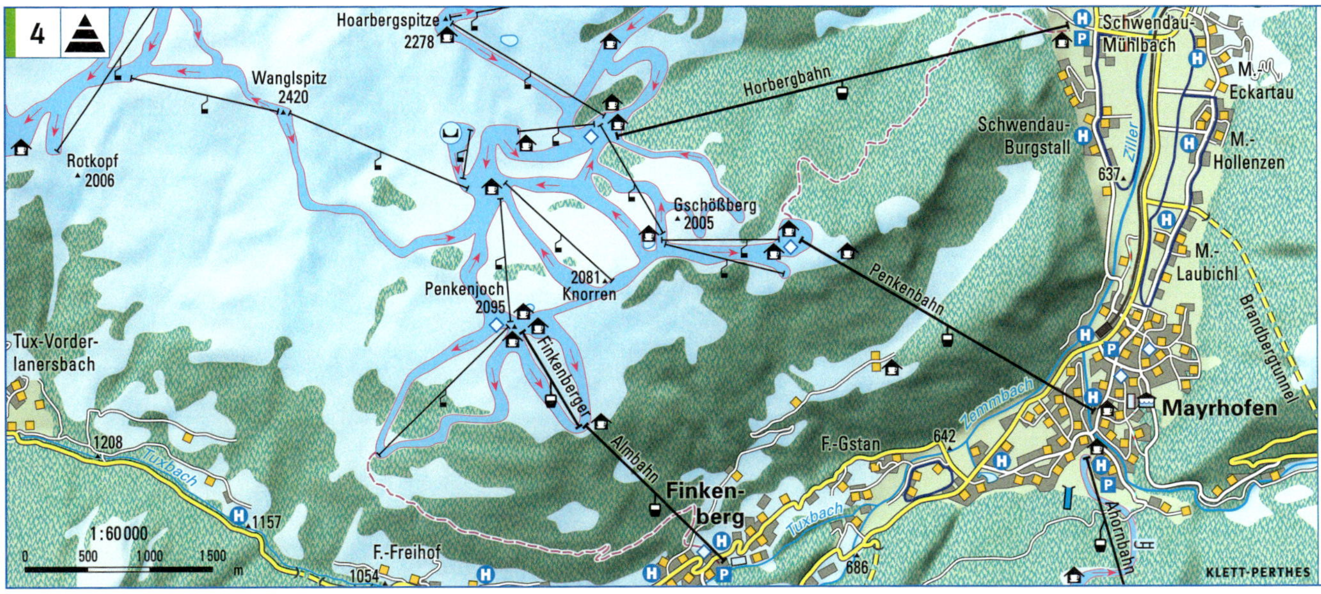

Wintertourismus in den Alpen
Ferienregion Mayrhofen im Zillertal

Landschaft
- Wald
- Siedlungsfläche
- flacher Talgrund
- unbewaldete Hänge

Wintersporteinrichtungen
- Gondelbahn
- Halfpipe
- Sessellift
- Rodelbahn
- Skiabfahrt
- Eislaufplatz
- Skiroute
- Sprungschanze
- Loipe
- Skiverleih, Skischule

Touristische Einrichtungen und Unterkünfte
- Bergrestaurant, Après-Ski
- Hallenbad, Wellness
- Hotel, Pension, Ferienwohnung

Verkehr
- Eisenbahn
- Parkplatz
- Hauptstraße
- Skibus-haltestelle
- Nebenstraße, Feldweg

1
1 : 15 000 000
0 100 200 300 km
westl. Länge 0° östl. Länge v. Greenwich
nördlicher Polarkreis
Europäisches Nordmeer
ISLAND
ATLANTISCHER
OZEAN
Golf von Biscaya
Nordsee
Ostsee
Der Kanal
Mittelmeer
Weißes Meer
Onega-see
Ladoga-see
Peipussee
NORWEGEN
SCHWEDEN
FINNLAND
ESTLAND
LETTLAND
LITAUEN
WEISSRUSSLAND
UKRAINE
MOLDAU
RUMÄNIEN
BULGARIEN
GRIECHENLAND
DÄNEMARK
IRLAND
GROSS-BRITANNIEN
NIEDERL.
BELG.
LUX.
DEUTSCH-LAND
POLEN
TSCHECH. REP.
SLOWAK. REP.
ÖSTERREICH
SCHWEIZ
UNGARN
SLOWENIEN
KROATIEN
BOSNIEN U. HERZEGOW.
SERBIEN
MONTE-NEGRO
KOSOVO
MAZEDONIEN
ALBANIEN
FRANKREICH
SPANIEN
PORTUGAL
ITALIEN
S.M.
MON.
MALTA
MAROKKO
ALGERIEN
TUNESIEN
LIBYEN
ÄGYPTEN
zu RUSSL.
Mittel-england
Rhein-Ruhr
Ober-schlesien
Murmansk
Archang
Tampere
Helsinki
St. Petersburg
Tallinn
Riga
Wilna
Minsk
Kiew
Odessa
Chişinău
Bergen
Oslo
Stavanger
Stockholm
Göteborg
Århus
Odense
Kopen-hagen
Malmö
Glasgow
Edinburgh
Newcastle upon Tyne
Liverpool/
Manchester/
Sheffield
Dublin
Cork
Birming-ham
Oxford/
Luton
Norwich
London
Bristol
Southampton/
Portsmouth
Brighton
Amsterdam/
Rotterdam
Nimwegen
Ant-werpen
Eindh.
Brüssel
Lille
Le Havre
Rouen
Paris
Rennes
Nantes
Bordeaux
Toulouse
Lyon
Grenoble
Marseille
Toulon
Nizza
Bremen
Hamburg
Hannover
Münster
Bielefeld
Dü.
Dortm.
Köln
Halle/Leipzig
Berlin
Dresden
Frankfurt
Lux.
Ludwigs-hfn.
Mannhm.
Straßburg
Stuttg.
Nürnberg
Augsb.
Ulm
München
Offenburg
Basel
Bern
Zürich
Genf
Danzig
Posen
Warschau
Lodz
Breslau
Reichenb.
Kattowitz
Krakau
Prag
Pilsen
Ostrau
Brünn
Linz
Wien
Press-burg
Graz
Győr
Budapest
Klausenburg
Hermannstadt
Timişoara
Craiova
Bukarest
Constanța
Ljubljana
Zagreb
Belgrad
Sarajewo
Podgorica
Priština
Tirana
Sofia
Saloniki
Istanbul
İzmir
Athen
Mailand
Turin
Venedig
Bologna
Florenz
Rom
Neapel
Palermo
Gioia Tauro
Valletta
Tunis
Tripolis
Banghazi
Alexa
Constantine
Algier
Oran
Casablanca/
Rabat
Gijon
Bilbao
San Sebastian
Zaragoza
Barcelona
Porto
Lissabon
Madrid
Valencia
Alicante
Sevilla
Algeciras
Tsch
Klarälv
Memel
Düna
Dnjepr
Pripjet
Dnjestr
Donau
Theiß
Pruth
Save
Weichsel
Oder
Elbe
Weser
Rhein
Maas
Seine
Loire
Rhône
Garonne
Themse
Ebro
Douro
Tejo
Guadalquivir
Wolga
Wirtschaftszentren
Industriezentrum
Bergbau, Produktion, Energie und Bau
Dienstleistungszentrum
Handel, Transport, Tourismus und Information
Flughafen
Seehafen
Finanz- und Wirtschaftsdienst-leistungen
Verwaltung, Bildung und Gesundheit
Die Größe der Signatur entspricht ihrer Bedeutung.
Wirtschaftsraum

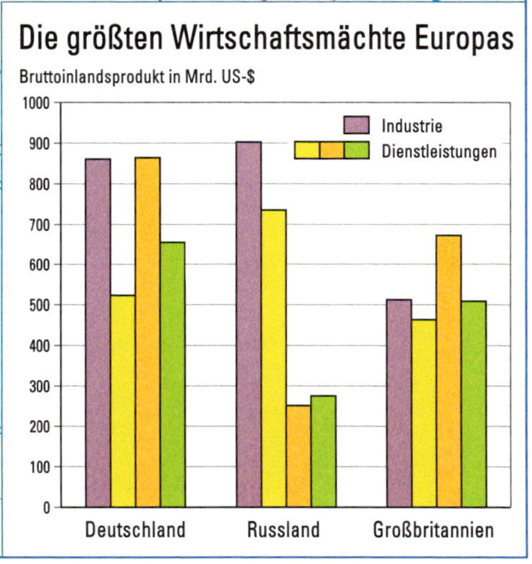

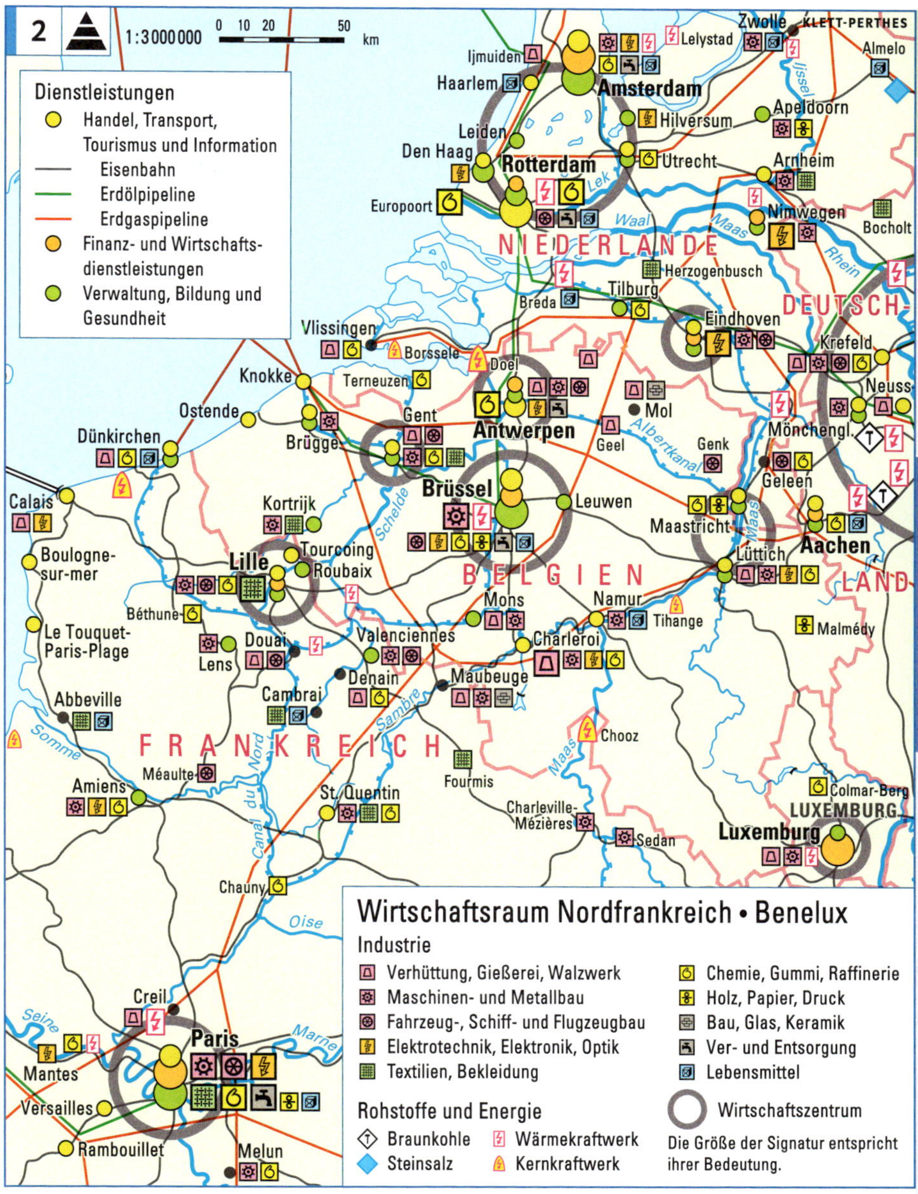

Bergbau und Rohstoffgewinnung

Energierohstoffe
- Steinkohle
- Braunkohle
- Uran
- Erdöl
- Erdölpipeline
- Erdgas
- Erdgaspipeline
- Erdgaspipeline im Bau

Erze
- Eisen
- Stahlveredler: Chrom, Kobalt, Mangan, Nickel
- Buntmetalle: Blei, Kupfer, Zink, Zinn
- Leichtmetalle: Titan (Ilmenit), Aluminium (Bauxit), Magnesit
- Edelmetalle: Silber

andere Rohstoffe
- Salze: Kali, Steinbzw. Meersalz, Phosphat

Die Größe der Signatur entspricht ihrer Bedeutung.

EINFÜHRUNG
DEUTSCHLAND
EUROPA
ASIEN
AFRIKA und ORIENT
AUSTRALIEN und POLE
AMERIKA
WELT
REGISTER

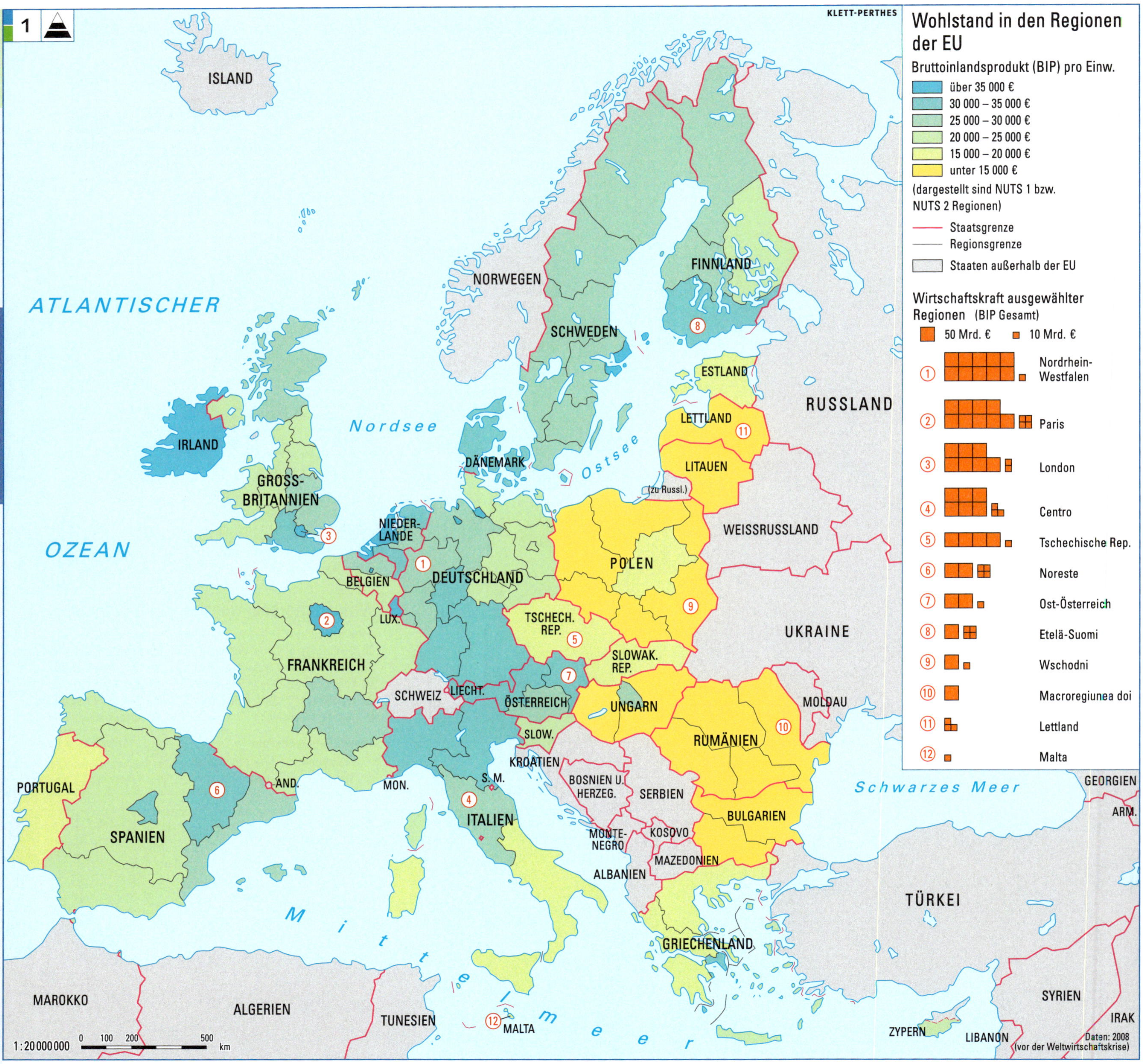

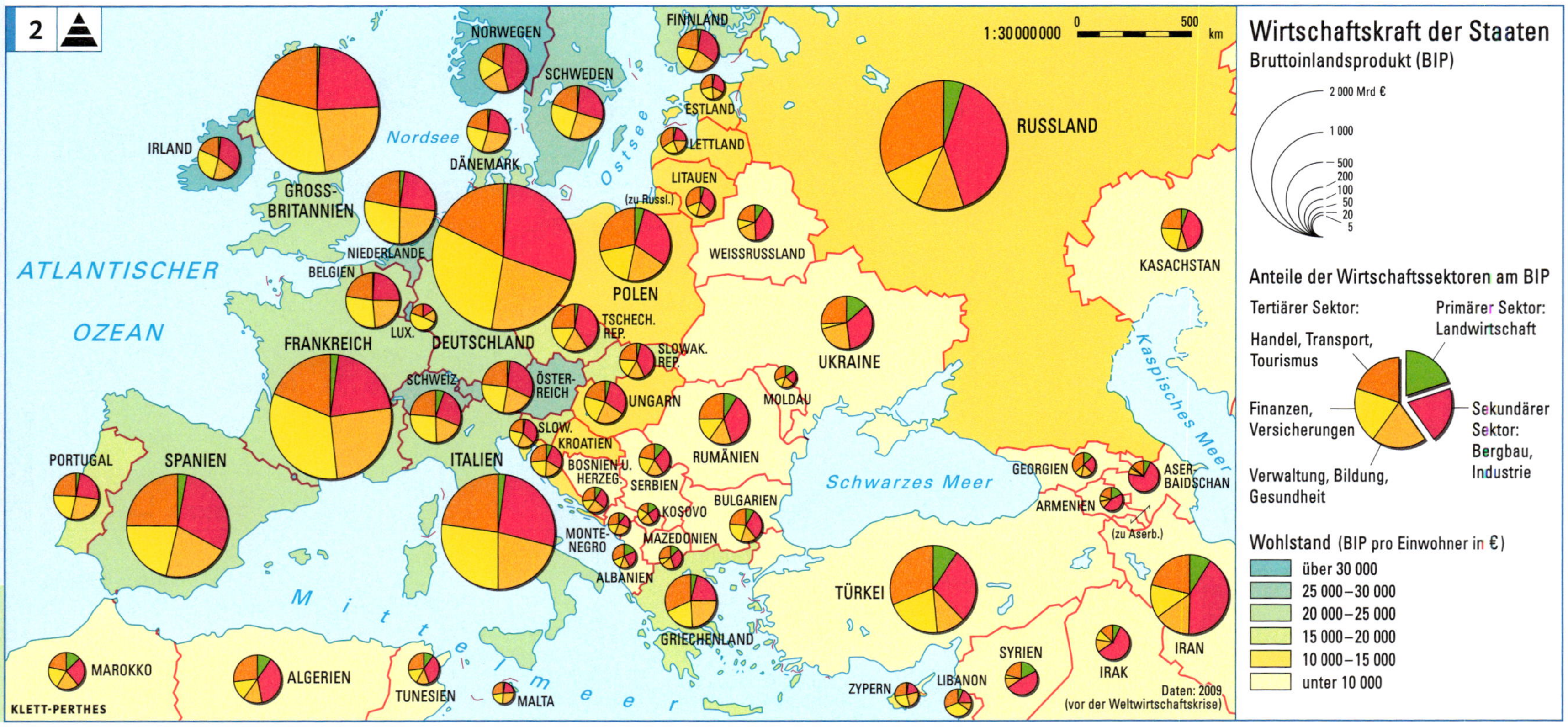

3

4

Standorte der Europäischen Union

Europäische Zentralbank in Frankfurt

Europäisches Parlament, Standort Straßburg

Europäischer Gerichtshof in Luxemburg

Europäisches Parlament, Standort Brüssel

Europäische Kommission in Brüssel

EINFÜHRUNG
DEUTSCHLAND
EUROPA
ASIEN
AFRIKA und ORIENT
AUSTRALIEN und POLE
AMERIKA
WELT
REGISTER

1

2 Bevölkerung und Beschäftigung Europäische Staaten im Vergleich

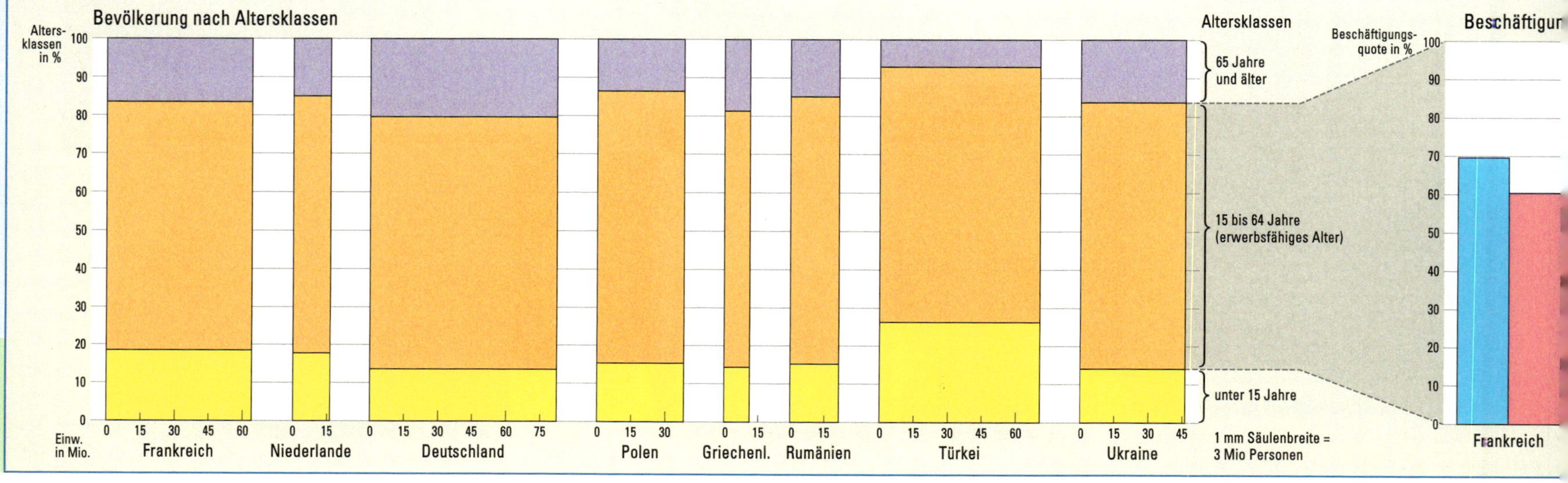

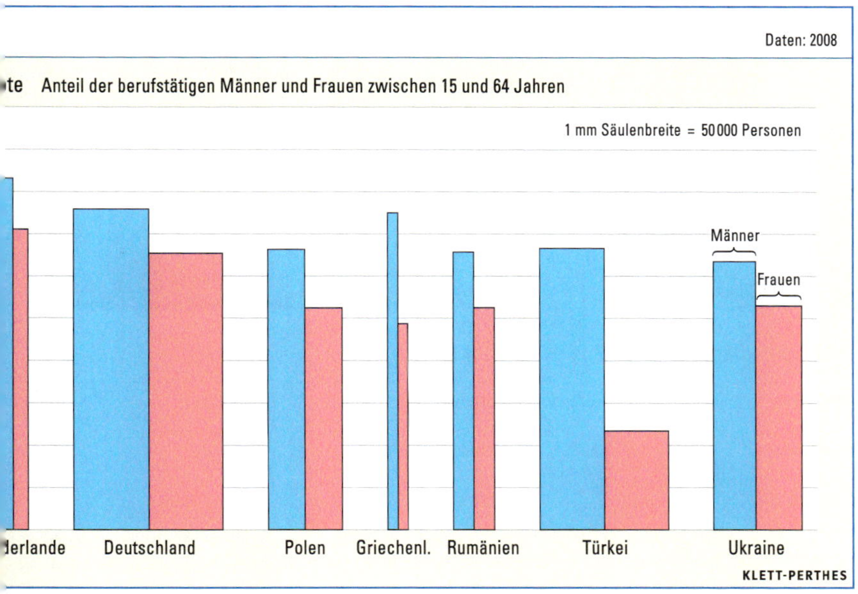

3 Ballungsräume Einkern- und Mehrkernballungen

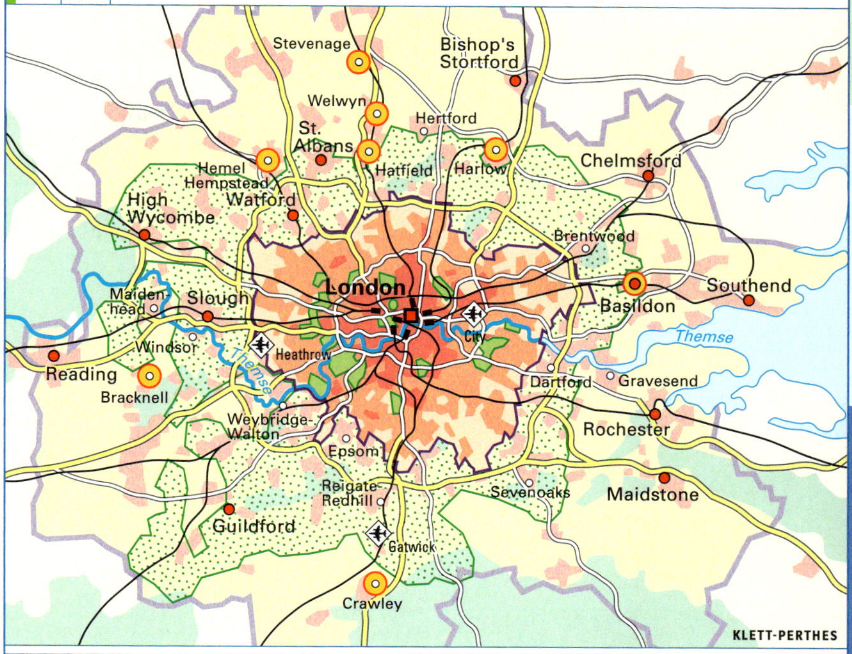

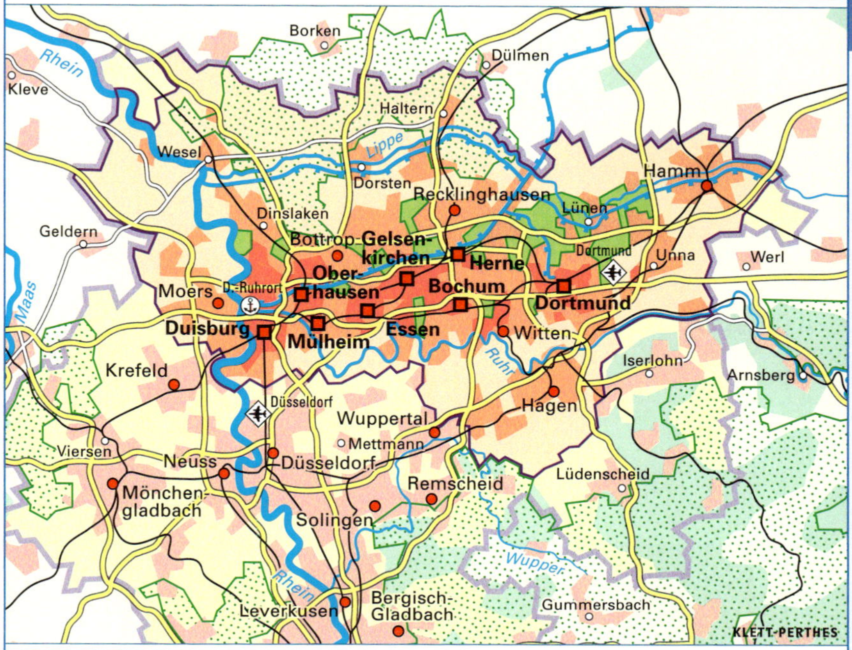

Verwaltung
- Grenze des Ballungsraumes
- Grenze der Metropolregion

Belastung im Ballungsraum
- sehr hohe Bebauungsdichte
- hohe Bebauungsdichte

Städte
- Kernstadt
- bedeutendes regionales Zentrum
- kleineres Zentrum
- Bebauung außerhalb des Ballungsraumes

Entlastung des Ballungsraumes
- Satellitensiedlung oder Trabantenstadt
- zentrale Parkanlagen

Naherholung
- Landschafts- und Naturpark
- Wald
- Ackerland und Grünfläche

Verkehrsverbindung
- Eisenbahn mit Bahnhof
- Autobahn, Schnellstraße
- Verbindungsstraße
- Fluss, Kanal
- Hafen
- Flughafen

1 : 1 250 000 — 0 5 10 25 km

EINFÜHRUNG
DEUTSCHLAND
EUROPA
ASIEN
AFRIKA und ORIENT
AUSTRALIEN und POLE
AMERIKA
WELT
REGISTER

1

Guten Tag!	Danke.
Auf Wiedersehen!	Schule
Wie heißt du?	Familie
Wie geht es dir?	Heimatland

2

Good morning/afternoon!	Thank you.
Goodbye!	school
What's your name?	family
How are you?	native country

3

Bonjour!	Merci.
Au revoir!	école
Comment t'appelles-tu?	famille
Comment vas-tu?	pays natal

4

¡Buenos días!	Gracias.
¡Hasta la vista!	escuela
¿Cómo te llamas?	familia
¿Cómo estás?	patria

5

Bom dia/Boa tarde!	Obrigado/Obrigada.
Adeus!	escola
Como é que te chamas?	família
Como vais?	terra natal

6

Buon giorno!	Grazie.
Arrividerci!	scuola
Come ti chiami?	famiglia
Come stai?	terra natale

God dag!	Takk.
På gjensyn!	skole
Hva heter du?	familie
Hvordan er det med deg?	hjemland

Dag!	Dank je.
Tot ziens!	school
Hoe heet je?	familie
Hoe gaat het met jou?	geboorteland

Dzień dobry!	Dziękuję.
Do widzenia!	szkoła
Jak masz na imię?	rodzina
Jak się masz?	kraj rodzinny

Καλημέρα σας!	Ευχαριστώ.
Αντίο σας!	σχολείο
Πώς λέγεσαι;	οικογένεια
Πώς είσαι;	πατρίδα

Günaydın!	Teşekkür ederim.
Allaha ısmarladık!	okul
Adın nedir?	aile
Nasılsın?	anayurt

Добрый день!	Спасибо.
До свидания!	школа
Как тебя зовут?	семья
Как дела?	родина

EINFÜHRUNG
GESCHICHTE: DEUTSCHLAND und EUROPA
ASIEN
AFRIKA und ORIENT
AUSTRALIEN und POLE
AMERIKA
WELT
REGISTER

Die Menschen werden sesshaft
Ausbreitung von Ackerbau und Viehzucht in der Jungsteinzeit

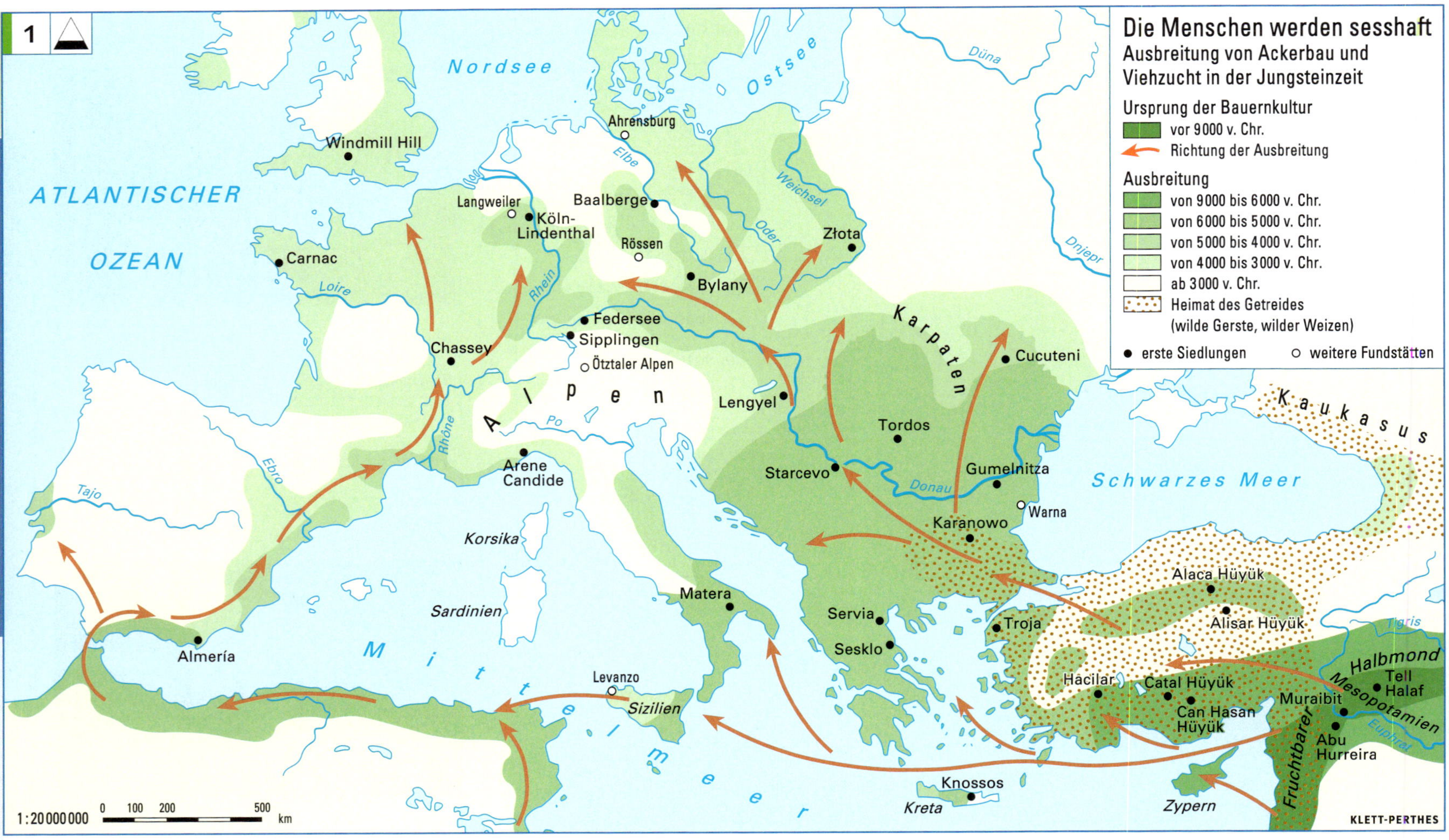

Griechische Kolonisation
Ausbreitung von Handel und Kultur 750–550 v. Chr.

VORGESCHICHTE | ALTERTUM

3000 | 2000 | 1000 | 750

um 2200 v. Chr.:
In Mitteleuropa **endet** die **Jungsteinzeit**. Die Menschen leben jetzt überwiegend von **Ackerbau und Viehzucht** und werden sesshaft.

um 900 v. Chr.:
Die **Stadt Karthago** wird von Phönikiern **gegründet**.

753 v. Chr.:
Einer Sage nach wird die Stadt **Rom** von Romulus und Remus **gegründet**.

750–550 v. Chr.:
Zeit der **Griechischen Kolonisation**.

Siedlung in der Jungsteinzeit um 3500 v. Chr.

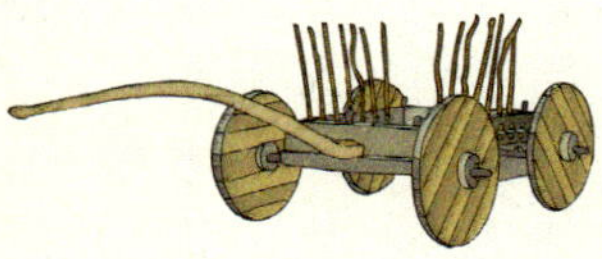
Wagen aus der Jungsteinzeit

Griechische Triere um 600 v. Chr.

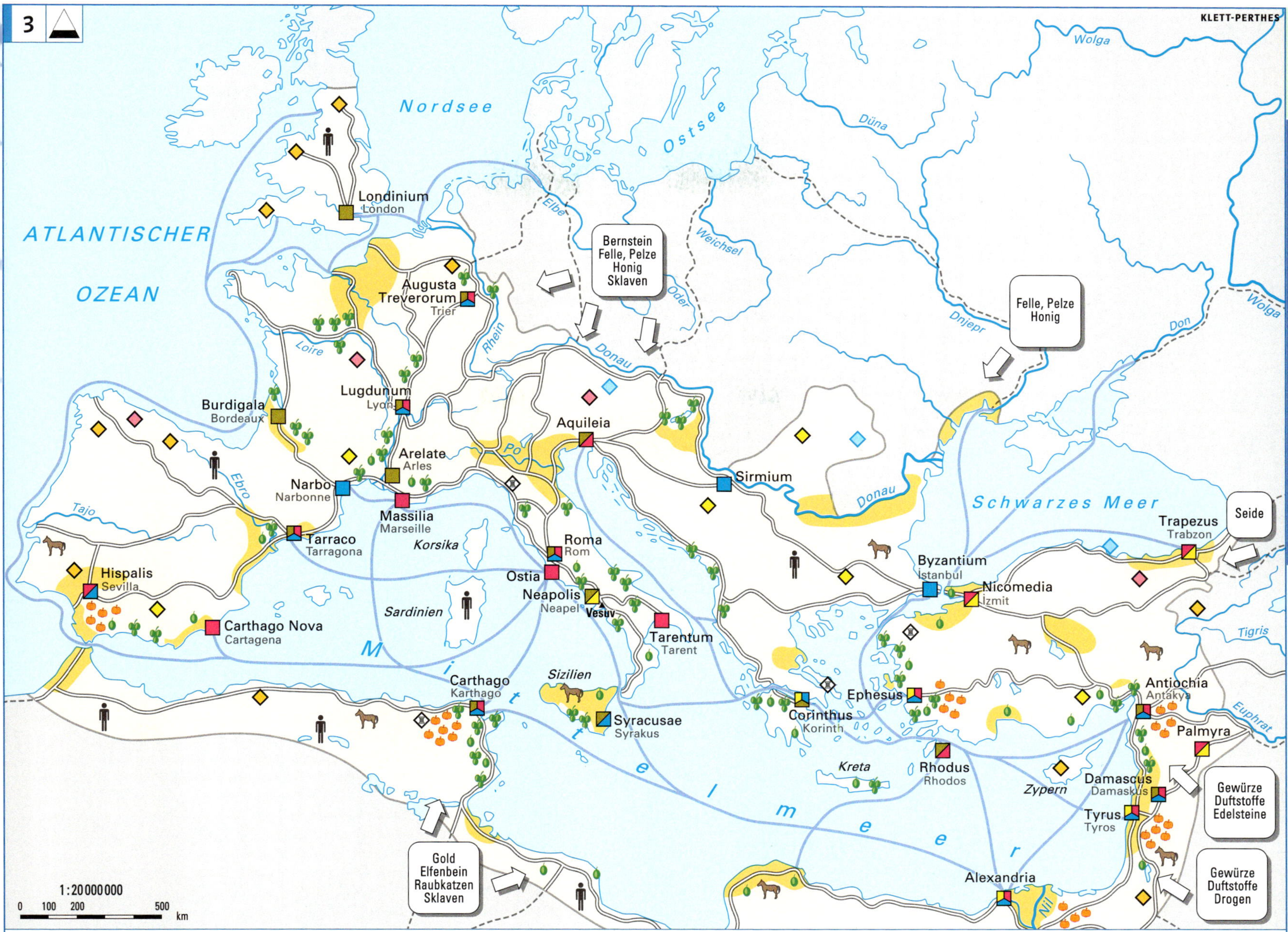

Wirtschaft im Römischen Reich Landwirtschaft, Handel und Gewerbe um 100 n. Chr.

Römisches Reich
- Ausdehnung
- Reichsgrenze
- Roma römischer Name
- Rom heutiger Name

Landwirtschaft
Anbau von Nahrungsmitteln
- Getreide
- Obst
- Wein
- Oliven

Bergbau
Abbau von Rohstoffen
- Eisen
- Edelmetalle (Gold, Silber)
- sonstige Metalle
- Salz
- Marmor

Handelsgüter
Herkunft von Hilfskräften, Nutztieren und Gütern
- Sklaven
- Vieh (Rind, z. T. Schwein)
- Pferde
- Seide Einfuhr begehrter Waren

Handel und Infrastruktur
Gewerbe und Handel
- Metallwaren
- Leinen, Wolle, Stoffe
- Farbstoffe, Duftstoffe, Drogen
- Keramik und Glas
- gemischt

Handelswege
- Römerstraße
- Handelsstraße
- Seeweg

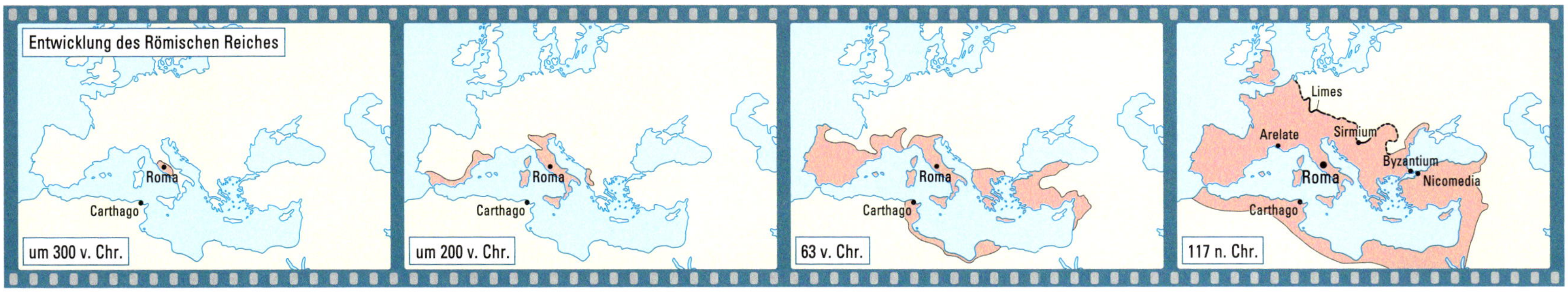

ALTERTUM

500 — 250 — 0 — 200

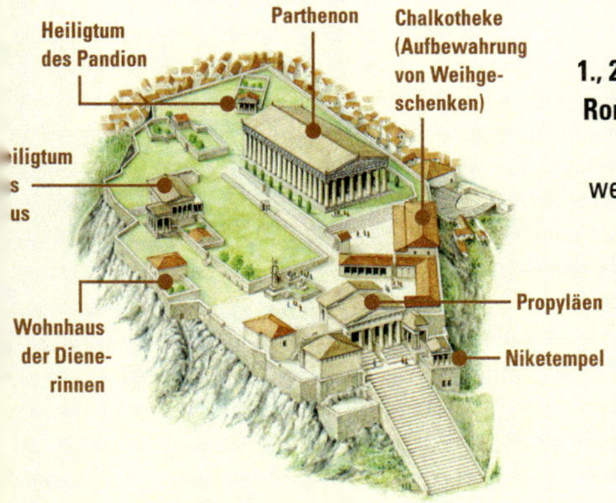

Akropolis in Athen um 500 v. Chr.

264–146 v. Chr.: **1., 2. und 3. Punischer Krieg. Rom** kämpft gegen **Karthago** um die Herrschaft im westlichen Mittelmeerraum.

79 v. Chr.: Der **Vulkan Vesuv** bricht aus und **verschüttet** die römische Stadt **Pompeji** mit heißer Asche.

Christi Geburt (Zeitenwende)

Markt in einer römischen Stadt

117: Das **Römische Reich** erreicht unter Kaiser Trajan seine **größte** territoriale **Ausdehnung**.

Römer und Germanen am Limes Feinde und Nachbarn 12 v. Chr. – 260 n. Chr.

Römisches Reich
- Herrschaftsgebiet
- Hauptstadt
- Stadt
- Aquae römischer Name
- Aachen heutiger Name

Germanen
- dichteres Siedlungsgebiet
- MARSER Name eines germanischen Stammes

Konflikte zwischen Römern und Germanen
- Feldzüge der Römer gegen die Germanen
- geplante römische Provinz Germania Magna (bis 9 n. Chr.)
- 9 n. Chr. Varusschlacht

Schutz des römischen Reiches (83 – 260 n. Chr.)
- Limes
- Grenzfluss
- Legionslager
- Kastell

Waren- und Kulturaustausch
- feste Römerstraße
- Handelsweg
- Pass
- Hochgebirge

ALTERTUM

0 100 200

12 v. Chr.:

9 n. Chr.: **Varusschlacht** im Teutoburger Wald. Die **Germanen besiegen** die **Römer** vernichtend.

50: Das **Legionslager** Colonia Claudia Ara Agrippinensis (Köln) **erhält das Stadtrecht** und damit die Selbstverwaltung.

Ein germanischer Krieger und ein römischer Legionär

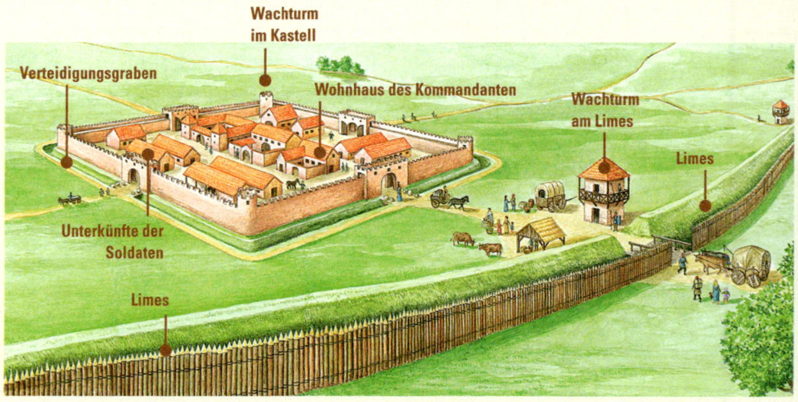

Ein Kastell am Limes um 100 n. Chr.

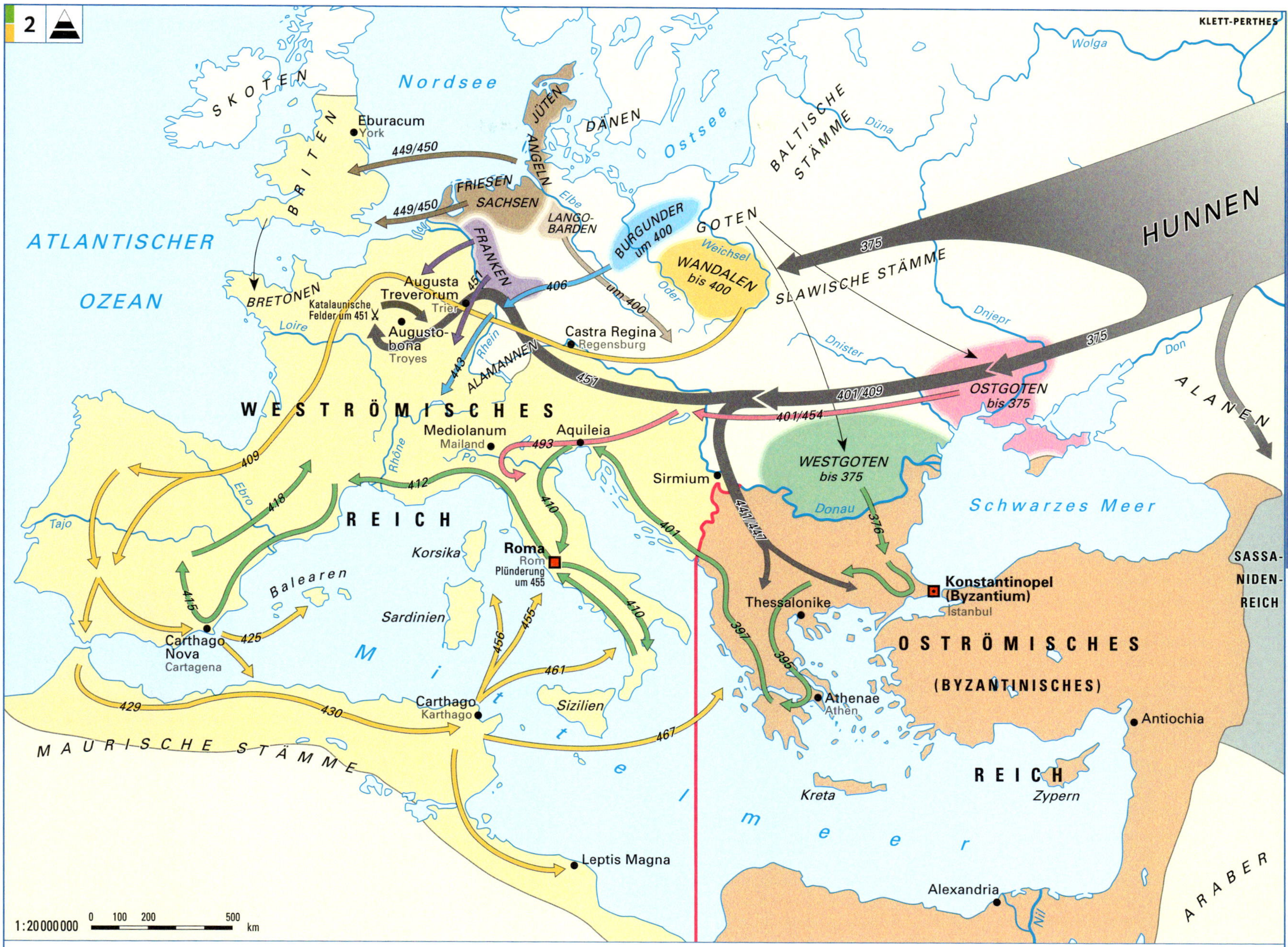

Germanische Völkerwanderung und Zerfall des Römischen Reiches Europa 375 – 526

Teilung des Römischen Reiches
- Hauptstadt
- zweite Hauptstadt ab 330
- Teilung ab 395
- Weströmisches Reich
- Oströmisches Reich
- • Stadt
- Roma: römischer Name
- Rom: heutiger Name

Germanische Völkerwanderung
- Einfall der Hunnen 375
- ⚔ bedeutende Schlacht

Germanenstämme	Westgoten	Ostgoten	Wandalen	Burgunder	Franken	Langobarden	Angeln und Sachsen
Siedlungsgebiete							
Wanderung (Plünderung und Zerstörung)							

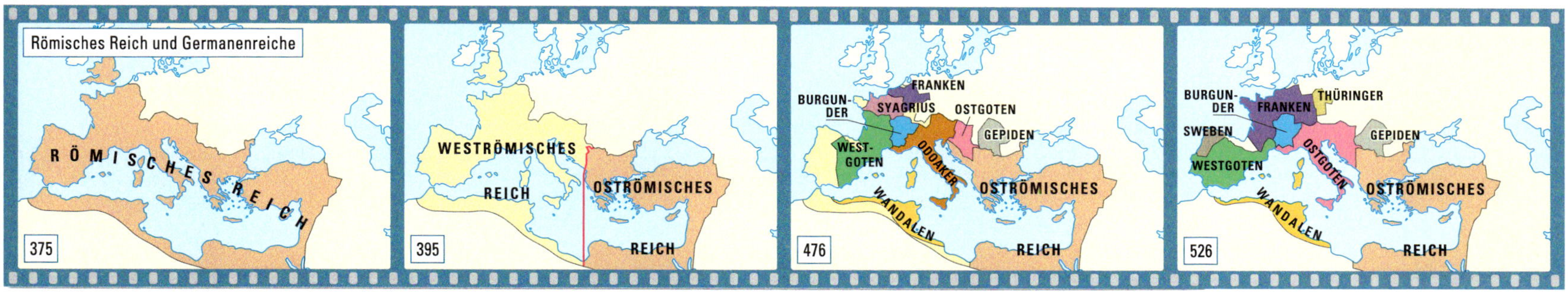

ALTERTUM

300 — 400 — 500

260: **Alemannen** durchbrechen erstmals den **Limes** bei Augsburg und siedeln sich in den römischen Provinzen an.

375: Die **Hunnen** fallen in Osteuropa ein und lösen damit die **germanische Völkerwanderung** aus.

391: Das **Christentum** wird unter Kaiser Theodosius **Staatsreligion** im Römischen Reich.

Wanderung der Wandalen um 400 n. Chr.

451: **Attila** der Hunnenkönig wird auf den **Katalaunischen Feldern** bei Troyes besiegt.

476: **Ende Westroms** durch die Absetzung des letzten Kaisers. Der **Germane** Odoaker **wird König**.

526: Die Germanenreiche erreichen unter **Theoderich** ihre größte Ausdehnung.

EINFÜHRUNG
GESCHICHTE: DEUTSCHLAND und EUROPA
ASIEN
AFRIKA und ORIENT
AUSTRALIEN und POLE
AMERIKA
WELT
REGISTER

1

Das Frankenreich
Herrschaft unter Karl dem Großen 814

Ausdehnung
- Frankenreich
- BAYERN Name eines Reichsteils
- Reise- und Regierungsstützpunkte
- Pfalz

Grenzsicherung durch Pufferzonen (Marken)
- Grenzregion
- Reichsgrenze, z. T. vermutet
- Einflussgebiet

Bedrohung
- Besiedlung durch Wikinger
- Wikingerzug
- LIVEN slawischer oder baltischer Stamm

Mittelalterliche Kirche
- besonderer Schutz der Kirche durch das Frankenreich
- ✚ Sitz des Papstes in Rom
- ✚ Sitz eines Erzbischofs oder Bischofs (in Auswahl)

Karl der Große

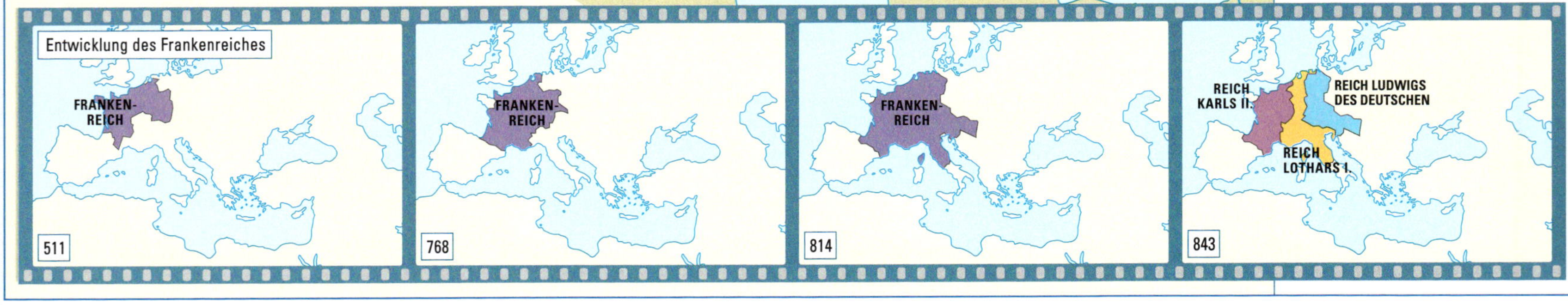

ALTERTUM | MITTELALTER

500 | 600 | 700 | 800

500–511: **König Chlodwig** einigt die Franken und legt den Grundstein für ein **fränkisches Großreich.**

568: Mit dem Einfall der **Langobarden in Oberitalien** gilt die Zeit der germanischen Völkerwanderung als beendet.

ab 600: Missionare verbreiten das **Christentum** im Frankenreich.

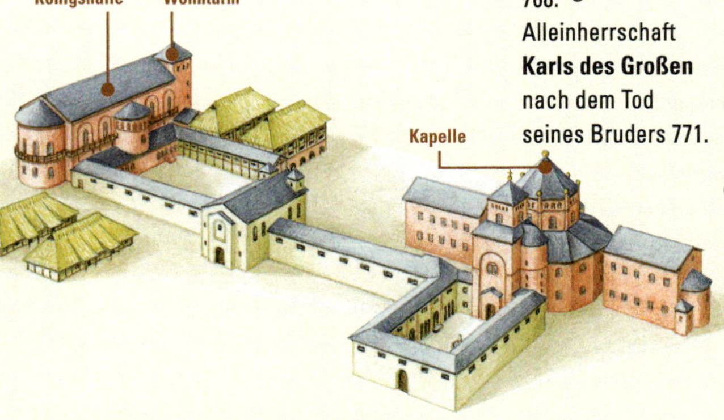

Aachener Pfalz: Reise- und Regierungsstützpunkt Karls des Großen

768: Alleinherrschaft **Karls des Großen** nach dem Tod seines Bruders 771.

84 **Aufteilung de Frankenreiche** unter den **Enke** Karls des Große

799: Erste **Wikingerüberfälle** und Plünderungen im **Frankenreich.**

Reich der Ottonen Herrschaftsgebiet 1024

Ausdehnung des Herrschaftsgebietes
- Grenze des Heiligen Römischen Reiches (Ottonische Zeit)
- Erweiterung unter den Saliern 1032
- Grenzsicherung durch Pufferzonen (Marken)
- Hzm. Bayern: Herzogtümer und Reiche

Zentren der Macht
- Sitz eines Kirchenoberhauptes (Bischof)
- Regierungsstützpunkt (Pfalz)

weitere Grenzen
- Staatsgrenze, z. T. vermutet
- Grenze eines Teilgebietes (in Auswahl)
- WILZEN: slawischer oder baltischer Stamm

MITTELALTER

900 — 1000 — 1100 — 1200

962: **Otto I.** lässt sich nach karolingischer Tradition **in Rom zum Kaiser** krönen.

982: Die **Wikinger** erreichen **Grönland** und von dort aus Neufundland in **Nordamerika.**

ab 1000: Die **Dreifelderwirtschaft** beginnt sich durchzusetzen.

1024–1125: Nach dem Aussterben der Ottonen, **herrscht** das **salische Königshaus** im **Reich der Deutschen.**

Schiff der Wikinger um 800

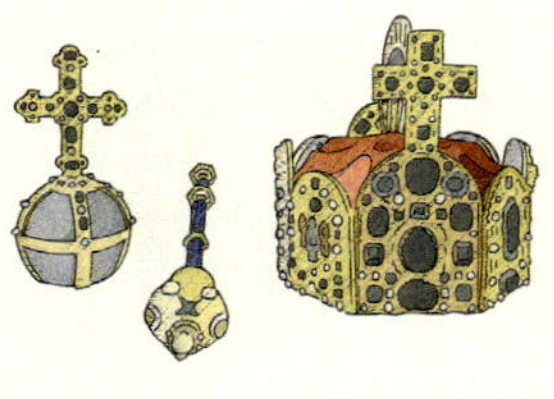
Reichsinsignien um 1000: Reichsapfel, Zepter, Krone

Ritterturnier im Mittelalter

Ebenenkarte 828315-3030
Die sieben Kreuzzüge

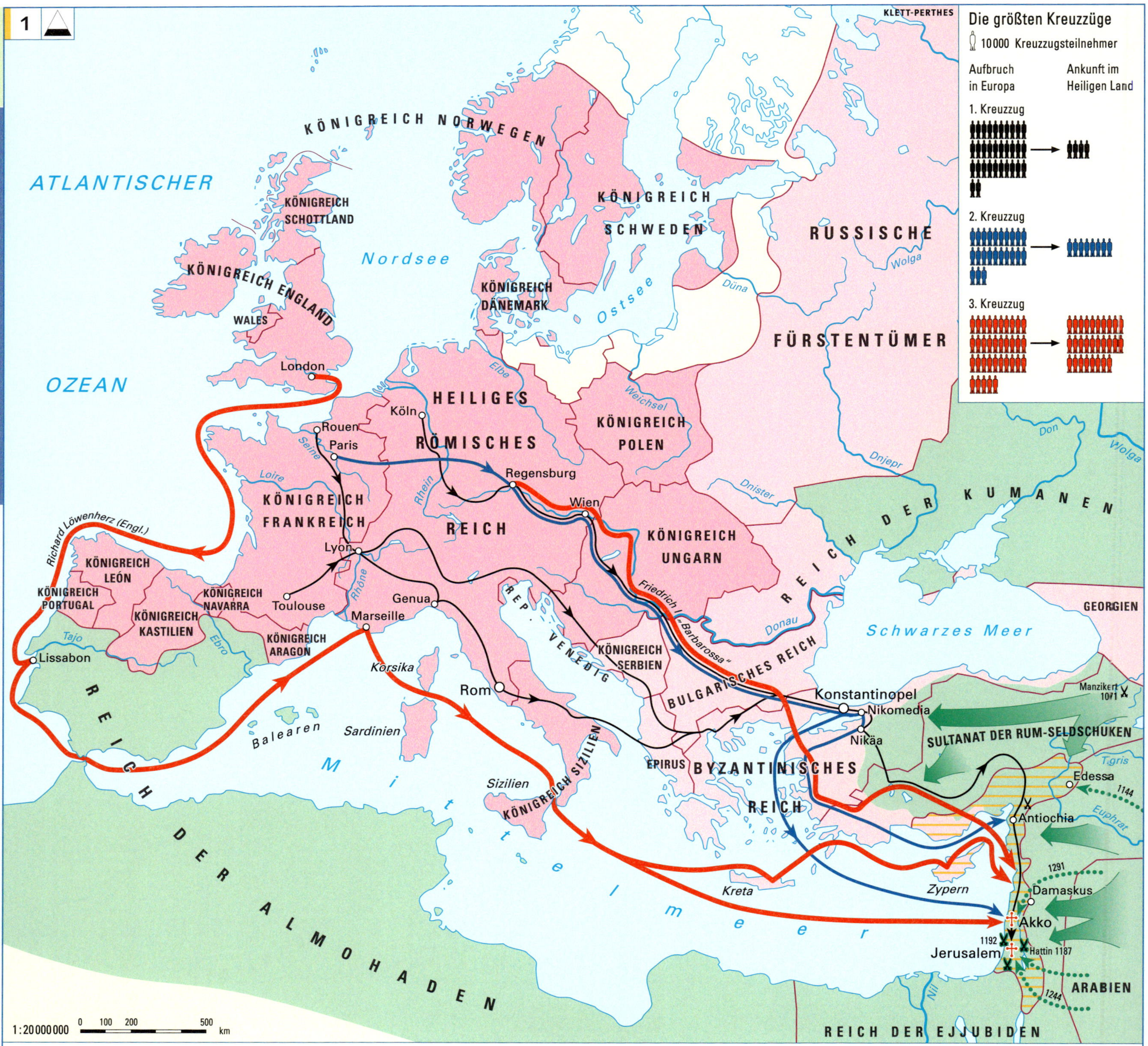

Die Zeit der Kreuzzüge Kampf um das Heilige Land 1096–1270

Staaten und Religionen um 1200
- Staatsgrenzen
- römisch-katholische Christen
- griechisch-orthodoxe Christen
- bedeutende Orte für Christen im Heiligen Land
- Muslime

Auslöser der Kreuzzüge
- Eroberungen durch Muslime 1071–1096
- bedeutende Schlacht

Die größten Kreuzzüge der römisch-katholischen Christen
- 1. Kreuzzug 1096–1099
- 2. Kreuzzug 1147–1149
- 3. Kreuzzug 1189–1192
- *Richard Löwenherz* bedeutender Kreuzfahrer
- größte Ausdehnung der Kreuzfahrerstaaten

Rückeroberung durch Muslime
- 1144 Angriffe
- bedeutende Schlacht

MITTELALTER — MITTELALTER

1000 — 1100 — 1200 — 1300

1054: **Großes Schisma**: Trennung der Kirche in einen **griechisch-orthodoxen** und **römisch-katholischen Teil.**

1095: Das **Christentum** fühlt sich durch den **Islam** bedroht. Papst Urban II. ruft um Hilfe und damit zu den **Kreuzzügen** auf.

1096–1191: **1. bis 3. Kreuzzug** findet statt: (900 000 Teilnehmer).

1202–1270: **4. bis 7. Kreuzzug** findet statt: (160 000 Teilnehmer).

Kreuzritter unterschiedlicher Orden um 1200

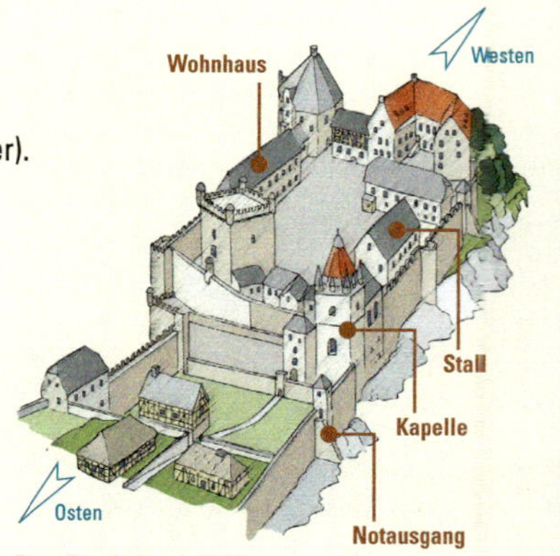

Burg Bentheim um 1300

KLETT-PERTHES

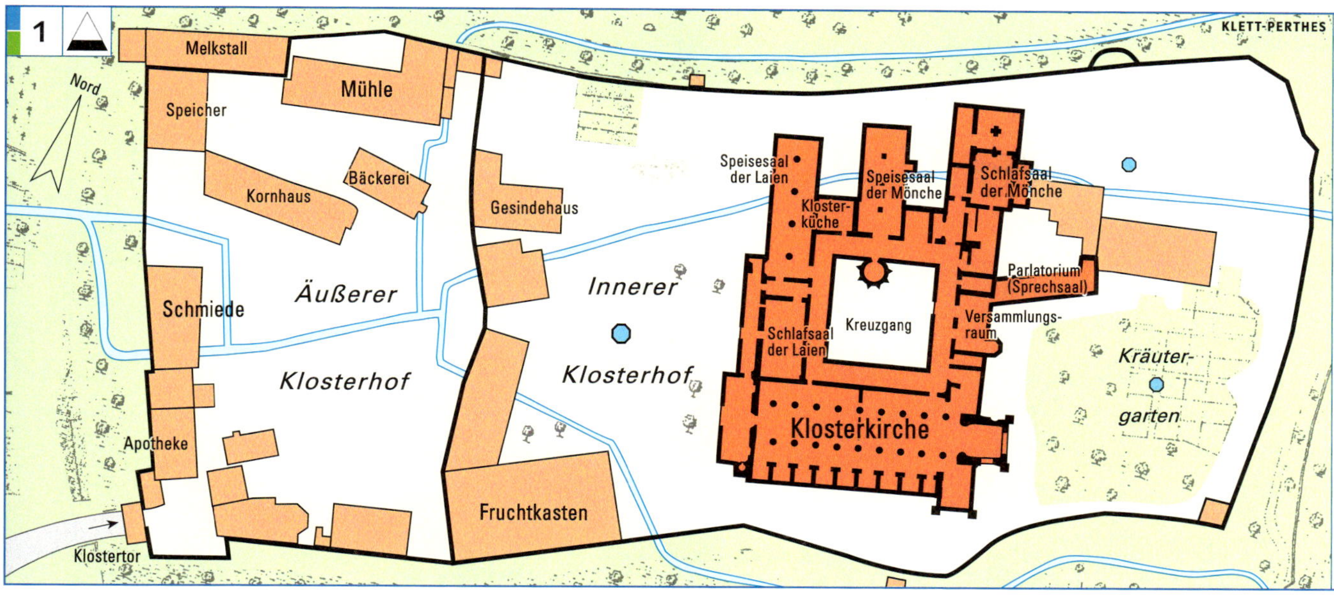

Kloster Maulbronn

Leben in einer religiösen Gemeinschaft um 1400

- Hauptgebäude (Klausurbauten)
- Neben- und Wirtschaftsgebäude
- Klostermauer
- Gewässer
- Brunnen
- Gärten, Streuobstwiesen

1:2000 0 10 20 50 m

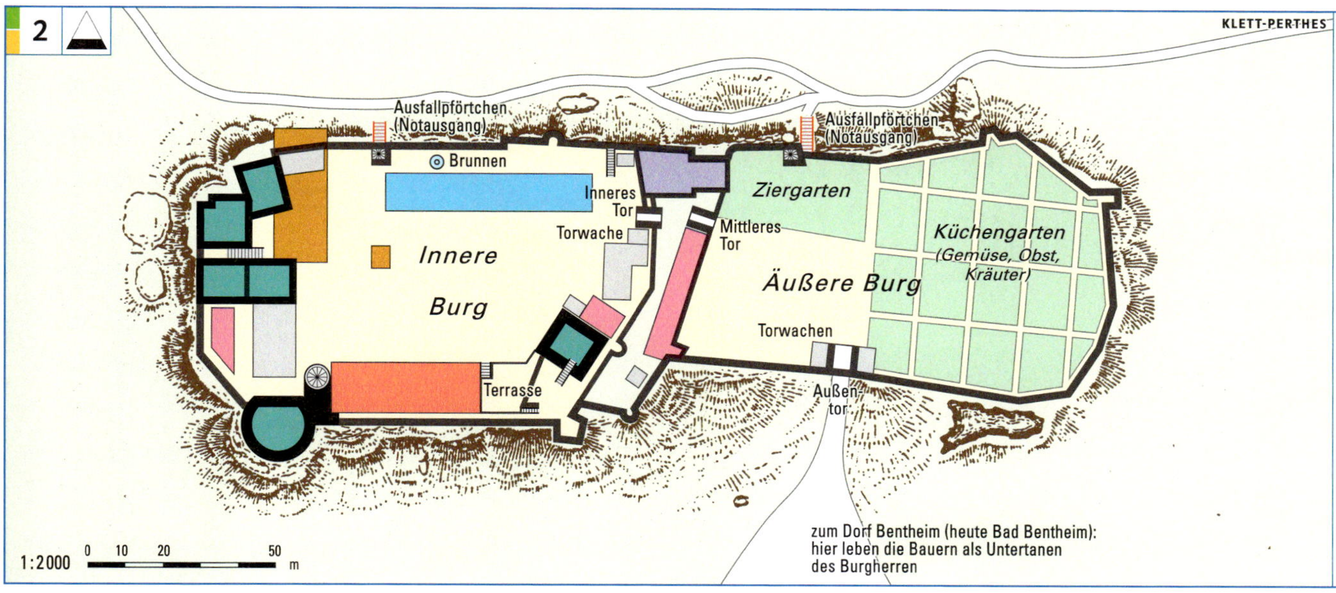

Burg Bentheim

Leben auf einem mittelalterlichen Herrensitz um 1450

Schutz vor Angriffen

- Burgberg
- Befestigungsmauer
- stark befestigtes Gebäude (Fluchtburg)
- Soldatenunterkunft und Waffenkammer
- Fluchttreppe

Wohnen und Versorgen

- Burghof
- Wohnhaus (Haupthaus)
- Wohnhaus der Frauen
- Kapelle
- Stall
- sonstiges Gebäude
- Garten
- Treppe

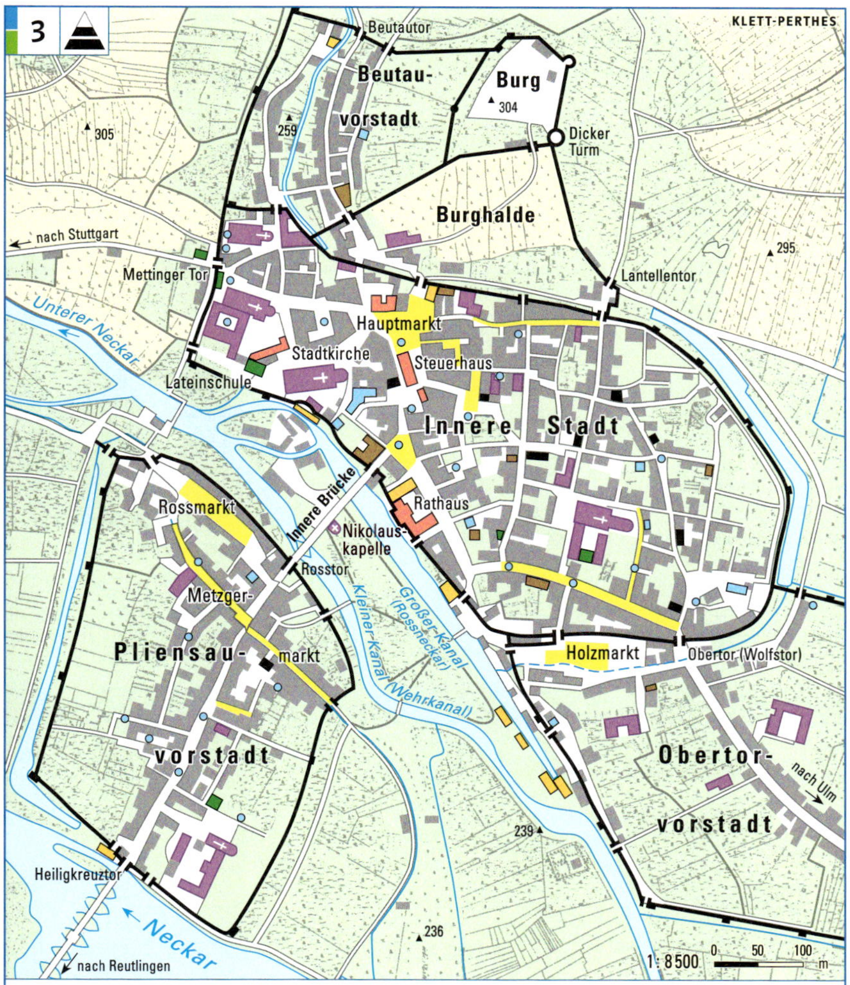

Esslingen Leben in der Stadt um 1350

- Stadtmauern mit Stadttoren
- Kirchen und Klöster mit Wirtschaftsgebäuden
- Stadtverwaltung
- Handelshaus, Kornhaus, Mühle
- Markt, Handwerkergasse
- Zunfthaus (Handwerkshaus)
- Gasthaus, Herberge
- Schule, Fürsorgeeinrichtung
- öffentliches Bad, Badstube
- Brunnen
- Wohnhaus, sonstiges Gebäude
- Fluss, Kanal, Wassergraben
- Hausgarten und Obstwiese
- Weinberg

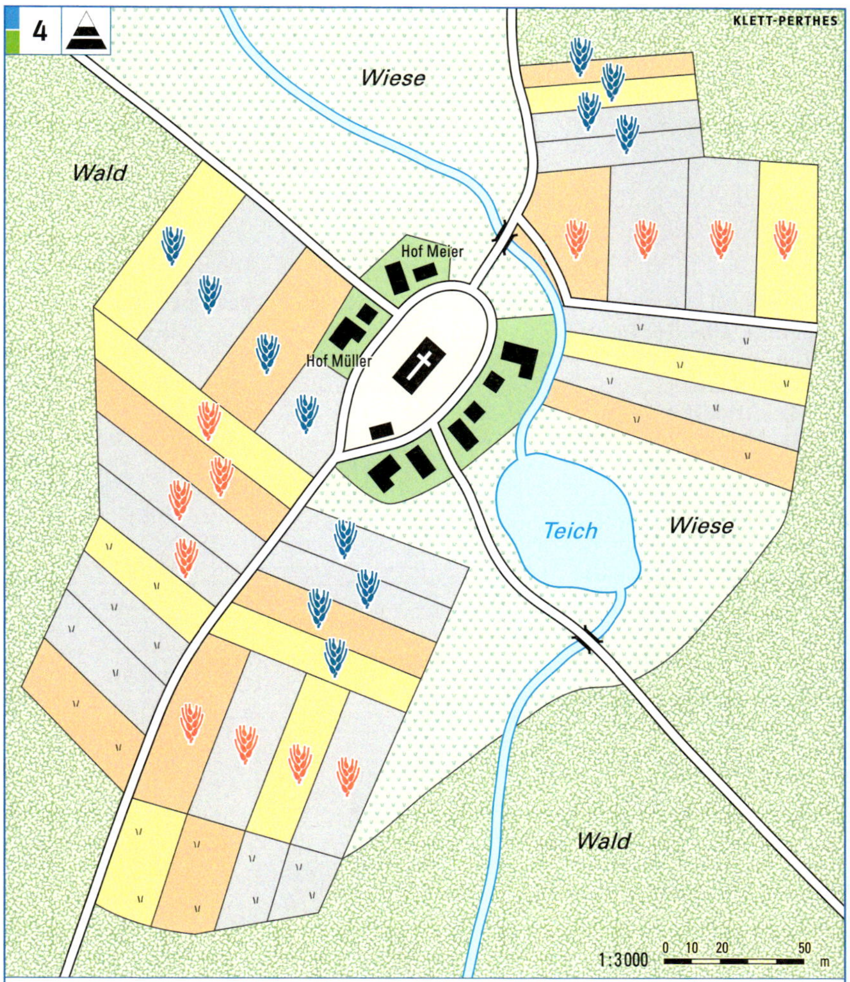

Dreifelderwirtschaft im Modell

Jährlicher Wechsel des Anbaus auf den Feldern

- 1. Jahr: Wintergetreide (Dinkel, Roggen)
- 2. Jahr: Sommergetreide (Weizen, Hafen)
- 3. Jahr: Brache

Aufteilung der Felder unter den Bauern

- Hof Müller
- Hof Meier
- andere Bauern

Sonstige Nutzung

- Hausgärten
- Kirche auf Dorfplatz
- Bauernhöfe
- Straße, Weg

EINFÜHRUNG
GESCHICHTE: DEUTSCHLAND und EUROPA
ASIEN
AFRIKA und ORIENT
AUSTRALIEN und POLE
AMERIKA
WELT
REGISTER

Wirtschaft am Ende des Mittelalters Gewerbe und Handel um 1500

Förderung, Anbau und Einfuhr

Förderung von Rohstoffen
- Steinkohle
- Erze (Eisen, Metalle)

Anbau landwirtschaftlicher Produkte
- Getreide
- Wein

Einfuhr (in Auswahl)
- Seide begehrte Waren

Weiterverarbeitung (Waren)

Manufakturzentren
- Stoffe (Tuche, Leinen, Seide)
- Leder und Pelze
- Metallwaren

Handel in Städten

Hanse: Handelsgemeinschaft
- Hansestadt um 1500

Fugger: Familie mit Handels- und Bankhäusern
- Stammsitz (in Augsburg)
- Handelsniederlassung
- Handelsniederlassung in einer Hansestadt

sonstige Handelszentren
- bedeutende Gewerbe und Handelsstadt
- Lyon Messestadt

Vernetzung von Handelszentren
- Handelsstraße
- sonstiger Handelsweg
- Seeweg

- Grenze des Heiligen Römischen Reiches um 1550
- christliche Welt
- islamische Welt

Jakob Fugger um 1519

1400 1425 1450 1475

um 1400:
Ende der **Blütezeit** der **Hanse**, einem wirtschaftlichen Zusammenschluss von Handelsstädten.

Schiff der Hanse (Hansekogge) um 1450

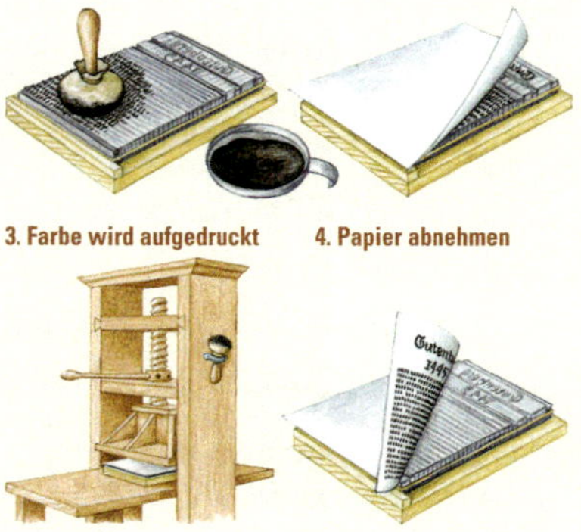

Buchdruck

um 1454:
In Mainz erfindet **Johannes Gutenberg** den **Buchdruck** mit beweglichen Lettern.

1453:
Die **Osmanen** erobern **Konstantinopel**. Das byzantinische Reich zerfällt.

1475:
Das Universalgenie **Leonardo da Vinci** wird in Italien geboren.

Herrschaft der Habsburger
Europa um 1550

Heiliges Römisches Reich
- Grenze des Heiligen Römischen Reiches
- Reichsstadt (in Auswahl)
- Kleinstaaten

Habsburger Herrschergeschlecht
- durch Heirat und Erbschaft gewonnene Gebiete

Gegner der Habsburger
- Frankreich
- Osmanisches Reich und abhängige Staaten

- Staatsgrenze
- umstrittene Staatsgrenze
- Hauptstadt, Residenz
- Grenze eines Teilgebietes

Der Habsburger Karl V. um 1550

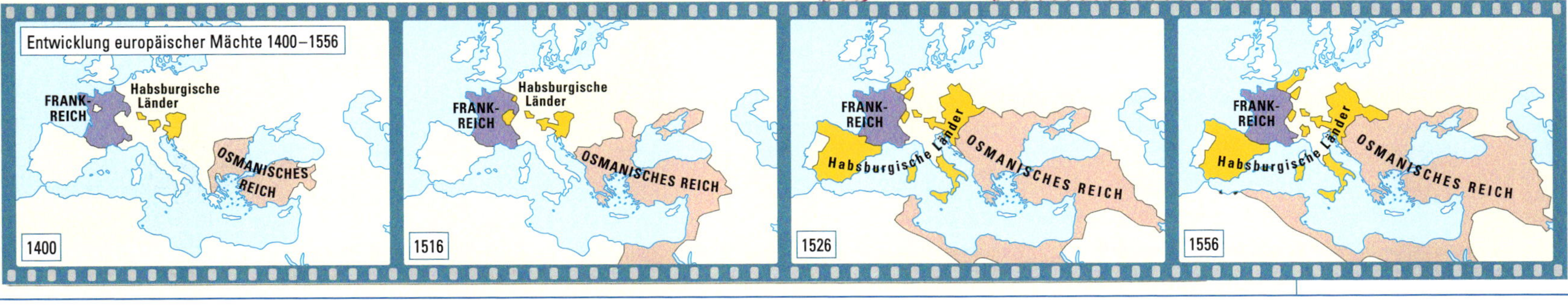

MITTELALTER | NEUZEIT (Frühe Neuzeit)

1500 — 1525 — 1550

1492: Mit der Eroberung Granadas endet die muslimische Herrschaft auf der **Iberischen Halbinsel**. Die **Reconquista** ist beendet.

Osmanische Krieger um 1500

1519: Beginn der Herrschaft des **Habsburgers** Karl V. Seine Wahl zum deutschen König und römschen Kaiser wird durch die **Fugger finanziert.**

um 1520: Das Unternehmen der Familie **Fugger** ist eines der **führenden Handels- und Bankhäuser** in Europa.

1543: Nikolaus **Kopernikus** behauptet, dass sich die **Erde um die Sonne dreht** und nicht die Sonne um die Erde.

Trittwebstuhl um 1560

EINFÜHRUNG
GESCHICHTE: DEUTSCHLAND und EUROPA
ASIEN
AFRIKA und ORIENT
AUSTRALIEN und POLE
AMERIKA
WELT
REGISTER

Reformation Von der Glaubensspaltung erfasste Gebiete 1618

Reformierte Glaubensgemeinschaften	überwiegend	teilweise	Traditionelle Glaubensgemeinschaften	überwiegend	teilweise
Lutheraner	(orange)	(orange gepunktet)	Katholiken	(blau)	(blau gepunktet)
Andere neue Konfessionen*	(hellorange)	(hellorange gepunktet)	Griechisch-Orthodoxe	(hellgrau)	
			Muslime		(grün gepunktet)

*Reformierte: Hugenotten (Frankreich), Anhänger Zwinglis (Eidgenossenschaft) und Calvins (Niederlande), Täufer, Hussiten (Böhmen), Anglikaner (England)

Grenze des Heiligen Römischen Reiches
Staatsgrenze

Reformator Martin Luther um 1529

NEUZEIT (Frühe Neuzeit)

1500 — 1525 — 1550 — 1575

1510: Mit Erfindung der **Spiralfeder** werden die ersten **tragbaren Taschenuhren** gebaut.

1517: **Martin Luther** schlägt **95 Ablassthesen** an die Wittenberger Schlosskirche und löst damit die **Reformation** aus.

Lutheraner/Reformierte

1534: Martin Luther **übersetzt die Bibel** aus dem Lateinischen ins Deutsche.

1545: Mit dem **Konzil*** **von Trient** beginnt die **Gegenreformation**. (*kirchliche Versammlung)

1555: Im **Augsburger Religionsfrieden** muss Karl V. den Protestanten **Glaubensfreiheit** zugestehen.

Katholik

Muslime

2

Westfälischer Friede
Neuordnung nach dem Dreißigjährigen Krieg 1648

Ende des Dreißigjährigen Krieges
- Verhandlungsort
- Staatsgrenze
- Hauptstadt, Residenz

Herrschaftsgebiete großer Adelsgeschlechter
- Habsburger
- Hohenzollern
- Wittelsbacher
- Wettiner
- Oldenburger

Heiliges Römisches Reich Deutscher Nationen
- Grenze des Heiligen Römischen Reiches
- Kleinstaaten
- Geistliches Gebiet
- Reichsstadt

Abkürzungen:

Kgr.	Königreich	Gft.	Grafschaft
Ghzm.	Großherzogtum	Mgft.	Markgrafschaft
Ehzm.	Erzherzogtum	Fgft.	Freigrafschaft
Hzm.	Herzogtum	Lgft.	Landgrafschaft
Kfsm.	Kurfürstentum	Rep.	Republik
Fsm.	Fürstentum		

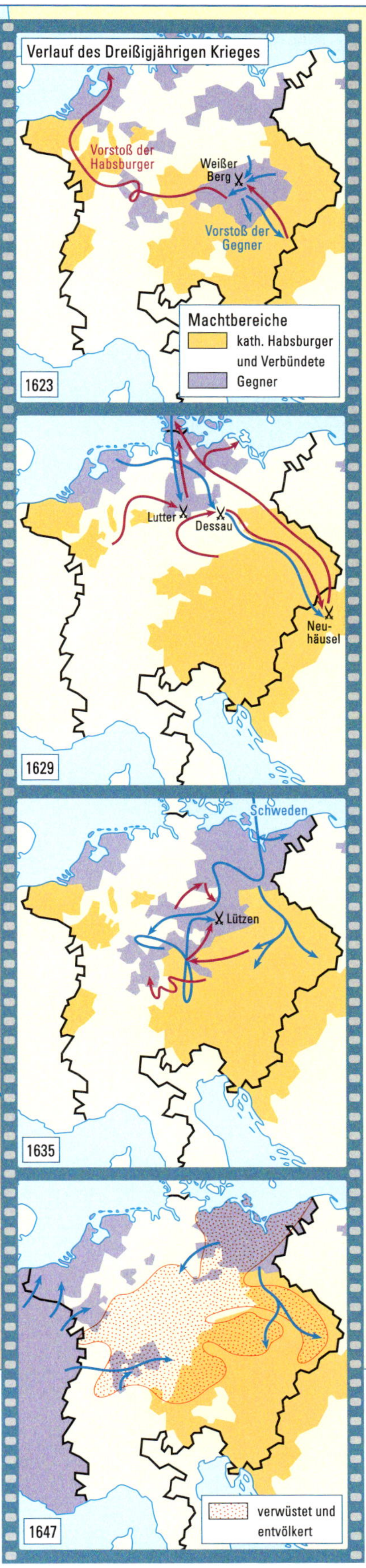

NEUZEIT (Frühe Neuzeit)

1625 1650 1675 1700

1608: Das **erste Fernrohr** wird konstruiert.

1618–1648: **Dreißigjähriger Krieg.**

Preußische Musketiere 1650

1633: **Galileo Galilei** findet heraus, dass die **Sonne im Mittelpunkt** des Alls steht und nicht die Erde. Dafür wird er wegen **Ketzerei** von der Kirche angeklagt.

1648: **Westfälischer Friede.**

Bauernschule aus dem 17. Jahrhundert

1685: Die **Hugenotten fliehen** aus Frankreich nach Deutschland, weil sie ihren **Glauben** nicht mehr ausüben dürfen.

Linktipp 828315-3070
Absolutismus

Absolutistische Staaten in Europa Frankreich und Heiliges Römisches Reich 1789

Frankreich
- vom König regiertes Gebiet
- Regierungssitz des Königs
- Lyon Sitz eines Bevollmächtigten des Königs
- Verwaltungsgrenze

Heiliges Römisches Reich
- Grenze
- absolutistische Residenz nach französischem Vorbild
- geistliche Gebiete
- Reichsstädte
- Staatsgrenze

Abkürzungen:

Kgr.	Königreich	Mgft.	Markgrafschaft
Erzhzm.	Erzherzogtum	Lgft.	Landgrafschaft
Hzm.	Herzogtum	Rep.	Republik
Hzmer.	Herzogtümer		
Kfsm.	Kurfürstentum		
Gft.	Grafschaft		

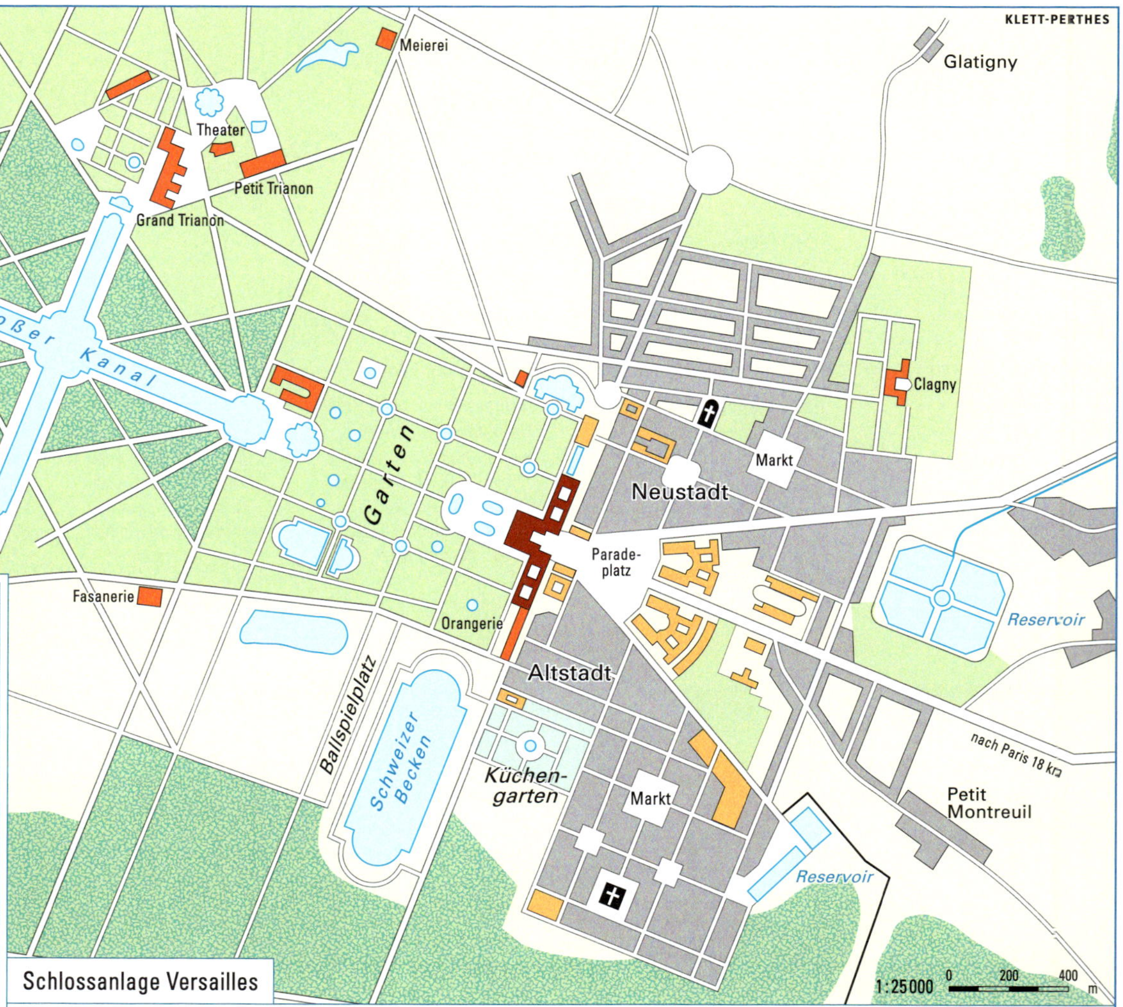

Schlossanlage Versailles

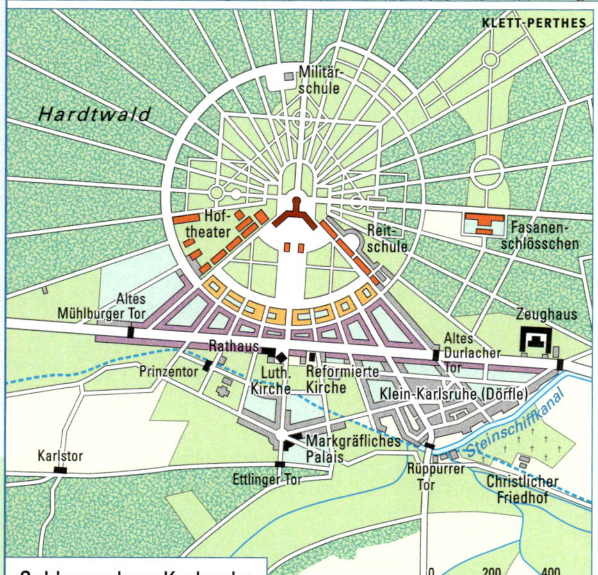

Schlossanlage Karlsruhe

Absolutistische Residenzen
Versailles und Karlsruhe 1789

Gebäudenutzung
- Residenzschloss
- Nebengebäude der Schlossanlage
- Hofstaat, Adel, Ratsherren
- Bürgerhäuser
- öffentliche Gebäude, Verwaltung
- sonstige Gebäude (Kaufleute, Handwerker, Arbeiter)

Flächennutzung
- Wald
- Park und Grünanlagen
- Friedhof
- Hausgarten
- Acker und Brachland

1 1:20 000 000 0 100 200 500 km

Herrschaft Napoleons
Europa 1812/13

Herrschaftsgebiet
- Frankreich und seine Erwerbungen
- abhängige Staaten
- besiegte und verbündete Staaten

Kriege
- bedeutende Schlacht

Ägyptenfeldzug 1798/99
- Vorstoß mit 35 000 Soldaten
- heimliche Rückkehr Napoleons

Russlandfeldzug 1812
- Vorstoß mit 475 000 Soldaten
- Rückkehr mit 5 000 Soldaten
- Handelssperre gegen Großbritannien

- Osmanisches Reich und abhängige Staaten

- Staatsgrenze
- SCHWEIZ Staat
- Hauptstadt
- Grenze eines Teilgebietes

Kaiser Napoleon Bonaparte 1806

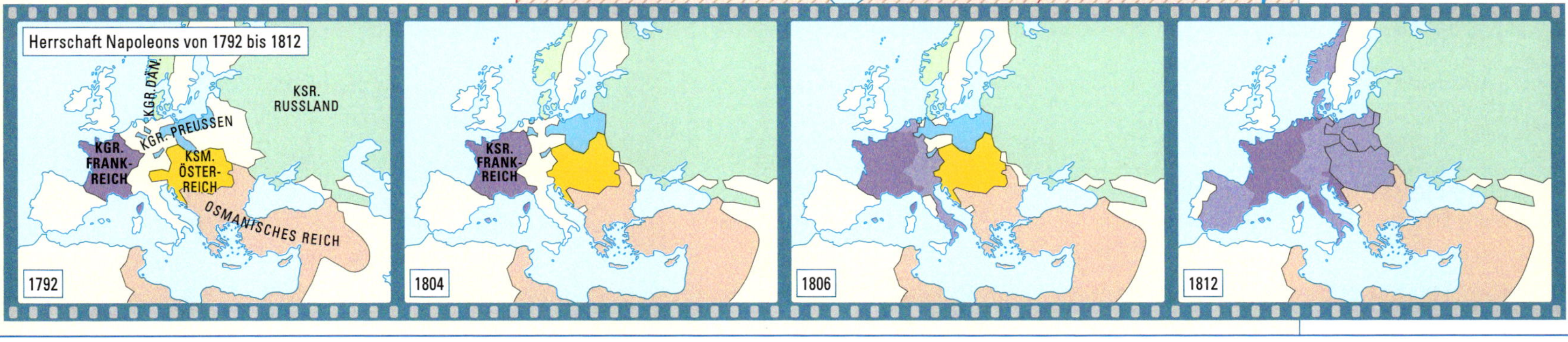

NEUZEIT (Frühe Neuzeit) NEUZEIT (Neuere Geschichte)

1700 1725 1750 1775 1800 1820

1703: St. Petersburg wird **russische Hauptstadt.**

1715: Der französische König Ludwig XIV. (**Sonnenkönig**) stirbt im **Schloss Versailles**.

1740: Der **aufgeklärte Monarch** Friedrich II. wird **„König in Preußen"**.

Schloss Versailles, Westseite

Ein französischer Revolutionär und ein Soldat 1789

1789: Mit der Erstürmung der **Bastille** in Paris beginnt die **Französische Revolution.**

1792: Beginn der **Koalitionskriege** zwischen Frankreich und seinen Gegnern.

1804: **Napoleon** krönt sich in Paris zum **Kaiser.**

1806: Das **Heilige Römische Reich Deutscher Nation** wird **aufgelöst.** Napoleon gründet die **Rheinbundstaaten.**

1815: Der **Wiener Kongress** besiegelt das **Ende** der Herrschaft **Napoleons** in Europa.

Wiener Kongress
Neuordnung Europas 1815

Großmächte
- Ksr. Frankreich
- Kgr. Großbritannien und Irland
- Kaisertum Österreich
- Kgr. Preußen
- Ksr. Russland

Deutscher Bund
- Zusammenschluss eigenständiger Staaten
- Kleinstaaten

Osmanisches Reich
- Herrschaftsgebiet und abhängige Staaten

- Staatsgrenze
- SCHWEIZ Staat
- Hauptstadt
- Grenze eines Teilgebietes

NEUZEIT (Neuere Geschichte)

1810 — 1825 — 1850

1815: Mit dem **Wiener Kongress** wird Europa neu geordnet.

Eine der ersten Dampflokomotiven aus dem Jahr 1813

1825: In **England** wird die **erste Eisenbahnstrecke** eröffnet.

1837: Erfindung der **Fotografie**.

Eine Bürgerschule zu Beginn des 19. Jahrhunderts

1848: In mehreren Ländern Europas kommt es zu **bürgerlichen Revolutionen** gegen die Herrschaft der Fürsten. („**Völkerfrühling**")

1855/56: Der Engländer Henry Bessemer entwickelt das Verfahren zur **Massenproduktion** von **Stahl**.

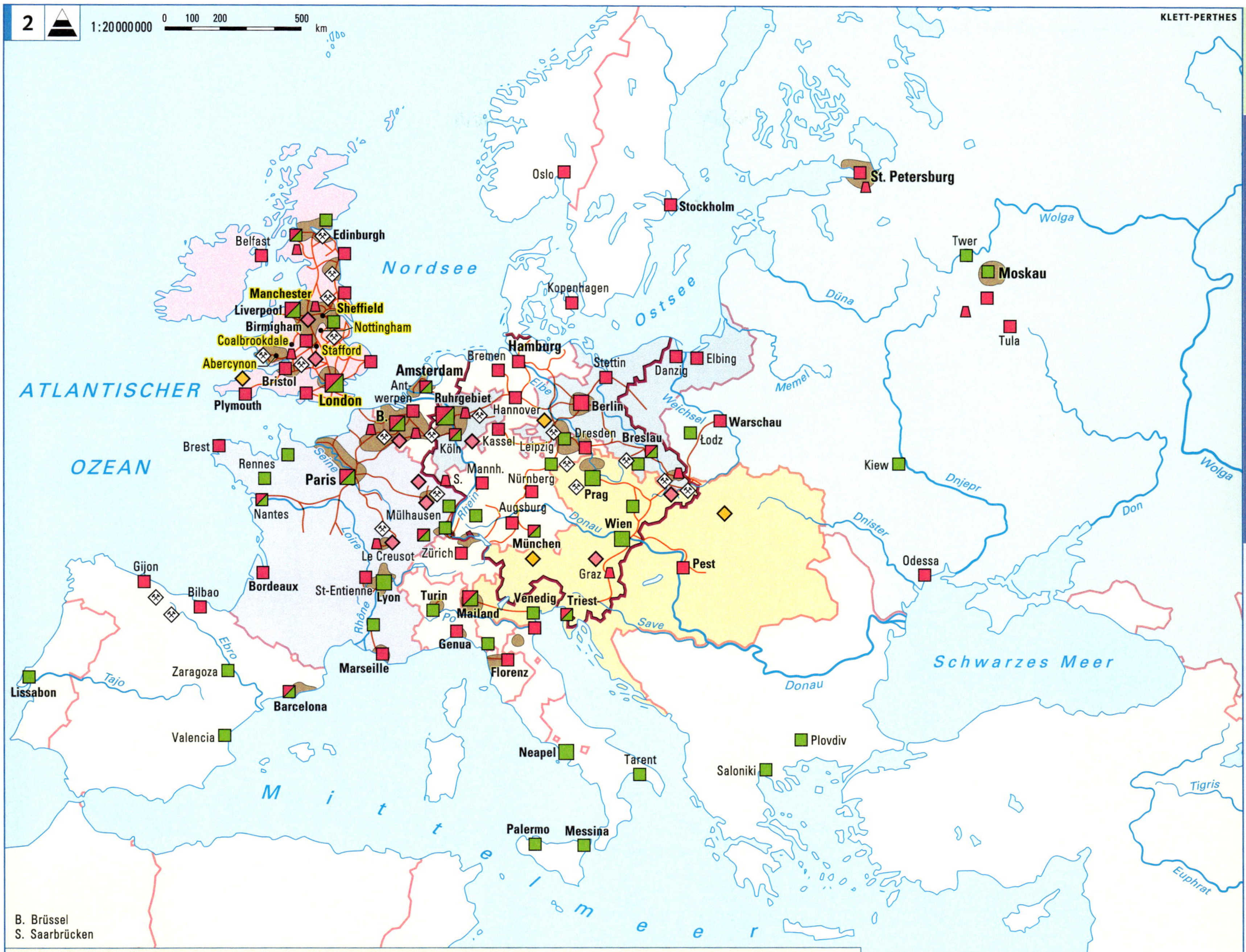

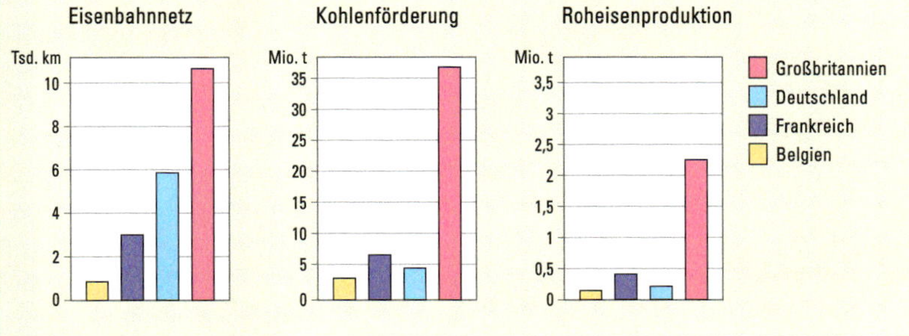

Technische Erfindungen

1712 Stafford:	erster industrieller Einsatz einer Dampfmaschine
1735 Coalbrookdale:	Eisenverhüttung mit Koks statt mit Holzkohle
1767 Nottingham:	industrielle Spinnmaschine
1785 Nottingham:	vollmechanisierter Webstuhl
1796 Sheffield:	hydraulische Presse
1804 Abercynon:	Dampflokomotive
1815 London:	Grubenlampe
1821 London:	Elektromotor
1839 Manchester:	Dampfhammer

Industrialisierung in Europa
Industrielle Revolution um 1850

Grundlagen
London Orte bedeutender Erfindungen vor 1850 (in Auswahl)

Rohstoffförderung
- Kohle
- Eisen
- Kupfer

Industriezentren
- frühe Industrieräume
- Eisen- und Stahlerzeugung
- Maschinenbau
- Textilindustrie
- gemischt
- Eisenbahn

Konkurrierende Mächte
- Großbritannien
- Frankreich
- Preußen
- Russland
- Österreich-Ungarn

Grenzen
- Grenze des Deutschen Bundes
- sonstige Staatsgrenze

NEUZEIT (Neuere Geschichte) | NEUZEIT (Zeitgeschichte)

1875 — 1900 — 1920

1870: Die Bedeutung des **Erdöls** als **Energielieferant** wird erkannt.

1870/71: Ein Volksentscheid führt zur **Einigung Italiens.**

1876: **Alexander Graham Bell** patentiert das **Telefon.**

1877: Der **erste Verbrennungsmotor,** benannt nach Nikolaus August Otto, wird gebaut.

1892: Der **Dieselmotor** wird erfunden.

1914–1918: **Erster Weltkrieg**

Carl Benz in seinem 1886 erfundenen Motorwagen

Vorführung des Ersten Telefons

Deutscher Bund

Deutscher Bund 1848

- Zusammenschluss souveräner Staaten
- Sitz der Bundesversammlung
- Staatsgrenze
- Hauptstadt
- Freie Stadt

Revolution gegen die fürstliche Machtordnung 1848/49

Revolution (1848/49)

- Kundgebungen vor 1848 (Auswahl)
- Erhebungen und Gefechte (Auswahl)
- Sitz der Nationalversammlung

Scheitern der Nationalversammlung 1849

- PREUSSEN führende Mächte der Restauration

Abkürzungen:

KGR.	Königreich	REP.	Republik
GHZM.	Großherzogtum		
HZM.	Herzogtum		
KFSM.	Kurfürstentum		
GFSM.	Großfürstentum	S.-L.	FSM. SCHAUMBURG-LIPPE
FSM.	Fürstentum	L.-D.	FSM. LIPPE-DETMOLD
LGFT.	Landgrafschaft	H.-H.	LGFT. HESSEN-HOMBURG

NEUZEIT (Neuere Geschichte)

1825 — 1850

1815: Auf dem **Wiener Kongress** wird die Gründungsurkunde des **Deutschen Bundes** unterzeichnet.

Preußischer Grenadier in Paradeuniform 1848

Straßenkampf in Berlin 1848

Aufständischer 1848

1848/49: Mit der **Märzrevolution** wird die **Nationalversammlung** einberufen.

1864: **Preußen und Österreich** führen Krieg gegen Dänemark (**Deutsch-Dänischer Krieg**).

1866: **Preußen** und seine Verbündeten führen Krieg gegen **Österreich** (**Deutscher Krieg**).

2

Otto von Bismarck um 1880

Deutsches Kaiserreich und Österreich-Ungarn
Mitteleuropa 1914

Deutsches Kaiserreich
Einigung unter Otto von Bismarck 1871
- Grenze des Deutschen Reiches
- Hauptstadt des Reiches
- Grenze der Bundesstaaten und freien Städte
- Hauptstadt eines Bundesstaates

Österreich-Ungarn
Habsburger Doppelmonarchie
- Königreiche und Länder im Reichsrat
- Länder der ungarischen Krone
- gemeinsame Herrschaft in Bosnien und Herzegowina seit 1878

Sonstige Staaten
- Staatsgrenze
- SCHWEIZ Staat
- Hauptstadt
- Grenze eines Teilgebietes

Abkürzungen:

KSR.	Kaiserreich
KGR	Königreich
GHZM.	Großherzogtum
Hzm.	Herzogtum
Gfsm.	Großfürstentum
FSM.	Fürstentum
REP.	Republik
M.-S.	Großherzogtum Mecklenburg-Strelitz
S.-L.	Fürstentum Schaumburg-Lippe
L.-D.	Fürstentum Lippe-Detmold

NEUZEIT (Neuere Geschichte) NEUZEIT (Zeitgeschichte)

1875 1900 1920

1871: In Versailles wird das **Deutsche Reich** ausgerufen und der preußische Ministerpräsident **Bismarck** wird **Reichskanzler**.

1870–1871: **Preußen** und die süddeutschen Staaten führen Krieg gegen **Frankreich** (**Deutsch-Französischer Krieg**).

1883: Aufbau eines **Sozialsystems** in Deutschland durch das **Krankenversicherungsgesetz**.

Arbeiterfamilie in der Wohnküche 1907

Im Salon einer wohlhabenden Familie um 1900

1914: **Deutschland** erklärt Frankreich den Krieg. Der **Erste Weltkrieg** bricht aus.

1918: Das **Ende** des **Ersten Weltkrieges** ist auch das Ende des Deutschen **Kaiserreiches**.

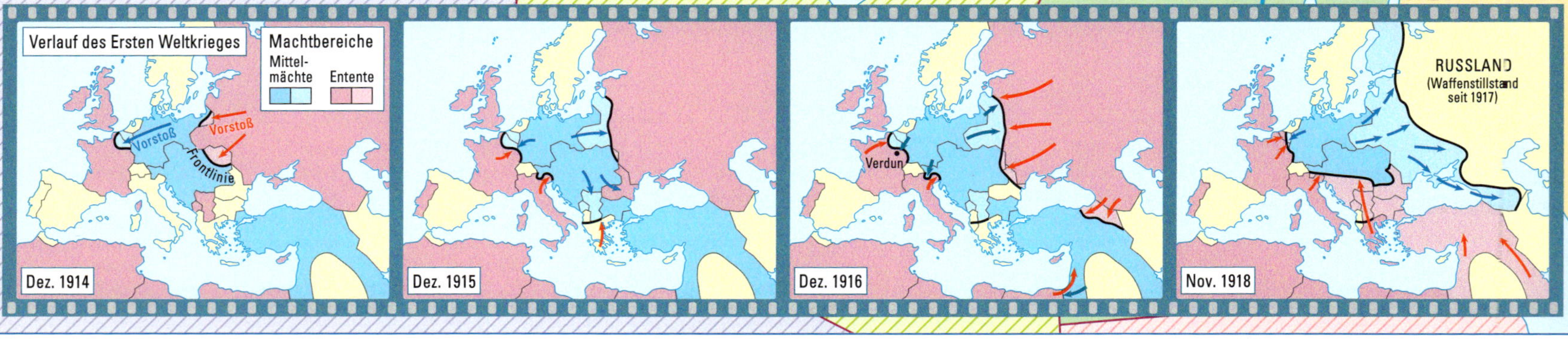

NEUZEIT (Neuere Geschichte) NEUZEIT (Neuere Geschichte) NEUZEIT (Zeitgeschichte)

1910 1915 1920

Vor der Schlacht: Deutsche Soldaten ziehen in den Krieg

28. Juli 1914: Das **Attentat** auf den österreichischen Thronfolger in **Sarajewo** führt zu großen **Spannungen** zwischen den Großmächten **Europas**.

01. Aug. 1914: Kriegserklärung **Deutschlands** an Russland und Frankreich.

Erster Weltkrieg

1917: In **Russland** bricht die **Oktoberrevolution** aus. Das Land scheidet aus dem Krieg aus.

11. Nov. 1918: **Deutschland** wird nach einer **Revolution** zur **Republik** und unterzeichnet den **Waffenstillstand**.

Nach der Schlacht: verwundeter Soldat

1920: Die Pariser Vorortverträge beenden offiziell den **Ersten Weltkrieg**. Mit dem **Vertrag von Versailles** trägt Deutschland die Kriegsschuld.

2 1:8000000 0 50 100 200 km

Weimarer Republik
Auswirkungen des Versailler Vertrages um 1925

Territoriale Gliederung
- Grenze des Deutschen Reiches
- Reichshauptstadt, Sitz von Parlament und Reichsrat
- Ländergrenze
- Landeshauptstadt

Vertrag von Versailles seit 1920
Bedingungen nach dem Ersten Weltkrieg
- Gebietsabtretungen
- fremde Verwaltung bzw. fremdes Mandat
- fremde Besatzung
- östliche Begrenzung der entmilitarisierten Zone
- Verbot von Befestigungsanlagen

Weitere Einschnitte
- französische Besetzung des Ruhrgebietes ab 1923

- Grenze der Nachbarstaaten
- Hauptstadt eines Staates

Abkürzungen:
M.-S. Ghzm. Mecklenburg-Strelitz
S.-L. Fsm. Schaumburg-Lippe

NEUZEIT (Zeitgeschichte)

1925 1930 1935

1923: **Französische Truppen** besetzen das Ruhrgebiet.

1923: In Deutschland erreicht die **Inflation** (Geldentwertung) ihren **Höhepunkt**.

1925: In München gründet sich die **NSDAP** nach dem Verbot von 1921 neu und organisiert sich in ganz Deutschland.

Frauenmode in den „Goldenen Zwanzigern" (1927)

1929: Die **Weltwirtschaftskrise** bricht aus und führt zu **massiver Arbeitslosigkeit**.

Arbeitssuchender 1929

1932: In Deutschland gibt es **6 Millionen Arbeitslose**.

1933: Die **Nationalsozialisten** ergreifen die **Macht** in Deutschland. Damit endet die **Weimarer Republik**.

EINFÜHRUNG
GESCHICHTE: DEUTSCHLAND und EUROPA
ASIEN
AFRIKA und ORIENT
AUSTRALIEN und POLE
AMERIKA
WELT
REGISTER

EINFÜHRUNG
GESCHICHTE: DEUTSCHLAND und EUROPA
ASIEN
AFRIKA und ORIENT
AUSTRALIEN und POLE
AMERIKA
WELT
REGISTER

Nationalsozialismus
Deutschland unter der Diktatur des NS-Staates 1942

Folter und Ermordungen in Konzentrationslagern
- Hauptlager
- nachgewiesene Außen- und Sonderlager
- Vernichtungslager

Gleichschaltung
- Reichshauptstadt
- Sitz einer Gauleitung
- Nationalsozialistische Ausleseschulen, z. T. im Aufbau oder in Planung

Grenzen und Staaten 1942
- Grenze NS-Staat
- sonstige Staatsgrenze
- verbündet, abhängig, besetzt
- neutrale Staaten
- Gegner, nicht besetzt

Gewaltsame Auflösung bisheriger Grenzen (Stand 1937)
- Deutsches Reich
- sonstige Staatsgrenze

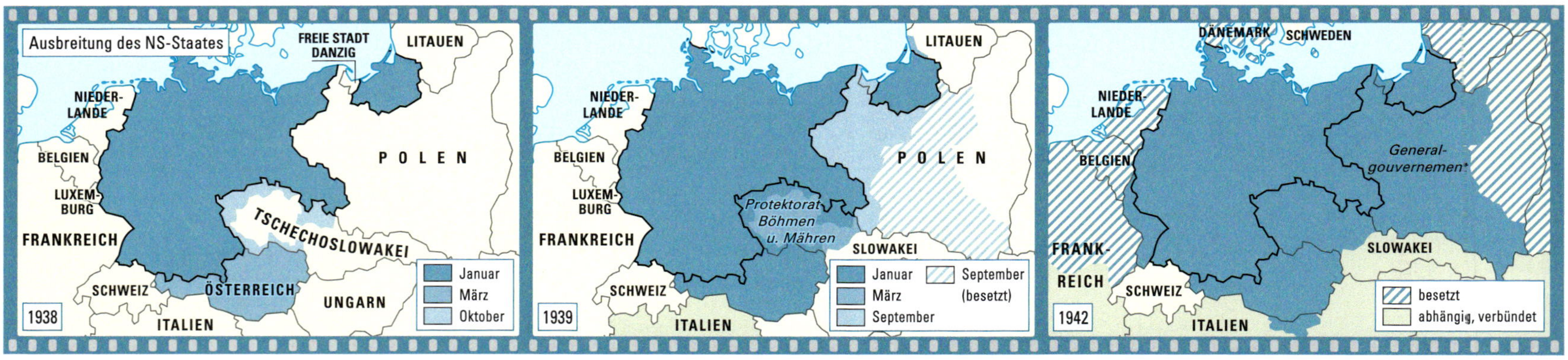

NEUZEIT (Zeitgeschichte)

1930 1940 1950 1960

1933: Mit der Machtergreifung der **Nationalsozialisten** in Deutschland wird **Adolf Hitler Reichskanzler**.

1935: Die **Nürnberger Gesetze** grenzen **Juden** aus der Gesellschaft aus.

1938: Mit der **Reichspogromnacht** beginnt die Terrorisierung, Misshandlung und Ermordung der jüdischen Mitbürger.

Zweiter Weltkrieg

01. Sept. 1939: **Deutsche Truppen** marschieren in **Polen** ein.

1941: Beginn des **Völkermordes**. Deportationen von **Juden** in **Vernichtungslager**.

08. Mai 1945: Bedingungslose **Kapitulation** Deutschlands. Ende der **NS-Herrschaft**.

Propaganda im Klassenzimmer um 1935

1949: Mit der **Bundesrepublik Deutschland** und der **DDR** (Deutsche Demokratische Republik) werden zwei deutsche Staaten **gegründet**.

1949: Die **Sowjetunion blockiert** die Versorgung **West-Berlins**, das daraufhin mit einer **Luftbrücke** versorgt wird.

1961: Um **Abwanderungen** zu verhindern, baut die **DDR** unüberwindliche **Grenzanlagen**

2

Mitteleuropa nach dem Zweiten Weltkrieg
Besatzung, Flucht und Vertreibung 1944–1952

Besatzungszonen der Siegermächte 1949
- amerikanisch
- britisch
- französisch
- sowjetisch
- Berlin und Wien unter Viermächtestatut

Deutsche Ostgebiete (Potsdamer Abkommen)
- Grenze des Deutschen Reiches von 1937 (in Verantwortung der vier Siegermächte)
- polnische Verwaltung
- sowjetische Verwaltung
- Oder-Neiße-Linie
- Staatsgrenze 1949

Neue zivile Verwaltung in Deutschland
- Landesgrenze
- Hessen Name eines Landes
- Sitz einer Landesregierung
- französisches Zoll- und Wirtschaftsgebiet

Flucht, Vertreibung und Zwangsumsiedlung (von 1944 bis 1952)*
- Deutsche
- Völker der UdSSR
- Polen
- Tschechen und Slowaken
- 2,3 betroffene Bevölkerung in Mio (unter 0,1 Mio in Auswahl)

*Quelle: Haus der Heimat, Baden-Württemberg

3

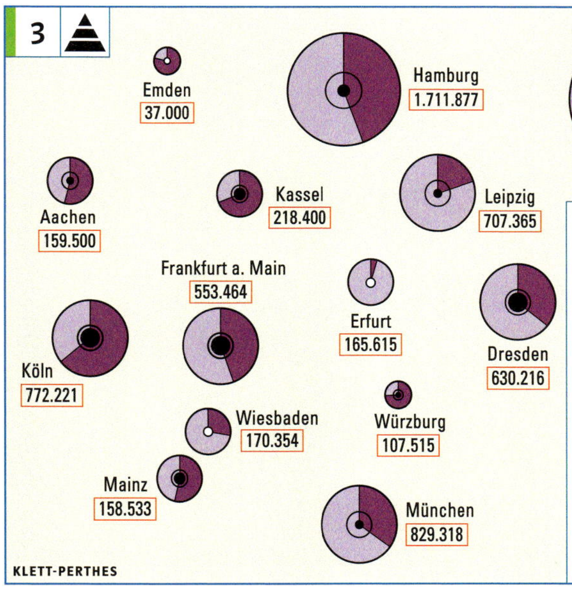

Kriegszerstörung
Deutsche Städte 1945 (in Auswahl)

Wohnraum
- leicht oder nicht zerstört
- schwer oder total zerstört

Innenstadt (zerstörte Verkehrsflächen und Gebäude)
- über 80 %
- 60 – 80 %
- unter 60 %
- keine Daten

630.216 Einwohnerzahl 1939

NEUZEIT (Zeitgeschichte)

1980 — 1990

1989: Durch den **Fall der Berliner Mauer** und die Öffnung der Grenzanlagen können Bürger der DDR wieder ausreisen.

03. Oktober 1990: Die beiden **deutschen Staaten** werden wieder **vereinigt.**

„Rosinenbomber" über Berlin 1949

KLETT-PERTHES

4

Teilung Berlins
- Grenzstreifen
- Mauer
- Grenzübergang
- offene Stadtgrenze

Zwei deutsche Staaten Teilung 1949–1990

Bundesrepublik Deutschland (BRD)
- Grenze der Bundesländer
- Sitz der Landesregierung
- Regierungssitz
- Berlin Hauptstadt

Deutsche Demokratische Republik (DDR)
- Bezirksgrenze seit 1952
- Sitz der Bezirksregierung
- Regierungssitz und Hauptstadt

Grenzen
- Staatsgrenze
- Grenze zwischen der Bundesrepublik Deutschland und der DDR, Grenze von Gesamtberlin (Viermächtestatut)

Verbindungen nach Berlin (West)
- Autobahn, Fernstraße
- Eisenbahn
- Luftkorridor
- Grenzübergang

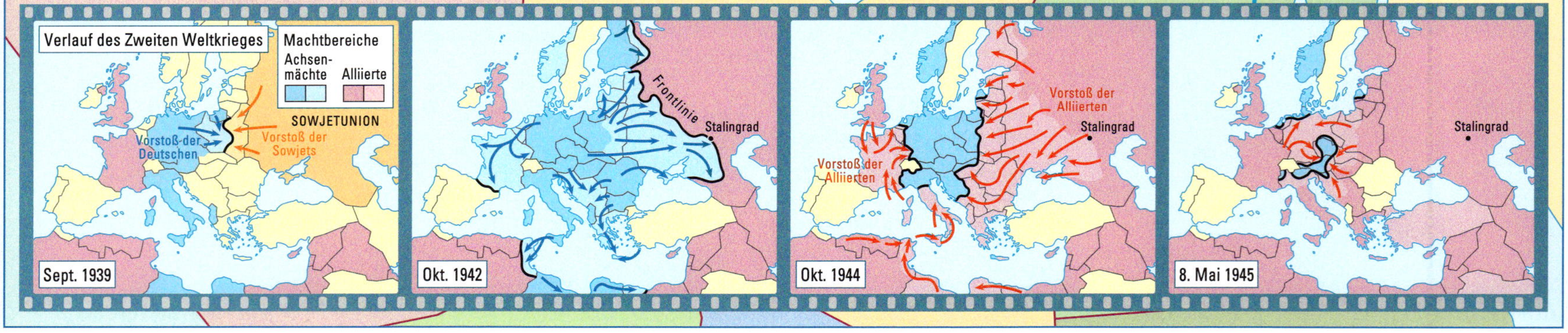

NEUZEIT (Zeitgeschichte)

1940 | 1950 | 1960

1939–1945: Zweiter Weltkrieg

1942/43: **Wendepunkt** des Krieges: Die **Schlacht um Stalingrad.**

1944–1948: Große **Flüchtlingsströme** aus Mittel- und Osteuropa.

1948: Der US-amerikanische **Marshall-Plan** tritt in Kraft. Es handelt sich dabei um ein **Wiederaufbauprogramm** für das zerstörte **Westeuropa.**

1956: Der **Aufstand in Ungarn** wird von der Sowjetarmee blutig **niedergeschlagen.**

Flucht vor der Sowjetarmee (1945)

1957: In **Rom** werden **Verträge** zur Gründung der **europäischen Wirtschaftsgemeinschaft** unterzeichnet.

1968: Ein **Aufstand** in der Tschechoslowakei, der **„Prager Frühling“**, wird von der Sowjetarmee blutig **niedergeschlagen.**

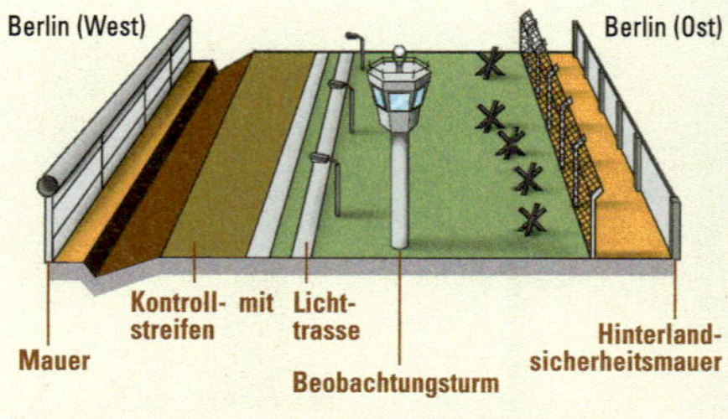

Grenzanlagen zwischen Berlin (West) und Berlin (Ost) von 1961 bis 1989

2

Europa nach dem Kalten Krieg
Umbruch ab 1989

Wandel
- ---- Öffnung des „Eisernen Vorhangs" 1989
- 1990 Jahr der Gründung eines neuen Staates

Folgen des Umbruchs
- Bürgerkriege, Revolutionen und Unruhen

- Staatsgrenze
- umstrittene Grenze, Waffenstillstandslinie
- KROATIEN Staat
- Hauptstadt
- Regierungssitz

NEUZEIT (Zeitgeschichte)

1970 1980 1990

1969: Beginn der **„Entspannungspolitik"** unter Bundeskanzler **Willy Brandt**.

1970: Kniefall Willy Brandts vor dem Ehrenmal der Helden des Ghettos in Warschau

Öffnung des „Eisernen Vorhangs" in Berlin

1989: Der **Eiserne Vorhang** fällt.

Sept. 1990: Der **„Zwei-plus-Vier-Vertrag"** und der Vertrag über die **Währungs-, Wirtschafts- und Sozialunion** zwischen **BRD** und **DDR** wird in Moskau unterzeichnet.

1993: **Gründung der Europäischen Union** durch das Inkrafttreten des Vertrags von Maastricht.

Eisbrecher
Seebär
Motorschlitten
Öl und Gas
Wolf
Holzhaus
Bauer
Weizen
Aralsee
Reiter
Jerusalem
Öl und Gas
Baumwolle
Seidenstraße
Samarkand
Scheich
Kamelrennen
Öl und Gas
Schador
Himalaya
Tibet
Teppiche
Dubai
Sanaa
Oase
Öltanker
Tadsch Mahal
Mahatma Gandhi
Ganges
Tiger
Kobra
Inder
Bombay
Software
Gewürze
Ganesha
Kennst du Asien?
Wichtiges aus Natur, Kultur und Technik
Landschaften
Polarmeer:
im Winter vereist
gelegentlich vereist
Vorkommen von Eisbergen
Inlandeis, Gletscher
Tundra, Hochgebirge
Ackerland
Steppe, Savanne
Halbwüste, Wüste
Nadelwald
Mischwald
Tropischer Wald

KLETT-PERTHES
Eisbär
Rentier
nzen in der Tundra
Kamtschatka
Wal
Braunbär
Holzgewinnung
Tiger
Baikalsee
Fangschiff
Erdbeben
anssib in der Taiga
Jurte
Weizen
Computer und Roboter
Chinesische Mauer
Werft
Fudschijama
Frachtschiff
Wüste Gobi
Autos
Peking
Dschunke
Tischtennis
Frachtschiff
Fahrräder
Panda
Drei-Schluchten-Stausee
Reis
Tee
Karstbergland
Hongkong
Buddha
Arbeitselefant
Rangun
Wasserbüffel
Reisbauer
Urlaub
Orang-Utan
Regenwaldzerstörung
Torajahaus
Rikscha
Merapi
Reisbauer

westl. L. 0° östl. L. v. Greenwich
Europäisches Nordmeer
Nordpol
Spitzbergen
Franz-Josef-Land
Sewernaja Semlja
Nowaja Semlja
Barentssee
Karasee
Nordkap
Skandinavische Halbinsel
Britische Inseln
Nordsee
Ostsee
Halbinsel Kola
Halbinsel Jamal
Halbinsel Gydan
Lissabon
Sevilla
Madrid
Barcelona
Paris
London
Birmingham
Amsterdam
Bordeaux
Lyon
Marseille
Turin
Mailand
Oslo
Stockholm
Kopenhagen
Hamburg
Berlin
Köln
Frankfurt
München
Prag
Wien
Warschau
Helsinki
St. Petersburg
Minsk
Budapest
Belgrad
Bukarest
Sofia
Rom
Neapel
Tunis
Algier
Oran
Tripolis
Kiew
Moskau
Charkiw
Dnipropetrowsk
Odessa
Rostow
Wolgograd
Nischni Nowgorod
Kasan
Perm
Ufa
Samara
Jekaterinburg
Tscheljabinsk
Omsk
Novosibirsk
Astana
EUROPA
Osteuropäisches Flachland
Westsibirisches Tiefland
Uralgebirge
Pyrenäen
Alpen
Apennin
Karpaten
Atlasgebirge
Mittelmeer
Schwarzes Meer
Kaspisches Meer
Kaspische Senke
Aralsee
Balchaschsee
Turgai-tafelland
Kasachische Schwelle
Tiefland von Turan
Istanbul
Bosporus
Izmir
Ankara
Anatolien
Taurus
Pontisches Geb.
Kaukasus
Elbrus 5642
Ararat 5165
Tiflis
Eriwan
Baku
Täbris
Teheran
Demawend 5604
Elburs
Zagros-Geb.
Isfahan
Shiraz
Meschhed
Hochland von Iran
Aschgabat
Zypern
Beirut
Tel Aviv-Jaffa
Damaskus
Amman
Bagdad
Mesopotamien
Kuwait
Persischer Golf (Arab. Golf)
Abu Dhabi
Riad
Jiddah
Mekka
Arabische Halbinsel
Arabien
Sanaa
Djolplateau
Golf von Oman
Golf von Aden
Rotes Meer
Kreta
Alexandria
Kairo
Libysches Becken
Nubien
Khartoum
Hochland von Äthiopien
Addis Abeba
Somali-Halbinsel
Sokotra
Mogadischu
Nairobi
Kilimandscharo 5895
AFRIKA
Sansibar
Daressalam
Seychellen
Komoren
Taschkent
Bischkek
Almaty
Duschanbe
Kabul
Hindukusch
Pamir
Karakorum
K2 (Chogori) 8611
Nanga Parbat 8126
Islamabad
Lahore
Multan
Delhi
Jaipur
Kanpur
Kathmandu
Mt. Everest 8846
Himalaya
Transhimalaya
Kunlun
Hochland von Tibet
Tarimbecken
Altun Shan
Tian Shan
Pik Pobeda 7439
Dsungarei
Ürümqi
Altai
Mongolischer Altai
Industiefland
Gangestiefland
Karachi
Ahmadabad
Surat
Bombay
Pune
Nagpur
Hyderabad
Hochland von Dekkan
Westghats
Ostghats
Bangalore
Madras
Kalkutta
Ceylon
Colombo
Lakshadweep-inseln (Lakkadiven)
Malediven
Arabisches Meer
Golf von Bengalen
Andamanen
Äquator
INDISCHER OZEAN

Physische Übersicht

Höhenschichten

über	5000 m
2000 –	5000 m
1000 –	2000 m
500 –	1000 m
200 –	500 m
100 –	200 m
0 –	100 m
unter	0 m

8846
Höhe über dem Meeresspiegel (in m)

geographische Grenze von Asien

große Städte

1:30 000 000 — 0 — 500 km

Lage auf dem Globus

EINFÜHRUNG
DEUTSCHLAND
EUROPA
ASIEN
AFRIKA und ORIENT
AUSTRALIEN und POLE
AMERIKA
WELT
REGISTER

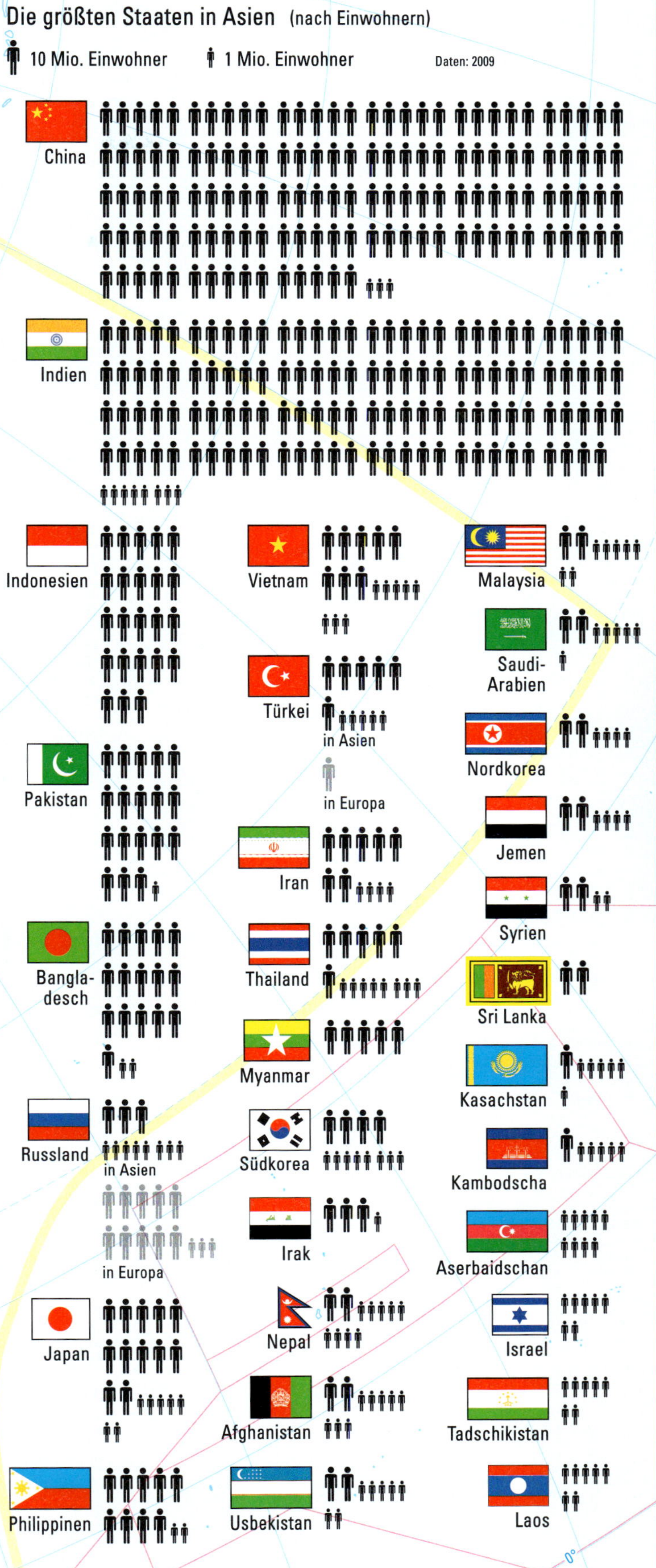

EINFÜHRUNG
DEUTSCHLAND
EUROPA
ASIEN
AFRIKA und ORIENT
AUSTRALIEN und POLE
REGISTER

Klimazonen

- kalte Zone
- gemäßigte Zone
- subtropische Zone
- tropische Zone
- klimatische Höhenstufe der Gebirge
- Klimazonengrenze
- Grenze von Asien

1:60 000 000 0 500 1000 km

Landwirtschaft

Die wichtigsten Produktionsländer

- 3 Rangfolge in der Weltproduktion
- Produktionsmenge

Hauptnahrungsmittel

- Weizen
- Mais
- Reis
- Hirse
- Kartoffeln
- Sojabohnen
- Maniok, Yams

Gemüse und Früchte

- Gemüse
- Obst
- Bananen
- Zitrusfrüchte
- Ananas
- Weintrauben
- Datteln
- Erdnüsse
- Kokosnüsse

Tierische Produkte

- Milch, Fleisch
- Fleisch
- Fleisch, Wolle, Milch

Genussmittel

- Tabak
- Tee
- Kakao
- Kaffee
- Hopfen

Zucker- und Ölpflanzen

- Zuckerrohr
- Zuckerrüben
- Palmöl
- Oliven
- Sonnenblumen

Faserpflanzen

- Baumwolle
- Jute
- Flachs

Sonstige Produkte

- Gewürze
- Tropenholz
- Kautschuk

1:60 000 000 0 500 1000 km

Wirtschaft

Rohstoffgewinnung

- Erdöl
- Erdgas
- Kohle
- Eisenerz
- andere Metalle
- große Fördermenge
- kleine Fördermenge

Wirtschaftszentrum

- Industrie (Arbeitsplätze in Fabriken, auf Baustellen, im Bergbau)
- Dienstleistungen (Arbeitsplätze in Büros, Hotels, Geschäften, Schulen, Krankenhäusern)
- großes Wirtschaftszentrum
- kleines Wirtschaftszentrum
- viel Industrie, wenige Dienstleistungen
- wenig Industrie, viele Dienstleistungen

1:60 000 000 0 500 1000 km

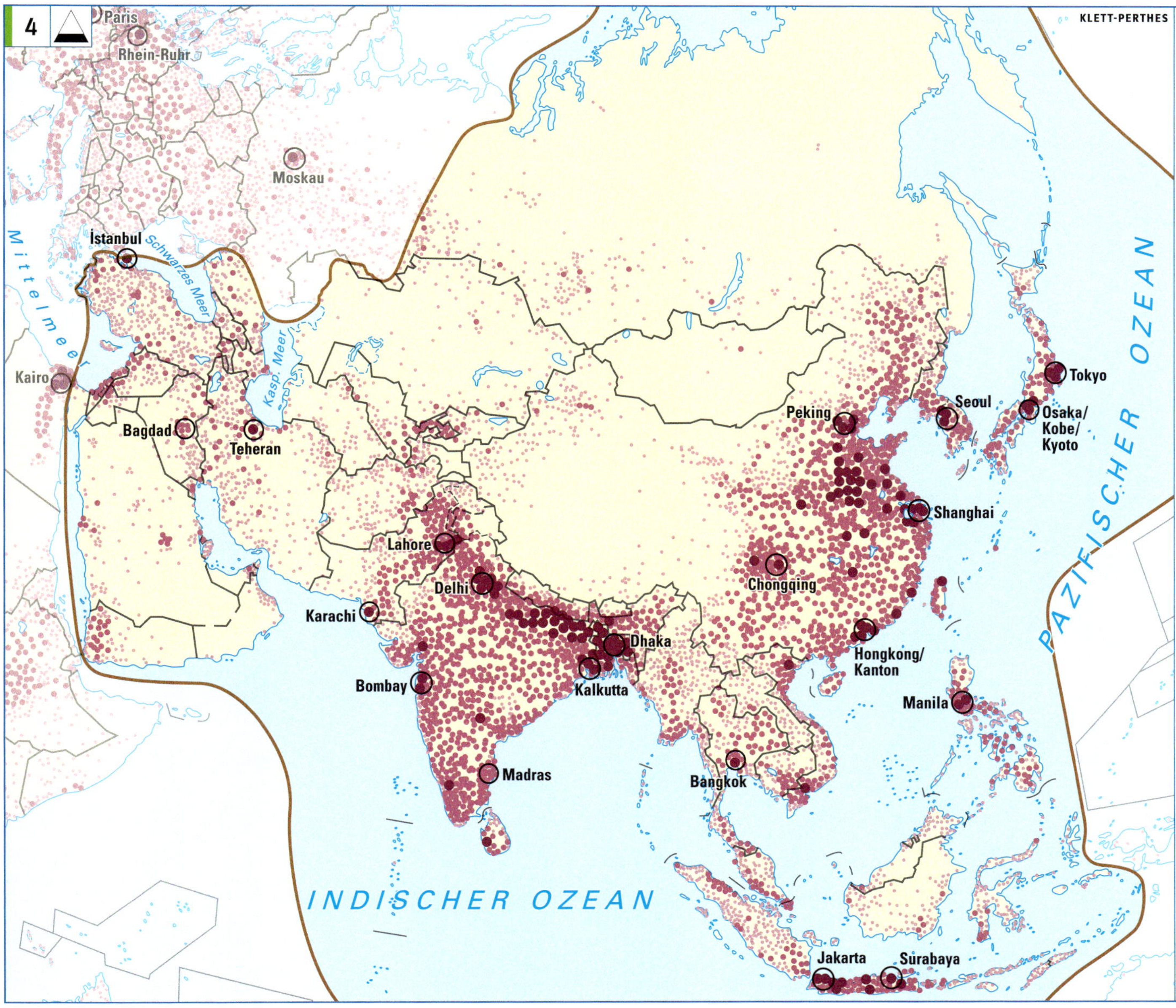

Bevölkerungsverteilung

- 10 000 000 Menschen
- 1 000 000 Menschen
- 100 000 Menschen

Tokyo großer städtischer Ballungsraum

- Staatsgrenze
- Grenze von Asien

1:60 000 000 0 500 1000 km

EINFÜHRUNG
DEUTSCHLAND
EUROPA
ASIEN
AFRIKA und ORIENT
AUSTRALIEN und POLE
AMERIKA
WELT
REGISTER

Lernen im Netz 828315-4010
Quiz: China und Japan

Alaska (USA)
Kap Prince of Wales
Kap Deschnew
Bering-Str.
St.-Lorenz-I. (USA)
Nunivak (USA)
Unalaska
St.-Matthäus-I. (USA)
Pribilof-In.
Umnak-In.
Tschuktschensee
Wrangel-I.
De-Long-Str.
Tschuktschen-H.-I.
Prowidenija
Anadyrgolf
Anadyr-Geb.
Beringowski
Kap Nawarin
Anadyr
Andreanof-In.
Pewek
Bilibino
Ostsibirische See
De Long Inseln
Neusibirien
Neusibirische Inseln
Ljachow-In.
Kotelny-I.
Laptew-Str.
Ambartschik
Nischnekolymsk
Korjaken-Geb.
Kap Oljutorski
Beringmeer
Aleuten (USA)
Rat-In.
Attu-In.
Kommandeur-In.
Bering-I.
Karaginski-I.
Korf
Kolymagebirge
polarmeer
Arktisches Kap
Komsomolze
Oktoberrevolution
Bolschewik
Kap Tscheljuskin
Wilkizki-Str.
Laptewsee
Taimyr
Byrranga-Geb.
Nordsibirisches Tiefland
Tixi
Ostsibirisches Gebirgsland
Momagebirge
Pobeda
Tscherskigebirge
Ust-Nera
Sussuman
Oimjakon
Werchojansk
Werchojansker Gebirge
Chatanga
Olenjok
Putorana-Geb.
Norilsk
Mittelsibirisches Bergland
LAND
Lenabecken
Sangar
Jakutsk
Chandyga
Udatschny
Aichal
Turuchansk
Tura
Tschernischewski
Mirny
Oljokminsk
Untere Tunguska
Meteoritenkrater
Wanawara
Witim
Lensk
Aldan
Tommot
Nerjungri
Dschugdschur-Geb.
Stanowoi-Geb.
Tschumikan
Ochotsk
Magadan
Schelichowgolf
Palana
Ust-Kamtschatsk
Kljutschewskaja Sopka
Itschinskaja Sopka
Kamtschatka
Petropawlowsk-Kamtschatski
Kap Lopatka
Paramuschir
Ochotskisches Meer
Kurilen
Sachalin
Ocha
Schantar-In.
Nikolajewsk-na-Amure
Alexandrowsk-Sachalinski
Uglegorsk
Juschno-Sachalinsk
Iturup
Urup
Kunaschir
Cholmsk
Wakkanai
Mombetsu
Nemuro
Kushiro
Asahikawa
Obihiro
Sapporo
Otaru
Muroran
Hokkaido
Hakodate
Hachinohe
Aomori
Morioka
Akita
Honshu
Sendai
Yamagata
Fukushima
Niigata
Iwaki
Sado
Utsunomiya
Maebashi
Tokyo
Chiba
Nagano
Yokohama
Kanazawa
Fudschijama
Nagoya
Kyoto
Kobe
Osaka
JAPAN
Oki-In.
Okayama
Hiroshima
Shikoku
Matsuyama
Kochi
Kita Kyushu
Oita
Fukuoka
Nagasaki
Kumamoto
Miyazaki
Kagoshima
Kyushu
Osumi-In.
Japanisches Meer (Ostmeer)
NORD-KOREA
SÜD-KOREA
Komsomolsk
Sowjetskaja Gawan
Sichote-Alin
Amursk
Sredni Urgal
Chabarowsk
Birobidschan
Dalnegorsk
Partisansk
Nachodka
Wladiwostok
Ussuriisk
Bodaibo
Stanowoi-Bergland
Tynda
Seja
Skoworodino
Norsk
Swobodny
Belogorsk
Blagoweschtschensk
Kirensk
Ust-Ilimsk
Ust-Kut
Bogutschany
Nischneangarsk
Bratsk
Jenisseisk
Kansk
Taischet
Krasnojarsk
Atschinsk
Schelechow
Bargusin
Baikalsee
Tschita
Nertschinsk
Borsja
Ulan-Ude
Irkutsk
Angarsk
Tscheremchowo
Tulun
Nischneudinsk
Sima
Minussinsk
Abakan
Kysyl
Westsajan
Ostsajan
Tannugebirge
Sljudjanka
Sakamensk
Darhan
Jablonowy-Geb.
Manzhouli
Hailar
Hulun Nur
Yakeshi
Yitulihe
Gulian
Kleiner Hinggan
Großer Hinggan
Nenjiang
Hegang
Yichun
Jiamusi
Shuangyashan
Hulin
Jixi
Qiqihar
Daqing
Harbin
Mudanjiang
Choybalsan
Baruun Urt
Öndörhaan
Ulan-Bator
Erdenet
Mörön
Uliastay
Karakorum
Tsetserleg
Changai-Geb.
MONGOLEI
Altai
Hovd
Ulaangom
Mongolischer Altai
Gobi-Altai
Bayanhongor
Sayanshand
Dalandzadgad
Innere Mongolei
Erenhot
Arxan
Baicheng
Mandschurei
Songhua Jiang
Jilin
Changchun
Siping
Yanji
Chongjin
Tonghua
Tieling
Fuxin
Shenyang
Fushun
Benxi
Chifeng
Panjin
Jinzhou
Huludao
Anshan
Dandong
Sinuiju
Hamhung
Wonsan
Pjöngjang
Nampo
Seoul
Inchon
Taejon
Taegu
Chonju
Ulsan
Masan
Pusan
Kwangju
Korea-Str.
Cheju (kor.)
Chengde
Peking
Beijing
Tangshan
Qinhuangdao
Tianjin
Bohai
Dalian
Shandong-H.-I.
Yantai
Jining
Hohhot
Baotou
Datong
Zhangjiakou
Baoding
Shijiazhuang
Weifang
Tsingtau (Qingdao)
Gelbes Meer
Yangquan
Taiyuan
Xingtai
Jinan
Zibo
Handan
Linyi
Lianyungang
Ordosplateau
Wuhai
Yinchuan
Huang He
Wuwei
Zhangye
Yumen
Hami
Turpan
Ürümqi
Turpansenke
Bai Shan
Nan Shan
Qaidambecken
Golmud
Xining
Lanzhou
Baoji
Tongshuan
Xi'an
Luoyang
Zhengzhou
Kaifeng
Xinxiang
Xuzhou
Zaozhuang
Yancheng
Nantong
Shanghai
Suzhou
Wuxi
Nanjing
Ningbo
Hangzhou
Ostchinesisches Meer
Huainan
Hefei
Nanyang
Xiangfan
Xingyang
Wuhan
Anqing
Wuhu
Jinhua
Wenzhou
Qin Ling
Daba Shan
CHINA
Bayan Har Shan
Tanggula Shan
Hengduan Shan
Yichang
Jingzhou
Jiujiang
Jingdezhen
Wanxian
Drei Schluchten Stausee
Nanchong
Chengdu
Chongqing
Leshan
Rotes Becken
Neijiang
Gongga
Yibin
Luzhou
Zunyi
Changde
Changsha
Yueyang
Nanchang
Xiangtan
Pingxiang
Hengyang
Shaoyang
Ji'an
Ganzhou
Guiyang
Duyun
Anshun
Liuzhou
Guilin
Südchinesisches Bergland
Fuzhou
Quanzhou
Xiamen
Zhangzhou
Nanping
Taipeh
Kilung
Hsintschu
Taitschung
Tainan
Kaohsiung
Taitung
Taiwan
Formosa-Str.
Bashi-Str.
Batan-In.
Shantou
Chaozhou
Shaoguan
Kanton (Guangzhou)
Wuzhou
Kunming
Panzhihua
Dali
Lhasa
Namcha Barwa
Xigaze
Zangbo
BHUTAN
Thimphu
Darjeeling
Siliguri
Tezpur
Dibrugarh
Kohima
Gauhati
Hanagar
Kundil-Bazar
Dongshuan
Yiping
Senkaku-In.
Ryukyu-In.
Amami-In.
Okinawa-I.
Naha
Sakishima-In.
nördlicher Wendekreis
PAZIFISCHER OZEAN
1 : 20 000 000
0 100 200 500 km
KLETT-PERTHES

RUSSLAND
KASACHSTAN
Kasachensteppe
Kasachische Schwelle
USBEKISTAN
KIRGISISTAN
TADSCHIKISTAN
AFGHANISTAN
PAKISTAN
INDIEN
NEPAL
BHUTAN
BANGLADESCH
MYANMAR (BIRMA)
THAILAND
LAOS
KAMBODSCHA
VIETNAM
MALAYSIA
SINGAPUR
SRI LANKA
MALEDIVEN
MONGOLEI
CHINA
Altai
Mongolischer Altai
Gobi-Altai
Changai-Geb.
Westsajan
Ostsajan
Tannugebirge
Jablonowy-Geb.
Großer Hingan
Innere Mongolei
Tian Shan
Dsungarei
Wüste Taklimakan
Tarimbecken
Turpansenke
Altun Shan
Qaidambecken
Kunlun Shan
Tibet
Tanggula Shan
Transhimalaya
Himalaya
Karakorum
Hindukusch
Pamir
Hengduan Shan
Ordosplateau
Qin Ling
Daba Shan
Rotes Becken
Gangestiefland
Hochland von Dekkan
Westghats
Ostghats
Satpuragebirge
Vindhyagebirge
Aravalli-Geb.
Suleiman-Geb.
Arakan-Geb.
Koratplateau
H.-I. Malakka
Sumatra
Große Sunda-Inseln
Golf von Bengalen
Andamanensee
Golf von Siam
Golf von Tonking
Golf von Martaban
Lakkadivensee
INDISCHER OZEAN
Malakkastraße
Äquator
Ceylon
Hainan
Andamanen (ind.)
Nikobaren (ind.)
Lakshadweep-In. (Lakkadiven) (ind.)
Mergui-archipel
Mount Everest 8848
K2 (Chogori) 8611
80° östliche Länge von Greenwich
1 : 20 000 000
0 100 200 500 km
KLETT-PERTHES

Größenvergleich und Lage auf dem Globus
Hamburg
Berlin
Köln
Frankfurt
München
PAZIFISCHER OZEAN
Japanisches Meer (Ostmeer)
Ostchinesisches Meer
Gelbes Meer
NORD-KOREA
SÜD-KOREA
JAPAN
Hokkaido
Honshu
Shikoku
Kyushu
Sapporo
Sendai
Tokyo
Yokohama
Nagoya
Osaka
Kobe
Kyoto
Hiroshima
Fukuoka
Kagoshima
Pjongjang
Seoul
Pusan
Wladiwostok
Harbin
Shanghai
Taipeh
Taiwan
Ryukyu-In.
Okinawa-I.
Bonin-In. (jap.)
Vulkan-In. (jap.)
Marcus-I. (jap.)
MARSHALL-INSELN (USA assoz.)
Nördliche Marianen (USA)
Marianen
Saipan
Guam (USA)
Hagåtña
Mikronesien
MIKRONESIEN (USA assoz.)
Truk-In.
Yap-In.
PALAU (USA assoz.)
Melekeok
PHILIPPINEN
Luzon
Manila
Quezon City
Mindanao
Davao
Samar
Palawan
Sulusee
Südchinesisches Meer
Celebessee
BRUNEI
Bandar Seri Begawan
Kalimantan (Borneo)
Sulawesi (Celebes)
Makassar (Ujung Pandang)
Molukken
Halmahera
Seram
Ambon
Bandasee
INDONESIEN
Kleine Sunda-Inseln
Timor
TIMOR-LESTE
Dili
Surabaya
Timorsee
Melanesien
PAPUA-NEUGUINEA
Neuguinea
Port Moresby
Maokegebirge
Puncak Jaya
Bismarck-Geb.
Bismarck-archipel
Bismarcksee
Salomonsee
Korallensee
Arafurasee
Torres-Str.
Carpentariagolf
Kap-York-H.-I.
Großes Barriereriff
Great Dividing Range
AUSTRALIEN
Darwin
Arnhemland
Cairns
Townsville

westl. Länge 0° östl. L. v. Greenwich
Lissabon
Porto
Sevilla
Algeciras
Madrid
Bilbao
Valencia
Barcelona
Oran
Algier
Constantine
Tunis
Tripolis
Banghazi
Manchester/ Sheffield
Birming-ham
Edinburgh
Newcastle
London
Rennes/ Nantes
Le Havre
Paris
Lille
Antw./Brüss.
Amst./Rotterd.
Bordeaux
Toulouse
Lyon
Marseille
Turin
Zü.
Stuttg.
Lux.
R.
Rhein
Hamburg
Berlin
München
Mailand
Venedig/ Bologna
Florenz
Rom
Neapel
Palermo
Gioia Tauro
Linz
Graz
Wien
Prag
Brünn
Press-burg
Ljubljana
Zagreb
Sarajewo
Budapest
Belgrad
Kattowitz
Breslau
Posen
Warschau
Danzig
Nordsee
Bergen
Stavanger
Oslo
Arhus
Göteborg
Kopenhagen
Stockholm
Ostsee
Helsinki
Tallinn
Riga
Wilna
St. Petersburg
Archangelsk
Tscherepowez
Minsk
Kiew
Dnjepr
Moskau
Wolga
Nischni Nowgorod
Kasan
Klausenburg
Hermann-stadt
Bukarest
Donau
Sofia
Saloniki
Constanta
Dnipro-petrowsk
Belgorod
Lipezk
Saporischja
Luhansk
Donezk
Rostow
Don
Samara
Wolgograd
Athen
Istanbul
Schwarzes Meer
Nowo-rossijsk
Krasnodar
Izmir
Ankara
Antalya
TÜRKEI
GEORGIEN
Tiflis
ARMEN.
Eriwan
ASERB.
Baku
Adana
Aleppo
Alexandria
Tel Aviv-Jaffa
LIBAN.
Beirut
SYRIEN
Damaskus
Kairo/Gise
Port Said
ISRAEL
Amman
JORDAN.
Nil
nördlicher Wendekreis
Mittelmeer
Kaspisches Meer
Täbris
Balkanabat
TURKMENISTAN
Aschgabat
IRAK
Bagdad
Tigris
Euphrat
Teheran
Ahvaz
Isfahan
Al Basrah
KUWAIT
Kuwait
Yasuj
IRAN
Shiraz
Bushehr
Kerman
Meschhed
SAUDI-ARABIEN
Ad Dammam
Jiddah/ Mekka
Riad
Manama
Doha
Persischer G. (Arab. G.)
Bandar Abbas
Dubai
Abu Dhabi
VEREIN. ARAB. EMIRATE
Suhar
Golf v. Oman
Maskat
OMAN
Salalah
Rotes Meer
Nassersee
Khartoum
Atbara
Weißer Nil
Blauer Nil
Asmara
Gonder
Tanasee
Sanaa
JEMEN
Aden
Golf von Aden
Addis Abeba
Turkanasee
Äquator
Nairobi
Webi Shabeelle
Mogadischu
Mombasa
Daressalam
Perm
Ural
Jekaterinburg
Tjumen
Ufa
Tscheljabinsk
Uralgebiet
Orenburg
Atyrau
Astana
Omsk
Irtysch
Ob
Nowosibirsk
Nowokusnezk
Krasno
Norilsk
Nowy Urengoi
Nojabrsk
Surgut
Nefte-jugansk
Nischne-wartowsk
Untere Tung
Jenissei
RUS
KASACHSTAN
Aralsee
Syr-Darja
Amu-Darja
Balchaschsee
USBEKISTAN
Almaty
Ürümqi
Taschkent
KIRGISISTAN
Samarkand
Fergana
TADSCHIKISTAN
Duschanbe
Tarim He
Kabul
AFGHANISTAN
CH
Faisalabad
Lahore
Ludhiana
Chandigar
PAKISTAN
Indus
Delhi
New Delhi
Faridabad
Jaipur
Agra
Lucknow
Kanpur
Ganges
NEPAL
BHUTAN
Yarlung Zangpo Jiang
Karachi
Ahmadabad
Rajkot
Vadodara
Surat
Patna
Dhaka
Kalkutta
BANGLA-DESCH
INDIEN
Ranchi
Raipur/Bhilai
Bhubaneswar
Bombay
Pune
Hyderabad
Vishakhapatnam
Arabisches Meer
Golf von Bengalen
Bangalore
Madras
Coimbatore
Kochi
Thiruvanan-thapuram
SRI LANKA
Colombo
MALEDIVEN
INDISCHER OZEAN
Nordp
1:30 000 000
0 100 300 500 km
10°
20°
30°
40°
50°
60°
70°
80°
90°
100°

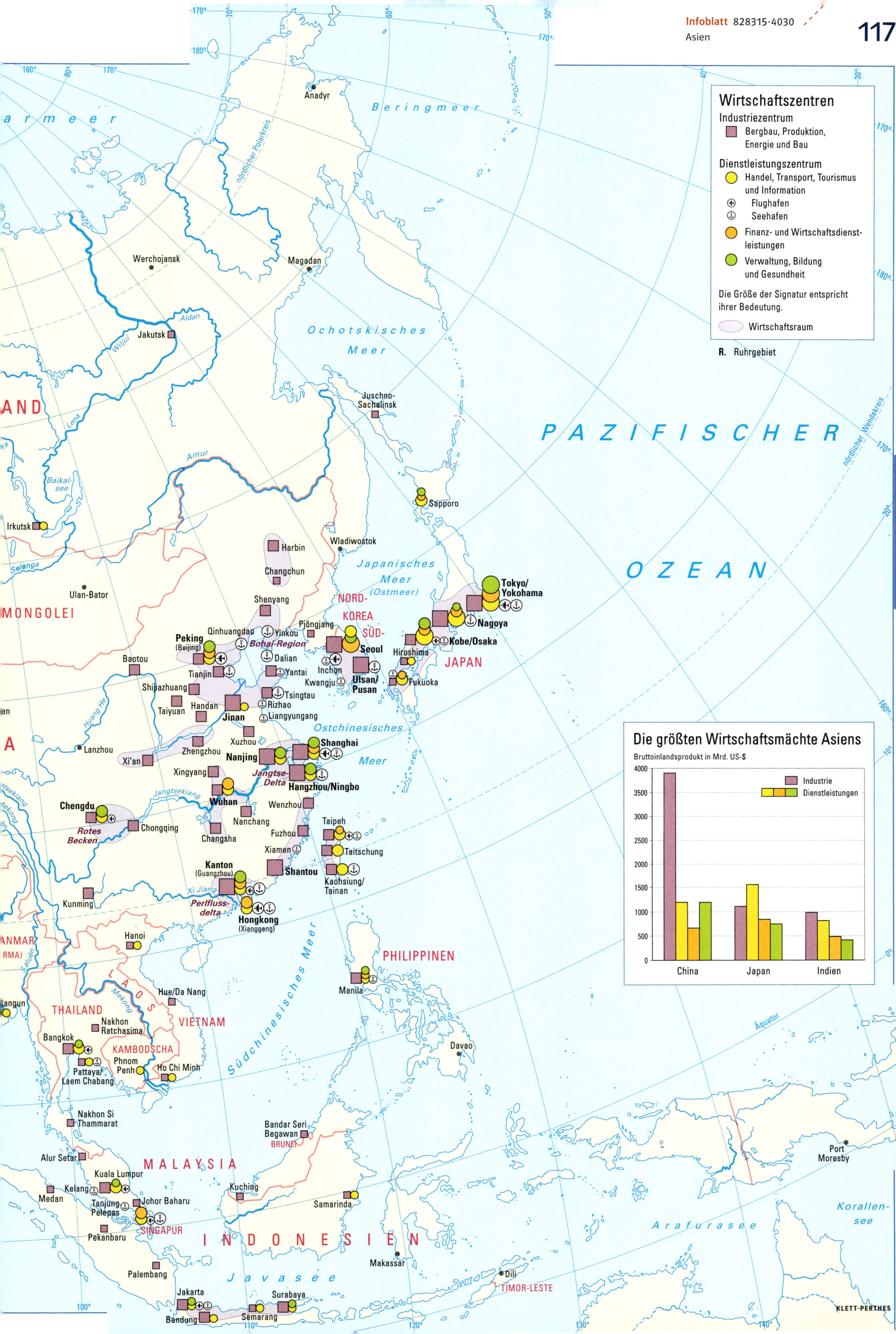

EINFÜHRUNG
DEUTSCHLAND
EUROPA
ASIEN
AFRIKA und ORIENT
AUSTRALIEN und POLE
REGISTER

1 Bergbau und Rohstoffgewinnung

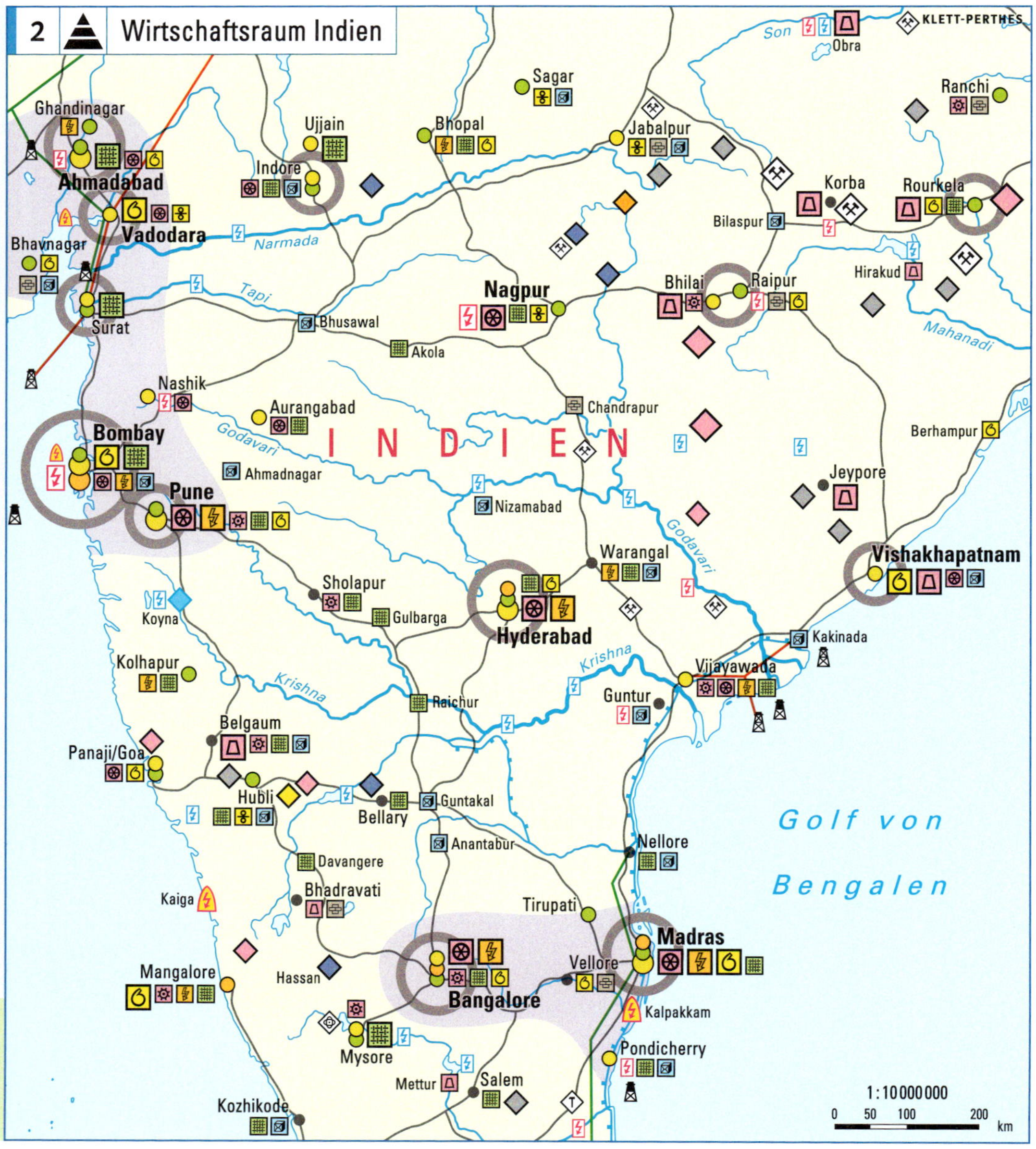

2 Wirtschaftsraum Indien

4 Wirtschaftsraum Ostchina • Korea • Japan

3 Wirtschaftsraum Westsibirien

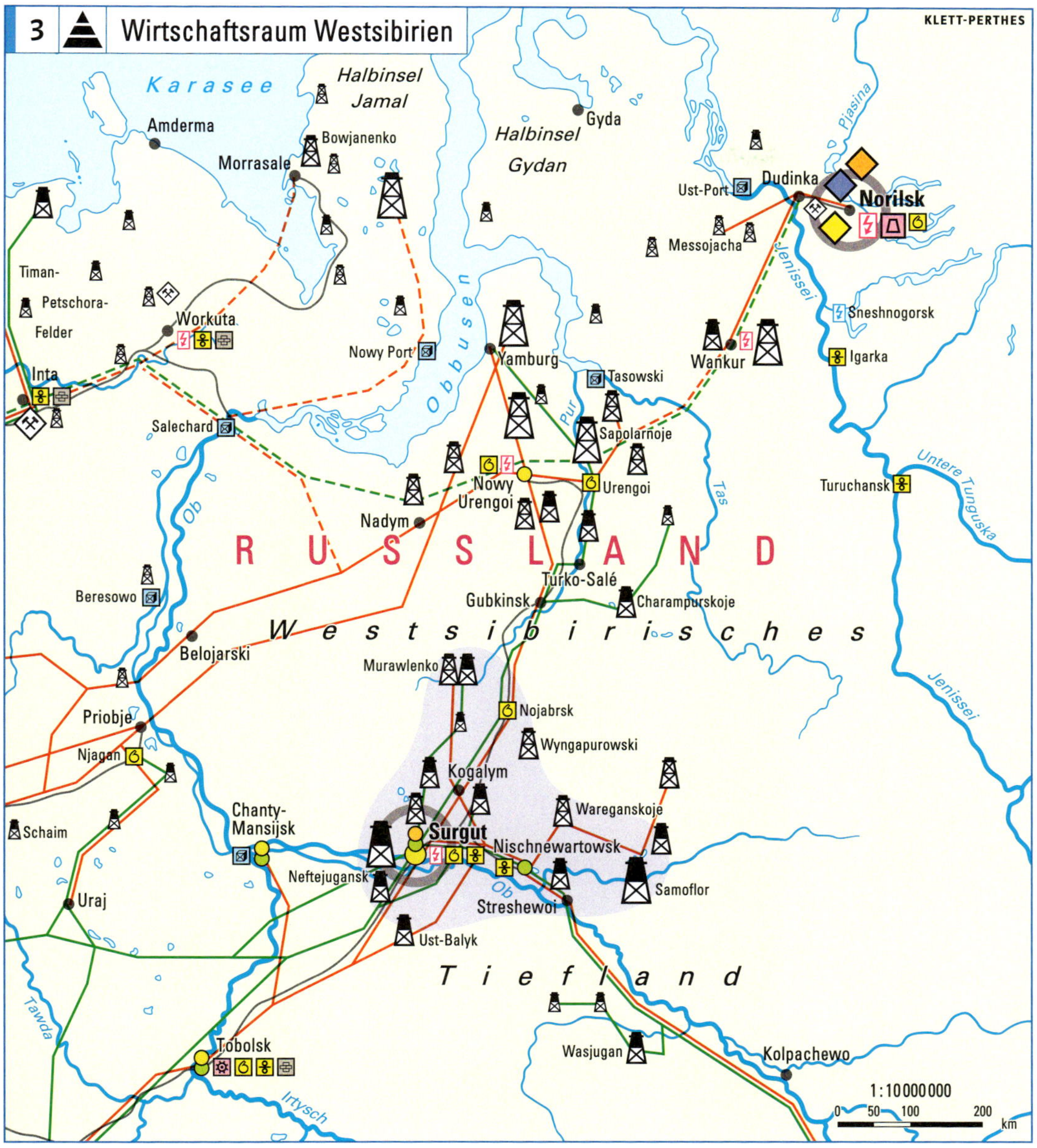

Wirtschaftsräume Asien Legende für die Karten 2–4

Industrie

Bergbau und Rohstoffgewinnung

- Steinkohle
- Braunkohle
- Uran
- Erdöl
- Erdgas
- Eisen
- Stahlveredler: Mangan, Nickel, Wolfram, Chrom
- Buntmetalle: Blei, Zink, Kupfer
- Leichtmetalle: Aluminium (Bauxit), Titan (Ilmenit), Magnesit
- Edelmetalle: Gold, Platin
- Salze: Stein- bzw. Meersalz, Phosphat

Produktionsgruppen

- Verhüttung, Gießerei, Walzwerk
- Maschinen- und Metallbau
- Fahrzeug-, Schiff- und Flugzeugbau
- Elektrotechnik, Elektronik, Optik
- Textilien, Bekleidung
- Chemie, Gummi, Raffinerie
- Holz, Papier, Druck
- Bau, Glas, Keramik
- Lebensmittel

Energieversorgung

- Wasserkraftwerk
- Wärmekraftwerk
- Kernkraftwerk

Dienstleistungen

- Handel, Transport, Tourismus und Information
- Eisenbahn
- Erdölpipeline
- im Bau/Planung
- Erdgaspipeline
- im Bau/Planung
- Finanz- und Wirtschaftsdienstleistungen
- Verwaltung, Bildung und Gesundheit

- Wirtschaftszentrum
- Wirtschaftsraum

Die Größe der Signatur entspricht ihrer Bedeutung.

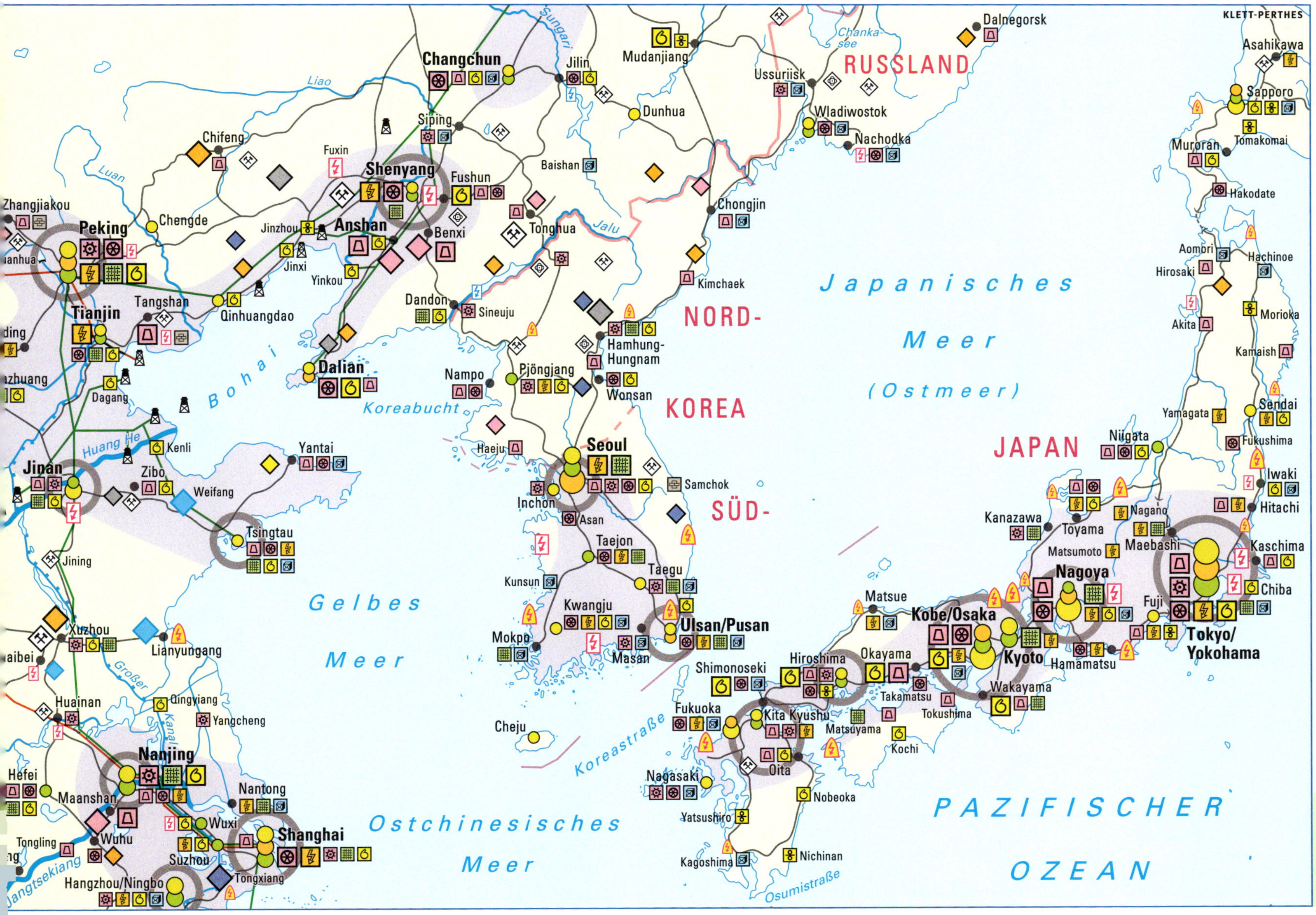

1

2

Überschwemmungsgebiete in Bangladesch

- Zerstörungen durch mehrere Meter hohe Flutwellen
- jährlich 1–2 m durch Flusshochwasser überschwemmt
- unregelmäßig überschwemmt (unter 1 m)
- Schichtfluten mit Richtung der Bodenabtragung
- · 10 Höhe über dem Meeresspiegel (in m)

1 : 6 000 000 0 50 100 km

3 Drei-Schluchten-Stausee am Jangtsekiang

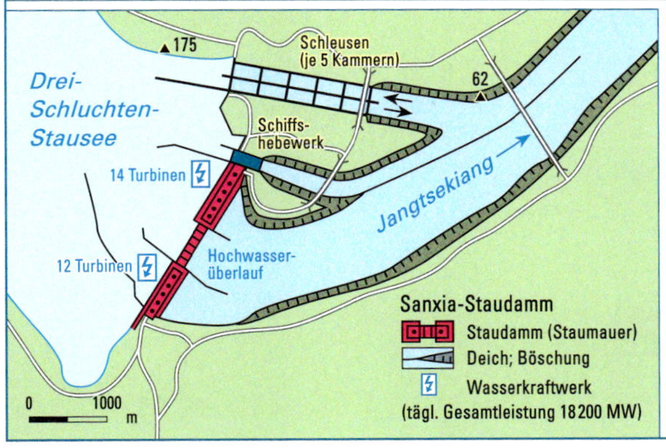

Drei Schluchten
- ① Qutang-Schlucht
- ② Wu-Schlucht
- ③ Xiling-Schlucht

Staudamm und Stausee
- Sanxia-Staudamm
- Stausee (Flutung bis 2013)

Höhenschichten (in m)
0 100 200 500 1000 1500 2000 >2000

Umsiedlung
- Umsiedlungsgebiet (für ca. 1,3 bis 1,8 Mio Menschen)
- überflutete Stadt, Großstadt
- neu erbaute Stadt, Großstadt
- Provinzgrenze
- ▲175 Höhe in Meter über NN

Gunst- und Ungunsträume
Nutzung und Beeinträchtigung menschlicher Lebensräume

Kernräume der Besiedelung
- Ackerland und Grünland
- Bewässerungsland

Siedlungs- und Wirtschaftszentren (in Auswahl)
- über 1 Mio. Einwohner
- unter 1 Mio. Einwohner

Naturräume mit eingeschränkter Nutzung
- Steppe und trockenes Grasland
- Waldgebiete

Lebensfeindliche Naturräume
- Inlandeis, Gletscher
- Tundra, Hochgebirgsregion
- Kältegrenze des natürlichen Anbaus
- Halbwüste, Wüste
- Trockengrenze des natürlichen Anbaus

Überwindung der Trockengrenze
- Bewässerungsland

Drohender Verlust nutzbarer Räume
- Desertifikation und Bodenabtragung

Beeinträchtigung des täglichen Lebens
- Überschwemmungen: Ernteausfälle, Zerstörung von Verkehrswegen
- Tropische Wirbelstürme: Zerstörung durch Wind, Wasser und Flutwellen
- Erdbeben: Zerstörung von Siedlungen und Verkehrswegen
- Dürren: Ernteausfälle, teilweise für mehrere Jahre
- winterliche Kälteeinbrüche: Lähmung des täglichen Lebens

1:30 000 000 0 100 300 500 km

1
İstanbul
Urlaub
El Djem
Casablanca
Jerusalem
Oase
Pyramiden
Öl und Gas
Nil
Kamelrennen
Urlaub
Sahara
Karawane
Assuan-Hochdamm
Djenne
Baumwolle
Erdnüsse
Baobab
Flusspferd
Kaffee
Kakao
Kaffe
Löwe
Öl und Gas
Kongo
Zebra
Schimpanse
Gorilla
Kilimandscharo
Diamanten
Giraffe
Elefant
Simbabwe
Namib
Gold
Wein
Kapstadt
Kennst du Afrika und den Orient?
Wichtiges aus Natur, Kultur und Technik
Landschaften
Inlandeis, Gletscher
Tundra, Hochgebirge
Ackerland
Steppe, Savanne
Halbwüste, Wüste
Mischwald
Tropischer Wald

2

3

EINFÜHRUNG
DEUTSCHLAND
EUROPA
ASIEN
AFRIKA und ORIENT
AUSTRALIEN und POLE
AMERIKA
WELT
REGISTER

1

Lage auf dem Globus

Physische Übersicht

Höhenschichten

über 5000 m
2000 – 5000 m
1000 – 2000 m
500 – 1000 m
200 – 500 m
100 – 200 m
0 – 100 m
unter 0 m

5895
Höhe über dem Meeresspiegel (in m)

geographische Grenze von Afrika

Kulturraumgrenze des Orients (Kernraum)

große Städte

1:30 000 000 — 0 500 km

Z E N T R A L - A S I E N
Kasachische Schwelle
Balchaschsee
Dsungarei
Almaty
Tian Shan
Pik Pobeda 7439
Aralsee
Syr-Darja
Bischkek
Tiefland von Turan
Taschkent
Tarimbecken
Amu-Darja
Duschanbe
Kongur 7719
Pamir
Aschgabat
K2 (Chogori) 8611
Karakorum
Hindukusch
Kabul
Nanga Parbat 8126
Meschhed
Demawend
Teheran
Hochland von Iran
Isfahan
Sard Kuh
Becken von Seistan
Lahore
Multan
Indus
Industiefland
Shiraz
Persischer Golf (Arab. Golf)
Str. v. Hormus
Karachi
Golf von Oman
Abu Dhabi
Ras al Hadd
Arabisches Meer
Golf von Aden
Sokotra
Kap Guardafui
Somali-Halbinsel
INDISCHER OZEAN
Mogadischu
Äquator
Seychellen
Amiranten
Antananarivo
Mauritius
Réunion
KLETT-PERTHES

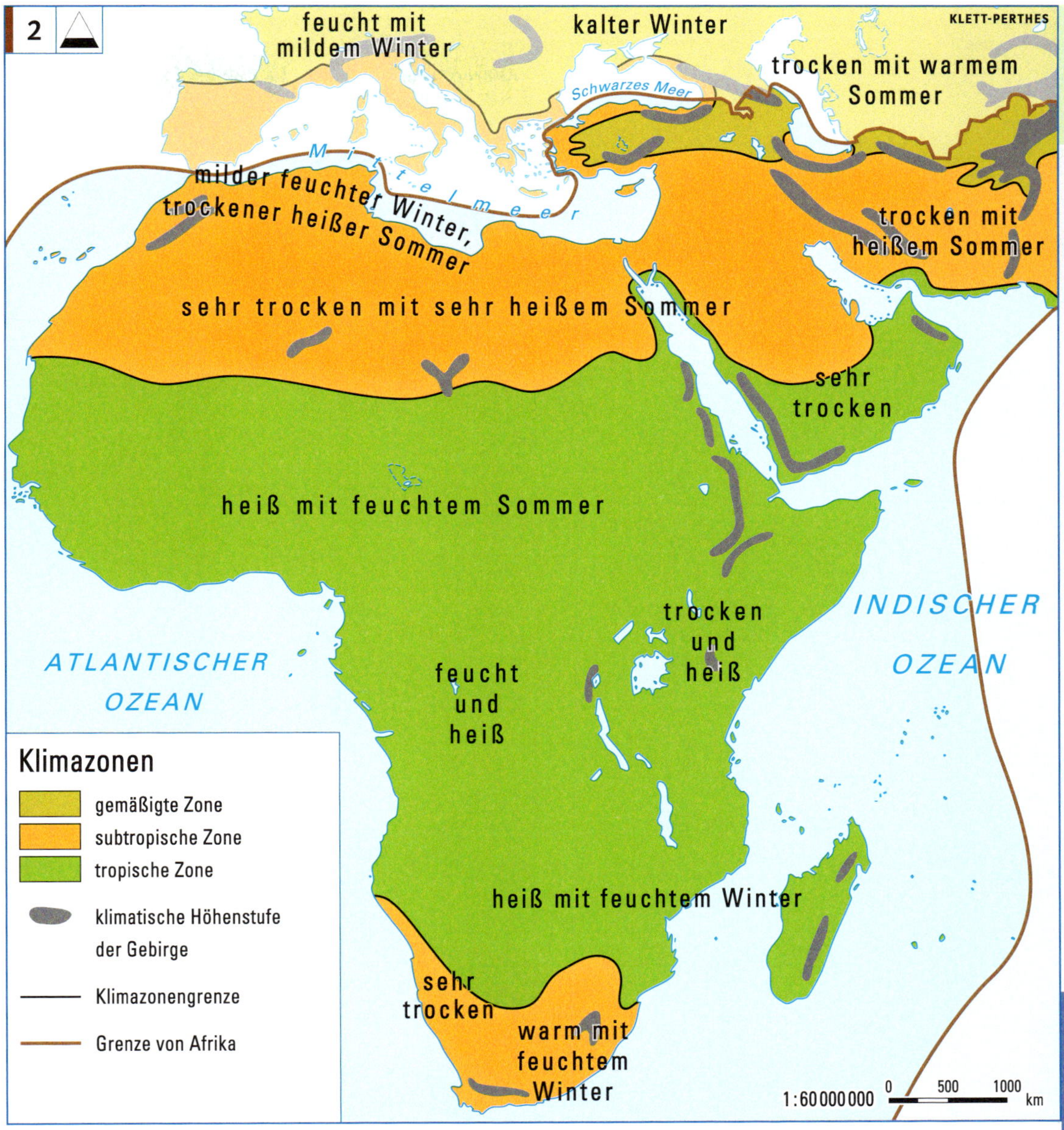
2
KLETT-PERTHES
feucht mit mildem Winter
kalter Winter
trocken mit warmem Sommer
Schwarzes Meer
Mittelmeer
milder feuchter Winter, trockener heißer Sommer
trocken mit heißem Sommer
sehr trocken mit sehr heißem Sommer
sehr trocken
heiß mit feuchtem Sommer
trocken und heiß
feucht und heiß
INDISCHER OZEAN
ATLANTISCHER OZEAN
heiß mit feuchtem Winter
sehr trocken
warm mit feuchtem Winter
Klimazonen
gemäßigte Zone
subtropische Zone
tropische Zone
klimatische Höhenstufe der Gebirge
Klimazonengrenze
Grenze von Afrika
1:60 000 000
0 500 1000 km

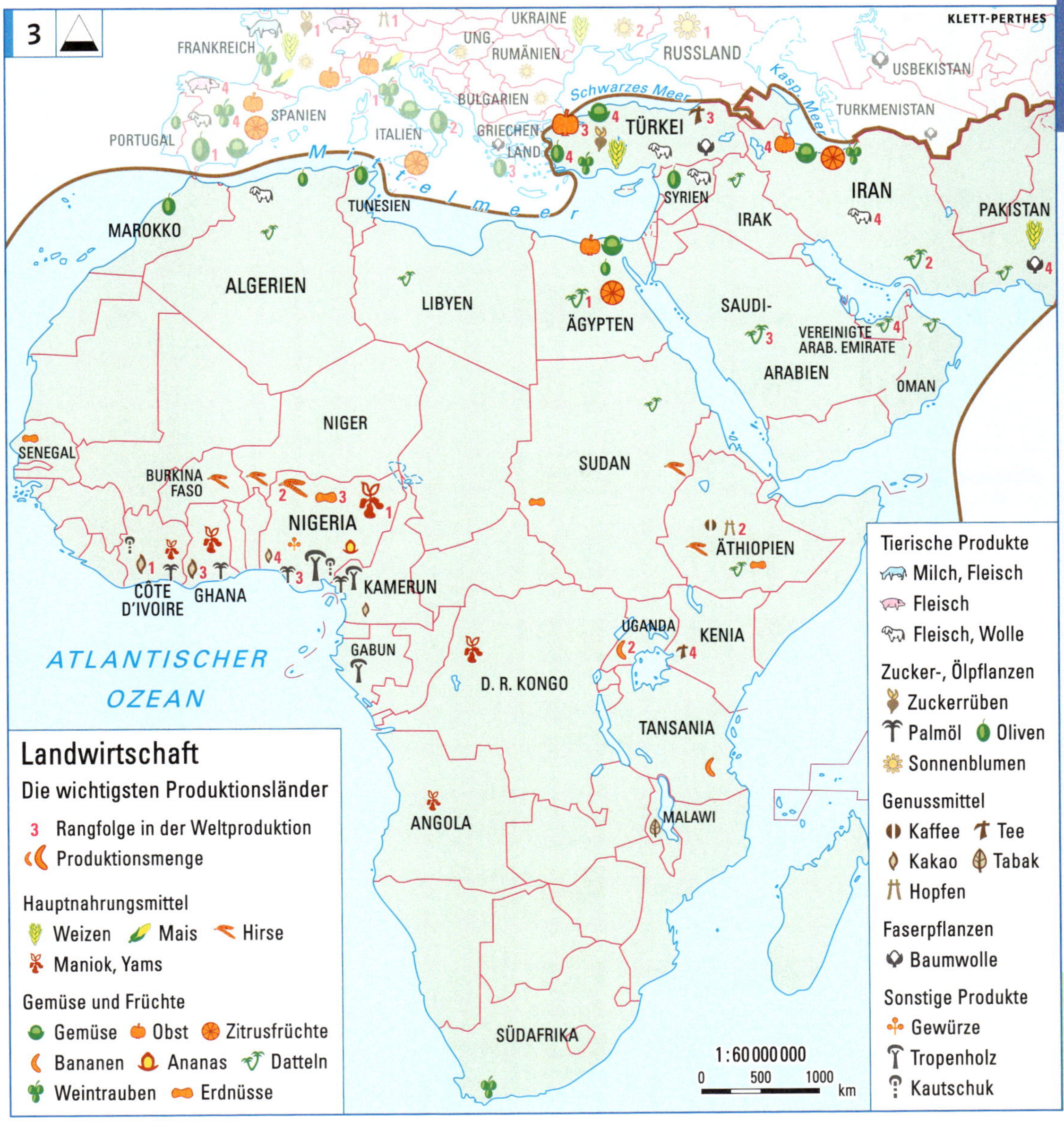
3
KLETT-PERTHES
FRANKREICH
UKRAINE
UNG.
RUMÄNIEN
RUSSLAND
USBEKISTAN
TURKMENISTAN
BULGARIEN
Schwarzes Meer
Kasp. Meer
SPANIEN
PORTUGAL
ITALIEN
GRIECHENLAND
TÜRKEI
Mittelmeer
TUNESIEN
SYRIEN
IRAN
IRAK
PAKISTAN
MAROKKO
ALGERIEN
LIBYEN
ÄGYPTEN
SAUDI-ARABIEN
VEREINIGTE ARAB. EMIRATE
OMAN
NIGER
SENEGAL
BURKINA FASO
NIGERIA
SUDAN
ÄTHIOPIEN
CÔTE D'IVOIRE
GHANA
KAMERUN
UGANDA
KENIA
GABUN
D. R. KONGO
TANSANIA
ANGOLA
MALAWI
SÜDAFRIKA
ATLANTISCHER OZEAN
Landwirtschaft
Die wichtigsten Produktionsländer
3 Rangfolge in der Weltproduktion
Produktionsmenge
Hauptnahrungsmittel
Weizen
Mais
Hirse
Maniok, Yams
Gemüse und Früchte
Gemüse
Obst
Zitrusfrüchte
Bananen
Ananas
Datteln
Weintrauben
Erdnüsse
Tierische Produkte
Milch, Fleisch
Fleisch
Fleisch, Wolle
Zucker-, Ölpflanzen
Zuckerrüben
Palmöl
Oliven
Sonnenblumen
Genussmittel
Kaffee
Tee
Kakao
Tabak
Hopfen
Faserpflanzen
Baumwolle
Sonstige Produkte
Gewürze
Tropenholz
Kautschuk
1:60 000 000
0 500 1000 km

1
ATLANTISCHER OZEAN
Azoren (port.)
Madeira (port.)
Kanarische Inseln (span.)
GROSS-BRITANNIEN
NIEDERLANDE
BELGIEN
LUXEMBURG
DEUTSCH-LAND
POLEN
WEISSRUSSL.
RUSSLAND
TSCHECH. REP.
SLOWAK. REP.
UKRAINE
FRANKREICH
SCHWEIZ
ÖSTERREICH
UNGARN
MOLDAU
RUMÄNIEN
KROATIEN
BOSNIEN U. HERZEG.
SERBIEN
MONTE-NEGRO
KOSOVO
BULGARIEN
MAZEDONIEN
ALBANIEN
ITALIEN
GRIECHENLAND
PORTUGAL
SPANIEN
Golf von Biscaya
Balearen
Korsika
Sardinien
Sizilien
Kreta
Schwarzes Meer
GEORGIEN
Tiflis
ARMENIEN
Eriwan
Ankara
TÜRKEI
Nikosia
ZYPERN
LIBANON
Beirut
Damaskus
SYRIEN
Bagdad
IRAK
ISRAEL
Jerusalem
Amman
JORDANIEN
Mittelmeer
MALTA
Gibraltar (brit.)
Straße von Gibraltar
Algier
Tunis
Rabat
TUNESIEN
Tripolis
MAROKKO
ALGERIEN
LIBYEN
ÄGYPTEN
Kairo
Sahara
El Aaiún
SAHARA (marokkanische Verwaltung)
nördlicher Wendekreis
Nassersee
Nil
Rotes Meer
SAUDI-
MAURETANIEN
Nouakchott
MALI
NIGER
TSCHAD
SUDAN
Khartoum
ERITREA
Asmara
KAP VERDE
Praia
Dakar
SENEGAL
GAMBIA
Banjul
Bissau
GUINEA-BISSAU
GUINEA
Conakry
Freetown
SIERRA LEONE
Monrovia
LIBERIA
Bamako
Niamey
Ouagadougou
BURKINA FASO
BENIN
GHANA
TOGO
CÔTE D'IVOIRE (ELFENBEINKÜSTE)
Yamoussoukro
Abidjan
Accra
Lomé
Porto Novo
Cotonou
Voltastausee
NIGERIA
Abuja
Benue
Tschad
N'Djamena
Chari
DSCHIBUTI
Dschibuti
Addis Abeba
ÄTHIOPIEN
ZENTRALAFRIKA
Bangui
KAMERUN
Jaunde
Malabo
Golf von Guinea
SÃO TOMÉ U. PRÍNCIPE
São Tomé
ÄQUAT. GUINEA
Libreville
GABUN
KONGO
Brazzaville
Kinshasa
D.R. KONGO (ZAIRE)
Kongo
Kasai
Ubangi
UGANDA
Kampala
Albertsee
Turkanasee
KENIA
Nairobi
Victoriasee
RUANDA
Kigali
BURUNDI
Bujumbura
TANSANIA
Dodoma
Tanganyikasee
Sansibar
Daressalam
(zu Angola)
Luanda
ANGOLA
SAMBIA
Lusaka
Lilongwe
MALAWI
Malawisee
KOMOREN
Sambesi
Okavango
Harare
SIMBABWE
MOSAMBIK
Straße von Mosambik
NAMIBIA
Windhuk
BOTSUANA
Gaborone
Pretoria
Limpopo
Maputo
Mbabane
SWASILAND
Maseru
LESOTHO
Oranje
SÜDAFRIKA
Kapstadt
südlicher Wendekreis
1:30 000 000
0 500 km
Staaten
Stand: 01.01.
Die größten Staaten in Schwarzafrika (nach Einwohnern)
10 Mio. Einwohner
1 Mio. Einwohner
Daten: 2009
Nigeria
Ghana
Sambia
Mosambik
Senegal
Äthiopien
Côte d'Ivoire
Simbabwe
Madagaskar
Tschad
D. R. Kongo
Kamerun
Guinea
Südafrika
Angola
Ruanda
Sudan
Burkina Faso
Somalia
Tansania
Niger
Benin
Kenia
Malawi
Burundi
Uganda
Mali
Togo

Staatsgrenze
umstrittene Grenze, Waffenstillstandslinie

MALI Staat
● Hauptstadt
○ Regierungssitz

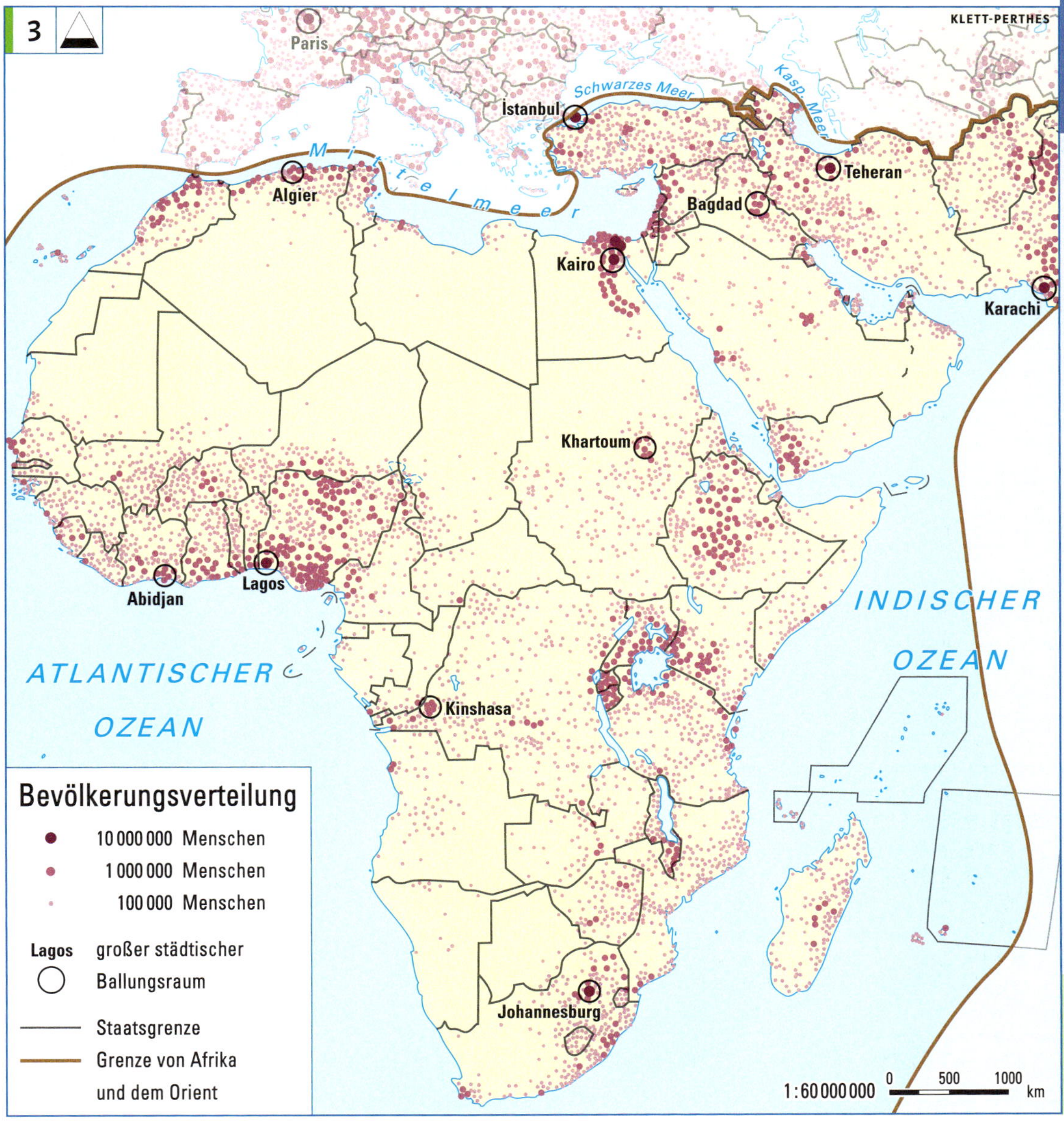

ATLANTISCHER OZEAN
ATLANTISCHER OZEAN
Golf von Biscaya
Mittelmeer
FRANKREICH
SPANIEN
PORTUGAL
ITALIEN
MAROKKO
ALGERIEN
TUNESIEN
LIBYEN
SAHARA (marokkanische Verwaltung)
MAURETANIEN
MALI
NIGER
TSCHAD
SENEGAL
GAMBIA
GUINEA-BISSAU
GUINEA
SIERRA LEONE
LIBERIA
CÔTE D'IVOIRE (ELFENBEINKÜSTE)
GHANA
TOGO
BENIN
BURKINA FASO
NIGERIA
KAMERUN
ZENTRALAFRIKA
ÄQUAT.-GUINEA
GABUN
KONGO
D.R.KONGO (ZAIRE)
ANGOLA
SÃO TOMÉ U. PRÍNCIPE
GRIECHENLAND
ALBANIEN
KROATIEN
SERBIEN
RUMÄNIEN
BULGAR.
MALTA
Sahara
Westsaharisches Becken
Tschadbecken
Nigerbecken
Kongobecken
Ahaggar
Tassili der Adjer
Tibesti
Aïr
Atlas
Hoher Atlas
Antiatlas
Saharaatlas
Tellatlas
Er-Rif
Pyrenäen
Apenninen
Kanarische Inseln (span.)
Madeira (port.)
Golf von Guinea
Pfefferküste
Elfenbeinküste
Goldküste
Sklavenküste
Lissabon
Madrid
Barcelona
Marseille
Rom
Neapel
Algier
Tunis
Tripolis
Rabat
Casablanca (Dar-el-Beida)
Marrakech
Dakar
Bamako
Ouagadougou
Niamey
Conakry
Freetown
Monrovia
Abidjan
Yamoussoukro
Accra
Lomé
Porto Novo
Lagos
Abuja
N'Djamena
Jaunde
Douala
Malabo
Libreville
São Tomé
Bangui
Brazzaville
Kinshasa
Luanda
Nouakchott
Tombouctou
Niger
Kongo
Äquator
nördl. Wendekreis
Größenvergleich und Lage auf dem Globus
Hamburg
Berlin
Köln
Frankfurt
München
1 : 20 000 000
0 100 200 500 km
westl. Länge 0° östl. Länge v. Greenwich

UKRAINE
RUSSLAND
KASACHSTAN
USBEKISTAN
KIRGISISTAN
TURKMENISTAN
TADSCHIKISTAN
CHINA
GEORGIEN
ARM.
ASER-BAIDSCHAN
TÜRKEI
SYRIEN
ZYPERN
LIBANON
ISRAEL
JORDANIEN
IRAK
IRAN
AFGHANISTAN
PAKISTAN
INDIEN
KUWAIT
BAHRAIN
KATAR
VEREINIGTE ARAB. EMIRATE
OMAN
SAUDI-ARABIEN
JEMEN
ERITREA
DSCHIBUTI
ÄTHIOPIEN
SOMALIA
UGANDA
KENIA
RUANDA
BURUNDI
TANSANIA
SAMBIA
MALAWI
SEYCHELLEN
Schwarzes Meer
Kaspisches Meer
Persischer Golf (Arab. Golf)
Golf von Oman
Rotes Meer
Golf von Aden
Arabisches Meer
INDISCHER OZEAN
Kaukasus
Pontisches Gebirge
Elburs
Zagros-Geb.
Hochland von Iran
Große Salzwüste
Wüste Lut
Hindukusch
Pamir
Karakorum
Arabische Halbinsel
Große Arabische Wüste
Hochland von Äthiopien
Arabische Wüste
Nubische Wüste
Ostafrikanische Schwelle
Zentralafrikanische Schwelle
Victoriasee
Tanganjikasee
Turkanasee (Rudolfsee)
Nassersee
Kairo
Alexandria
Istanbul
Ankara
Baku
Tiflis
Eriwan
Teheran
Bagdad
Damaskus
Beirut
Amman
Jerusalem
Kuwait
Riad
Manama
Doha
Abu Dhabi
Maskat
Sanaa
Aden
Asmara
Dschibuti
Addis Abeba
Mogadischu
Nairobi
Kampala
Kigali
Bujumbura
Dodoma
Daressalam
Khartoum
Kabul
Duschanbe
Islamabad
Victoria
Mekka
Medina
Aschgabat
Karachi
KLETT-PERTHES

Virtueller Globus 828315-5020
Landschaften im Detail

EINFÜHRUNG
DEUTSCHLAND
EUROPA
ASIEN
AFRIKA und ORIENT
AUSTRALIEN und POLE
AMERIKA
WELT
REGISTER

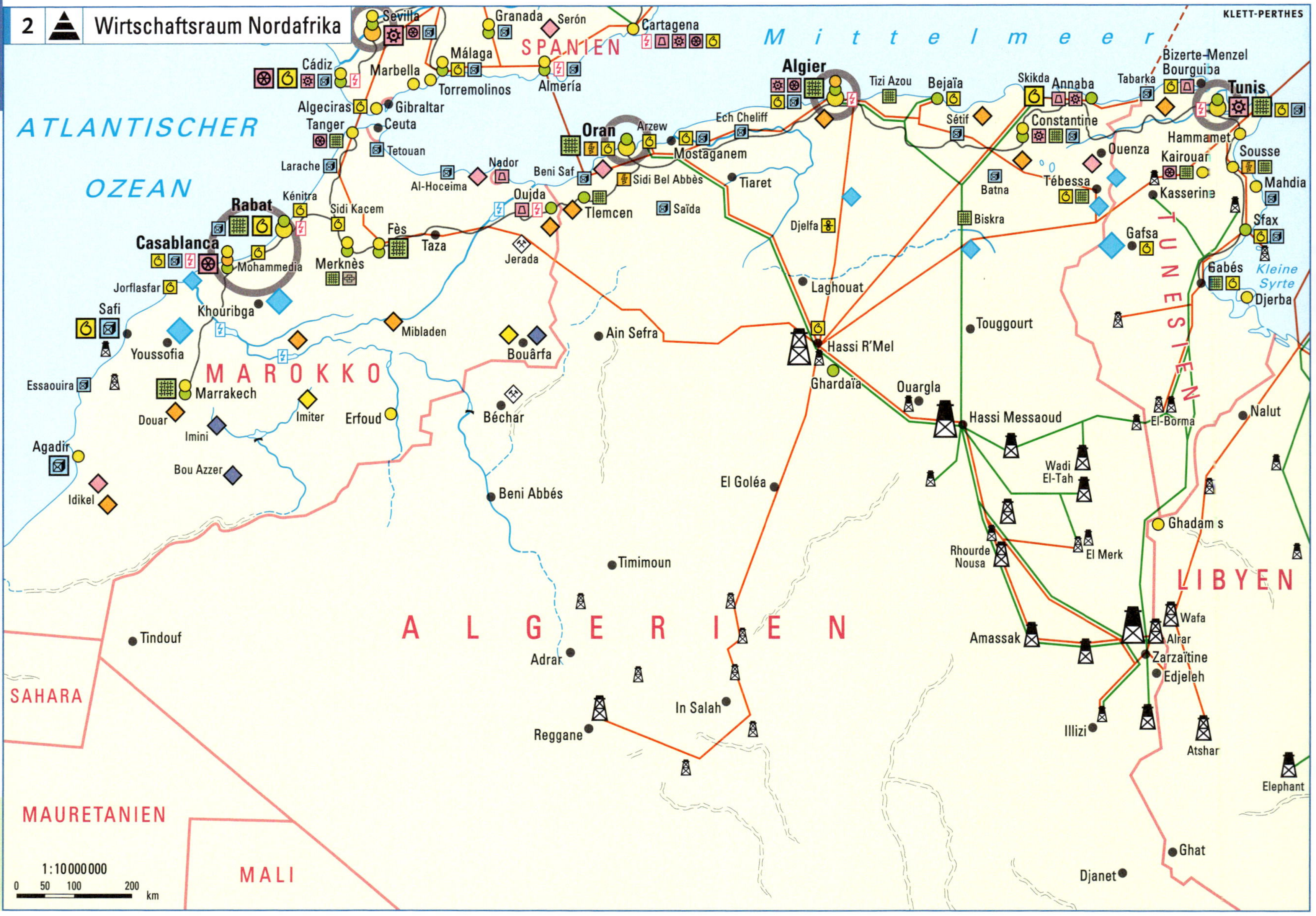

3 Wirtschaftsraum Persischer Golf

Wirtschaftsräume Nordafrika und Persischer Golf

Legende für die Karten 2 und 3

Industrie

Bergbau und Rohstoffgewinnung

- Steinkohle
- Uran
- Erdöl
- Erdgas
- Eisen
- Stahlveredler: Kobalt, Chrom, Mangan, Nickel
- Buntmetalle: Blei, Zink, Kupfer, Quecksilber
- Edelmetalle: Silber
- Salze: Stein- bzw. Meersalz, Phosphat

Produktionsgruppen

- Verhüttung, Gießerei, Walzwerk
- Maschinen- und Metallbau
- Fahrzeug-, Schiff- und Flugzeugbau
- Elektrotechnik, Elektronik, Optik
- Textilien, Bekleidung
- Chemie, Gummi, Raffinerie
- Holz, Papier, Druck
- Bau, Glas, Keramik
- Lebensmittel

Energieversorgung

- Wasserkraftwerk
- Wärmekraftwerk
- Kernkraftwerk

Dienstleistungen

- Handel, Transport, Tourismus und Information
- Eisenbahn
- Erdölpipeline
- Erdgaspipeline
- im Bau/Planung
- Finanz- und Wirtschaftsdienstleistungen
- Verwaltung, Bildung und Gesundheit

Wirtschaftszentrum

Die Größe der Signatur entspricht ihrer Bedeutung.

EINFÜHRUNG
DEUTSCHLAND
EUROPA
AFRIKA und ORIENT
AUSTRALIEN und POLE
AMERIKA
WELT
REGISTER

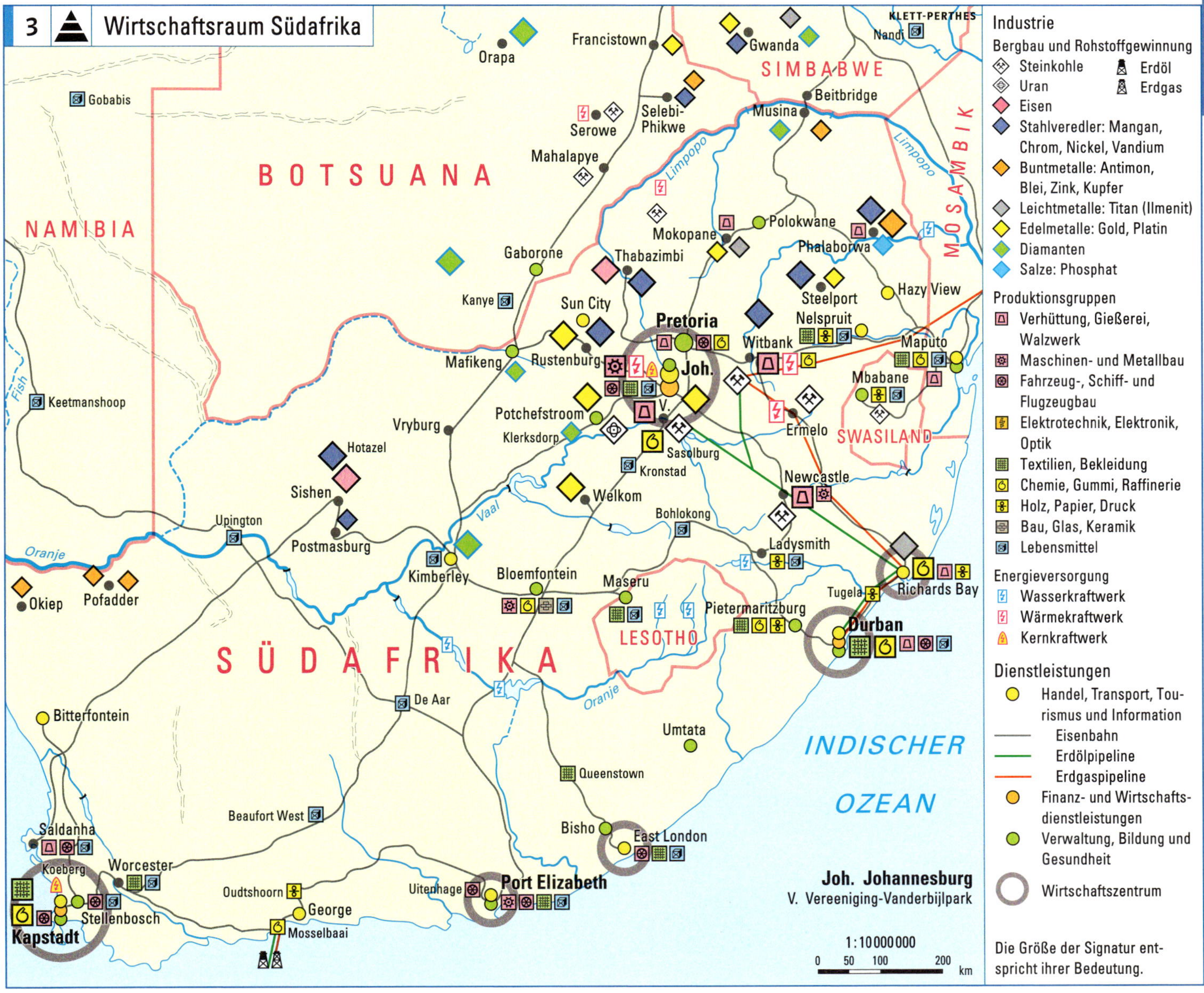

EINFÜHRUNG
DEUTSCHLAND
EUROPA
ASIEN
AFRIKA und ORIENT
AUSTRALIEN und POLE
AMERIKA
WELT
REGISTER

EINFÜHRUNG
DEUTSCHLAND
EUROPA
ASIEN
AFRIKA und ORIENT
AUSTRALIEN und POLE
AMERIKA
WELT
REGISTER

a Hieroglyphen

Zeichen	Dargestellter Gegenstand	Aussprache
	Geier	a
	Bein	b
	Tierleib mit Ziffern	ch
	Hand	d
	Unterarm	e
	Schlange (Hornviper)	f
	Krugständer	g
	Docht	h
	Schilfblatt	i oder j
	Korb	k
	Löwe	l
	Eule	m
	Wasser	n
	Seil	o
	Hocker	p
	Mund	r
	gefalteter Stoff	s
	Teich	sch
	Brotlaib	t
	Wachtelküken	w oder u

Zahlen

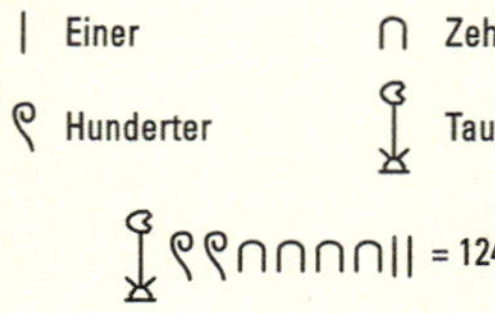

Übersetze:

beschreiben • fragen • beantworten

Kläre Begriffe.
Zum Beispiel: Neues Reich, v. Chr., Pyramiden, Geburtenrate, Sterberate, Wüste, Bewässerung

Stelle dir Aufgaben, zum Beispiel:

Ermittle, in welcher Landschaft Ägypten liegt. g k

Ägypten besteht schon sehr lange. Warum konnte es sich ungestört entwickeln? Nenne drei Gründe. e j f k

Die Ägypter hatten eine hochentwickelte Schrift- und Rechenkunst. Miss Entfernungen und überlege, wie man Informationen weitergeben musste. Erläutere, was nach der Jahreszeit Achet getan werden musste. a b d e f k

Nenne die Jahreszeit, in der das historische Foto aufgenommen wurde. Begründe, warum diese Situation heute nicht mehr eintreten kann. d f j

Ermittle Vor- und Nachteile der Nilregulierung für das moderne Ägypten. d f j

Berechne, wieviele Jahre zwischen den beiden Karten von Ägypten liegen. Zähle auf, was gleichgeblieben ist und was sich verändert hat. e g

Erkläre den Zusammenhang zwischen Geburtenrate, Sterberate und Bevölkerungswachstum am Beispiel Ägyptens. Erläutere die Auswirkungen für das Land. h g

Diskutiere Lösungsvorschläge zur Behebung der Probleme des Landes. Achte auf Lebensraum und Bewässerungstechnik. c g i k

b Rechenhandbuch „Papyrus Rhind" 1700 v. Chr.

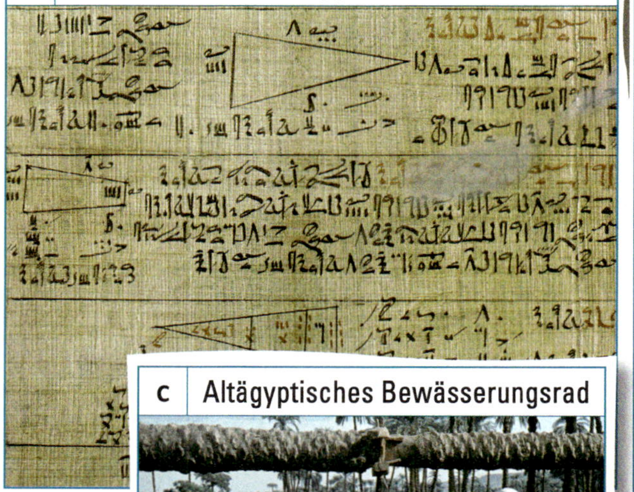

c Altägyptisches Bewässerungsrad

d Die Niloase bei den Pyramiden von Gise

e

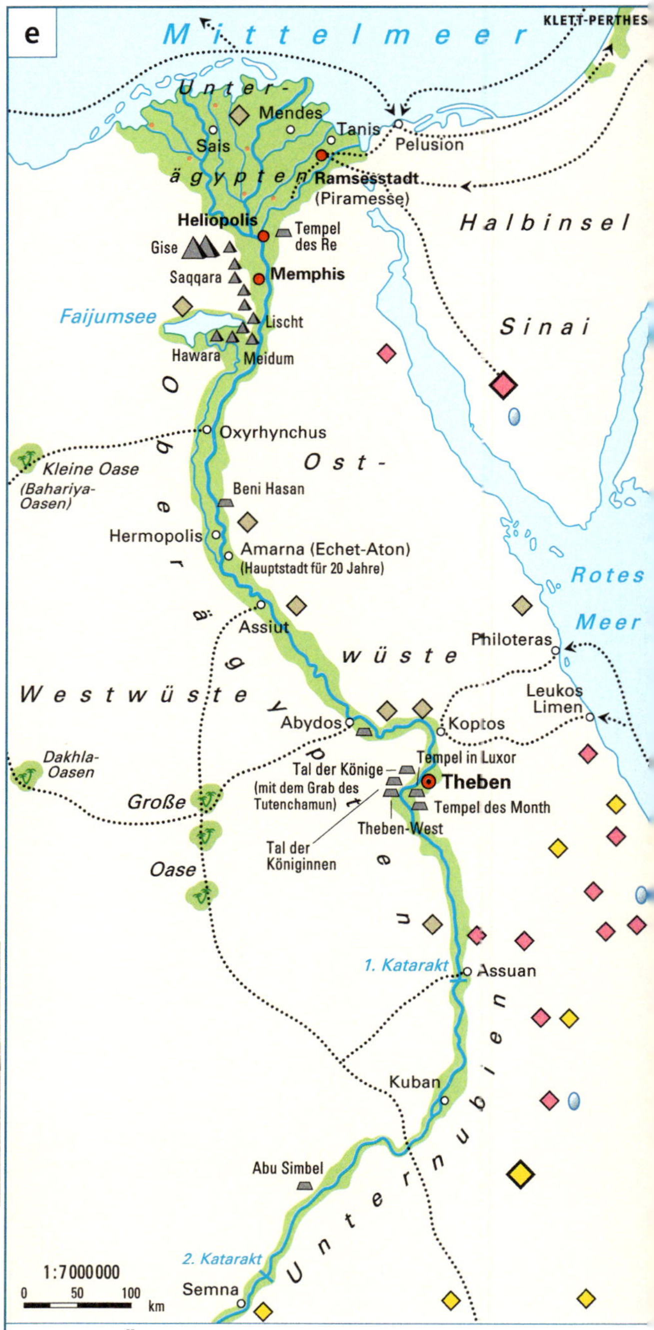

Das alte Ägypten
zur Zeit des "Neuen Reiches" von 1550 bis 1070 v. Chr.

Städte und Siedlungen
- über 500000 Einw.
- 100000 – 500000 Einw.
- unter 100000 Einw.
- 200000 Oasenbewohner
- bedeutende Bauwerke
- Oase
- Handelsweg

Rohstoffe
- Gold
- Metalle
- Steine, Baumaterialien
- Edelsteine
- Wüste
- bewässerte Oasengärten

f Jahreszeiten des Ägyptischen Kalenders

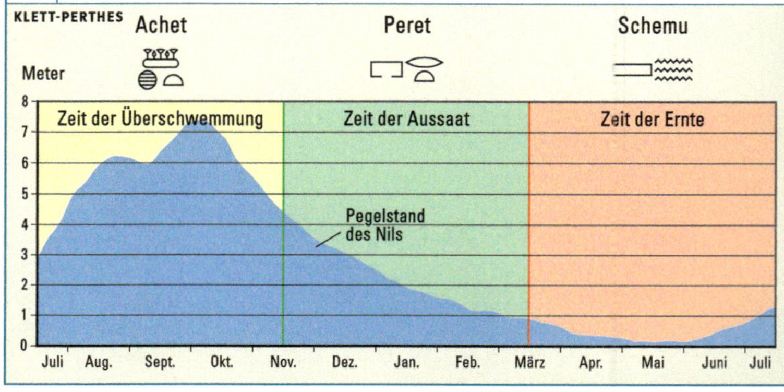

g

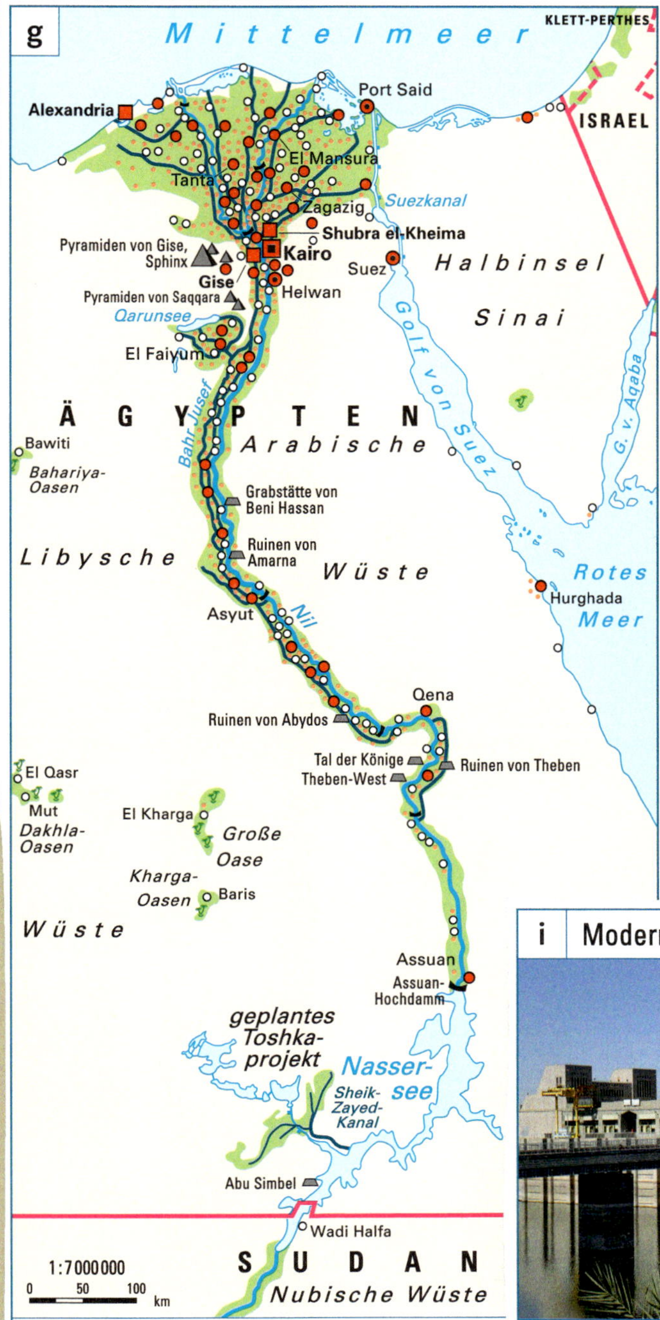

Ägypten heute

Bevölkerung
- über 5 Mio Einw.
- 1 – 5 Mio Einw.
- 500 000 – 1 Mio Einw.
- 100 000 – 500 000 Einw.
- unter 100 000 Einw.
- 200 000 Oasenbewohner
- Ruinenstätten (Tourismus)

Bewässerung
- Flussoase
- Wüstenoase
- Staumauer, Staudamm
- Bewässerungskanal
- Wüste
- Staatsgrenze

h

Bevölkerungsentwicklung im Vergleich

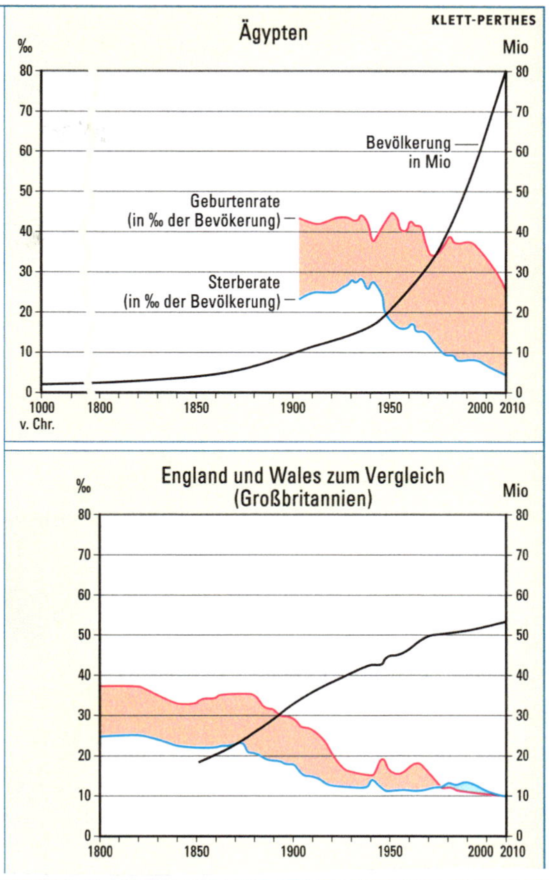

Was ist ‰? (Promille)

von 1000 Menschen

10 Menschen

= 10‰

i Moderne Pumpe für ein Großprojekt

j

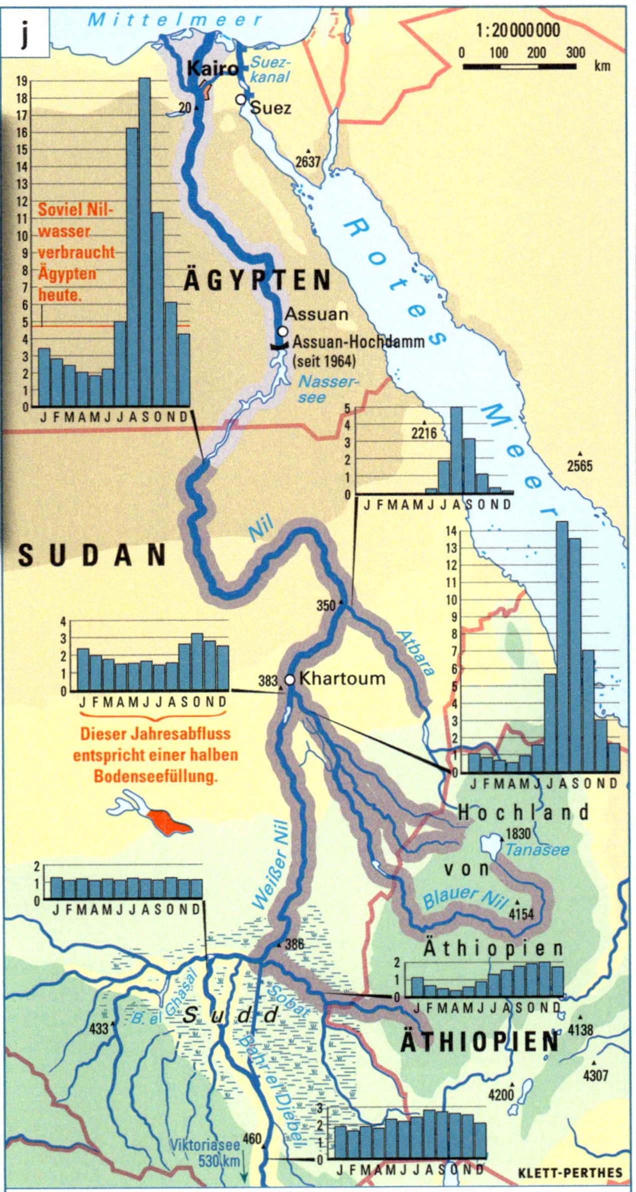

Wasserführung des Nils

Jahresniederschläge
- unter 20 mm
- 20 – 100 mm
- 100 – 500 mm
- 500 – 1000 mm
- über 1000 mm

Monatlicher Wasserabfluss in Mrd m³

Sicherung des landwirtschaftlichen Ertrages
- früher: fruchtbares Schwemmmaterial
- heute

periodisch überschwemmtes Land

k Bewässerungsland in der Niloase

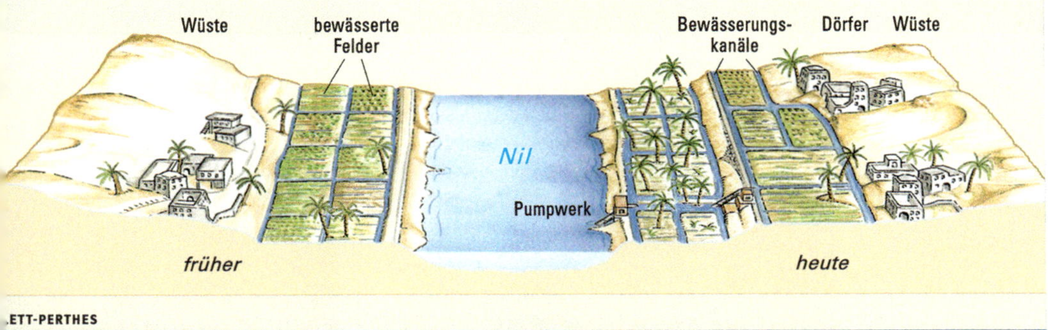

a Chronik der Krise

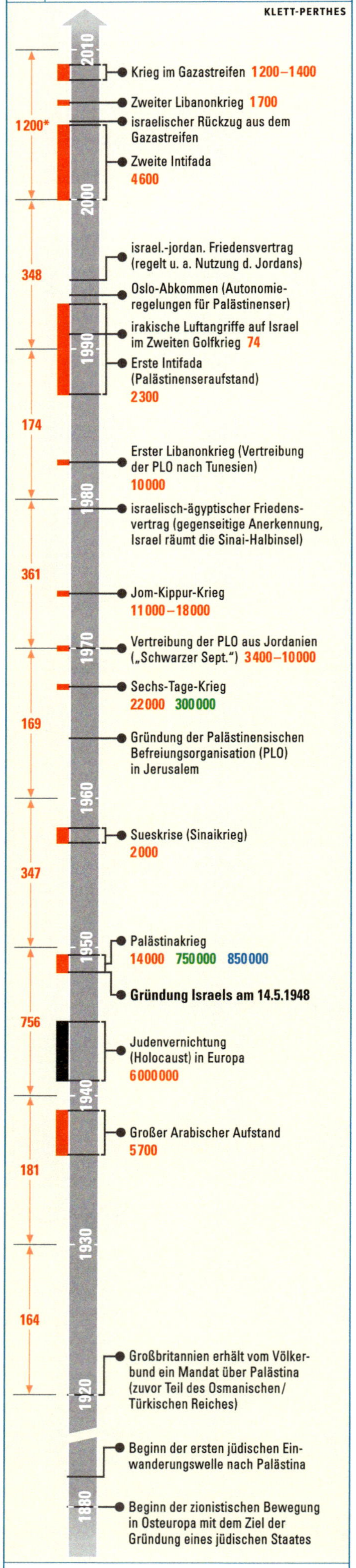

Krieg, Bürgerkrieg, Aufstand
5700 Todesopfer (links: Opfer von Terroranschlägen in einem Jahrzehnt, nach israel. Angaben)
750000 palästinensische Flüchtlinge
850000 jüdische Flüchtlinge aus arabischen Ländern (in den Jahren um 1948)
* dabei ca. 140 Selbstmordanschläge

b Juden in der Welt

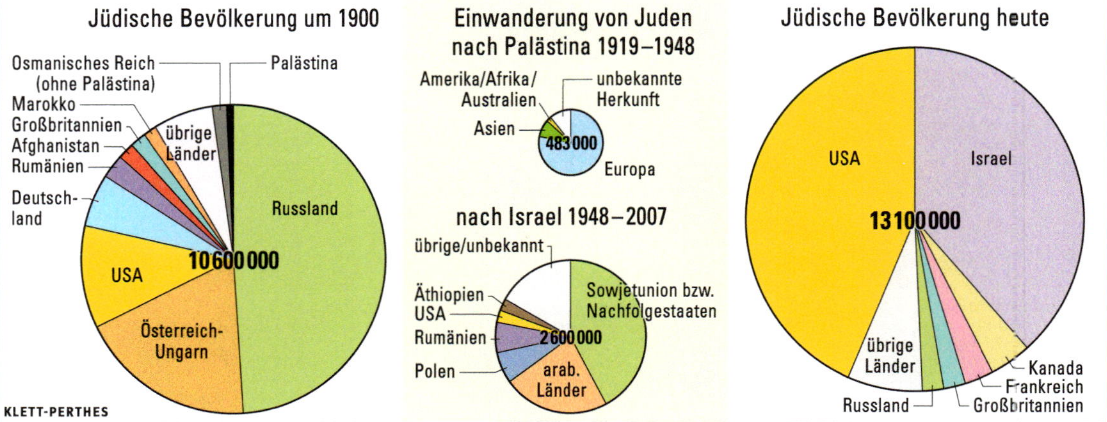

c Bevölkerung Israels und seiner Nachbarn

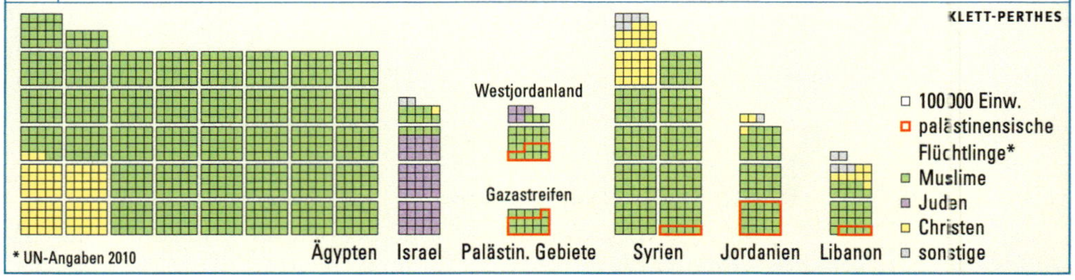

d Kampf um das Territorium

1: 4000000 0 50 100

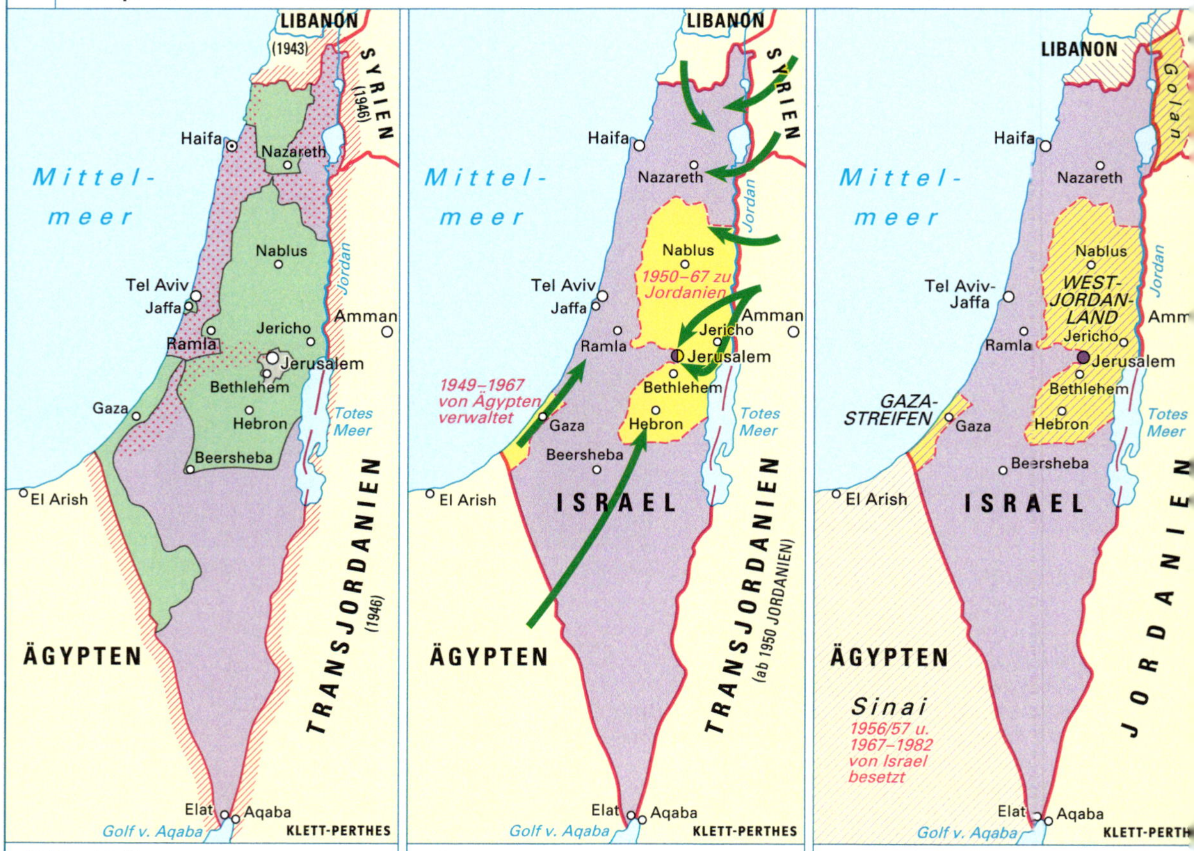

1923–1948
Britisches Mandatsgebiet Palästina
- Grenze 1923–1948
- jüdischer Landbesitz in Palästina vor 1948

UN-Teilungsplan für Palästina, November 1947 (von den arabischen Staaten abgelehnt)
- arabischer Staat
- jüdischer Staat
- internationale Zone

1948–1949
Gründung des Staates Israel, Mai 1948
- Angriff arabischer Staaten Mai/Juni 1948
- Israel nach dem Waffenstillstandsabkommen von 1949 mit den im Palästinakrieg 1948/49 eroberten Gebieten
- Waffenstillstandslinie 1949
- geteiltes Jerusalem 1949: israel. Westteil und von Jordanien verwalteter Ostteil

1949–1993
Israelische Gebietserweiterungen
- Israel seit 1949
- von Israel seit 1967 besetzt (Golan 1981 annektiert)
- von Israel kontrollierte Sicherheitszone (1985–2000)
- Jerusalem: Ostteil 1967 von Israel besetzt und 1980 annektiert

beschreiben • fragen • beantworten

Kläre Begriffe.
Zum Beispiel: Juden, Autonomiegebiet, annektieren, Holocaust, Mandatsgebiet, Knesset, Tempelberg

Stelle dir Aufgaben, zum Beispiel:

Vergleiche die weltweite Verteilung der Juden um 1900 und heute. Achte auf regionale Schwerpunkte und beschreibe Veränderungen. b

Ordne den Nahen Osten geographisch ein und nenne Ereignisse und Veränderungen in diesem Raum bis Mai 1948. a d

Ermittle durch Internetrecherche den internationalen Auftrag an die Mandatsmacht Großbritannien. a

Nenne Voraussetzungen, die zur Einwanderung jüdischer Siedler führten und begründe deine Wahl. a b d

Gebe die Entwicklung Israels von 1948 bis 1993 wieder. Nenne Ereignisse, Konfliktparteien, Opfer. a b c

Arbeite die Interessen der Konfliktparteien heraus. Trage sie in eine Tabelle ein. a b c

Beschreibe die Situation ab 1993 und vergleiche mit der Zeit davor. Vergleiche Raum und Bevölkerung mit Deutschland. Beachte Trockenräume. a d g

e Israel und Palästina im Ringen um eine Zwei-Staaten-Lösung

KLETT-PERTHES

Ungelöste Endstatusprobleme

Grenzen: sichere und verteidigungsfähige Grenzen Israels (im Jordantal)

Jerusalem: Status der von beiden Seiten beanspruchten „Heiligen Stadt"

Siedler: israelischer Siedlungsbau im Westjordanland

Flüchtlinge: Rückkehrrecht der palästinensischen Flüchtlinge in ihre Heimat

Wasser: gerechter Zugang zum Konfliktstoff Wasser

Der Staat Israel 2010 | **Gebietsansprüche von Palästinenserorganisationen**

Israel nach israelischem Recht | Ziel der Hamas | Ziel der PLO

f Jerusalem – „Heilige Stadt" der Juden, Christen und Muslime

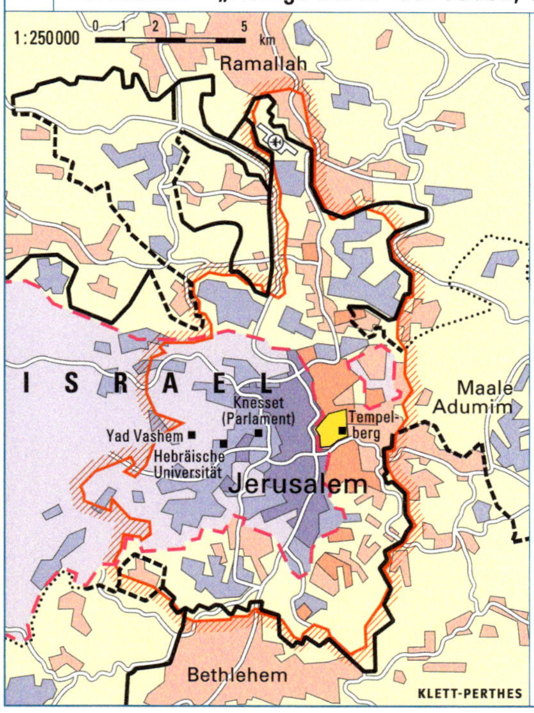

Waffenstillstandslinie von 1949 („Green Line")
von Israel seit 1967 besetztes Westjordanland
Grenze Jerusalems ab 1980

1980 erklärte das israelische Parlament das „vollständige und vereinigte" Jerusalem zur Hauptstadt Israels. Die Palästinenser bestimmten 2002 den Ostteil der Stadt per Gesetz zur Hauptstadt ihres künftigen Staates.

Bebauung
- israelische Weststadt 1967
- israelische Erweiterungen
- arabische Oststadt 1967
- palästinensische Erweiterungen und Siedlungen außerhalb Jerusalems
- Altstadt mit jüdischem, muslimischem, christlichem und armenischem Viertel

Israelische Grenzsperranlage (Mauer, Zaun) ab 2003
- fertiggestellt
- im Bau
- in Vorbereitung

g Lebensgrundlage und Konfliktstoff Wasser

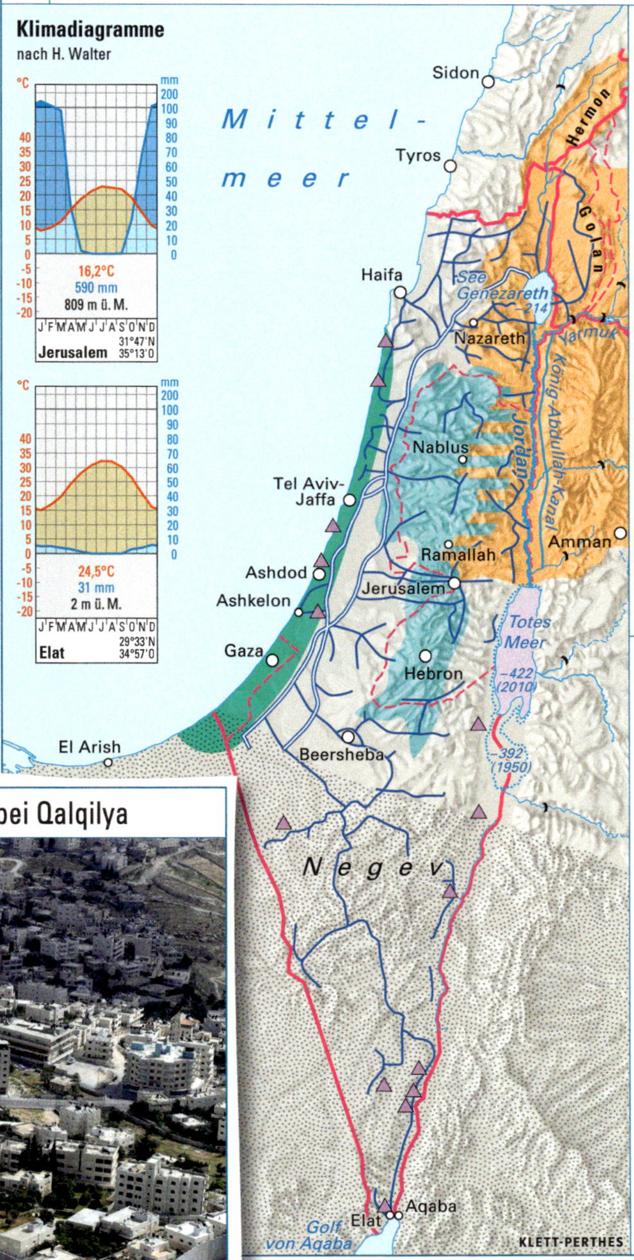

Süßwasservorräte (2005)

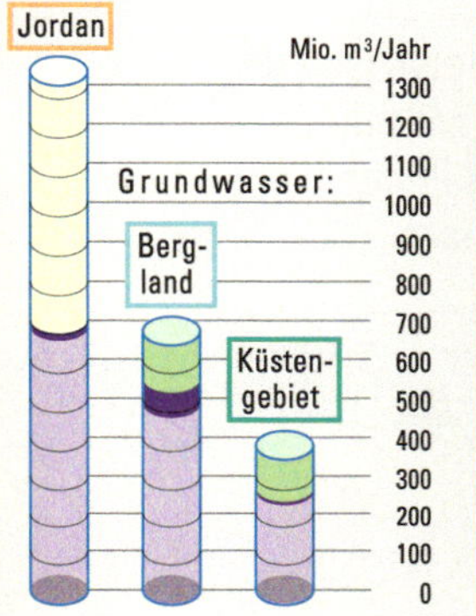

Nutzung durch
- Israel
- Palästinensische Gebiete
- Palästinenser
- israelische Siedler
- Jordanien und Syrien

- Einzugsgebiet des Jordans
- Grundwasservorkommen des Berglandes
- des Küstengebietes
- Süßwassersee
- Salzsee
- Uferlinie des Toten Meeres 1950
- Wüste oder Halbwüste

Israelisches Wasserversorgungssystem
- Nationale Wasserleitung (Trinkwasser-Pipeline oder -kanal, erbaut 1953–1964)
- Trinkwasser-Pipeline
- Entsalzungsanlage

1:3000000 0 10 20 50 km

h Mauer bei Qalqilya

enne die Territorien und stelle die Maßnahmen els den Zielen der Palästinenser gegenüber. | d | e | f | h |

chreibe die klimatischen Bedingungen. ersuche die regionale Bedeutung des ensmittels Wasser. Achte auf Verteilungsteme und Abnehmer. | d | g | h |

el annektierte 1981 das Gebiet des Golan. ittle warum. | g |

wickle einen Lösungsvorschlag zur Bewältig des Konflikts. Beziehe dich auf die ungeen Endstatusprobleme und die Gebietsforden der Parteien. | c | d | e | f | g |

Lernen im Netz 828315-5060
Quiz: Wüsten und Oasen

1

Landwirtschaft am Mittelmeer und in der Sahara

Landschaften		Gewässer	Landwirtschaft		
Mischwald	Halbwüste, Wüste davon landschaftsprägend	Fluss	Anbaufläche und Weideland	Weizen	Datteln
Steppe, Buschland	Felswüste	periodisch Wasser führender Fluss	Flussoase	Mais	Zitrusfrüchte
	Kieswüste	Wadi (Trockenbett, selten Wasser führend)	Oase	Kartoffeln	Bananen
	Sandwüste	See	große Oasenstadt	Reis	Weintrauben
		Stausee mit Staudamm		Gemüse	Rinder
		Salzsee, Salzpfanne		Obst	Schweine

Schafe, Zuckerrohr, Zuckerrüben, Sonnenblumen, Baumwolle, Korkeichen

2

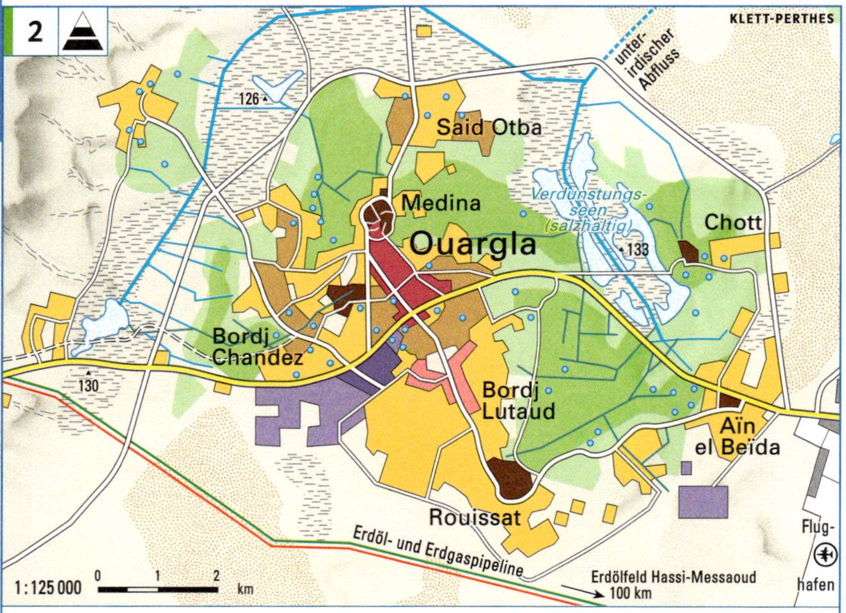

Oase Ouargla in Algerien

			um 1970	2010	
Wüste	alte arabische Siedlungen	Bewässerungsland (Oase)			Hauptstraße
Sandwüste	Brunnen	Siedlung			Nebenstraßen
Salztonsenke	Kanal	City, Verwaltung			
Wadi (Trockental)		Industrie, Gewerbe			

3 **Wüstenformen und Kulturpflanzen des Trockenraums**

Olivenplantage in Spanien

Kieswüste in Libyen

Oase mit Dattelpalmen in Marokko

KLETT-PERTHES

4 **Wüstenformen in der Sahara**

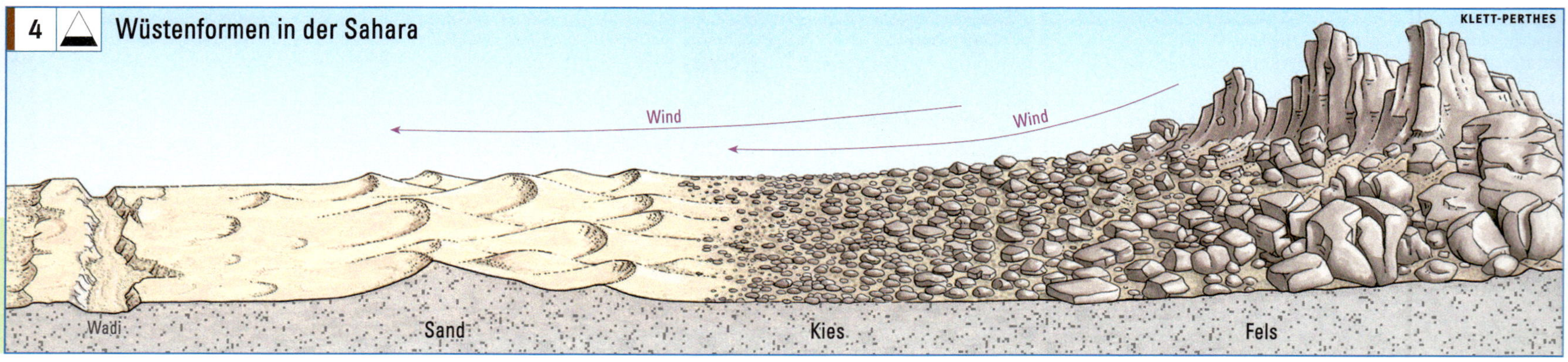

Kennst du Australien und die Antarktis?

Interaktive Grafik
828315-6000
Informationen zur Bilderkarte

1 Kennst du Australien?

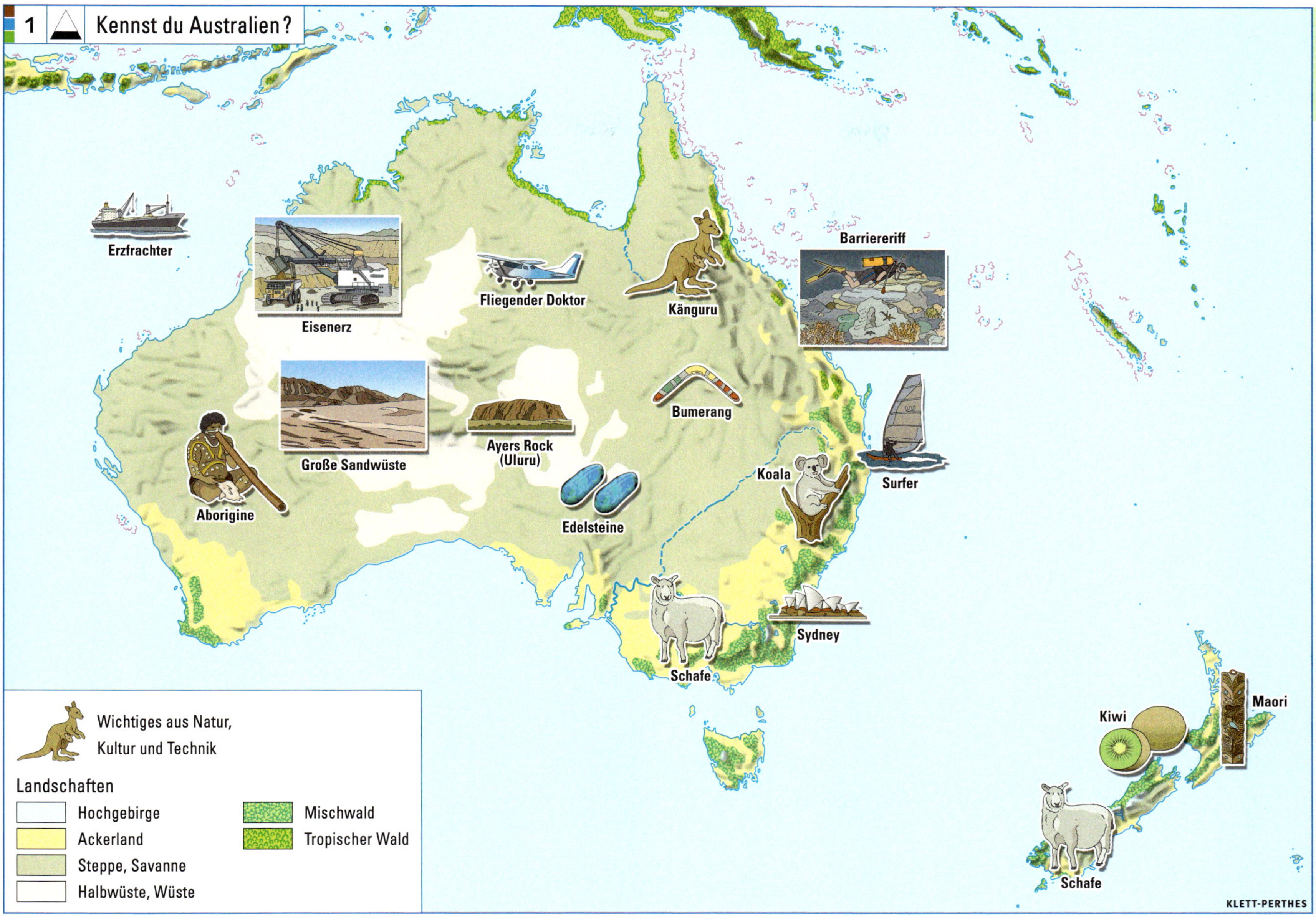

2 Kennst du die Antarktis?

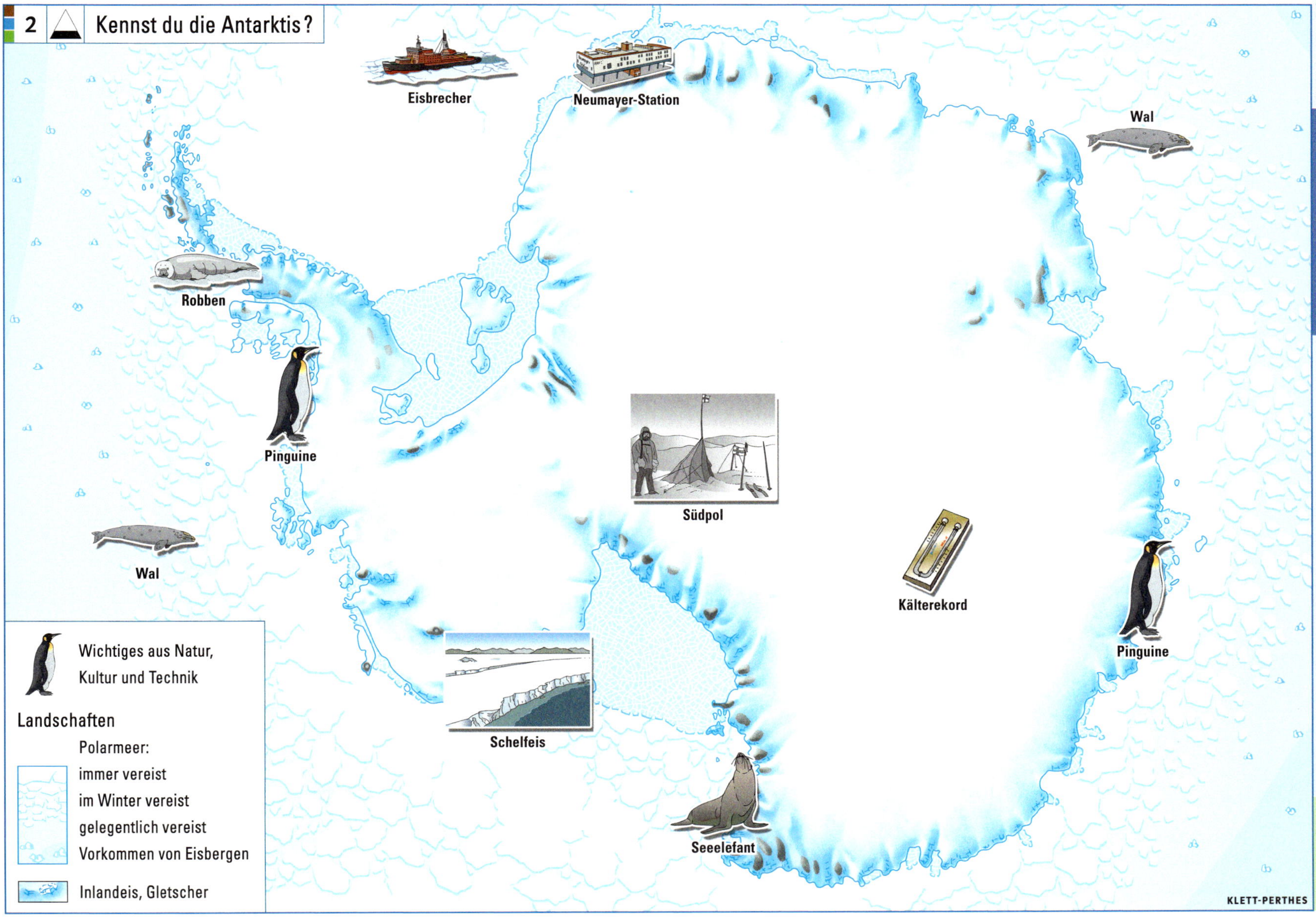

EINFÜHRUNG
DEUTSCHLAND
EUROPA
ASIEN
AFRIKA und ORIENT
AUSTRALIEN und POLE
AMERIKA
WELT
REGISTER

EINFÜHRUNG
DEUTSCHLAND
EUROPA
ASIEN
AFRIKA und ORIENT
AUSTRALIEN und POLE
AMERIKA
WELT
REGISTER

INDIEN
CHINA
MYANMAR (BIRMA)
BANGLA-DESCH
Irawadi
Saluen
LAOS
Mekong
Golf von Tonking
Hainan
Luzon
PHILIPPINEN
THAILAND
VIETNAM
KAMBODSCHA
Golf von Siam
Andamanensee
Südchinesisches Meer
Spratly-Inseln
Sulusee
Mindanao
Halbinsel Malakka
BRUNEI
Celebessee
MALAYSIA
Malakkastraße
SINGAPUR
Sumatra
Kalimantan (Borneo)
Kapuas
Sulawesi (Celebes)
Molukkensee
Molukken
Äquator
INDONESIEN
Bandasee
Javasee
Java
TIMOR-LESTE
Timor
Kleine Sunda-Inseln
Timorsee
Christmas-insel (austr.)
INDISCHER OZEAN
Kokosinseln (austr.)
Nördliche Marianen (USA)
Guam (USA)
Mikronesien
Melekeok
PALAU (USA assoz.)
Karolinen
Truk-inseln
Palik
MIKRONESIEN (USA assoz.)
Melanesien
Neuguinea
PAPUA-NEUGUINEA
Bismarck-archipel
Neuirland
Neu-britannien
Bouga-ville
Salom
Fly
Port Moresby
Torresstraße
Arafurasee
Carpentaria-golf
Koral
Flinders
AUSTRALIEN
südlicher Wendekreis
Darling
Lord-Howe-Insel (austr.)
Große Australische Bucht
Spencergolf
Murray
Canberra
Tasm
Bass-Straße
Tasmanien
Auckla ins (neusee
Macquarie-Inseln (austr.)
Kerguelen-insel (franz.)
Heardinsel (austr.)
100° 110° 120° 130° 140° 150°
10° 0° 10° 20° 30° 40° 50°
60° 70° 80° 90° 100° 110° 120° 130° 140° 150° 160°
A B C D E F G H I J K
1 2 3 4 5 6 7 8 9
östl. L. v. Gre

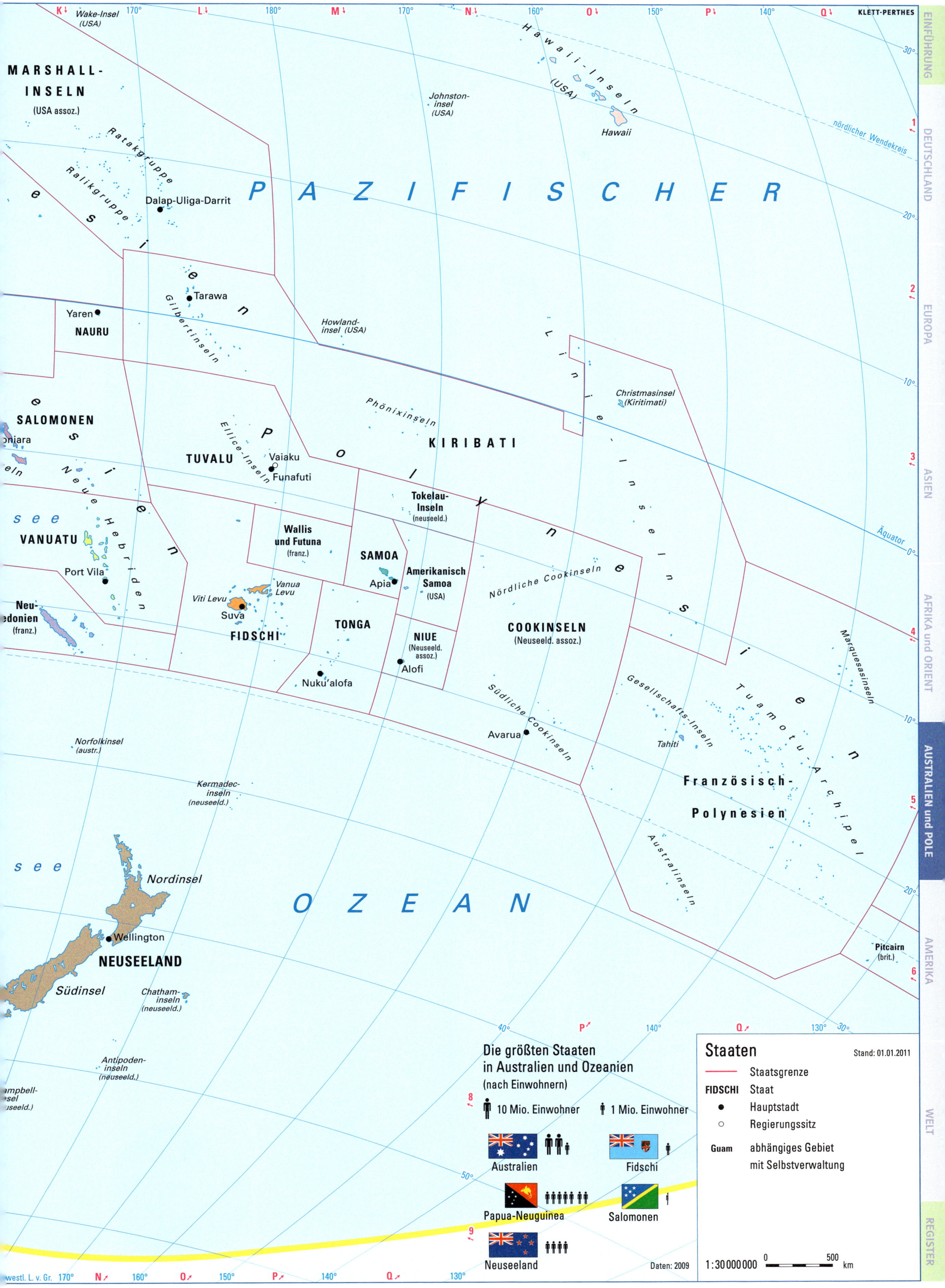
KLETT-PERTHES
PAZIFISCHER OZEAN
MARSHALL-INSELN
(USA assoz.)
Ratakgruppe
Ralikgruppe
Dalap-Uliga-Darrit
Wake-Insel (USA)
Johnston-insel (USA)
Hawaii-Inseln (USA)
Hawaii
nördlicher Wendekreis
Tarawa
Gilbertinseln
Yaren
NAURU
Howland-insel (USA)
Linieninseln
Christmasinsel (Kiritimati)
Phönixinseln
KIRIBATI
Äquator
SALOMONEN
TUVALU
Ellice-Inseln
Vaiaku
Funafuti
Tokelau-Inseln (neuseeld.)
Wallis und Futuna (franz.)
SAMOA
Apia
Amerikanisch Samoa (USA)
VANUATU
Port Vila
Neue Hebriden
Neu-caledonien (franz.)
Vanua Levu
Viti Levu
Suva
FIDSCHI
TONGA
Nuku'alofa
NIUE (Neuseeld. assoz.)
Alofi
Nördliche Cookinseln
COOKINSELN (Neuseeld. assoz.)
Südliche Cookinseln
Avarua
Polynesien
Melanesien
Gesellschafts-Inseln
Tahiti
Marquesasinseln
Tuamotu-Archipel
Französisch-Polynesien
Australinseln
Pitcairn (brit.)
Norfolkinsel (austr.)
Kermadec-inseln (neuseeld.)
Nordinsel
Wellington
NEUSEELAND
Südinsel
Chatham-inseln (neuseeld.)
Antipoden-inseln (neuseeld.)
Campbell-insel (neuseeld.)
westl. L. v. Gr.
Die größten Staaten in Australien und Ozeanien (nach Einwohnern)
10 Mio. Einwohner
1 Mio. Einwohner
Australien
Fidschi
Papua-Neuguinea
Salomonen
Neuseeland
Daten: 2009
Staaten
Stand: 01.01.2011
Staatsgrenze
FIDSCHI Staat
Hauptstadt
Regierungssitz
Guam abhängiges Gebiet mit Selbstverwaltung
1:30 000 000
0 500 km
EINFÜHRUNG
DEUTSCHLAND
EUROPA
ASIEN
AFRIKA und ORIENT
AUSTRALIEN und POLE
AMERIKA
WELT
REGISTER

Virtueller Globus 828315-6010
Landschaften im Detail

Wirtschaftszentren

Industriezentrum

- Bergbau, Produktion, Energie und Bau

Dienstleistungszentrum

- Handel, Transport, Tourismus und Information
- Flughafen
- Seehafen
- Finanz- und Wirtschaftsdienstleistungen
- Verwaltung, Bildung und Gesundheit

Die Größe der Signatur entspricht ihrer Bedeutung.

- Wirtschaftsraum

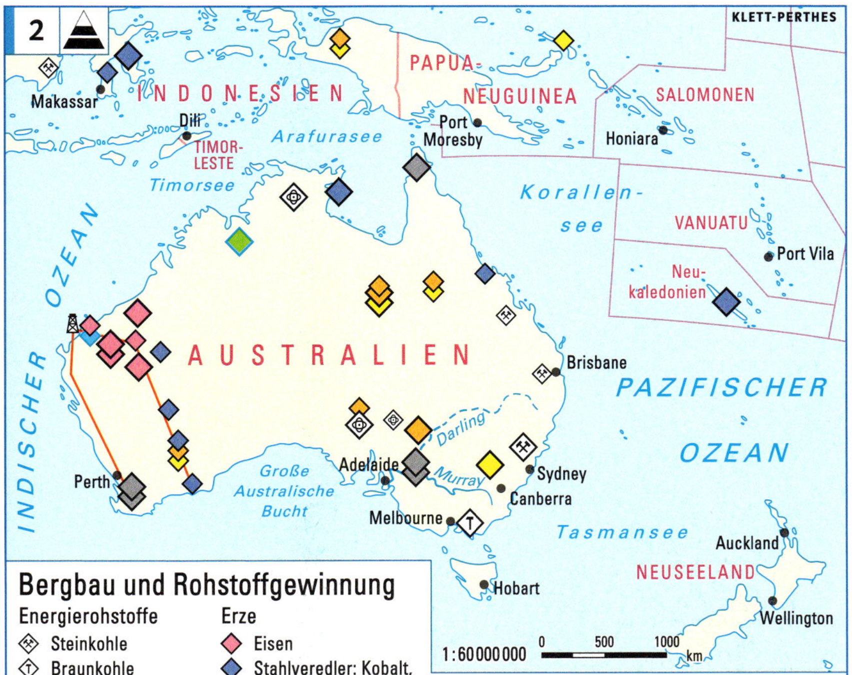

Bergbau und Rohstoffgewinnung

Energierohstoffe

- Steinkohle
- Braunkohle
- Uran
- Erdgas
- Erdgaspipeline

Erze

- Eisen
- Stahlveredler: Kobalt, Mangan, Nickel
- Buntmetalle: Blei, Kupfer, Zink, Zinn
- Leichtmetalle: Titan (Ilmenit), Aluminium (Bauxit)
- Edelmetalle: Gold, Silber

andere Rohstoffe

- Diamanten
- Meersalz

Die Größe der Signatur entspricht ihrer Bedeutung.

Bevölkerungsdichte

Einwohner / km²

- 200 – 500
- 100 – 200
- 50 – 100
- 10 – 50
- unter 10
- nahezu unbewohnt

Ballungsräume

- 1 – 5 Mio Einw.

1 Arktis

Landschaft und Umwelt

Landschaften
- Tundra
- nördlicher Nadelwald
- Mischwald
- Kulturland

Durchschnittliche jährliche Vereisung
- Inlandvereisung
- Gletscher
- Schelfeis
- ▲2396 Höhenangabe
- 2766 und Eisdicke in m

Meeresvereisung
- im Sommer und Winter
- nur im Winter
- nur in kalten Wintern
- Eisberge, Treibeis

Polareis im Sommer

Eisgrenze im Nordpolarmeer
- normales Jahr
- extreme Jahre

auf dem Land (seit 1996)
- starkes Abschmelzen
- sehr starkes Abschmelzen
- Schelfeisverlust

Erforschung
- Entdeckerrouten
- Forschungsstation

Tierwelt
- Eisbären
- Pinguinkolonien

1:30 000 000 — 0 – 500 km

2 Antarktis

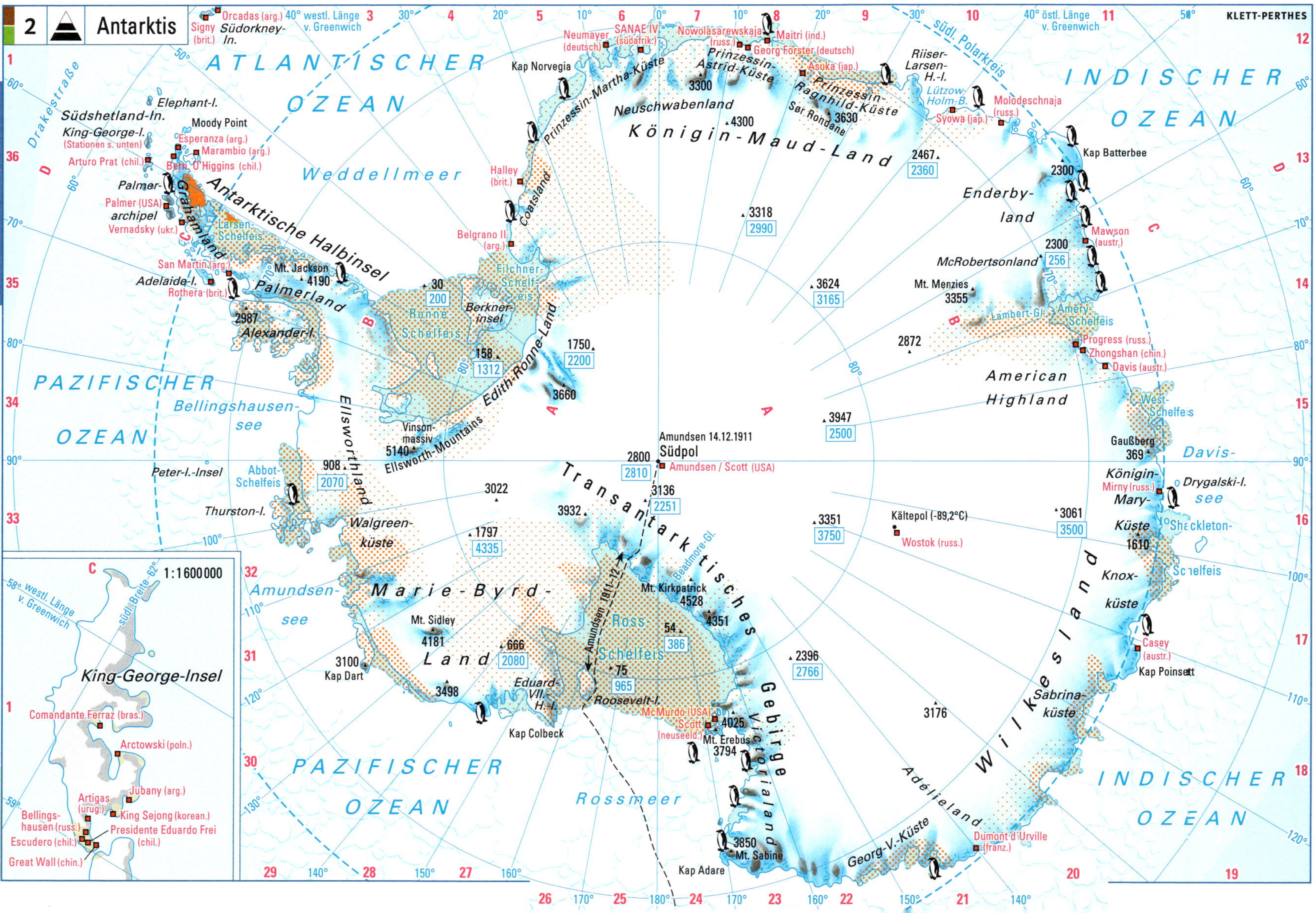

3 Arktis

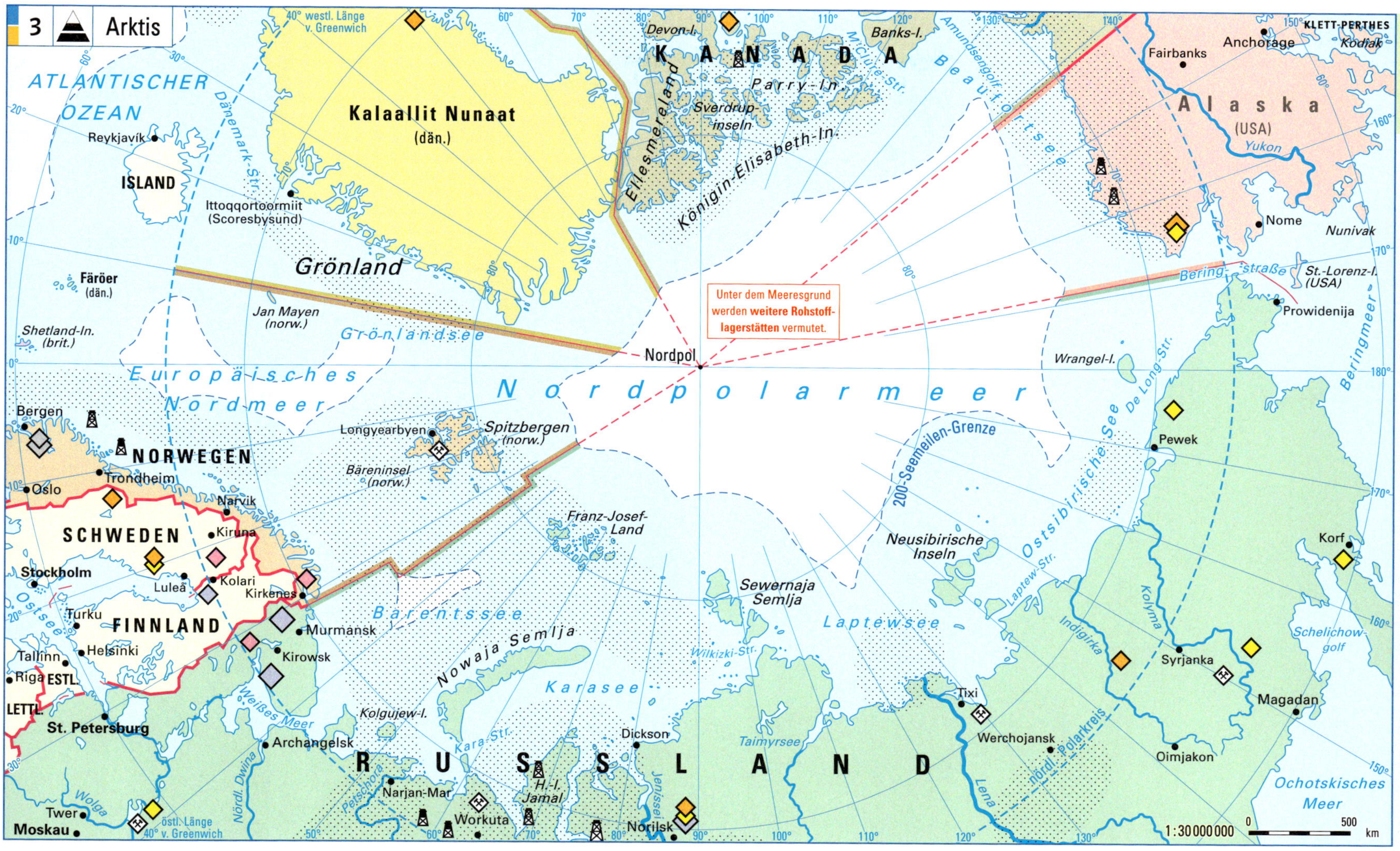

Gebietsansprüche und Rohstoffe

Grenzen
- Staatsgrenze
- Interessengebiete
  - anerkannt
  - strittig
- internationale Gewässer

International vereinbarte Interessengebiete
- Argentinien
- Australien
- Chile
- Frankreich
- Großbritannien
- Neuseeland
- Norwegen

Rohstoffgewinnung
- Erdöl
- Erdgas
- Kohle
- Eisen
- Stahlveredler
- Buntmetalle
- Leichtmetalle
- Edelmetalle

Rohstofflagerstätten
- Gebiete mit Erdöl- und Erdgasfeldern
- Kohle
- Uran
- Eisen
- Stahlveredler
- Buntmetalle
- Edelmetalle

4 Antarktis

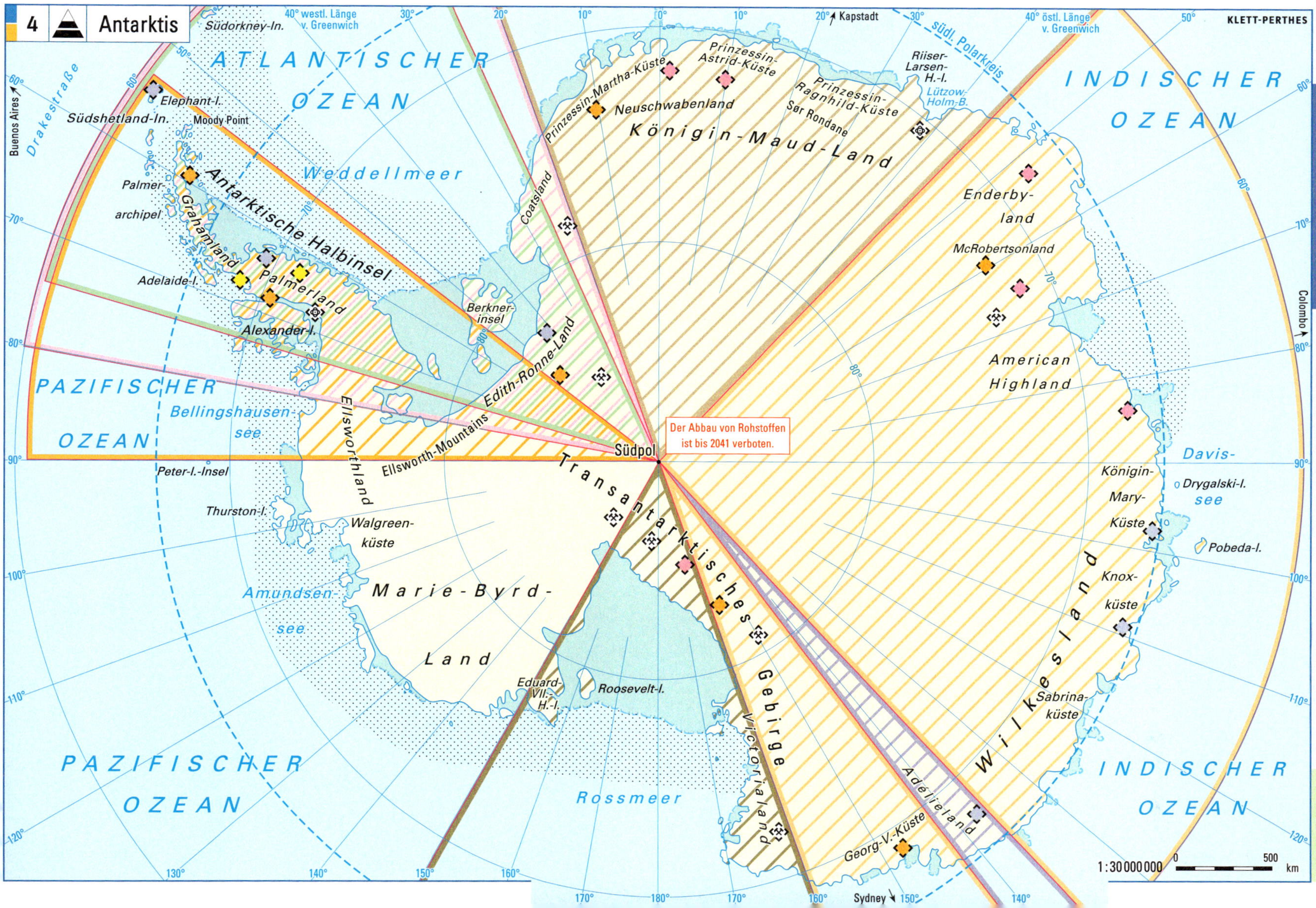

EINFÜHRUNG
DEUTSCHLAND
EUROPA
ASIEN
AFRIKA und ORIENT
AUSTRALIEN und POLE
AMERIKA
WELT
REGISTER

Interaktive Grafik 828315-7000
Informationen zur Bilderkarte

Kennst du Südamerika?

Wichtiges aus Natur, Kultur und Technik

Landschaften
- Inlandeis, Gletscher
- Hochgebirge
- Ackerland
- Steppe, Savanne
- Halbwüste, Wüste
- Nadelwald
- Mischwald
- Tropischer Wald

EINFÜHRUNG
DEUTSCHLAND
EUROPA
ASIEN
AFRIKA und ORIENT
AUSTRALIEN und POLE
AMERIKA
WELT
REGISTER

2
Physische Übersicht
Höhenschichten
über 5000 m
2000 – 5000 m
1000 – 2000 m
500 – 1000 m
200 – 500 m
100 – 200 m
0 – 100 m
unter 0 m
6959
Höhe über dem Meeresspiegel (in m)
geographische Grenze von Nord- und Mittelamerika bzw. Südamerika
große Städte
1:30 000 000
0
500
km
KLETT-PERTHES
NORD- UND MITTELAMERIKA
Golf von Mexiko
Golfküstenebene
Mississippi
New Orleans
Houston
Halbinsel Florida
Kap Canaveral
Miami
Bahama-Inseln
Floridastraße
Havanna
Kuba
Straße von Yucatán
Golf von Campeche
Halbinsel Yucatán
Golf von Honduras
Große Antillen
Jamaika
Port-au-Prince
Santo Domingo
Hispaniola
Puerto Rico
Guadeloupe
Martinique
Kleine Antillen
nördlicher Wendekreis
Landenge von Tehuantepec
Tajumulco 4217
Guatemala
San Salvador
Managua
Nicaraguasee
Panamakanal
3820
Karibisches Meer
Kap Gallinas
Barranquilla
Maracaibo
Maracaibosee
Caracas
Valencia
Trinidad
5780
5007
Pico Bolívar
2596
Golf von Panama
4080
Magdalena
5493
Medellín
Bogotá
Cali
5750
Orinocotiefland
Orinoco
Roraima 2810
Bergland von Guayana
2579
Orinocosenke
Amazonasschwelle
Rio-Branco-Senke
Rio Branco
3014
Neblina
Quito
Cotopaxi 5897
Chimborazo 6272
Guayaquil
Galápagosinseln
Äquator
Kap Pariñas
Putumayo
Amazonas
Amazonastiefland
Manaus
R. Negro
Belém
Tocantins
Tucuruí-Stausee
Fortaleza
Xingu
Tapajós
Madeira
Purus
Marañón
Ucayali
Östliches Andenvorland
Anden
6768
Huascarán
Lima
6271
Titicacasee
Illampu 6421
Coropuna 6613
La Paz
6439
Illimani
6520
Sajama
Altiplano
Kordilleren
Mamoré
Juruena
Hochland von Mato Grosso
893
Santa Cruz
Pantanal
Paraguay
Araguaia
Sobradinho-Stausee
1123
Kap Branco
Recife
São Francisco
Brasilianisches Bergland
Bergland
1850
Salvador
Brasília
Goiânia
Três-Marias-Stausee
Pico de Itambé 2033
Belo Horizonte
Pico da Bandeira 2890
Pto.-Primavera-Stausee
Ilha-Grande-Stausee
São Paulo
Rio de Janeiro
südlicher Wendekreis
PAZIFISCHER OZEAN
ATLANTISCHER OZEAN
5995
5970
6720
Pilcomayo
Asunción
La-Plata-Tiefland
Paraná
Uruguay
Curitiba
1898
Porto Alegre
6880
Ojos del Salado
6380
Córdoba
6959
Aconcagua
Santiago
5323
Rosario
Montevideo
Buenos Aires
Río de la Plata
Pampa
Río Negro
Lanín 3776
San-Matías-Golf
Patagonisches Tafelland
Chiloé
San Valentín 4058
3380
Falklandinseln
Magellanstraße
Feuerland
Kap San Diego
2469
Kap Hoorn
Südgeorgien
70° westl. Länge v. Greenwich
Größenvergleich und Lage auf dem Globus
Hamburg
Elbe
Berlin
Oder
Köln
Frankfurt
Rhein
München
Alpen
EINFÜHRUNG
DEUTSCHLAND
EUROPA
ASIEN
AFRIKA und ORIENT
AUSTRALIEN und POLE
AMERIKA
WELT
REGISTER

1
KLETT-PERTHES
RUSSLAND
Nordpolarmeer
Neusibirische Inseln
Ostsibirische See
Wrangel-insel
De Long-Straße
Beringmeer
Beringstraße
St.-Lorenz-Insel
Spitzbergen (norw.)
SCHWEDEN
NORWEGEN
Europäisches Nordmeer
Grönlandsee
Jan Mayen (norw.)
ISLAND
Reykjavík
Dänemarkstraße
Kalaallit Nunaat (dän.)
Grönland
nördlicher Polarkreis
Davisstraße
Ellesmereland
Sverdrup-inseln
Parry-Inseln
M'Clure-Straße
Melvillesund
Beaufortsee
Amundsengolf
Victoria-Insel
Baffin Bay
Baffininsel
Foxebecken
Labradorsee
Hudsonstraße
Hudson Bay
James Bay
Alaska (USA)
Yukon
Golf von Alaska
PAZIFISCHER OZEAN
Mackenzie
Großer Bärensee
Großer Sklavensee
Athabaskasee
Athabaska
Saskatchewan
Winnipegsee
KANADA
St.-Lorenz-Golf
St-Pierre und Miquelon (franz.)
St.-Lorenz-Strom
Fundy Bay
Ottawa
Columbia
Missouri
Oberer See
Michigansee
Huronsee
Eriesee
Ontariosee
Großer Salzsee
VEREINIGTE STAATEN (USA)
Washington
Arkansas
Ohio
Colorado
Red River
Mississippi
Rio Grande
Bermuda (brit.)
ATLANTISCHER OZEAN
Guadalupe (mex.)
Golf von Kalifornien
Golf von Mexiko
Floridastraße
Nassau
BAHAMAS
Turks- u. Caicos-inseln (brit.)
nördlicher Wendekreis
Havanna
KUBA
DOMINIK. REP.
Puerto Rico (USA)
HAITI
Port-au-Prince
Santo Domingo
Kingston
JAMAIKA
Cayman-inseln (brit.)
MEXIKO
Mexiko
Straße von Yucatán
Golf von Campeche
Revilla-Gigedo-Inseln (mex.)
BELIZE
Belmopan
Golf von Honduras
GUATEMALA
Guatemala
HONDURAS
Tegucigalpa
San Salvador
EL SALVADOR
NICARAGUA
Managua
Nicaraguasee
San José
COSTA RICA
Panamakanal
Panama
PANAMA
Karibisches Meer
Curaçao (ndl.)
Bonaire (ndl.)
Aruba
VENEZUELA
KOLUMBIEN
Clipperton-insel (franz.)
1:30 000 000
0 500 km
100° westl. Länge von Greenwich
Die größten Staaten in Nordamerika (nach Einwohnern)
10 Mio. Einwohner
1 Mio. Einwohner
Vereinigte Staaten von Amerika
Mexiko
Kanada
Guatemala
Kuba
Dominikanische Republik
Haiti
Honduras
El Salvador
Nicaragua
Daten: 2009

2
Staaten
Stand: 01.01.2011
Staatsgrenze
CHILE Staat
Hauptstadt
Regierungssitz
Falkland-inseln abhängiges Gebiet mit Selbstverwaltung
Alaska Bundesstaat bzw. Verwaltungsgebiet
geographische Grenze von Nord- und Mittelamerika bzw. Südamerika
KLETT-PERTHES
VEREINIGTE STAATEN
Mississippi
Golf von Mexiko
Floridastraße
Straße von Yucatán
nördlicher Wendekreis
Nassau
BAHAMAS
Havanna
KUBA
Turks- u. Caicos-inseln (brit.)
Golf von Campeche
MEXIKO
Cayman-inseln (brit.)
Kingston
JAMAIKA
HAITI
Port-au-Prince
DOMINIK. REP.
Santo Domingo
Puerto Rico (USA)
Jungfern-In. (USA) (brit.)
Anguilla (brit.)
Saint-Martin/ (franz.) Sint Maarten (ndl.)
ANTIGUA U. BARBUDA
ST. KITTS U. NEVIS
Montserrat (brit.)
Guadeloupe (franz.)
DOMINICA
Martinique (franz.)
ST. VINCENT U. GRENADINEN
ST. LUCIA
BARBADOS
GRENADA
Golf von Honduras
BELIZE
Belmopan
GUATEMALA
Guatemala
HONDURAS
Tegucigalpa
San Salvador
EL SALVADOR
NICARAGUA
Nicaragua-see
Managua
Karibisches Meer
Curaçao (ndl.)
Aruba
Bonaire (ndl.)
Caracas
TRINIDAD U. TOBAGO
Port-of-Spain
Maracaibo-see
Orinoco
San José
COSTA RICA
Panama-kanal
Panama
PANAMA
Golf von Panama
VENEZUELA
Georgetown
GUYANA
Paramaribo
SURINAME
Franz.-Guayana
Cocosinsel (cost.)
Magdalena
Bogotá
KOLUMBIEN
ATLANTISCHER OZEAN
Quito
ECUADOR
Äquator
Galápagos-inseln (ecuad.)
Amazonas
R. Negro
Xingu
Madeira
Marañon
PAZIFISCHER OZEAN
BRASILIEN
PERU
Tocantins
Mamoré
Lima
São Francisco
Titicaca-see
La Paz
BOLIVIEN
Brasília
Sucre
Paraguay
PARAGUAY
Asunción
Pilcomayo
südlicher Wendekreis
Paraná
Uruguay
URUGUAY
Juan-Fernández-Inseln (chil.)
Santiago de Chile
Buenos Aires
Montevideo
Rio de la Plata
CHILE
ARGENTINIEN
Rio Negro
San-Matías-Golf
Chiloé
Falklandinseln (brit.)
Magellanstraße
Feuerland
Südgeorgien (zu Falkland, brit.)
Die größten Staaten in Südamerika (nach Einwohnern)
10 Mio. Einwohner
1 Mio. Einwohner
Brasilien
Kolumbien
Argentinien
Peru
Venezuela
Chile
Ecuador
Bolivien
Paraguay
Uruguay
Daten: 2009
1:30 000 000
0
500
km
70° westl. Länge v. Greenwich

Klimazonen

- kalte Zone
- gemäßigte Zone
- subtropische Zone
- tropische Zone
- klimatische Höhenstufe der Gebirge
- Klimazonengrenze

Landwirtschaft Die wichtigsten Produktionsländer

3 Rangfolge in der Weltproduktion
Produktionsmenge

Hauptnahrungsmittel
Weizen, Mais, Hirse, Kartoffeln, Sojabohnen, Reis, Maniok, Yams

Gemüse und Früchte
Gemüse, Obst, Zitrusfrüchte, Bananen, Ananas, Weintrauben, Erdnüsse, Kokosnüsse

Tierische Produkte
Milch, Fleisch, Fleisch

Zucker- und Ölpflanzen
Zuckerrohr, Zuckerrüben, Palmöl, Sonnenblumen

Genussmittel
Kaffee, Kakao, Tabak

Faserpflanzen
Baumwolle, Sisal

Sonstige Produkte
Gewürze, Tropenholz

Wirtschaft

Rohstoffe
- Erdöl
- Erdgas
- Kohle
- Eisenerz
- andere Metalle
- große Fördermenge
- kleine Fördermenge

Wirtschaftszentrum
- Industrie
- Dienstleistungen
- großes Wirtschaftszentrum
- kleines Wirtschaftszentrum
- viel Industrie, wenige Dienstleistungen
- wenig Industrie, viele Dienstleistungen

Bevölkerungsverteilung

- 10 000 000 Menschen
- 1 000 000 Menschen
- 100 000 Menschen
- Miami: großer städtischer Ballungsraum
- Staatsgrenze
- Grenze von Nord- und Südamerika

Virtueller Globus 828315-7010
Landschaften im Detail

EINFÜHRUNG
DEUTSCHLAND
EUROPA
ASIEN
AFRIKA und ORIENT
AUSTRALIEN und POLE
AMERIKA
WELT
REGISTER

EINFÜHRUNG
DEUTSCHLAND
EUROPA
ASIEN
AFRIKA und ORIENT
AUSTRALIEN und POLE
AMERIKA
WELT
REGISTER

VEREINIGTE STAATEN
MEXIKO
Golf von Mexiko
Golf von Campeche
Golf von Honduras
Karibisches Meer
PAZIFISCHER OZEAN
Golf v. Kalifornien
Niederkalifornien
Westliche Sierra Madre
Östl. Sierra Madre
Südl. Sierra Madre
Hochland von Mexiko
Landenge von Tehuantepec
Yucatán
Str. von Yucatán
Große Antillen
Florida-Str.
BAHAMAS
KUBA
JAMAIKA
GUATEMALA
BELIZE
HONDURAS
EL SALVADOR
NICARAGUA
COSTA RICA
PANAMA
ECUADOR
KOLUMBIEN
PERU
Anden
Östliche Kordillere
Los Angeles
San Diego
Tijuana
Ensenada
Phoenix
Tucson
El Paso
Juárez
Chihuahua
Hermosillo
Guaymas
Obregón
Los Mochis
Culiacán
La Paz
Kap S. Lucas
Mazatlán
Durango
Torreón
Monterrey
Saltillo
Reynosa
Matamoros
Brownsville
Tampico
Zacatecas
San Luis Potosí
Aguascalientes
León
Guadalajara
Querétaro
Mexiko
Toluca
Puebla
Veracruz
Oaxaca
Acapulco
Manzanillo
Colima
Morelia
Uruapan
Cuernavaca
Popocatépetl
Pico de Orizaba
Villahermosa
Tuxtla Gutiérrez
Mérida
Cancún
Campeche
Chetumal
Belize
Belmopan
Guatemala
Tegucigalpa
San Salvador
Managua
San José
Panama
Colón
Barranquilla
Cartagena
Medellín
Cali
Quito
Guayaquil
Lima
Callao
Havanna
Santiago de Cuba
Kingston
Nassau
Miami
Houston
Dallas
New Orleans
Jacksonville
Tampa
San Antonio
Galápagos-In. (ecuad.)
Clipperton-I. (franz.)
Revilla-Gigedo-In. (mex.)
Guadalupe (mex.)
Cocos-I. (cost.)
Malpelo-I. (kol.)
Cayman-In. (brit.)
San Andrés (kol.)
nördlicher Wendekreis
Äquator
südlicher Wendekreis
90° westl. Länge von Greenwich
Größenvergleich und Lage auf dem Globus
Hamburg
Berlin
Köln
Frankfurt
München
1:20 000 000
0 100 200 500 km

EINFÜHRUNG
DEUTSCHLAND
EUROPA
ASIEN
AFRIKA und ORIENT
AUSTRALIEN und POLE
AMERIKA
WELT
REGISTER

Virtueller Globus 828315-7030
Landschaften im Detail

Südamerika (Südteil) Physisch

EINFÜHRUNG
DEUTSCHLAND
EUROPA
ASIEN
AFRIKA und ORIENT
AUSTRALIEN und POLE
AMERIKA
WELT
REGISTER

1 Wirtschaftsraum Manufacturing Belt

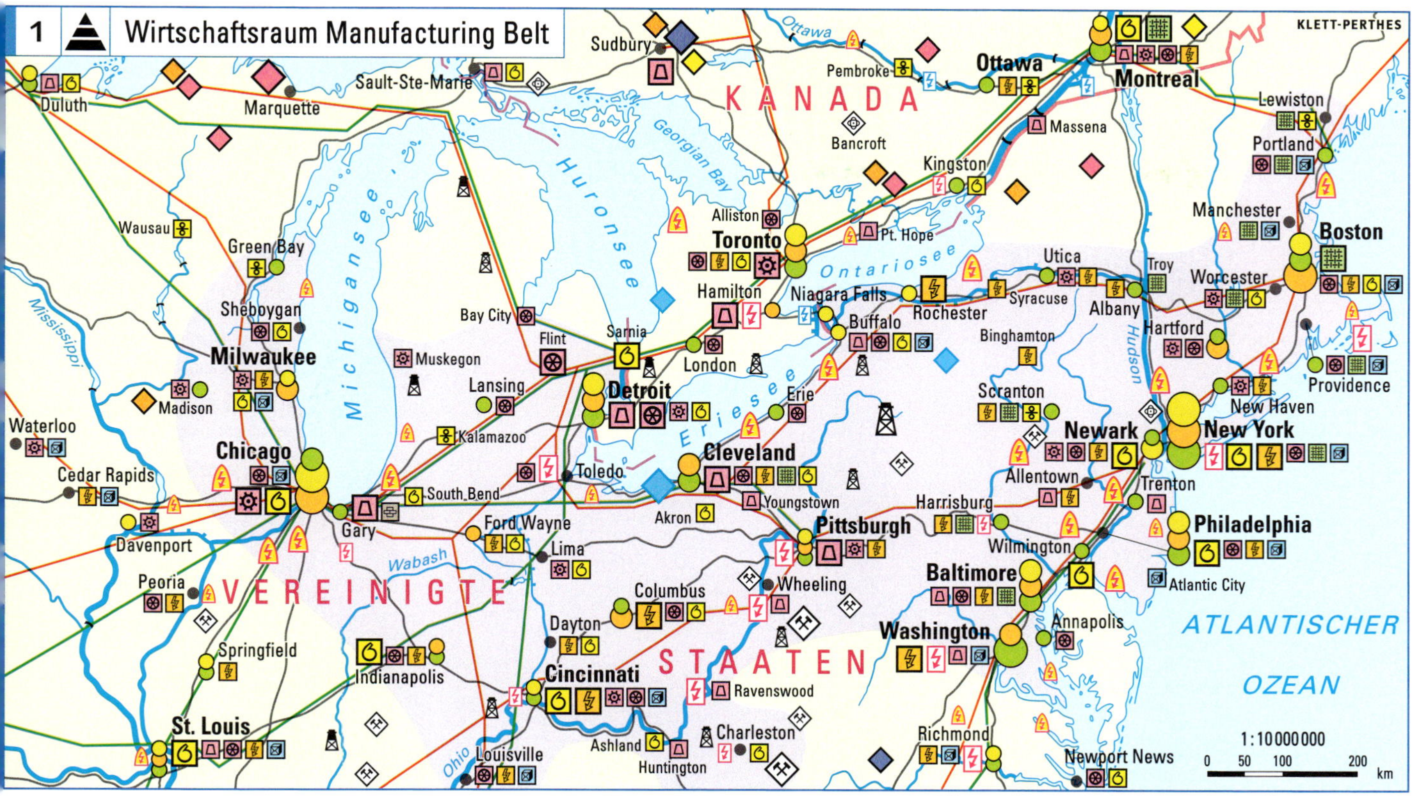

2 Wirtschaftsraum Texas • Golfküste

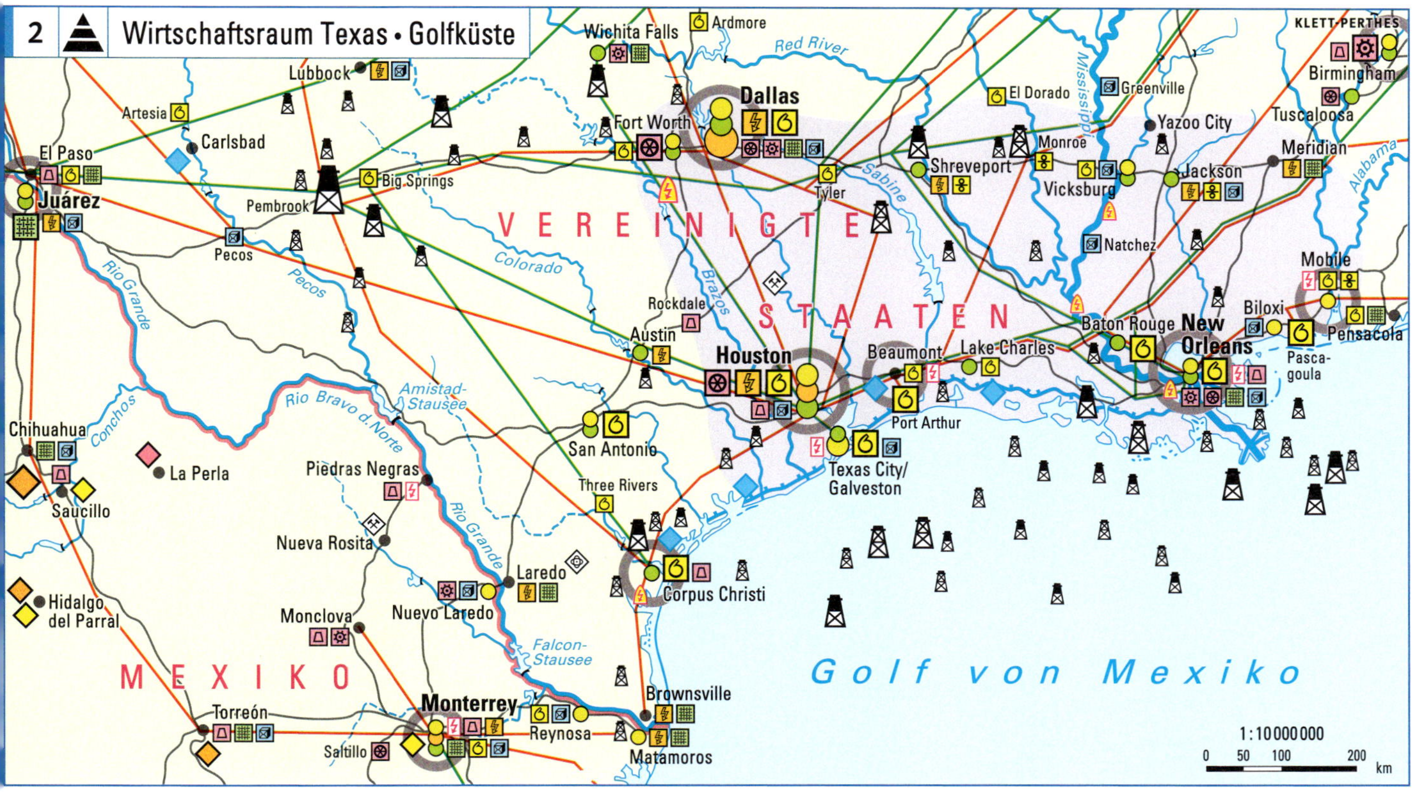

3 Wirtschaftsraum Rio de Janeiro

Wirtschaftsräume Amerika

Legende für die Karten 1 – 3

Industrie

Bergbau und Rohstoffgewinnung
- Steinkohle
- Uran
- Erdöl
- Erdgas
- Eisen
- Stahlveredler: Chrom, Mangan, Wolfram
- Buntmetalle: Blei, Zink, Kupfer, Quecksilber
- Leichtmetalle: Aluminium (Bauxit), Titan (Ilmenit)
- Edelmetalle: Gold, Silber, Platin
- Diamanten
- Salze u. a. Minerale: Stein- bzw. Meersalz, Schwefel

Produktionsgruppen
- Verhüttung, Gießerei, Walzwerk
- Maschinen- und Metallbau
- Fahrzeug-, Schiff- und Flugzeugbau
- Elektrotechnik, Elektronik, Optik
- Textilien, Bekleidung
- Chemie, Gummi, Raffinerie
- Holz, Papier, Druck
- Bau, Glas, Keramik
- Lebensmittel

Energieversorgung
- Wasserkraftwerk
- Wärmekraftwerk
- Kernkraftwerk

Dienstleistungen
- Handel, Transport und Tourismus
- Eisenbahn
- Erdölpipeline
- Erdgaspipeline
- Finanz- und Wirtschaftsdienstleistungen
- Verwaltung, Bildung und Gesundheit

- Wirtschaftszentrum
- Wirtschaftsraum

Die Größe der Signatur entspricht ihrer Bedeutung.

1
1 : 30 000 000
0 100 300 500 km
KLETT-PERTHES
Wirtschaftszentren
Industriezentrum
Bergbau, Produktion, Energie und Bau
Dienstleistungszentrum
Handel, Transport, Tourismus und Information
Flughafen
Seehafen
Finanz- und Wirtschaftsdienstleistungen
Verwaltung, Bildung und Gesundheit
Die Größe der Signatur entspricht ihrer Bedeutung.
Wirtschaftsraum
RUSSLAND
Anadyr
Alaska (USA)
Anchorage
Yukon
nördlicher Polarkreis
Beaufortsee
Kalaallit Nunaat (dän.)
Baffin Bay
Labradorsee
Hudson Bay
Mackenzie
Gr. Bärensee
Gr. Sklavensee
Athabaska
Churchill
Nelson
Saskatchewan
Winnipegsee
KANADA
Edmonton
Calgary
Vancouver
Seattle
Portland
Columbia
Winnipeg
Quebec
St.-Lorenz-Strom
Montreal
Oberer See
Michigansee
Huronsee
Toronto
Boston
Hartford
New York/Newark
Detroit
Milwaukee
St. Paul/Minneapolis
Mississippi
Missouri
Snake
Manufacturing Belt
Chicago
Cleveland
Philadelphia
Washington/Baltimore
Columbus
Indianapolis
Ohio
Louisville
Virginia Beach/Norfolk
St. Louis
VEREINIGTE STAATEN (USA)
San Francisco
Denver
Arkansas
Kalifornien
Las Vegas
Los Angeles
Colorado
San Diego
Phoenix
PAZIFISCHER OZEAN
Charlotte
Südliche Appalachen
Atlanta
Memphis
Savannah
ATLANTISCHER OZEAN
Dallas/Ft. Worth
Juárez
Rio Grande
Texas/Golfküste
Houston
New Orleans
Hermosillo
Orlando
Tampa
Florida
Miami
nördlicher Wendekreis
BAHAMAS
Monterrey
Golf von Mexiko
MEXIKO
Havanna
KUBA
DOMINIK. REP.
Puerto Rico (USA)
San Juan
León
Guadalajara
Cancún
HAITI
Port-au-Prince
Santo Domingo
JAMAIKA
Mexiko/Puebla
Karibisches Meer
BELIZE
GUATEMALA
HONDURAS
Tegucigalpa
Guatemala
San Salvador
EL SALVADOR
NICARAGUA
Barranquilla
Maracaibo
Caracas/Valencia
Barcelona
VENEZUELA
San José
COSTA RICA
Panama
PANAMA
Medellín
Bucaramanga
KOLUMBIEN
100° westl. Länge von Greenwich
Die größten Wirtschaftsmächte Nordamerikas
Bruttoinlandsprodukt in Mrd. US-$
5000
4500
4000
3500
3000
2500
2000
1500
1000
500
0
Industrie
Dienstleistungen
USA
Mexiko
Kanada

2
KLETT-PERTHES
Wirtschaftszentren
Industriezentrum
Bergbau, Produktion, Energie und Bau
Dienstleistungszentrum
Handel, Transport, Tourismus und Information
Flughafen
Seehafen
Finanz- und Wirtschaftsdienstleistungen
Verwaltung, Bildung und Gesundheit
Die Größe der Signatur entspricht ihrer Bedeutung.
Wirtschaftsraum
70° westl. Länge v. Greenwich
nördlicher Wendekreis
Äquator
südlicher Wendekreis
VEREINIGTE STAATEN (USA)
Houston
New Orleans
Savannah
Orlando
Tampa
Miami
Golf von Mexiko
BAHAMAS
Havanna
KUBA
Cancún
MEXIKO
DOMINIK. REP.
HAITI
Port-au-Prince
Santo Domingo
Puerto Rico (USA)
San Juan
JAMAIKA
BELIZE
GUATEMALA
HONDURAS
Tegucigalpa
Guatemala
San Salvador
EL SALVADOR
NICARAGUA
Managua
San José
COSTA RICA
Panama
PANAMA
Karibisches Meer
ATLANTISCHER OZEAN
TRINIDAD U. TOBAGO
Port of Spain
Barranquilla
Maracaibo
Caracas/ Valencia
Barcelona
Maturín
Ciudad Guayana
Orinoco
VENEZUELA
GUYANA
SURINAME
Franz.-Guayana
Medellín
Bucaramanga
Bogotá
Cali
Magdalena
KOLUMBIEN
Rio Branco
Rio Negro
Quito
ECUADOR
Guayaquil
Putumayo
Amazonas
Manaus
Belém
São Luís
Marañon
Ucayali
Purus
Madeira
Tapajós
Xingu
Tocantins
Araguaia
BRASILIEN
Recife
Chimbote
PERU
Lima
Mamoré
Salvador
São Francisco
Brasília
Arequipa
BOLIVIEN
Santa Cruz
PAZIFISCHER OZEAN
Paraguay
Belo Horizonte
Vitória
São Paulo
Santos
Rio de Janeiro
PARAGUAY
Antofagasta
Jujuy/Salta
Pilcomayo
Asunción
Paraná
Curitiba
Florianópolis
Uruguay
Pôrto Alegre
Cordoba
Paraná
Rosario
URUGUAY
Santiago de Chile
Mendoza
Buenos Aires/ La Plata
Montevideo
CHILE
ARGENTINIEN
Concepción
Valdivia
Neuquén
Rio Negro
Comodoro Rivadavia
Falkland- In.
Südgeorgien
1:30 000 000
0 100 300 500 km
Die größten Wirtschaftsmächte Südamerikas
Bruttoinlandsprodukt in Mrd. US-$
600
500
400
300
200
100
0
Industrie
Dienstleistungen
Brasilien
Argentinien
Kolumbien

Ebenenkarte 828315-7050
Bergbau und Rohstoffe

Bergbau und Rohstoffgewinnung

Energierohstoffe
- Steinkohle
- Braunkohle
- Uran
- Erdöl
- Erdölpipeline
- Erdgas
- Erdgaspipeline

Erze
- Eisen
- Stahlveredler: Chrom, Kobalt Mangan, Nickel
- Buntmetalle: Blei, Kupfer Zink, Zinn
- Leichtmetalle: Titan (Ilmenit), Aluminium (Bauxit), Magnesit
- Edelmetalle: Gold, Silber, Platin

andere Rohstoffe
- Diamanten
- Salze: Kali, Stein- bzw. Meersalz, Phosphat

Die Größe der Signatur entspricht ihrer Bedeutung.

1:60000000 (0 – 500 – 1000 km)

Bevölkerungsdichte und Ballungsräume

Einwohner / km²
- über 200
- 100 – 200
- 50 – 100
- 10 – 50
- unter 10
- nahezu unbewohnt

Ballungsräume
- über 10 Mio Einw.
- 5 – 10 Mio Einw.
- 1 – 5 Mio Einw.

1:60000000 (0 – 500 – 1000 km)

1

Minderheiten in den USA

Bedeutende Minderheiten
10–30% über 30%
- US-Afrikaner (Blacks)
- Spanisch Sprechende (Hispanics)
- Asiaten und Polynesier (Asians)
- Indianer und Eskimos (Indians)
- Indianerreservate

Gemischte Minderheiten
- US-Afrikaner und Hispanics
- Indianer und Hispanics
- Asiaten und Hispanics

Deutliche Mehrheiten
- über 80% US-Europäer (Whites)

- Staatsgrenze
- Bundesstaatgrenze

Einwanderer in die USA (nach Herkunft)

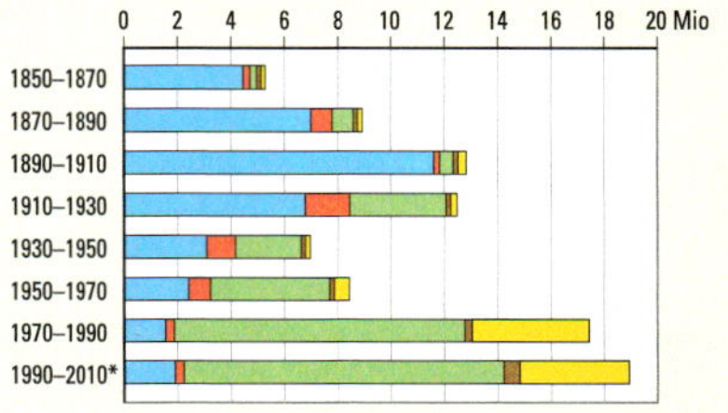

* Schätzungen UN und US Bureau of Census

2

Manhattan
Zentrum der Megastadt New York

Wohnen, Dienstleistungen und Industrie
- Wohngebiet
- Wirtschaftszentrum (vorwiegend Konzernverwaltungen)
- Finanzzentrum (vorwiegend Börsen, Banken, Versicherungen)
- Einkaufsstraße (gehobener Bedarf)
- Industrie- und Gewerbegebiet, Hafenanlage, Großmarkt
- öffentliches Gebäude und Behörde
- Universität
- Klinik und Krankenhaus

Erholung und Kultur
- Museum
- Theater, Music Hall, Veranstaltungshalle
- ★ bedeutende Sehenswürdigkeit
- Park und Grünfläche

Verkehr
- Eisenbahn, oberirdisch bzw. unterirdisch
- Schnellstraße (Highway) mit Anschlussstelle oberirdisch bzw. unterirdisch
- U-Bahn

New York Verwaltungsgliederung

1

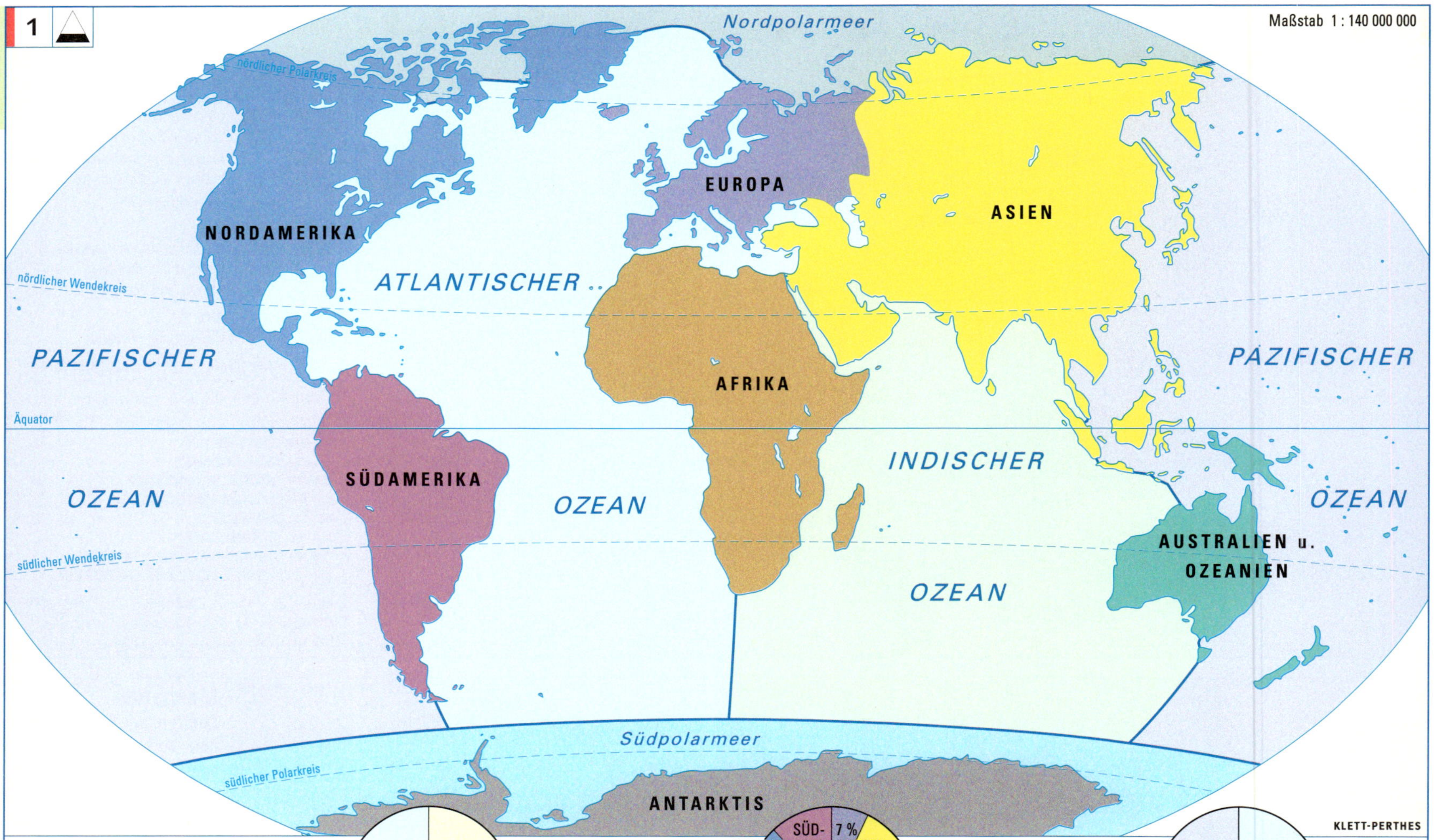

Kontinente und Ozeane

ASIEN Kontinent
INDISCHER OZEAN Ozean
Südpolarmeer Weltmeer

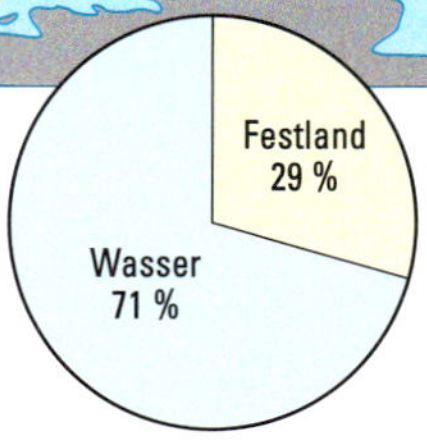

Erdoberfläche

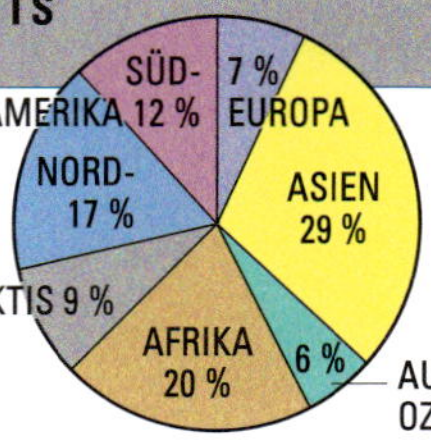

Festlandsflächen

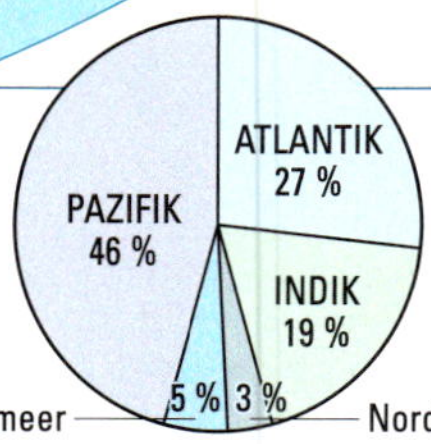

Wasserflächen

2

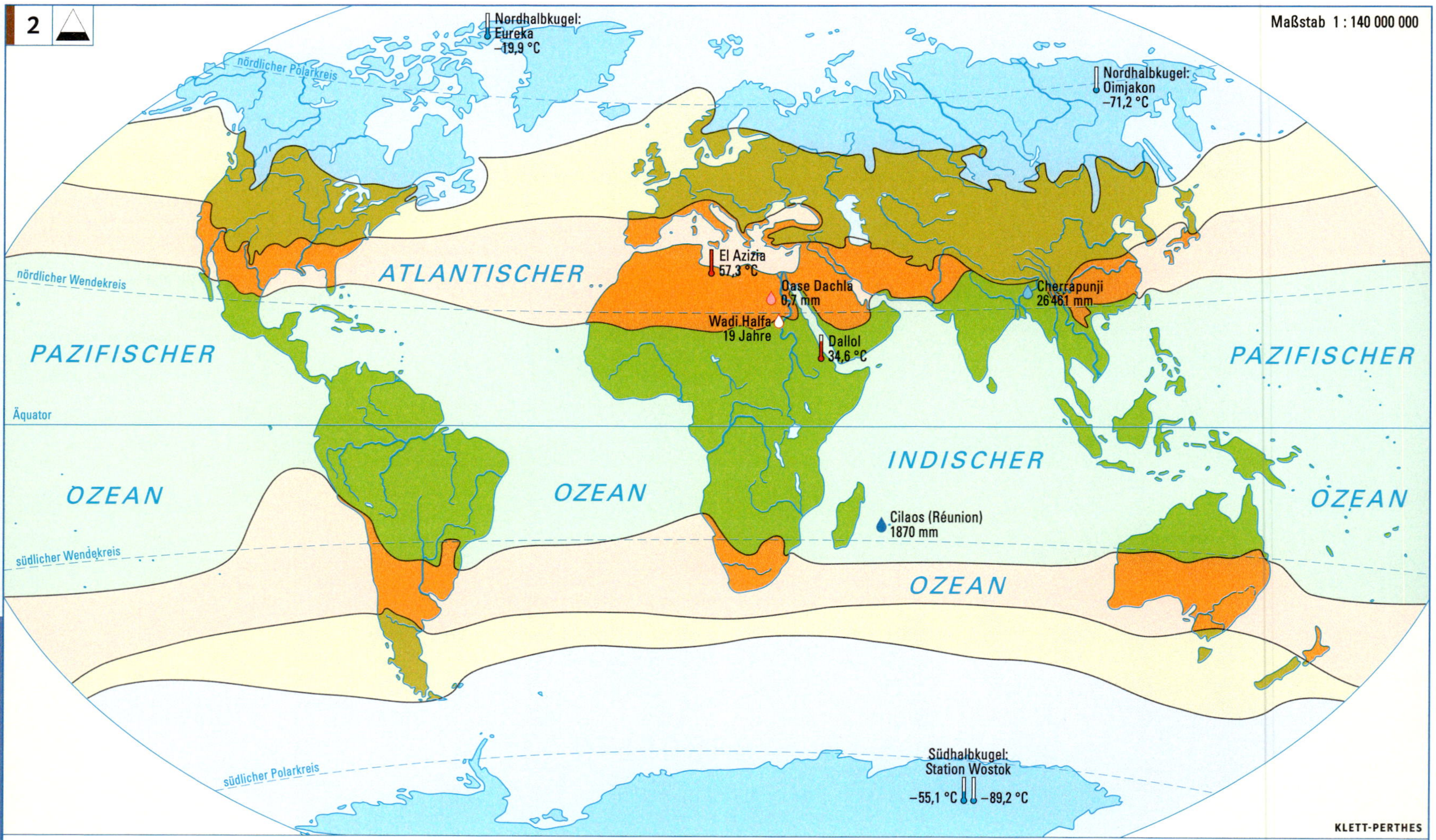

Klimazonen und Wetterrekorde

Klimazonen
- Kalte Zone
- Gemäßigte Zone
- Subtropische Zone
- Tropische Zone

Wetterrekorde
- feuchtester Ort (höchster Jahresniederschlag)
- höchster gemessener Tagesniederschlag
- trockenster Ort (niedrigster Jahresniederschlag)
- längste gemessene Trockenperiode
- heißester Ort (höchste Jahrestemperatur)
- höchste gemessene Temperatur
- kältester Ort (niedrigste Jahrestemperatur)
- niedrigste gemessene Temperatur

Kulturerdteile

nach Kolb und Newig

Als wesentliche Merkmale der Kultur sind nach dem Namen des Kulturerdteils in Klammern die jeweils dominierende Religion, Schrift und Sprache angegeben.

- Europa (Christentum, Lateinisch, germanisch-romanische Sprachen)
- Orient (Islam, Arabisch, Arabisch)
- Subsahara-Afrika (Naturreligionen, Lateinisch, afrikanische Sprachen)
- Angloamerika (Christentum, Lateinisch, Englisch)
- Lateinamerika (Christentum, Lateinisch, Spanisch)
- Russland (Christentum, Kyrillisch, Russisch)
- Südasien (Hinduismus, Indisch, indische Sprachen)
- Ostasien (Buddhismus, Chinesisch, Chinesisch)
- Südostasien (Islam, Hinterindisch, Indonesisch)
- Australien/Ozeanien (Christentum, Lateinisch, Englisch)

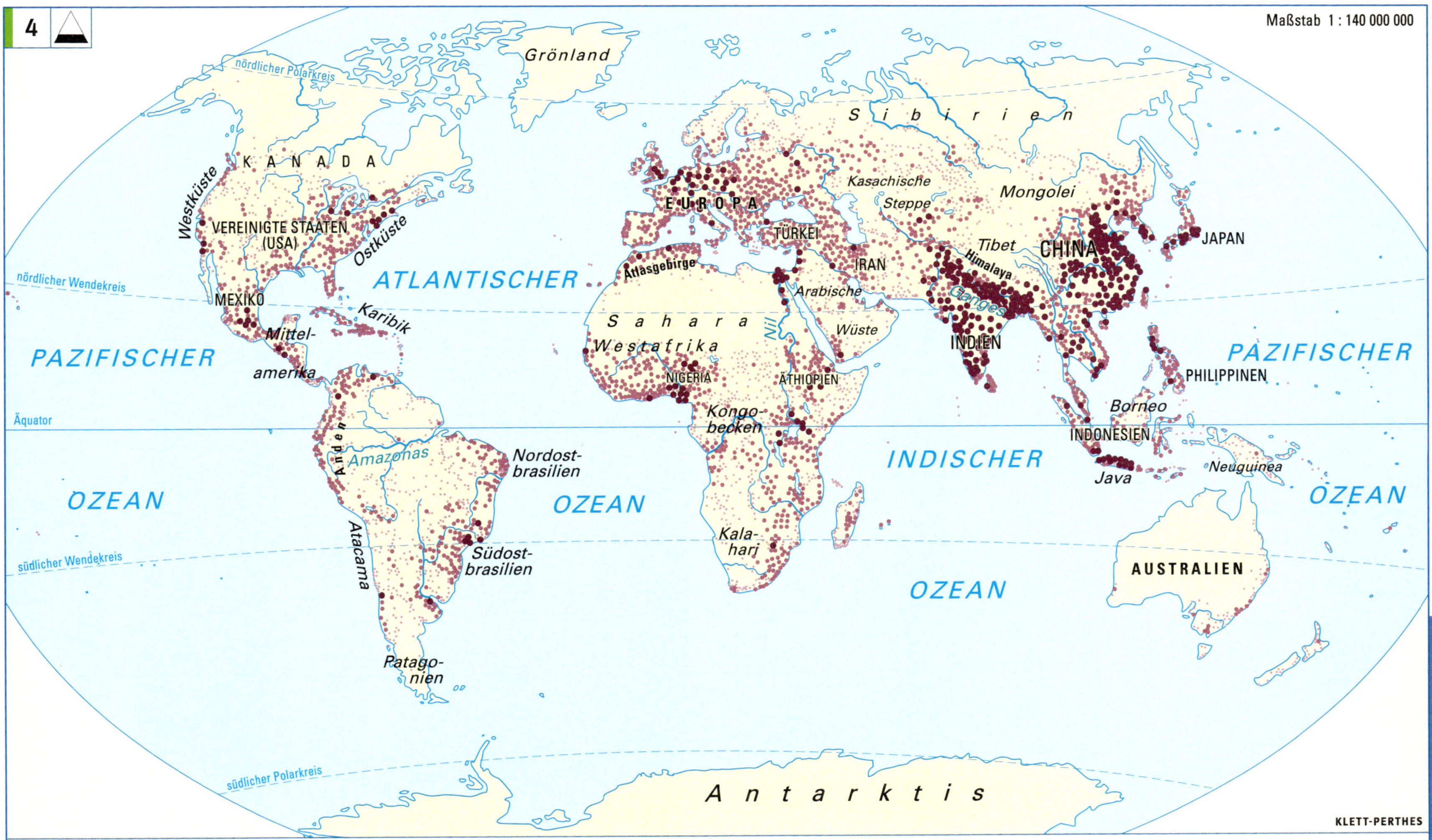

Bevölkerungsverteilung

- 10 000 000 Menschen
- 1 000 000 Menschen
- 100 000 Menschen

Landschaften in Auswahl

EUROPA	Kontinent	**Himalaya**	Gebirge
JAPAN	Staat	*Tibet*	Gebiet, Landschaft

EINFÜHRUNG
DEUTSCHLAND
EUROPA
ASIEN
AFRIKA und ORIENT
AUSTRALIEN und POLE
AMERIKA
WELT
REGISTER
Nordpolarmeer
Grönland
2,2 Mio. km²
Mittelatlantischer Rücken
Vatnajökull
9000 km²
London
Paris
Alpen
Madrid
EU
Rocky Mountains
NORDAMERIKA
ATLANTISCHER
OZEAN
Mexiko
Sahara
9,4 Mio. km²
Mittelatlantischer Rücken
ca. 15000 km
AFR
Kinsha
PAZIFISCHER
OZEAN
Angelfall
979 m
Bogotá
Amazonas
6,1 Mio. km²
Anden (Kordilleren)
SÜDAMERIKA
Lima
Titicacasee
3812 m
Anden (Kordilleren)
ca. 7500 km
Ojos del Salado
6880 m
Santiago de Chile
Buenos Aires
Südpolarmeer
A
Rekorde der Erde
Höhen, Tiefen, Längen
höchster Berg
höchster Vulkan
höchstgelegener schiffbarer See
höchster Wasserfall (Fallhöhe)
tiefste Landsenke (Depression)
tiefste Meeressenke
tiefster See
längstes Gebirge
längstes untermeerisches Gebirge
längstes Korallenriff
längster Fluss
Flächen
größtes Land
größte Insel
größte Halbinsel
größte Trockenwüste
größte Eiswüste
größtes Flusseinzugsgebiet
größter See
größter Gletscher
Einwohner
bevölkerungsreichstes Land
bevölkerungsreichste Stadt (Metropolregion)
1:60000000
0 500 1000 km

Nordpolarmeer
nördlicher Polarkreis
RUSSLAND
17,1 Mio. km²
Uralgebirge
Moskau
Baikalsee
-1620 m
OPA
ASIEN
CHINA
1,3 Mrd. Einw.
Peking
Seoul
Tokyo
37,7 Mio. Einw.
Kaspisches Meer
367 000 km²
Bagdad
Teheran
Totes Meer
-422 m
Kairo
Arabische Halbinsel
2,7 Mio. km²
Nil
6671 km
KA
Himalaya
Mount Everest
8846 m
Dhaka
Bangkok
nördlicher Wendekreis
PAZIFISCHER OZEAN
Witjastief
-11 022 m
Äquator
Jakarta
INDISCHER OZEAN
Großes Barriereriff
ca. 2600 km
südlicher Wendekreis
AUSTRALIEN
Südpolarmeer
NTARKTIS
13,6 Mio. km²
südlicher Polarkreis
KLETT-PERTHES

EINFÜHRUNG
DEUTSCHLAND
EUROPA
ASIEN
AFRIKA und ORIENT
AUSTRALIEN und POLE
AMERIKA
WELT
REGISTER

EINFÜHRUNG
DEUTSCHLAND
EUROPA
ASIEN
AFRIKA und ORIENT
WELT
REGISTER

EINFÜHRUNG · DEUTSCHLAND · EUROPA · ASIEN · AFRIKA und ORIENT · AUSTRALIEN und POLE · AMERIKA · WELT · REGISTER

1 Unser Sonnensystem

- Sonne
- Innere Planeten
- Äußere Planeten
- Zwergplaneten
- kleine, unregelmäßig geformte Brocken
- Umlaufstrecke während eines Erdjahres
- mehrere Umläufe

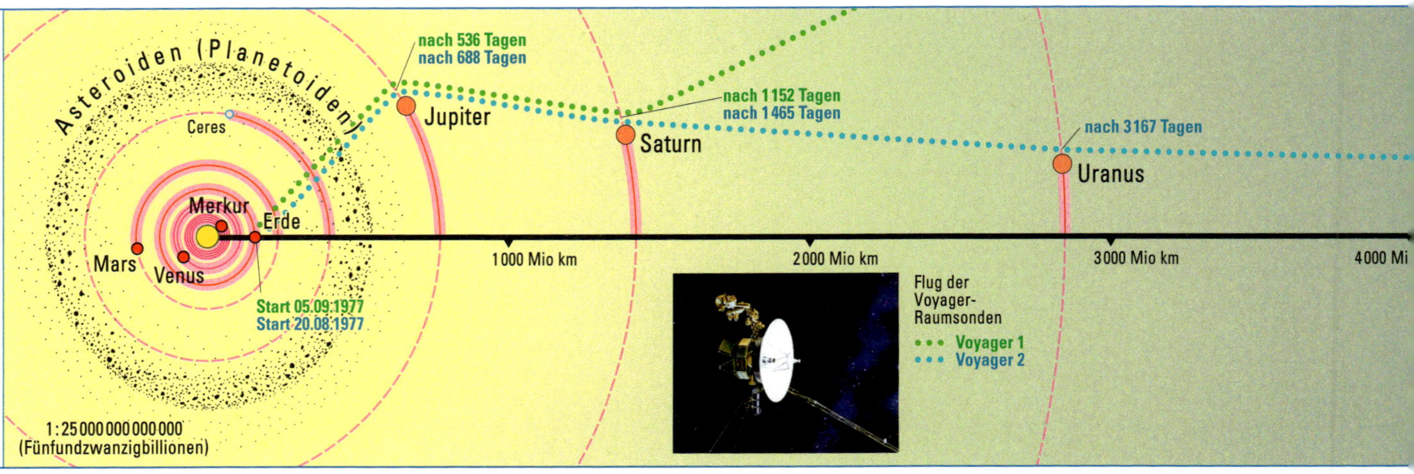

2 Planeten und Monde im Größenvergleich

Mars Planet
Ceres Zwergplanet

- bedeutende Monde über 500 km Durchmesser
- 2 Anzahl kleinster Satelliten unter 500 km Durchmesser

3 Jahreszeiten und Tageslängen

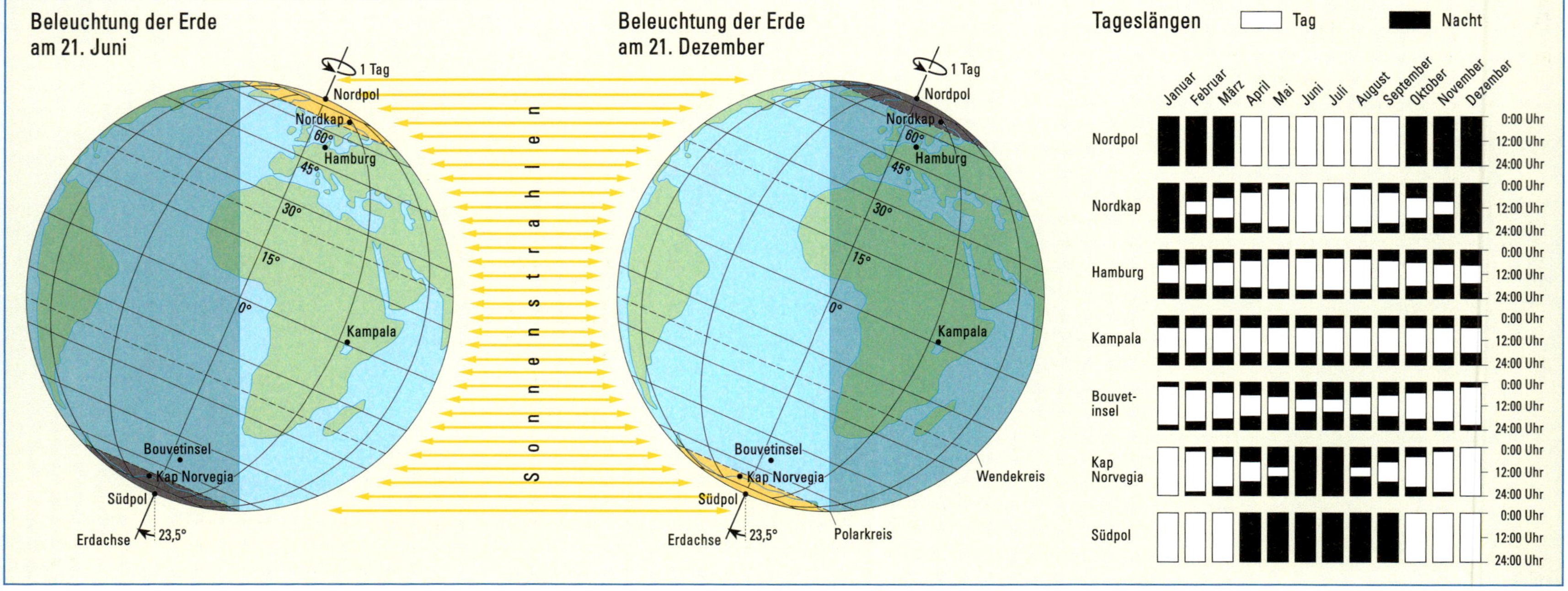

4 Wärmezonen

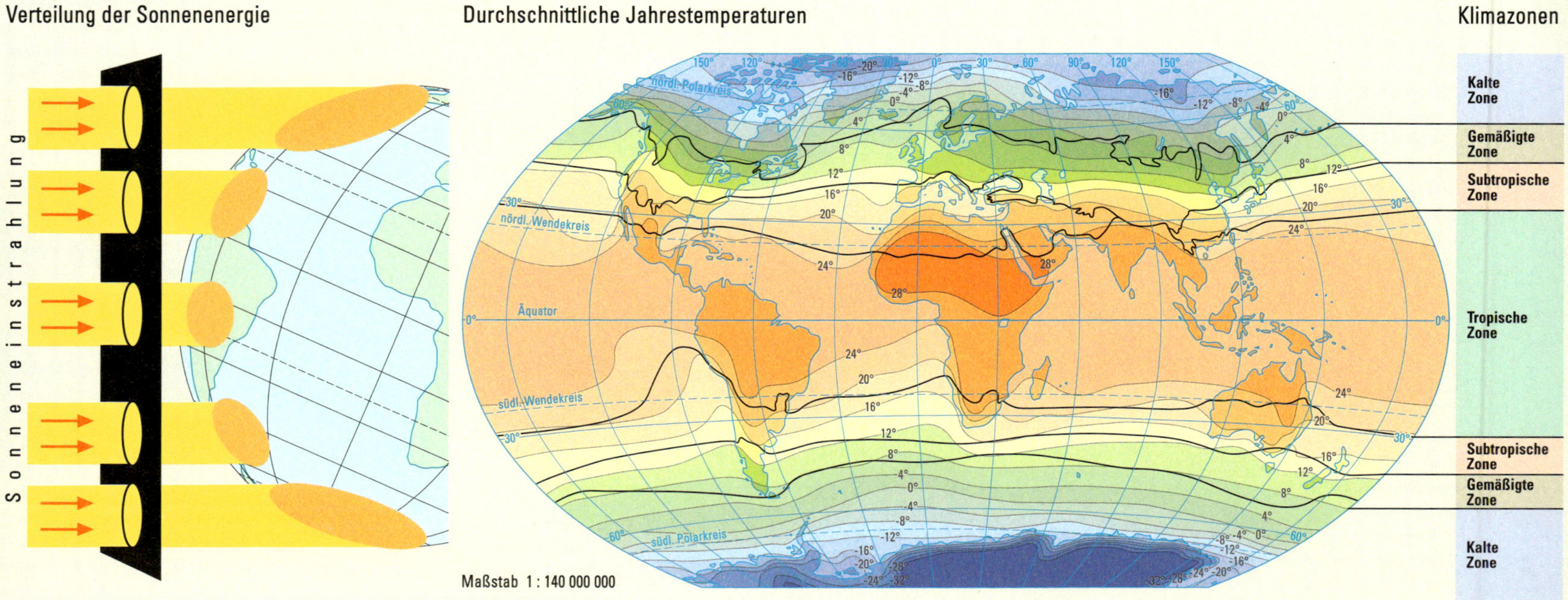

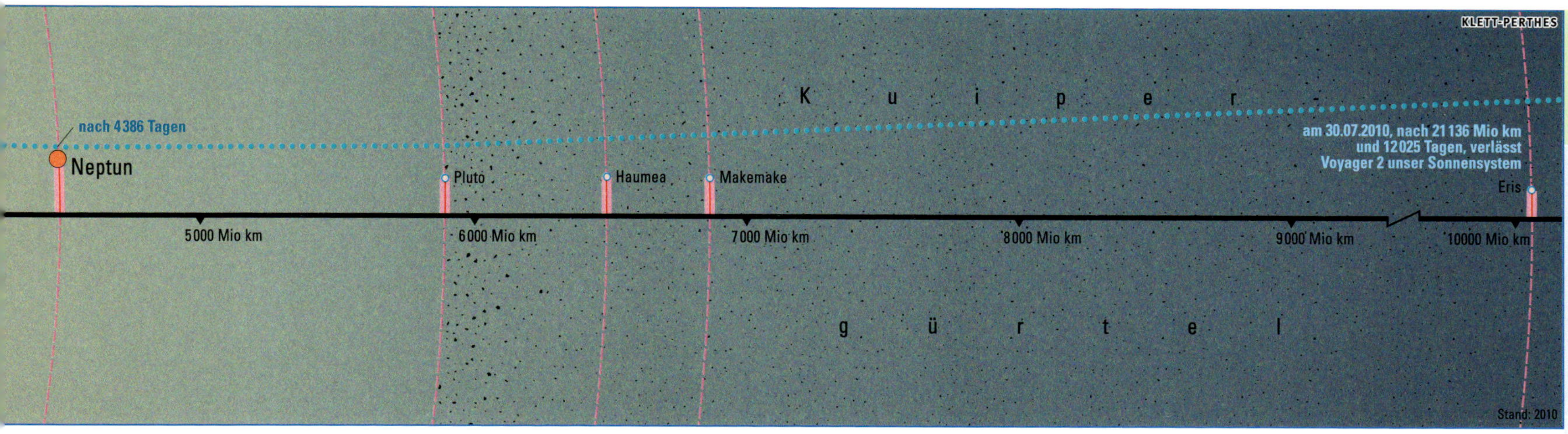

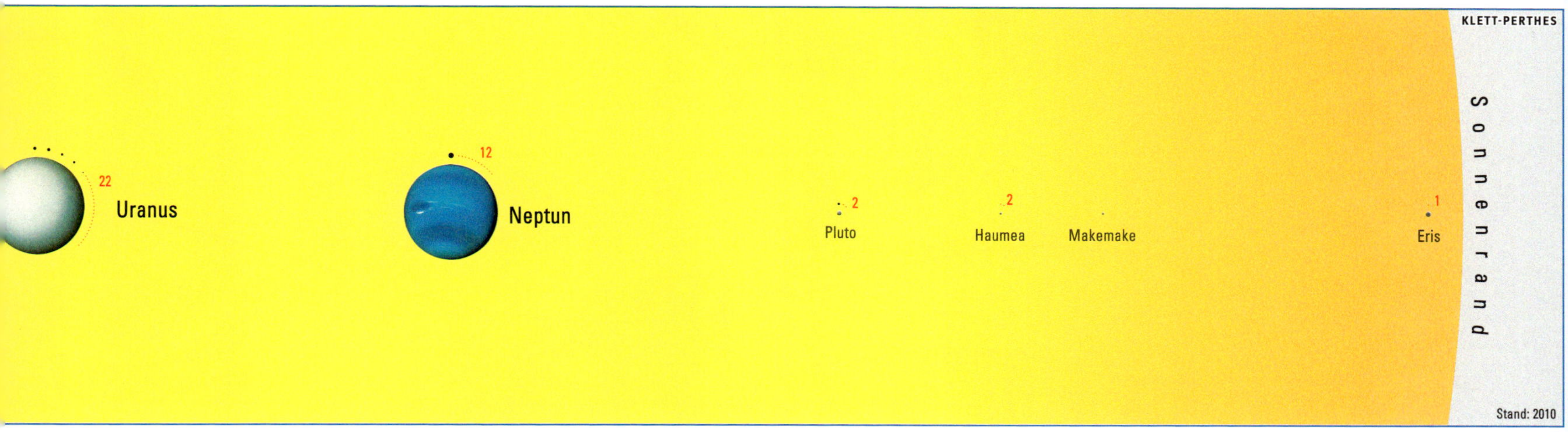

5 Tageszeiten und Zeitzonen

Tagesanbruch in Berlin am 21. Juni

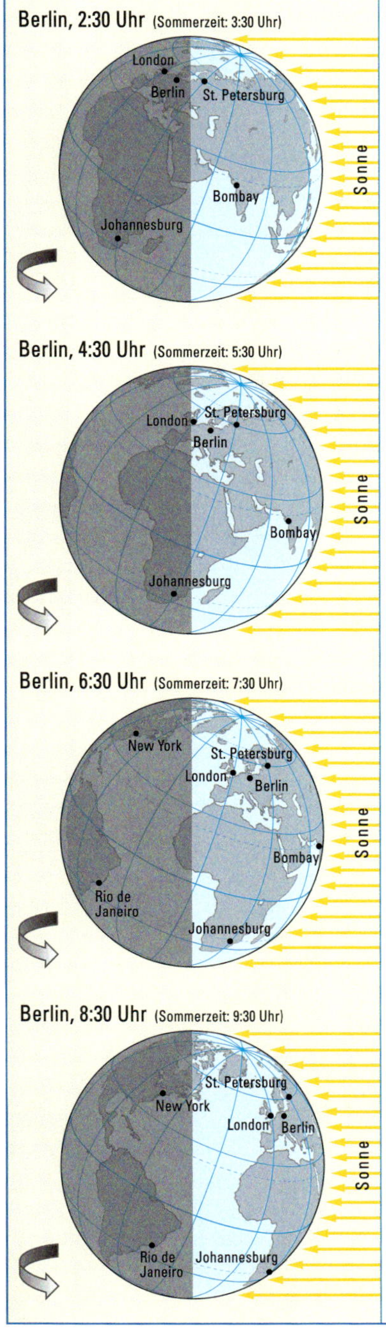

EINFÜHRUNG
DEUTSCHLAND
EUROPA
ASIEN
AFRIKA und ORIENT
AUSTRALIEN und POLE
AMERIKA
WELT
REGISTER

1

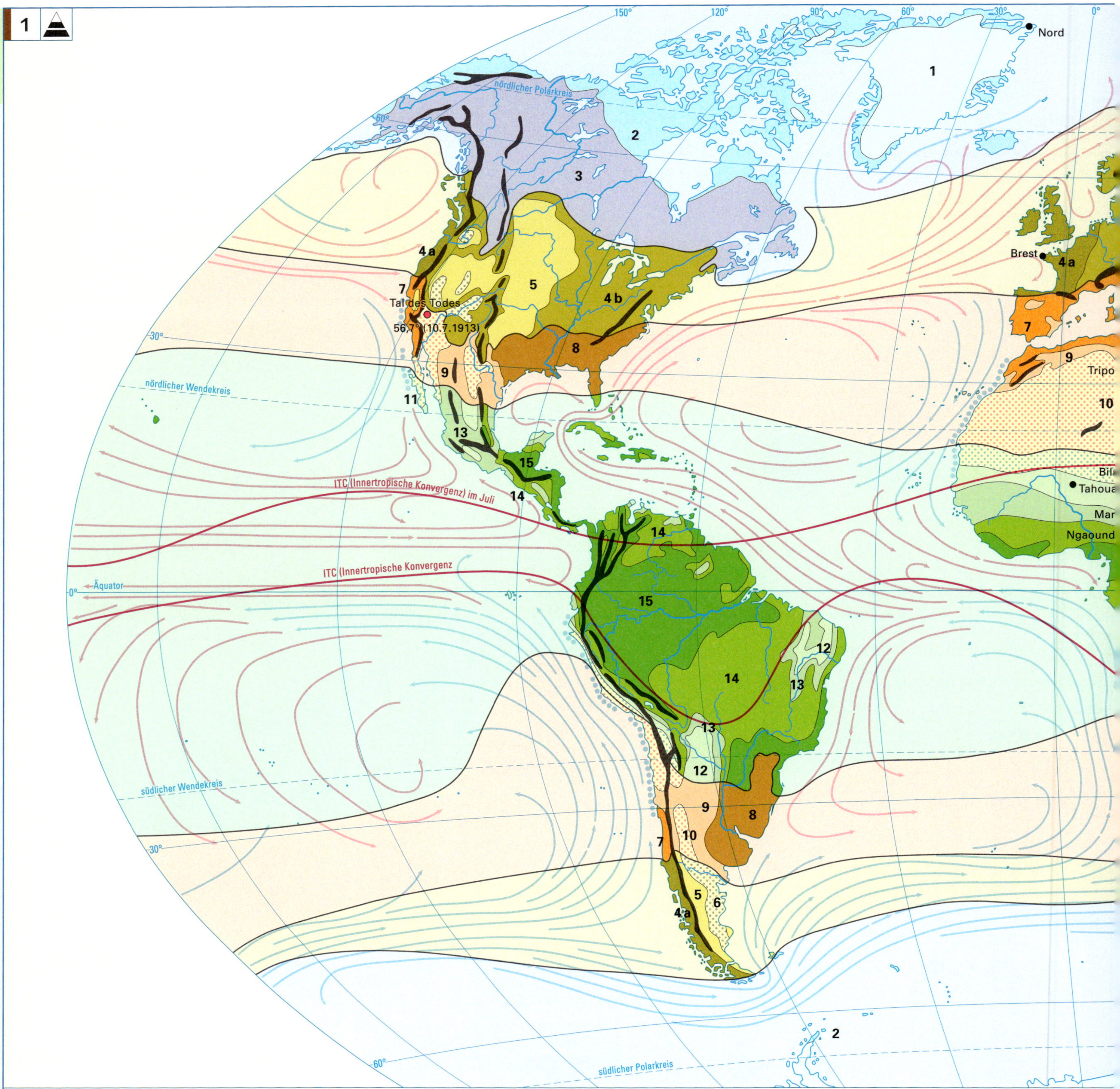

Klimazonen
Gliederung nach C. Troll und KH. Paffen

Kalte Zone
- 1 hochpolares Eisklima (extrem kalt)
- 2 polares Tundrenklima (kalt)
- 3 kaltgemäßigtes boreales Klima

Gemäßigte Zone
- 4 a ozeanisches Waldklima
- 4 b kontinentales Waldklima
- 5 winterkaltes Steppenklima
- 6 winterkaltes Wüstenklima

Subtropische Zone
- 7 sommertrockenes Mittelmeerklima (Westseiten der Kontinente)
- 8 sommerfeuchtes Klima (Ostseiten der Kontinente)
- 9 wintermildes Steppenklima
- 10 wintermildes Wüstenklima

2

Passatwinde
mit einfacher ITC

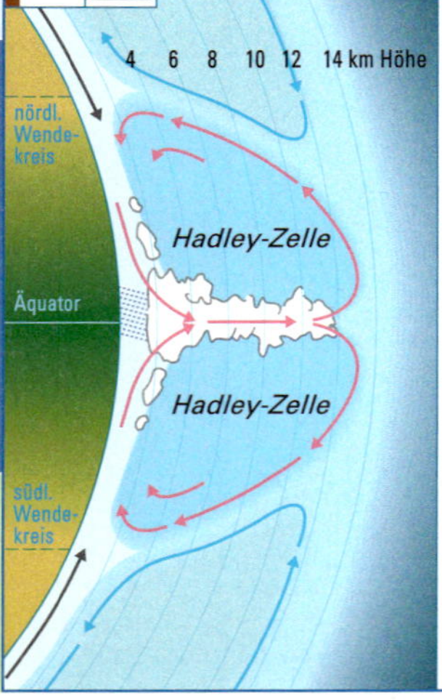

- Passatwind
- Höhenwestwind
- Oströmung mit Passat-Inversion

KLETT-PERTHES

3

Typische Klimadiagramme
nach H. Walter

Bilma Klimastation; J F M Monate; 26,9 °C Jahrestemperatur; 16 mm Jahresniederschlag; 357 m ü. M. Höhe der Klimastation

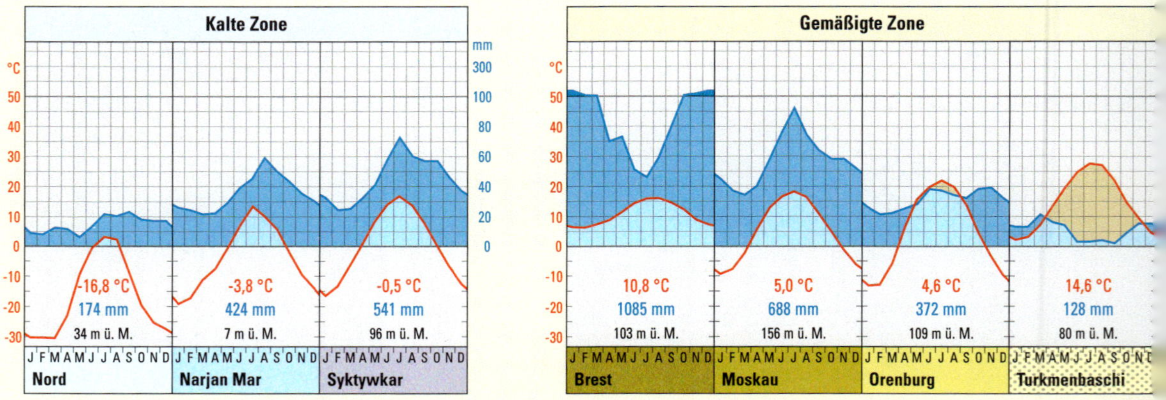

Maßstab 1 : 80 000 000

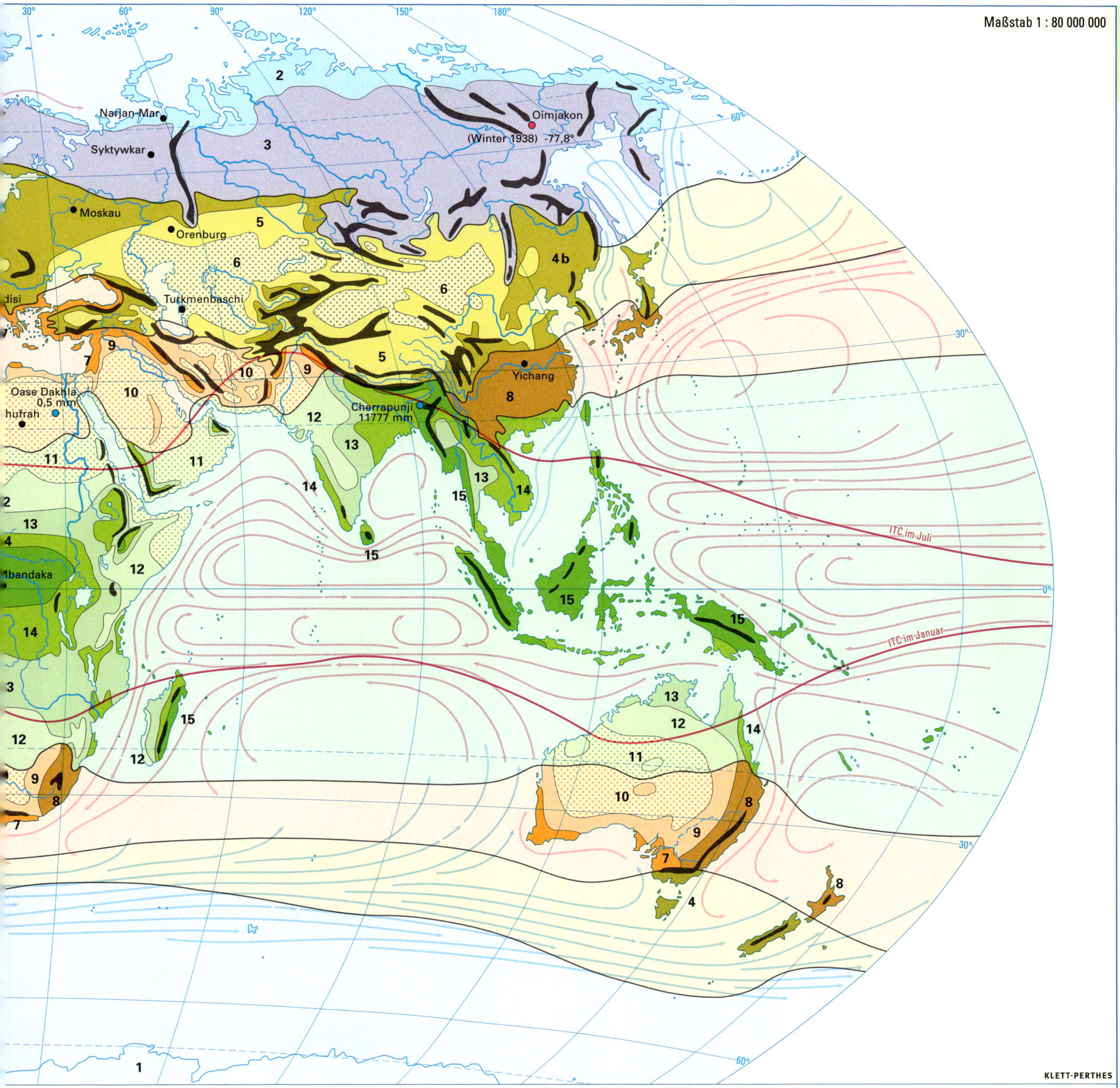

KLETT-PERTHES

Tropische Zone

11	extrem trockenes Wüstenklima
12	trockenes Dornsavannenklima
13	wechselfeuchtes Trockensavannenklima (kurze Regenzeit)
14	wechselfeuchtes Feuchtsavannenklima (lange Regenzeit)
15	immerfeuchtes Regenwaldklima

- klimatische Höhenstufe der Gebirge
- Klimastationen der Diagramme
- extreme Temperaturen
- extreme Niederschläge (Jahresmittel)

- kaltes Auftriebswasser
- Meeresströmung, kälter als die Umgebung
- Meeresströmung, wärmer als die Umgebung

KLETT-PERTHES

- Temperaturkurve
- Niederschlagskurve
- arider Zeitraum
- humider Zeitraum
- humider Zeitraum, Skala auf 1/10 verkürzt

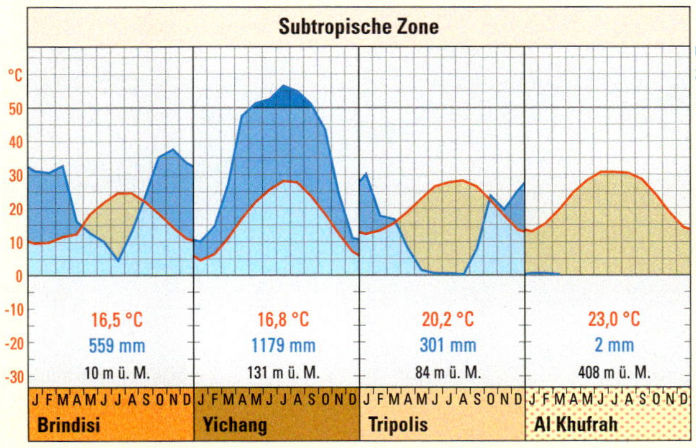

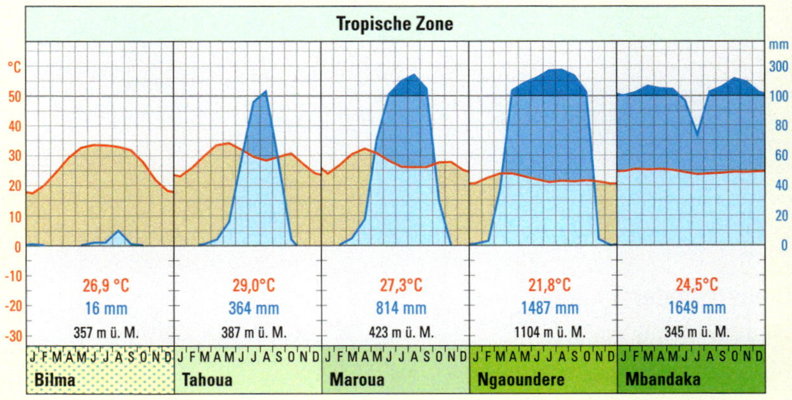

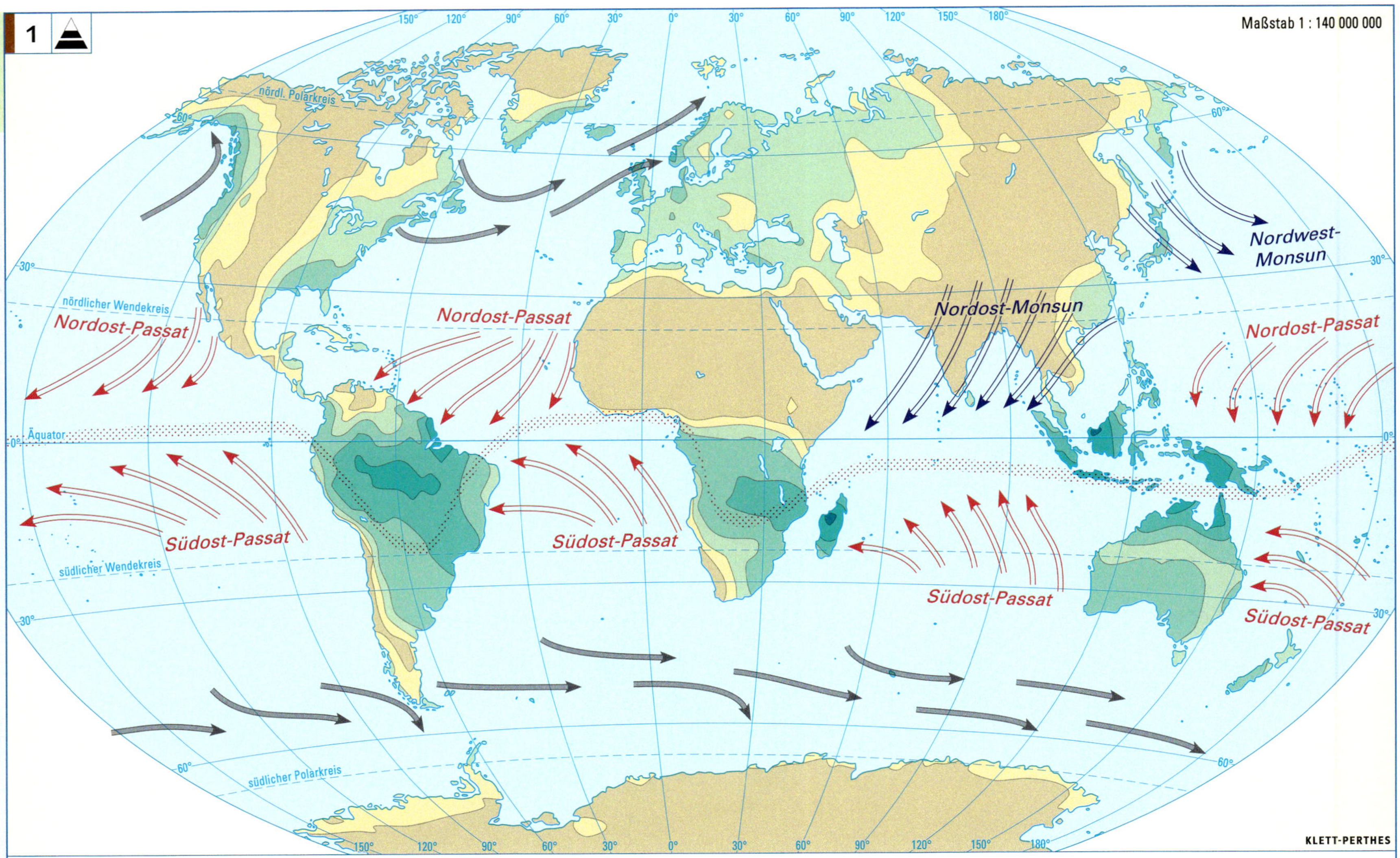

Monatsniederschläge im Januar

25 50 100 200 300 400 mm

Windsysteme

Westwinde der hohen nördlichen/südlichen Breiten

Passat

Monsun

südliche innertropische Konvergenz

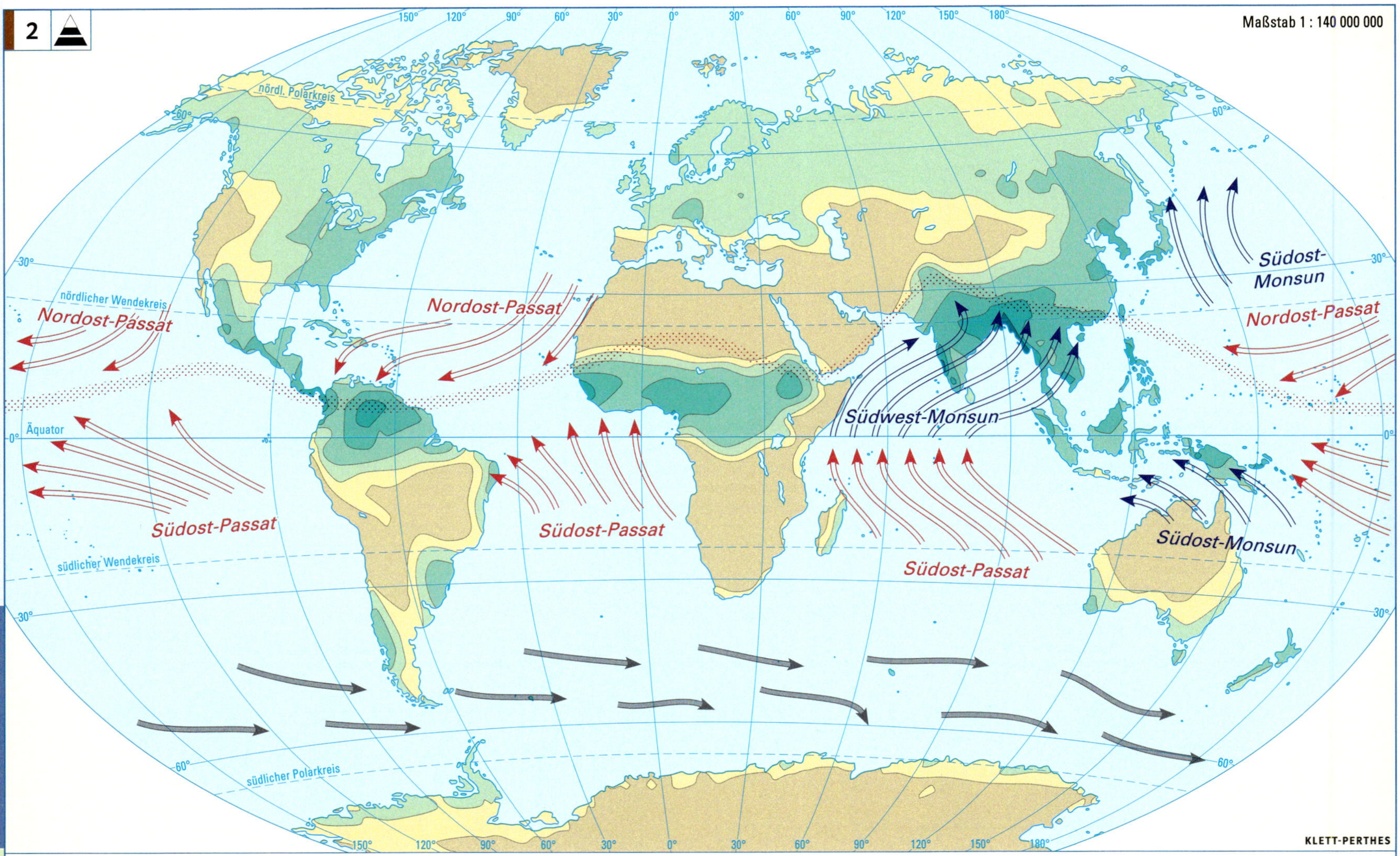

Monatsniederschläge im Juli

25 50 100 200 300 400 mm

Windsysteme

Westwinde der hohen südlichen Breiten

Passat

Monsun

nördliche innertropische Konvergenz

3

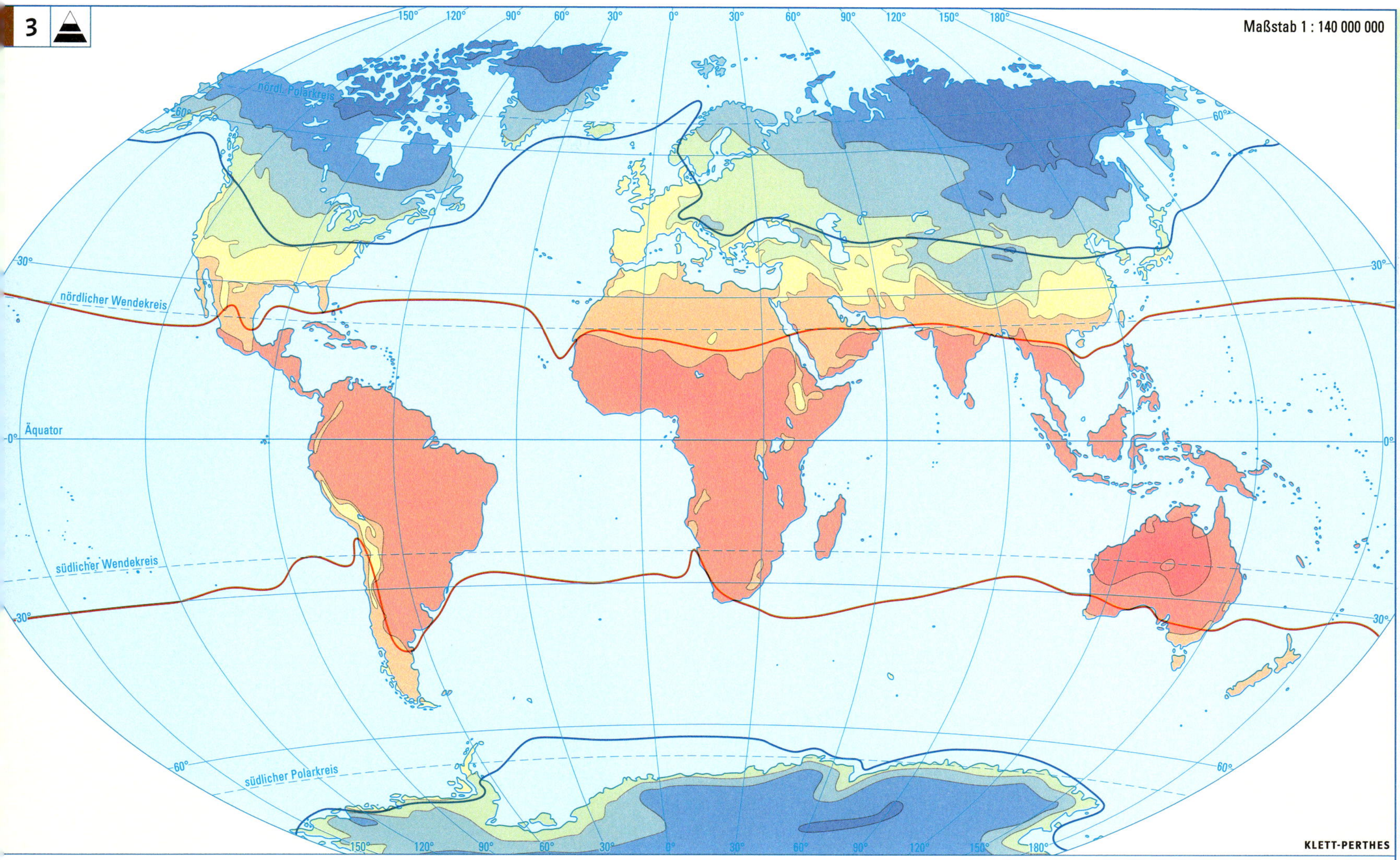

Monatstemperaturen im Januar

-30 -20 -10 0 10 20 30 °C

Isothermen (auf den Meeresspiegel reduziert) 0 °C, 20 °C

4

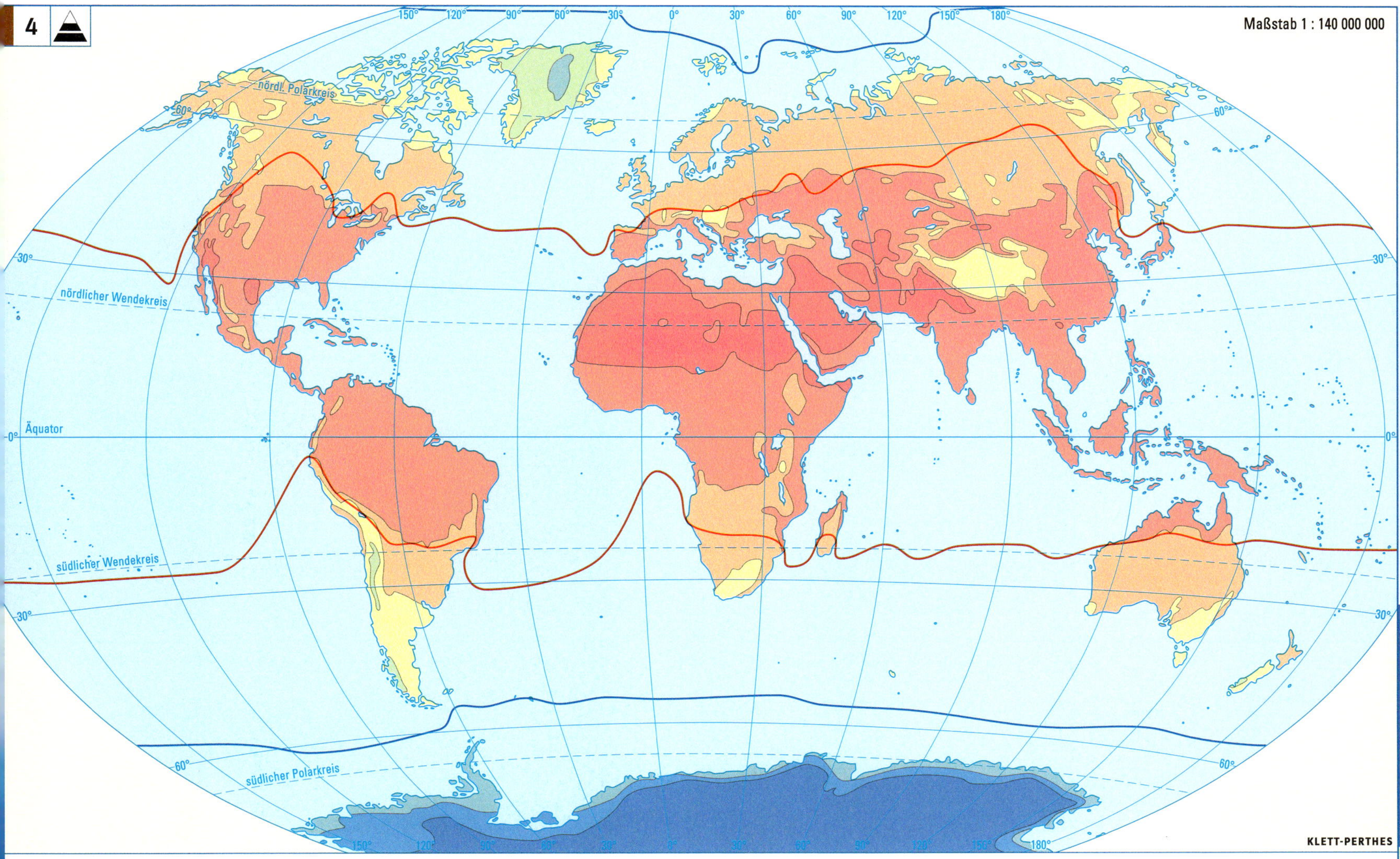

Monatstemperaturen im Juli

-30 -20 -10 0 10 20 30 °C

Isothermen (auf den Meeresspiegel reduziert) 0 °C, 20 °C

EINFÜHRUNG
DEUTSCHLAND
EUROPA
ASIEN
AFRIKA und ORIENT
AUSTRALIEN und POLE
AMERIKA
WELT
REGISTER

1

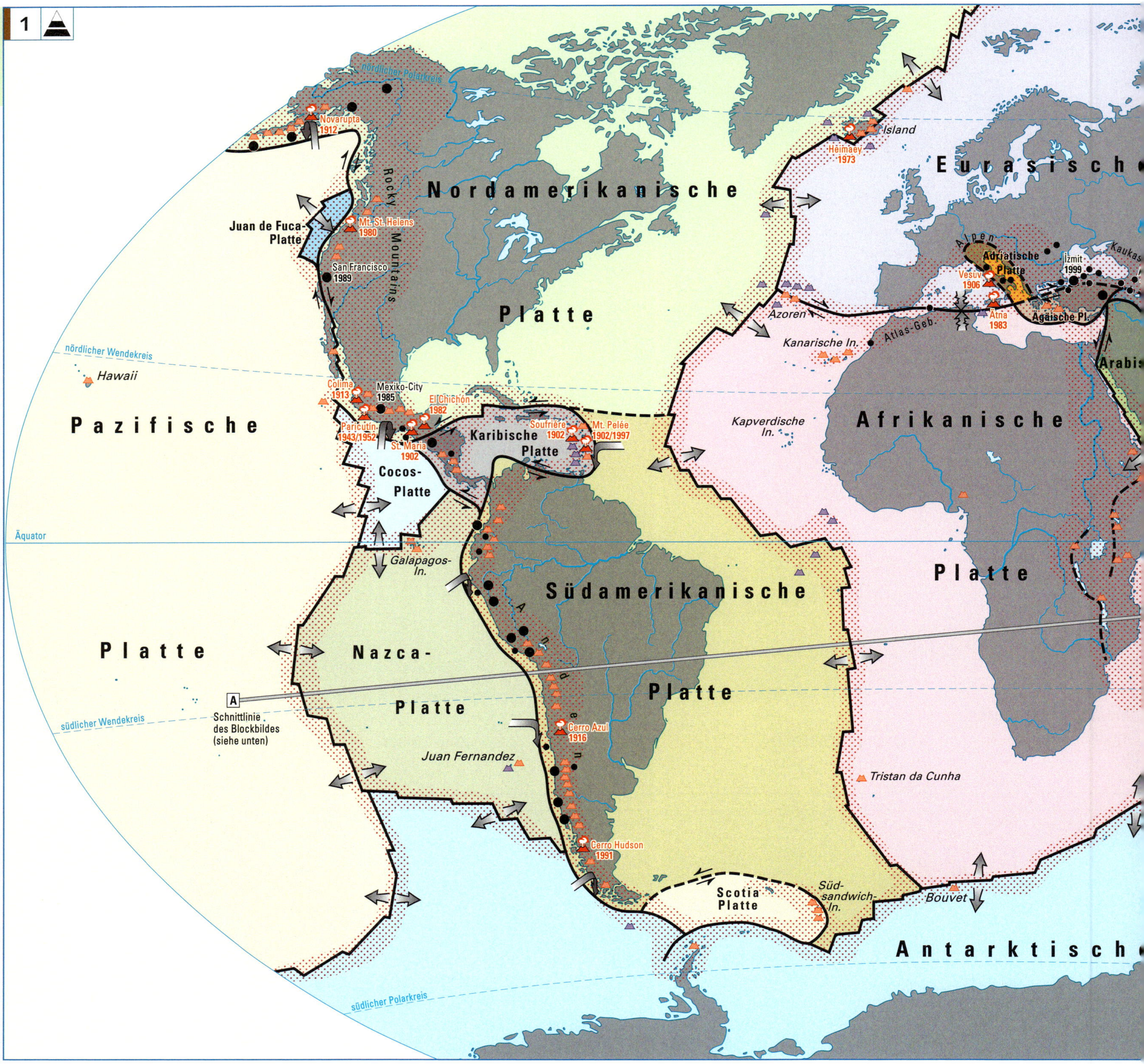

2

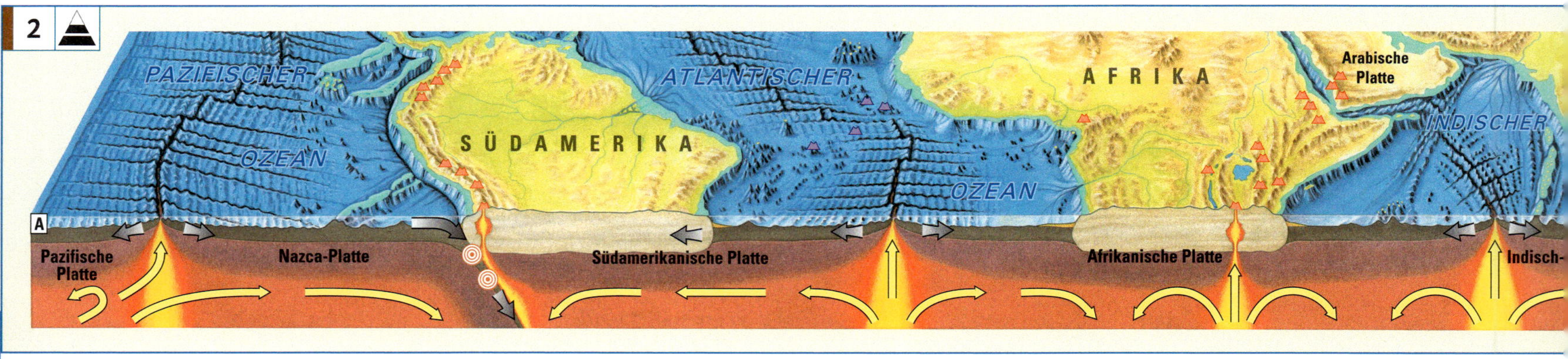

3

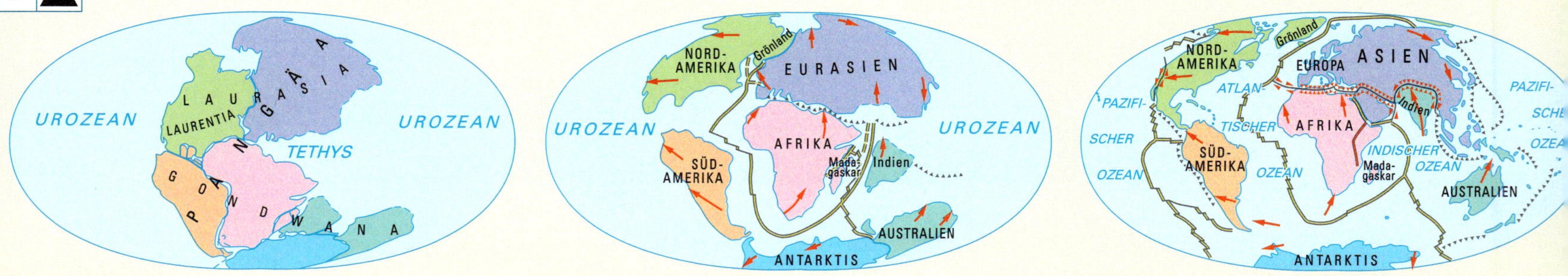

vor 225 Mio. Jahren

vor 65 Mio. Jahren

Gegenwart

Plattentektonik
Erdbeben und Vulkanismus

Kontinentalplatte
- Eurasische Platte – Name
- Plattenrand
- vermuteter Plattenrand

Bewegung der Kontinentalplatten
- Abtauchen
- Auseinanderdriften
- Zusammenstoßen
- Verschiebung gegeneinander

Folgen der Bewegung

Erdbeben
- häufig auftretende Erdbeben
- starkes Beben seit 1900
- sehr starkes Beben seit 1900

Vulkanismus
- aktiver Vulkan auf dem Festland
- aktiver Vulkan unter dem Meeresspiegel
- Pinatubo 1991 – heftiger Vulkanausbruch seit 1900 mit Name und Jahresangabe
- A – Querschnitt durch die Erde (siehe Abbildung 2)

Der Vulkan Mt. St. Helens vor der Eruption (1979)

Der Vulkan Mt. St. Helens nach der Eruption (1982)

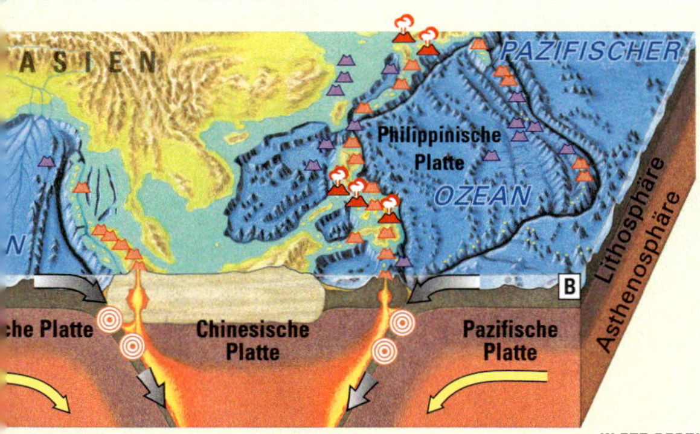

Kräfte der Erde
- Konvergenzströme
- Richtung der Plattenbewegung
- Erdbebenherde
- aufsteigendes Magma

aktive Vulkane
- auf dem Festland
- untermeerisch
- heftiger Ausbruch seit 1900

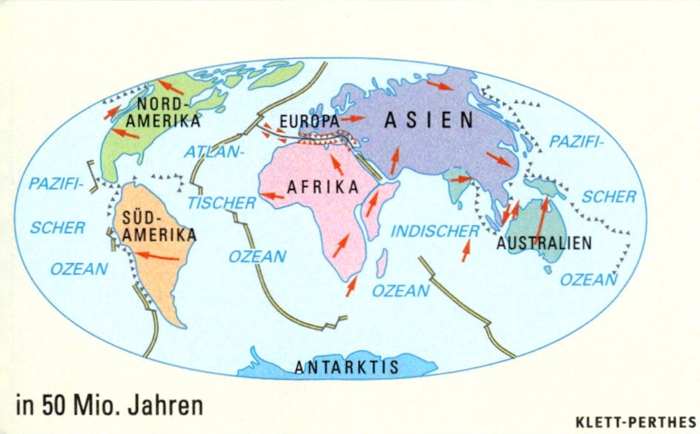

Wanderung der Kontinente
- Bewegungsrichtung der Kontinentalplatten
- Horizontalverschiebung
- Zusammenstoß mit Auffaltung
- Zusammenstoß mit Abtauchung
- ozeanische Rücken mit Zentralgräben
- Bruchzone

4 Schnitt durch die Erde Schalenaufbau des Erdinneren

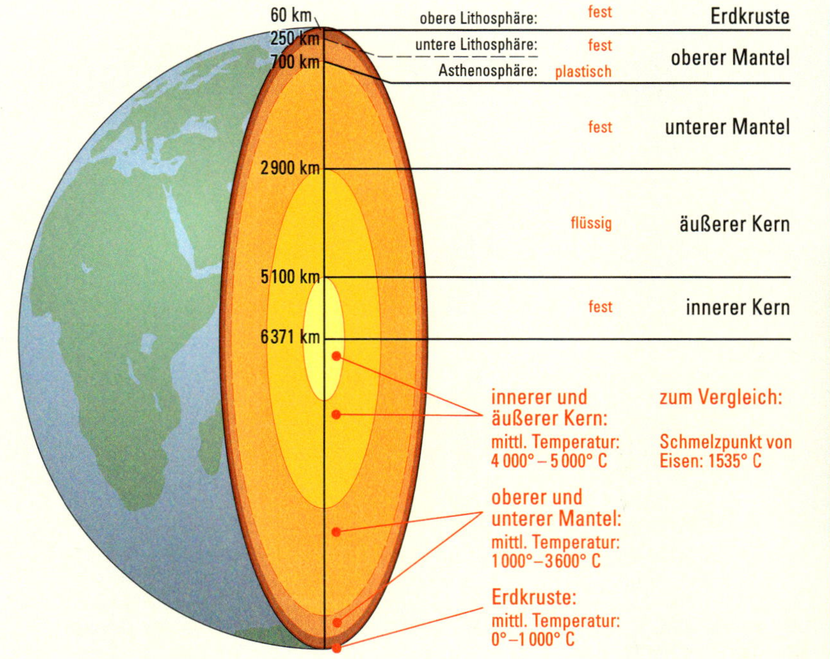

EINFÜHRUNG
DEUTSCHLAND
EUROPA
ASIEN
AFRIKA und ORIENT
AUSTRALIEN und POLE
AMERIKA
WELT
REGISTER

1

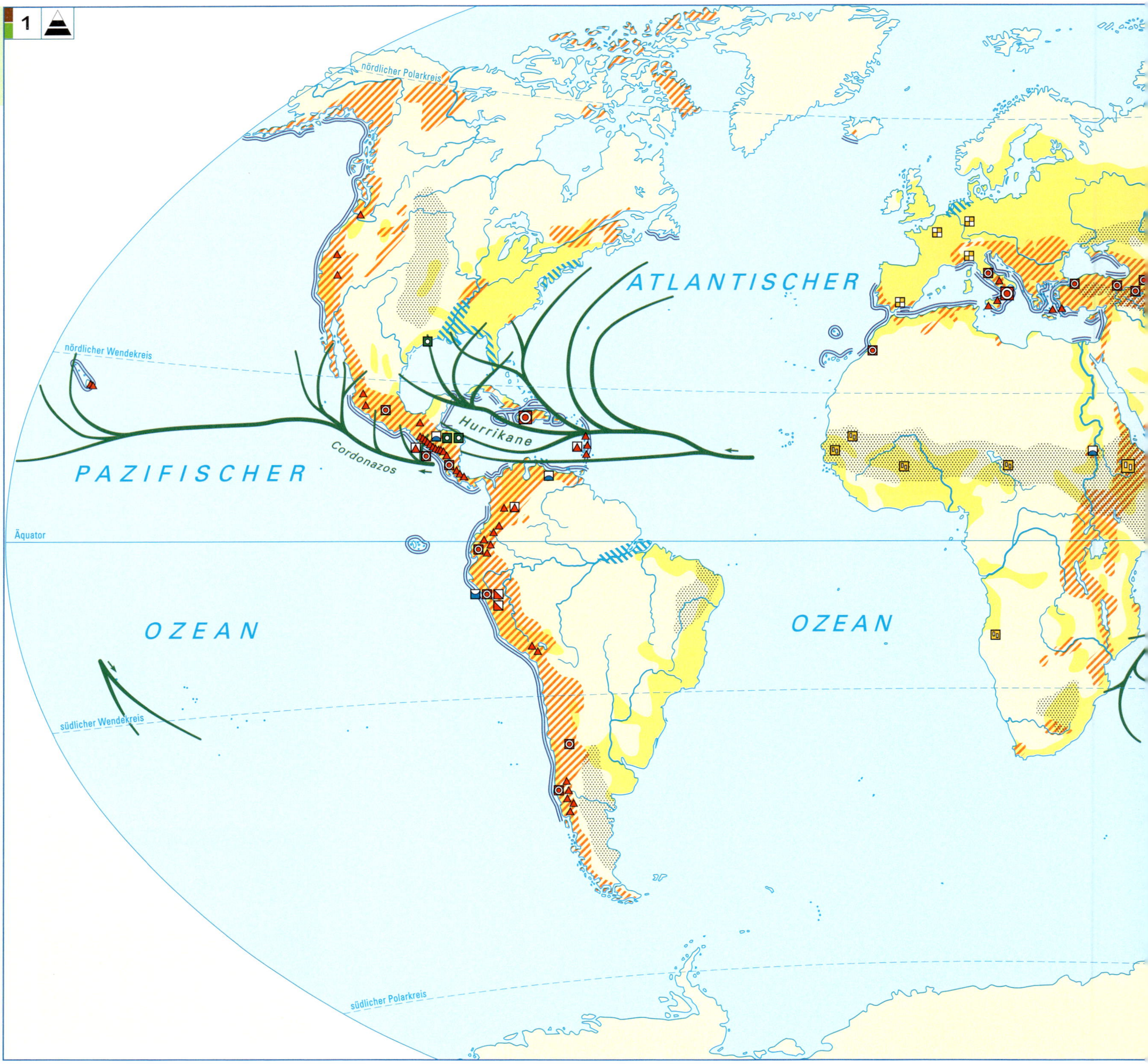

2

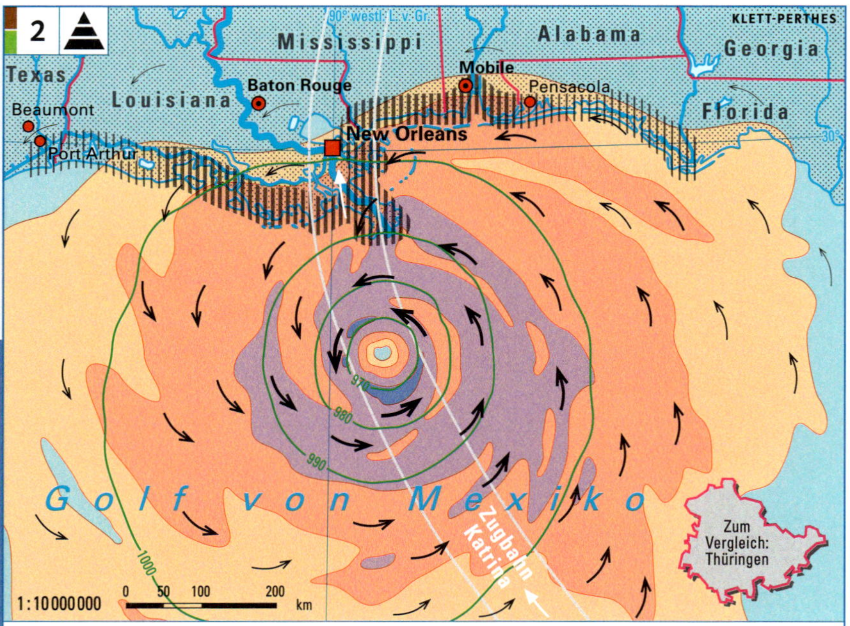

Hurrikan Katrina am 29.8.2005 vor New Orleans

Städte
- über 1 Mio. Einwohner
- 500 000 – 1 Mio. Einwohner
- 100 000 – 500 000 Einwohner

- 990 Isobare, Luftdruck in hPa
- zerstörte Küste
- stark geschädigte Küste
- Festland

Windstärke und Windrichtung
- unter 35 km/h
- 35–55 km/h
- 55–75 km/h
- 75–95 km/h
- über 95 km/h

3

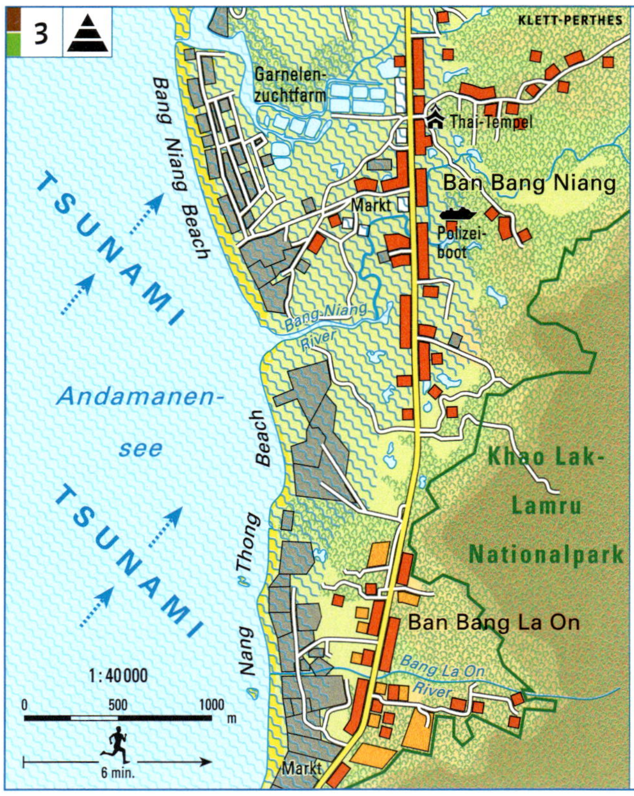

Tsunami am 26.12.2004
Zerstörung des Urlaubszentrums Khao Lak (Thailand)

Wohn- und Geschäftsgbäude
- unbeschädigt
- durch Tsunami zertört

Ferienanlagen (Bungalows, Resorts, Hotels)
- unbeschädigt
- durch Tsunami zertört

- Sandstrand
- tropischer Regenwald
- Nationalpark-grenze
- Überflutungs-gebiet

Geländehöhen
- unter 20 m
- 20–60 m
- 60–100 m
- über 100 m

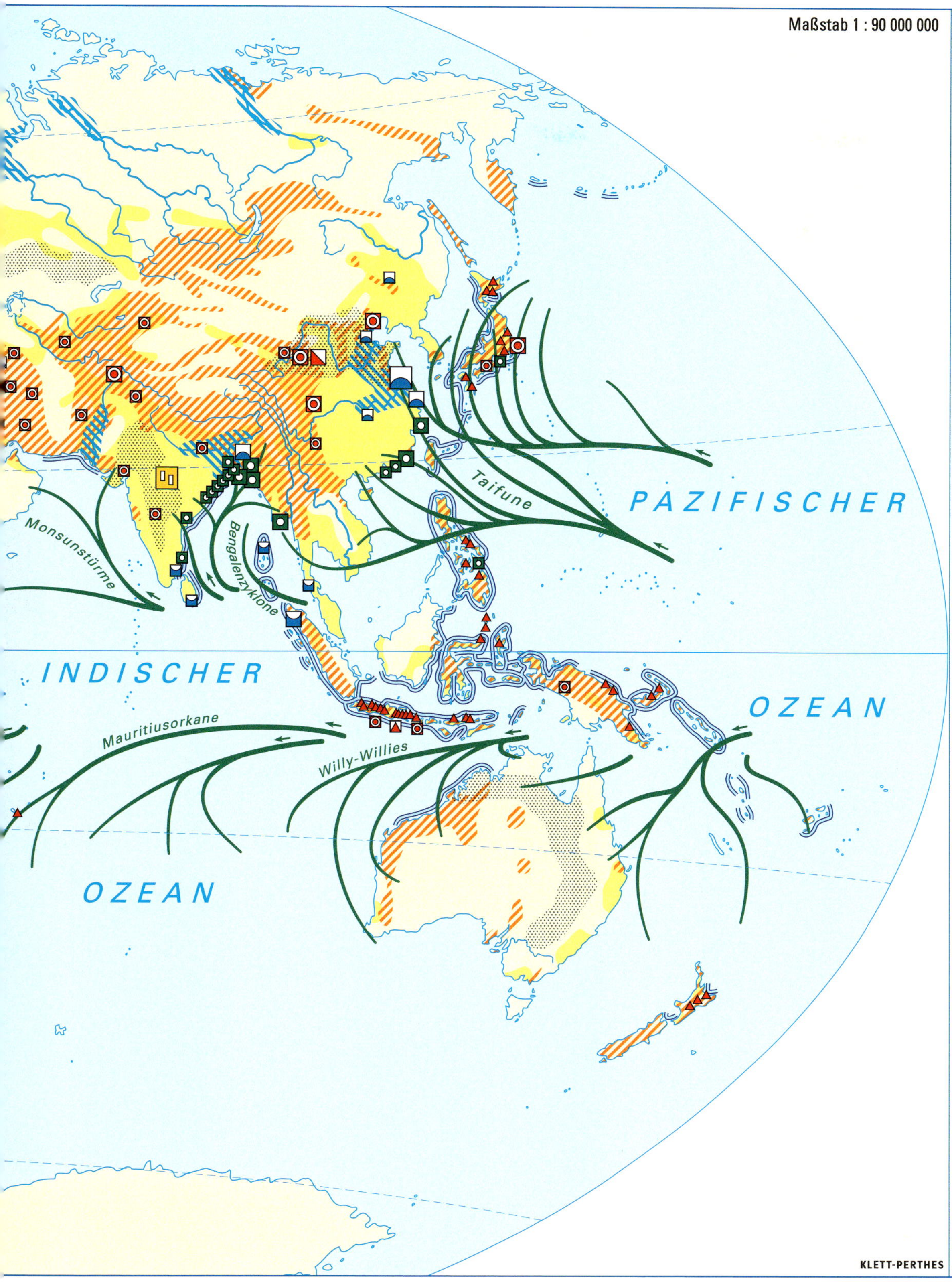

Naturgefahren und Naturkatastrophen

Geologisch-tektonische Gefahren
- Gefahr von Erdbeben
- Gefahr von Tsunamis
- gefährlicher Vulkan

Klimatische Gefahren
- Gefahr tropischer Wirbelstürme (Zugbahn)
- Gefahr von Überschwemmungen
- Gefahr von Dürren

Große Naturkatastrophen seit 1900
- Erdbeben
- Tsunami
- Erdrutsch, Bergsturz
- Vulkanausbruch
- tropischer Wirbelsturm
- Überschwemmung
- Dürre
- Hitzewelle

- 5000 – 50000 Todesopfer
- 50000 – 500000 Todesopfer
- mehr als 500000 Todesopfer

Bevölkerungsdichte
- mehr als 20 Einwohner/km²

Große Naturkatastrophen 1950–2005

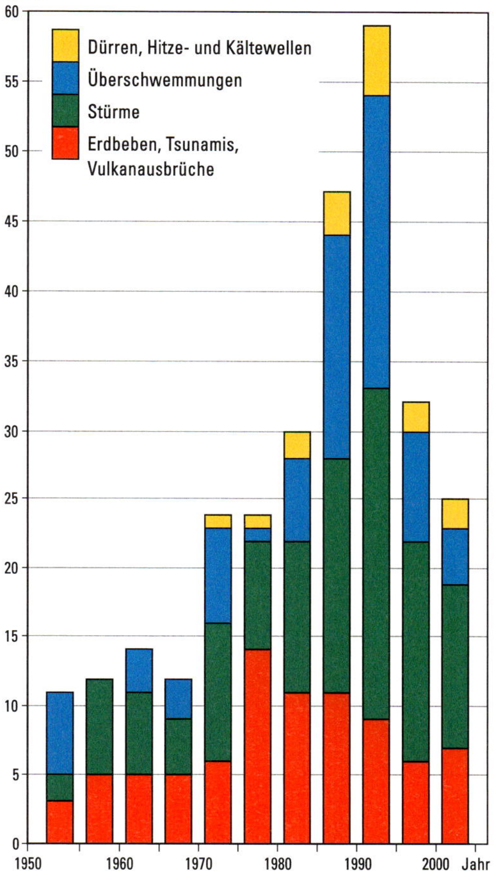

4

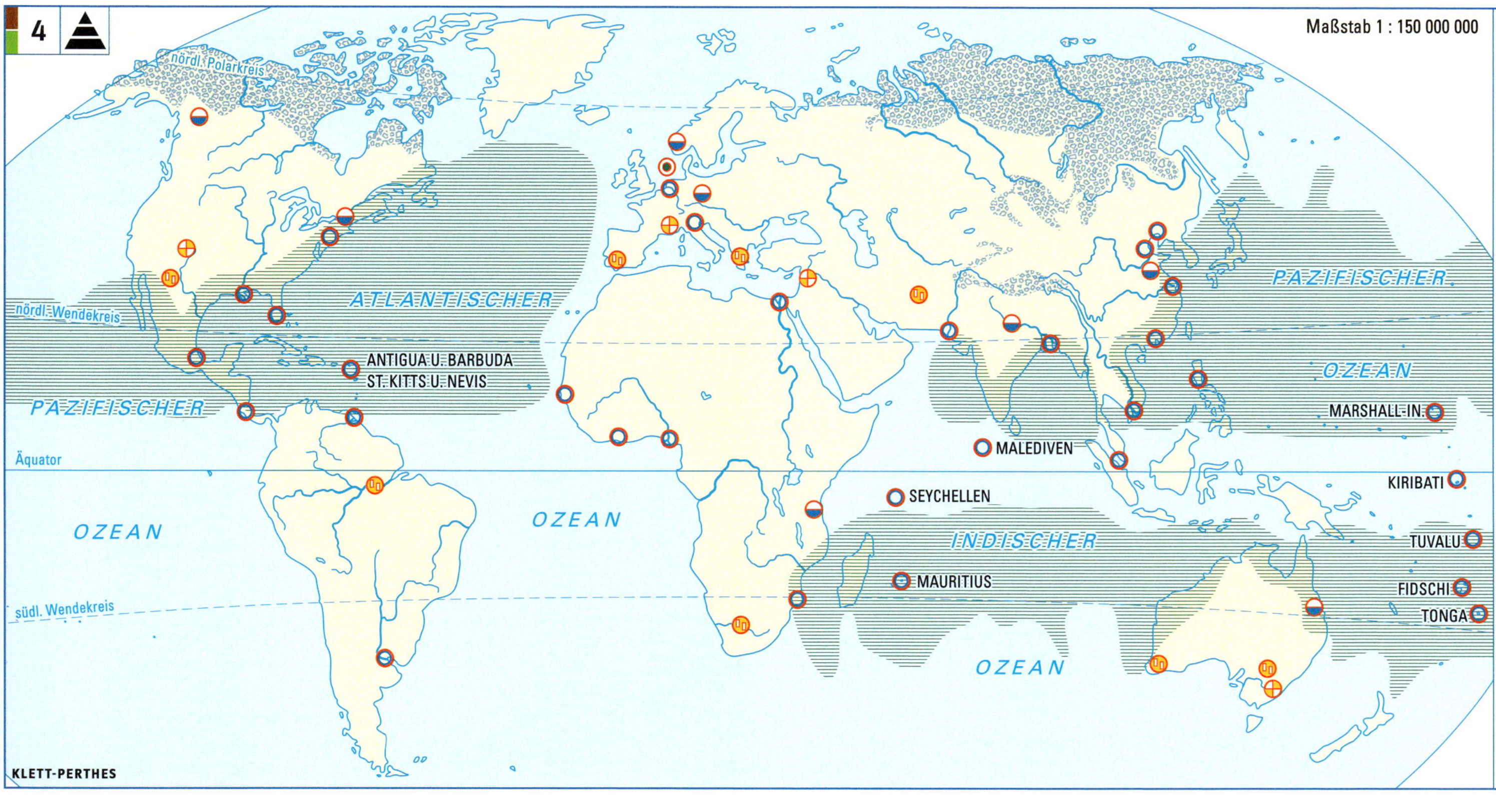

Globaler Klimawandel
Auswirkungen und Prognosen

- zunehmende Instabilität im Auftreten tropischer Wirbelstürme
- Zunahme außertropischer Stürme
- Zunahme von Starkregen
- Zunahme von Hitzewellen
- Zunahme von Dürren
- Bedrohung durch Meeresspiegelanstieg
- Auftauen von Permafrostböden

EINFÜHRUNG
DEUTSCHLAND
EUROPA
ASIEN
AFRIKA und ORIENT
AUSTRALIEN und POLE
AMERIKA
WELT
REGISTER

EINFÜHRUNG
DEUTSCHLAND
EUROPA
ASIEN
AFRIKA und ORIENT
AUSTRALIEN und POLE
AMERIKA
WELT
REGISTER

1

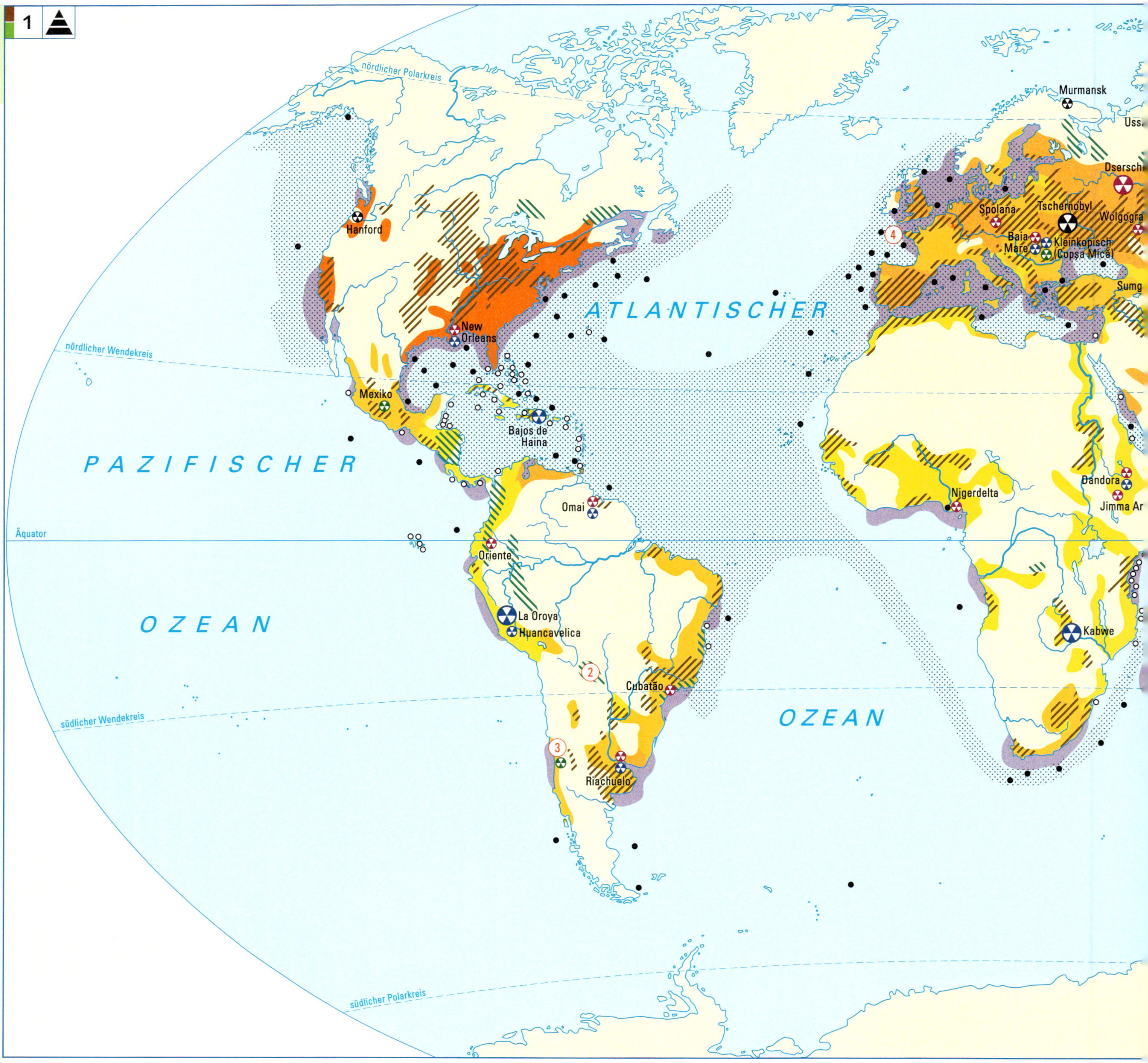

2

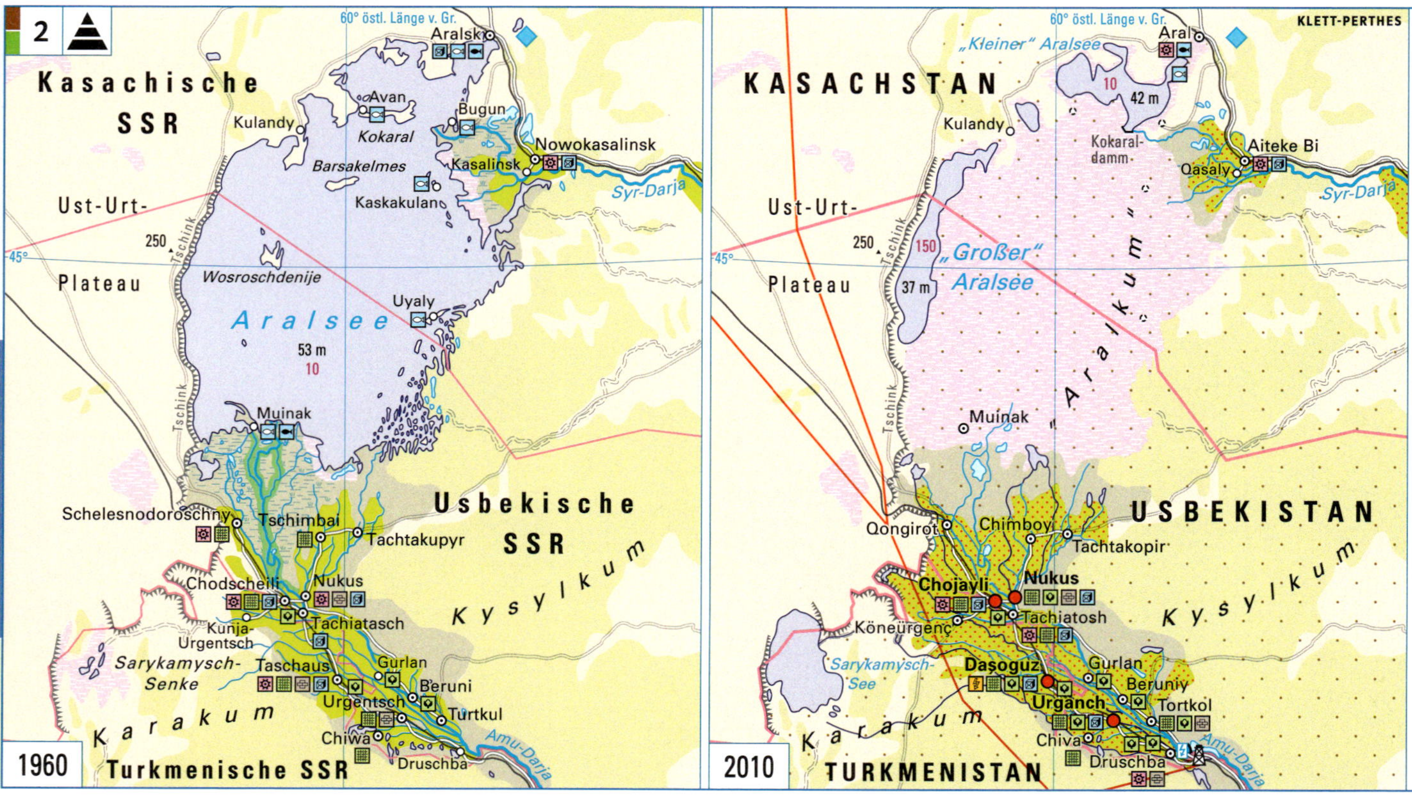

Umweltkatastrophe am Aralsee

Vegetation und Gewässer
- Sandwüste/Halbwüste
- Steppe/Flussdelta
- Schilfwald
- Salzsumpf, Salzwüste
- Süßwasser
- Salzwasser (Salzgehalt in g/l)

Landnutzung und Folgeschäden
- Bewässerungsland (Baumwoll- und Reisanbau)
- Bodenversalzung
- Sand- und Salzverwehungen

Industrie
- Erdgasförderung/-pipeline
- Salzgewinnung
- Wasserkraftwerk
- Maschinenbau
- Elektrotechnik
- Baumwollverarbeitung
- Textilien
- Baustoffe
- Fischanlandung
- Fischverarbeitung
- Lebensmittel

1 : 6 000 000 0 50 100 km

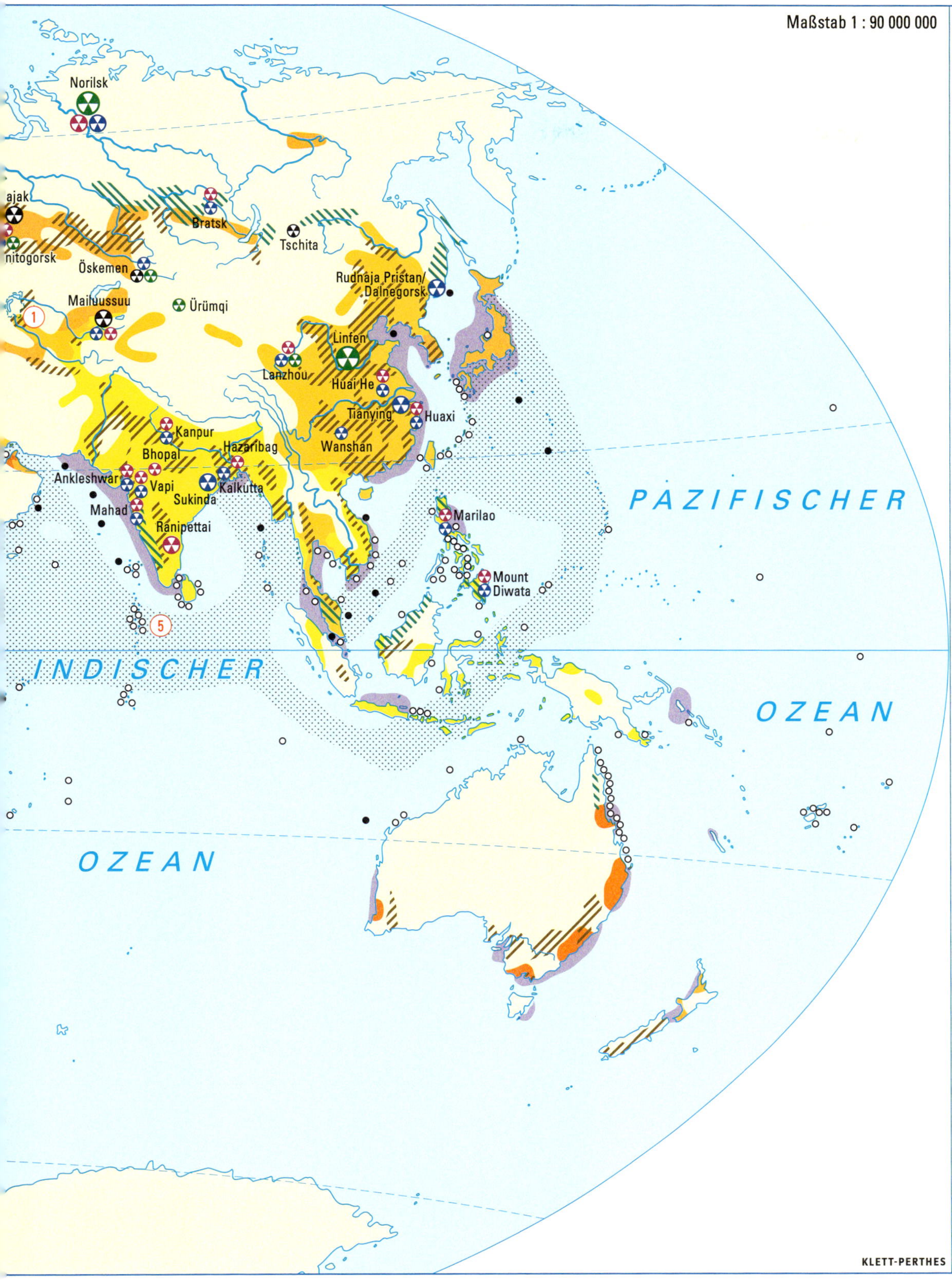

Umweltbelastungen und Umweltschäden

Belastung der Atmosphäre
durch den Ausstoß von Treibhausgasen
(in Tonnen CO_2-Äquivalent/Einwohner und Jahr)

- mehr als 20
- 10 bis 20
- 5 bis 10
- weniger als 5

Belastung der Meere

- durch Ölförderung und -transport
- durch Siedlungs- und Industrieabwässer
- Tankerunfall, Havarie einer Ölbohrinsel (seit 1970)
- Korallensterben (Korallenbleiche)

Schädigung der Böden

- durch unangepasste Landwirtschaft (Bodendegradation)

Schädigung der Wälder

- durch unangepasste Forstwirtschaft (destruktive Holzwirtschaft)

Schädigung der menschlichen Gesundheit

- durch Chemikalien (z. B. Industriemüll, Chemiewaffen)
- durch Schwermetalle (z. B. Minen- und Hüttenrückstände)
- durch radioaktive Stoffe (z. B. Atommüll, Reaktorunfälle)
- durch Luftschadstoffe (z. B. Stäube, Abgase)

Die Größe der Signatur entspricht ihrer Bedeutung.

(1) Foto (siehe Abbildung 3)

3 Umweltschäden

KLETT-PERTHES

(1) Salzwüste Aralsee – Aralkum

(2) Entwaldung im Gran Chaco

(3) Smog (rechts) über Santiago de Chile

(4) Ölpest vor der bretonischen Küste

(5) Korallenbleiche (rechts) vor den Malediven

EINFÜHRUNG
DEUTSCHLAND
EUROPA
ASIEN
AFRIKA und ORIENT
AUSTRALIEN und POLE
AMERIKA
WELT
REGISTER

1

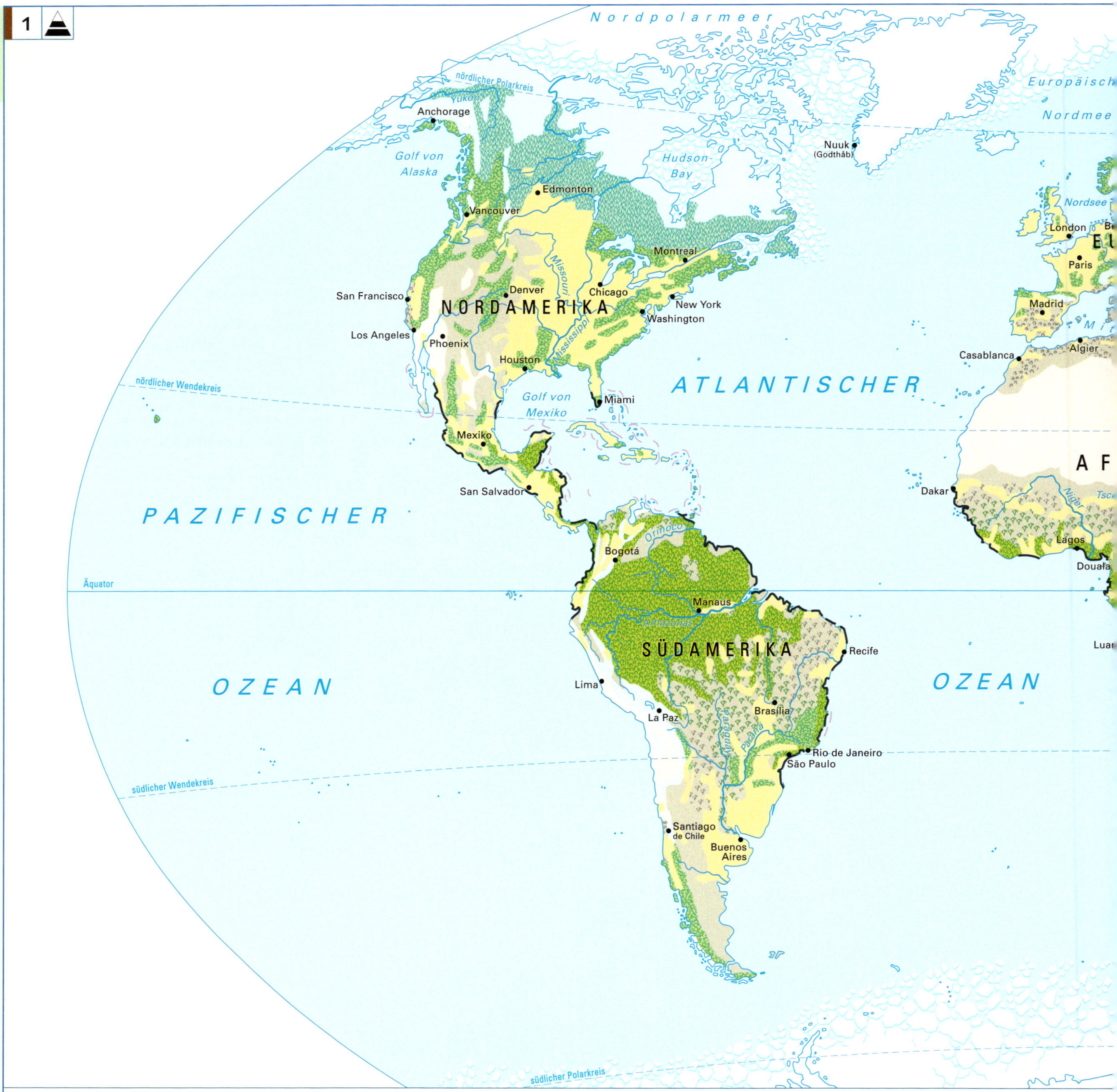

Vegetationsbild der Erde

A ① Vegetationsprofil im Modell (siehe Abbildung 2)

Keine oder sehr geringe Vegetation
- Inlandeis, Gletscher
- Tundra, Hochgebirge
- Wüste, Halbwüste

Offene Vegetation
- Dornsavanne, Steppe (ohne Baumbestand)
- Trockensavanne (mit Baumbestand)
- Feuchtsavanne (mit Baumbest
- Trockenwald und Gehölz

2

Reise durch die Vegetationszonen

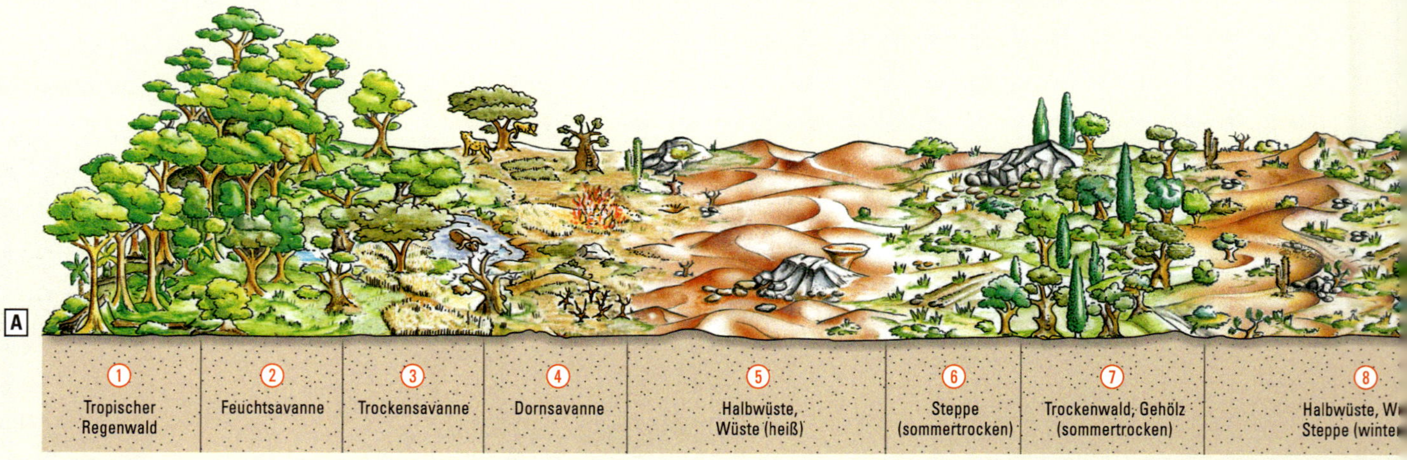

A ① Verlauf des Vegetationsprofils auf der Nordhalbkugel (siehe Karte 1)

Maßstab 1 : 80 000 000

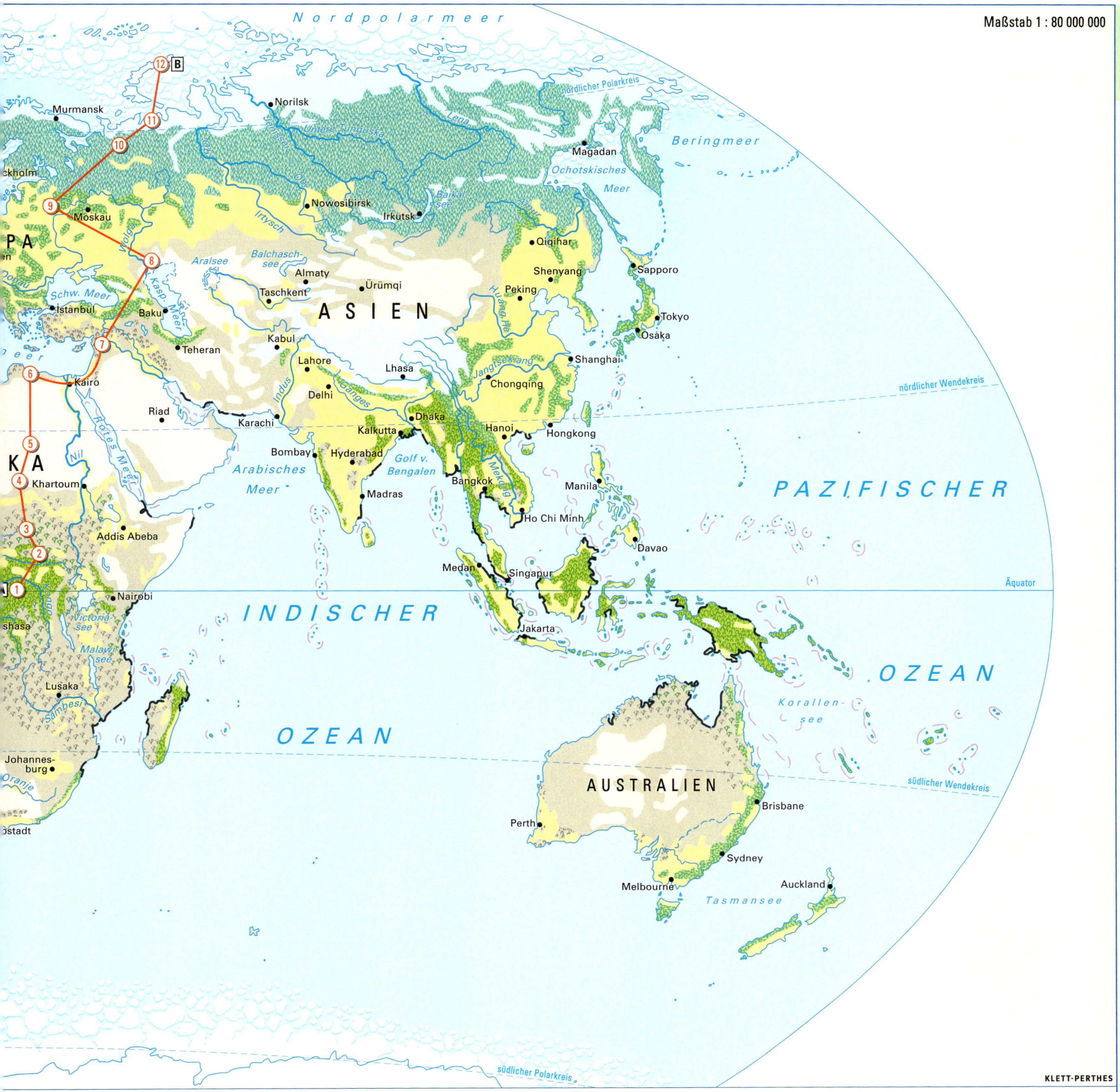

Dichte Vegetation
- Nördlicher Nadelwald
- Mischwald und Laubwald
- Tropischer Regenwald, Monsunwald

Meere und Küsten
- ständig vereistes Meer
- zeitweise vereistes Meer
- Mangrovenwald
- Korallenriff

Erhebliche Veränderung des Vegetationsbilds
- Ackerland und Weideland

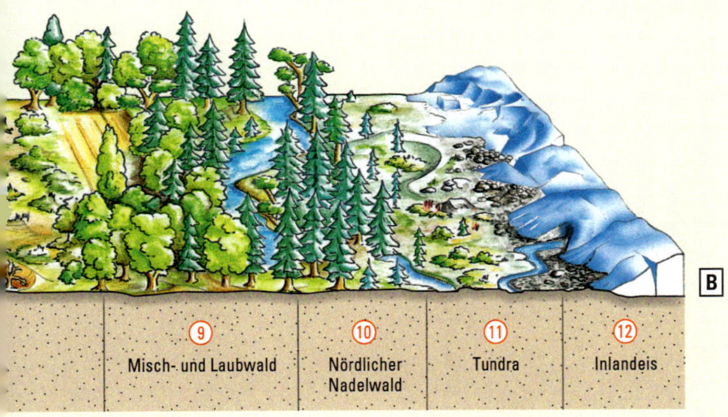

3 Anteile der Vegetationsformen

Anteil an der Landfläche
1 cm² = 5 Mio km²

zum Vergleich
Fläche von Deutschland

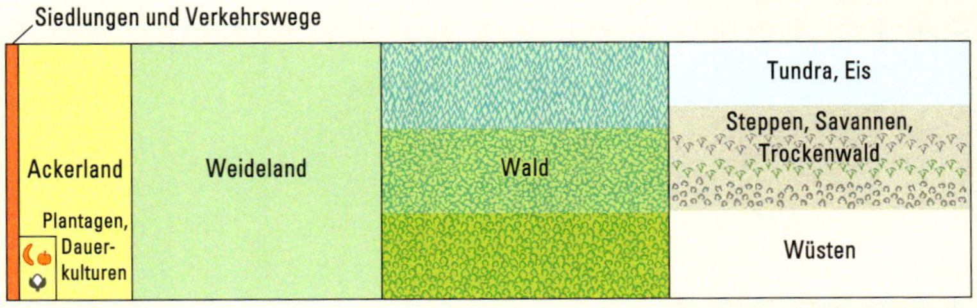

1
Landwirtschaftliche Produkte
Herkunft und Nutzung
Signatur in der Karte
Sonnenblumen
Produkt
Nahrungsmittel
Futtermittel
Energierohstoff
Produktrohstoff
Räume mit Acker- und Weideland
hochwertig, mit hohen Erträgen
mittlere Qualität, Erträge teilweise unsicher
schlechte Qualität, nur teilweise nutzbar
Waldgebiete (Holznutzung)
nördlicher Nadelwald
Mischwald
tropischer Regenwald
Nicht nutzbar
Wüste, Halbwüste
Tundra
Hochgebirge
Nordpolarmeer
nördlicher Polarkreis
NORDAMERIKA
Rocky Mountains
EUROPA
Kalte Zone
Gemäßigte Zone
Gemäßigte Zone
Subtropische Zone
ATLANTISCHER
nördlicher Wendekreis
Subtropische Zone
Tropische Zone
PAZIFISCHER
Äquator
Anden
SÜDAMERIKA
OZEAN
Kordilleren
südlicher Wendekreis
Tropische Zone
Subtropische Zone
OZEAN
Subtropische Zone
Gemäßigte Zone
Gemäßigte Zone
Kalte Zone
südlicher Polarkreis
Mais
Pflanze
Frucht
Weizen
Fruchtstand
Getreidekorn
Sonnenblumen
Kern
Milchkühe, Rinder
Tabak
Pflanze
Blatt, getrocknet
Obst (in Auswahl)
Kirsche
Erdbeere
Apfel
Wein
Weintraube
Schweine
Maniok, Yams
Maniok
Yams
Knolle
Schafe
Oliven
Frucht
Gemüse (in Auswahl)
Broccoli
Aubergine
Tomate
Radieschen
Erdnüsse
Pflanze
Frucht
Kaffee
Strauch
Kaffeekirschen
Bohne
Hirse
Fruchtstand
Baumwolle
Strauch
Kapsel
Zitrusfrüchte (in Auswahl)
Kumquat
Limette
Zitrone
Flachs
Kapsel mit Leinsamen
Pflanzenfasern
Banane
Frucht
Pflanze
Ölpalme
Fruchtstand
Kakao
Baum
Frucht mit Kakaobohnen

2 Die wichtigsten landwirtschaftlichen Produkte Welt-Produktionsmenge und Warenwert 2007

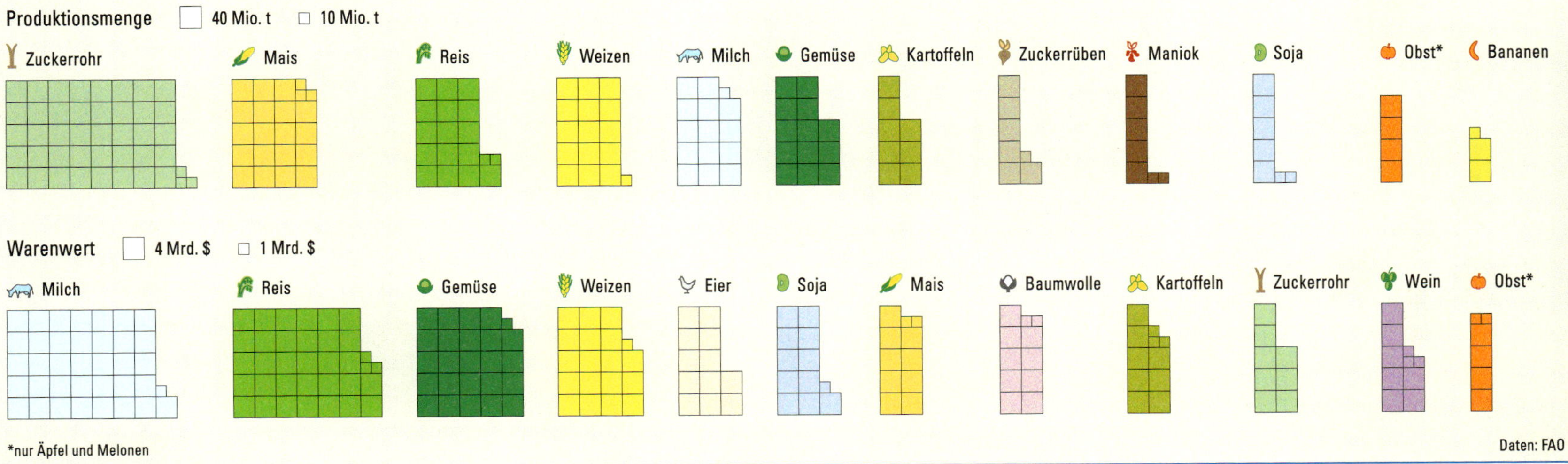

*nur Äpfel und Melonen

Daten: FAO

EINFÜHRUNG
DEUTSCHLAND
EUROPA
ASIEN
AFRIKA und ORIENT
AUSTRALIEN und POLE
AMERIKA
WELT
REGISTER

a Gewürze

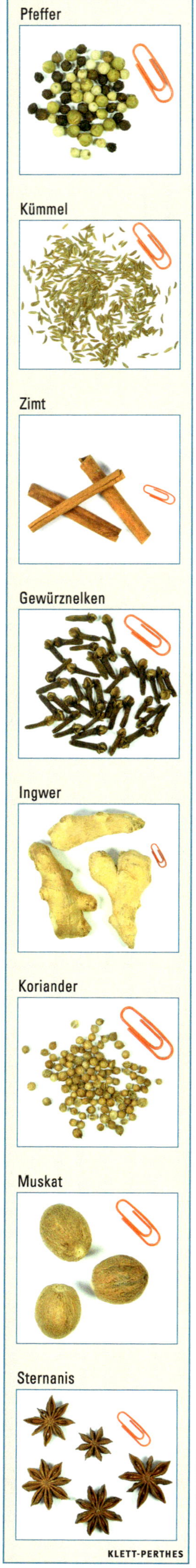

b

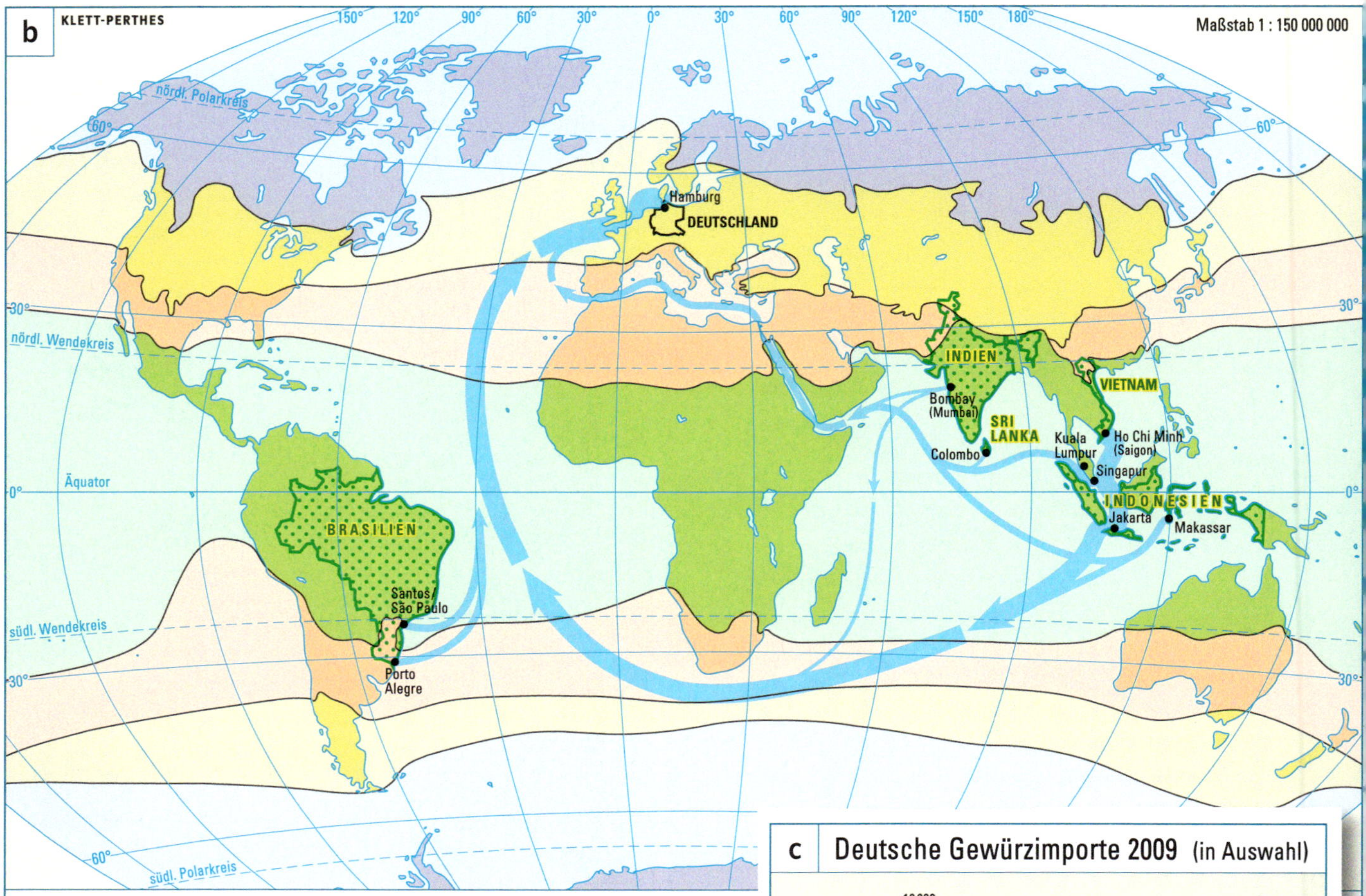

Pfefferhandel heute Anbaugebiete und Import nach Deutschland

Klimazonen
- Kalte Zone
- Gemäßigte Zone
- Subtropische Zone
- Tropische Zone

Anbau
- pfefferproduzierender Staat (z. B. Vietnam)

Handel mit Deutschland 2009
- • Jakarta bedeutender Handelshafen
- Handelsrouten mit Importangaben (insgesamt rund 25 000 t)
  - über 12 500 t
  - 2500 t – 12 500 t
  - unter 2500 t

c Deutsche Gewürzimporte 2009 (in Auswahl)

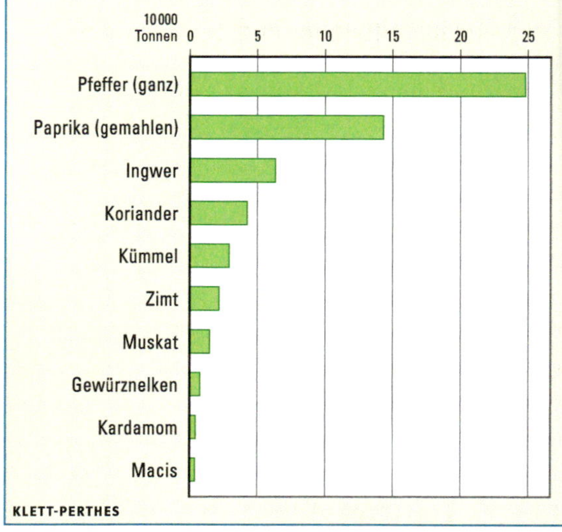

d Von der Pflanze zum Gewürz

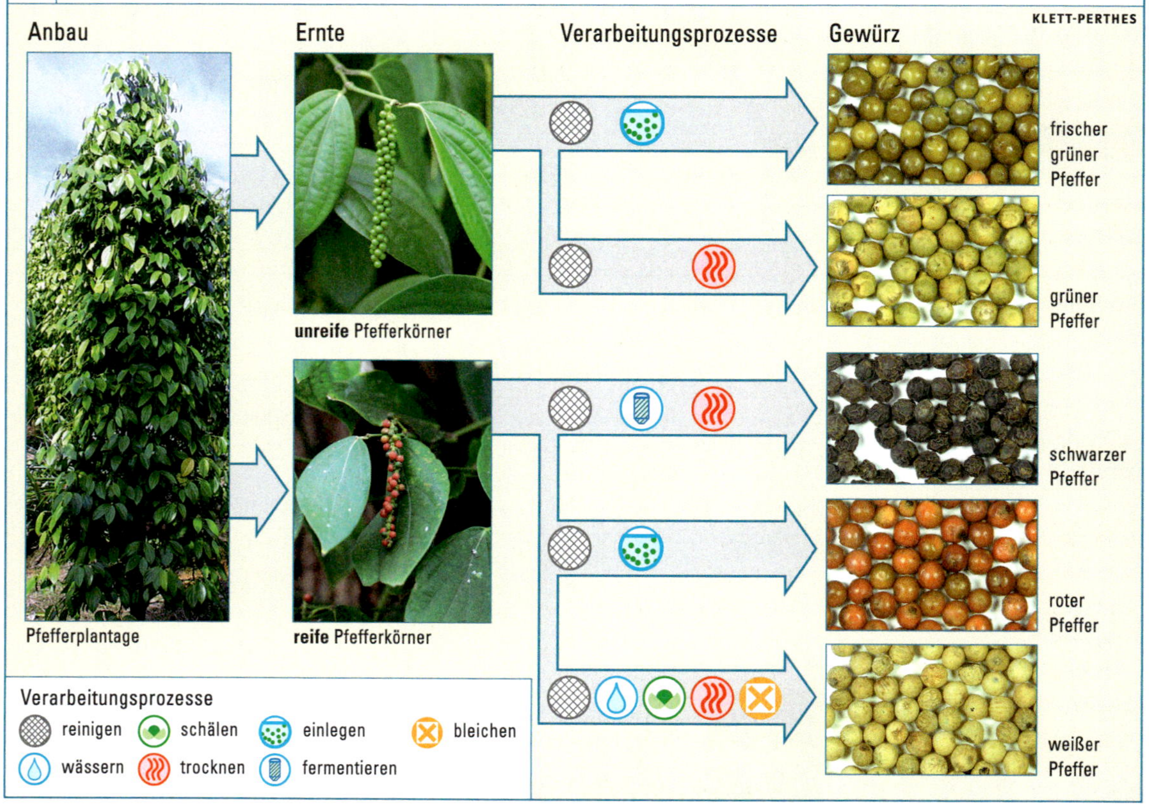

e

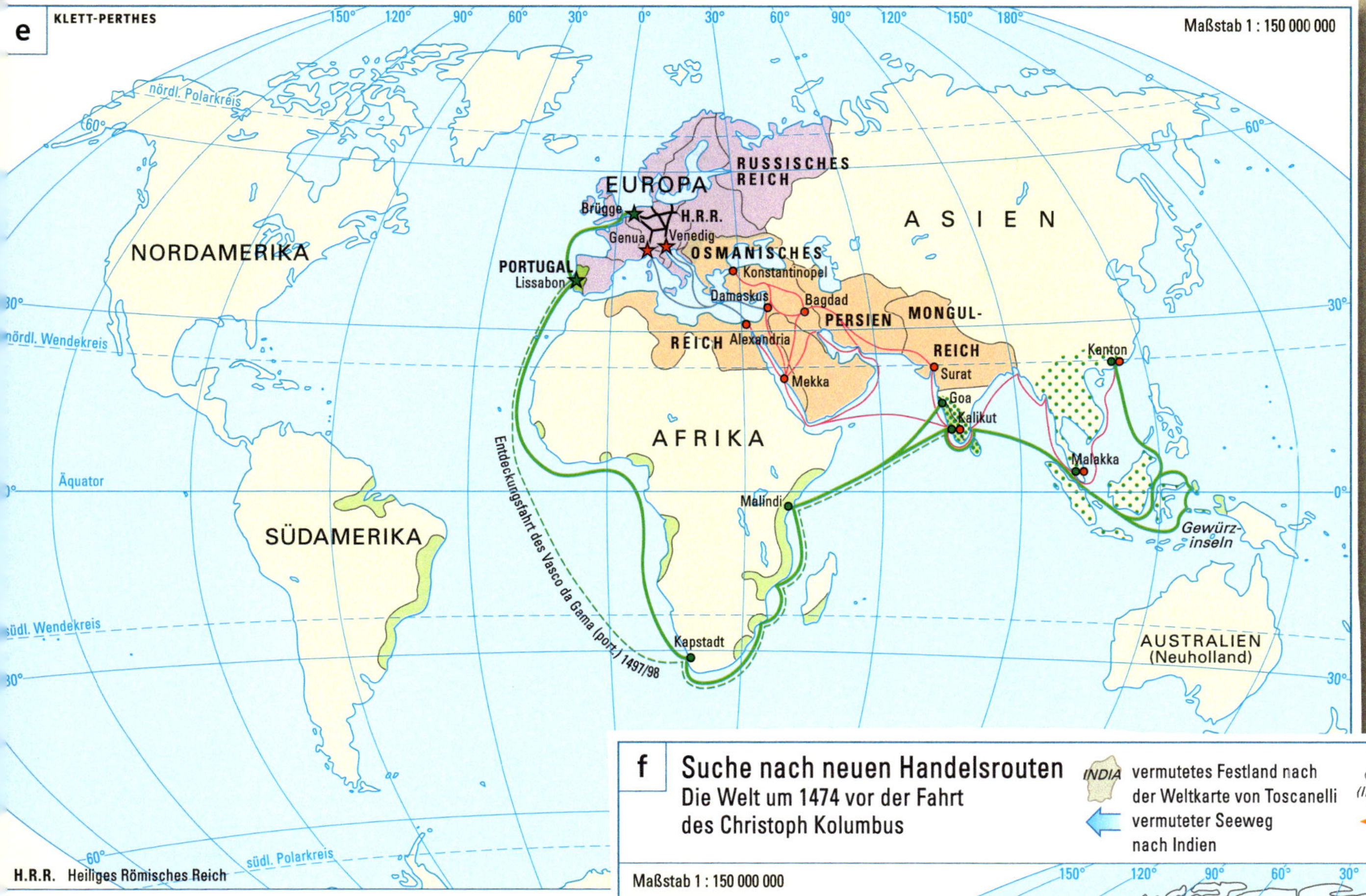

Pfefferhandel im Mittelalter und der Frühen Neuzeit

Handel im Mittelalter
- Pfefferanbaugebiet
- arabisches Handelsgebiet
- Handelsstützpunkte
- europäischer Absatzmarkt

bedeutende Handelsrouten
- arabisch
- venezianisch
- deutsch

Portugiesischer Handel in der Frühen Neuzeit
- Ausweitung des Pfefferanbaugebiets
- Mutterland, Kolonialgebiete
- Handelsstützpunkte
- europäischer Absatzmarkt

bedeutende Handelsrouten
- portugiesisch
- deutsch

f

Suche nach neuen Handelsrouten

Die Welt um 1474 vor der Fahrt des Christoph Kolumbus

- INDIA: vermutetes Festland nach der Weltkarte von Toscanelli
- vermuteter Seeweg nach Indien
- (INDIEN): tatsächliche Lage des Festlandes (heutiger Name)
- Route des Christoph Kolumbus (1492–1493)

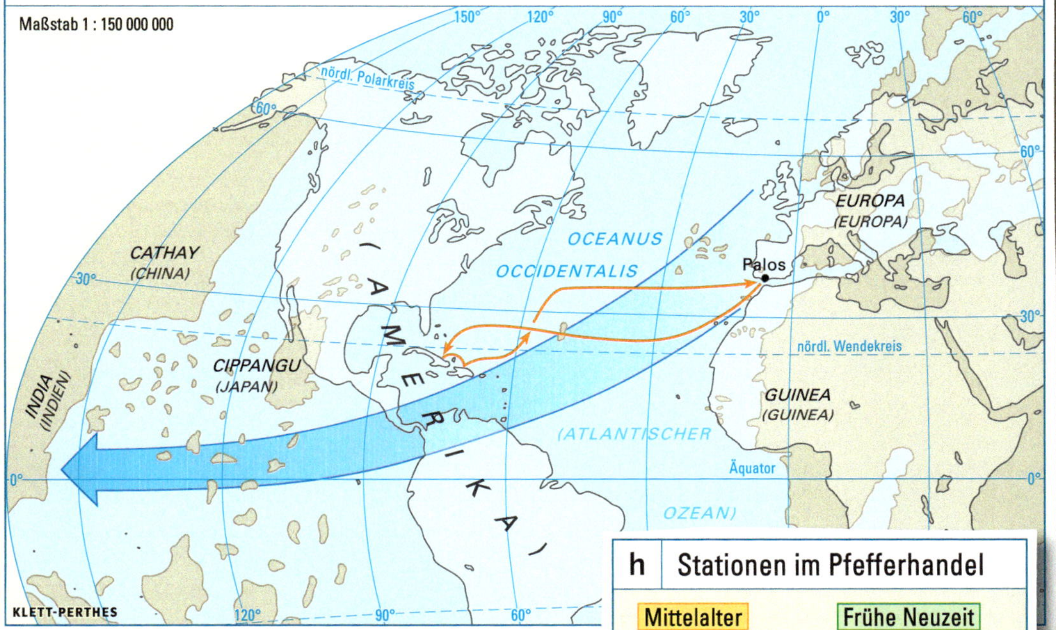

beschreiben • fragen • beantworten

Kläre Begriffe.
Zum Beispiel: Karawane, Plantage, bleichen, fermentieren, einlegen

Stelle dir Aufgaben, zum Beispiel:

Welche Gewürze verwendest du und deine Familie zuhause? Erstelle dazu eine Liste. (a, c)

Wie heißen die drei wichtigsten importierten Gewürze Deutschlands? (c)

Pfeffer ist auch das beliebteste Gewürz der Deutschen. Kann diese Gewürzpflanze überall auf der Welt angebaut werden? Begründe. (b)

Wieviele Pfeffersorten gibt es und wie werden sie hergestellt? (d)

Woher bezogen die Deutschen im Mittelalter den Pfeffer, woher in der Frühen Neuzeit und woher heute? Erstelle zum Vergleich eine Tabelle. Welche Veränderungen kann man feststellen? (b, e)

Die Menschen des Mittelalters kannten noch nicht die ganze Weltkarte. Was war anders? Achte auf die Landformen. (f)

Warum versuchte der Seefahrer Kolumbus 1492 einen westlichen Seeweg nach Indien zu finden? (f)

Wie veränderte sich der europäische Pfefferhandel nach der Entdeckung des Seeweges nach Indien durch Vasco da Gama 1498? (e, g)

Pfeffer kostete im Mittelalter bis zu 80 000 Euro/kg. Heute wird ein kg Pfeffer für etwa 30 Euro verkauft. Erkläre diese Preisentwicklung. (b, e, g, h)

g

Transportzeiten 500 km Wegstrecke im Vergleich

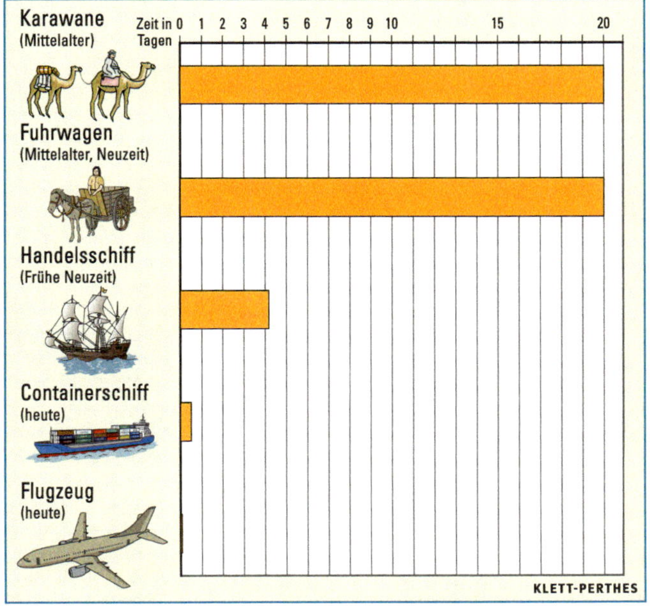

h

Stationen im Pfefferhandel

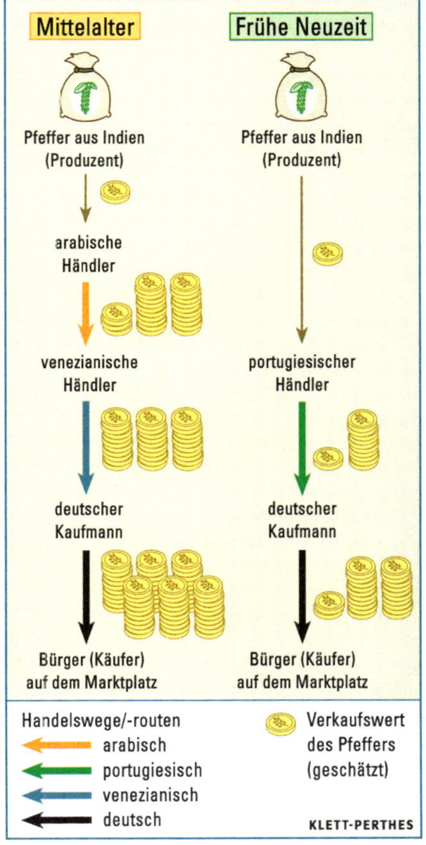

EINFÜHRUNG DEUTSCHLAND EUROPA ASIEN AFRIKA und ORIENT AUSTRALIEN und POLE AMERIKA WELT REGISTER

EINFÜHRUNG
DEUTSCHLAND
EUROPA
ASIEN
AFRIKA und ORIENT
AUSTRALIEN und POLE
AMERIKA
WELT
REGISTER

1

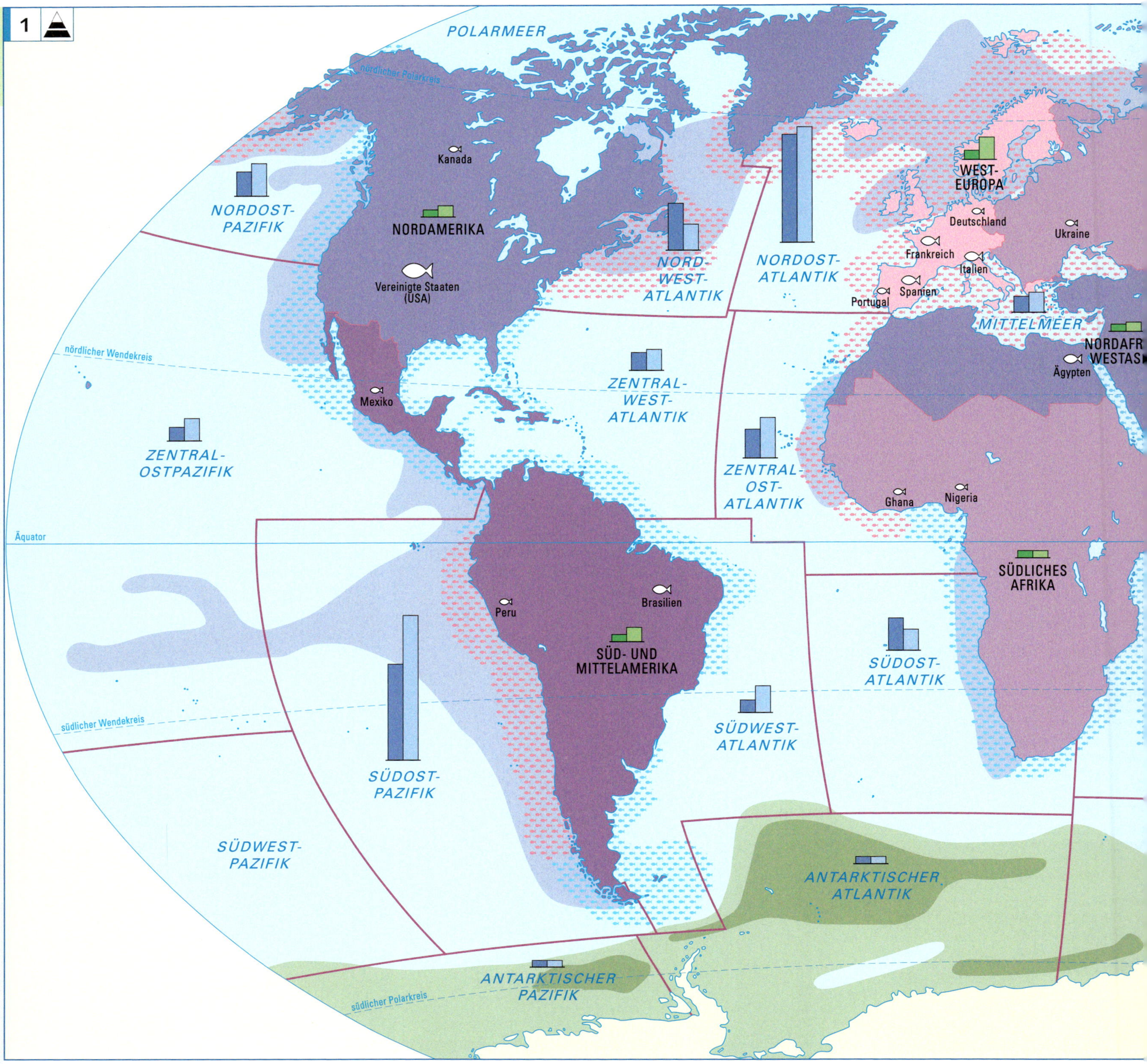

2

Maßstab 1 : 180 000 000

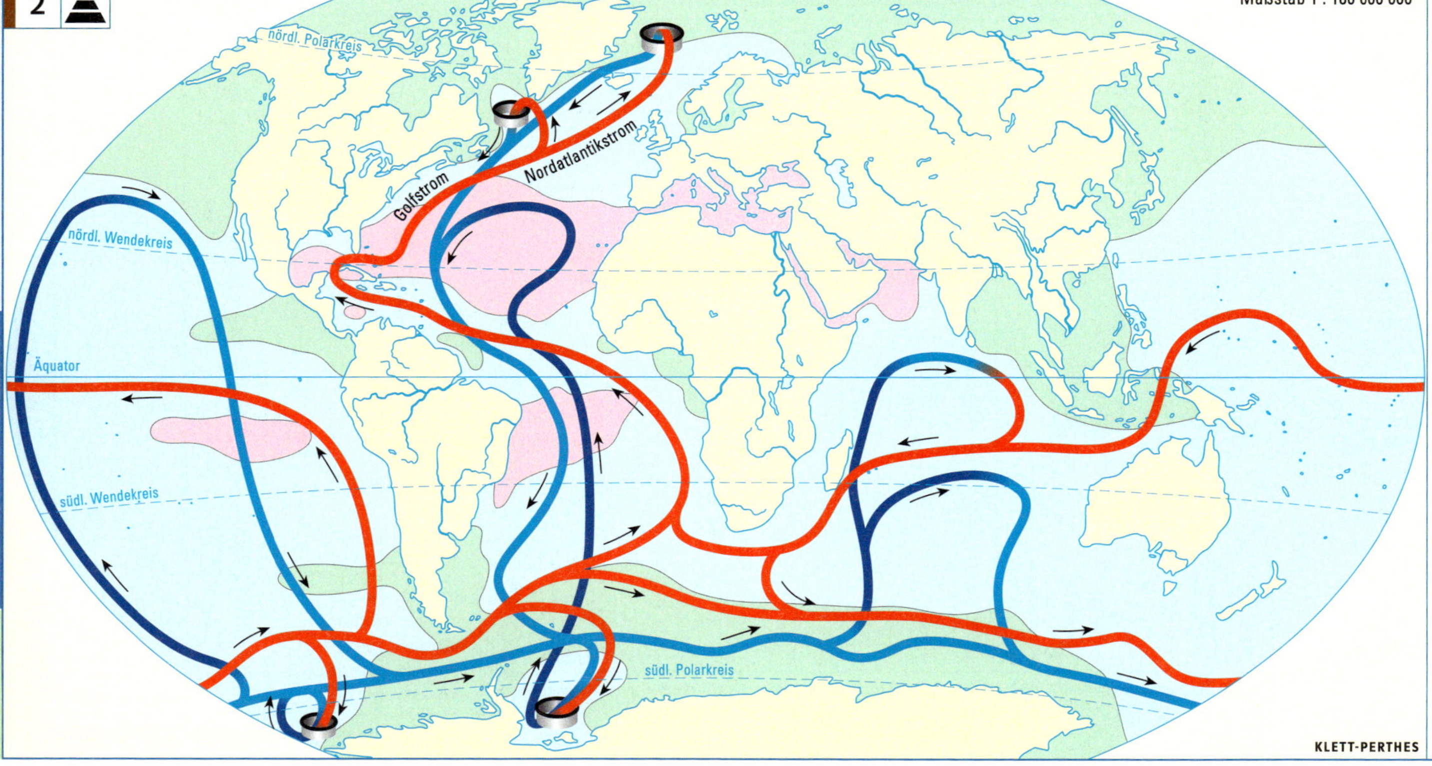

KLETT-PERTHES

Globales Förderband
System der Meeresströmungen

- Oberflächenströmung (warm oder kalt)
- Tiefenströmung (kalt)
- Bodenströmung (kalt oder sehr kalt)
- Übergangsbereich
- Strömungsrichtung

Salzgehalt

- hoch (über 3,6%)
- durchschnittlich (3,5%)
- gering (unter 3,4%)

(ein Salzgehalt von 3,5% entspricht 35 g/l)

Motor der Meereszirkulation

- Absinkregion (Tiefenwasserbildung)

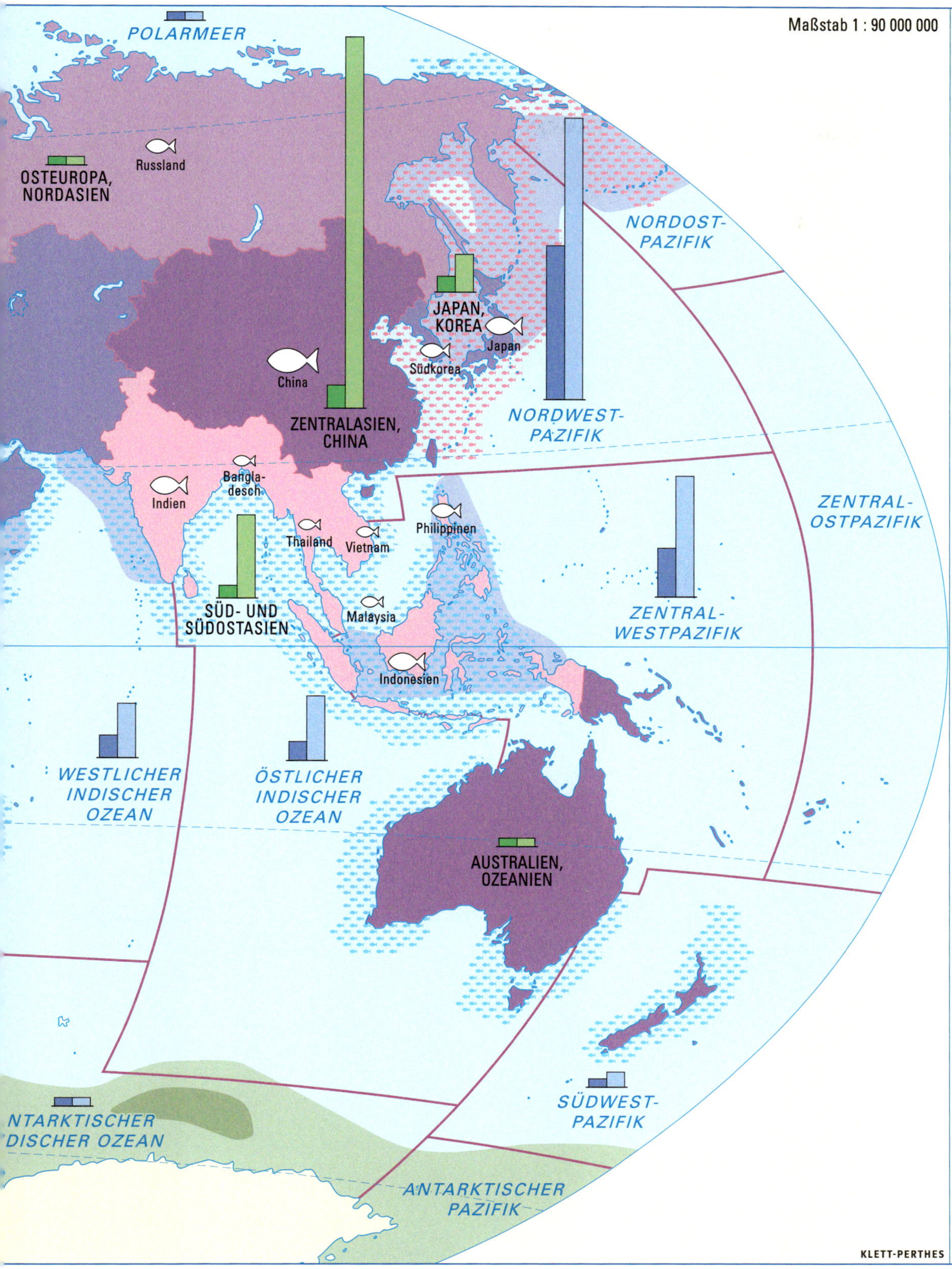

Fischfang und Fischzucht

Nahrungsgrundlagen
- reiches Vorkommen an tierischem Plankton
- Vorkommen bzw. vermehrtes Vorkommen von Krill

Fischbestände
- relativ stabil
- überfischt oder gefährdet

Fangmengen (nach FAO)
- Gesamtmenge 1965–1975
- Gesamtmenge 1995–2005
- Grenze einer Fischereizone

Fischzucht in Aquakulturen der Binnen- und Küstengewässer (nach FAO)
- Gesamtmenge 1965–1975
- Gesamtmenge 1995–2005
- Regionen

Fang- und Zuchtmengen
(in Mio t)

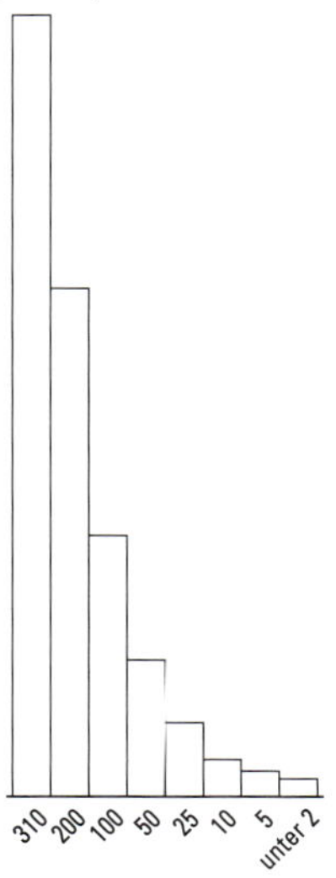

Staaten mit hohem Fischverzehr
(Gesamtverbrauch in Mio t/Jahr)
- 0,5 – 1
- 1 – 2
- 2 – 4
- 4 – 10
- 32

3

Bedeutende Speisefische

Aquakulturen Herkunft, Fanggebiet

Fang- und Zuchtmengen
(in Mio t/Jahr)
- 0,5 – 1
- 1 – 2
- 2 – 4

Verwendung und Verarbeitung
- Frischfisch
- Filet
- Tiefkühlkost
- Konserve

Fischbestände
- relativ stabil
- überfischt oder gefährdet

Größenvergleich
(Durchschnittsgrößen)

1:15 0 10 cm

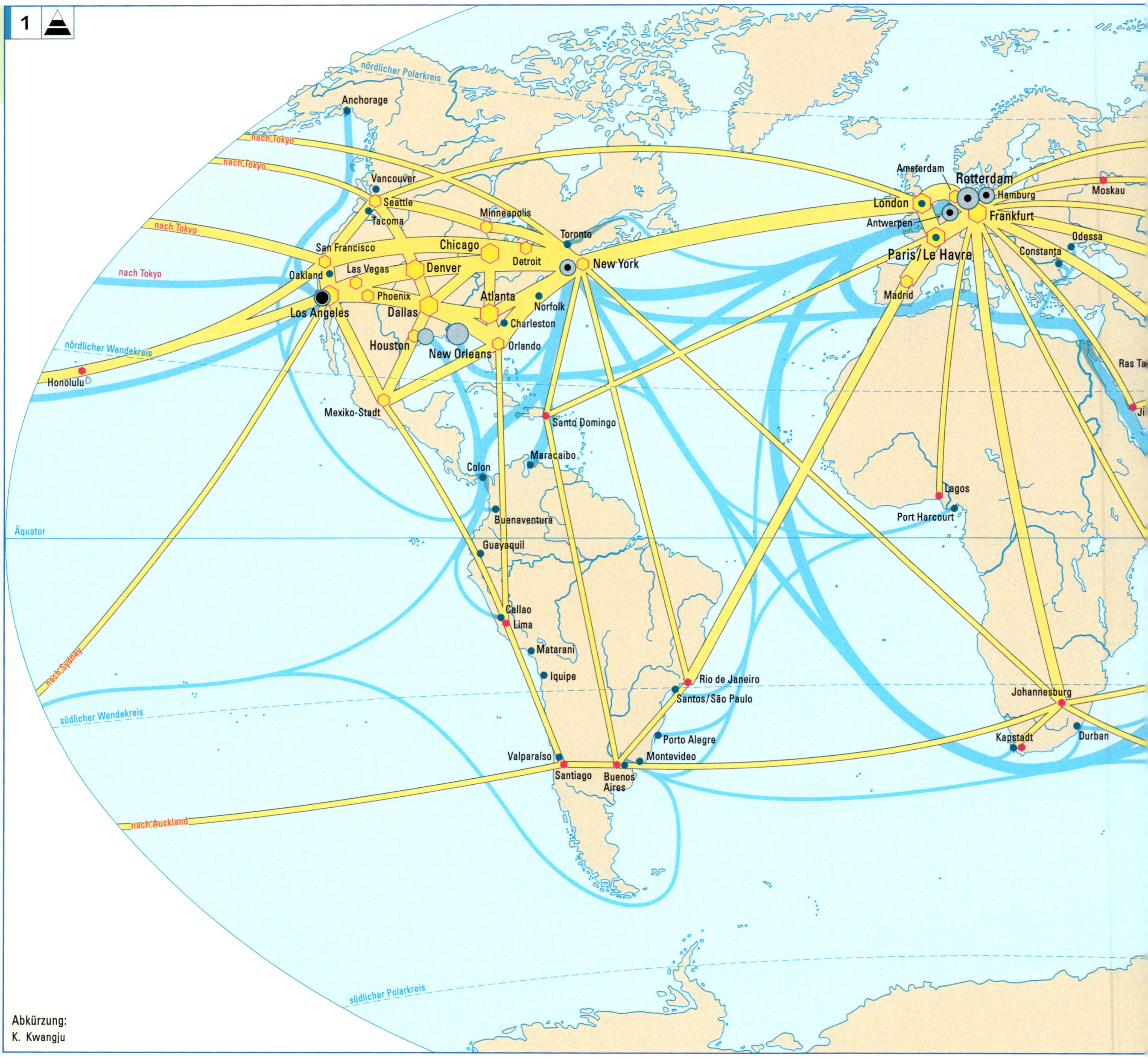
1
nördlicher Polarkreis
Anchorage
nach Tokyo
Vancouver
Seattle
Tacoma
Minneapolis
Toronto
San Francisco
Chicago
Detroit
Oakland
Las Vegas
Denver
New York
Phoenix
Los Angeles
Dallas
Atlanta
Norfolk
Charleston
Houston
New Orleans
Orlando
nördlicher Wendekreis
Honolulu
Mexiko-Stadt
Santo Domingo
Maracaibo
Colon
Buenaventura
Äquator
Guayaquil
Callao
Lima
Matarani
Iquipe
nach Sydney
südlicher Wendekreis
Rio de Janeiro
Santos/São Paulo
Porto Alegre
Valparaíso
Montevideo
Santiago
Buenos Aires
nach Auckland
Amsterdam
Rotterdam
Hamburg
Moskau
London
Antwerpen
Frankfurt
Odessa
Paris/Le Havre
Constanta
Madrid
Ras Ta
Ji
Lagos
Port Harcourt
Johannesburg
Kapstadt
Durban
südlicher Polarkreis
Abkürzung:
K. Kwangju

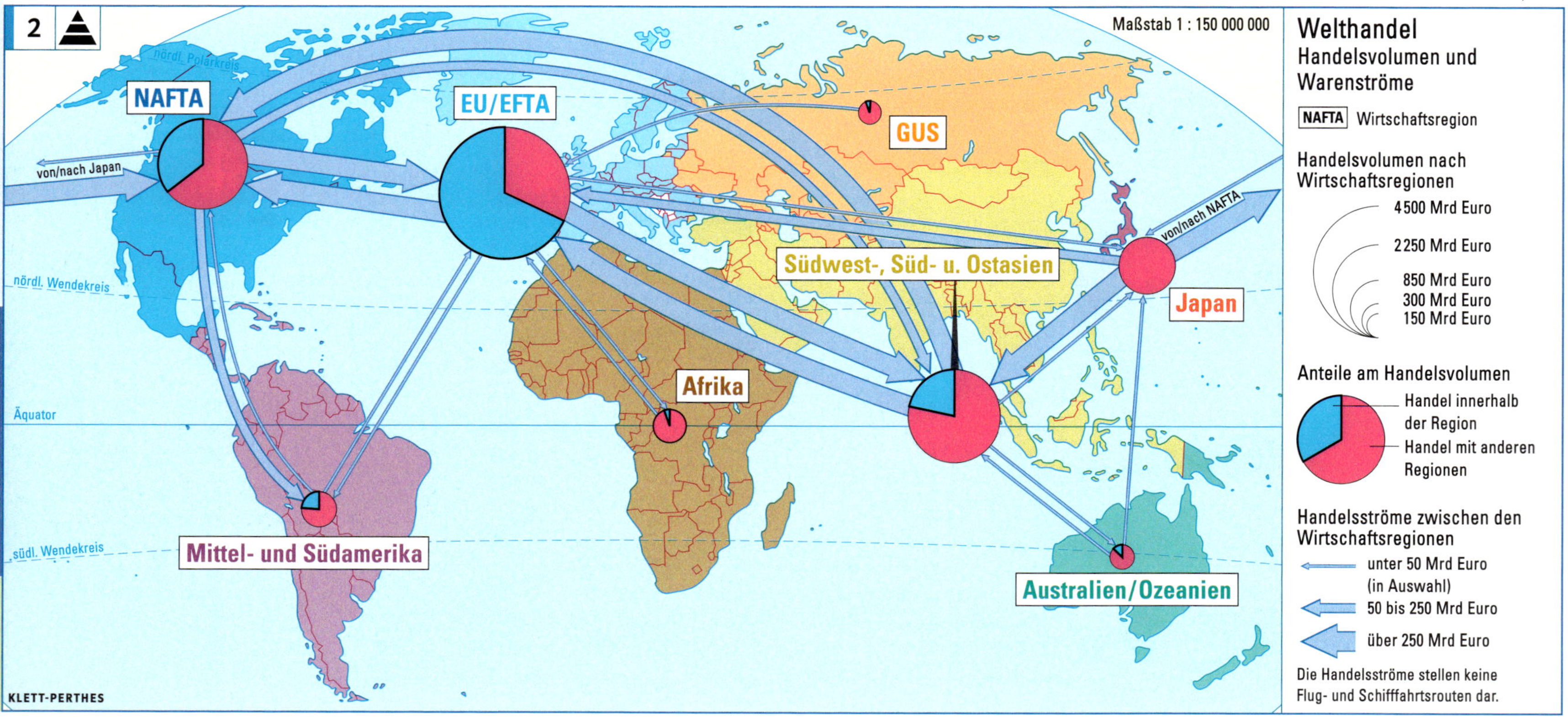
2
Maßstab 1 : 150 000 000
nördl. Polarkreis
NAFTA
EU/EFTA
GUS
von/nach Japan
Südwest-, Süd- u. Ostasien
von/nach NAFTA
Japan
nördl. Wendekreis
Afrika
Äquator
südl. Wendekreis
Mittel- und Südamerika
Australien/Ozeanien
Welthandel
Handelsvolumen und Warenströme
NAFTA Wirtschaftsregion
Handelsvolumen nach Wirtschaftsregionen
4 500 Mrd Euro
2 250 Mrd Euro
850 Mrd Euro
300 Mrd Euro
150 Mrd Euro
Anteile am Handelsvolumen
Handel innerhalb der Region
Handel mit anderen Regionen
Handelsströme zwischen den Wirtschaftsregionen
unter 50 Mrd Euro (in Auswahl)
50 bis 250 Mrd Euro
über 250 Mrd Euro
Die Handelsströme stellen keine Flug- und Schifffahrtsrouten dar.
KLETT-PERTHES

Seeverkehr und Flugverkehr

Seeverkehr

Handelshäfen von Weltbedeutung

Gesamtumschlag
- sehr bedeutend (über 200 Mio t)
- bedeutend (75 – 200 Mio t)
- sonstiger Hafen

Containerumschlag
- sehr bedeutend (über 10 Mio TEU*)
- bedeutend (2 – 10 Mio TEU*)

*TEU = Containerstandardvolumen (36 m^3)

Wichtige Schifffahrtsrouten

Frachtaufkommen
- sehr hoch
- hoch
- bedeutend

Flugverkehr

Flughäfen von Weltbedeutung
- sehr bedeutend (über 50 Mio Passagiere)
- bedeutend (30 – 50 Mio Passagiere)
- sonstiger Flughafen

Passagieraufkommen (interkontinentale und interregionale Flugrouten)
- sehr hoch
- hoch
- bedeutend

Die zehn größten Flughäfen 2009

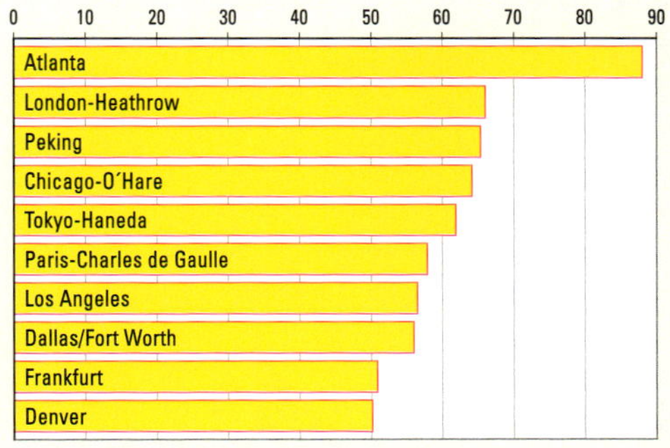

Die zehn größten Seehäfen 2008

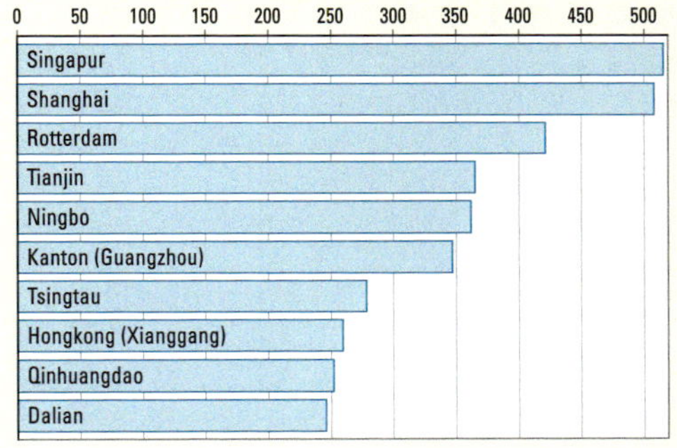

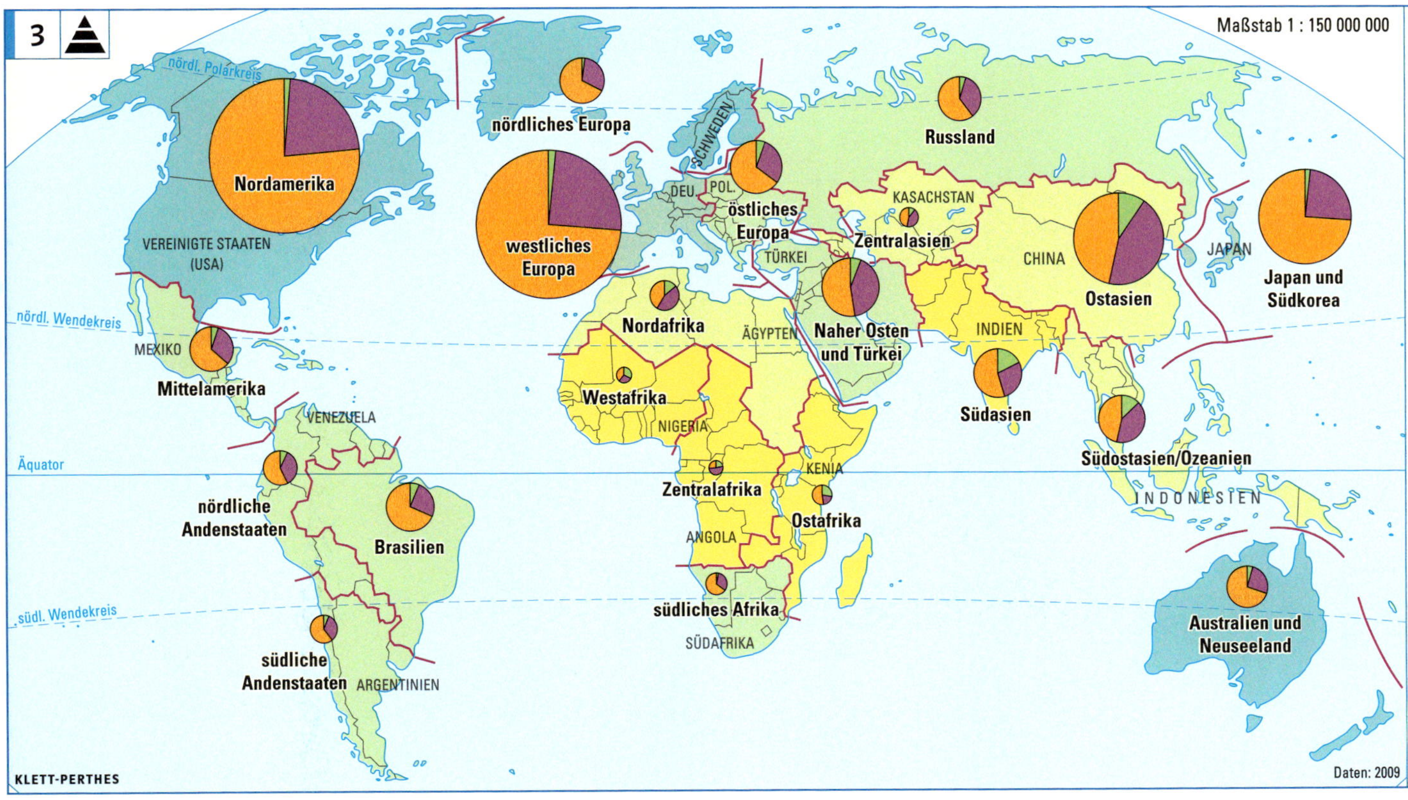

Wirtschaftskraft und Wohlstand

Weltregion
- **Ostasien** Name
- Grenze
- CHINA Staat mit der größten Wirtschaftskraft einer Region

Wirtschaftskraft
- 15 000 Mrd US-$
- 5 000 Mrd US-$
- 2 000 Mrd US-$
- 500 Mrd US-$

- Landwirtschaft
- Industrie
- Dienstleistung

Wohlstand

Bruttoinlandsprodukt (BIP) pro Einw.
- über 40 000 US-$
- 10 000 – 40 000 US-$
- 5 000 – 10 000 US-$
- 2 500 – 5 000 US-$
- unter 2 500 US-$

DEU. Deutschland
POL. Polen

1

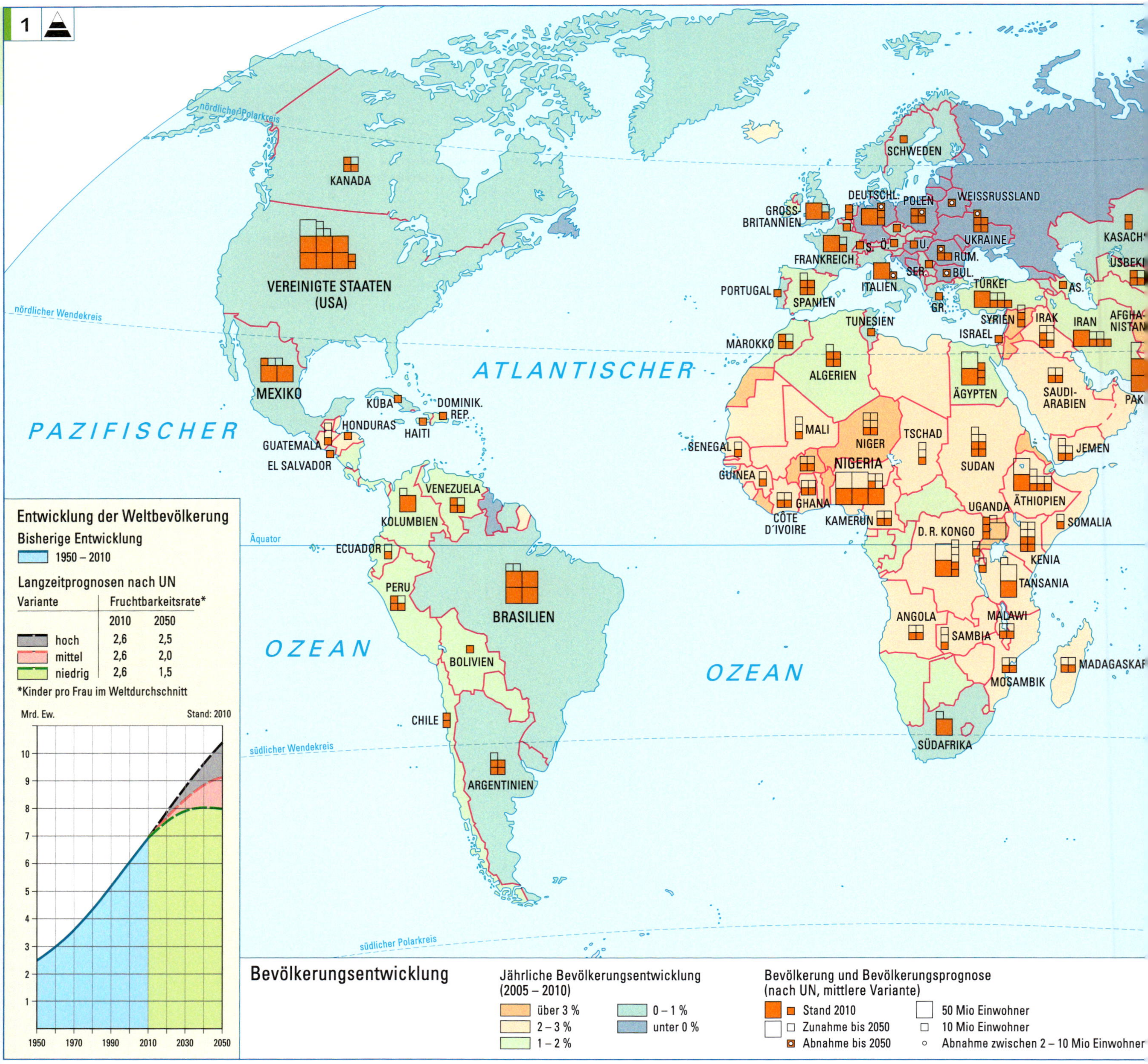
nördlicher Polarkreis
KANADA
VEREINIGTE STAATEN (USA)
nördlicher Wendekreis
MEXIKO
KUBA
DOMINIK. REP.
HAITI
HONDURAS
GUATEMALA
EL SALVADOR
PAZIFISCHER
ATLANTISCHER
VENEZUELA
KOLUMBIEN
ECUADOR
Äquator
PERU
BRASILIEN
BOLIVIEN
OZEAN
OZEAN
CHILE
südlicher Wendekreis
ARGENTINIEN
südlicher Polarkreis
SCHWEDEN
GROSS-BRITANNIEN
DEUTSCHL.
POLEN
WEISSRUSSLAND
UKRAINE
FRANKREICH
Ö.
U.
S.
RUM.
SER.
BUL.
ITALIEN
PORTUGAL
SPANIEN
GR.
TÜRKEI
KASACH
USBEKI
AS.
TUNESIEN
SYRIEN
ISRAEL
IRAK
IRAN
AFGHA-NISTAN
MAROKKO
ALGERIEN
ÄGYPTEN
SAUDI-ARABIEN
PAK
MALI
NIGER
TSCHAD
SUDAN
JEMEN
SENEGAL
GUINEA
NIGERIA
GHANA
CÔTE D'IVOIRE
KAMERUN
ÄTHIOPIEN
UGANDA
SOMALIA
D. R. KONGO
KENIA
TANSANIA
ANGOLA
MALAWI
SAMBIA
MADAGASKAR
MOSAMBIK
SÜDAFRIKA
Entwicklung der Weltbevölkerung
Bisherige Entwicklung
1950 – 2010
Langzeitprognosen nach UN
Variante | Fruchtbarkeitsrate*
2010 | 2050
hoch | 2,6 | 2,5
mittel | 2,6 | 2,0
niedrig | 2,6 | 1,5
*Kinder pro Frau im Weltdurchschnitt
Mrd. Ew.
Stand: 2010
1
2
3
4
5
6
7
8
9
10
1950
1970
1990
2010
2030
2050
Bevölkerungsentwicklung
Jährliche Bevölkerungsentwicklung (2005 – 2010)
über 3 %
2 – 3 %
1 – 2 %
0 – 1 %
unter 0 %
Bevölkerung und Bevölkerungsprognose (nach UN, mittlere Variante)
Stand 2010
Zunahme bis 2050
Abnahme bis 2050
50 Mio Einwohner
10 Mio Einwohner
Abnahme zwischen 2 – 10 Mio Einwohner

2

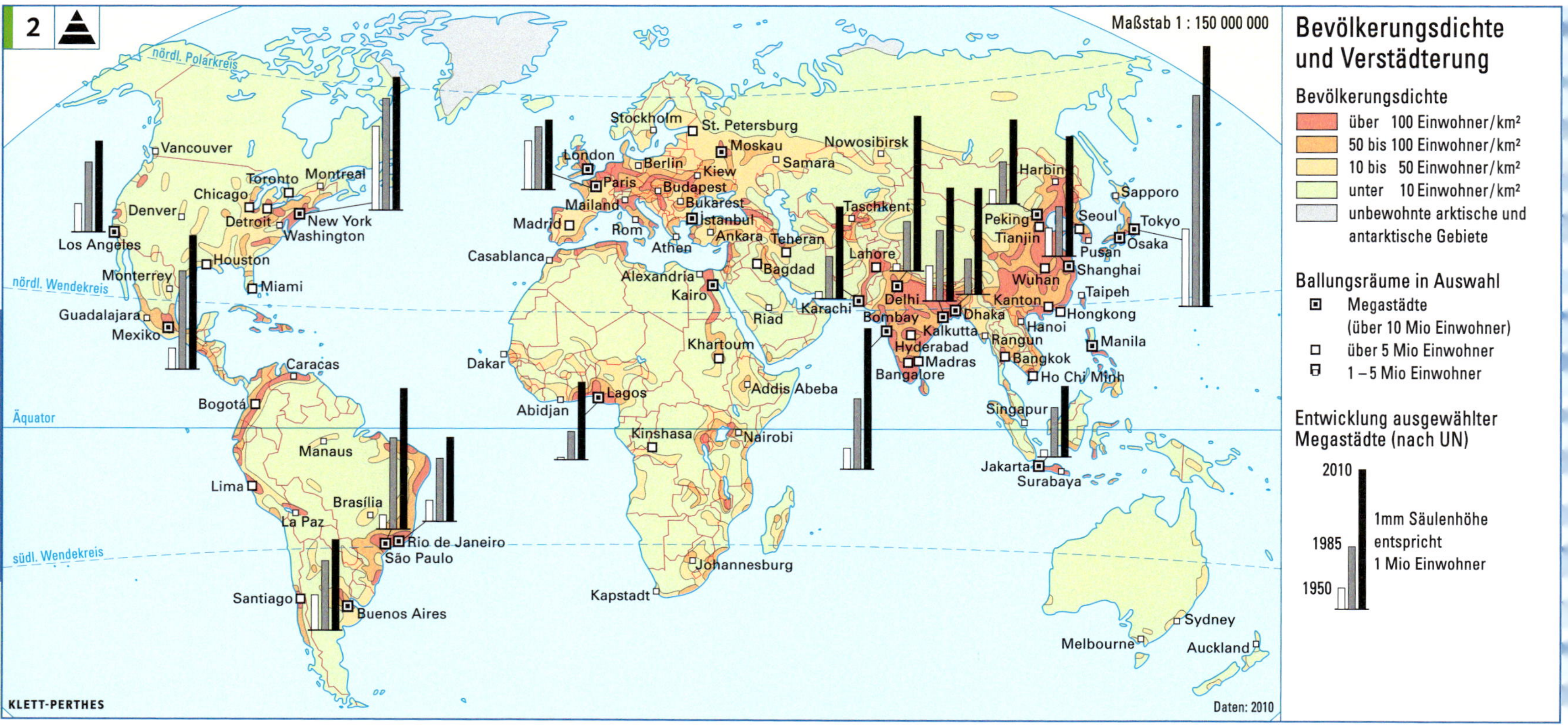
Maßstab 1 : 150 000 000
Bevölkerungsdichte und Verstädterung
Bevölkerungsdichte
über 100 Einwohner/km²
50 bis 100 Einwohner/km²
10 bis 50 Einwohner/km²
unter 10 Einwohner/km²
unbewohnte arktische und antarktische Gebiete
Ballungsräume in Auswahl
Megastädte (über 10 Mio Einwohner)
über 5 Mio Einwohner
1 – 5 Mio Einwohner
Entwicklung ausgewählter Megastädte (nach UN)
2010
1985
1950
1mm Säulenhöhe entspricht 1 Mio Einwohner
nördl. Polarkreis
nördl. Wendekreis
Äquator
südl. Wendekreis
Vancouver
Toronto
Montreal
Chicago
Denver
Detroit
New York
Washington
Los Angeles
Houston
Monterrey
Miami
Guadalajara
Mexiko
Caracas
Bogotá
Manaus
Lima
Brasilia
La Paz
Rio de Janeiro
São Paulo
Santiago
Buenos Aires
Stockholm
St. Petersburg
Moskau
Nowosibirsk
London
Berlin
Samara
Paris
Kiew
Mailand
Budapest
Bukarest
Madrid
Rom
Istanbul
Ankara
Athen
Teheran
Taschkent
Casablanca
Bagdad
Alexandria
Kairo
Lahore
Riad
Karachi
Delhi
Harbin
Peking
Tianjin
Seoul
Sapporo
Tokyo
Osaka
Pusan
Shanghai
Wuhan
Taipeh
Kanton
Hongkong
Hanoi
Bombay
Dhaka
Kalkutta
Hyderabad
Rangun
Madras
Bangalore
Bangkok
Manila
Ho Chi Minh
Khartoum
Dakar
Abidjan
Lagos
Addis Abeba
Kinshasa
Nairobi
Singapur
Jakarta
Surabaya
Johannesburg
Kapstadt
Sydney
Melbourne
Auckland
KLETT-PERTHES
Daten: 2010

Abkürzungen:

AS.	ASERBAIDSCHAN	RUM.	RUMÄNIEN
BUL.	BULGARIEN	S.	SCHWEIZ
GR.	GRIECHENLAND	SER.	SERBIEN
Ö.	ÖSTERREICH	U.	UNGARN

Bevölkerungspyramiden ausgewählter Staaten 2010

Altersklassen von je 5 Jahren
- Ruhestand
- Ausbildung und Beruf
- Kindheit und Schulzeit

2% Anteil einer Altersklasse an der Gesamtbevölkerung des Staates

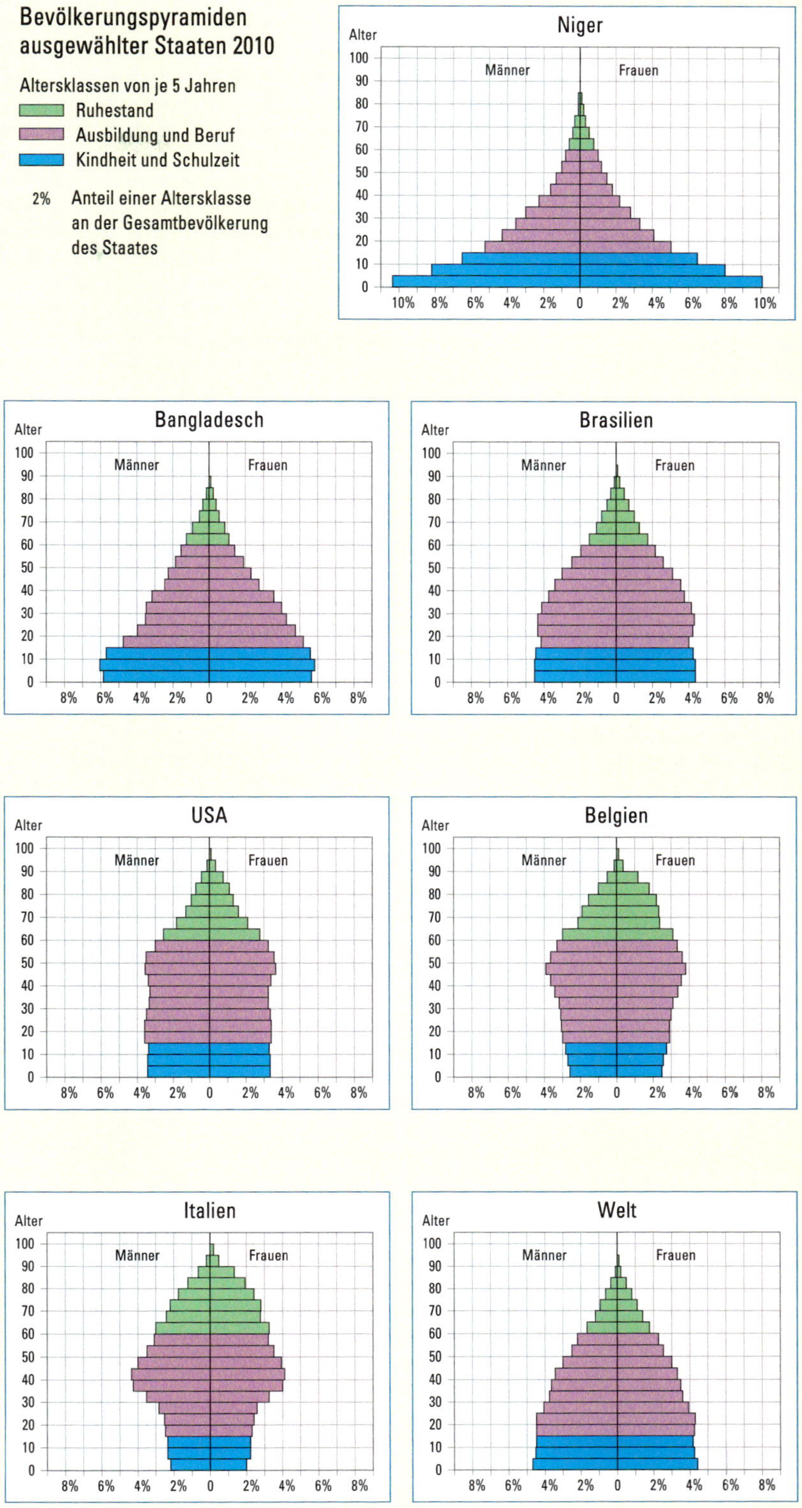

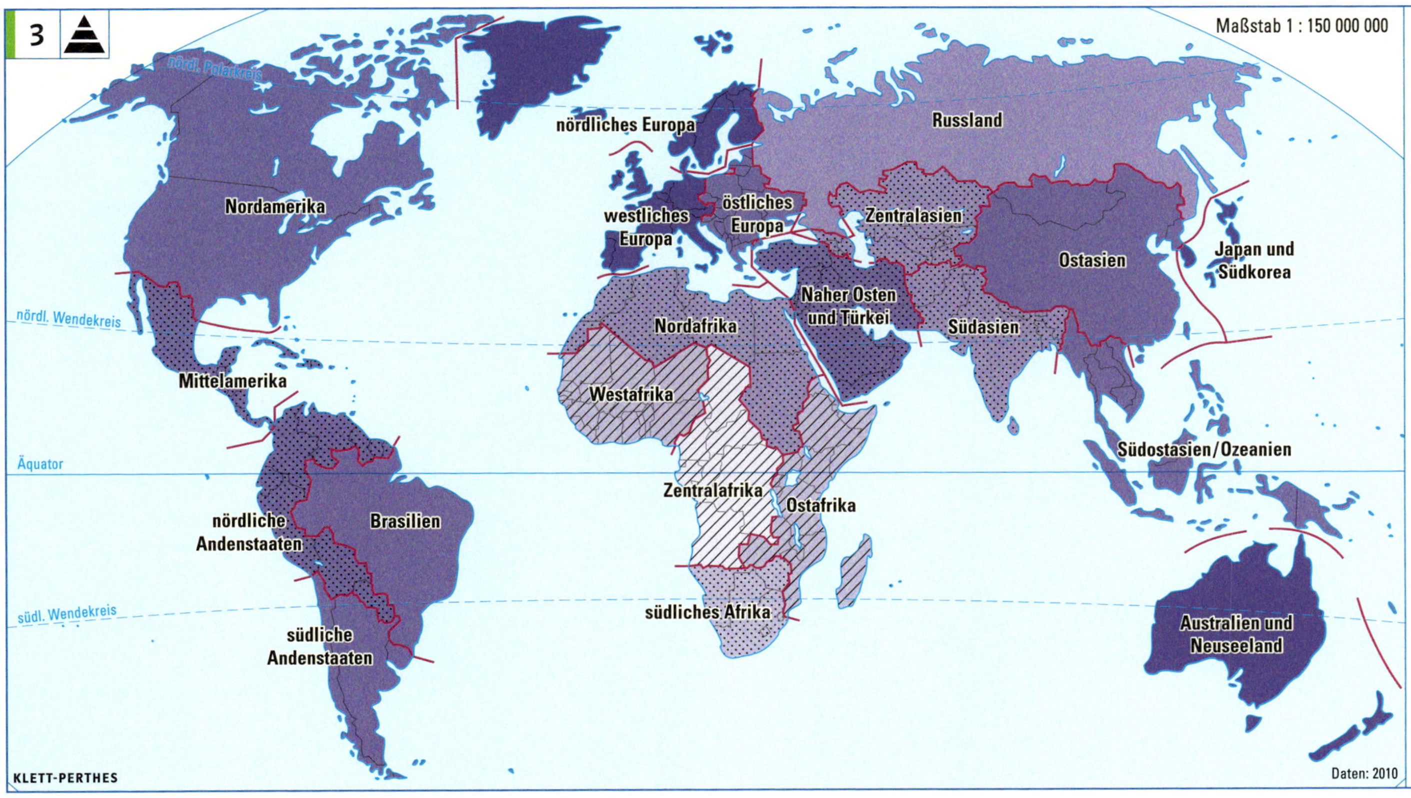

Lebenserwartung und Geburtenrate

Lebenserwartung 2010
- über 80 Jahre
- 70 – 80 Jahre
- 60 – 70 Jahre
- 50 – 60 Jahre
- unter 50 Jahre

Geburtenrate 2010
(Zahl der Lebendgeborenen je 1000 Einwohner)
- 8 – 20
- 20 – 30
- über 30

Weltdurchschnitt = 20,3

Entwicklungsstand von Staaten und Metropolen

Human Development Index (HDI) *

- sehr hoch (über 0,9)
- hoch (0,8 – 0,9)
- gering überdurchschnittlich (0,7 – 0,8)
- gering unterdurchschnittlich (0,6 – 0,7)
- niedrig (0,5 – 0,6)
- sehr niedrig (unter 0,5)
- keine Daten

* Der HDI ist das Maß für die Lebensqualität der Bevölkerung. Er berechnet sich aus: Einkommen, Lebenserwartung und Bildungsgrad.

Wohnqualität in ausgewählten Metropolen

- überwiegend gute Qualität

Schlecht ausgestattete Wohnungen **

- bis 15 %
- 15 – 25 %
- über 25 %
- über 5 Mio. Einw.
- 5 – 1 Mio. Einw.

** Mangel an Wasseranschluss, Toilette, Bauqualität und Wohnfläche (nach UN-Habitat 2005).

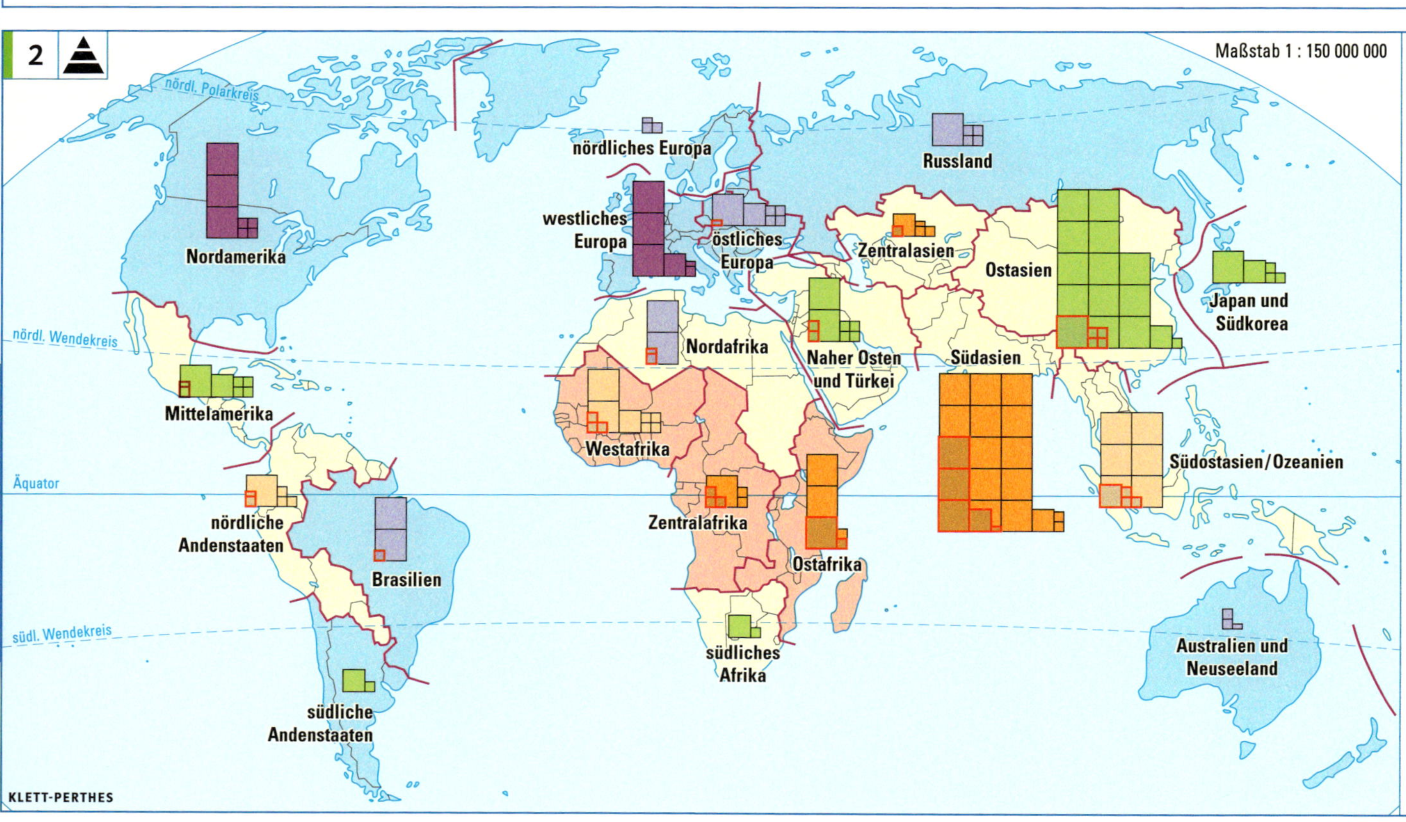

Ernährung und Trinkwasser

Weltregion

Ostasien Name — Grenze

Bevölkerung

- 100 Mio. Einwohner
- 50 Mio. Einwohner
- 10 Mio. Einwohner
- 5 Mio. Einwohner

Nahrungsaufnahme pro Kopf (100 = Optimalwert)

- zu viel (über 120)
- hoch (110 – 120)
- optimal (100 – 110)
- knapp (90 – 100)
- zu wenig (unter 90)

davon hungernde Bevölkerung

- 100 Mio. Einwohner
- 50 Mio. Einwohner
- 10 Mio. Einwohner
- 5 Mio. Einwohner

Trinkwasser

Bevölkerung mit Zugang zu sauberem Trinkwasser in %

- unter 75
- 75 – 95
- 95 – 100

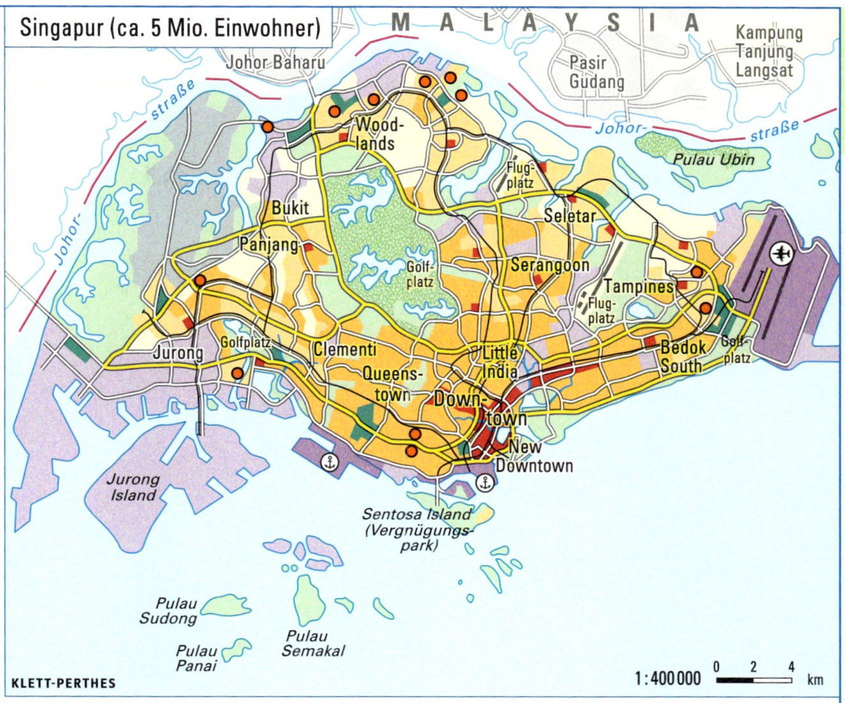

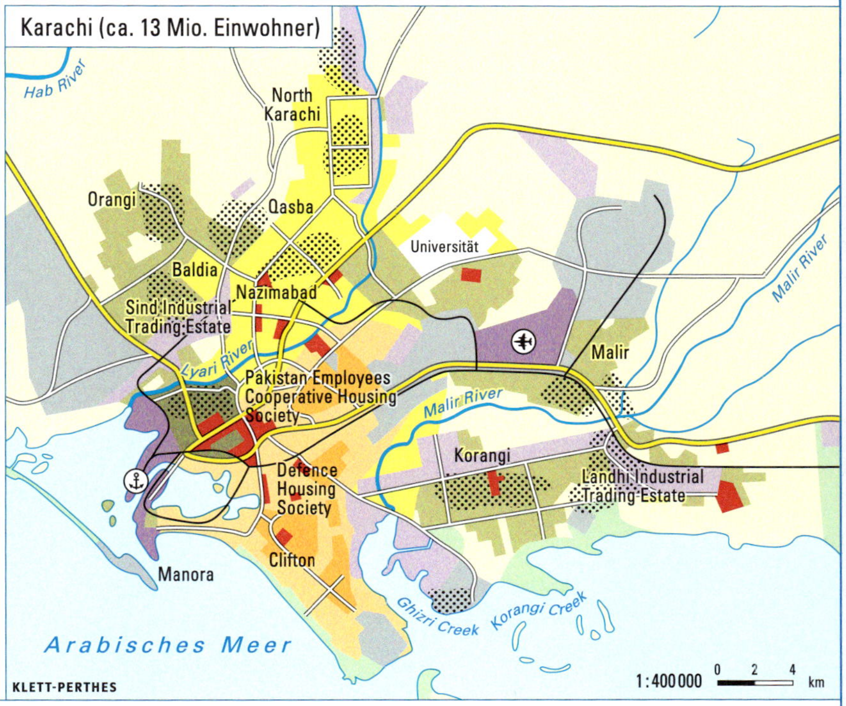

Singapur und Karachi im Vergleich

Wohnqualität
- höchste Qualität (Luxusquartiere)
- sehr hoch
- hoch
- durchschnittlich
- schlecht
- sehr schlecht (Slums)
- No-Go-Area (große Gefahr von Überfällen)

Wirtschaft, Erholung und sonstige Nutzung
- Einkaufs-, Geschäftsviertel
- Technologie-Parks
- Industrie
- Flug- und Seehafen
- Naherholung, Waldfläche
- militärisch genutzt

Verkehrswege und Grenze
- Schnellstraße
- Verbindungsstraße
- Eisenbahn
- Staatsgrenze

3

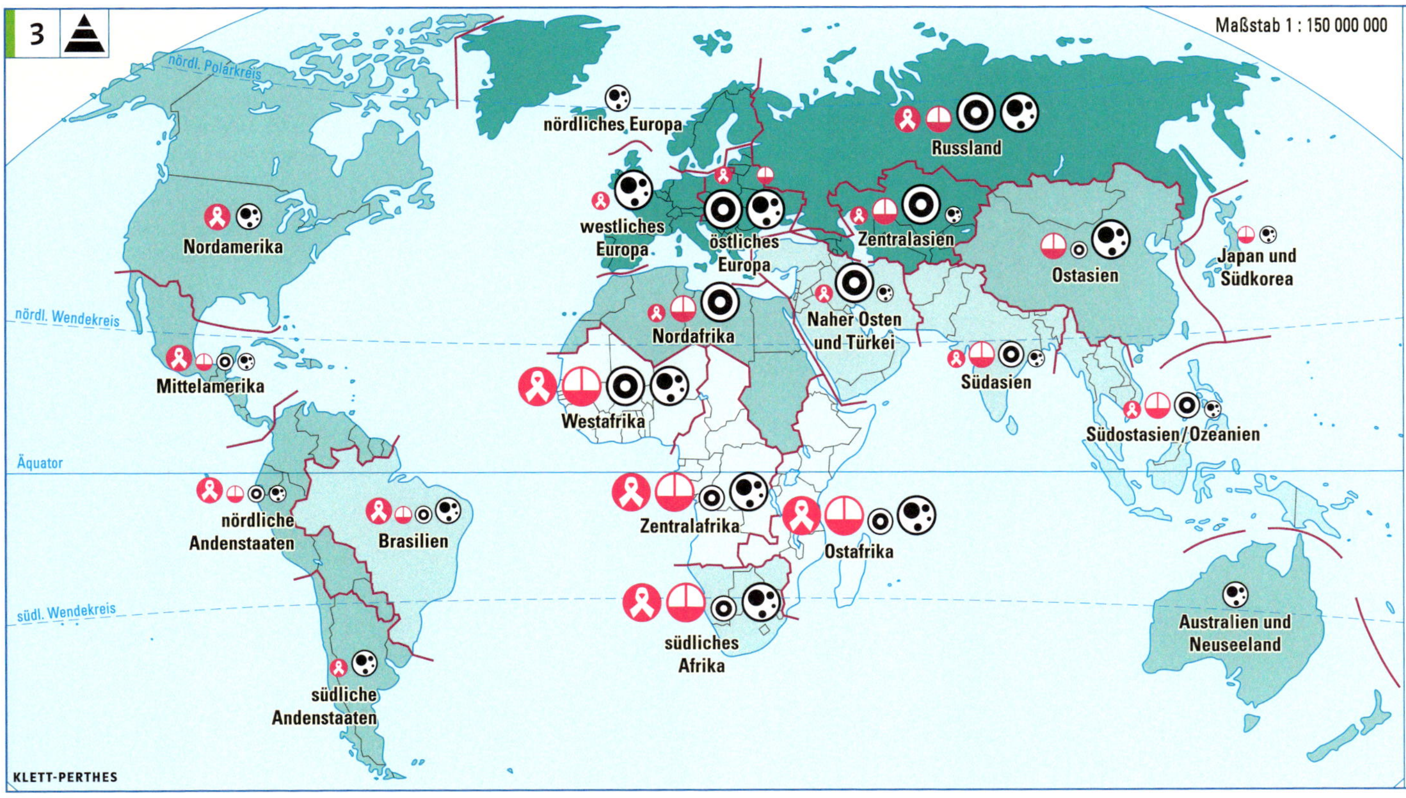

Gesundheit
Arztdichte und Erkrankungen

Weltregion
Ostasien Name
Grenze

Arztdichte
Einwohner pro Arzt
- unter 400
- 400 – 800
- 800 – 3000
- über 3000

Erkrankungen pro 100 000 Einw.

HIV*	Tuberkulose
100 – 400	50 – 100
400 – 1000	100 – 300
über 1000	über 300

Todesfälle in Folge von Erkrankungen pro 100 000 Einw.

Herz-Kreislauf	Krebs
200 – 300	100 – 120
300 – 400	120 – 140
über 400	über 140

* Humanes Immundefizienz-Virus

Daten: 2009, nach WHO

EINFÜHRUNG
DEUTSCHLAND
EUROPA
GESCHICHTE: KONTINENTE und WELT
REGISTER

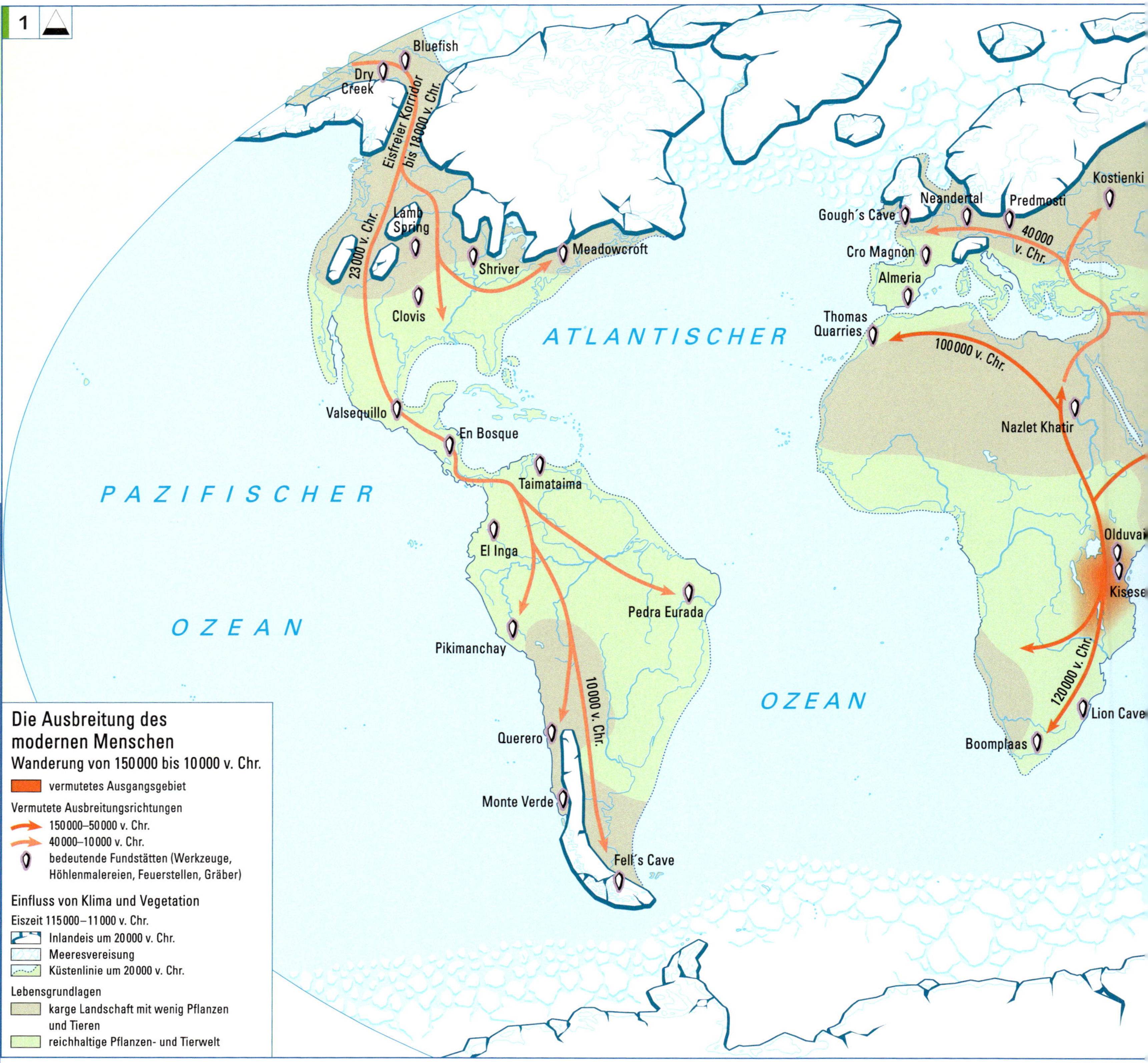

KLETT-PERTHES

3 Fundamente früher Hochkulturen Erste Staatenbildung 3000–1500 v. Chr.

KLETT-PERTHES

ALTERTUM | VORGESCHICHTE

1000 – 2000 – 3000 – 4000 – 5000 – 10000 – 50000 – 100000 – 150000

um 800 v. Chr.:
Es gibt die ersten Werkzeuge aus **Eisen**.

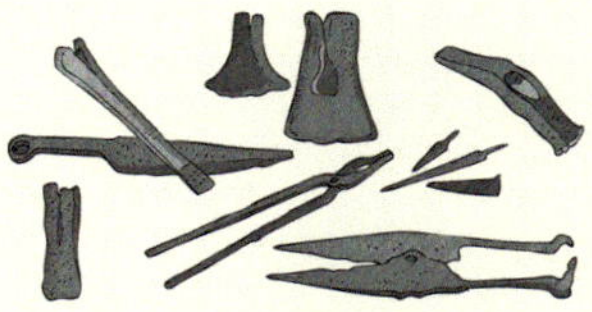

Werkzeuge aus der Eisenzeit

Ägyptische Herrscher (links) ließen sich in einem Sarkophag (rechts) bestatten.

um 2000 v. Chr.:
Die Menschen entdecken das Metall. In Mesopotamien beginnt die **Bronzezeit**.

um 2500 v. Chr.:
In **Ägypten** werden die **Pyramiden** von **Gise** gebaut.

um 3000 v. Chr.:
Die ersten **Hochkulturen** entstehen.

um 3300 v. Chr.:
Zeit des **„Ötzi“**, der 1991 als Gletschermumie in den Alpen gefunden wurde.

So könnte „Ötzi“ ausgesehen haben.

Leben in der Steinzeit um 7500 v. Chr.

12000 v. Chr.:
Die Menschen geben das Nomadenleben auf und werden **sesshaft**.

ab 40000 v. Chr.:
Der **moderne Mensch** breitet sich in **Europa** aus.

Der Neandertaler lebte bis 30000 v. Chr.

um 150000 v. Chr.:
Der moderne Mensch, **Homo sapiens**, entwickelt sich in **Afrika**. Unsere Menschheitsgeschichte beginnt.

1

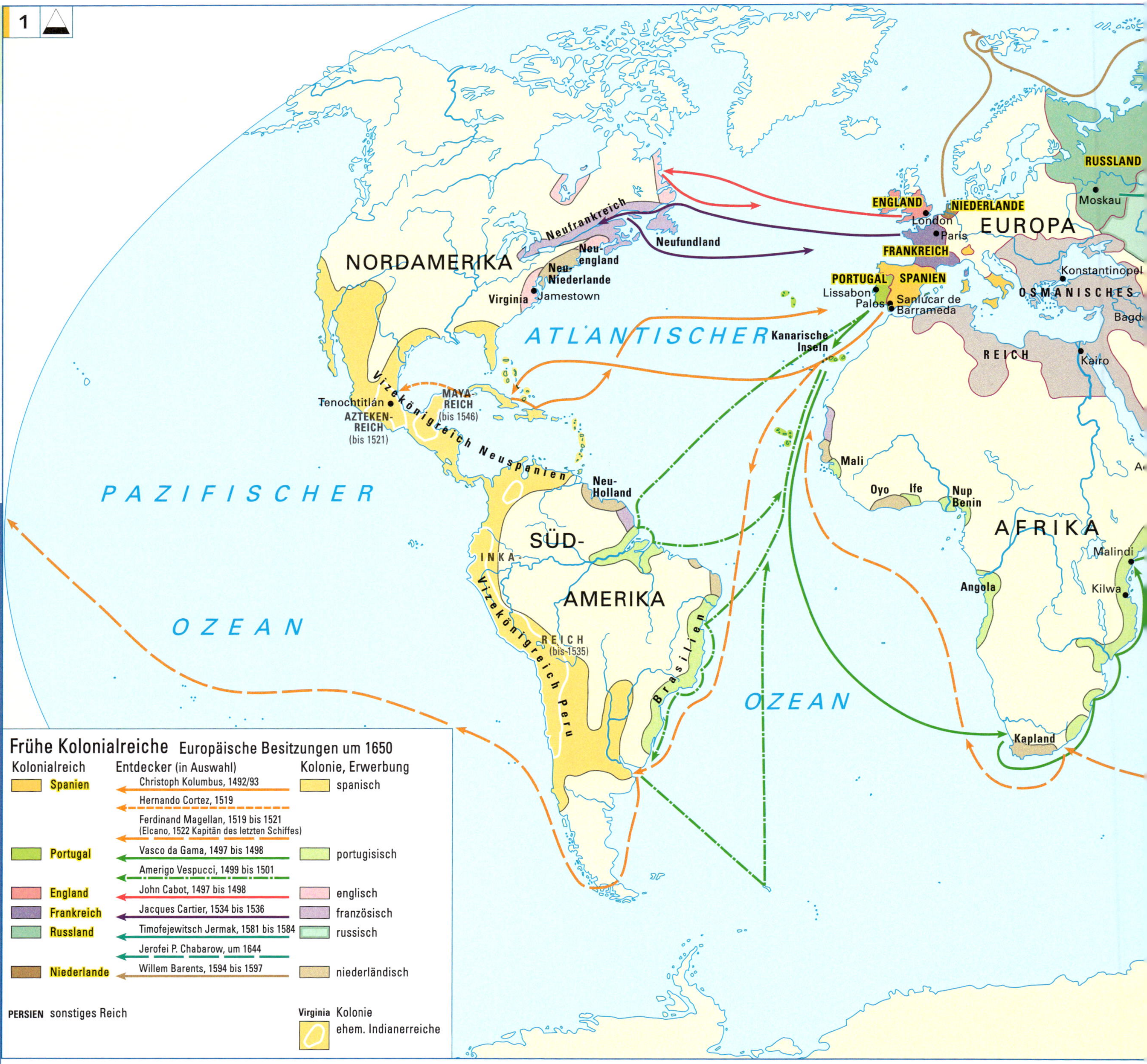
NORDAMERIKA
Neufrankreich
Neufundland
Neu-england
Neu-Niederlande
Virginia
Jamestown
ATLANTISCHER
Kanarische Inseln
PAZIFISCHER
OZEAN
Tenochtitlán
AZTEKEN-REICH (bis 1521)
MAYA-REICH (bis 1546)
Vizekönigreich Neuspanien
Neu-Holland
SÜD-
AMERIKA
INKA-REICH (bis 1535)
Vizekönigreich Peru
Brasilien
OZEAN
RUSSLAND
Moskau
ENGLAND
London
NIEDERLANDE
EUROPA
Paris
FRANKREICH
PORTUGAL
SPANIEN
Lissabon
Palos
Sanlúcar de Barrameda
Konstantinopel
OSMANISCHES
REICH
Bagd
Kairo
Mali
Oyo
Ife
Nup
Benin
AFRIKA
Malindi
Kilwa
Angola
Kapland
Frühe Kolonialreiche Europäische Besitzungen um 1650
Kolonialreich
Entdecker (in Auswahl)
Kolonie, Erwerbung
Spanien
Christoph Kolumbus, 1492/93
Hernando Cortez, 1519
Ferdinand Magellan, 1519 bis 1521
(Elcano, 1522 Kapitän des letzten Schiffes)
spanisch
Portugal
Vasco da Gama, 1497 bis 1498
Amerigo Vespucci, 1499 bis 1501
portugisisch
England
John Cabot, 1497 bis 1498
englisch
Frankreich
Jacques Cartier, 1534 bis 1536
französisch
Russland
Timofejewitsch Jermak, 1581 bis 1584
Jerofei P. Chabarow, um 1644
russisch
Niederlande
Willem Barents, 1594 bis 1597
niederländisch
PERSIEN sonstiges Reich
Virginia Kolonie
ehem. Indianerreiche

2

KLETT-PERTHES
Erste Hochphase des Kolonialismus
Die Welt um 1763
PERSIEN unabhängiger Staat
Virginia abhängige Kolonie
Staatsgrenze
SPANIEN Kolonialreich
Kolonie, Handelsstützpunkt
britisch
dänisch
französisch
niederländisch
portugiesisch
spanisch
Erwerbung
russisch
Abkürzungen:
NDL. Niederlande
HL. RÖM. R. Heiliges Römisches Reich
Maßstab 1 : 150 000 000
Spitzbergen
Grönland
Island
Alaska
Rupertsland
Quebec
Louisiana
Boston
Neuengland
Virginia
New York
Bermuda-In.
Vize-königreich
Mexiko
Neuspanien
Puerto Rico
Guadeloupe
Trinidad
Suriname
Vize-königreich Neugranada
Quito
Manaus
Brasilien
Lima
Vize-königreich Peru
Bahia (San Salvador)
Rio de Janeiro
Santiago
Buenos Aires
ATLANTISCHER
PAZIFISCHER
OZEAN
DÄNEMARK-NORWEGEN
GROSS-BRITANNIEN
London
NDL.
HL. RÖM. R.
FRANKREICH
Paris
SPANIEN
PORTUGAL
Lissabon
Madrid
Azoren
Kanarische In.
Kapverdische In.
St. Louis
Elmina
Accra
São Tomé
Luanda
Ascension
St. Helena
Kapland
Mosambik
Malindi
Sansibar
Seychellen
I. de France (Mauritius)
I. Bourbon (Réunion)
Delagoa-Bucht
St. Petersburg
RUSSISCHES REICH
Moskau
Tomsk
Irkutsk
Ochotsk
Aleuten
1745–70 russ.
Konstantinopel
OSMANISCHES REICH
Damaskus
Bagdad
Buchara
PERSIEN
Aden
MOGUL-REICH
Delhi
Diu
Kalkutta
Goa
Madras
Ceylon
SIAM
CHINESISCHES REICH
Peking
Macao
JAPANISCHES REICH
Kyoto
Deshima
Formosa
Philippinen
Marianen
Karolinen
Niederländisch-Indien
Batang
Batavia
Timor
Neuguinea
INDISCHER
OZEAN
Neuholland
Staten-Land

3 Atlantischer Dreieckshandel

Das koloniale Wirtschaftssystem um 1763

- Kolonialreiche
- Seewege von Manufaktur-Waren nach Afrika
- Herkunftsgebiete der Sklaven
- Seewege von Sklavenschiffen nach Amerika
- Kolonialgebiete und Handelsstützpunkte
- Seewege von Waren und Rohstoffen nach Europa

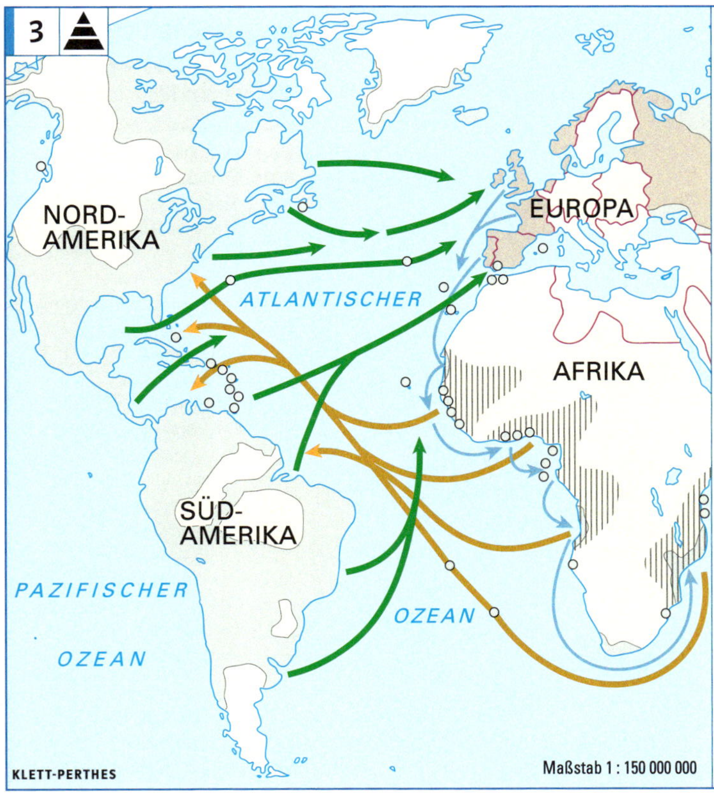

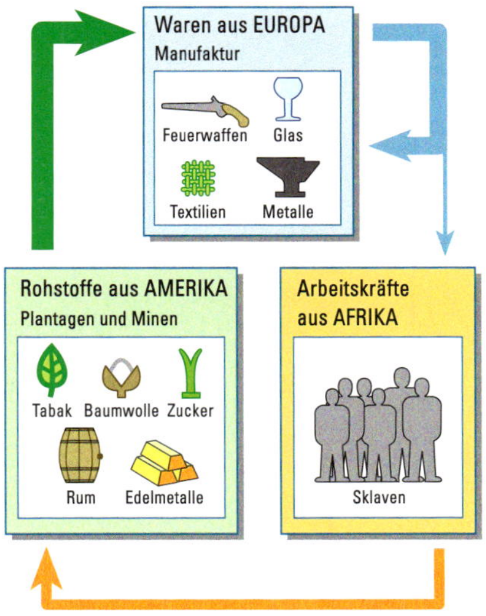

KLETT-PERTHES

NEUZEIT (Neuere Geschichte) · NEUZEIT (Frühe Neuzeit) · MITTELALTER
1800 · 1750 · 1700 · 1650 · 1600 · 1550 · 1500 · 1450

um 1800: Indianer auf der Jagd

1775–1783:
Im **amerikanischen Unabhängigkeitskrieg** kämpfen die Siedler um ihre Unabhängigkeit von England.

1773:
Während der "**Boston Tea Party**" werfen Kolonisten, aus Protest gegen Zölle, britische Teeladungen in den Hafen von Boston.

1763:
Ende des **Siebenjährigen Krieges** um die koloniale Vorherrschaft.

ab 1673:
Beginn der französischen **Kolonialisierung** in Indien.

1626 kaufen holländische Siedler die Insel Manhatten den Indianern für 24 Dollar ab.

1607:
Jamestown in Virginia ist die **erste** dauerhafte englische **Siedlung** in **Nordamerika**.

Chinesische Mauer bei Peking

ab 1532:
Durch **spanische Eroberer** wird die Kultur und Herrschaft der **Inka** in Südamerika ausgelöscht.

Kolumbus segelte mit der Santa Maria

1492:
Im Auftrag der spanischen Königin sucht **Christoph Kolumbus** die Westroute nach **Indien** und landet dabei in **Amerika**.

ab 1400:
Europäische Seefahrer benutzen **Kompassnadel und Windrose** auf ihren Schiffen.

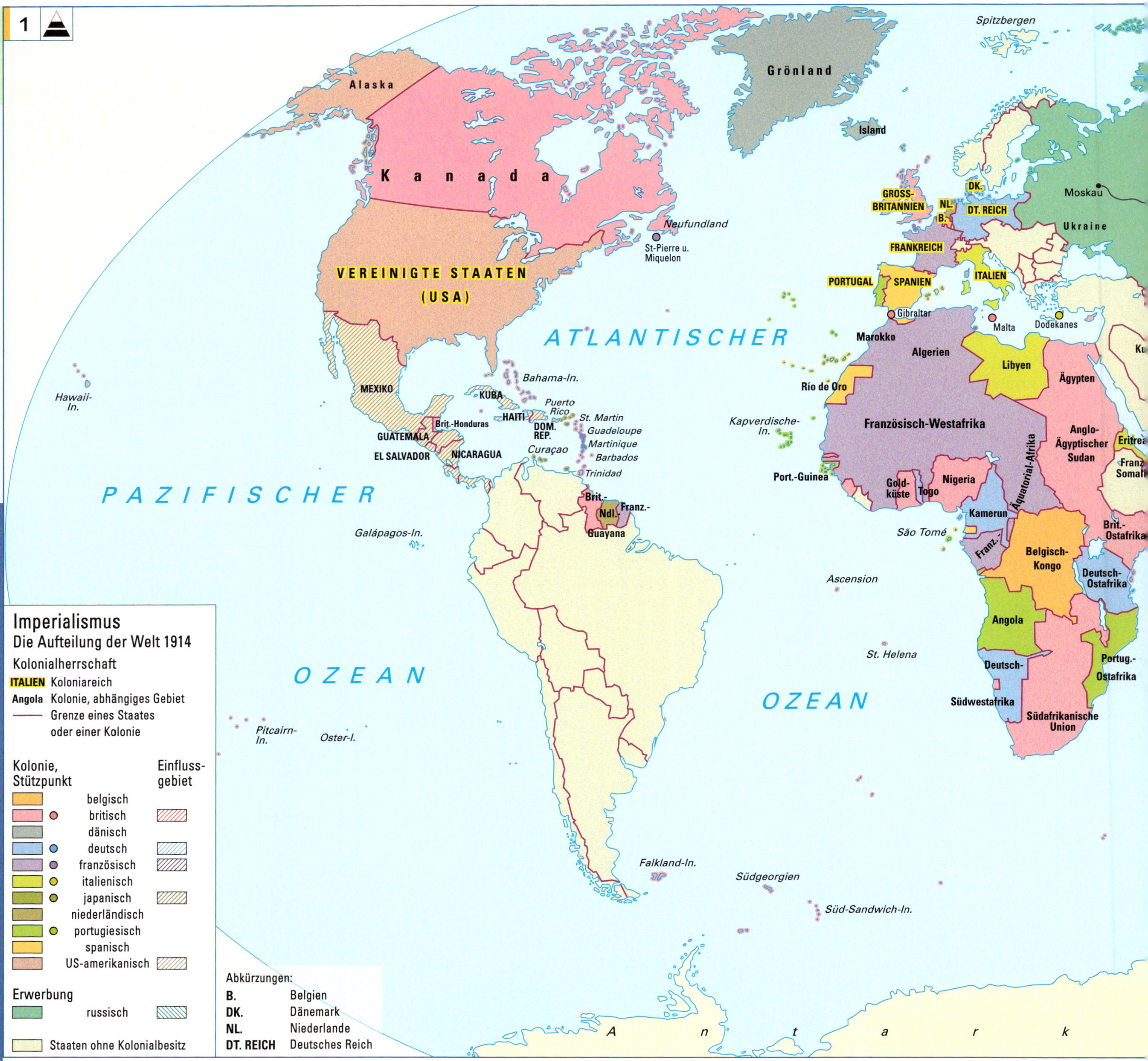
1
Imperialismus
Die Aufteilung der Welt 1914
Kolonialherrschaft
ITALIEN Koloniareich
Angola Kolonie, abhängiges Gebiet
Grenze eines Staates oder einer Kolonie
Kolonie, Stützpunkt
Einfluss-gebiet
belgisch
britisch
dänisch
deutsch
französisch
italienisch
japanisch
niederländisch
portugiesisch
spanisch
US-amerikanisch
Erwerbung
russisch
Staaten ohne Kolonialbesitz
Abkürzungen:
B. Belgien
DK. Dänemark
NL. Niederlande
DT. REICH Deutsches Reich
Spitzbergen
Alaska
Grönland
Island
Kanada
Neufundland
St-Pierre u. Miquelon
VEREINIGTE STAATEN (USA)
GROSS-BRITANNIEN
DK.
NL.
B.
DT. REICH
Moskau
Ukraine
FRANKREICH
PORTUGAL
SPANIEN
ITALIEN
Gibraltar
Malta
Dodekanes
Marokko
Algerien
Libyen
Ägypten
Río de Oro
Französisch-Westafrika
Anglo-Ägyptischer Sudan
Eritrea
Franz. Somali
Port.-Guinea
Gold-küste
Togo
Nigeria
Äquatorial-Afrika
Kamerun
Brit.-Ostafrika
São Tomé
Franz.
Belgisch-Kongo
Deutsch-Ostafrika
Angola
Portug.-Ostafrika
Deutsch-Südwestafrika
Südafrikanische Union
Ascension
St. Helena
ATLANTISCHER OZEAN
PAZIFISCHER OZEAN
Hawaii-In.
MEXIKO
KUBA
Bahama-In.
Puerto Rico
HAITI
DOM. REP.
Brit.-Honduras
GUATEMALA
EL SALVADOR
NICARAGUA
St. Martin
Guadeloupe
Martinique
Barbados
Curaçao
Trinidad
Brit.-
Ndl.-
Franz.-
Guayana
Galápagos-In.
Kapverdische-In.
Pitcairn-In.
Oster-I.
Falkland-In.
Südgeorgien
Süd-Sandwich-In.
Antarktis

2
KLETT-PERTHES
Staaten nach dem Ersten Weltkrieg
Mächte und Kolonien um1920
Grenze eines Staates oder einer Kolonie
JAPAN Kolonialreich
IRAK Staat seit 1918 neu gegründet bzw. unabhängig
Staaten ohne Kolonialbesitz
Kolonie
Einflussgebiet
belgisch
britisch
dänisch
französisch
italienisch
japanisch
niederländisch
portugiesisch
spanisch
US-amerikanisch
sowjetisch
Mandatsgebiet des Völkerbundes*
* Internationale Organisation zur Sicherung des Friedens nach dem Ersten Weltkrieg (Gründung 1920).
Alaska
Grönland
KANADA
NEUFUND-LAND
St-Pierre u. Miquelon
VEREINIGTE STAATEN (USA)
ISLAND
GROSS-BRITANNIEN
IRLAND
NL.
DK.
B.
FINN-LAND
E.
LET.
LIT.
POLEN
TS.
JUG.
FRANKREICH
PORTUGAL
SPANIEN
ITALIEN
SOWJETUNION
TANNU TUWA
MONGOLEI
CHINA
Pt. Arthur
Korea
JAPAN
Marokko
Algerien
Libyen
ÄGYPTEN
Syrien
IRAK
SAUDI-ARABIEN
JE.
Oman
Hadramaut
Río de Oro
Französisch-Westafrika
Port.-Guinea
Gold-küste
Togo
Nigeria
Franz.-Äquat.-Afrika
Anglo-Ägypt. Sudan
Kamerun
Ital.-Somaliland
Brit.-Ostafrika
Belg.-Kongo
Tanganjika
Angola
Rhodesien
Mosambik
Südwestafrika (Südaf.)
SÜDAFRIKAN. UNION
Madagaskar
Britisch-Indien
Diu
Goa
Burma
Honkong
Macao
Franz.-Indochina
Philippinen
Brit.-Malaya
Niederländisch-Indien
Timor
Pazifische Inseln (jap.)
Neuguinea (austral.)
Nauru (neuseel.)
Papua
AUSTRALIEN
NEU-SEELAND
Brit.-Honduras
KUBA
NICARAGUA
PANAMA
Brit.-
Ndl.-
Franz.-
Guayana
ATLANTISCHER OZEAN
PAZIFISCHER OZEAN
INDISCHER OZEAN
Falkland-In.
Maßstab 1 : 150 000 000
Abkürzungen:
B. Belgien
DK. Dänemark
E. Estland
JE. Jemen
JUG. Jugoslawien
LET. Lettland
LIT. Litauen
NL. Niederlande
TS. Tschechoslowakei

3 Europäische Großmächte Wettlauf um die Vorherrschaft 1880–1914

Weltweite Roheisenproduktion (1880–1910)
Kennzeichen für wirtschaftliche Stärke
1mm ≙ 1 Mio. Tonnen

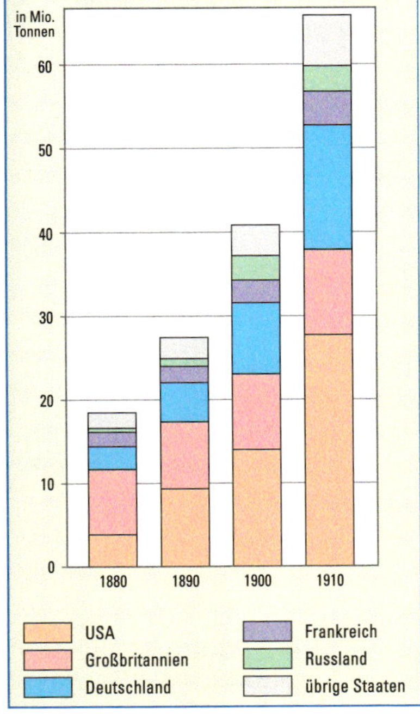

Rüstungsausgaben der fünf Großmächte Europas 1905, 1910 und 1913
□ ≙ 100 Mio. Mark

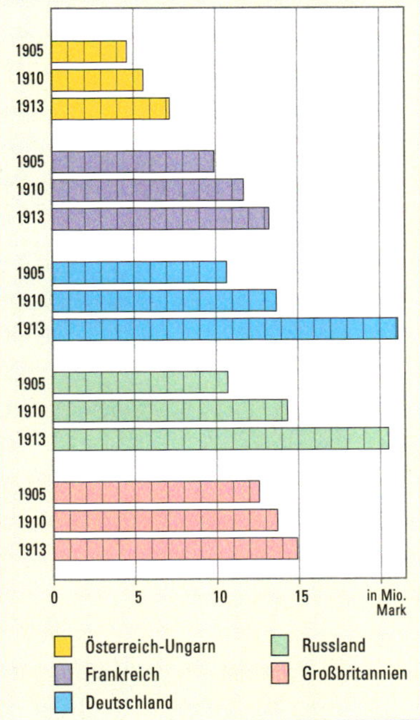

Aufteilung der Welt unter den Kolonialmächten um 1914
Fläche der Erde in Mio. km²

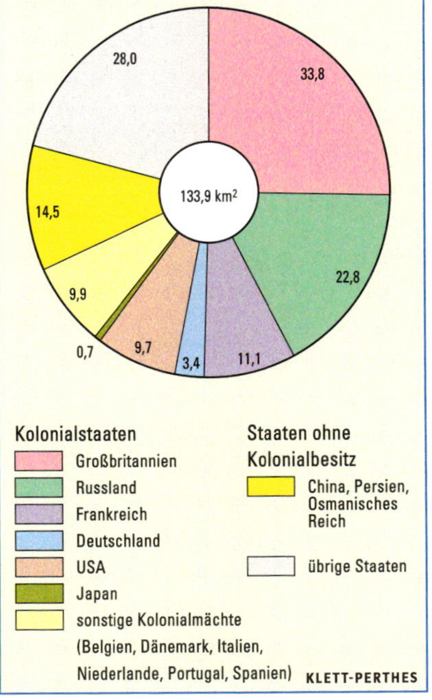

KLETT-PERTHES

NEUZEIT (Zeitgesch.)

1920

1916:
Die **Transsibirische Eisenbahn** als Hauptverkehrsachse Russlands ist vollendet.

1914–1918: Erster Weltkrieg

1914:
Fast **80%** der **Erdoberfläche** werden von Kolonialmächten beherrscht.

NEUZEIT (Neuere Geschichte)

1910

Ein britisches Schlachtschiff 1906

1900

1903:
Die **Brüder Wright** führen den ersten **motorisierten Flug** durch.

1886: Die Französiche Regierung schenkt den USA die Freiheitsstatue.

1890

1890:
„Deutsch-Ostafrika" wird als erste Kolonie des **Deutschen Reiches** gegründet.

1880

ab 1880:
Beginn des **Hochimperialismus**: **Europäische Großmächte** und die **USA** besetzen große Teile der Welt und machen sie zu **Kolonien**.

1870

Planwagen der amerikanischen Siedler um 1870

1867:
Die **USA kaufen** Russland **Alaska** ab.

1861–1865:
Bürgerkrieg in den Vereinigten Staaten. Es siegen die Nordstaaten und die **Sklaverei** wird **abgeschafft**.

1860

NEUZEIT (Neuere Geschichte)

1850

ab 1848:
Der **Goldrausch** lockt viele amerikanische Siedler nach **Kalifornien**.

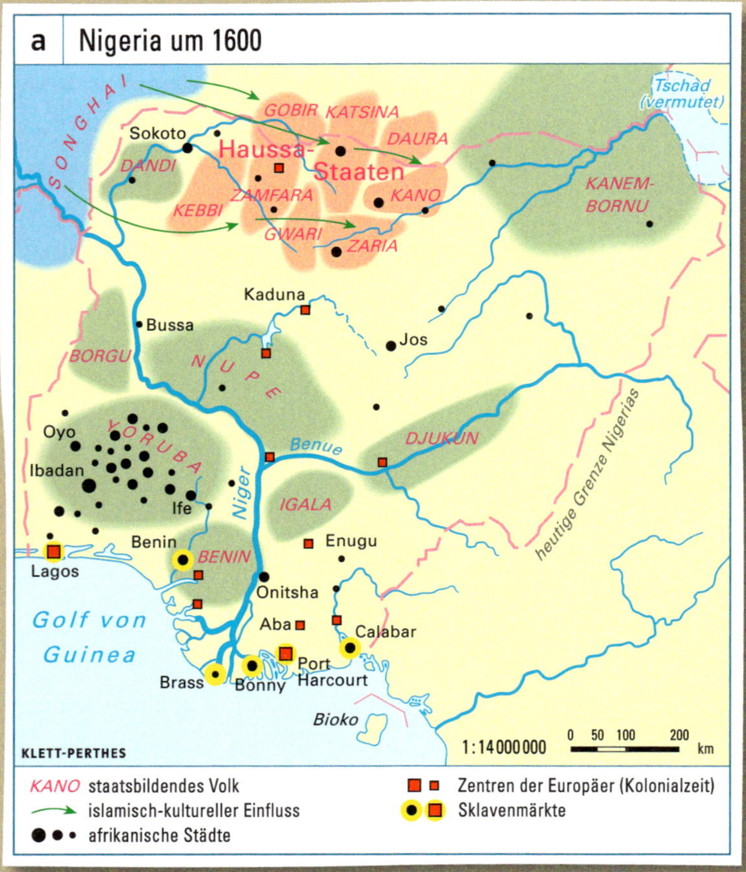

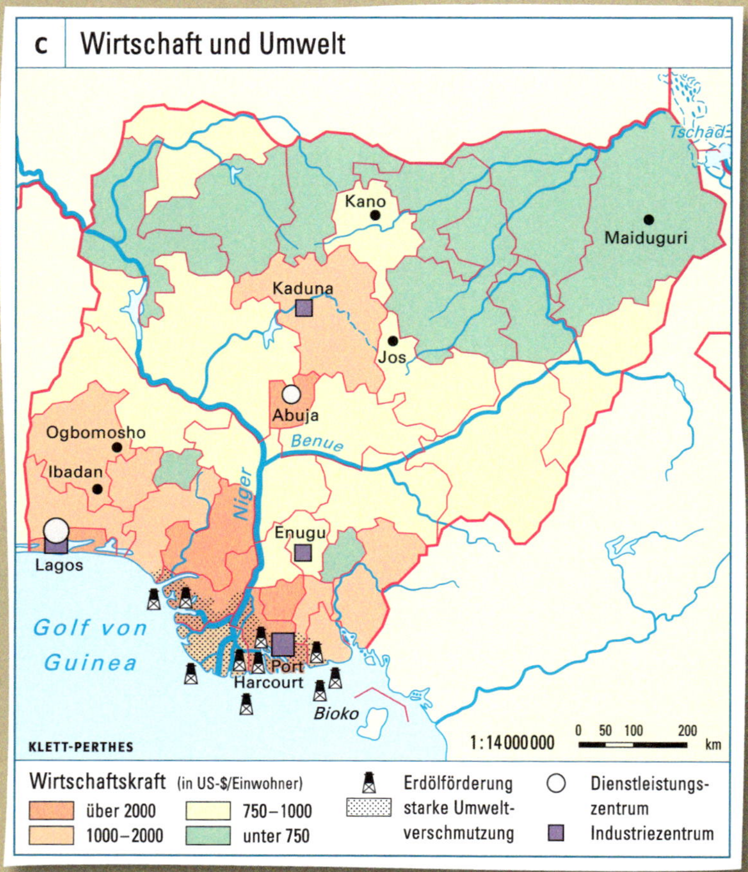

beschreiben • fragen • beantworten

Kläre Begriffe.
Zum Beispiel: Volksgruppen, Kolonialzeit, Korruption, Unabhängigkeit, Scharia, Sklavenmärkte

Stelle dir Aufgaben, zum Beispiel:

Beschreibe, wie die Afrikaner um 1600 lebten. Achte auf Grenzen und Religionen. Vergleiche mit einer Karte von Europa zwischen 1550 und 1618. a f

Ermittle, was sich mit der Kolonialherrschaft veränderte. Wer herrschte und welche Interessen wurden verfolgt? Nutze auch andere Atlaskarten. b f

Ermittle, wie alt der Staat Nigeria ist und vergleiche mit anderen Staaten. f

Arbeite heraus, welche Schwierigkeiten Nigeria seit seiner Gründung hat. Verwende dazu eine Einteilung in die Problemfelder Bevölkerung, Wirtschaft, Religion, Staat. b c d e f h i j

Setze dich mit den Ursachen dieser Probleme auseinander. Definiere den Begriff "Koloniales Erbe" a b g f

Lege dar, welche Maßnahmen die Regierungen Nigerias ergriffen haben, um die Situation zu verbessern. b f

Diskutiere, was du 1960 aus heutiger Sicht für die Zukunft Nigerias getan hättest oder was du dem Staatsführer von Nigeria heute empfehlen würdest. a bis f

d Amtssprachen in Nigeria

Federal Republic of Nigeria ①
Njíkötá Óchíchìiwù Naíjíríà ②
Àpapọ̀ Olómìnira ilẹ̀ Nàìjíríà ③
جمهورية نيجيريا ④

Amtssprachen
① Englisch
② Igbo
③ Yoruba
④ Haussa

KLETT-PERTHES

e Rechtsprechung seit 2000

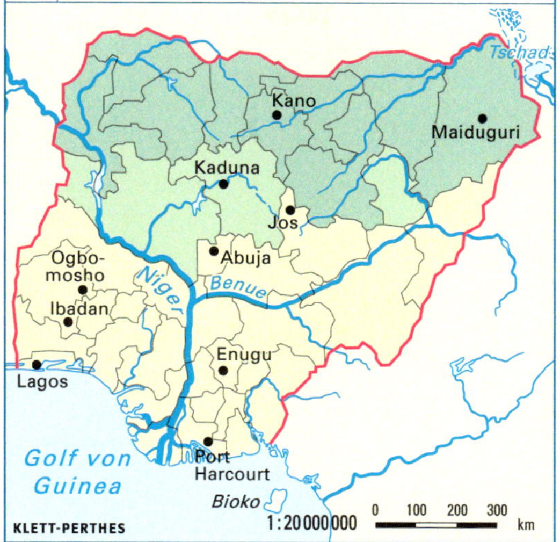

Einführung der Scharia (Islamisches Recht)
- vollständig
- teilweise
- weiterhin christlich orientiert

f Geschichte Nigerias

KLETT-PERTHES

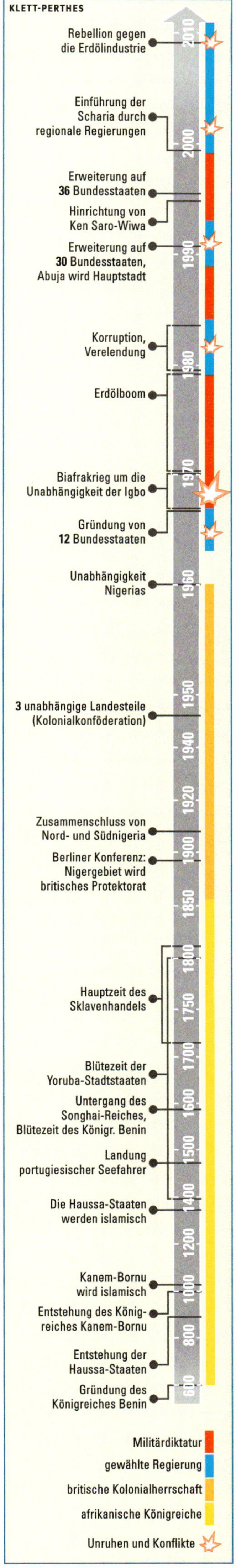

g Volksgruppen und Konflikte in Nigeria

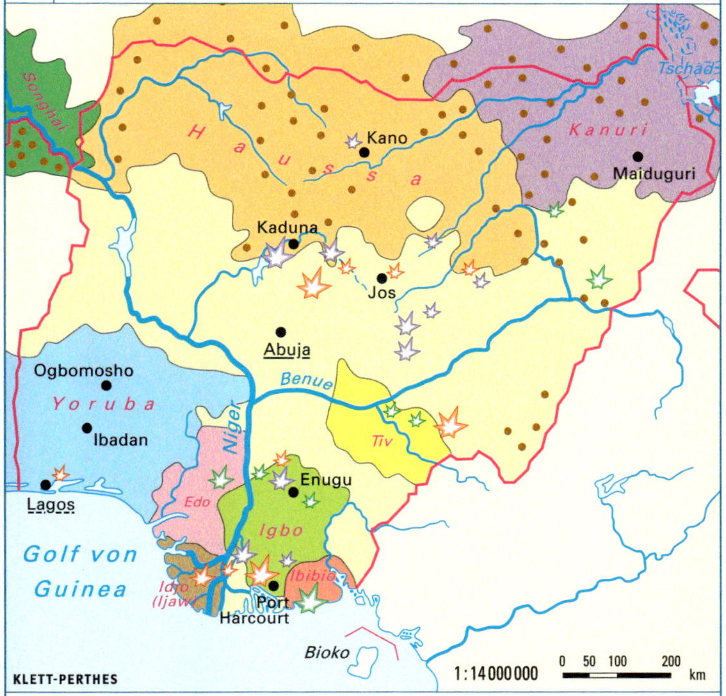

Yoruba bedeutende Volksgruppe
•• verstreute Gruppe der Felbe
Gebiete mit vielen kleinen Gruppen
Lagos frühere Hauptstadt
Abuja neue Hauptstadt seit 1991

Konflikte 2000–2008
- zwischen Volksgruppen
- um Land und Fischgründe
- religiöse Konflikte

h Verteilung der Religionen

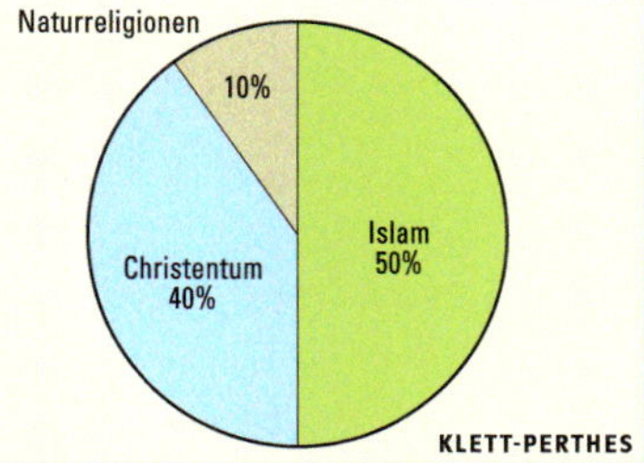

i Anteil der Volksgruppen in Nigeria

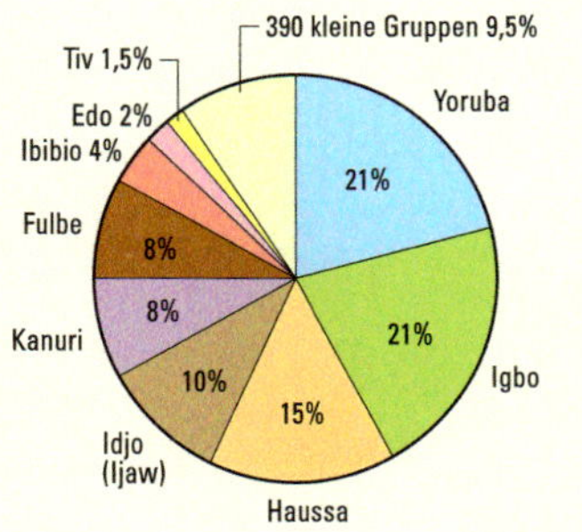

j Entwicklung des Wohlstands 1960–2008

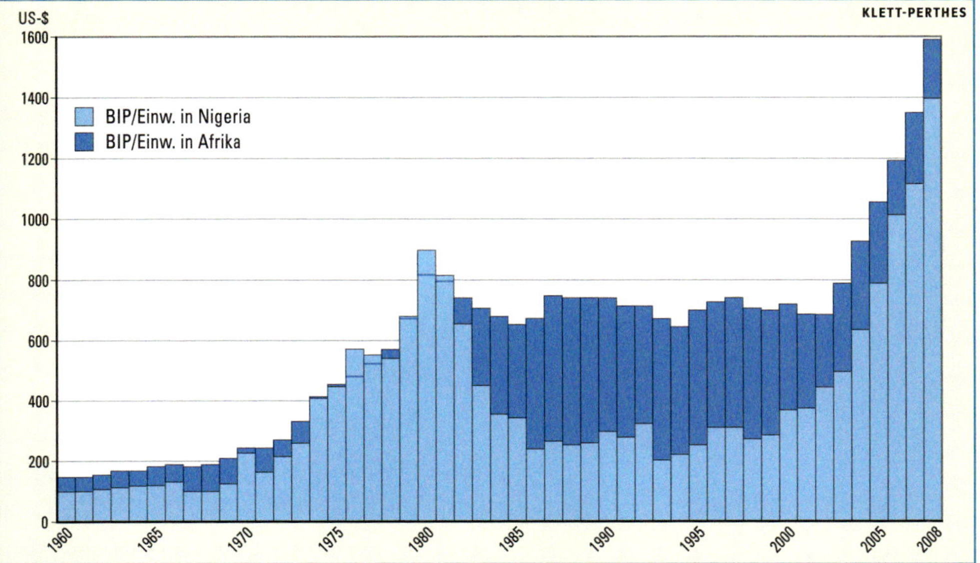

1

Zweiter Weltkrieg
Achsenmächte, Alliierte und Verbündete 1939–1945

Grenze der Staaten und Kolonialgebiete

Achsenmächte

- Achsenmächte, Verbündete und deren Kolonien
- Angriff Japans 1941
- eroberte Machtbereiche 1942
- ITALIEN zu den Alliierten übergetretene Achsenmächte
- Machtbereiche bei Kapitulation
- Kapitulation der Achsenmächte

Alliierte (Kriegsgegner der Achsenmächte)

- Alliierte Mächte, Verbündete und deren Kolonien ab 1940 und ab 1942
- Atombombenabwurf
- Konferenzort der Alliierten

- bis Kriegsende neutrale Staaten

Abkürzungen:

A.	Albanien	BUL.	Bulgarien	E.	Estland	LET.	Lettland	Ö.	Österreich	S.	Schweiz
B.	Belgien	DK.	Dänemark	GR.	Griechenland	LIT.	Litauen	P.	Potsdam	SL.	Slowakei
Be.	Berlin	D. R.	Deutsches Reich	JUG.	Jugoslawien	NL.	Niederlande	RUM.	Rumänien	U.	Ungarn

2

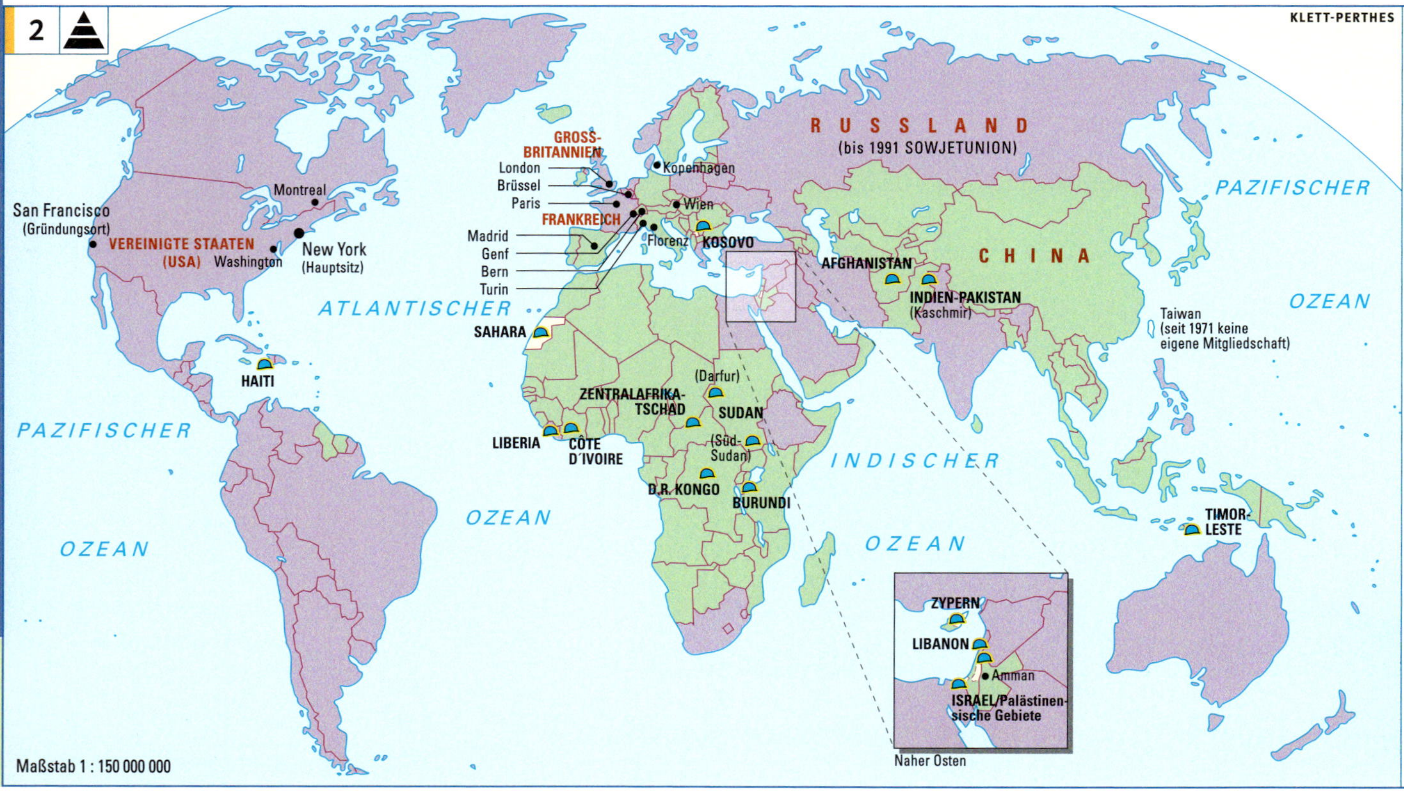

Maßstab 1 : 150 000 000

Vereinte Nationen (UN)
Weltorganisation zur Friedenssicherung

Entwicklung

- Gründungsmitglieder 1945
- Beitritt seit 1945
- Nichtmitglied

Organisation

- CHINA ständiges Mitglied im UN-Sicherheitsrat (Vetomacht)
- Sitze bzw. Standorte von wichtigen UN-Einrichtungen

Friedenseinsätze 2010

- KOSOVO Einsatzgebiet von UN-Friedenstruppen (Blauhelmsoldaten) und uniformiertem Personal

Flagge der UN

3 Opfer des Zweiten Weltkrieges

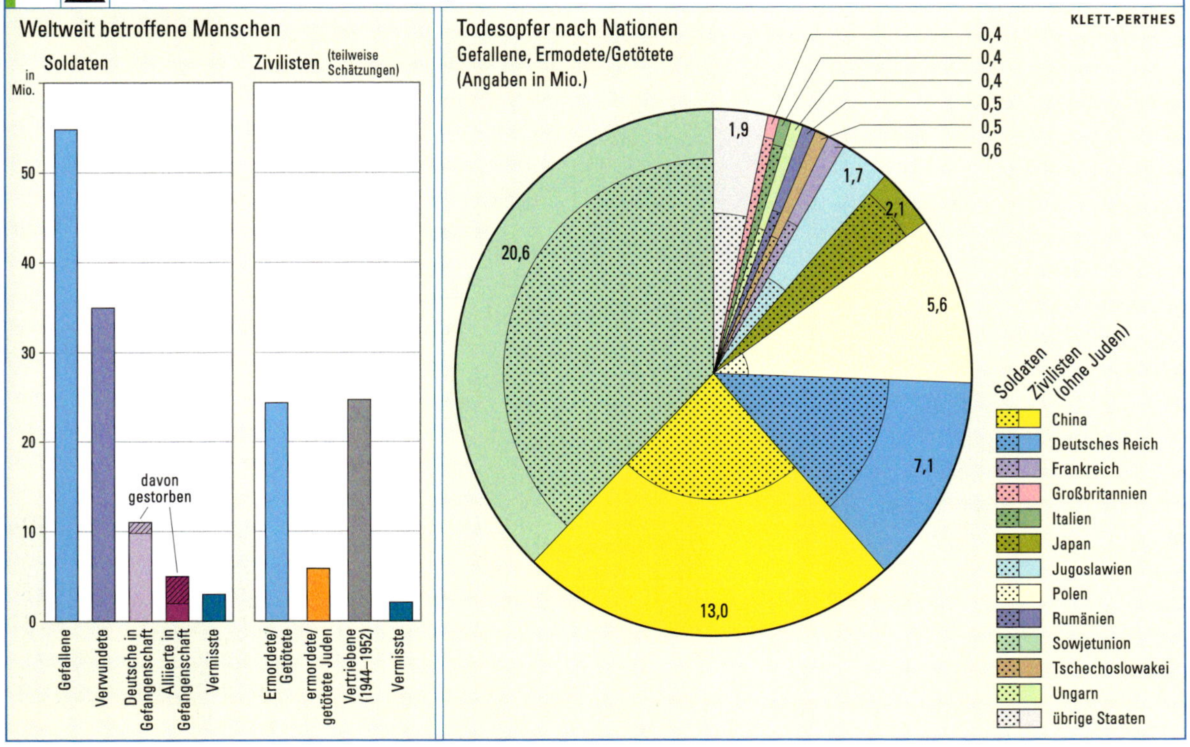

NEUZEIT (Zeitgeschichte)

KLETT-PERTHES

1946

Okt. 1945: Die **Vereinten Nationen (UN)** werden gegründet.

Aug. 1945:
Die USA werfen **Atombomben** über den japanischen Städten **Hiroshima** und **Nagasaki** ab; Japan kapituliert und der Zweite Weltkrieg ist beendet.

1945

Mai 1945:
In Europa endet der Zweite Weltkrieg mit der **bedingungslosen Kapitulation** der Deutschen Wehrmacht.

1944

Ein Rotarmist hisst im Mai 1945 die sowjetische Fahne auf dem Reichstagsgebäude in Berlin.

1943

Jan. 1942:
Die **USA**, **Großbritannien**, die **Sowjetunion** und 23 weitere Nationen schließen sich zur Alliierten Koalition zusammen (**Anti-Hitler-Koalition**).

1942

Dez. 1941:
Japan überfällt die **amerikanische** Pazifikflotte in **Pearl Harbor**.
Die USA treten in den Krieg ein.

1941

Japanisches Kampfflugzeug 1941

1940

Sept. 1939:
In Europa bricht der **Zweite Weltkrieg** aus

Aug. 1939:
In Moskau wird der Deutsch-Sowjetische **Nichtangriffspakt** (Hitler-Stalin-Pakt) **unterzeichnet**.

1939

1938

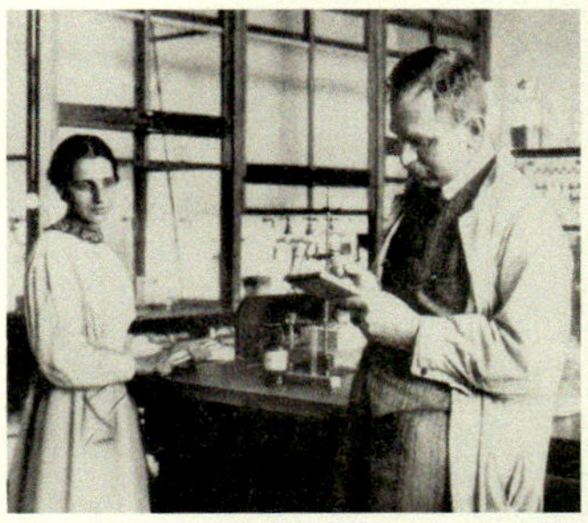
1938: Die Wissenschaftler Lise Meitner und Otto Hahn weisen die Kernspaltung von Atomen nach.

1937

Juli 1937:
Beginn des Zweiten **Japanisch-Chinesischen Krieges**. Japan besetzt die wichtigsten Landesteile Chinas.

Juli 1936:
Nach einem Militärputsch durch General Franco beginnt der **Spanische Bürgerkrieg**.

1936

Okt. 1929:
Nach einem **Börsencrash** bricht die **Weltwirtschaftskrise** in allen Industrienationen aus.

1935

NEUZEIT (Zeitgeschichte)

1

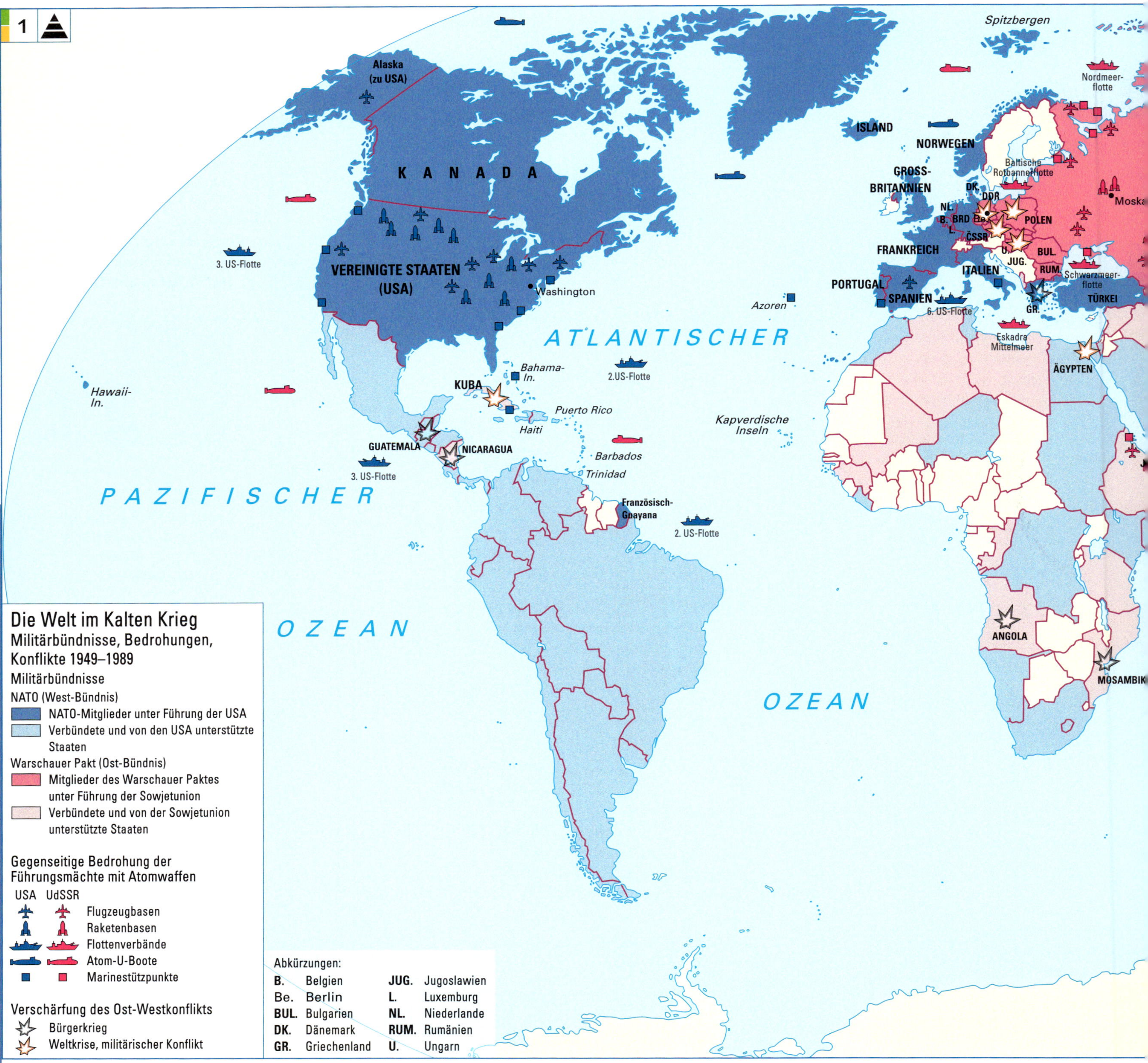

Die Welt im Kalten Krieg

Militärbündnisse, Bedrohungen, Konflikte 1949–1989

Militärbündnisse

NATO (West-Bündnis)
- NATO-Mitglieder unter Führung der USA
- Verbündete und von den USA unterstützte Staaten

Warschauer Pakt (Ost-Bündnis)
- Mitglieder des Warschauer Paktes unter Führung der Sowjetunion
- Verbündete und von der Sowjetunion unterstützte Staaten

Gegenseitige Bedrohung der Führungsmächte mit Atomwaffen

USA UdSSR
- Flugzeugbasen
- Raketenbasen
- Flottenverbände
- Atom-U-Boote
- Marinestützpunkte

Verschärfung des Ost-Westkonflikts
- Bürgerkrieg
- Weltkrise, militärischer Konflikt

Abkürzungen:

B.	Belgien	JUG.	Jugoslawien
Be.	Berlin	L.	Luxemburg
BUL.	Bulgarien	NL.	Niederlande
DK.	Dänemark	RUM.	Rumänien
GR.	Griechenland	U.	Ungarn

2

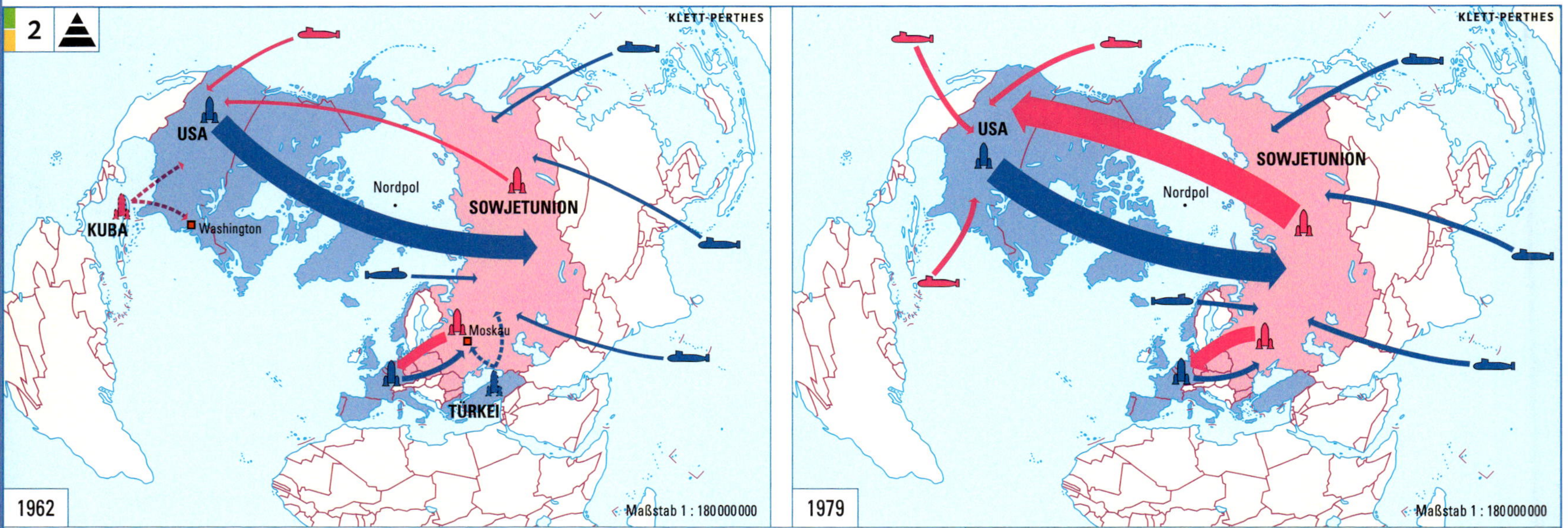

Wettrüsten im Kalten Krieg Atomare Bedrohung 1962 und 1979

Bündnisse
- Mitglieder der NATO
- Mitglieder des Warschauer Paktes
- Hauptstadt

Mögliche Angriffe
- mit landgestützten Atomraketen
- mit Atomraketen von U-Booten

Kuba-Krise 1962
- Russland versucht Atomraketen auf Kuba zu stationieren
- USA bedrohen mit Atomraketen in der Türkei

Atomsprengköpfe der USA und Sowjetunion

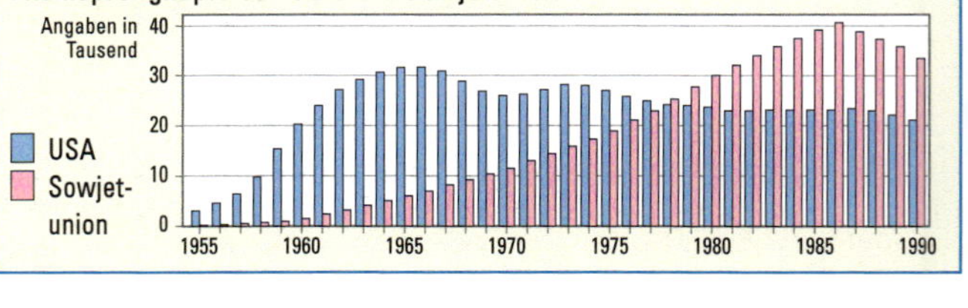

3 Koreakrieg Stellvertreterkrieg im Rahmen des Ost-West-Konfliktes 1950–1953

1 : 15 000 000 0 100 200 km

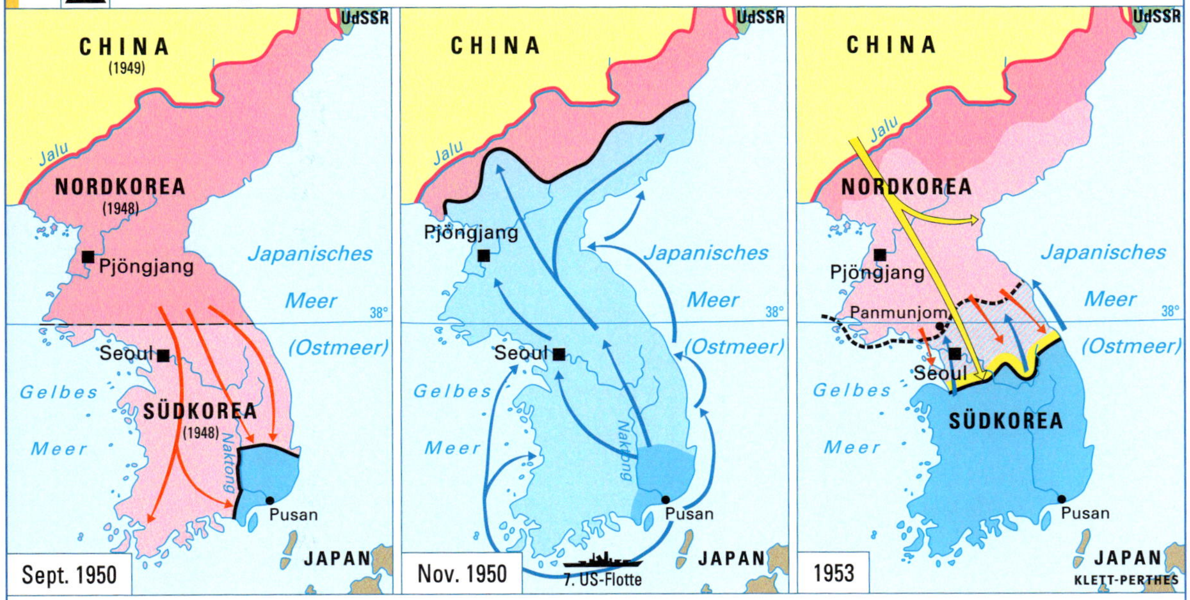

- Grenzlinie zwischen der sowjet. und der amerik. Besatzungszone (1945/47)
- Einfall nordkoreanischer Truppen
- von Nordkorea erobertes Gebiet
- Frontlinie
- Gegenoffensive der UN-Truppen
- von UN-Truppen erobertes Gebiet
- chinesische Intervention seit Nov. 1950
- Frontlinie 1951
- umkämpftes Gebiet bis 1953
- Waffenstillstandslinie Juli 1953

KLETT-PERTHES

1991:
Auflösung des **Warschauer Paktes** und der UdSSR.

1989/1990:
Der **Fall des „Eisernen Vorhangs"** beendet den Kalten Krieg.

1986:
Im russischen **Tschernobyl** ereignet sich ein folgenschwerer Atomreaktor-Unfall.

1981: Einer der ersten Heim-PC´s

1969: Antikriegsdemonstration in den USA gegen den Vietnamkrieg.

21. Juli 1969: Der US-Amerikaner Neil Armstrong betritt als erster Mensch den Mond.

1964–1975:
Der **Vietnamkrieg** kostet **56 000 US-Soldaten** und ca. **2 Mio. Vietnamesen** das Leben.

1962:
Kubakrise: die USA und die UdSSR stehen am Rande eines Atomkrieges.

1961:
Der sowjetische Kosmonaut Juri Gagarin ist der **erste Mensch im Weltall**.

1960:
17 ehemalige **Kolonien** in **Afrika** werden **unabhängig** („Afrikanisches Jahr").

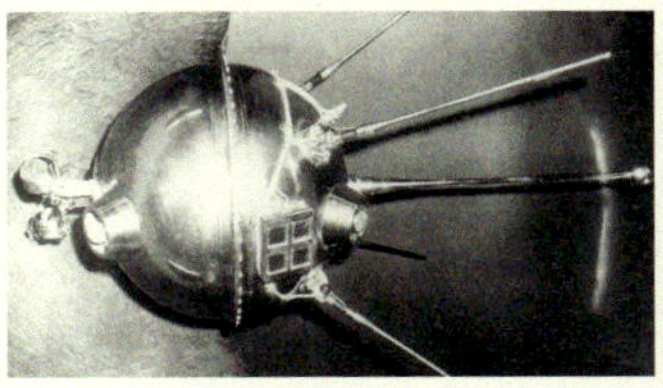
1957: Der erste Satellit fliegt ins Weltall. Er heißt Sputnik und kommt aus der Sowjetunion.

1955:
Der **Warschauer Pakt** wird gegründet.

1949:
Die **NATO** wird gegründet.

1948:
Mahatma Gandhi, der Führer im **gewaltfreien Widerstand** gegen die Kolonialmacht England, wird in Indien erschossen.

1946:
Der britische Staatsmann **Churchill** verwendet erstmals den Begriff des **„Eisernen Vorhangs"**, der Europa teilt.

1

Die Welt heute
Staaten und Konflikte 2001–2010

- politischer Konfliktherd
- Krieg, Bürgerkrieg oder bewaffneter Konflikt
- Terroranschlag mit vielen Opfern
- Grenze
- PERU — Staat
- Bermuda — abhängiges Gebiet
- *Oster-I.* — Insel

2

Menschenrechte

Das Recht auf Leben, Freiheit, und Sicherheit

Menschenrechte sind Rechte, die jedem Menschen von Natur aus zustehen (z. B. Recht auf körperliche Unversehrtheit, Schutz vor Folter und Recht auf Selbstbestimmung)

Menschenrechte werden
- geschützt und geachtet
- teilweise geschützt
- nicht geschützt und geachtet

Todesstrafe

USA Staat in dem die Todesstrafe angewandt wird

BEL.	Belize
GUY.	Guyana
JAM.	Jamaika
JOR.	Jordanien
K.	Katar
KU.	Kuwait
LIB.	Libanon
Pa.	Palästina
SY.	Syrien
UG.	Uganda
V.A.E.	Vereinigte Arabische Emirate
WEISSR.	Weißrussland

3

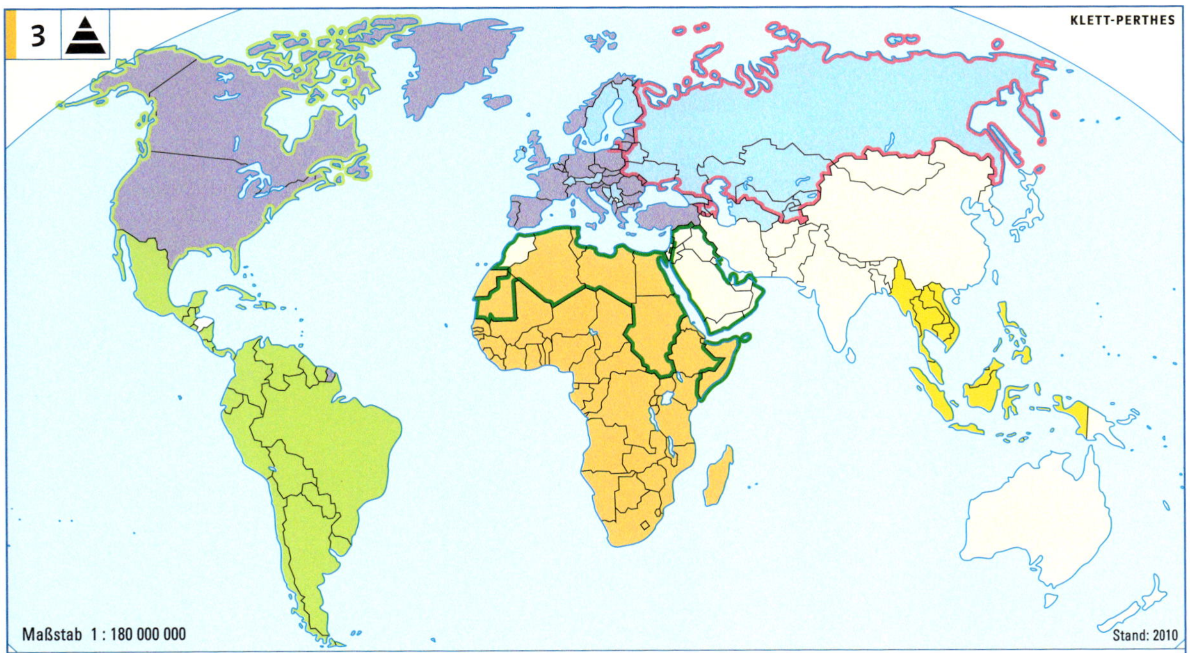

Politische und militärische Bündnisse

- **ARABISCHE LIGA**
- **ASEAN** Association of Southeast Asian Nations
- **AU** African Union
- **GUS** Gemeinschaft Unabhängiger Staaten
- **NATO** North Atlantic Treaty Organization
- **NATO**-Partner für den Frieden
- **OAS** Organization of American States
- **UN** Vereinte Nationen: siehe S. 206

KLETT-PERTHES

NEUZEIT (Zeitgeschichte)

2010

2010:
Bei einem **Erdbeben in Haiti** sterben etwa 220 000 Menschen.

2009:
Barack Obama wird der 44. **Präsident der USA** und ist der erste **Afroamerikaner** in diesem Amt.

2007:
Beginn der schwersten **Weltwirtschaftskrise** seit 1929.

2005: Tschetschenienkrieg: Ein russischer Soldat durchsucht ein Haus in Grosny.

2005

2004:
Durch ein **Seebeben** im Indischen Ozean wird ein **Tsunami** ausgelöst der ca. 150 000 Menschen das Leben kostet.

2003:
Die **USA** marschieren in den **Irak** ein und stürzen das Regime Saddam Husseins.

07. Okt. 2001:
Infolge der Anschläge vom September beginnt unter der Führung der USA die **Offensive** gegen die herrschenden Taliban in **Afghanistan**.

11. Sept. 2001: Auf das World Trade Center wird ein terroristischer Anschlag verübt.

2000

1999:
Der **Kosovokrieg** tobt in Europa.

1997:
Auf der **Weltklimakonferenz** in Kyoto beschließen die Industrienationen die **Verringerung** des Ausstoßes von **Treibhausgasen**.

1995:
In der EU tritt das **Schengener Abkommen** in Kraft. Auf Grenzkontrollen im Personenverkehr wird nun verzichtet.

1995

1994:
Das **Apartheids**-Regime in Südafrika ist zu Ende. **Nelson Mandela** wird neuer Präsident.

1990: Inbetriebnahme des Hubble-Weltraumteleskops

1990:
Das **Internet** wird zum öffentlich zugänglichen **Computernetzwerk**.

1990

NEUZEIT (Zeitgeschichte)

EINFÜHRUNG
DEUTSCHLAND
EUROPA
GESCHICHTE: KONTINENTE und WELT
REGISTER

125.3 Seite 125.3 Karte/Grafik 199.Z Zeitleiste 146 Thema der Gegenwart 92 Thema der Geschichte

Sachwort	Deutschland	Europa	Asien	Afrika und Orient	Amerika Australien Pole	Welt
2+4-Verträge		102.Z				
Abendländische Kultur		78, 84-86				
Abflussregime				134		
Abholzung						182.1+3
Ablagerung	35.2					
Abraumhalden	45.5					
Abschmelzendes Eis	35.2				146	
Absolutismus	92	92, 93.Z				
Abwanderungsgebiete	46, 50.3					
Ackerbau	28.2, 87.4			138.1		186.1
Ackerbau und Viehzucht	87.4	80.1				198.2
Agglomeration	46				165.2	194.2
Agrarprodukte	28.2	52, 58.2, 81.3	104, 110.2	122, 125.3, 138.1	139, 148, 154.2	186-187, 188
Ägyptische Hochkultur				134		198.2, 199.Z
AIDS (HIV)						197.3
Alliierte		102.1				206.1
Alphabetisierung		90.Z, 94.Z				196.1
Alternative Energien	44.1					
Altersaufbau, -pyramide	50.2	76.2				194.1
Altindustrialisierter Raum	46	95.2				
Altmoränenlandschaft	34.1					
Altstadt	87.3			138.2		
Amerikanische Stadt					165.2	
Anbauintervall	87.4					
Anbauzonen	28.2	58.2, 69.2				186.1
Angloamerika						167.3
Antisemitismus	100					
Aquakulturen						190.1
Äquator	Atlaseinführung 10.2					
Arbeiterfamilien	96.Z					
Arbeitslosigkeit	51.4.	76.2, 98.Z				
Arbeitsplatzangebot	42.1	72.1				
Aride Räume		67.6, 67.7	120.1	134, 138		176
ASEAN-Staaten						211.3
Astenosphäre						179.4
Atlantisches Klima		66, 67.6				174.1
Atombombe, -rüstung						206.1, 208.1+2
Aufrüstung						203.3, 208-209
Auschwitz	100.1					
Ausländer	51.4, 51.5	78				
Außenhandelsstruktur						192.2
Automobil (Carl Benz)		94.Z				
Baden-Württemberg (Gründung)	101.4					
Badetourismus	38.1, 39.2	52, 70	104	122	148	
Ballungsraum, -zentrum	46, 29.4, 48.2	76.1, 77.3			145.3, 165.2	194.2
Baumgrenze					147.1	184.1
Bauwerke		52	104	122, 134	139, 148	199.3
Bayern (Freistaat)		101.4				
Bayern (Königreich)	96.1					
Bayern (Kurfürstentum)	91.2, 92.1					
Belastungsgebiet			120.1			182.1
Beleuchtungszone						172.4
Bergbau	46, 45.5	73.3	118.1	130-131, 133, 134	145.2, 164.1, 147.1	
Bergwind	36.4					
Berliner Mauer	101.4					
Besatzungszonen	101.2					
Bevölkerungsdichte	50.1	76.2		134	145.3, 164.2	194.2
Bevölkerungsentwicklung, -dynamik	46, 50.3			134		194.1
Bevölkerungsstruktur	51.5	76.2			165.1	194.1

Sachwort	Deutschland	Europa	Asien	Afrika und Orient	Amerika Australien Pole	Welt
Bevölkerungsverteilung	29.4	59.4	111.4	127.3, 134	155.4	167.4
Bevölkerungswanderung	46, 50.3					
Bewässerungprojekte				134		
Bewässerungswirtschaft			120.1	134, 134, 138.1, 138.2		
Bildung	48.1					
Binnenmarkt						192.2
Binnenschifffahrt	43.2, 46	60-65	112-115	128-131	144, 156-160	
Binnenstaat		56	108	126		
Biosphärenreservat	39.3					
Bismarck	96-97					
Bodenbelastung, -zerstörung			120.1			182.1
Bodenschätze	44.1, 45.5, 46	73.3, 81.3, 95.2	118.1	130-131, 133, 134	145.2, 164.1, 147.2	
Bodenversalzung						182.2
Borealer Nadelwald			120.1		147.1	184.1+2
Brandenburg (Kurfürstentum)	92.1					
Brandt		102.Z				
Braunkohlentagebau	44.1, 45.5					
Breitenkreis	Atlaseinführung 10.2					
Britisches Weltreich						200.2, 202-205
Bronzezeit						198.2
Bruchschollenland	35.3					
Bruchtektonik	35.3	69.1				
Bruttoinlandsprodukt (BIP)		72.1, 74	116	132.1		193.3
Buchdruck		88.Z				
Bundesrepublik Deutschland (Gründung)	100.Z, 101.4					
Bundesstaatliche Gliederung	27.1, 48.1, 101.4			204		
Bündnissysteme		102.1				211.3
Bürgertum	96.Z					
Christentum	87.1, 90.1, 90.Z	84.1, 86, 88.Z		204		
City	48.1	77.3			165.2	
CO_2						182.1
Dampfmaschine		95.2				
Datumsgrenze						173.5
Dauerfrostboden			120.1			
DDR (friedliche Revolution)		103.2				
DDR (Gründung)	101.4					
Deindustrialisierung	46					
Dekolonialisierung				204		202.1, 210.1
Delta			120.2	134		
Demokratisierung		102.1				206.2
Desertifikation			120.1			
Deutsche Wiedervereinigung		102.Z, 103.1				
Deutscher Bund	96.1	94.1				
Deutscher Orden		89.2				
Deutsches Reich	97.2, 99.1					
Deutsch-Französischer Krieg		96.1				
Diagramme	Atlaseinführung 12.1, 12.3					
Dichtezentren	48.2					
Dienstleistungen	29.3, 42.1, 45.2-4, 46	59.3, 72.1	111.3, 116, 118-119	127.2, 132.1	155.3, 145.1, 162-163	193.3
Diktatur (NS-)	100					
Diluviallandschaft	34.1					
Doppelte Staatsgründung (Deutschland)	101.4					
Dornsavanne						184.1+2
Dreifelderwirtschaft	87.4					
Dreißigjähriger Krieg	91.2					
Dritte Welt						196.1
Dualismus (Österreich-Ungarn)		94.1				
Dürrerisiko			120.1			180.1
Ebbe	40.1					

Sachwort	Deutschland	Europa	Asien	Afrika und Orient	Amerika Australien Pole	Welt
Einwohner (Bundesländer, Staaten)	27	56	108	126	142,152	194.1
Eisenbahn	43.2	60-65, 94.Z, 95.2	112-115	128-131	144, 156-160	
Eisenverarbeitende Industrie	42.1, 46	73.2, 95.2	118-119	132.1	161	203.3
Eisenzeit						199.Z
Eiserner Vorhang		102.1				
Eisstromnetz	34.1					
Eisvorstoß	34.1	68.1				
Eiszeitalter	35.2	68.1				198.1
Eiszerfall	35.2					
Elendsquartiere, -viertel			196.1			196.1
Emission						182.1
Endogene Kräfte und Prozesse	35.3	69.1+2				179.2
Energieträger, -gewinnung	44.1, 45.5, 46	52, 73.3	104, 118-119	122, 130-131, 133	139, 145.2, 161, 164.1	
Entdeckungsfahrten				188	146	200.1, 201.Z
Entente		98.1				
Entkolonialisierung				188		
Entstehung von Landschaften	35.2	68.1, 69.2, 69.3		138.4		178-179
Entwicklungsländer						196-197
Entwicklungsstand						196.1
Epizentrum						178.2
Erdachse (Schrägstellung)						172.3
Erdbeben		69.1				178.1-2
Erde						172.1-2
Erdkern						179.4
Erdkruste						179.4
Erdmantel						179.4
Erdöl-, Erdgasförderung		73.3	118-119	130-131, 133	161, 164.1, 147.1	
Erdplatten		69.1				178.1-2
Erdrotation						172.3, 173.5
Erdteil						166.1
Erfindungen		94.Z, 95.2				
Erholungsorte	38.1					
Erholungsräume	38.1, 40.1+2, 48.2, 49.3	70.1, 71.3, 71.4				
Ernährung						196.2
Erntemengen						187.2
Erster Weltkrieg		98.1, 98.Z				
Erwerbstätigkeit	46	76.2				
Erzlagerstätten					147.2	
Ethnische Differenzierung	51.5	78		204		
Europäisch-abendländische Kultur		78, 84-86				
Europäische Großmächte	92	89.2, 93.2, 95.2				200-203
Europäische Union		75				
Europäischer Einigungsprozess		75, 103.2				
Europäischer Wirtschaftsraum		74.1, 75.3				
Europäisierung der Welt						200-203
Evangelisch-Lutherisch	90.1, 90.Z					
Exogene Gestaltung	34.1, 35.2, 35,3	68.1		138.4		
Fallwinde	36.4					
Faltengebirge, -tektonik		69.1				
Felswüste				138.1, 138.4		
Fernhandel		81.3, 88.1				188, 192.1, 201.3
Feuchtsavanne						184.1+2
Findling		68.1				
Fischbestände						190.1, 191.3
Fischfang						190.1, 191.3
Flucht und Vertreibung	101.2					
Flughafen	41.2, 43.2					192.1
Flusslandschaft	34.1		120.2, 121.3	134		
Flussoase				134, 134		

Sachwort	Deutschland	Europa	Asien	Afrika und Orient	Amerika Australien Pole	Welt
Flut	40.1					
Föderalismus	27.1, 48.1, 97.2, 101.4					
Föhn	36.4					
Forschungsstationen					146	
Fossile Energieträger	44.1, 45.5, 46		118-119	130-131, 133	165.2, 161, 164.1, 147.1	
Frachtverkehr	41.1					192.1
Frankenreich		84.1				
Französische Revolution		93.Z				
Freizeitgestaltung	38.1, 40.1, 40.2	71.2, 71.4				
Fremdenverkehr	38.1, 40.1, 40.2	70-71				
Fremdlingsfluss				134		
Friedenseinsätze						206.2
Friedrich II. von Preußen	92.1					
Fruchtbarer Halbmond		80.1				
Frühkapitalismus		88.1			201.3	
Frühkolonialismus						188, 200-201
Fugger		88.1				188
Funktionale Gliederung (Stadt)	48.1, 49.3			138.2	165.2	
Funktionskonzentration	48.1, 48.2				165.2	
Gebietsabtretung	99.2, 101.2					
Gebirgsbildung		69.1				
Geburtenrate				134		195.3
Gemäßigte Klimazone		67.6				166.2
Generalisierung	Atlaseinführung 8.2					
Geographische Länge und Breite	Atlaseinführung 10.2					
Geotektonik	35.3	69.1				178-179
Geotektonische Vorgänge	35.3	69.1				178-179
Germanen		82-83				
Gesundheit	48.1					197.3
Gewalt	91.2, 100	83.2, 86, 102.1	209.3	204		206.1
Gewaltenteilung	48.1	102.1				
Gewässersystem				134		
Gezeiten	40.1					
Ghettobildung						196.1
Glazialbereich	35.2	68.1			146	
Glaziale Formung und Prägung	34.1					
Glaziale Serie, Formenschatz	35.2					
Gleichgewicht des Schreckens						208.1+2
Gleichschaltung	100.1					
Globalisierung (aktuell)						192-193, 206.2
Globalisierung (historisch)		81.3, 88.1				200-201, 208-209
Globus	Atlaseinführung 10.3					
Golfstrom		67.6				
Gottesgnadentum	92	92				
Grabenbildung, -brüche	35.3	69.1				
Gradnetz	Atlaseinführung 6.4					
Griechenland in der Antike		80.2, 80.Z				
Großbürgertum	96.1					
Großflughafen	41.2					192.1
Großlandschaften	26.1, 34.1, 35.4					170
Großstadt	39.3, 48.1	77.3				196.1
Grundherr	87.2					
Grundwasser				138.2		
Gunsträume			120.1	134		
Gutenberg		88.Z				
Habsburger		89.2				
Hafen	41.1, 43.2					192.1
Handelsströme, -waren		81.3, 88.1		134		192.2, 188
Hanse		88.1				

125.3 Seite | 125.3 Karte/Grafik | 199.Z Zeitleiste | 146 Thema der Gegenwart | 92 Thema der Geschichte

Sachwort	Deutschland	Europa	Asien	Afrika und Orient	Amerika Australien Pole	Welt
Hegemonie (Absolutismus)	92	92				
Heiliges Römisches Reich	85.2, 91.2	89.2				
Heliozentrisches Weltbild	90.Z					
Herrschaftsformen, -instrumente	85.2, 92, 100.1	84.1, 89.2, 92		204		199.3
Hieroglyphen				134		
Himmelsrichtungen	Atlaseinführung 10.2					
Hochgebirge	34.1	69.3				170
Hochgebirgsvorland	34.1	69.3				
Hochgeschwindigkeitsnetz	41.2, 43.2					
Hochkulturen				134		198.2, 199.3
Hochseefischerei						190.1
Hochwassergefahr	40.1					
Höhenfarben	Atlaseinführung 10.1					
Höhenklima		67				
Höhenlinie, -stufen	Atlaseinführung 10.1					
Holocaust	100					
Holzwirtschaft						186.1
Horizontalluftbild	Atlaseinführung 8.1					
Human Development Index (HDI)						196.1
Humidität		66.1, 66.3, 66.5				176
Hunger						196.2
Hurrikan					180.2	
Imperialismus		93.2, 95.2				202.1, 203.3, 203.Z
Indianer						201.Z
Indianische Hochkulturen						198.2, 199.3
Individualverkehr	43.2					
Industrialisierung	46	94.Z, 95.2				
Industrie	29.3, 42.1, 45.2-4	59.3, 72-73, 95.2	111.3, 118-119	127.2, 130-133	145.1, 155.3, 161, 164.1	
Industrieentwicklung	46					
Industriegebiet		73.2	118-119	132.1	161	
Industriegesellschaft		94.Z, 95.2				
Industrielle Revolution	46	94.Z, 95.2				
Industrieprodukte		52	104, 118-119	122, 132.1	139, 148, 161	
Industrieraum, -region	42.1, 45.2-4, 46	72.1, 73.2, 94.Z, 95.2	116, 118-119	132.1	161	
Inkas						198.2, 199.3
Inlandvereisung	35.2	68.1			146	198.1
Innertropische Konvergenz (ITC)						174.1+2, 176
Insignien (Ottonen)	84.Z					
Integration	51.5	78				
Interessengebiete					147	201.1
Internationaler Terrorismus						210.1, 211.Z
Islamischer Kulturkreis (Islam)		78, 84.1, 86.1, 88.Z	104	122, 138.2, 204		
Israel (Gründung)				136		
Jäger und Sammler		68.1				198.1, 199.Z
Jahreszeiten						172.3
Jahreszeitenklima				134		174.1+3, 176-177
Jerusalem		86.1				
Juden	100			136		207.3
Jugoslawien (Zerfall)		99-100, 102-103				
Jungsteinzeit		68.1, 80.1, 80.Z				198.1, 199.Z
Kaisertum (Mittelalter)	85.2, 84.Z					
Kalender (Ägypten)				134		
Kalte Klimazone	28.1	58.1, 66-67	110.1	125.1	154.1	166.2, 174.1
Kältegrenze			120.1			
Kalter Krieg			209.3			208-209
Kanal	43.2, 46	60-65		135		
Kapitulation						206.1
Karawane						188
Karl V.		89.2				

Sachwort	Deutschland	Europa	Asien	Afrika und Orient	Amerika Australien Pole	Welt
Karolingerreich, Karl der Große		84.1				
Katholisch	90.1, 90.Z					
Kernenergie	44.1		118-119	130-131, 133	161	
Kieswüste				138.1, 138.4		
Kirche	87.3, 90.1, 90.Z	84-85				
Kleindeutsche Lösung	96-97					
Klima	28.1	58.1, 66-67	110.1	125.1	154.1	166.2, 174.1
Klimadiagramm	36.2	66.5		136		174.3
Klimadiagramm (Interpretation)	Atlaseinführung 12.2					
Klimaelemente, -faktoren	36.4	66-67				176-177
Klimatypen		67.6				
Klimawandel	37.5					181.4
Klimazonen, -regionen	28.1	58.1, 67.6	110.1	125.1	154.1	166.2, 174.1
Klosterleben	87.1					
Kohle- und Stahlkrise	46					
Kohlendioxidausstoß						182.1
Kolonialismus, Kolonien						200-203
Kolumbus				188		200.1, 201.Z
Kommunikationstechnik		94.Z				
Konferenz von Potsdam	101.2					
Konfession	90.1, 90.Z					
Konfliktzonen	91.2	98.1	209.3	204		206.1, 208.1, 210.1
Königliche Herrschaft	92	92				
Kontinentaldrift, -verschiebung						178.3
Kontinentales Klima		66-67				174.1
Kontinente						166.1
Konvektionsstrom						178.2
Konzentrationslager	100.1					
Koordinaten	Atlaseinführung 10.2					
Krankheiten						197.3
Kreuzzüge		86				
Kriege und Konflikte	91.2, 100	86, 93.2, 96.1, 98-102		204		206-211
Kriegszerstörung	91.2, 101.3					
Krillbestände						190.1
Krisenkontinent Afrika				204		210.1
Krustenbewegungen						178-179
Kuba-Krise						208.1, 209.Z
Kulturangebot	48.1				165.2	
Kulturelle Differenzierung		52, 78	104	122	139, 148	
Kulturerdteile			104	122	139, 148	167.3
Kulturkreise		78, 88.1	104	122	139, 148	167.3
Kulturlandschaft						186.1
Künstliche Freizeitwelten	38.1	70.2				
Kurorte	38.1					
Küstenschutz	40.1					
Küstenveränderung	40.1					
Küstenwüsten						184.1
Lagerstätten	44.1, 46				147.2	
Landflucht	46					
Ländlicher Raum	46, 51.4					
Landnutzung	28.2, 87.4	52, 58.2, 69.2	104, 120.1	122	139, 148	186.1
Landschaftsgefährdung	40.1		120.1			
Landschaftspflege, -schutz	39.3					
Landschaftsveränderung	46					
Landschaftszonen	34.1	52	104	122, 138.1	139, 148	184.1+2
Landwirtschaft	28.2, 87.4	58.2, 69.2	110.2	125.3	154.2	186.1
Längenkreis	Atlaseinführung 10.2					
Lateinamerika						167.3
Lava		69.2				

Sachwort	Deutschland	Europa	Asien	Afrika und Orient	Amerika Australien Pole	Welt
Lebenserwartung						195.3
"Lebensraum im Osten"	100.1					
Limes		82.1, 82.Z				
Lithosphärenplatte		69.1				178.1-2
Lössablagerung		68.1				
Ludwig XIV.	92					
Luftbelastung						182.1
Luftbild	Atlaseinführung 8.1					
Luftfeuchtigkeit	36.4					
Luftkrieg	101.3					
Luther	90.1, 90.Z					
Luv- und Leeseite	36.4					
Machtblöcke		98.1				206.1, 208.1+2
Manufacturing Belt					161.1	
Maritimes Klima		66-67				174.1
Marken	85.2	84.1				
Markt (Mittelalter)	87.3	88.1				
Marsch	34.1, 40.1					
Maschinenbau	42.1, 45.2-4	73.2, 95.2	118-119	132.1	161	
Massentourismus		70.2, 71.3				
Maßstab	Atlaseinführung 8.2					
Materialtransport	35.2, 35.3	69.3		138.4		
Mauerfall		102.Z, 103.2				
Mayas						198.2, 199.3, 201.Z
Mediterranes Klima		66.5, 67.6				174.1
Meeresspiegelanstieg						181.4
Meeresströmungen		67.6				174.1, 190.2
Meeresvereisung		68.1			146	
Meeresverschmutzung						182.1
Megalopolis, Megastadt		77.3			165.2	194.2
Melting pot					165.1	
Menschenrechte	100					210.2
Metropolen, Metropolisierung	48.2	52, 77.3	104	122	139, 148, 165.2	194.2
Migrationen	46, 101.2				165.1	
Mineralische Rohstoffe		73.3	118-119	130-131, 133	145.2, 161, 164.1, 147.1	
Mischwald		52	104	122	139, 148	184.1+2
Mittelalterliche Stadt	87.3					
Mittelgebirge	39.2, 40.2					
Mittelmächte		98.1				
Mittelmeerklima		66.5, 67.6				174.1
Mittelozeanischer Rücken						170
Mitternachtssonne						172.3
Mobilität	51.3					
Moderne Wirtschaftsbereiche	42.1, 45.2-4	73.1, 73.2, 74.2	116, 118-119	132.1	145.1, 161, 162-163	193.3
Mönchtum		87.1				
Mond						172.2
Monsunklima						176
Moräne	34.1, 35.2	68.1				
Multikulturelle Gesellschaft	51.5	78				
Mutterland						200-203
Mutterstadt		80.2				
Nadelwaldzone		52	104	122	139, 148	184.1+2
NAFTA-Staaten						192.1
Naherholung	48.2, 49.3	77.3				
Nahostkonflikt				136, 136		
Napoleon Bonaparte		93.2				
Nationale Einheit	96-97, 103.2					
Nationalismus (1848/49)	96.1, 96.Z					
Nationalitäten, -konflikte	51.5	78, 98.1				

Sachwort	Deutschland	Europa	Asien	Afrika und Orient	Amerika Australien Pole	Welt
Nationalpark	39.3					
Nationalparktourismus	40.1					
Nationalsozialismus	98.Z, 100					206.1
Nationalversammlung	96.1, 96.Z					
NATO						208.1+2
Naturgefahren, -risiken			120.1			180-181
Naturgewalten		68.1				
Naturkatastrophen		69.1				
Naturlandschaft		52, 68.1	104	122, 138.1	139, 146, 148	
Natürliche Vegetation		68.1				184.1+2
Naturpark	39.3					
Naturraum	39.3		120.1	138.1		185.1
Naturschutzgebiet	39.3					
Neandertaler						199.Z
Niederschlag	36.1,37.5	66.1, 66.3, 66.5				176
Norddeutscher Bund	96.1					
Nordhalbkugel	Atlaseinführung 10.2					
Nord-Süd-Gegensatz						196-197
NS-Ideologie	100					
Nullmeridian	Atlaseinführung 10.2					
Nutzholz						186.1
Nutzpflanzen		80.1		138.3		186.1, 188
Nutzungsgrenzen	40.1		120.1	134, 138.1		
Nutzungskonflikte	39.3, 40.1					
Oasenwirtschaft				134, 134, 138.1+2		
Ökosystem	40.1		120.1		146	
Oktoberrevolution		98.1				
Ölverschmutzung						182.1
Opfer (von Kriegen)	91.2	93.2				207.3
Organisationsform einer Hochkultur		80.2		134		199.3
Osmanisches Reich		89.2				
Osterweiterung		75.3				
Ostgebiete	101.2					
Östliches Bündnissystem						208.1
Ostrom		83.2, 84.1				
Ost-West-Konflikt		102.1	209.3			208-209
Ottonisches Reich	85.2					
Ozeane						166.1
Ozeanische Zirkulation						190.2
Ozeanisches Klima		66.5, 67.6				174.1
Pacific Rim						178.1
Packeis		68.1			146	
Palästinenserfrage				136		
Pariser Vorortverträge		98.1				
Parlamentarische Demokratie	48.1	102.1				
Passatzirkulation						174.2
Pendlerströme	48.2					
Perglazialbereich	34.1, 35.2					
Permafrostbereich			120.1		146	
Pfalz		84-85				
Pharao						199.3, 199.Z
Physische Karte	Atlaseinführung 6.1, 6.4, 8.2, 8.3					
Physische Übersicht	26	54	106	124	140, 150	170
Physischer Raum	30-33	60-65	112-115	128-131	144, 156-160	170
Phytoplankton						190.1
Pipelines		73.3	118-119	130-131, 133	161,164.1	
Planeten						172.1-2
Plattentektonik		69.1				178-179
Pol	Atlaseinführung 10.2					

125.3 Seite 125.3 Karte/Grafik 199.Z Zeitleiste 146 Thema der Gegenwart 92 Thema der Geschichte

Sachwort	Deutschland	Europa	Asien	Afrika und Orient	Amerika Australien Pole	Welt
Polarkreis						172.3, 174
Polarregionen						146-147
Polartag, Polarnacht						172.3
Politische Institutionen	48.1, 92.2	75				
Politische Karte	Atlaseinführung 6.1					
Portugiesen						188, 200-201
Preußen (Freistaat)	99.2					
Preußen (Königreich)	96-97	93.2				
Preußische Vorherrschaft	96-97					
Primärer Sektor	45.5	74.2				186-187
Projektion	Atlaseinführung 10.3					
Pyramiden				134		
Radioaktive Verseuchung						182.1
Rassismus	100					
Raubbau						182.1
Reformation	90.1, 90.Z					
Regenfeldbau			120.1	138.1		
Regenwald			120.1			184.1+2
Regenzeit						176
Regionale Disparitäten	51.4	74.1				
Reichsgründung, Reichstag	85.2, 48.1	97.1, 99.1				
Rekorde der Erde						166.2, 168
Rekultivierungsmaßnahmen	45.5					
Religiöse Gegensätze und Konflikte	90-91	86		204		
Residenzstadt	92.2			134		
Restauration	96.1					
Revolution	96.Z	93.Z				
Rittertum	87.2	84.Z				
Rodung					183.3	
Rohstoffe, Ressourcen	44.1, 45.5, 46				147.2	
Rohstoffgewinnung	29.3	59.3, 73.3	111.3, 118-119	127.2, 133, 130-131	155.3, 147.1	
Römisches Reich	82.1	81.3, 83.2				
Rückzugsstadien	35.2					
Russische Expansion						200-203
Rüstungspotenziale						203.3
Sandwüste				138.1, 138.4		
Savanne						184.1+2
Schalenaufbau der Erde						179.4
Schelfbereich						170
Schifffahrt	30-33, 41.1	60-65	112-115	128-131, 134	144, 156-160	192.1, 188
Schrägluftbild	Atlaseinführung 8.1, 10.1					
Schwarzafrika						167.3
Sea-floor spreading						178.2
Seebeben						178.1-2, 180.1
Seehafen	41.1, 43.2					192.1, 188
Sektorenstadt	101.4					
Sekundärer Sektor	45.2-4	72-73, 74.2	116, 118-119	132.1	145.1, 161, 162-163	193.3
Senkrechtluftbild	Atlaseinführung 8.1					
Sesshaftwerdung		80.1, 80.Z				198.2
Signatur	Atlaseinführung 8.3, 12.1					
Skipisten	40.2	71.4				
Sklavenhandel		81.3		204		201.3
Slum			196.1			
Smog					183.3	183.1
Solare Strahlung						172.4
Solares Klima				134		177
Sommertourismus	38.1, 40.1, 40.2	70				
Sonneneinstrahlung						172.4
Sonnensystem						172.1-2

Sachwort	Deutschland	Europa	Asien	Afrika und Orient	Amerika Australien Pole	Welt
Sowjetische Expansion		102.1				208.1
Sowjetunion (Auflösung)		103.2				209.Z
Soziale Frage (Industrialisierung)	96.Z					
Sozialhilfe	51.4					
Sozialstruktur	51.4		196.1			196.1
Spanier						200-201
Spannungsfelder		98.1				208.1, 210.1
Sprache		78		204		
Staatenwelt (heute)		56	108	126	142, 152	210.1
Städtetourismus	39.2, 49.3	70.1, 70.3				
Städtewachstum	46			138.2		194.2
Städtewesen	87.3					
Städtischer Raum	29.4, 51.4	77.3			165.2	
Stadtlandschaften	46, 48.2	77.3				
Stadtplan	48.1					
Stadtregion	46	77.3			165.2	194.2
Stadtstaat			196.1			
Stadtumland	48.2, 49.3	77.3				
Stadt-Umland-Beziehungen	48.2, 49.3					
Stammesrivalitäten				204		
Ständeordnung	87.3					
Staudammprojekt			121.3	134		
Steigungsregen	36.4					
Steinkohle	44.1, 46	73.3, 95.2	118.1	130-131, 133	145.2, 164.2, 147.1	
Steinzeit, -werkzeuge		68.1, 80.1				198.1, 199.Z
Stellungskrieg		98.1				
Stellvertreterkrieg			209.3			
Steppe			120.1			184.1+2
Sterberate				134		
Stilllegungen	46					
Stromerzeugung	44.1	73.2	118-119	130-131, 133	161	
Strukturkrise, -wandel	46					
Strukturschwacher, -starker Raum	42.1, 51.4	74.1				
Sturmflut	40.1		120.2			
Stützpunkte (Kolonialzeit)						188, 200-202
Subduktionszone						178.1
Subpolares Klima		66.5, 67.6, 68.1	120.1			174.1
Subtropische Klimazone		66.5, 67.6		138		166.2, 174.1
Südhalbkugel	Atlaseinführung 10.2					
Tag und Nacht						172.3, 173.5
Tagebau	45.5					
Tageslängen						172.3
Taifun			120.1			180.1
Taiga						184.1+2
Talwind	36.4					
Technisch- wissenschaftlicher Fortschritt		95.2, 88.Z, 94.Z				207.Z, 209.Z
Technologiepark			197.1			
Teilung (Europas, Deutschlands)	101.4	102.1				208.1
Tektonik		69.1				178-179
Temperatur	37.3, 37.5	66.2, 66.4				177
Temperaturzonen						172.4
Territorialstaat	97.2	92-93				
Tertiärer Sektor	42.1, 45.2-4, 46	72-73, 74.2	116, 118-119	130-133	145.1, 161, 162-163	193.3
Textilindustrie	42.1, 45.2-4	73.2: 88.1, 95.2	118-119	130-133	161	
Thematische Karte	Atlaseinführung 6.1					
Tidenhub	40.1					
Tiefland	34.1		120.2			
Tiefseebecken						170
Tiefseegraben						170

Sachwort	Deutschland	Europa	Asien	Afrika und Orient	Amerika Australien Pole	Welt
Tierwelt		52	104	122	139, 146, 148-149	
Tochterstädte (griech. Antike)		80.2				
Tornado						180.1
Tourismus	38.1, 40.1, 40.2	70-71				
Transform fault						178.2
Transsibirische Eisenbahn (Transsib)						202.1
Treibeis		68.1			146	
Treibhausgas						182.1
Trinkwasserversorgung						196.2
Trockengrenze			120.1			
Trockenräume			120.1	134, 138		184-185
Trockenzeit						184-185
Tropische Klimazone						166.2, 174.1
Tropische Zirkulation						174.2
Tropischer Regenwald			104	122	148	184.1+2
Tsunami						180.1+3
Tundra		68.1	120.1		147.1	184.1+2
Überbevölkerung				134		
Überfischung						190.1, 191.3
Überflussernährung						196.2
Übernutzung						182.1, 190.1
Überschwemmungen			120	134		180.1
Überseeische Expansion						200-203
Umlaufbahn um die Sonne						172.1
Umweltbelastung, -zerstörung						182-183
Umweltschutz	39.3					
Ungunstfaktoren			120.1			
Ungunsträume			120.1	138	146	
Unterentwicklung						196-197
Unterernährung						196.2
Untertagebau	46					
Urlaubsziele	38.1, 40.1, 40.2	70-71				
Vasco da Gama						188, 200.1
Vegetationsformen				138.1, 138.3		184.1+2
Vegetationsstufen		67.7				
Vegetationszerstörung			120.1			182.1
Vegetationszonen			120.1			184.1+2
Verdichtungsraum	39.3, 48.2, 50.1	77.3		134	165.2	194.2
Verdun		98.1				
Vereinte Nationen (UN)			209.3			206.2
Vereisung		68.1			146	
Verflechtung	48.2					
Verkehrsbelastung	43.2					192.1
Verkehrsnetze	30-33, 48.2, 82.1	60-65, 81.3, 88.1	112-115	128-131	144, 156-160	192.1
Verkehrszentrum	41.1, 41.2					192.1
Versailler Vertrag	99.2	98.1, 99.2				
Versailles (Schloss)		92, 93.Z				
Versalzung						182.2
Verstädterter Raum	46, 39.3	77.3		134	165.2	
Vertriebene	101.2					
Verwitterungsprozess				138.4		
Viehwirtschaft	28.2	58.2	110.2	125.3	154.2	186.1
Vielvölkerstaat	97.2			204		
Völkerwanderung		83.2				
Volksrepublik China (Kommunismus)						208.1
Vulkanismus		69.1, 69.2, 80.Z				178.1, 180.1
Waffenstillstand		98.1	209.3			
Waldzerstörung						182.1, 183.3
Wandel zur Neuzeit		88.Z, 88-89				

Sachwort	Deutschland	Europa	Asien	Afrika und Orient	Amerika Australien Pole	Welt
Warenwert						188
Wärmezonen						172.4
Warschauer Pakt						208.1+2
Wasserbauliche Großprojekte			121.3, 134			
Wasserdefizitgebiete	36.4		120.1	134, 138		196.2
Wasserkraft	44.1		118-119		161	
Wassermangel, -konflikte			120.1	134, 136		
Wasserversorgung				136		196.2
Wattenmeer	40.1					
Wechselfeuchte Tropen				134		174.1
Weichseleiszeit	34.1	68.1				
Weimarer Republik	98.Z, 99.1					
Weltbild		90.Z				
Welthandel						192.2, 200.2, 201.3
Weltmeere						166.1
Weltpark Antarktis					146.2, 147.2	
Weltraumfahrt						209.Z
Weltstadt		76.1, 77.3			165.2	194.2
Weltverkehr						192.1
Weltwirtschaftskrise		98.Z				207.Z
Wende 1989/90		103.2				
Wendekreis						172.3, 174
Westfälischer Frieden	91.2					
Westintegration		102.1				208.1+2
Westrom		83.2				
Westwinde						176
Wettrüsten						208.1+2
Wiener Kongress		94.1				
Wikinger		84.1, 84.Z				
Windrose	Atlaseinführung 10.2					
Windsysteme	36.4					176
Winterkalte Binnenwüsten			120.1			184.1+2
Winterregenklima		66.1				174.1
Wintertourismus	38.1, 39.2, 40.2	71.4				
Wirbelstürme			120.1			180.1+2
Wirtschaftlicher Umbau	46					
Wirtschaftskarte	Atlaseinführung 6.1					
Wirtschaftskraft		74.2				
Wirtschaftsraum	42.1, 44.1, 45.2-4	73.2; 88.1	117, 118-119	130-133	161	192.2, 193.3
Wirtschaftssektoren	29.3, 42.1, 45.2-4	59.3, 74.2	111.3, 117, 118-119	127.2, 130-133	145.1, 155.3, 162-163	193.3
Wirtschaftszentrum, -standort	29.3, 45.5, 46	59.3, 73.2, 81.3, 95.2	111.3, 117, 118-119	127.2, 130-133	155.3, 161	
Wohlstand		74.2				196-197
Wohnverhältnisse	94.Z		196.1			196.1
Wüsten				134, 138.1, 138.4		184.1+2
Zeitleiste		47	80-103			
Zeitzonen						173.5
Zersiedlung	46			134		
Zunft	87.3					
Zusammenbruch der DDR		103.2				
Zuwanderer	46, 101.2					
Zweiter Weltkrieg		102				206.1, 207.Z

Registerregeln

Bei Schreibweise, Anordnung und Alphabetisierung der Eintragungen wurden folgende Regeln angewendet:

1. Der dem Namen folgende Kartenverweis nennt die Kartenseite und das Gradnetzfeld der Karte im Heimatteil Baden-Württemberg.
2. Das Namenregister ist der deutschen Buchstabenfolge entsprechend alphabetisch geordnet. Die Umlaute ä, ö, ü werden wie a, o, u und ß wie ss behandelt.
3. Einem Namen vorangestellte Zusätze (wie Bad oder Sankt) gelten als fester Bestandteil des Namens und sind bei der Alphabetisierung entsprechend berücksichtigt.
4. In den Karten abgekürzte Namen sind im Register grundsätzlich ausgeschrieben.
5. Gleichlautende Namen werden durch einen näher kennzeichnenden Zusatz unterschieden, z.B. Weingarten (Württemberg).

A

Aach; Stadt 18/19 D3
Aach; Fluss 18/19 E3
Aachquelle 18/19 D3
Aachstetten 18/19 F2
Aalen 16/17 G3
Ablach 18/19 E2
Abtsgemünd 16/17 G3
Ach 18/19 F3
Achalm 18/19 E2
Acher 18/19 B1
Achern 18/19 C1
Adelegg 18/19 G3
Adelsheim 16/17 E2
Aglasterhausen 16/17 D2
Ahorn 16/17 F2
Aichelberg 16/17 F3
Aichhalden 18/19 C2
Aichstetten 18/19 G3
Aichtal 16/17 E3
Aichwald 16/17 E3
Aichwald-Schanbach 16/17 E3
Aidlingen 16/17 D3
Aitrach; Gemeinde 18/19 G3
Aitrach; Fluss 18/19 G3
Alb 16/17 C3
Albbruck 18/19 C3
Alb-Donau-Kreis 18/19 F2
Albershausen 16/17 F3
Albstadt 18/19 E2
Albstadt-Ebingen 18/19 E2
Albstadt-Onstmettingen 18/19 E2
Albuch 16/17 FG3
Aldingen 18/19 D2
Alfdorf 16/17 F3
Allensbach 18/19 E3
Allgäu 18/19 F3-H3
Allmendingen 18/19 F2
Alpirsbach 18/19 C2
Altbach 16/17 E3
Altdorf 16/17 D3
Altdorfer Wald 18/19 F3
Altenberg 16/17 F3
Altenheim, Neuried- 18/19 B2
Altensteig 16/17 D3
Altheim 18/19 F2
Althengstett 16/17 D3
Altlußheim 16/17 CD2
Altshausen 18/19 F3
Ammerbuch 18/19 D1
Ammerbuch-Entringen 18/19 D1
Amstetten 18/19 F1
Amtzell 18/19 F3
Andelsbach 18/19 E3
Angelbachtal 16/17 D2
Appenweier 18/19 B1
Argen 18/19 F3
Argen, Obere 18/19 F3
Argenbühl 18/19 F3
Argenbühl-Eisenharz 18/19 F3
Argenhorn 18/19 F3
Aspach 16/17 E3
Asperg 16/17 E3
Au 16/17 C3
Augusta Raurica 18/19 B3
Aulendorf 18/19 F3

B

Baar 18/19 C3-D2
Backnang 16/17 E3
Bad Buchau 18/19 F2
Bad Dürrheim 18/19 D2
Baden-Baden 16/17 C2
Badenweiler 18/19 B3
Bad Friedrichshall 16/17 E2
Bad Herrenalb 16/17 C3
Bad Krozingen 18/19 B3
Bad Liebenzell 16/17 D3
Bad Mergentheim 16/17 F2
Bad Peterstal-Griesbach 18/19 C2
Bad Peterstal-Griesbach-Bad Peterstal 18/19 C2
Bad Rappenau 16/17 E2
Bad Rippoldsau-Schapbach 18/19 C2
Bad Rippoldsau-Schapbach-Schapbach 18/19 C2
Bad Säckingen 18/19 B3
Bad Saulgau 18/19 F2
Bad Schönborn 16/17 D2
Bad Schussenried 18/19 F2
Bad Teinach-Zavelstein 16/17 D3
Bad Überkingen 16/17 F3
Bad Urach 18/19 E2
Bad Waldsee 18/19 F3
Bad Wildbad 16/17 D3
Bad Wimpfen 16/17 E2
Bad Wurzach 18/19 F3
Bahlingen 18/19 B2
Baienfurth 18/19 F3
Baiersbronn 18/19 C1
Baindt 18/19 F3
Baldern 16/17 G3
Balgheim 18/19 D2
Balingen 18/19 D2
Bammental 16/17 D2
Bärenhöhle 18/19 E2
Bargen, Helmstadt- 16/17 D2
Bargen, Helmstadt-Bargen- 16/17 D2
Bartenstein 16/17 F2
Bartholomä 16/17 F3
Bauland 16/17 E2-F1
Bebenhausen 18/19 E1
Beilstein 16/17 E2
Belchen 18/19 B3
Berg 18/19 F3
Bergatreute 18/19 F3
Berghülen 18/19 F2
Berglen 16/17 E3
Berneck 16/17 D3
Besigheim 16/17 E3
Beuron 18/19 D2
Biberach 18/19 F2
Biberach (Baden) 18/19 C2
Biberach a. d. Riß 18/19 F2
Biederbach 18/19 C2
Biederbach-Dorf 18/19 C2
Bieringen, Schöntal- 16/17 F2
Bierlingen, Starzach- 18/19 D2
Bietigheim 16/17 C3
Bietigheim-Bissingen 16/17 E3
Billigheim 16/17 E2
Binzen 18/19 B3
Birkendorf, Ühlingen- 18/19 C3
Birkenfeld 16/17 D3
Birnau 18/19 E3
Bisingen 18/19 D2
Bissingen 16/17 E3
Bissingen, Bietigheim- 16/17 E3
Bitz 18/19 E2
Blankenloch, Stutensee- 16/17 C2
Blau 18/19 F2
Blaubeuren 18/19 F2
Blauen 18/19 B3
Blaufelden 16/17 F2
Blaustein 18/19 F2
Blaustein-Ehrenstein 18/19 F2
Blautopf 18/19 F2
Blumberg 18/19 D3
Böbingen 16/17 F3
Böblingen; Landkreis 16/17 DE3
Böblingen; Stadt 16/17 E3
Bodanrück 18/19 E3
Bodelshausen 18/19 D2
Bodensee 18/19 EF3
Bodenseekreis 18/19 EF3
Bödigheim 16/17 E2
Bodman-Ludwigshafen 18/19 E3
Bodman-Ludwigshafen-Ludwigshafen 18/19 E3
Bodnegg 18/19 F3
Böhmenkirch 16/17 F3
Böhringen, Römerstein- 18/19 F1/2
Boll 16/17 F3
Bondorf 16/17 D3
Bonndorf 18/19 C3
Bönnigheim 16/17 E2
Bopfingen 16/17 G3
Bösingen 18/19 D2
Boßler 16/17 F3
Böttingen 18/19 D2
Bötzingen 18/19 B2
Boxberg 16/17 F2
Brackenheim 16/17 E2
Brandenkopf 18/19 C2
Bräunlingen 18/19 C3
Breg 18/19 C2
Breisach 18/19 B2
Breisgau 18/19 B2/3
Breisgau-Hochschwarzwald 18/19 BC3
Brend 18/19 C2
Brenz; Schloss, Burg 16/17 G3
Brenz; Fluss 16/17 G3
Bretten 16/17 D2
Bretzfeld 16/17 E2
Brigach 18/19 C2
Brigachtal 18/19 C2
Brigachtal-Klengen 18/19 C2
Bronnbach 16/17 F1
Brühl 16/17 D2
Buchau, Bad 18/19 F2
Buchen 16/17 E1
Buchenbach 18/19 C3
Buggingen 18/19 B3
Bühl 16/17 C3
Bühler 16/17 F2/3
Bühlertal 16/17 C3
Bühlertann 16/17 F2
Burgberg 16/17 F2
Bürgeln 18/19 B3
Burgrieden 18/19 F2
Burladingen 18/19 E2
Busenbach, Waldbronn- 16/17 C3
Büsingen 18/19 D3
Bussen 18/19 F2

C

Calw; Stadt 16/17 D3
Calw; Landkreis 16/17 D3
Charlottenhöhle 16/17 G3
Comburg 16/17 F2
Crailsheim 16/17 G2
Creglingen 16/17 G1

D

Dallau, Elztal- 16/17 E2
Dauchingen 18/19 D2
Deggenhausen, Deggenhausertal- 18/19 E3
Deggenhausertal 18/19 E3
Deggenhausertal-Deggenhausen 18/19 E3
Deggingen 16/17 F3
Deißlingen 18/19 D2
Deizisau 16/17 E3
Denkendorf 16/17 E3
Denzlingen 18/19 B2
Dettenhausen 18/19 E1
Dettenheim 16/17 C2
Dettingen 18/19 G2
Dettingen unter Teck 16/17 E3
Dielheim 16/17 D2
Dietenheim 18/19 G2
Dietingen 18/19 D2
Dietlingen, Keltern- 16/17 D3
Dinkelberg 18/19 B3
Dischingen 16/17 G3
Ditzingen 16/17 E3
Donau 18/19 F2
Donaueschingen 18/19 C3
Donzdorf 16/17 F3
Dorf, Biederbach- 18/19 C2
Dornhan 18/19 D2
Dornstadt 18/19 F2
Dornstetten 18/19 D1/2
Dossenheim 16/17 D2
Dotternhausen 18/19 D2
Dreisam 18/19 B3
Dunningen 18/19 D2
Durbach 18/19 C2
Dürmentingen 18/19 F2
Durmersheim 16/17 C3
Dürrheim, Bad 18/19 D2
Dürrn, Ölbronn- 16/17 D3
Dußlingen 18/19 E2

E

Eberbach 16/17 D2
Eberdingen 16/17 D3
Eberhardzell 18/19 F2
Ebersbach 16/17 F3
Eberstädter Höhle 16/17 E2
Ebhausen 16/17 D3
Ebingen, Albstadt- 18/19 E2
Echterdingen, Leinfelden- 16/17 E3
Edingen-Neckarhausen 16/17 D2
Efringen-Kirchen 18/19 B3
Eggenstein-Leopoldshafen 16/17 C2
Eggenstein-Leopoldshafen-Eggenstein 16/17 C2
Ehingen 18/19 F2
Ehingen, Mühlhausen- 18/19 D3
Ehningen 16/17 D3
Ehrenfels 18/19 E2
Ehrenkirchen 18/19 B3
Ehrenstein, Blaustein- 18/19 F2
Ehrsberg, Häg- 18/19 B3
Eichstetten 18/19 B2
Eigeltingen 18/19 D3
Eisenbach 18/19 C3
Eisenharz, Argenbühl- 18/19 F3
Eislingen 16/17 F3
Elchesheim-Illingen 16/17 C3
Ellwangen 16/17 G3
Ellwanger Berge 16/17 G2/3
Elsenz 16/17 D2
Elz 18/19 B2
Elzach 18/19 C2
Elztal 16/17 E2
Elztal-Dallau 16/17 E2
Emmendingen; Stadt 18/19 B2
Emmendingen; Landkreis 18/19 B2
Emmingen-Liptingen 18/19 D3
Emmingen-Liptingen-Emmingen 18/19 D3
Endingen 18/19 B2
Engen 18/19 D3
Engstingen 18/19 E2
Eningen 18/19 E2
Entringen, Ammerbuch- 18/19 D1
Enz 16/17 D3
Epfenbach 16/17 D2
Epfendorf 18/19 D2
Eppelheim 16/17 D2
Eppingen 16/17 D2
Erbach 18/19 F2
Erdmannshöhle 18/19 B3
Erf 16/17 E1
Eriskirch 18/19 F3
Erlenbach 16/17 E2
Erms 18/19 E1/2
Erolzheim 18/19 G2
Ersingen 16/17 D3
Ertingen 18/19 E2
Erzingen, Klettgau- 18/19 C3
Eschach 18/19 G3
Eschelbronn 16/17 D2
Essingen 16/17 G3
Esslingen; Landkreis 16/17 E3
Esslingen; Stadt 16/17 E3
Ettenheim 18/19 B2
Ettlingen 16/17 C3
Eutingen 18/19 D2
Eyach 18/19 D2

F

Falkensteiner Höhle 18/19 E1
Federsee 18/19 F2
Feldberg 18/19 BC3
Fellbach 16/17 E3
Fichtenau 16/17 G2
Fichtenau-Unterdeufstetten 16/17 G2
Fichtenberg 16/17 F2/3
Filderstadt 16/17 E3
Fils 16/17 F3
Fischerbach 18/19 C2
Fischerbach-Weiler 18/19 C2
Flein 16/17 E2
Fluorn-Winzeln 18/19 C2
Fluorn-Winzeln-Winzeln 18/19 C2
Forbach 16/17 C3
Forchtenberg 16/17 F2
Forst 16/17 D2
Frankenhardt 16/17 F2
Frankenhardt-Gründelhardt 16/17 F2
Frauenalb 16/17 C3
Freiamt 18/19 B2
Freiamt-Ottoschwanden 18/19 B2
Freiberg 16/17 E3
Freiburg im Breisgau 18/19 B2/3
Freistett, Rheinau- 18/19 B1
Freudenberg (Baden) 16/17 E1
Freudenstadt; Stadt 18/19 C2
Freudenstadt; Landkreis 18/19 CD1
Frickenhausen 16/17 E3
Fridingen 18/19 D2
Friedrichshafen 18/19 E3
Friedrichshall, Bad 16/17 E2
Friedrichshöhle 18/19 E2
Friesenheim 18/19 B2
Frittlingen 18/19 D2
Fronreute 18/19 F3
Fürstenberg 18/19 D3
Furtwangen 18/19 C2

G

Gaggenau 16/17 C3
Gaiberg 16/17 D2
Gaienhofen 18/19 D3
Gaildorf 16/17 F2/3
Gailingen 18/19 D3
Gammertingen 18/19 E2
Gärtringen 16/17 D3
Gäufelden 16/17 D3
Gäufelden-Öschelbronn 16/17 D3
Gechingen 16/17 D3
Gehrenberg 18/19 E3

REGISTER

Geisingen 18/19 D3
Geislingen 18/19 D2
Geislingen an der Steige 16/17 F3
Gemmingen 16/17 D2
Gemmrigheim 16/17 E2
Gengenbach 18/19 C2
Gerabronn 16/17 F2
Gerlingen 16/17 E3
Gernsbach 16/17 C3
Gerstetten 16/17 G3
Gestüt Marbach 18/19 E2
Giengen 16/17 G3
Gingen 16/17 F3
Glatt 18/19 D2
Glatten 18/19 D2
Glottertal 18/19 B2
Gomadingen 18/19 E2
Gomaringen 18/19 E2
Gondelsheim 16/17 D2
Göppingen; Stadt 16/17 F3
Göppingen; Landkreis 16/17 F3
Görwihl 18/19 C3
Gosheim 18/19 D2
Gottenheim 18/19 B2
Gottmardingen 18/19 D3
Graben-Neudorf 16/17 C2
Grafenau 16/17 D3
Grafenhausen 18/19 C3
Grafenhausen, Kappel- 18/19 B2
Grenzach-Wyhlen 18/19 B3
Griesbach, Bad Peterstal- 18/19 C2
Großbettlingen 16/17 E3
Großbottwar 16/17 E2/3
Große Enz 16/17 CD3
Große Lauter 18/19 E2
Grosselfingen 18/19 D2
Großrinderfeld 16/17 F1
Gründelhardt, Frankenhardt- 16/17 F2
Grünkraut 18/19 F3
Grünsfeld 16/17 F1
Gschwend 16/17 F3
Gugeln 18/19 C3
Güglingen 16/17 DE2
Gundelfingen 18/19 B2
Gundelsheim 16/17 E2
Gutach; Fluss 18/19 C3
Gutach; Gemeinde 18/19 B2
Gütenbach 18/19 C2
Guttenberg 16/17 E2

H

Häg-Ehrsberg 18/19 B3
Haigerloch 18/19 D2
Haiterbach 16/17 D3
Haller Ebene 16/17 F2
Hambrücken 16/17 D2
Hardheim 16/17 E1
Hardt; Landschaft 16/17 C2
Hardt; Höhenzug 18/19 DE2
Hartheim 18/19 B3
Härtsfeld 16/17 G3
Haslach 18/19 C2
Haßmersheim 16/17 E2
Hattenhofen 16/17 F3
Hausach 18/19 C2
Hausen 18/19 B3
Hayingen 18/19 E2
Hechingen 18/19 D2
Heckengäu 18/19 D1/2
Heddesheim 16/17 D1
Hegau 18/19 D3
Hegaualb 18/19 D3
Heidelberg 16/17 D2
Heidenheim; Landkreis 16/17 G3
Heidenheim; Stadt 16/17 G3
Heilbronn; Stadt 16/17 E2
Heilbronn; Landkreis 16/17 E2
Heiligenberg 18/19
Heiligkreuztal 18/19 E2
Heimsheim 16/17 D3
Heiningen 16/17 F3
Heitersheim 18/19 B3
Helmstadt-Bargen 16/17 D2
Helmstadt-Bargen-Bargen 16/17 D2
Hemmingen 16/17 E3
Hemsbach 16/17 D1
Herbertingen 18/19 E2
Herbolzheim 18/19 B2
Herbrechtingen 16/17 G3
Herdwangen-Schönach 18/19 E3
Herdwangen-Schönach-Herdwangen 18/19 E3
Hermaringen 16/17 G2
Heroldstatt 18/19 F2
Herrenalb, Bad 16/17 C3
Herrenberg 16/17 D3
Herrischried 18/19 C3
Herzogenhorn 18/19 C3
Hessigheim 16/17 E3
Hettingen 18/19 E2
Heubach 16/17 F3
Heuberg 18/19 D2
Heuberg, Kleiner 18/19 D2
Hildritzhausen 16/17 D3
Hilzingen 18/19 D3
Hinterzarten 18/19 C3
Hirrlingen 18/19 D2
Hirsau 16/17 D3
Hirschberg 16/17 D2
Hochburg 18/19 B2
Höchenschwand 18/19 C3
Hochkopf 18/19 C3
Hochschwarzwald 18/19 BC2
Höchsten 18/19 E3
Hochstetten, Linkenheim- 16/17 C2
Hochsträß 18/19 F2
Hockenheim 16/17 D2
Hockenheimring 16/17 D2
Hofstetten 18/19 C2
Hohberg 18/19 B2
Hohe Brach 16/17 F2
Hohe Möhr 18/19 B3
Hohenfels 18/19 E3
Hohenfels-Liggersdorf 18/19 E3
Hohenhöwen 18/19 D3
Hohenlohe-Kreis 16/17 F2
Hohenloher Ebene 16/17 FG2
Hohenlupfen 18/19 C3
Hohenneuffen 16/17 E3
Hohenstadt 16/17 F3
Hohenstaufen 16/17 F3
Hohenstein 18/19 E2
Hohenstein-Ödenwaldstetten 18/19 E2
Hohentengen 18/19 C3
Hohentwiel 18/19 D3
Hohenzollern 18/19 D2
Hoher Randen 18/19 D3
Hohloh 16/17 C3
Höllental 18/19 BC3
Holzgerlingen 16/17 E3
Holzstöcke 18/19 G2
Höpfingen 16/17 E1
Horb 18/19 D2
Horgenzell 18/19 F3
Höri 18/19 D3
Hornberg; Schloss, Burg 16/17 G2
Hornberg; Berg 16/17 G2
Hornberg; Stadt 18/19 C2
Hornisgrinde 18/19 C1
Hotzenwald 18/19 BC3
Hüfingen 18/19 CD3
Hügelsheim 16/17 C3
Hugenstetten, March- 18/19 B2
Hülben 18/19 E1
Hundsrücken 18/19 D2
Hünersedel 18/19 B2
Hüttlingen 16/17 G3

I

Iffezheim 16/17 C3
Igersheim 16/17 F1/2
Ihringen 18/19 B2
Iller 18/19 FG2
Illerrieden 18/19 G2
Illingen 16/17 D3
Illmensee 18/19 E3
Ilsfeld 16/17 E2
Ilvesheim 16/17 D2
Immendingen 18/19 D3
Immenstaad 18/19 E3
Ingelfingen 16/17 F2
Ingoldingen 18/19 F2
Inzlingen 18/19 B3
Ipf 16/17 G3
Isny 18/19 G3
Ispringen 16/17 D3

J

Jagst 16/17 E2
Jagsthausen 16/17 E2
Jagstzell 16/17 G2
Jestetten 18/19 D3
Jettingen 16/17 D3

K

Kaiserstuhl 18/19 B2
Kaltes Feld 16/17 F3
Kandel 18/19 C2
Kandern 18/19 B3
Kanzach 18/19 F2
Kapfenburg 16/17 G3
Kappel-Grafenhausen 18/19 B2
Kappel-Grafenhausen-Kappel 18/19 B2
Kappelrodeck 18/19 C1
Karlsbad (Baden) 16/17 C3
Karlsbad-Langensteinbach 16/17 D3
Karlsdorf-Neuthard 16/17 D2
Karlsruhe; Stadt 16/17 C2
Karlsruhe; Landkreis 16/17 D2
Karlsruhe/Baden-Baden 16/17 C3
Katzenbuckel 16/17 E2
Kehl 18/19 B1
Keltern 16/17 D3
Keltern-Dietlingen 16/17 D3
Kenzingen 18/19 B2
Kernen 16/17 E3
Kernen-Stetten 16/17 E3
Ketsch 16/17 D2
Kinzig 18/19 B1
Kippenheim 18/19 B2
Kirchberg a. d. Iller 18/19 F2
Kirchberg a .d. Murr 16/17 E3
Kirchdorf 18/19 G2
Kirchentellinsfurt 18/19 E1
Kirchhardt 16/17 D2
Kirchhausen 16/17 E2
Kirchheim am Neckar 16/17 E2
Kirchheim am Ries 16/17 G3
Kirchheim u. Teck 16/17 E3
Kirchzarten 18/19 B3
Kißlegg 18/19 F3
Kleine Enz 16/17 D3
Kleiner Heuberg 18/19 D2
Klengen, Brigachtal- 18/19 C2
Klettgau; Landschaft 18/19 CD3
Klettgau; Gemeinde 18/19 C3
Klettgau-Erzingen 18/19 C3
Kniebis 18/19 C2
Knittlingen 16/17 D2
Kocher 16/17 F2
Kolbingen 18/19 D2
Köngen 16/17 E3
Königheim 16/17 F1
Königsbach-Stein 16/17 D3
Königsbach-Stein-Königsbach 16/17 D3
Königsbronn 16/17 G3
Königsfeld 18/19 C2
Königshofen, Lauda- 16/17 F1
Königstuhl 16/17 D2
Konstanz; Landkreis 18/19 DE3
Konstanz; Stadt 18/19 E3
Korb 16/17 E3
Korngäu 18/19 D1
Korntal-Münchingen 16/17 E3
Korntal-Münchingen-Korntal 16/17 E3
Kornwestheim 16/17 E3
Kraichbach 16/17 D2
Kraichgau 16/17 DE2
Kraichtal 16/17 D2
Kraichtal-Münzesheim 16/17 D2
Krauchenwies 18/19 E2
Krautheim 16/17 F2
Kreßberg 16/17 G2
Kreßberg-Marktlustenau 16/17 G2
Kressbronn 18/19 F3
Kronau 16/17 D2
Krozingen, Bad 18/19 B3
Kuchen 16/17 F3
Külsheim 16/17 F1
Künzelsau 16/17 F2
Kupferzell 16/17 F2
Kuppenheim 16/17 C3
Küssaberg 18/19 C3
Küssaburg 18/19 C3
Kusterdingen 18/19 E1

L

Ladenburg 16/17 D2
Lahr 18/19 B2
Laichingen 18/19 F2
Laichinger Tiefenhöhle 18/19 F2
Landgericht 18/19 F2
Länge 18/19 D3
Langenargen 18/19 F3
Langenau 18/19 G1/2
Langenburg 16/17 F2
Langenenslingen 18/19 E2
Langensteinbach, Karlsbad- 16/17 D3
Lauchert 18/19 E2
Lauchheim 16/17 G3
Lauchringen 18/19 C3
Lauda, Lauda-Königshofen- 16/17 F1
Lauda-Königshofen 16/17 F1
Lauda-Königshofen-Lauda 16/17 F1
Lauf 18/19 C1
Laufen, Sulzbach- 16/17 F3
Laufenburg 18/19 C3
Lauffen 16/17 E2
Laupheim 18/19 F2
Lautenbach 18/19 C1
Lauterbach 18/19 C2
Lauterstein 16/17 F3
Leibertingen 18/19 E2
Leimen 16/17 D2
Leinfelden-Echterdingen 16/17 E3
Leingarten 16/17 E2
Leinzell 16/17 F3
Lemberg 18/19 D2
Lenningen 16/17 E3
Lenzkirch 18/19 C3
Leonberg 16/17 E3
Leopoldshafen, Eggenstein- 16/17 C2
Leopoldskanal 18/19 B2
Leutenbach 16/17 E3
Leutkirch 18/19 G3
Lichtenau 16/17 C3
Lichtenstein; Gemeinde 18/19 E2
Lichtenstein; Schloss, Burg 18/19 E2
Lichtenstein-Unterhausen 18/19 E2
Liebenzell, Bad 16/17 D3
Liggersdorf, Hohenfels- 18/19 E3
Limbach 16/17 E2
Limpurger Berge 16/17 F2/3
Linkenheim-Hochstetten 16/17 C2
Linzgau 18/19 E3
Liptingen, Emmingen- 18/19 D3
Lobbach 16/17 D2
Löffingen 18/19 C3
Lone 18/19 G1
Lonsee 18/19 F1
Lorch 16/17 F3
Lörrach; Landkreis 18/19 B3
Lörrach; Stadt 18/19 B3
Loßburg 18/19 C2
Lottstetten 18/19 D3
Löwenstein 16/17 E2
Löwensteiner Berge 16/17 EF2
Ludwigsburg; Landkreis 16/17 E3
Ludwigsburg; Stadt 16/17 E3
Ludwigshafen, Bodman- 18/19 E3
Ludwigshafen, Bodman-Ludwigshafen- 18/19 E3
Lupfen 18/19 D2

M

Magstadt 16/17 D3
Mahlberg 18/19 B2
Main 16/17 E1
Mainau 18/19 E3
Mainhardt 16/17 F2
Mainhardter Wald 16/17 EF2
Main-Tauber-Kreis 16/17 F1
Malsburg-Marzell-Malsburg 18/19 B3
Malsch 16/17 C3
Malterdingen 18/19 B2
Mannheim 16/17 C2
Marbach 16/17 E3
Marbach, Gestüt 18/19 E2
March 18/19 B2
March-Hugenstetten 18/19 B2
Markdorf 18/19 E3
Markgräfler Land 18/19 B3
Markgröningen 16/17 E3
Marktlustenau, Kreßberg- 16/17 G2
Marxzell 16/17 C3
Mauer 16/17 D2
Maulbronn 16/17 D2
Maulburg 18/19 B3
Meckenbeuren 18/19 F3
Meckesheim 16/17 D2
Meersburg 18/19 E3
Mehrstetten 18/19 F2
Meißenheim 18/19 B2
Mengen 18/19 E2
Merchingen, Ravenstein- 16/17 F2
Merdingen 18/19 B2
Mergentheim, Bad 16/17 F2
Merzhausen 18/19 B3
Meßkirch 18/19 E3
Meßstetten 18/19 D2
Metzingen 18/19 E1
Michelbach 16/17 F2
Mietingen 18/19 F2
Mittelbiberach 18/19 F2
Möckmühl 16/17 E2
Möggingen 18/19 D3
Mögglingen 16/17 F3
Möglingen 16/17 E3
Mönchweiler 18/19 C2
Mönsheim 16/17 D3
Mooskopf 18/19 C2
Mooswaldkopf 18/19 C2
Mosbach 16/17 E2
Mössingen 18/19 E2
Mudau 16/17 E1
Muggensturm 16/17 C3
Mühlacker 16/17 D3
Mühlenbach 18/19 C2
Mühlhausen 16/17 D2
Mühlhausen-Ehingen 18/19 D3
Mühlhausen-Ehingen-Mühlhausen 18/19 D3
Mühlheim 18/19 D2
Mühlhofen, Uhldingen- 18/19 E3
Mühlingen 18/19 E3
Mulfingen 16/17 F2
Müllheim 18/19 B3
Münchingen, Korntal- 16/17 E3
Mundelsheim 16/17 E2/3
Munderkingen 18/19 F2
Münsingen 18/19 EF2
Münster 18/19 F2
Münstertal 18/19 B3
Münstertal-Untermünstertal 18/19 B3
Münzesheim, Kraichtal- 16/17 D2
Murg; Fluss 18/19 C1
Murg; Gemeinde 18/19 C3
Murr; Gemeinde 16/17 E3
Murr; Fluss 16/17 E3
Murrhardt 16/17 F3
Mutlangen 16/17 F3

N

Nagold; Fluss 16/17 D3
Nagold; Stadt 16/17 D3
Nattheim 16/17 G3
Nebelhöhle 18/19 E2
Neckar 16/17 D2
Neckarbischofsheim 16/17 D2
Neckargemünd 16/17 D2
Neckargerach 16/17 E2
Neckar-Odenwald-Kreis 16/17 E1
Neckarsulm 16/17 E2
Neckartailfingen 16/17 E3
Neckartenzlingen 16/17 E3
Nehren 18/19 E2
Nellingen 18/19
Neresheim 16/17 G3
Neubulach 16/17 D3
Neudenau 16/17 E2
Neudorf, Graben- 16/17 C2
Neuenburg 18/19 B3
Neuenbürg 16/17 D3
Neuenstadt 16/17 E2
Neuenstein 16/17 F2
Neuffen 16/17 E3
Neufrach, Salem- 18/19 E3
Neuhausen a. d. Fildern 16/17 E3
Neuhausen ob Eck 18/19 D3
Neukirch 18/19 F3
Neuler 16/17 G3
Neulingen 16/17 D3
Neulußheim 16/17 D2
Neuried 18/19 B2
Neuried-Altenheim 18/19 B2
Neustadt, Titisee- 18/19 C3
Neustadt, Titisee-Neustadt- 18/19 C3
Neuthard, Karlsdorf- 16/17 D2
Neu-Ulm 18/19 G2
Neuweiler 16/17 D3
Niedereschach 18/19 D2
Niedernhall 16/17 F2
Niederstetten 16/17 F2
Niederstotzingen 16/17 G3
Niefern-Öschelbronn 16/17 D3
Nordheim 16/17 E2
Nufringen 16/17 D3
Nürtingen 16/17 E3
Nusplingen 18/19 D2

O

Oberboihingen 16/17 E3
Oberderdingen 16/17 D2
Oberdischingen 18/19 F2
Obere Argen 18/19 F3
Oberharmersbach 18/19 C2
Oberhausen, Rheinhausen- 18/19 B2
Oberhausen-Rheinhausen 16/17 C2
Oberhausen-Rheinhausen-Oberhausen 16/17 C2
Oberkirch 18/19 C1
Oberkochen 16/17 G3
Obermarchtal 18/19 F2
Oberndorf 18/19 D2
Obernheim 18/19 D2
Oberrheinisches Tiefland 16/17 B4-C1, 18/19 A2-C1
Oberrot 16/17 F2
Oberschwaben 18/19 E3-G2
Obersontheim 16/17 F2
Oberstadion 18/19 F2
Oberstenfeld 16/17 E2
Obersulm 16/17 E2
Oberwinden, Winden- 18/19 C2
Oberwolfach 18/19 C2
Oberwolfach-Walke 18/19 C2
Obrigheim (Baden) 16/17 E2
Ochsenhausen 18/19 F2
Odenwald 16/17 DE1
Ödenwaldstetten, Hohenstein- 18/19 E2
Oedheim 16/17 E2
Offenburg 18/19 B2
Ofterdingen 18/19 E2
Oftersheim 16/17 D2
Ohlsbach 18/19 B2
Öhningen 18/19 D3
Öhringen 16/17 EF2
Ölbronn-Dürrn 16/17 D3
Olgahöhle 18/19 E2
Onstmettingen, Albstadt- 18/19 E2
Oosbach 16/17 C3
Oppenau 18/19 C2
Oppenweiler 16/17 E3
Ortenau 18/19 B2-C1
Ortenaukreis 18/19 BC1
Ortenberg 18/19 B2
Öschelbronn, Gäufelden- 16/17 D3
Ostalbkreis 16/17 G3
Osterburken 16/17 E2
Ostfildern 16/17 E3
Ostrach; Gemeinde 18/19 E3
Ostrach; Fluss 18/19 E3
Östringen 16/17 D2
Ötigheim 16/17 C3
Ötisheim 16/17 D3
Ottenheim, Schwanau- 18/19 B2
Ottenhöfen 18/19 C1
Ottersweier 16/17 C3
Ottoschwanden, Freiamt- 18/19 B2
Owen 16/17 E3
Owingen 18/19 E3

P

Pfahlbauten Unteruhldingen 18/19 E3
Pfalzgrafenweiler 18/19 C2
Pfedelbach 16/17 F2
Pferderennbahn Iffezheim 16/17 C3
Pfinz 16/17 C2
Pfinzgau 16/17 C3-D2
Pfinztal 16/17 D3
Pfinztal-Söllingen 16/17 D3
Pforzheim 16/17 D3
Pfullendorf 18/19 E3
Pfullingen 18/19 E2
Philippsburg 16/17 C2
Plankstadt 16/17 D2
Plettenberg 18/19 D2
Pliezhausen 18/19 E1
Plochingen 16/17 E3
Plüderhausen 16/17 F3

R

Radolfzell 18/19 D3
Rainau 16/17 G3
Rainau-Schwabsberg 16/17 G2
Rammert 18/19 DE2
Randen, Hoher 18/19 D3
Rangendingen 18/19 D2
Rappenau, Bad 16/17 E2
Rastatt; Landkreis 16/17 C3
Rastatt; Stadt 16/17 C3
Rauenberg 16/17 D2
Ravensburg; Stadt 18/19 F3
Ravensburg; Landkreis 18/19 F3
Ravenstein 16/17 F2
Ravenstein-Merchingen 16/17 F2
Rechberghausen 16/17 F3
Reichenau 18/19 E3
Reichenbach 16/17 E3
Reilingen 16/17 D2
Remchingen 16/17 D3
Rems 16/17 F3
Remseck 16/17 E3
Remshalden 16/17 E3
Rems-Murr-Kreis 16/17 F3
Rench 18/19 C2
Renchen 18/19 C1
Renningen 16/17 D3
Reute 18/19 B2
Reutlingen; Stadt 18/19 E2
Reutlingen; Landkreis 18/19 E2
Rhein 18/19 B1
Rheinau 18/19 B1
Rheinau-Freistett 18/19 B1
Rheinfall 18/19 D3
Rheinfelden 18/19 B3
Rheinhausen 18/19 B2
Rheinhausen, Oberhausen- 16/17 C2
Rheinhausen-Oberhausen 18/19 B2
Rheinmünster 16/17 C3
Rhein-Neckar-Kreis 16/17 D2
Rheinseitenkanal 18/19 B3
Rheinstetten 16/17 C3
Rickenbach 18/19 B3
Riederich 18/19 E1
Riedlingen 18/19 E2
Riegel 18/19 B2
Rielasingen-Worblingen 18/19 D3
Ringsheim 18/19 B2
Riß 18/19 F2
Römerkastell 16/17 E2
Römerstein 18/19 F2
Römerstein-Böhringen 18/19 F1/2
Römischer Gutshof b. Hechingen 18/19 D2
Rosenberg 16/17 G2
Rosenfeld 18/19 D2
Rosenstein 16/17 F3
Roßberg 18/19 E2
Roßhäuptle 18/19 E2
Rot 18/19 F2
Rot a. d. Rot 18/19 G2
Rot am See 16/17 G2
Rotenfels 16/17 C3
Rotteln 18/19 B3
Rottenburg 18/19 D2
Rottweil; Stadt 18/19 D2
Rottweil; Landkreis 18/19 C2
Rudelsberg 16/17 G3
Rudersberg 16/17 F3
Rust 18/19 B2
Rutesheim 16/17 D3

S

Saalbach 16/17 D2
Sachsenheim 16/17 E3
Säckingen, Bad 18/19 B3
Salach 16/17 F3
Salem 18/19 E3
Salem-Neufrach 18/19 E3
Salzstetten, Waldachtal- 18/19 D1/2
Sandhausen 16/17 D2
Sankt Blasien 18/19 C3
Sankt Georgen 18/19 C2
Sankt Johann 18/19 E2
Sankt Johann-Würtingen 18/19 E2
Sankt Leon-Rot 16/17 D2
Sankt Märgen 18/19 C2
Sankt Peter 18/19 C2
Sasbach 18/19 B2
Satteldorf 16/17 G2
Sauldorf 18/19 E3
Saulgau, Bad 18/19 F2
Schallstadt 18/19 B3
Schanbach, Aichwald- 16/17 E3
Schapbach, Bad Rippoldsau- 18/19 C2
Schapbach, Bad Rippoldsau-Schapbach- 18/19 C2
Schauinsland 18/19 B3
Scheer 18/19 E2
Schefflenz 16/17 E2
Schelklingen 18/19 F2
Schemmerhofen 18/19 F2
Schertelshöhle 18/19 F1
Schiltach 18/19 C2
Schliengen 18/19 B3
Schlier 18/19 F3
Schlierbach 16/17 F3
Schliffkopf 18/19 C1
Schluchsee; See 18/19 C3
Schluchsee; Gemeinde 18/19 C3
Schlücht 18/19 C3
Schömberg; Stadt 18/19 D2
Schömberg; Gemeinde 16/17 D3
Schonach 18/19 C2
Schönach, Herdwangen- 18/19 E3
Schönaich 16/17 E3
Schönau (Odenwald) 16/17 D2
Schönau im Schwarzwald 18/19 B3
Schönborn, Bad 16/17 D2
Schönbuch 18/19 DE1
Schöntal; Gemeinde 16/17 F2
Schöntal; Kirche, Kloster 16/17 F2
Schöntal-Bieringen 16/17 F2
Schönwald 18/19 C2
Schopfheim 18/19 B3
Schopfloch 18/19 D2
Schorndorf 16/17 F3
Schramberg 18/19 C2
Schriesheim 16/17 D2
Schrozberg 16/17 F2
Schurwald 16/17 EF3
Schussen 18/19 F3
Schussenried, Bad 18/19 F2
Schutter 18/19 B2
Schutterwald 18/19 B2
Schwäbische Alb 18/19 D3-G1
Schwäbisch Gmünd 16/17 F3
Schwäbisch Hall; Landkreis 16/17 FG2
Schwäbisch Hall; Stadt 16/17 F2
Schwabsberg, Rainau- 16/17 G2
Schwaigern 16/17 E2
Schwaikheim 16/17 E3
Schwanau 18/19 B2
Schwanau-Ottenheim 18/19 B2
Schwarzer Grat 18/19 G3
Schwarzwald 18/19 B3-C1
Schwarzwald-Baar-Kreis 18/19 CD2/3
Schwendi 18/19 F2
Schwenningen 18/19 D2
Schwenningen, Villingen- 18/19 C2
Schwetzingen 16/17 D2
Schwieberdingen 16/17 E3
Schwörstadt 18/19 B3
Seckach; Fluss 16/17 E2
Seckach; Gemeinde 16/17 E2
Seelbach 18/19 B2
Sersheim 16/17 E3
Sexau 18/19 B2
Sießen 18/19 E2
Sigmaringen; Stadt 18/19 E2
Sigmaringen; Landkreis 18/19 E2
Sigmaringendorf 18/19 E2
Simmersfeld 16/17 D3
Simonswald 18/19 C2
Singen 18/19 D3
Sinsheim 16/17 D2
Sinzheim 16/17 C3
Sipplingen 18/19 E3
Solitude 16/17 E3
Söllingen, Pfinztal- 16/17 D3
Sonnenbühl 18/19 E2
Sonnenbühl-Undingen 18/19 E2
Sontheim 16/17 G3
Spaichingen 18/19 D2
Staig 18/19 FG2
Starzach 18/19 D2
Starzach-Bierlingen 18/19 D2
Starzel 18/19 E2
Staufen 18/19 B3
Staufenberg 18/19 C1
Stegen 18/19 B3
Stein, Königsbach- 16/17 D3
Steina 18/19 C3
Steinach 18/19 C2
Steinen 18/19 B3
Steinenbronn 16/17 E3
Steinhausen 18/19 F2
Steinheim; Stadt 16/17 E3
Steinheim; Gemeinde 16/17 G3
Steinmauern 16/17 C3
Steißlingen 18/19 D3
Sternberg 18/19 E2
Sternenfels 16/17 D2
Stetten 16/17 F2
Stetten, Kernen- 16/17 E3
Stetten am kalten Markt 18/19 E2
Stimpfach 16/17 G2
Stockach 18/19 E3
Straßberg 18/19 E2
Straubenhardt 16/17 D3
Stromberg 16/17 DE2
Strümpfelbrunn, Waldbrunn- 16/17 E2
Stühlingen 18/19 C3
Stuifen 16/17 F3
Stutensee 16/17 C2
Stutensee-Blankenloch 16/17 C2
Stuttgart 16/17 E3
Sulzbach; Gemeinde 16/17 F2
Sulzbach; Fluss 16/17 C3
Sulzbach-Laufen 16/17 F3
Sulzbach-Laufen-Sulzbach 16/17 F3
Sulzburg 18/19 B3
Sulzfeld 16/17 D2
Süßen 16/17 F

T

Talheim (Landkreis Heilbronn) 16/17 E2
Talheim (Landkreis Tuttlingen) 18/19 D2
Tamm 16/17 E3
Tannheim 18/19 G2/3
Tauber 16/17 F1
Tauberbischofsheim 16/17 F1
Tauberland 16/17 FG1/2
Tautschbuch 18/19 E2
Taxis 16/17 G3
Teck 16/17 E3
Tegernau 18/19 B3
Tengen 18/19 D3
Teningen 18/19 B2
Tennenbronn 18/19 C2
Tettnang 18/19 F3
Tiengen, Waldshut- 18/19 C3
Titisee 18/19 C3
Titisee-Neustadt 18/19 C3
Titisee-Neustadt-Neustadt 18/19 C3
Todtmoos 18/19 C3
Todtnau 18/19 B3
Totenkopf 18/19 B2
Triberg 18/19 C2
Trochtelfingen 18/19 E2
Trossingen 18/19 D2
Tübingen; Stadt 18/19 E1
Tübingen; Landkreis 18/19 DE2
Tuniberg 18/19 B2/3
Tuningen 18/19 D2
Tuttlingen; Stadt 18/19 D3
Tuttlingen; Landkreis 18/19 D2/3

U

Überkingen, Bad 16/17 F3
Überlingen 18/19 E3
Überlinger See 18/19 E3
Ubstadt-Weiher 16/17 D2
Uhingen 16/17 F3
Uhldingen-Mühlhofen 18/19 E3
Ühlingen-Birkendorf 18/19 C3
Ühlingen-Birkendorf-Ühlingen 18/19 C3
Ulm 18/19 F2
Ulmer Münster 18/19 F2
Umkirch 18/19 B2
Ummendorf 18/19 F2
Undingen, Sonnenbühl- 18/19 E2
Unlingen 18/19 F2
Unterdeufstetten, Fichtenau- 16/17 G2
Untere Argen 18/19 G3
Untergruppenbach 16/17 E2
Unterhausen, Lichtenstein- 18/19 E2
Unterkirnach 18/19 C2
Untermünkheim 16/17 F2
Untermünstertal, Münstertal- 18/19 B3
Unterschneidheim 16/17 G3
Unterweissach, Weissach im Tal- 16/17 E3
Urach, Bad 18/19 E2
Urbach 16/17 F3
Uttenweiler 18/19 F2

V

Vaihingen a. d. Enz 16/17 D3
Vellberg 16/17 F2
Veringenstadt 18/19 E2
Villingendorf 18/19 D2
Villingen-Schwenningen 18/19 C2
Villingen-Schwenningen-Villingen 18/19 C2
Vogt 18/19 F3
Vogtsbauernhof 18/19 C2
Vogtsburg 18/19 B2
Vöhrenbach 18/19 C2
Vöhringen 18/19 D2
Volkertshausen 18/19 D3
Volkmarsberg 16/17 G3

W

Wachenburg 16/17 D1
Waiblingen 16/17 E3
Waibstadt 16/17 D2
Wald 18/19 E3
Waldachtal 18/19 D1/2
Waldachtal-Salzstetten 18/19 D1/2
Waldbronn 16/17 C3
Waldbronn-Busenbach 16/17 C3
Waldbrunn 16/17 E2
Waldbrunn-Strümpfelbrunn 16/17 E2
Waldburg 18/19 F3
Walddorfhäslach 18/19 E1
Waldenbuch 16/17 E3
Waldenburg 16/17 F2
Waldkirch 18/19 B2
Waldsee, Bad 18/19 F3
Waldshut 18/19 C3
Waldshut-Tiengen 18/19 C3
Waldshut-Tiengen-Waldshut 18/19 C3
Waldstetten 16/17 F3
Walke, Oberwolfach- 18/19 C2
Walldorf 16/17 D2
Walldürn 16/17 E1
Walzbachtal 16/17 D2
Wangen 18/19 F3
Warthausen 18/19 F2
Wäschenbeuren 16/17 F3
Wasseralfingen 16/17 G3
Wehingen 18/19 D2
Wehr 18/19 B3
Weiher, Ubstadt- 16/17 D2
Weikersheim 16/17 F2
Weil am Rhein 18/19 B3
Weil der Stadt 16/17 D3
Weiler, Fischerbach- 18/19 C2
Weilheim 16/17 F3
Weil im Schönbuch 16/17 E3
Weingarten (Baden) 16/17 D2
Weingarten (Württemberg) 18/19 F3
Weinheim 16/17 D1
Weinsberg 16/17 E2
Weinstadt 16/17 E3
Weisenbach 16/17 C3
Weissach 16/17 E3
Weissach im Tal-Unterweissach 16/17 E3
Weißenau 18/19 F3
Weißenstein 16/17 F3
Weitenburg 18/19 D2
Wellendingen 18/19 D2
Welzheim 16/17 F3
Welzheimer Wald 16/17 F3
Wendlingen 16/17 E3
Werbach 16/17 F1
Wernau 16/17 E3
Wertheim 16/17 F1
Westerheim 18/19 F1
Westhausen 16/17 G3
Widdern 16/17 E2
Wiese 18/19 B3
Wiesensteig 16/17 F3
Wiesloch 16/17 D2
Wildbad, Bad 16/17 D3
Wildberg 16/17 D3
Wilde Gutach 18/19 C2
Wildenstein 18/19 E2
Wilhelmsdorf 18/19 E3
Willstätt 18/19 B1
Wimpfen, Bad 16/17 E2
Windeck 16/17 D3
Winden 18/19 C2
Winden-Oberwinden 18/19 C2
Winnenden 16/17 E3
Winterbach 16/17 E3
Winterlingen 18/19 E2
Winzeln, Fluorn- 18/19 C2
Winzeln, Fluorn-Winzeln- 18/19 C2
Wolfach 18/19 C2
Wolfegg 18/19 F3
Wolfschlugen 16/17 E3
Wolpertswende 18/19 F3
Worblingen, Rielasingen- 18/19 D3
Würm 16/17 D3
Wurmlingen 18/19 D2/3
Wurmlinger Kapelle 18/19 DE1/2
Würtingen, Sankt Johann- 18/19 E2
Wurzach, Bad 18/19 F3
Wüstenrot 16/17 E2
Wutach 18/19 C3
Wutöschingen 18/19 C3
Wyhl 18/19 B2
Wyhlen, Grenzach- 18/19 B3

Y

Yburg 16/17 C3

Z

Zavelstein, Bad Teinach- 16/17 D3
Zell; Gemeinde 16/17 F3
Zell; Schloss, Burg 18/19 F3
Zell; Stadt 18/19 B3
Zeller See 18/19 DE3
Zimmern 18/19 D2
Zollernalbkreis 18/19 DE2
Zwiefalten 18/19 E2
Zwingenberg 16/17 E2

REGISTER

Registerregeln

Bei Schreibweise, Anordnung und Alphabetisierung der Eintragungen wurden folgende Regeln angewendet:

1. Bei Ortsnamen, für die in der Karte neben dem gebräuchlichen deutschen Namen (deutsches Exonym) die offizielle landesübliche Schreibweise (Originalschreibung) in Klammern angegeben ist, werden im Register jeweils beide Namensformen berücksichtigt, z. B.: **Mailand (Milano), Milano (Mailand)**

2. Der dem Namen folgende Kartenverweis nennt die Kartenseite bzw. Kartendoppelseite bzw. die Kartennummer und das Gradnetzfeld der Karte.

3. Es wird auf die Karte verwiesen, in der das Objekt im größtmöglichen Maßstab abgebildet ist. Bei Flüssen, Gebirgen, Landschaften und Staaten kann zusätzlich auf eine Übersichtskarte kleineren Maßstabs verwiesen werden.

4. Ist eine Stadt, ein Gewässer, bzw. eine Landschaft thematisch besonders wichtig, so wird ergänzend auch auf die jeweilige thematische Karte hingewiesen.

5. Einem Namen vorangestellte Zusätze (wie Sankt, Saint, Fort, Mont, Mount, Pic, Kap usw.) gelten als fester Bestandteil des Namens und sind bei der Alphabetisierung entsprechend berücksichtigt.

6. Bei Namen, die auch ohne Artikel oder Zusatz gebräuchlich sind, erfolgt ein Doppelverweis (wie z. B. **Bad Wörishofen** und **Wörishofen, Bad** bzw. **Golf von Biscaya** und **Biscaya, Golf von**).

7. In den Karten abgekürzte Namen sind im Register grundsätzlich ausgeschrieben.

8. Gleichlautende Namen werden durch einen näher kennzeichnenden Zusatz unterschieden, z. B. **Birmingham; Stadt in Großbritannien** und **Birmingham; Stadt in den USA** bzw. **Columbia; Fluss** und **Columbia; Stadt**.

A

Aachen 30/31 B5
Aachquelle 32/33 D5
Aalen 32/33 F4
Aarau 32/33 D5
Aare 62/63 J6
Aasiaat (Egedesminde) 156/157 N3
Aba 128/129 D5
Abadan 128/129 H2
Abakan 112/113 K4
Abasa 112/113 JK4
Abbot-Schelfeis 146.2 B33
Abéché 128/129 F4
Abensberg 32/33 G4
Abeokuta 128/129 D5
Aberdeen; Stadt in den USA 156/157 J5
Aberdeen; Stadt in Großbritannien 60/61 C3
Abha 128/129 H4
Abidjan 128/129 C5
Abilene 156/157 J6
Åbo (Turku) 60/61 F2
Aborrebjerg 30/31 H1
Abu Dhabi 126/127.1 J4, 128/129 I3
Abu Hamed 128/129 G4
Abuja 126/127.1 E6, 128/129 D5
Abu Simbel 128/129 G3
Acapulco 158/159 C3
Acarigua 158/159 F4
Accra 126/127.1 D6, 128/129 C5
Achensee 32/33 G5
Achern 32/33 D4
Achill Head 62/63 A3
Achillinsel 62/63 A3
Achim 30/31 E2
Aconcagua 160 C3
Adamaoua, Hochland von 128/129 DE5
Adana 128/129 G2
Adapazarı 64/65 F2
Ad Dakhla 128/129 B2
Ad Dammam 128/129 H3
Addis Abeba 126/127.1 H6, 128/129 G5
Adelaide 144 C5
Adelaide-Insel 160 BC6
Adélieland 146.2 B21-C20
Adelsberger Grotten 62/63 N7
Adelsheim 32/33 E3
Aden 128/129 H4
Adenau 32/33 B2
Adige 62/63 L7
Adjer, Tassili der 128/129 DE3
Admiralitätsinseln 144 D2
Admont 32/33 J5
Adour 62/63 F8
Adrar 128/129 C3
Adrar der Iforas 128/129 D4
Adriatisches Meer 64/65 D2
Ærø 30/31 F1
Afghanistan 126/127.1 K3, 128/129 J2
Afobaka 158/159 G4
Afrika 170/171 L5-N6
Afyonkarahisar 64/65 F3
Agadez 128/129 D4
Agadir 128/129 C2
Ägäisches Meer 64/65 E3
Agalega-Inseln 130/131.1 G2
Agra 114/115 C4
Agrihan 114/115 J5
Aguascalientes 158/159 B2
Agulhasbecken 170/171 MN9/10
Ägypten 128/129 FG3, 134/135
Ahaggar 128/129 D3
Ahaus 30/31 C3
Ahlen 30/31 C4
Ahmadabad 114/115 C4
Ahr 32/33 B2
Ahrensburg 30/31 F2
Ahrenshoop 30/31 H1
Ahrweiler, Bad Neuenahr- 32/33 C2
Ahvaz 128/129 H2
Aibling, Bad 32/33 H5
Aichach 32/33 G4
Aichal 112/113 M3
Aichfeld 32/33 J5
Aigen 32/33 I4
Aïr 128/129 D4
Aisch 32/33 F3
Aitape 144 D2
Aiteke Bi 112/113 H5
Aix-en-Provence 62/63 I8
Ajka 62/63 O6
Ajmer 114/115 C4
Aketi 128/129 F5
Akita 112/113 P6
Akjoujt 128/129 B4
Akko 64/65 F3
Akola 114/115 C4
Akron 156/157 K5
Aksu 114/115 D2
Aktau 112/113 G5
Aktöbe 112/113 G4
Akureyri 156/157 R3
Alamagan 114/115 J5
Al Amarah 128/129 H2
Aland 30/31 G3
Åland 56/57 G2, 60/61 F2/3
Alaska; Landschaft 150.1 GH3
Alaska; Bundesstaat 152.1 GH3, 156/157 DE3
Alaskakette 156/157 DE3
Al Ayn 128/129 I3
Albacete 64/65 B3
Albanien 56/57 FG4, 64/65 D2
Albany; Stadt in Australien 144 A5
Albany; Stadt in New York, USA 156/157 L5
Albany; Stadt in Georgia, USA 156/157 K6
Al Basrah 128/129 H2
Albatrossplateau 170/171 EF6
Al Bayda 128/129 F2
Albertsee 128/129 FG5
Albina 158/159 G4
Ålborg 62/63 K1
Albstadt 32/33 E4
Albuquerque 156/157 I6
Al Burayqah 128/129 E2
Albury 144 D5
Aldabra-Inseln 130/131.1 F1
Aldan; Fluss 112/113 O3
Aldan; Stadt 112/113 N4
Aleppo 128/129 G2
Alert; Forschungsstation 146.1 A4
Alessandria 62/63 K7
Alëuten 156/157 A4-C4
Alëutengraben 170/171 X3-Z3
Alexanderarchipel 156/157 F4
Alexanderinsel 160 BC6
Alexander-Selkirk-Insel 160 A3
Alexandria 128/129 F2
Alexandrowsk-Sachalinski 112/113 P4
Alfeld 30/31 E4
Alföld 62/63 P6-R5
Algeciras 64/65 B3
Algerien 126/127.1 DE4, 128/129 CD3
Algier 126/127.1 E3, 128/129 D2
Alhambra 64/65 B3
Ålholm 30/31 G1
Al Hudaydah 128/129 H4
Al Hufuf 128/129 H3
Alicante 64/65 B3
Alice Springs 144 C4
Al Jawf 128/129 G3
Al Jubayl 128/129 H3
Al-Kharj 128/129 H3
Al Kut 128/129 H2
Al Ladhiqiya 128/129 G2
Allahabad 114/115 D4
Allenstein (Olsztyn) 62/63 Q3
Allentown 156/157 L5
Aller 30/31 E3
Allgäu 32/33 EF5
Allgäuer Alpen 26.1 D5, 32/33 F5
Allier 62/63 H6
Alma Ata (Almaty) 112/113 I5
Almaty (Alma Ata) 112/113 I5
Almelo 30/31 B3
Almería 64/65 B3
Al Mukalla 128/129 H4
Alofi 142/143 MN5
Alorinseln 114/115 H7
Alotau 144 E3
Alpen 62/63 J7-K6
Alpenvorland 64/65 CD2
Al Qamishli 128/129 H2
Alsdorf 30/31 B5
Alsen 30/31 EF1
Alsfeld 32/33 E2
Altai; Stadt 114/115 E2
Altai; Gebirge 112/113 J4
Altai-Gobi 114/115 EF2
Altamira; Stadt 158/159 G5
Altamira; Höhle 62/63 D8
Altdorf b. Nürnberg 32/33 G3
Alte IJssel 30/31 B4
Altena 30/31 C4
Altenburg 32/33 H1/2
Altenkirchen 32/33 C2
Altensteig 32/33 D4
Altentreptow 30/31 I2
Altes Land 30/31 E2
Altiplano 158/159 F6
Altkirch 32/33 C5
Altmark 30/31 G3
Altmühl 32/33 G4/5
Altötting 32/33 H4
Altschewsk 112/113 E5
Altun Shan 114/115 DE3
Alur Setar 114/115 F6
Al Wajh 128/129 G3
Alz 32/33 H4/5
Alzette 32/33 B3
Alzey 32/33 D3
Amalyk 112/113 H5
Amami-Inseln 112/113 NO7
Amapá 158/159 G4
Amarillo 156/157 I6
Amazonas 158/159 G5
Amazonasschwelle 158/159 EF4
Amazonastiefland 158/159 FG5
Ambartschik 112/113 R3
Ambato 158/159 E5
Amberg 32/33 G3
Ambon 114/115 H7
Amderma 112/113 H3
Ameland 30/31 A2
American Highland 146.2 B14
Amerikanisch Samoa 142/143 MN5
Amery-Schelfeis 146.2 BC13/14
Amiens 62/63 H5
Amiranten 124/125.1 J7
Amirantengraben 170/171 P7
Amiranteninseln 128/129 I6
Amman 126/127.1 H3, 128/129 G2
Ammassalik (Tasiilaq) 156/157 P3
Ammer 32/33 G5
Ammergebirge 32/33 FG5
Ammerland 30/31 CD2
Ammersee 32/33 G4/5
Amorbach 32/33 E3
Amper 32/33 G4
Amravati 114/115 C4
Amritsar 114/115 C3
Amrum 30/31 D1
Amselfeld 62/63 Q8
Amsterdam 56/57 E3, 62/63 I3
Amsterdaminsel 170/171 QR9
Amstetten 32/33 J4
Am Timan 128/129 F4
Amu-Darja 112/113 H5/6
Amundsengolf 156/157 GH2
Amundsen-Scott 146.2 A
Amundsensee 146.2 C32-B31
Amur 112/113 O4
Amursk 112/113 O4
Anadyr 112/113 S3
Anadyrgebirge 112/113 ST3
Anadyrgolf 112/113 T3
Anambas-Inseln 114/115 F6
Anamudi 106/107 I8
Anápolis 158/159 H6
Anatahan 114/115 J5
Anatolien 124/125.1 H3
Anchorage 156/157 E3
Ancona 62/63 M8
Andagoya 158/159 E4
Andalgalá 160 C2
Andalusien 64/65 B3
Andamanen 114/115 E5
Andamanensee 114/115 E5/6
Andechs 32/33 G5
Anden (Kordilleren) 151.2 C4-6, 158/159 E4/5, 160 BC1/2
Andernach 32/33 C2
Andorra 56/57 E4, 62/63 G8
Andorra la Vella 56/57 E4, 62/63 G8
Andreanofinseln 156/157 B4
Angara 112/113 K4
Angarsk 112/113 L4
Angel 32/33 I3
Angeln 30/31 E1
Ångermanälv 60/61 E2
Angermünde 30/31 I2
Angers 62/63 F6
Angkor 114/115 F5
Anglesey 62/63 D3
Anglo-Ägyptischer Sudan 202/203.1
Angola 126/127.1 FG8, 130/131.1 CD2
Angolabecken 170/171 LM7/8
Angoulême 62/63 G7
Angren 112/113 I5
Anguilla 158/159 F3
Anholt 62/63 L1
Ankara 126/127.1 H2/3, 128/129 G2
Anklam 30/31 I2
Ankober 128/129 G5
Annaba 128/129 D2
Annaberg-Buchholz 32/33 HI2
An Najaf 128/129 H2
Annam 114/115 F4/5
Annapolis 156/157 L6
Annapurna 114/115 D4
An Nasiriyah 128/129 H2
Annecy 62/63 J7
Annobón (Pagalu) 128/129 D6
Anqing 114/115 G3
Ansbach 32/33 F3
Anschero-Sudschensk 112/113 J4
Anshan 114/115 H2
Anshun 114/115 F4
Antalaha 130/131.1 G2
Antalya 128/129 G2
Antananarivo 126/127.1 I8, 130/131.1 F2
Antarktis 146.2
Antarktische Halbinsel 160 D6
Antiatlas 128/129 C3-C2
Anticosti-Insel 156/157 M5
Antigua 158/159 F3
Antigua und Barbuda 158/159 FG3
Antillen, Große 158/159 D2-F3
Antillen, Kleine 158/159 F3
Antipodeninseln 140/141 LM8
Antofagasta 160 B2
Antseranana 130/131.1 F2
Antsirabe 130/131.1 F2
Antwerpen 62/63 I4
Aomen (Macao) 114/115 G4
Aomori 112/113 P5
Aoraki (Mount Cook) 144 G6
Aparri 114/115 H5
Apeldoorn 30/31 A3
Apenninen 64/65 CD2
Apenninenhalbinsel 64/65 D2
Apia 142/143 M5
Apo 114/115 H6
Apolda 32/33 G1
Appalachen 156/157 K6-M5
Appenin 62/63 K7-N9
Appenzell 32/33 E5
Apusenigebirge 62/63 R6
Aqaba 128/129 G3
Aquae (heute: Baden Baden) 82.1
Äquatorial-Afrika 202/203.1
Äquatorialguinea 126/127.1 EF6, 128/129 DE5
Arabien 124/125.1 H4-J5
Arabische Halbinsel 128/129 G3-I3
Arabischer Golf (Persischer Golf) 128/129 HI3
Arabisches Becken 170/171 Q6
Arabisches Meer 128/129 IJ4
Arabische Wüste 128/129 G3
Arabisch-Indischer-Rücken 170/171 PQ6/7
Aracaju 158/159 I6
Arad 62/63 Q6
Arafurasee 140/141 H4/5
Araguaia 158/159 H5
Arak 128/129 H2
Arakangebirge 114/115 E4
Aral 112/113 H5
Aralsee 112/113 G5
Araninseln 62/63 AB3
Ararat 128/129 H2

Arauca 158/159 E4
Aravalligebirge 114/115 C4
Arawa 144 E2
Arax 54/55 I5
Arazzo 62/63 L8
Arbil 128/129 H2
Arbon 32/33 E5
Arcachon 62/63 F7
Archangelsk 60/61 H2
Arctowsky 146.2 C1
Ardabil 128/129 H2
Ardennen 32/33 AB2, 62/63 I4/5
Arendsee 30/31 G3
Arequipa 158/159 E6
Argentinien 153.2 C9-D7, 160 B4-C2
Argentinisches Becken 170/171 IJ8/9
Argonnen 62/63 I5
Århus 62/63 L1
Arica 160 B1
Arkansas 156/157 J6
Arktis 146.1
Arktisches Kap 112/113 KL1
Arles 62/63 I8
Arlit 128/129 D4
Arlon 32/33 A3
Armawir 60/61 H4
Armenien 112/113 F5/6, 126/127.1 I2
Armenisches Hochland 128/129 H1/2
Arnheim (Arnhem) 30/31 A4
Arnhem (Arnheim) 30/31 A4
Arnhemland 144 C3
Arnsberg 30/31 D4
Arnstadt 32/33 F2
Arnstein 32/33 C2
Arnswalde 30/31 K2
Arolsen 32/33 E1
Ar Ramadi 128/129 H2
Arran 62/63 D2
Ar Raqqah 64/65 F3
Artesisches Becken, Großes 144 CD4
Artigas 146.2 C1
Arturo Prat 146.2 C36-C1
Aruba 153.2 C3, 158/159 EF3
Aru-Inseln 144 C2
Arusha 128/129 G6
Arxan 114/115 GH2
Asahikawa 112/113 P5
Asandeschwelle 128/129 EF5
Ascension 170/171 KL7
Asch 32/33 H2
Aschach 32/33 IJ4
Aschaffenburg 32/33 E3
Aschersleben 30/31 G4
Aschgabat 108/109 G6, 112/113 G6
Aseb 128/129 H4
Asela 128/129 G5
Aserbaidschan 126/127.1 I2/3, 128/129 H1/2
Ashland 156/157 J5
Ash Shariqah 128/129 I3
Asien 170/171 Q3-U4
Asir, Hochland von 128/129 H3/4
Asmara 126/127.1 H5, 128/129 G4
Asowsches Meer 64/65 F2
Assadstausee 64/65 F3
Assam 114/115 E4
Assen 30/31 B3
Assino 112/113 J4
Assisi 62/63 M8
Assuan 128/129 G3
Astana 108/109 I4, 112/113 I4
Astrachan 60/61 H4
Asturien 62/63 CD8
Asuka 146.2 B9
Asunción 153.2 E7, 160 D2
Asyut 128/129 G3
Atacama 160 BC2
Atacamagraben 170/171 H8/9
Atâr 128/129 B3
Atatürkstausee 64/65 F3
Atbara; Fluss 128/129 G4
Atbara; Stadt 128/129 G4
Athabaska 156/157 H4
Athabaskasee 156/157 HI4
Athen (Athinai) 56/57 G5, 64/65 E3
Athinai (Athen) 56/57 G5, 64/65 E3
Äthiopien 126/127.1 HI6, 128/129 GH5
Äthiopien, Hochland von 128/129 G4/5
Athlone 62/63 C3
Athos 64/65 E2
Atlanta 156/157 K6
Atlantic City 156/157 L6
Atlantische Küstenebene 150.1 NO6
Atlantischer Ozean 124/125.1 DE7/8
Atlantisch-Indischer Rücken 170/171 M10-O10
Atlantisch-Indisches-Südpolarbecken 170/171 L11-Q11
Atlas, Hoher 128/129 C2
Atlas, Mittlerer 64/65 B3
Atlasgebirge 124/125.1 DE3
Ätna 64/65 D3
Atschinsk 112/113 K4
At Taif 128/129 H3
Attendorn 30/31 C4
Attersee 32/33 I5
Attu-Inseln 112/113 S4
Atyrau 112/113 G5
Auckland 144 G5
Aucklandinseln 140/141 K9
Audincourt 32/33 B5
Aue 32/33 H2
Auerbach 32/33 H2
Augsburg 32/33 F4
Augusta 156/157 M5
Augusta Treverorum (heute: Trier) 81.3
Aurangabad 114/115 C5
Aurich 30/31 C2
Auschwitz 62/63 P4/5, 100.1
Aussig (Ústí nad Labem) 32/33 J2
Austerlitz 62/63 O6
Austin 156/157 J6
Australien; Kontinent 170/171 T8-V8
Australien; Staat 142/143 G6-I6, 144 B4-D4
Australinseln 140/141 P6
Australische Alpen 144 D5
Australische Bucht, Große 144 BC5
Autun 62/63 I6
Auvergne 62/63 H7
Avarua 142/143 O6
Avignon 62/63 I8
Avilés 62/63 D8
Avon 62/63 F3
Awasa 128/129 G5
Awash 128/129 H5-H4
Awbari 128/129 E3
Ayacucho 158/159 E6
Ayers Rock 144 C4
Ayoûn el Atroûs 128/129 C4
Ayr 62/63 D2
Azoren 54/55 B5
Azorenschwelle 170/171 KL4
Az Zarqa 128/129 G2
Az Zawiyah 128/129 E2

B

Baalbek 128/129 G2
Baar 32/33 D4/5
Babarinseln 114/115 H7
Babuyaninseln 114/115 H5
Bacabal 158/159 H5
Bacaninseln 114/115 H7
Bacău 64/65 E2
Baccarat 32/33 B4
Bacharach 32/33 C2
Backnang 32/33 E4
Bacolod 114/115 H5
Bad Aibling 32/33 H5
Bad Bentheim 30/31 C3
Bad Bergzabern 32/33 CD3
Bad Berka 32/33 G2
Bad Berleburg 30/31 D4
Bad Bramstedt 30/31 E2
Bad Brückenau 32/33 E2
Bad Doberan 30/31 G1
Bad Driburg 30/31 E4
Bad Ems 32/33 C2
Baden 32/33 D5
Baden-Baden 32/33 D4
Badenweiler 32/33 C5
Baden-Württemberg 27.2 C4, 32/33 DE3/4
Bad Freienwalde 30/31 J3
Bad Füssing 32/33 I4
Bad Gandersheim 30/31 F4
Bad Grund 30/31 F4
Bad Harzburg 30/31 F4
Bad Hersfeld 32/33 E2
Bad Homburg 32/33 D2
Bad Honnef 32/33 C2
Bad Ischl 32/33 I5
Bad Karlshafen 30/31 E4
Bad Kissingen 32/33 F2
Bad Kleinen 30/31 G2
Bad Königshofen 32/33 F2
Bad Kreuznach 32/33 C3
Bad Langensalza 32/33 F1
Bad Lauterberg 30/31 F4
Bad Liebenwerda 30/31 I4
Bad Lippspringe 30/31 D4
Bad Mergentheim 32/33 E3
Bad Nauheim 32/33 D2
Bad Neuenahr-Ahrweiler 32/33 C2
Bad Neustadt a. d. Saale 32/33 F2
Bad Niederbronn 32/33 C4
Bad Oeynhausen 30/31 D3
Bad Oldesloe 30/31 F2
Bad Orb 32/33 E2
Bad Pyrmont 30/31 E4
Bad Reichenhall 32/33 H5
Bad Säckingen 32/33 C5
Bad Salzdetfurth 30/31 F3
Bad Salzschlirf 32/33 E2
Bad Salzuflen 30/31 D3
Bad Salzungen 32/33 F2
Bad Saulgau 32/33 E4
Bad Schandau 32/33 J2
Bad Schwalbach 32/33 D2
Bad Schwartau 30/31 F2
Bad Segeberg 30/31 F2
Bad Soden-Salmünster 32/33 E2
Bad Steben 32/33 G2
Bad Tölz 32/33 G5
Bad Urach 32/33 E4
Bad Waldsee 32/33 E5
Bad Wildungen 32/33 E1
Bad Wilsnack 30/31 G3
Bad Wimpfen 32/33 E3
Bad Windsheim 32/33 F3
Bad Wörishofen 32/33 F4
Bad Zwischenahn 30/31 D2
Bafatá 128/129 B4
Baffin Bay 156/157 LM2
Baffininsel 156/157 K2-M3
Bafq 128/129 I2
Bagdad 126/127.1 I3, 128/129 H2
Bagé 160 D3
Baghlan 128/129 J2
Bago 114/115 E5
Baguio 114/115 H5
Bahama-Inseln 156/157 L7
Bahamas 152.1 O7, 156/157 L7
Bahawalpur 128/129 K3
Bahía Blanca 160 C3
Bahrain 126/127.1 IJ4, 128/129 I3
Bahr el Djebel 128/129 G5
Baia Mare 62/63 R6
Baicheng 114/115 H2
Baie Comeau 156/157 M5
Baiersbronn 32/33 D4
Baiji 114/115 F3
Baikalsee 112/113 LM4
Baile Atha Cliath (Dublin) 56/57 D3, 62/63 C3
Bains-les-Bains 32/33 B5
Bai Shan 114/115 E2
Baiyudaschwelle 124/125.1 H5
Baker Lake 156/157 J3
Bakersfield 156/157 H6
Bakhtaran 128/129 H2
Baku 126/127.1 I2, 128/129 H1
Balabacstraße 114/115 G6
Balakowo 60/61 H3
Balaton (Plattensee) 62/63 OP6
Balchasch 112/113 I5
Balchaschsee 112/113 I5
Balearen 64/65 C2/3
Bali 114/115 G7
Balıkesir 64/65 E3
Balikpapan 114/115 G7
Balingen 32/33 D4
Balkan 64/65 E2
Balkanabat 112/113 G6
Balkanhalbinsel 64/65 E2
Ballarat 144 D5
Balleny-Inseln 170/171 W11
Balsthal 32/33 C5
Bălți 64/65 E2
Baltimore 156/157 L6
Baltischer Landrücken 54/55 FG3
Baltrum 30/31 C2
Bamako 126/127.1 D5, 128/129 C4
Bambari 128/129 F5
Bamberg 32/33 F3
Bamenda 128/129 E5
Banat 62/63 Q7
Banda Aceh 114/115 E6
Bandar Abbas 128/129 I3
Bandar Lampung 114/115 F7
Bandar Seri Begawan 108/109 M9, 114/115 G6
Bandar Sri Aman 114/115 G6
Bandasee 114/115 H7
Bandundu 128/129 E6
Bandung 114/115 F7
Banff 156/157 H4
Bangalore 114/115 C5
Bangassou 128/129 F5
Banghazi 128/129 F2
Bangka 114/115 F7
Bangkok 108/109 L8, 114/115 F5
Bangladesch 108/109 JK7, 114/115 DE4
Bangor 156/157 M5
Bangui 126/127.1 F6, 128/129 E5
Banja Luka 62/63 O7
Banjarmasin 114/115 G7
Banjul 126/127.1 C5, 128/129 B4
Banksinsel 156/157 GH2
Bansin 30/31 J2
Banz 32/33 F2
Baoding 112/113 M6
Baoji 112/113 L6
Baoshan 114/115 E4
Baotou 114/115 FG2
Baranowitschi 60/61 F3
Barbados 158/159 FG3
Barbuda 158/159 F3
Barcelona; Stadt in Spanien 64/65 C2
Barcelona; Stadt in Venezuela 158/159 F3
Bareilly 114/115 C4
Bärenhöhle 32/33 E4
Bäreninsel 112/113 C2
Barentssee 54/55 HI1/2
Barge 30/31 C2
Bargusin 112/113 L4
Bari 64/65 D2
Barkley Tafelland 144 C3
Barnaul 112/113 J4
Barnim 30/31 I3
Baro 128/129 D5
Barquisimeto 158/159 F3
Barr 32/33 C4
Barra 158/159 H6
Barrancabermeja 158/159 E4
Barranquilla 158/159 E3
Barre des Ecrins 62/63 J7
Barrengrounds 156/157 IJ3
Barriereriff, Großes 144 DE3
Barrow 156/157 D2
Barsinghausen 30/31 E3
Barth 30/31 H1
Baruth 30/31 I3
Baruun Urt 114/115 G2
Basel 32/33 C5
Bashistraße 114/115 H4
Basilan 114/115 H6
Basseterre 158/159 F3
Basse-Terre 158/159 F3
Bass-Straße 144 D5
Bassum 30/31 D3
Bastei 32/33 J2
Bastogne 32/33 A2/3
Bata 128/129 D5
Batangas 114/115 H5
Bataninseln 114/115 H4
Bathurst 156/157 M5
Bathurstinsel 144 B3
Batman 64/65 G3
Batna 64/65 C3
Baton Rouge 156/157 J6
Battambang 114/115 F5
Battle Harbour 156/157 N4
Batu 128/129 G5
Batumi 64/65 G2
Bauchi 128/129 D4
Bauland 32/33 E3
Baumberge 30/31 C3/4
Baume-les-Dames 32/33 B5
Baunatal 32/33 E1
Bauru 158/159 H7
Bautzen 32/33 J1
Bavangere 114/115 C5
Bayan Har Shan 114/115 EF3
Bayanhongor 114/115 F2
Bay City 156/157 K5
Baydhabo 128/129 H5
Bayerische Alpen 32/33 F5-H5
Bayerisch Eisenstein 32/33 I3
Bayerischer Wald 32/33 HI3/4
Bayern 27.2 DE4, 32/33 F4-I4
Bayonne 62/63 F8
Bayóvar 158/159 D5
Bayreuth 32/33 G3
Bayrischzell 32/33 H5
Beadmoregletscher 146.2 A
Beaufort 156/157 L6
Beaufortsee 156/157 EF2
Beaumont 156/157 J6
Beauvais 62/63 H5
Beaver 156/157 I6
Bebenhausen 32/33 E4
Bebra 32/33 E2
Béchar 128/129 C2
Bechyně 32/33 J3
Becken von Seistan 128/129 J2/3
Beckum 30/31 D4
Beckumer Berge 30/31 CD4
Beersheba 64/65 F3
Beeskow 30/31 J3
Bei'an 112/113 N5
Bei'an Suihua 114/115 H2
Beihai 114/115 F4
Beijing (Peking) 108/109 M5/6, 114/115 G2/3
Beilngries 32/33 G3
Beira 130/131.1 E2
Beirut 126/127.1 H3, 128/129 G2
Beitbridge 130/131.1 D3
Bejaïa 128/129 D2
Bela 128/129 J3
Belaja 60/61 I3
Belchen 32/33 C5
Beledweyne 128/129 H5
Belém 158/159 H5
Belfast 62/63 D2
Belfort 32/33 B5
Belgard (Białogard) 30/31 K2
Belgaum 114/115 C5
Belgien 56/57 E3, 62/63 HI4
Belgisch-Kongo 202/203.1
Belgorod 60/61 G3
Belgrad (Beograd) 56/57 G4, 62/63 Q7
Belgrano II 146.2 B3
Bélinga 128/129 E5
Belitung 114/115 F7
Belize; Staat 152.1 N8, 158/159 D3
Belize; Stadt 158/159 D3
Bellary 114/115 C5
Belle-Île 62/63 E6
Bellinghausen 146.2 C1
Bellingshausensee 146.2 C34-B34
Belmopan 152.1 N8, 158/159 D3
Belogorsk 112/113 N4
Belo Horizonte 158/159 H6
Belomorsk 60/61 G2
Belt, Kleiner 62/63 K2
Belucha 112/113 J5
Belutschistan 128/129 J2/3

Belzec 62/63 R4
Belzig 30/31 H3
Bend 156/157 G5
Bendigo 144 D5
Benediktenwand 32/33 G5
Benešov 32/33 J3
Bengalen 114/115 DE4
Benguela 130/131.1 C2
Beni 158/159 F6
Beni Abbès 128/129 C2
Benin 126/127.1 E6, 128/129 D4/5
Benin City 128/129 D5
Beni Suef 128/129 G3
Ben Nevis 60/61 C3
Benoni 130/131.1 D3
Bensheim 32/33 D3
Bentheim, Bad 30/31 C3
Benue 128/129 D5
Benxi 114/115 H2
Beograd (Belgrad) 56/57 G4, 62/63 Q7
Beraun 32/33 I3
Berbera 128/129 H4
Berbérati 128/129 E5
Berchtesgaden 32/33 HI5
Berdjansk 112/113 E5
Bereeda 128/129 I4
Beresniki 60/61 I3
Beresowo 60/61 J2
Bergamo 62/63 K7
Bergedorf, Hamburg- 30/31 F2
Bergen; Stadt in Mecklenburg-Vorpommern 30/31 I1
Bergen; Stadt in Norwegen 60/61 D2
Bergisches Land 32/33 C2
Bergisch-Gladbach 30/31 C5
Bergland von Guayana 158/159 FG4
Bergzabern, Bad 32/33 CD3
Beringinsel 112/113 R4
Beringmeer 112/113 R4-T4, 156/157 B4
Beringowski 112/113 S3
Beringstraße 150.1 EF3
Berka, Bad 32/33 G2
Berkel 30/31 B3
Berknerinsel 146.2 AB1/2
Berleburg, Bad 30/31 D4
Berlin; Bundesland 27.2 E2
Berlin; Stadt 27.2 E2, 30/31 I3
Berlinchen 30/31 K3
Bermuda; Inseln 150.1 P6
Bermuda; Verwaltungseinheit 152.1 P6, 156/157 M6
Bermuda-Inseln 170/171 H4
Bern 56/57 E4, 62/63 J6
Bernardo O'Higgins 146.2 C1
Bernau 30/31 I3
Bernburg 30/31 G4
Berneck 32/33 D4
Bernkastel-Kues 32/33 C3
Beroun 32/33 J3
Bersenbrück 30/31 C3
Besançon 32/33 AB5
Beskiden 62/63 PQ5
Bethel 156/157 C3
Béthune 62/63 H4
Betische Kordillere 64/55 B3
Betzdorf 32/33 C2
Beuron 32/33 DE4
Beuthen (Bytom) 62/63 P4
Beverungen 30/31 E4
Bezau 32/33 E5
Béziers 62/63 H8
Bhadravati 114/115 C5
Bhagalpur 114/115 D4
Bhamo 114/115 E4
Bhaunagar 114/115 C4
Bhilai 114/115 D4
Bhima 114/115 C5
Bhiwandi 114/115 C5
Bhopal 114/115 C4
Bhubaneswar 114/115 D4/5
Bhutan 108/109 K7, 114/115 E4
Biak 144 C2
Białogard (Belgard) 30/31 K2
Białystok 62/63 R3
Biarritz 62/63 F8
Biberach a. d. Riß 32/33 E4
Bida 128/129 D5
Biedenkopf 32/33 D2
Bielefeld 30/31 D3
Bielsko-Biała 62/63 P5
Biese 30/31 G3
Bietigheim-Bissingen 32/33 E4
Biggetalsperre 30/31 CD4
Bihar 114/115 D4
Biisk 112/113 J4
Bikini-Atoll 140/141 K2
Bila Zerkwa 64/65 F2
Bilbao 62/63 E8
Bilibino 112/113 R3
Billings 156/157 I5
Bingen 32/33 C3
Bintunibucht 114/115 I7
Binz 30/31 I1
Bioko 124/125.1 E6
Birao 128/129 F4
Birdjand 128/129 I2
Birkenfeld 32/33 C3
Birkenhead 62/63 E3
Birma (Myanmar) 108/109 K7, 114/115 E4
Birmingham; Stadt in Großbritannien 62/63 EF3
Birmingham; Stadt in den USA 156/157 K6
Birnau 32/33 E5
Birnbaum 30/31 K3
Birobidschan 112/113 O5
Birs 32/33 C5
Bischkek 108/109 I5, 112/113 I5
Bischofshofen 32/33 I5
Bischofswerda 32/33 J1
Bischofteinitz 32/33 HI3
Bishah 128/129 H3
Bisho 130/131.1 D4
Biskra 128/129 D2
Bismarck 156/157 I5
Bismarckarchipel 144 DE2
Bismarckgebirge 144 D2
Bismarcksee 144 DE2
Bissau 126/127.1 C5, 128/129 B4
Bissingen, Bietigheim- 32/33 E4
Bitburg 32/33 B3
Bitsch 32/33 C3
Bitterfeld-Wolfen 30/31 H4
Bitterfontein 130/131.1 C4
Bizerte 128/129 D2
Blackpool 62/63 E3
Blackwater 144 D4
Blagoweschtschensk 112/113 N4
Blanitz 32/33 J3
Blankenburg 30/31 F4
Blantyre 130/131.1 E2
Blatná 32/33 I3
Blaubeuren 32/33 E4
Blauer Nil 128/129 G4
Blåvands Huk 62/63 J2
Bleicherode 32/33 F1
Bleiloch-Talsperre 32/33 G2
Blekinge 62/63 N1
Blies 32/33 C3
Bloemfontein 130/131.1 D3
Bluefields 158/159 D3
Blumberg 32/33 D5
Blumenau 160 E2
Bo 128/129 B5
Boading 114/115 G3
Boa Vista 158/159 F4
Bober 30/31 K4
Böblingen 32/33 E4
Bobo-Dioulasso 128/129 C4
Bobruisk 60/61 F3
Bocholt 30/31 B4
Bochum 30/31 C4
Bodaibo 112/113 M4
Bode 30/31 G4
Bodenmais 32/33 I3
Bodensee 32/33 E5
Bodø 60/61 E2
Bogø 30/31 H1
Bogor 114/115 F7
Bogotá 153.2 C4, 158/159 E4
Bogutschany 112/113 K4
Bohai 114/115 GH3
Böhmen 62/63 MN4
Böhmerwald 32/33 IJ3/4
Böhmisches Mittelgebirge 32/33 IJ2
Böhmisch Leipa (Česká Lípa) 32/33 J2
Bohol 114/115 H6
Boise 156/157 H5
Boizenburg 30/31 F2
Boké 128/129 B4
Bolesławiec (Bunzlau) 30/31 K4
Bolgatanga 128/129 C4
Bolivien 153.2 D6, 158/159 F6
Bolmen 62/63 M1
Bologna 62/63 L7
Bolschewik 112/113 LM2
Bolton 62/63 E3
Bolzano (Bozen) 62/63 L6
Boma 128/129 E6
Bombay (Mumbai) 114/115 C5
Bomlitz 30/31 E3
Bonaire 158/159 F3
Bonanza 158/159 D3
Bondo 128/129 F5
Bongoberge 128/129 F5
Bongor 128/129 E4
Boningraben 170/171 V4/5
Bonininseln 114/115 J4
Bonn 32/33 C2
Boosaaso 128/129 H4
Boothia-Halbinsel 156/157 J2
Booué 128/129 E5
Boppard 32/33 C2
Bora Bora 140/141 O5
Borås 62/63 M1
Bordeaux 62/63 F7
Bordesholm 30/31 EF1
Borgholm 62/63 O1
Borisow 60/61 F3
Borissoglebsk 60/61 H3
Borken; Stadt in Hessen 32/33 E1
Borken; Stadt in Nordrhein-Westfalen 30/31 B4
Borkum 30/31 B2
Borna 32/33 H1
Borneo (Kalimantan) 114/115 G6/7
Bornholm 62/63 N2
Borsja 112/113 M4
Bose 114/115 F4
Bosnien und Herzegowina 56/57 F4, 62/63 OP7/8
Bosporus 64/65 E2
Bossangoa 128/129 E5
Boston 156/157 L5
Botew 54/55 G4
Botrange 32/33 B2
Botsuana 126/127.1 G9, 130/131.1 D3
Bottnischer Meerbusen 60/61 EF2
Bouaké 128/129 C5
Bouar 128/129 E5
Bougainville 144 E2
Boulogne-sur-Mer 62/63 G4
Bounty-Inseln 144 GH6
Bourges 62/63 H6
Bourke 144 D5
Bournemouth 62/63 F4
Bourscheid 32/33 AB3
Bourtanger Moor 30/31 C2/3
Bouvetinsel 170/171 M10
Bowen 144 D4
Bozen (Bolzano) 62/63 L6
Brač 62/63 O8
Bradford 62/63 F3
Bragança 158/159 H5
Brahmapur 114/115 D5
Brahmaputra 114/115 E4
Brăila 64/65 E2
Brake 30/31 D2
Brakel 30/31 E4
Bramsche 30/31 CD3
Bramstedt, Bad 30/31 E2
Brandberg 130/131.1 C3
Brandenburg; Landkreis 101.2
Brandenburg; Bundesland 27.2 EF2, 30/31 H3-J3
Brandenburg; Stadt 30/31 H3
Brandenburg, Kurfürstentum 92.1
Brand-Erbisdorf 32/33 I2
Brandon 156/157 I5
Brandys-Stará Boleslav 32/33 J2
Branitz 30/31 J4
Brasília 153.2 F6, 158/159 H6
Brasilianisches Becken 170/171 JK7/8
Brasilianisches Bergland 158/159 GH6
Brasilien 153.2 D5-F5, 158/159 F5-H5
Braşov (Kronstadt) 64/65 E2
Bratislava (Pressburg) 56/57 F4, 62/63 O5
Bratsk 112/113 L4
Bratsker Stausee 112/113 L4
Braunau 32/33 I4
Braunlage 30/31 F4
Braunschweig 30/31 F3
Brazzaville 126/127.1 F7, 128/129 E6
Brdywald 32/33 I3
Bredstedt 30/31 D1
Breg 32/33 D4
Bregenz 32/33 E5
Bregenzer Wald 32/33 EF5
Breisach 32/33 C4
Breisgau 32/33 C4/5
Bremen; Bundesland 27.2 C2
Bremen; Stadt 27.2 C2, 30/31 D2
Bremerhaven 30/31 D2
Bremervörde 30/31 E2
Brenner 62/63 L6
Brescia 62/63 L7
Breslau (Wrocław) 62/63 O4
Brest; Stadt in Weißrussland 62/63 R3
Brest; Stadt in Frankreich 62/63 D5
Bretagne 62/63 E5
Bretten 32/33 D3
Bridgetown 158/159 G3
Briey 32/33 A3
Brigach 32/33 D4/5
Brighton 62/63 F4
Brilon 30/31 D4
Brisbane 144 E4
Bristol 62/63 E4
Bristolkanal 62/63 DE4
Britische Inseln 60/61 BC3
Britisch-Indien 202/203.1
Britisch Ostafrika 202/203.1
Britsich-Malaya 202/203.1
Brive-la-Gaillarde 62/63 G7
Brjansk 60/61 G3
Brno (Brünn) 62/63 O5
Broad Law 62/63 E2
Brocken 30/31 F4
Broken Hill 144 D5
Bromberg (Bydgoszcz) 62/63 OP3
Brookskette 156/157 C3-E3
Broome 144 B3
Brownsville 156/157 J7
Bruchsal 32/33 D3
Brückelberg 32/33 I3
Brückenau, Bad 32/33 E2
Brügge 62/63 H4
Brühl 30/31 B5
Brunei 108/109 M9, 114/115 G6
Brünn (Brno) 62/63 O5
Brunsbüttel 30/31 E2
Brunssum 30/31 A5
Brüssel (Brussel, Bruxelles) 56/57 E3, 62/63 I4
Brussel, Bruxelles (Brüssel) 56/57 E3, 62/63 I4
Brüx (Most) 32/33 I2
Bucaramanga 158/159 E4
Buchanan 128/129 B5
Buchen 32/33 E3
Buchholz, Annaberg- 32/33 HI2
Buchholz i. d. Nordheide 30/31 E2
Buchloe 32/33 F4
Buchoro 112/113 H6
Buchwald 30/31 K3
Bückeburg 30/31 E3
Bucureşti (Bukarest) 56/57 G4, 64/65 E2
Budapest 56/57 F4, 62/63 P6
Büdingen 32/33 E2
Budweis (České Budějovice) 32/33 J4
Buenaventura 158/159 E4
Buenos Aires 153.2 E8, 160 D3
Buenos-Aires-See 160 B4
Buffalo 156/157 L5
Bug 62/63 R3
Bühl 32/33 D4
Bujumbura 126/127.1 G7, 128/129 F6
Bukama 128/129 F6
Bukarest (Bucureşti) 56/57 G4, 64/65 E2
Bukatschatscha 112/113 M4
Bukavu 128/129 F6
Bukittinggi 114/115 F7
Bukoba 128/129 G6
Bulawayo 130/131.1 D3
Bulgarien 56/57 G4, 64/65 E2
Bumba 128/129 F5
Bunbury 144 A5
Bundaberg 144 E4
Bünde 30/31 D3
Bungsberg 30/31 F1
Bunia 128/129 G5
Bunzlau (Bolesławiec) 30/31 K4
Buraydah 128/129 H3
Büren 30/31 D4
Burg; Stadt in Schleswig-Holstein 30/31 G1
Burg; Stadt in Sachsen-Anhalt 30/31 G3
Burgas 64/65 E2
Burg Bentheim 87.2
Burgdorf 30/31 F3
Burghausen 32/33 H4
Burgkirchen 32/33 H4
Burglengenfeld 32/33 H3
Burgos 62/63 E8
Burgstadl 32/33 I2
Burgund 62/63 I6
Burgundische Pforte 32/33 BC5
Burkina Faso 126/127.1 DE5, 128/129 CD4
Burlington 156/157 J5
Burnie 144 D6
Bursa 128/129 F1
Buru 114/115 H7
Burundi 126/127.1 GH7, 128/129 FG6
Bushehr 128/129 I3
Bussang 32/33 B5
Bussen 32/33 E4
Büsum 30/31 D1
Buta 128/129 F5
Butuan 114/115 H6
Butung 114/115 H7
Butzbach 32/33 D2
Bützow 30/31 G2
Buxtehude 30/31 E2
Bydgoszcz (Bromberg) 62/63 OP3
Byrrangagebirge 112/113 KL2
Bytom (Beuthen) 62/63 P4
Byzantinisches Reich 84.1
Byzanz (heute: Istanbul) 80.2, 81.3

C

Caatingas 158/159 HI5
Cabanatuan 114/115 H5
Cabimas 158/159 E3
Cabinda 128/129 E6
Cabora-Bassa-See 130/131.1 E2
Cachoeira do Sul 160 D2/3
Cádiz 64/65 B3
Caen 62/63 F5
Caerdydd (Cardiff) 62/63 E4
Cagayan de Oro 114/115 H6
Cagliari 64/65 C3
Caguas 158/159 F3
Cairns 144 D3
Cajamarca 158/159 E5
Calabozo 158/159 F4
Calais 64/65 C1
Calama 160 C2
Calamianinseln 114/115 G5
Calau 30/31 I4
Calbayog 114/115 H5
Calbe 30/31 G4
Calgary 156/157 H4

Cali 158/159 E 4
Callao 158/159 E 6
Calw 32/33 D 4
Camagüey 158/159 E 2
Camargo 158/159 B 2
Camargue 62/63 I 8
Cambrian Mountains 62/63 D 4-E 3
Cametá 158/159 H 5
Camiri 158/159 F 7
Cammin 30/31 J 2
Camocim 158/159 H 5
Campbellinsel 140/141 KL 9
Campbellton 156/157 M 5
Campeche 158/159 C 3
Campina Grande 158/159 I 5
Campinas 158/159 H 7
Campo Durán 160 C 2
Campo Grande 158/159 G 7
Campos; Landschaft 158/159 G 6-H 5
Campos; Stadt 158/159 H 7
Canal de l'Est 32/33 B 4/5
Canal du Midi 62/63 GH 8
Cananea 158/159 A 1
Canberra 142/143 I 7, 144 D 5
Cancún 158/159 D 2
Cannes 62/63 J 8
Canoas 160 D 2/3
Canossa 62/63 L 7
Cantal 62/63 H 7
Can Tho 114/115 F 5/6
Cap Corse 62/63 K 8
Cape Lambert 144 A 4
Cap-Haïtien 158/159 E 3
Caquetá 158/159 E 4/5
Caracas 153.2 D 3, 158/159 F 3
Carajás 158/159 G 5
Caratinga 158/159 H 6
Caravelas 158/159 I 6
Cardiff (Caerdydd) 62/63 E 4
Cardigan Bay 62/63 D 3
Cargados-Carajos-Inseln 130/131.1 H 2
Carling 32/33 B 3
Carlisle 62/63 E 2
Carlsbad 156/157 I 6
Carmen 158/159 C 3
Carnac 62/63 E 6
Carnarvon 144 A 4
Carnegieschwelle 170/171 G 7
Carnsore Point 62/63 C 3
Carolina 158/159 H 5
Carpentariagolf 144 CD 3
Carpentaria Tiefland 144 CD 3
Carrantuohill 62/63 B 3
Carson City 156/157 H 6
Cartagena; Stadt in Spanien 64/65 B 3
Cartagena; Stadt in Kolumbien 158/159 E 3
Carthago (heute: Karthago) 81.3
Carthago Nova (heute: Cartagena) 81.3
Caruaru 158/159 I 5
Casablanca (Dar-el-Beïda) 128/129 C 2
Casey 146.2 C 18
Casiquiare 158/159 F 4
Casper 156/157 I 5
Castra Bonnensia (heute: Bonn) 82.1
Castries 158/159 F 3
Castro 160 B 4
Catamarca 160 C 2
Catania 64/65 D 3
Caxias 158/159 H 5
Caxias do Sul 160 D 2
Cayenne 158/159 G 4
Caymangraben 170/171 G 5
Caymaninseln 152.1 N 8, 158/159 D 3
Cebu 114/115 H 5
Čelákovice 32/33 J 2
Celebes (Sulawesi) 114/115 GH 7
Celebessee 114/115 H 6
Celle 30/31 F 3
Cenderawasihbucht 144 C 2
Cerro de Pasco 158/159 E 6
Červená-Lhota 32/33 J 3
Česká Lípa (Böhmisch Leipa) 32/33 J 2
České Budějovice (Budweis) 32/33 J 4
Cessnock 144 E 5
Ceuta 64/65 B 3
Cevennen 62/63 H 8-I 7
Ceylon 114/115 D 6
Chabarowsk 112/113 O 5
Cham 32/33 H 3
Chambéry 62/63 I 7
Chambord 62/63 G 6
Cham-Further-Senke 32/33 H 3
Champagne 62/63 HI 5
Chañaral 160 B 2
Chan-Chan 158/159 E 5
Chandigarh 114/115 C 3
Chandyga 112/113 O 3
Changaigebirge 114/115 EF 2
Changchun 114/115 H 2
Changde 114/115 G 4
Changsha 114/115 G 4
Changzhi 114/115 G 3
Chanty Mansijsk 60/61 J 2
Chaozhou 114/115 G 4
Chari 128/129 E 4
Charkiw 64/65 F 1/2
Charleroi 62/63 I 4
Charleston; Stadt in South-Carolina, USA 156/157 K 6
Charleston; Stadt in West-Virginia, USA 156/157 K 6
Charleville 144 D 4
Charlotte 156/157 K 6
Charlottenhöhle 32/33 F 4
Charlottetown 156/157 M 5
Charmes 32/33 B 4
Chartres 62/63 G 5
Chatanga 112/113 L 2
Château-Salins 32/33 B 4
Chathaminseln 140/141 LM 8
Chattanooga 156/157 K 6
Cheb (Eger) 32/33 H 2
Cheju 112/113 N 6
Chemnitz 32/33 H 2
Chengde 114/115 G 2
Chengdu 114/115 F 3
Chennai (Madras) 114/115 D 5
Chenonceaux 62/63 G 6
Cher 62/63 H 6
Cherbourg 62/63 F 5
Cherrapunji 114/115 E 4
Cherson 64/65 F
Chesterfield Inlet 156/157 J 3
Chetumal 158/159 D 3
Cheviot Hills 62/63 EF 2
Cheyenne 156/157 I 5
Chiang Rai 114/115 E 5
Chiba 112/113 OP 6
Chibougamau 156/157 L 5
Chicago 156/157 K 5
Chiclayo 158/159 E 5
Chiemgauer Alpen 32/33 H 5
Chiemsee 32/33 H 5
Chieng-Mai 114/115 E 5
Chifeng 114/115 G 2
Chihuahua 158/159 B 2
Chile 153.2 C 9-D 7, 160 B 4-B 2
Chilebecken 170/171 G 9
Chilenische Schwelle 170/171 FG 9/10
Chillán 160 B 3
Chiloé 160 B 4
Chimanimani 130/131.1 E 2
Chimborazo 158/159 E 5
Chimbote 158/159 E 5
Chimoio 130/131.1 E 2
China 108/109 J 6-L 6, 114/115 D 3-G 3
Chincha Alta 158/159 E 6
Chingola 130/131.1 D 2
Chios 64/65 E 3
Chiriqui Grande 158/159 D 4
Chişinău 56/57 G 4, 64/65 E 2
Chittagong 114/115 E 4
Chitungwiza 130/131.1 E 2
Chmelnizki 64/65 E 2
Chodschent 112/113 H 5
Cholmsk 112/113 P 5
Chomutov (Komotau) 32/33 I 2
Chon Buri 114/115 F 5
Chongjin 112/113 N 5
Chongqing 114/115 F 3/4
Chonju 114/115 H 3
Chonosarchipel 160 B 4
Choper 60/61 H 3
Chorin 30/31 I 3
Chorog 112/113 I 6
Chota Nagpur 114/115 D 4
Choybalsan 114/115 G 2
Christchurch 144 G 6
Christianskoog 30/31 DE 1
Christmasinsel 170/171 ST 7
Christmasinsel (Kiritimati) 140/141 O 3
Chromtau 112/113 G 4
Chur 62/63 K 6
Churchill; Stadt 156/157 J 4
Churchill; Fluss 156/157 HI 4
Cichén Itzá 158/159 D 2
Cienfuegos 158/159 D 2
Cima dell'Argentera 62/63 J 7
Cincinnati 156/157 K 6
Cirebon 114/115 F 7
Ciudad Bolívar 158/159 F 4
Ciudad del Este 160 D 2
Ciudad Guayana 158/159 F 4
Clausthal-Zellerfeld 30/31 F 4
Clemenswerth 30/31 C 3
Clenze 30/31 F 3
Clermont-Ferrand 62/63 H 7
Clervaux 32/33 AB 2
Cleveland 156/157 K 5
Clippertoninsel 158/159 B 3
Cloncurry 144 D 4
Cloppenburg 30/31 D 3
Cluny 62/63 I 6
Coatsland 146.2 B 4
Coatzacoalcos 158/159 C 3
Cobar 144 D 5
Coburg 32/33 F 2
Cochabamba 158/159 F 6
Cochem 32/33 C 2
Cocosinsel 158/159 D 4
Cocosschwelle 170/171 G 6/7
Coesfeld 30/31 C 4
Coevorden 30/31 B 3
Cognac 62/63 F 7
Coimbatore 114/115 C 5
Colatina 158/159 H 6
Colbitz-Letzlinger Heide 30/31 G 3
Colima 158/159 B 3
Collie 144 A 5
Collm 32/33 HI 1
Colmar 32/33 C 4
Colombo 108/109 I 9, 114/115 CD 6
Colón 158/159 E 4
Colonia Claudia Ara Agrippinensis (heute: Köln) 82.1
Colorado; Fluss in den USA 156/157 H 6
Colorado; Fluss in Argentinien 160 C 3
Coloradoplateau 156/157 HI 6
Colorado Springs 156/157 I 6
Columbia; Stadt 156/157 K 6
Columbia; Fluss 156/157 H 5
Columbiaplateau 156/157 H 5
Columbus; Stadt in Georgia, USA 156/157 K 6
Columbus; Stadt in Ohio, USA 156/157 K 5/6
Comandante Ferraz 146.2 C 1
Comburg 32/33 E 3
Como 62/63 K 7
Comodoro Rivadavia 160 C 4
Conakry 126/127.1 C 6, 128/129 B 5
Concepción; Stadt in Paraguay 160 D 2
Concepción; Stadt in Chile 160 B 3
Concord 156/157 L 5
Concordia 160 D 3
Connacht 62/63 B 3-C 2
Connemara 62/63 B 3
Constanța 64/65 E 2
Constantine 128/129 D 2
Cookinseln 142/143 NO 5
Cookinseln, Südliche 140/141 NO 5/6
Cooktown 144 D 3
Coolgardie 144 B 5
Copán 158/159 D 3
Copiapó 160 B 2
Copper Center 156/157 E 3
Coquimbo 160 B 2/3
Corcaigh (Cork) 62/63 B 4
Korčula 62/63 O 8
Córdoba; Stadt in Argentinien 160 C 3
Córdoba; Stadt in Spanien 64/65 B 3
Cordova 156/157 E 3
Cork (Corcaigh) 62/63 B 4
Corner Brook 156/157 N 5
Cornimont 32/33 B 5
Cornwall 62/63 D 4
Coro 158/159 F 3
Coropuna 158/159 E 6
Corpus Christi 156/157 J 7
Corrientes 160 D 2
Corumbá 158/159 G 6
Corvey 30/31 E 4
Costa Rica 152.1 N 9, 158/159 D 4
Costa Verde 62/63 CD 8
Coswig; Stadt in Sachsen-Anhalt 30/31 H 4
Coswig; Stadt in Sachsen 32/33 I 1
Cotabato 114/115 H 6
Côte d'Argent 62/63 F 7/8
Côte d'Azur 62/63 J 8
Côte d'Ivoire (Elfenbeinküste) 126/127.1 D 6, 128/129 C 5
Cotentin 62/63 F 5
Côtes de Moselle 32/33 A 4-B 3
Cotonou 128/129 D 5
Cotopaxi 158/159 E 5
Cottbus 30/31 J 4
Coventry 62/63 F 3
Craigavon 62/63 C 2
Crailsheim 32/33 F 3
Craiova 64/65 E 2
Creglingen 32/33 F 3
Creil 62/63 H 5
Cres 62/63 N 7
Crimmitschau 32/33 H 2
Crivitz 30/31 G 2
Crossen 30/31 K 3
Cross Fell 62/63 E 2
Crozetinseln 170/171 P 10
Crozetrücken 170/171 OP 10
Cruzeiro do Sul 158/159 E 5
Cúcuta 158/159 E 4
Cuenca 158/159 E 5
Cuernavaca 158/159 C 3
Cuiabá 158/159 G 6
Culiacán 158/159 B 2
Cumaná 158/159 F 3
Cumbrian Mountains 62/63 E 2
Cunene 130/131.1 C 2
Cuneo 62/63 J 7
Cunnamulla 144 D 4
Curaçao 153.2 CD 3, 158/159 F 3
Curitiba 160 E 2
Cuttack 114/115 D 4
Cuxhaven 30/31 D 2
Cuzco 158/159 E 6
Cyrenaika 128/129 F 2
Czernowitz (Tscherniwzi) 64/65 E 2
Czestochowa (Tschenstochau) 62/63 P 4

D

Daba Shan 114/115 FG 3
Dachau 32/33 G 4
Dachstein; Berg 26.1 E 5
Dachstein; Gebirge 32/33 I 5
Dahlener Heide 30/31 H 4
Dahme; Fluss 30/31 I 4
Dahme; Stadt 30/31 G 1
Dakar 126/127.1 C 5, 128/129 B 4
Dalandzadgad 114/115 F 2
Dalap-Uliga-Darrit 142/143 L 3
Da Lat 114/115 F 5
Dali 114/115 F 4
Dalian 114/115 H 3
Dallas 156/157 J 6
Dalmatien 62/63 N 8-P 8
Dalnegorsk 112/113 O 5
Dalneretschensk 112/113 O 5
Daloa 128/129 C 5
Damaskus 126/127.1 H 3, 128/129 G 2
Damgarten, Ribnitz- 30/31 H 1
Damiette 64/65 F 3
Damme 30/31 D 3
Dammvorstadt (Słubice) 30/31 J 3
Dampier 144 A 4
Danakiltiefland 128/129 H 4
Da Nang 114/115 F 5
Dandong 114/115 H 2
Dänemark 56/57 EF 3, 60/61 D 3
Dänemarkstraße 156/157 R 3-Q 3
Dänischer Wohld 30/31 EF 1
Dannenberg 30/31 G 2
Danville 156/157 L 6
Danzig (Gdańsk) 62/63 P 2
Danzig, Freie Stadt 99.2
Daqing 114/115 H 2
Dara 64/65 F 3
Darbhanga 114/115 D 4
Dardanellen 64/65 E 2
Dar-el-Beïda (Casablanca) 128/129 C 2
Daressalam 128/129 G 6
Darfur 128/129 F 4
Darfurschwelle 128/129 F 4/5
Darhan 114/115 F 2
Darjeeling 114/115 D 4
Darling 144 D 5
Darlingkette 144 A 4/5
Darmstadt 32/33 D 3
Darnah 128/129 F 2
Darß 30/31 H 1
Darßer Ort 30/31 H 1
Dartmoor 62/63 DE 4
Daru 144 D 2
Darwin 144 C 3
Daşoguz (Taschaus) 112/113 G 5
Daton 114/115 G 3
Datong 112/113 M 6
Daun 32/33 B 2
Davao 114/115 H 6
David 158/159 D 4
Davis 146.2 C 14
Davissee 146.2 C 15/16
Davisstraße 156/157 N 3
Dawson 156/157 F 3
Dawson Creek 156/157 G 4
Dayr az Zawr 128/129 H 2
Dayton 156/157 K 6
Daytona Beach 156/157 K 7
De Aar 130/131.1 D 4
Debrecen 62/63 Q 6
Debre Markos 128/129 G 4
Děčín (Tetschen) 32/33 J 2
Dedelow 30/31 I 2
Deggendorf 32/33 H 4
Deister 30/31 E 3
Dekkan, Hochland von 114/115 C 5
Delémont 32/33 C 5
Delfzijl 30/31 B 2
Delhi 114/115 C 4
Delitzsch 30/31 H 4
Delmenhorst 30/31 D 2
De Long-Inseln 112/113 Q 2
De Long-Straße 112/113 ST 2/3
Delphi 64/65 E 3
Demawend 128/129 I 2
Demmin 30/31 I 2
Demokratische Republik Kongo (Zaire) 126/127.1 G 7, 128/129 EF 6
Den Haag ('s-Gravenhage) 62/63 I 3
Denizli 64/65 E 3
Denpasar 114/115 G 7
Denver 156/157 I 6
Derbent 128/129 H 1
Derby; Stadt in Großbritannien 62/63 F 3
Derby; Stadt in Australien 144 B 3
Der Kanal 62/63 EF 4/5
Derschawinsk 112/113 H 4
Dese 128/129 G 4
Des Moines 156/157 J 5
Desna 112/113 E 4
Dessau 30/31 H 4
Desventuradosinseln 160 B 2
Detmold 30/31 D 4

Detroit 156/157 K5
Deurne 30/31 A4
Deutsche Demokratische Republik (DDR) 101.2
Deutsche Mittelgebirge 54/55 EF3
Deutscher Bund 94.1
Deutschland 27.2, 62/63 J4-L4
Deutsch-Ostafrika 202/203.1
Deutsch-Südwestafrika 202/203.1
Deutsch Wartenberg 30/31 K4
Deventer 30/31 B3
Devoninsel 156/157 K2
Dezful 128/129 H2
Dhaka 108/109 K7, 114/115 E4
Dhanbad 114/115 D4
Dharwad, Hubli- 114/115 C5
Dhule 114/115 C4
Diamantina 158/159 H6
Dibrugarh 114/115 E4
Dickson 112/113 I2
Dieburg 32/33 D3
Diedenhofen (Thionville) 32/33 B3
Diego Garcia 130/131.1 I1
Die Haar 30/31 D4
Diemel 30/31 D4
Diepholz 30/31 D3
Dieppe 62/63 G5
Dieuze 32/33 B4
Dievenow; Fluss 30/31 J2
Dievenow; Stadt 30/31 J1
Diez 32/33 D2
Digul 144 C2
Dijon 62/63 I6
Dili 108/109 N10, 114/115 H7
Dillenburg 32/33 D2
Dillingen; Stadt im Saarland 32/33 B3
Dillingen; Stadt in Bayern 32/33 F4
Dilolo 130/131.1 D2
Dinarisches Gebirge 62/63 N7-P8
Dingolfing 32/33 H4
Dinkelsbühl 32/33 F3
Dinslaken 30/31 B4
Dipolog 114/115 H6
Dippoldiswalde 32/33 I2
Dire Dawa 128/129 H5
Dirranbandi 144 D4
Dithmarschen 30/31 DE1/2
Diyarbakır 128/129 G2
Djado, Plateau von 128/129 E3
Djebel el Akhdar 64/65 E3
Djebel Marra 128/129 F4
Djebel Tuwaik 128/129 H3
Djebel Uweinat 128/129 F3
Djelfa 128/129 D2
Djerdapstausee 62/63 QR7
Djisan 112/113 F8
Djolplateau 128/129 H4
Djuba 128/129 H5
Djurabniederung 128/129 E4
Dnipro (Dnjepr) 64/65 F2
Dniprodserschinsk 64/65 F2
Dnipropetrowsk 64/65 F2
Dnister 64/65 E2
Dnjepr 60/61 G3
Dnjeprniederung 64/65 F1/2
Döbeln 32/33 I1
Doberan, Bad 30/31 G1
Döbraberg 32/33 G2
Dodoma 126/127.1 H7, 128/129 G6
Doetinchem 30/31 B4
Doha 126/127.1 J4, 128/129 I3
Dokkum 30/31 AB2
Dollart 30/31 C2
Dolomiten 62/63 LM6
Dombasle 32/33 B4
Dome Fuji 146.2 B10/11
Dominica 158/159 F3
Dominikanische Republik 152.1 OP7/8, 158/159 EF2/3
Dömitz 30/31 G2
Don 60/61 H4
Donau 64/65 E2
Donaueschingen 32/33 D5
Donaumoos 32/33 G4
Donauried 32/33 F4
Donauwörth 32/33 F4
Donegal Bay 62/63 B2
Donez 60/61 H4
Donezk 64/65 F2
Donezplatte 54/55 HI4
Dongfang 114/115 F5
Dongola 128/129 G4
Dongsha 114/115 G4
Dongshuan 114/115 F4
Donnersberg; Berg in der Tschech. Rep. 32/33 I2
Donnersberg; Berg in Rheinland-Pfalz 32/33 CD3
Donniederung 60/61 H3/4
Donon 32/33 C4
Dordogne 62/63 G7
Dornbirn 32/33 E5
Dornburg 32/33 G1
Dorsten 30/31 B4
Dortmund 30/31 C4
Dortmund-Ems-Kanal 30/31 C3
Dosse 30/31 H2
Douai 62/63 H4
Douala 128/129 D5
Doubs 32/33 B5
Douglas 62/63 D2
Dover 62/63 G4
Dovrefjell 60/61 DE2
Drachten 30/31 B2
Drage 30/31 K2
Drageheide 30/31 K2
Drakensberge 130/131.1 D4-E3
Drakestraße 160 C5
Drau 62/63 O7
Drawehn 30/31 F3
Drei Gleichen 32/33 F2
Drei-Schluchten-Stausee 106/107 LM6
Drente 30/31 B3
Dresden 27.2 E3, 32/33 I1
Driburg, Bad 30/31 E4
Drina 62/63 P8
Drobeta-Turnu Severin 62/63 R7
Drömling 30/31 FG3
Drygalsky-Insel 146.2 C16
Dschibuti; Stadt 126/127.1 I5, 128/129 H4
Dschibuti; Staat 126/127.1 I5, 128/129 H4
Dschugdschurgebirge 112/113 OP4
Dserschinsk 60/61 H3
Dsungarei 114/115 D2
Dubai 128/129 I3
Dubbo 144 D5
Dübener Heide 30/31 H4
Dublin (Baile Atha Cliath) 56/57 D3, 62/63 C3
Dubrovnik 62/63 PQ8
Dudelange 32/33 B3
Duderstadt 30/31 F4
Dudinka 112/113 J3
Duero 64/65 B2
Dugi Otok 62/63 N8
Duisburg 30/31 B4
Dülmen 30/31 C4
Duluth 156/157 J5
Dumai 114/115 F6
Dümmer 30/31 D3
Dumont d'Urville 146.2 C20
Dün 30/31 F4
Düna 60/61 F3
Dünaburg 60/61 F3
Dunaújváros 62/63 P6
Dundalk 62/63 C2
Dundee 60/61 C3
Dunedin 144 G6
Dungau 32/33 H4
Dunkerque (Dünkirchen) 62/63 H4
Dünkirchen (Dunkerque) 62/63 H4
Dünsberg 32/33 D2
Duppauer Gebirge 32/33 I2
Durance 62/63 I7/8
Durango 158/159 B2
Durban 130/131.1 E3
Düren 30/31 B5
Durham 156/157 L6
Durmitor 62/63 P8
Duschanbe 108/109 H6, 112/113 H6
Düsseldorf 27.2 B3, 30/31 B4
Duyun 114/115 F4
Dwina, Nördliche 60/61 H2
Džbán 32/33 I2

E

East London 130/131.1 D4
Ebbegebirge 30/31 C4
Ebensee 32/33 I5
Eberbach 32/33 DE3
Ebermannstadt 32/33 G3
Ebern 32/33 F2
Ebersbach/Sa. 30/31 J4
Ebersberg 32/33 G4
Eberswalde 30/31 I3
Ebro 64/65 B2
Ech Cheliff 128/129 D2
Eckernförde 30/31 E1
Eckernförder Bucht 30/31 EF1
Eco Nelson 146.2 C1
Ecuador 153.2 BC5, 158/159 D5
Ede 30/31 A3
Edéa 128/129 E5
Eder 30/31 E4
Ederkopf 30/31 D5
Ederstausee 30/31 DE4
Edge-Insel 112/113 CD2
Edinburgh 62/63 E2
Edith-Ronne-Land 146.2 A35-A2
Edmonton 156/157 H4
Eduard-VII.-Halbinsel 146.2 B28-B27
Eemshaven 30/31 B2
Eferding 32/33 J4
Egedesminde (Aasiaat) 156/157 N3
Eger (Cheb) 32/33 H2
Eger 32/33 J2
Eggegebirge 30/31 DE4
Eggenfelden 32/33 H4
Eglab 128/129 C3
Ehingen 32/33 E4
Eichsfeld 30/31 F4
Eichstätt 32/33 G4
Eider 30/31 E1
Eiderstedt 30/31 D1
Eifel 32/33 BC2
Eilenburg 32/33 H1
Einbeck 30/31 E4
Eindhoven 62/63 I4
Einödriegel 32/33 HI4
Eisenach 32/33 F2
Eisenberg 32/33 G2
Eisenerz 32/33 J5
Eisenerzer Alpen 32/33 J5
Eisenhüttenstadt 30/31 J3
Eisenwurzen 32/33 JK5
Eisleben 30/31 G4
Ekibastus 112/113 I4
El Aaiún 126/127.1 C4, 128/129 B3
El Alamein 64/65 E3
Elat 128/129 G3
Elazığ 128/129 G2
Elba 54/55 F4
Elbe 62/63 K2
Elbe-Havel-Kanal 30/31 GH3
Elbe-Lübeck-Kanal 30/31 F2
Elbe-Seitenkanal 30/31 F2
Elbing (Elbląg) 62/63 P2
Elbląg (Elbing) 62/63 P2
Elbrus 60/61 H4
Elbsandsteingebirge 32/33 J2
Elburs 128/129 HI2
Elche 64/65 B3
Elde 30/31 G2
Elde-Müritz-Wasserstraße 30/31 G2
El Dorado 156/157 J6
Eldoret 128/129 G5
Elephantinsel 146.2 C1
El Escorial 64/65 B2
El Faiyum 128/129 G3
El Fasher 128/129 F4
Elfenbeinküste 128/129 C5
Elfenbeinküste (Côte d'Ivoire) 126/127.1 D6, 128/129 C5
El Gezira 128/129 G4
El Goléa 64/65 C3
Elgon 128/129 G5
El Karnak 128/129 G3
El Kharga 128/129 G3
Elko 156/157 H5
Ellesmereland 156/157 K2-L1
Ellice-Inseln 140/141 L4
Ellingen 32/33 G3
Ellsworthland 146.2 B35-B33
Ellsworth-Mountains 146.2 B33-A35
Ellwangen 32/33 F4
Elm 30/31 F3
El Mahalla el Kubra 128/129 G2
El Mansura 64/65 F3
El Minya 128/129 G3
Elmshorn 30/31 E2
El Obeid 128/129 G4
El Oued 128/129 D2
El Paso 156/157 I6
El Salvador 152.1 MN8, 158/159 CD3
Elsass 32/33 C4/5
Elsässer Belchen 32/33 B5
Elsfleth 30/31 D2
Elster, Schwarze 30/31 I4
Elster, Weiße 32/33 H1
Elstergebirge 32/33 H2
Elsterwerda 30/31 I4
El Tigre 158/159 F4
Eltz 32/33 C2
Elze 30/31 E3
Emån 62/63 N1
Embarcación 160 C2
Emden 30/31 C2
Emi Koussi 128/129 E4
Emirat von Córdoba 84.1
Emmen 30/31 B3
Emmendingen 32/33 C4
Emmerich 30/31 B4
Ems 30/31 C2
Ems, Bad 32/33 C2
Emsdetten 30/31 C3
Ems-Jade-Kanal 30/31 C2
Emskanal 30/31 B2
Emsland 30/31 C2/3
Encarnación 160 D2
Encounterbucht 144 C5
Ende 114/115 H7
Enderbyland 146.2 BC11/12
Engels 60/61 H3
Enggano 114/115 F7
England 62/63 E3-G3
En Nahud 128/129 F4
Ennedi 128/129 F4
Ennigerloh 30/31 D4
Enns; Fluss 26.1 F5
Enns; Stadt 32/33 J4
Enschede 30/31 B3
Ensenada 158/159 A1
Entebbe 128/129 G5
Entenbühl 32/33 H3
Enugu 128/129 D5
Enz 32/33 D4
Epe 30/31 A3
Ephesus 81.3, 128/129 F2
Epinal 32/33 B4
Erbach 32/33 DE3
Erbeskopf 32/33 C3
Erbisdorf, Brand- 32/33 I2
Erdene 114/115 G2
Erdi, Plateau von 128/129 F4
Erding 32/33 G4
Eremitage 32/33 G3
Erenhot 114/115 G2
Erft 32/33 B1
Erftstadt 30/31 B5
Erfurt 27.2 D3, 32/33 G2
Ergunhe 114/115 H1
Ergun He 106/107 MN4
Eriesee 156/157 K5
Eritrea 126/127.1 H5, 128/129 GH4
Eriwan 112/113 F5, 126/127.1 I2
Erkelenz 30/31 B4
Erlangen 32/33 G3
Erode 114/115 C5
Er-Rif 128/129 C2
Errigal 62/63 B2
Erzgebirge 32/33 HI2
Erzurum 128/129 H2
Esbjerg 62/63 K2
Esch 32/33 A3
Eschwege 32/33 F1
Eschweiler 30/31 B5
Escuintla 158/159 C3
Esens 30/31 C2
Eskisehir 128/129 G2
Eskişehir 128/129 G2
Esla 62/63 D8
Esmeraldas 158/159 E4
Espelkamp 30/31 D3
Esperance 144 B5
Esperanza 146.2 C1
Espiritu Santo 140/141 K5
Espoo 60/61 F2
Esquel 160 B4
Es Semara 128/129 B3
Essen 30/31 BC4
Esslingen 32/33 E4, 87.3
Estland 56/57 G3, 60/61 F3
Etbaigebirge 128/129 G3/4
Ettal 32/33 G5
Ettelbrück 32/33 B3
Ettlingen 32/33 D4
Euböa 64/65 E3
Eucla 144 B5
Eugene 156/157 G5
Eupen 32/33 B2
Euphrat 128/129 H2
Euphrat-Tigris-Tiefland 112/113 F6
Eureka 156/157 G5
Europa 170/171 M3-O3
Europäisches Nordmeer 146.1 C32-B32
Euskirchen 32/33 B2
Eutin 30/31 F1
Evansville 156/157 K6
Eyre-Halbinsel 144 C5

F

Fairbanks 156/157 E3
Faisalabad 128/129 K2
Faizabad 128/129 K2
Fakfak 144 C2
Falkenau (Sokolov) 32/33 H2
Falkenberg/Elster 30/31 I4
Falkenburg 30/31 KL2
Falkensee 30/31 I3
Falkenstein; Burg 30/31 G4
Falkenstein; Stadt 32/33 H2
Falkenstein; Burgruine 32/33 C3/4
Falklandinseln; Verwaltungseinheit 153.2 DE10, 160 D5
Falklandinseln; Inseln 151.2 E10
Fallingbostel 30/31 E3
Falster 30/31 GH1
Fargo 156/157 J5
Faridabad 114/115 C4
Färöer; Verwaltungseinheit 56/57 D2, 60/61 C2
Färöer; Inseln 54/55 D2
Farquharinseln 130/131.1 G2
Farrukhabad 114/115 C4
Fasanerie 32/33 E2
Fátima 64/65 B3
Faya 128/129 E4
Fdérik 128/129 B3
Federsee 32/33 E4
Fehmarn 30/31 FG1
Fehmarnbelt 30/31 FG1
Fehrbellin 30/31 H3
Feijó 158/159 E5
Feira de Santana 158/159 I6
Fejø 30/31 G1
Feldberg 32/33 C5
Femø 30/31 G1
Fergana 112/113 I5
Fernando de Noronha 158/159 I5
Ferrara 62/63 L7
Ferro (Hierro) 64/65 A4
Fès 128/129 C2
Feuchtwangen 32/33 F3
Feuerland 160 C5
Fianarantsoa 130/131.1 F3

Fichtelberg 32/33 HI 2
Fichtelgebirge 32/33 GH 2/3
Fidschi 142/143 L 6-M 5
Fidschi-Inseln 140/141 L 5
Fiener Bruch 30/31 H 3
Figuig 64/65 B 3
Filchner-Schelfeis 146.2 B 2-A 3
Fils 32/33 E 4
Finne 30/31 G 4
Finnischer Meerbusen 60/61 F 2/3
Finnische Seenplatte 60/61 F 2
Finnland 56/57 G 2, 60/61 F 2
Finsteraarhorn 62/63 JK 6
Finsterwalde 30/31 I 4
Firenze (Florenz) 62/63 L 8
Firth of Forth 62/63 E 1
Fishguard 62/63 D 3/4
Flamborough Head 62/63 G 2
Fläming 30/31 HI 3/4
Fleckenstein 32/33 C 3
Flensburg 30/31 E 1
Flensburger Förde 30/31 EF 1
Flevoland 30/31 A 3
Flinders 144 D 4
Flinderskette 144 C 5
Flin Flon 156/157 I 4
Florencia 158/159 E 4
Florenz (Firenze) 62/63 L 8
Flores 114/115 H 7
Floressee 144 AB 2
Florianópolis 160 E 2
Florida 170/171 G 4/5
Floridastraße 156/157 KL 7
Fly 144 D 2
Foggia 64/65 D 2
Föhr 30/31 D 1
Fontainebleau 62/63 H 5
Forbach 32/33 B 3
Forchheim 32/33 G 3
Forggensee 32/33 F 5
Formosa; Stadt 160 D 2
Formosa; Insel 114/115 H 4
Formosastraße 114/115 GH 4
Forsayth 144 D 3
Forst 30/31 J 4
Fort Albany 156/157 K 4
Fortaleza 158/159 I 5
Fort Bragg 156/157 G 6
Fort-de-France 158/159 F 3
Fort Hope 156/157 K 4
Fort Lauderdale 156/157 K 7
Fort McMurray 156/157 H 4
Fort Nelson 156/157 G 4
Fort Resolution 156/157 H 3
Fort Severn 156/157 K 4
Fort Smith 156/157 H 4
Fort Vermilion 156/157 H 4
Fort Wayne 156/157 K 5
Fort Worth 156/157 J 6
Fort Yukon 156/157 E 3
Foxebecken 156/157 KL 3
Franceville 128/129 E 6
Francistown 130/131.1 D 3
Frankenberg 32/33 D 1
Frankenhöhe 32/33 F 3
Frankenreich 84.1
Frankenwald 32/33 G 2
Frankfort 156/157 K 6
Frankfurt (Oder) 30/31 J 3
Frankfurt am Main 32/33 D 2
Fränkische Alb 32/33 F 4-G 3
Fränkische Rezat 32/33 F 3
Fränkische Saale 32/33 E 2
Fränkische Schweiz 32/33 G 3
Frankiwsk, Iwano- 64/65 E 2
Frankreich 56/57 DE 4, 62/63 F 6-H 6
Frankreich, Kaiserreich 93
Franzensbad 32/33 H 2
Franz-Josef-Land 112/113 G 1-J 1
Französisch Guayana 153.2 E 4, 158/159 G 4
Französisch-Indochina 202/203.1
Französisch-Polynesien 142/143 P 5/6
Französisch Westafrika 202/203.1
Fraserinsel 144 E 4
Fraserplateau 156/157 G 4
Frauenfeld 32/33 D 5
Frauenstein 32/33 I 2
Fredericia 62/63 K 2
Fredericton 156/157 M 5
Frederiksborg 62/63 L 2
Frederikshavn 62/63 L 1
Freeport 156/157 L 7
Freetown 126/127.1 C 6, 128/129 B 5
Freiberg 32/33 I 2
Freiberger Mulde 32/33 HI 1
Freiburg im Breisgau 32/33 C 4/5
Freienwalde, Bad 30/31 J 3
Freilassing 32/33 H 5
Freising 32/33 G 4
Freistadt 32/33 J 4
Freital 32/33 I 1/2
Fresnillo 158/159 B 2
Fresno 156/157 H 6
Freudenstadt 32/33 D 4
Freystadt 30/31 K 4
Freyung 32/33 I 4
Friedberg 32/33 D 2
Friedeberg 30/31 K 3
Friedland 32/33 K 2
Friedrichshafen 32/33 E 5
Friedrichstadt 30/31 E 1
Friesland 30/31 AB 2
Friesoythe 30/31 C 2
Frisches Haff 62/63 PQ 2
Fritzlar 32/33 E 1
Fuchskauten 32/33 CD 2
Fudschijama 112/113 O 6
Fuerteventura 64/65 A 4
Fuhse 30/31 F 3
Fukuoka 112/113 O 6
Fukushima 112/113 P 6
Fulda; Fluss 32/33 E 1
Fulda; Stadt 32/33 E 2
Funafuti 142/143 L 4
Fundy Bay 156/157 M 5
Fünen 62/63 L 2
Furneauxgruppe 144 DE 5/6
Fürstenberg; Schloss, Burg 30/31 E 4
Fürstenberg; Stadt 30/31 I 2
Fürstenfeldbruck 32/33 G 4
Fürstenwalde 30/31 J 3
Fürstenzell 32/33 I 4
Fürth 32/33 F 3
Furth im Wald 32/33 H 3
Fushun 114/115 H 2
Füssen 32/33 F 5
Füssing, Bad 32/33 I 4
Futuna 140/141 M 5
Fuxin 114/115 H 2
Fuzhou 114/115 G 4

G

Gaalkacyo 128/129 H 5
Gabès 128/129 E 2
Gablonz (Jablonec) 32/33 K 2
Gaborone 126/127.1 G 9, 130/131.1 D 3
Gabun 126/127.1 F 7, 128/129 E 6
Gadebusch 30/31 G 2
Gafsa 128/129 D 2
Gaggenau 32/33 D 4
Gaildorf 32/33 E 3/4
Galápagosinseln 158/159 CD 5
Galápagosstufe 170/171 EF 7
Galați 64/65 E 2
Galdhøpiggen 60/61 D 2
Galicien 64/65 B 2
Galizien 62/63 QR 5
Galle 114/115 D 6
Galveston 156/157 J 7
Galway 62/63 B 3
Gambia; Fluss 128/129 B 4
Gambia; Staat 126/127.1 C 5, 128/129 B 4
Gander 156/157 N 5
Gandersheim, Bad 30/31 F 4
Ganges 114/115 D 4
Gangestiefland 114/115 D 4
Ganzhou 114/115 G 4
Gao 128/129 D 4
Garabogaz 112/113 G 5
Garapan 114/115 J 5
Gardasee 62/63 L 7
Gardelegen 30/31 G 3
Garmisch-Partenkirchen 32/33 G 5
Garonne 62/63 G 8
Garoowe 128/129 H 5
Garoua 128/129 E 5
Gartz 30/31 J 2
Gary 156/157 K 5
Garyarsa 114/115 D 3
Garze 114/115 EF 3
Gascogne 62/63 FG 8
Gauhati 114/115 E 4
Gaußberg 146.2 C 15
Gaya 114/115 D 4
Gaziantep 128/129 G 2
Gdańsk (Danzig) 62/63 P 2
Gdingen (Gdynia) 62/63 P 2
Gdynia (Gdingen) 62/63 P 2
Gebweiler 32/33 C 5
Gedaref 128/129 G 4
Gedern 32/33 E 2
Gedser 30/31 G 1
Gedser Odde 30/31 H 1
Geelong 144 D 5
Geesthacht 30/31 F 2
Geiersberg 32/33 E 3
Geislingen 32/33 E 4
Gejiu 114/115 F 4
Gelbes Meer 114/115 H 3
Gelderland 30/31 AB 3
Geldern 30/31 B 4
Geleen 30/31 A 5
Gelnhausen 32/33 E 2
Gelsenkirchen 30/31 C 4
Gemena 128/129 E 5
Gemünden 32/33 E 2
General Santos 114/115 H 6
Genève (Genf) 62/63 J 6
Genf (Genève) 62/63 J 6
Genfer See 62/63 J 6
Genk 32/33 A 2
Genova (Genua) 62/63 K 7
Gent 62/63 H 4
Genthin 30/31 H 3
Genua (Genova) 62/63 K 7
Geomagnetischer Pol (Antarktis) 146.2 B 18
Georgenfeld, Zinnwald- 32/33 I 2
Georgetown; Stadt in Guyana 153.2 E 4, 158/159 G 4
Georgetown; Stadt in den USA 156/157 L 6
Georg Forster 146.2 B 8
Georgien 108/109 F 5, 112/113 EF 5
Georgland 112/113 EF 2
Georg-V.-Küste 146.2 C 22-C 21
Gera; Fluss 32/33 F 2
Gera; Stadt 32/33 H 2
Geraldton 144 A 4
Gérardmer 32/33 B 4
Geretsried 32/33 G 5
Gerlsdorfer Spitze 62/63 Q 5
Germersheim 32/33 D 3
Gerolstein 32/33 B 2
Gerolzhofen 32/33 F 3
Gersfeld 32/33 E 2
Gesäuse 32/33 J 5
Geseke 30/31 D 4
Gesellschaftsinseln 140/141 OP 5
Ghadamis 128/129 D 3
Ghana 126/127.1 DE 6, 128/129 C 5
Ghardaïa 128/129 D 2
Ghaziabad 114/115 C 4
Giant's Causeway 62/63 C 2
Gibraltar 56/57 D 5, 64/65 B 3
Giengen 32/33 F 4
Gießen 32/33 D 2
Gifhorn 30/31 F 3
Gijón 62/63 D 8
Gilbertinseln 140/141 L 3/4
Giresun 64/65 F 2
Giromagny 32/33 B 5
Gironde 62/63 F 7
Gisborne 144 G 5
Gise 128/129 G 3
Gjandscha 128/129 H 1
Gladbach, Bergisch- 30/31 C 5
Gladstone 144 E 4
Glan 32/33 C 3
Glasgow 62/63 D 2
Glashütte 32/33 I 2
Glasow 60/61 I 3
Glauchau 32/33 H 2
Gleiwitz (Gliwice) 62/63 P 4
Glendalough 62/63 C 3
Glewe, Neustadt- 30/31 G 2
Glittertind 112/113 B 3
Gliwice (Gleiwitz) 62/63 P 4
Glücksburg 30/31 E 1
Glückstadt 30/31 E 2
Gmünd 32/33 JK 4
Gmunden 32/33 I 5
Gniezno 62/63 O 3
Gobi 114/115 FG 2
Gobi-Altai 114/115 EF 2
Göblberg 32/33 I 4
Goch 30/31 B 4
Godavari 114/115 D 5
Godhavn (Qeqertarsuaq) 156/157 N 3
Godthåb (Nuuk) 156/157 N 3
Göhren 30/31 I 1
Goiânia 158/159 H 6
Gold Coast 144 E 4
Goldene Aue 30/31 FG 4
Goldküste; Landschaft 128/129 CD 5
Goldküste; Historisches Gebiet 202/203.1
Golfe du Lion 62/63 HI 8
Golfküstenebene 156/157 J 7-K 6
Golf von Aden 128/129 H 4-I 3
Golf von Alaska 156/157 E 4
Golf von Bengalen 114/115 DE 5
Golf von Biscaya 64/65 B 2
Golf von Campeche 158/159 C 2
Golf von Darién 158/159 E 4
Golf von Genua 62/63 K 8
Golf von Guinea 128/129 D 5
Golf von Honduras 158/159 D 3
Golf von Kalifornien 158/159 AB 1/2
Golf von Martaban 114/115 E 5
Golf von Mexiko 158/159 CD 2
Golf von Oman 128/129 IJ 3
Golf von Panama 158/159 E 4
Golf von Saint Malo 62/63 EF 5
Golf von Siam 114/115 F 5
Golf von Tolo 114/115 H 7
Golf von Tomini 114/115 H 7
Golf von Tonking 114/115 F 4/5
Gollnow 30/31 J 2
Gollnower Heide 30/31 J 2
Golmud 114/115 E 3
Gomel 60/61 G 3
Gomera 64/65 A 4
Gonaïves 158/159 E 3
Gonder 128/129 G 4
Gongga 114/115 F 4
Goose Bay 156/157 M 4
Göppingen 32/33 E 4
Gorakhpur 114/115 D 4
Gore 128/129 G 5
Gorgan 128/129 I 2
Gorleben 30/31 G 2
Görlitz (Zgorzelec); Stadt in Polen 32/33 K 1
Görlitz; Stadt in Sachsen 32/33 J 1
Gorno-Altaisk 112/113 J 4
Goroka 144 D 2
Gorom-Gorom 128/129 C 4
Gorontalo 114/115 H 6
Gorzów Wielkopolski (Landsberg) 30/31 K 3
Goslar 30/31 F 4
Götaälv 60/61 E 3
Götaland 62/63 M 1-O 1
Göteborg 62/63 L 1
Gotha 32/33 F 2
Gotland 60/61 E 3
Göttingen 30/31 E 4
Gottorf 30/31 E 1
Goughinsel 170/171 L 9
Goulburn 144 D 5
Governador Valadares 158/159 H 6
Goya 160 D 2
Graal-Müritz 30/31 H 1
Grabfeld 32/33 F 2
Grabow 30/31 G 2
Grafenau 32/33 I 4
Grafing 32/33 G 4
Grafton 144 E 4
Grahamland 160 C 6
Gran 62/63 P 5
Granada; Stadt in Spanien 64/65 B
Granada; Stadt in Nicaragua 158/159 D 3
Gran Canaria 64/65 A 4
Gran Chaco 160 C 2
Grand Chartreuse 62/63 I 7
Grand Island 156/157 J 5
Grand Rapids 156/157 K 5
Granitz 30/31 I 1
Gran Paradiso 62/63 J 7
Gran Sasso d'Italia 64/65 D 2
Gransee 30/31 I 2
Graslitz 32/33 H 2
Gravenstein 30/31 E 1
Graz 62/63 N 6
Great Dividing Range 144 DE 3/4
Great Falls 156/157 H 5
Great Nicobar 114/115 E 6
Great Plains 156/157 I 4-6
Great Wall 146.2 C 1
Great Yarmouth 62/63 G 3
Greem-Bell-Insel 112/113 H 1-J 1
Green Bay 156/157 K 5
Greensboro 156/157 L 6
Greenwich, London- 62/63 FG 4
Greifenberg 30/31 K 2
Greifenhagen 30/31 J 2
Greiffenberg 30/31 K 4
Greifswald 30/31 I 1
Greifswalder Bodden 30/31 I 1
Greifswalder Oie 30/31 IJ 1
Grein 32/33 J 4
Greiz 32/33 H 2
Grenå 62/63 L 1
Grenada 158/159 F 3
Grenoble 62/63 I 7
Greven 30/31 C 3
Grevenbroich 30/31 B 4
Grevesmühlen 30/31 G 2
Greymouth 144 G 6
Griechenland 56/57 G 5, 64/65 E 3
Grieskirchen 32/33 I 4
Grimma 32/33 H 1
Grimmen 30/31 I 1
Grimsby 62/63 F 3
Gröbming 32/33 I 5
Gröditz 32/33 I 1
Grodno 62/63 R 3
Grömitz 30/31 F 1
Gronau; Stadt in Niedersachsen 30/31 E 3
Gronau; Stadt in Nordrhein-Westfalen 30/31 C 3
Groningen 30/31 B 2
Grönland 156/157 P 3
Grönlandsee 146.1 AB 34
Grønsund 30/31 H 1
Groote Eylandt 144 C 3
Grootfontein 130/131.1 C 2
Grosny 60/61 H 4
Großbritannien 56/57 DE 3, 60/61 CD 3
Große Antillen 158/159 D 2-F 3
Große Arabische Wüste 128/129 HI 4
Große Aue 30/31 D 3
Große Australische Bucht 144 BC 5
Große Ebene 114/115 G 3
Große Lauter 32/33 E 4
Große Mühl 32/33 I 4
Großenhain 32/33 I 1
Großer Arber 32/33 I 3
Großer Bärensee 156/157 GH 3
Großer Beerberg 32/33 F 2
Großer Belchen 32/33 C 5
Großer Belt 62/63 L 2
Großer Feldberg 32/33 D 2
Großer Gleichberg 32/33 F 2
Großer Hinggan 114/115 G 2-H 1
Großer Inselsberg 32/33 F 2
Großer Lübbesee 30/31 K 2

Großer Peilstein 32/33 K4
Großer Plöner See 30/31 F1
Großer Pölsenstein 32/33 J5
Großer Priel 32/33 J5
Großer Rachel 32/33 I4
Großer Salzsee 156/157 H5
Großer Sklavensee 156/157 H3
Große Salzwüste 128/129 I2
Große Sandwüste 144 B4
Großes Artesisches Becken 144 CD4
Großes Barriereriff 144 DE3
Großes Becken 156/157 H5/6
Großes Bruch 30/31 FG3
Große Sunda-Inseln 114/115 FG6/7
Große Syrte 128/129 E2
Große Victoriawüste 144 BC4
Groß-Gerau 32/33 D3
Großglockner 62/63 M6
Grotte von Lascaux 62/63 G7
Grudziądz 62/63 P3
Grünberg (Zielona Góra) 30/31 K4
Grund, Bad 30/31 F4
Grundlsee 32/33 IJ5
Guadalajara 158/159 B2
Guadalquivir 64/65 B3
Guadalupe 158/159 A2
Guadeloupe 158/159 FG3
Guajará-Mirim 158/159 F6
Guam; Insel 140/141 I2
Guam; Verwaltungseinheit 114/115 J5, 142/143 I2
Guangzhou (Kanton) 114/115 G4
Guantánamo 158/159 E2
Guarapuava 160 D2
Guatemala; Staat 152.1 MN8, 158/159 CD3
Guatemala; Stadt 152.1 M8, 158/159 C3
Guayanabecken 170/171 IJ6
Guayaquil 158/159 E5
Guaymas 158/159 A2
Guben 30/31 J4
Guben (Gubin) 30/31 J4
Gubin (Guben) 30/31 J4
Guernsey 62/63 E5
Guilin 114/115 G4
Guinea 126/127.1 C5, 128/129 B4
Guineabecken 170/171 L6/7
Guinea-Bissau 126/127.1 C5, 128/129 B4
Guineaschwelle 170/171 LM7
Guiyang 114/115 F4
Gujranwala 128/129 K2
Gulbarga 114/115 C5
Guldborgsund 30/31 G1
Gulian 114/115 H1
Gulstav 30/31 F1
Gulu 128/129 G5
Gummersbach 30/31 C4
Gümri 64/65 G2
Gundelfingen 32/33 F4
Gunnbjörnfjeld 156/157 Q3
Guntur 114/115 D5
Günzburg 32/33 F4
Gunzenhausen 32/33 F3
Güstrow 30/31 H2
Gütersloh 30/31 D4
Gutland 32/33 AB3
Guyana 153.2 DE4, 158/159 G4
Guyenne 62/63 FG7
Gwadar 128/129 J3
Gwalior 114/115 C4
Gweru 130/131.1 D2
Gydan, Halbinsel 112/113 IJ2
Györ 62/63 O6
Gypsumville 156/157 J4

H

Haardt 32/33 D3
Haarlem 62/63 I3
Habsburgische Länder 89.2
Hachinohe 112/113 P5
Hadar 128/129 H4
Hadibu 128/129 I4
Hagåtña 114/115 J5
Hagelberg 30/31 H3
Hagen 30/31 C4
Hagenau 32/33 C4
Hagenow 30/31 G2
Hagondange 32/33 B3
Haidenaab 32/33 G3
Haifa 128/129 G2
Haikou 114/115 G5
Hail 128/129 H3
Hailar 114/115 G2
Hainan 114/115 FG5
Hainich 32/33 F1
Hainleite 30/31 FG4
Haiphong 114/115 F4
Haithabu 30/31 E1
Haiti 152.1 O8, 158/159 E3
Hakodate 112/113 P5
Halberstadt 30/31 G4
Halbinsel Alaska 156/157 CD4
Halbinsel Florida 156/157 K7
Halbinsel Gydan 112/113 IJ2
Halbinsel Jamal 112/113 HI2
Halbinsel Kanin 60/61 H2
Halbinsel Kathiawar 114/115 B4
Halbinsel Kola 60/61 G2
Halbinsel Krim 64/65 F2
Halbinsel Malakka 114/115 E6
Halbinsel Shandong 114/115 H3
Halbinsel Sinai 128/129 G3
Halbinsel Taimyr 112/113 KL2
Halbinsel Yucatán 158/159 D2/3
Haldensleben 30/31 G3
Halifax 156/157 M5
Halland 62/63 M1
Halle; Stadt in Nordrhein-Westfalen 30/31 D3
Halle; Stadt in Sachsen-Anhalt 30/31 G4
Hallein 32/33 I5
Hallertau 32/33 G4
Halley 146.2 B4
Halligen 30/31 D1
Halls Creek 144 B3
Hallstatt 32/33 I5
Hallstätter See 32/33 I5
Halmahera 114/115 HI6
Halmstad 62/63 M1
Hälsingborg 62/63 M1
Hamadan 128/129 H2
Hamah 64/65 F3
Hamburg; Stadt 27.2 C2, 30/31 EF2
Hamburg; Bundesland 27.2 CD2
Hamburg-Bergedorf 30/31 F2
Hameln 30/31 E3
Hämelschenburg 30/31 E3
Hamersleykette 144 AB4
Hamhung 112/113 N5/6
Hami 114/115 E2
Hamilton; Stadt in Kanada 156/157 KL5
Hamilton; Stadt in Neuseeland 144 G5
Hamm 30/31 C4
Hammelburg 32/33 E2
Hammerfest 60/61 F1
Hanau 32/33 D2
Handan 114/115 G3
Hangzhou 114/115 GH3/4
Hannover 27.2 C2, 30/31 E3
Hannoversch Münden 30/31 E4
Hanoi 108/109 L7, 114/115 F4
Harare 126/127.1 H8, 130/131.1 E2
Harbin 114/115 H2
Harburg 32/33 F4
Hardangervidda 60/61 D2/3
Hardenberg 30/31 B3
Harderwijk 30/31 A3
Harer 128/129 H5
Hargeysa 128/129 H5
Harrisburg 156/157 L5
Hartford 156/157 L5
Harwich 62/63 G4
Harz 30/31 FG4
Harzburg, Bad 30/31 F4
Harzvorland 30/31 FG4
Hase 30/31 C3
Haslach 32/33 D4
Haßberge 32/33 F2
Haßfurt 32/33 F2
Hassi Messaoud 128/129 D2
Hassi R'Mel 128/129 D2
Hastings 62/63 G4
Hattuša 128/129 G1
Hat Yai 114/115 F6
Haugstein 32/33 I4
Hausruck 32/33 I4
Havanna 152.1 N7, 158/159 D2
Havel 30/31 H3
Havelberg 30/31 H3
Havelland 30/31 H3
Haven, Milford 62/63 D4
Havre-Saint-Pierre 156/157 M4
Hawaii; Verwaltungseinheit 142/143 N2-O1, 156/157 CD7
Hawaii; Insel 156/157 D8
Hawaii-Inseln 156/157 B7-D7
Hayange 32/33 B3
Hayden 156/157 H6
Hay River 156/157 H3
Hazelton 156/157 G4
Heardinsel 170/171 Q10
Hearst 156/157 K5
Hebriden 60/61 C3
Hechingen 32/33 D4
Hedjas 128/129 G3
Heerenveen 30/31 A3
Heerlen 30/31 A5
Hefei 114/115 G3
Hefshuizen 30/31 B2
Hegang 114/115 I2
Hegau 32/33 D5
Heide 30/31 E1
Heidelberg 32/33 D3
Heidenheim 32/33 F4
Heidenreichstein 32/33 K4
Heilbronn 32/33 E3
Heiligenberg 32/33 E5
Heiligenhafen 30/31 F1
Heiligenstadt 32/33 F1
Heiliges Römisches Reich 86.1, 92.2
Heilong Jiang 106/107 N4/5
Heinsberg 30/31 B4
Heldburg 32/33 F2
Helena 156/157 H5
Helgoland 30/31 C1
Helgoländer Bucht 30/31 CD1
Hellberge 30/31 G3
Helme 30/31 F4
Helmstedt 30/31 FG3
Helpter Berge 30/31 I2
Helsingfors (Helsinki) 56/57 G2, 60/61 F2
Helsingør 62/63 M1
Helsinki (Helsingfors) 56/57 G2, 60/61 F2
Helwan 64/65 F4
Hengduan Shan 114/115 E3/4
Hengelo 30/31 B3
Hengyang 114/115 G4
Henneburg 32/33 E3
Hennigsdorf 30/31 I3
Henzada 114/115 E5
Herat 128/129 J2
Herborn 32/33 D2
Herford 30/31 D3
Heringen 32/33 F2
Heringsdorf 30/31 J2
Herisau 32/33 E5
Hermannsburg 30/31 F3
Hermannstadt 64/65 E2
Hermosillo 158/159 A2
Herning 62/63 K1
Herrenberg 32/33 D4
Herrenchiemsee 32/33 H5
Herrlisheim 32/33 C4
Herrnhut 32/33 J1
Hersbruck 32/33 G3
Hersfeld, Bad 32/33 E2
Herzberg 30/31 F4
Herzberg (Elster) 30/31 I4
Herzegowina, Bosnien und 56/57 F4, 62/63 OP7/8
Herzogenaurach 32/33 F3
Hesselberg 32/33 F3
Hessen 27.2 C3, 32/33 DE2
Hessisches Bergland 26.1 C3
Hettstedt 30/31 G4
Hidalgo del Parral 158/159 B2
Hiddensee 30/31 HI1
Hieflau 32/33 J5
Hierro (Ferro) 64/65 A4
Highlands 60/61 C3
Hiiumaa 60/61 F3
Hildburghausen 32/33 F2
Hildesheim 30/31 E3
Hils 30/31 E4
Himalaya 114/115 C3-E4
Hims 128/129 G2
Hindukusch 128/129 JK2
Hindustan 114/115 CD4
Hinggan, Kleiner 114/115 H1/2
Hiroshima 112/113 O6
Hirsau 32/33 D4
Hirschberg; Stadt in der Tschech. Rep. 32/33 J2
Hirschberg (Jelenia Góra); Stadt in Polen 30/31 K5
Hirschenstein 32/33 H4
Hirtshals 62/63 K1
Hispalis (heute: Sevilla) 81.3
Hispaniola 158/159 EF3
Hitzacker 30/31 G2
Hoara 114/115 D4
Hobart 144 D6
Hoburgen 62/63 P1
Hochebene der Schotts 64/65 BC3
Hochgolling 32/33 I5
Ho Chi Minh (Saigon) 114/115 F5
Hochkönig 32/33 HI5
Hochland von Adamaoua 128/129 DE5
Hochland von Asir 128/129 H3/4
Hochland von Äthiopien 128/129 G4/5
Hochland von Bihé 130/131.1 C2
Hochland von Dekkan 114/115 C5
Hochland von Iran 128/129 I2
Hochland von Mato Grosso 158/159 G6
Hochland von Mexiko 158/159 B2
Hochland von Tibet 106/107 J6
Hochschwab 32/33 JK5
Höchstadt a. d. Aisch 32/33 F3
Hof 32/33 G2
Hofgeismar 30/31 E4
Hohe Acht 32/33 BC2
Hohenloher Ebene 32/33 EF3
Hohenneuffen 32/33 E4
Hohentwiel 32/33 D5
Hohenwartetalsperre 32/33 G2
Hohenzieritz 30/31 HI2
Hohenzollern 32/33 D4
Hoher Atlas 128/129 C2
Hoher Mechtin 30/31 FG2
Hohes Venn 32/33 AB2
Hohe Tatra 62/63 PQ5
Hohhot 114/115 G2
Hohkönigsburg 32/33 C4
Höhle von Koněprusy 32/33 IJ3
Hohneck 32/33 BC4
Hokkaido 112/113 P5
Holguín 158/159 E2
Holstebro 62/63 K1
Holsteinische Schweiz 30/31 F1
Holsteinsborg (Sisimiut) 156/157 N3
Holyhead 62/63 D3
Holzminden 30/31 E4
Homburg 32/33 C3
Homburg, Bad 32/33 D2
Homécourt 32/33 A3
Hondsrug 30/31 B2/3
Honduras 152.1 N8, 158/159 D3
Hongkong (Xianggang) 114/115 G4
Honiara 142/143 J4
Honnef, Bad 32/33 C2
Honolulu 156/157 D7
Honshu 112/113 P6
Hooge 30/31 D1
Hoogeveen 30/31 B3
Hoogezand-Sappemeer 30/31 B2
Horb 32/33 D4
Horliwka 64/65 F2
Horn 156/157 Q3
Horni Bříza 32/33 I3
Hornisgrinde 32/33 D4
Hörnli 32/33 D5
Hořovice 32/33 I3
Horsens 62/63 K2
Houston 156/157 J7
Hovd 114/115 E2
Howlandinsel 140/141 M3
Höxter 30/31 E4
Hoya 30/31 E3
Hoyerswerda 30/31 J4
Hradec Králové (Königgrätz) 62/63 N4
Hřebeny 32/33 J3
Hsintschu 114/115 H4
Huainan 114/115 G3
Huambo 130/131.1 C2
Huancayo 158/159 E6
Huang He 114/115 F3
Huaráz 158/159 E5
Huascarán 158/159 E5
Hubertusburg 32/33 HI1
Hubli-Dharwad 114/115 C5
Hückelhoven 30/31 B4
Huddersfield 62/63 F3
Hude 30/31 D2
Hudson Bay 156/157 K3/4
Hudsonstraße 156/157 LM3
Hudsontiefland 156/157 JK4
Hue 114/115 F5
Huelva 64/65 B3
Hughenden 144 D4
Hugoton 156/157 I6
Huila 158/159 E4
Hulin 114/115 I2
Hull (Kingston-upon-Hull) 62/63 F3
Huludao 114/115 H2
Hulun Nur 114/115 G2
Humber 62/63 G3
Hümmling 30/31 C3
Hünfeld 32/33 E2
Hunsrück 32/33 BC3
Hunte 30/31 D2
Huntington 156/157 K6
Huntsville 156/157 K6
Hurghada 128/129 G3
Huronsee 156/157 K5
Hürth 30/31 B5
Husum 30/31 E1
Huy 30/31 F4
Hvannadalshnúkur 60/61 B2
Hvar 62/63 O8
Hwange 130/131.1 D2
Hyderabad; Stadt in Pakistan 128/129 J3
Hyderabad; Stadt in Indien 114/115 C5

I

Íary (Sorau) 30/31 K4
Iași 64/65 E2
Ibadan 128/129 D5
Ibagué 158/159 E4
Ibarra 158/159 E4
Ibb 128/129 H4
Ibbenbüren 30/31 C3
Iberische Halbinsel 64/65 B2/3
Iberisches Becken 170/171 KL4
Ibiza 64/65 C3
Ica 158/159 E6
Ida 54/55 G5
Idaho Falls 156/157 H5
Idar-Oberstein 32/33 C3
Idstein 32/33 D2
Ife 128/129 D5
Iforas, Adrar der 128/129 D4
Igarka 112/113 J3
Iguaçufälle 160 D2
Ihna 30/31 J2
IJssel 30/31 B4
IJsselmeer 62/63 I3
Ilebo 128/129 F6
Île de France 62/63 H5
Îles d'Hyères 62/63 J8
Ilesha 128/129 D5

Ilha-Grande-Stausee 158/159 G 7
Ilhéus 158/159 I 6
Ili 112/113 I 5
Ill 32/33 C 4
Illampu 158/159 F 6
Iller 32/33 EF 4
Illertissen 32/33 F 4
Illigan 114/115 H 6
Illimani 158/159 F 6
Ilm 32/33 G 1
Ilmenau; Stadt 32/33 F 2
Ilmenau; Fluss 30/31 F 2
Ilmensee 60/61 G 3
Ilo 158/159 E 6
Iloilo 114/115 H 5
Ilorin 128/129 D 5
Ilsede 30/31 F 3
Ilulissat (Jakobshavn) 156/157 N 3
Ilz 32/33 I 4
Imandrasee 60/61 G 2
Immenstadt 32/33 F 5
Imperatorrücken 170/171 X 3/4
Imphal 114/115 E 4
Imst 32/33 F 5
Inarisee 60/61 F 2
Inchon 112/113 N 6
Indianapolis 156/157 K 6
Indien 108/109 IJ 7, 114/115 CD 4/5
Indigirka 112/113 P 2/3
Indisch-Antarktischer Rücken 170/171 R 9-V 10
Indisch-Antarktisches Becken 170/171 S 10-U 10
Indischer Ozean 170/171 Q 7-S 9
Indischer Rücken, Östlicher 170/171 R 7-9
Indischer Rücken, Westlicher 170/171 O 9-Q 8
Indonesien 108/109 L 10-O 10, 114/115 F 7-I 7
Indore 114/115 C 4
Indus 126/127.1 L 3, 128/129 J 3
Industiefland 128/129 JK 3
Ingolstadt 32/33 G 4
Inhambane 130/131.1 E 3
Inn 26.1 E 4
Innere Mongolei 114/115 FG 2
Innerste 30/31 F 3
Innsbruck 32/33 G 5
Innviertel 32/33 I 4
Insel Man 62/63 D 2/3
Inta 60/61 I 2
Inukjuak 156/157 L 4
Inuvik 156/157 F 3
Invercargill 144 F 6
Inverness 60/61 C 3
Ionisches Meer 64/65 D 3
Ipf 32/33 F 4
Iphofen 32/33 F 3
Ipoh 114/115 F 6
Ipswich 62/63 G 3
Iqaluit 156/157 M 3
Iquique 160 B 2
Iquitos 158/159 E 5
Irak 126/127.1 I 3, 128/129 H 2
Iraklion 64/65 E 3
Iran 126/127.1 J 3, 128/129 I 2
Iran, Hochland von 128/129 I 2
Irangebirge 114/115 G 6
Iranshahr 128/129 J 3
Irawadi 114/115 E 4
Irbid 64/65 F 3
Irbit 128/129 G 2
Iriklinsker Stausee 60/61 IJ 3
Iringa 128/129 G 6
Irische See 62/63 D 3
Irkutsk 112/113 L 4
Irland 56/57 D 3, 62/63 BC 3
Irtysch; Fluss 112/113 I 4
Irtysch; Stadt 114/115 C 1
Isabela 158/159 C 5
Isar 32/33 H 4
Ischewsk 60/61 I 3
Ischim 112/113 H 4
Ischimbai 60/61 I 3
Ischl, Bad 32/33 I 5
Iser 32/33 J 2
Isère 62/63 I 7
Isergebirge 30/31 K 5
Iserlohn 30/31 C 4
Isfahan 128/129 I 2
Isiro 128/129 F 5
İskenderun 128/129 G 2
Islamabad 126/127.1 L 3, 128/129 K 2
Island; Staat 56/57 C 2, 60/61 AB 2
Island; Insel 54/55 C 2
Islandbecken 170/171 K 3
Islay 62/63 C 2
Isny 32/33 F 5
Israel 128/129 G 2, 136/137
Issykkul 112/113 I 5
İstanbul 54/55 G 4
Istrien 62/63 MN 7
Itaituba 158/159 G 5
Italien 56/57 F 4, 62/63 MN 8
Itanagar 114/115 E 4
Ith 30/31 E 3
Itschinskaja Sopka 112/113 Q 4
Iturup 112/113 P 5
Itz 32/33 F 2
Itzehoe 30/31 E 2
Iwaki 112/113 P 6
Iwano-Frankiwsk 64/65 E 2
Iwanowo 60/61 H 3
Iwdel 60/61 J 2
İzmir 128/129 F 2
İzmit 128/129 F 1

J

Jabalpur 114/115 C 4
Jablonec (Gablonz) 32/33 K 2
Jablonowygebirge 112/113 L 5-M 4
Jaboatão 158/159 I 5
Jáchal 160 C 3
Jackson 156/157 J 6
Jacksonville 156/157 K 6
Jacobabad 128/129 J 3
Jade 30/31 D 2
Jadebusen 30/31 D 2
Jaffa, Tel Aviv- 128/129 G 2
Jaffna 114/115 CD 6
Jagst 32/33 E 3
Jaipur 114/115 C 4
Jakarta 108/109 L 10, 114/115 F 7
Jakobshavn (Ilulissat) 156/157 N 3
Jakutsk 112/113 N 3
Jalapa Enríquez 158/159 C 3
Jalgaon 114/115 C 4
Jalta 64/65 F 2
Jamaika; Insel 150.1 O 8
Jamaika; Staat 152.1 O 8, 158/159 E 3
Jamal, Halbinsel 112/113 HI 2
Jamantau 60/61 I 3
Jambi 114/115 F 7
James Bay 156/157 KL 4
Jammerbucht 62/63 K 1
Jammu 114/115 C 3
Jamnagar 114/115 C 4
Jamshedpur 114/115 D 4
Jamunder See 30/31 KL 1
Jana 112/113 O 3
Jangtsekiang 114/115 FG 3
Jan Mayen 170/171 L 2
Japan 108/109 O 6, 112/113 O 6
Japangraben 170/171 V 4
Japanisches Meer 112/113 O 5/6
Japurá 158/159 F 5
Jarmen 30/31 I 2
Jarny 32/33 A 3
Jaroslawl 60/61 G 3
Jasmund 30/31 I 1
Jasper 156/157 H 4
Jaunde 126/127.1 F 6, 128/129 E 5
Java 114/115 FG 7
Javasee 114/115 FG 7
Jawhar 128/129 H 5
Jayapura 144 D 2
Jeetzel 30/31 G 2/3
Jefferson City 156/157 J 6
Jekaterinburg 60/61 J 3
Jelenia Góra (Hirschberg) 30/31 K 5
Jemen 126/127.1 I 5, 128/129 H 4
Jena 32/33 G 2
Jenbach 32/33 G 5
Jenissei 112/113 J 3
Jenisseisk 112/113 K 4
Jerez de la Frontera 64/65 B 3
Jergenihügel 60/61 H 4
Jersey 62/63 E 5
Jerusalem 126/127.1 H 3, 128/129 G 2
Jeschken 32/33 JK 2
Jessen 30/31 H 4
Jessil 112/113 H 4
Jever 30/31 C 2
Jezercë 62/63 P 8
Jhansi 114/115 C 4
Jiamusi 114/115 I 2
Ji'an 114/115 G 4
Jičin 32/33 K 2
Jiddah 128/129 G 3
Jilin 114/115 H 2
Jima 128/129 G 5
Jinan 114/115 G 3
Jindřichuv Hradec (Neuhaus) 32/33 JK 3
Jingdezhen 114/115 G 4
Jingzhou 114/115 G 3
Jinhua 114/115 G 4
Jining 114/115 G 3
Jinja 128/129 G 5
Jinotega 158/159 D 3
Jinsha Jiang (Jangtsekiang) 114/115 F 4
Jinzhou 114/115 H 2
Jiujiang 114/115 G 4
Jiwa-Oasen 112/113 G 7
Jixi 114/115 I 2
Jizan 128/129 H 4
João Pessoa 158/159 I 5
Jodhpur 114/115 C 4
Johannesburg 130/131.1 D 3
Johanngeorgenstadt 32/33 H 2
Johnstoninsel 140/141 N 2
Johor Baharu 114/115 F 6
Joinville 160 E 2
Jolo 114/115 H 6
Jönköping 60/61 E 3
Jordanien 126/127.1 H 3, 128/129 G 2
Jos 128/129 D 5
Joschkar-Ola 60/61 H 3
Joseph-Bonaparte-Golf 144 B 3
Josplateau 128/129 D 4/5
Jœuf 32/33 B 3
Juan-Fernández-Inseln 160 AB 3
Juárez 158/159 B 1
Juazeiro 158/159 H 5
Juba 128/129 G 5
Jubany 146.2 C 1
Judenburg 32/33 J 5
Jugoslawien 60/61 EF 4
Juist 30/31 BC 2
Juiz de Fora 158/159 H 7
Julianehåb (Qaqortoq) 156/157 O 3
Jülich 30/31 B 5
Jullundur 114/115 C 3
Jundiaí 158/159 H 7
Juneau 156/157 F 4
Jungbunzlau (Mladá Boleslav) 32/33 J 2
Jungferninseln 158/159 F 3
Jura 62/63 IJ 6
Juruena 158/159 G 6
Juschno-Sachalinsk 112/113 P 5
Jussey 32/33 A 5
Jüterbog 30/31 I 4
Jütland 62/63 K 2-K 1

K

K2 114/115 C 3
Kaaden 32/33 I 2
Kabalo 128/129 F 6
Kabinda 128/129 F 6
Kabul 126/127.1 K 3, 128/129 J 2
Kabwe 130/131.1 D 2
Kachiwkaer Stausee 64/65 F 2
Kadoma 130/131.1 D 2
Kadugli 128/129 F 4
Kaduna 128/129 D 4
Kaedi 128/129 B 4
Kagoshima 112/113 O 6
Kahler Asten 30/31 D 4
Kahramanmaraş 64/65 F 3
Kaifeng 114/115 G 3
Kai-Inseln 114/115 I 7
Kairo 126/127.1 H 3/4, 128/129 G 3
Kairouan 128/129 E 2
Kaisergebirge 32/33 H 5
Kaiserslautern 32/33 C 3
Kaiserstuhl 32/33 C 4
Kaiserwald 32/33 H 2
Kaiser-Wilhelm-Land 202/203.1
Kakinada 114/115 D 5
Kalaallit Nunaat 152.1 RS 2/3, 156/157 N 2-P 2
Kalabrien 54/55 F 5
Kalahari 130/131.1 D 3
Kalaharibecken 124/125.1 G 9
Kalat 128/129 J 3
Kalemie 128/129 F 6
Kalgoorlie-Boulder 144 B 5
Kalifornisches Längstal 156/157 GH 5/6
Kalimantan (Borneo) 114/115 G 6/7
Kaliningrad (Königsberg) 62/63 Q 2
Kalisch (Kalisz) 62/63 P 4
Kalisz (Kalisch) 62/63 P 4
Kalkutta (Kolkata) 114/115 D 4
Kallies 30/31 K 2
Kalmar 62/63 O 1
Kalmarsund 62/63 O 1
Kalmit 26.1 C 4
Kaluga 60/61 G 3
Kalyan 114/115 C 5
Kama 60/61 I 2/3
Kamastausee 60/61 I 3
Kamastausee, Unterer 60/61 I 3
Kambalda 144 B 5
Kambodscha 108/109 L 8, 114/115 F 5
Kamensk-Uralski 60/61 J 3
Kamenz 32/33 J 1
Kamerun 126/127.1 EF 6, 128/129 E 5
Kamerunberg 128/129 D 5
Kamina 128/129 F 6
Kamp 32/33 K 4
Kampala 126/127.1 H 6, 128/129 G 5
Kampen 30/31 A 3
Kamtschatka (Halbinsel) 112/113 R 4
Kanada 152.1 K 4-N 4, 156/157 H 4-L 4
Kanadischer Archipel 170/171 D 2-G 2
Kanadischer Schild 156/157 I 3-L 4
Kanalinseln 56/57 D 4, 62/63 E 5
Kananga 128/129 F 6
Kanarenbecken 170/171 JK 5
Kanarische Inseln 64/65 A 4
Kanazawa 112/113 O 6
Kanchipuram 114/115 C 5
Kandahar 128/129 J 2
Kandel 32/33 CD 4
Kandla 114/115 BC 4
Kandy 114/115 D 6
Kangeaninseln 114/115 G 7
Kangirsuk 156/157 L 3/4
Känguru-Insel 144 C 5
Kanin, Halbinsel 60/61 H 2
Kankan 128/129 C 4
Kano 128/129 D 4
Kanpur 114/115 D 4
Kansas City 156/157 J 6
Kansk 112/113 K 4
Kantabrisches Gebirge 62/63 C 8-E 8
Kanton (Guangzhou) 114/115 G 4
Kanye 130/131.1 D 3
Kaohsiung 114/115 H 4
Kaolack 128/129 B 4
Kap Adare 146.2 B 24
Kap Agulhas (Nadelkap) 130/131.1 D 4
Kap Arkona 30/31 I 1
Kap Barrow 156/157 D 2
Kap Batterbee 146.2 C 12
Kapbecken 170/171 M 9
Kap Blanc 128/129 B 3
Kap Bon 64/65 D 3
Kap Branco 158/159 I 5
Kap Byron 144 E 4
Kap Ca Mau 114/115 F 6
Kap Canaveral 156/157 K 7
Kap Chidley 156/157 M 3
Kap Cod 156/157 M 5
Kap Colbeck 146.2 B 27
Kap Comorin 114/115 C 6
Kap Conception 156/157 G 6
Kap Dart 146.2 B 30
Kap Delgado 130/131.1 F 2
Kap der Guten Hoffnung 130/131.1 C 4
Kap Deschnew 112/113 U 3
Kap d'Urville 144 C 2
Kap Farvel (Uummannarsuaq) 156/157 O 4
Kap Finisterre 64/65 AB 2
Kap Frio 130/131.1 C 2
Kap Gallinas 158/159 E 3
Kap Guardafui 128/129 I 4
Kap Hague 62/63 F 5
Kap Hatteras 156/157 L 6
Kap Hoorn 160 C 5
Kap Howe 144 E 5
Kap İnce 64/65 F 2
Kap Kanin 112/113 F 3
Kapland 130/131.1 CD 4
Kap Leeuwin 144 A 5
Kaplitz 32/33 J 4
Kap Lopatka 112/113 Q 4
Kap Lopez 128/129 D 6
Kap Maria van Diemen 144 G 5
Kap Mendocino 156/157 G 5
Kap Morris Jesup 150.1 S 1
Kap Nawarin 112/113 ST 3
Kap Negrais 114/115 E 5
Kap Norvegia 146.2 B 4/5
Kap Oljutorski 112/113 S 4
Kap Palmas 128/129 C 5
Kap Pariñas 158/159 D 5
Kap Passero 64/65 D 3
Kappeln 30/31 E 1
Kap Poinsett 146.2 C 18
Kap Prince of Wales 156/157 C 3
Kap Race 156/157 N 5
Kap Roca 54/55 D 5
Kap Sainte Marie 130/131.1 F 3
Kap San Diego 160 C 5
Kap San Lucas 158/159 A 2
Kap São Roque 158/159 I 5
Kap Schelanija 112/113 HI 2
Kapschwelle 170/171 MN 9/10
Kapstadt 130/131.1 C 4
Kap Tres Puntas 160 C 4
Kap Tscheljuskin 112/113 LM 2
Kapuas 114/115 FG 6
Kapuskasing 156/157 K 5
Kap Vals 144 C 2
Kap Verde; Kap 128/129 B 4
Kap Verde; Staat 126/127.1 B 5
Kap-Verde-Becken 170/171 JK 6
Kap-Verde-Schwelle 170/171 JK 5
Kapverdische Inseln 124/125.1 E 5
Kap Wilson 144 D 5
Kap York 144 D 3
Kap-York-Halbinsel 144 D 3
Karachi 128/129 J 3
Karagandi 112/113 I 5
Karaginski-Insel 112/113 R 4
Karakali 112/113 I 5
Karakorum; Ruinenstätte 114/115 F 2
Karakorum; Gebirge 128/129 K 2
Karamay 114/115 D 2
Karasberg 144 C 3
Karasee 112/113 HI 2
Karastraße 112/113 G 2/3
Karbala 128/129 H 2
Karelien 60/61 FG 2
Karibasee 130/131.1 D 2
Karibisches Meer 158/159 E 3
Karima 128/129 G 4
Karimatastraße 114/115 F 7
Karisimbi 124/125.1 G 7
Karlovy Vary (Karlsbad) 32/33 H 2
Karlsbad (Karlovy Vary) 32/33 H 2
Karlshafen, Bad 30/31 E 4
Karlshamn 62/63 N 1

Karlskrona 62/63 N 1
Karlsruhe 32/33 D 4, 92.2
Karlstadt 32/33 E 3
Karlstein 32/33 J 3
Karolinen 140/141 IJ 3
Karolinenbecken 170/171 VW 6
Karolineninseln 106/107 O 9-Q 9
Karpaten 62/63 O 5-R 5
Karschi 112/113 H 6
Karst 62/63 MN 7
Karthago 64/65 D 3
Karwendelgebirge 32/33 G 5
Kasachensteppe 112/113 G 7-H 6
Kasachische Schwelle 112/113 HI 5
Kasachstan 108/109 G 5-I 4, 112/113 G 4-I 5
Kasai 128/129 E 6
Kasan 60/61 H 3
Kasbek 60/61 H 4
Kaschmir 114/115 C 3
Kashan 128/129 I 2
Kashi 114/115 C 3
Kaskadenkette 156/157 G 5
Kaspische Senke 60/61 HI 4
Kaspisches Meer 106/107 G 6-G 5
Kassala 128/129 G 4
Kassel 32/33 E 1
Kastilien-León 62/63 C 8-E 9
Katalonien 64/65 C 2
Katar 126/127.1 J 4, 128/129 I 3
Katherine 144 C 3
Katherinenkloster 64/65 F 4
Kathiawar, Halbinsel 114/115 B 4
Kathmandu 108/109 J 7, 114/115 D 4
Katowice (Kattowitz) 62/63 P 4
Katsina 128/129 D 4
Kattarasenke 128/129 F 2
Kattegat 62/63 LM 1
Kattowitz (Katowice) 62/63 P 4
Katz 32/33 C 2
Katzenbuckel 32/33 E 3
Kauai 156/157 D 7
Kaufbeuren 32/33 F 5
Kaukasien 64/65 GH 2
Kaukasus 60/61 H 4
Kaunas 62/63 R 2
Kavieng 144 E 2
Kayes 128/129 B 4
Kayseri 128/129 G 2
Kebnekajse 54/55 F 2
Kecskemét 62/63 P 6
Kėdainiai 62/63 R 2
Keelingbecken 170/171 S 7
Keetmanshoop 130/131.1 C 3
Kefermarkt 32/33 J 4
Keflavík 156/157 Q 3
Kehl 32/33 C 4
Keilberg 32/33 HI 2
Kelang 114/115 F 6
Kelheim 32/33 G 4
Keller 32/33 DE 2
Kellerwald 32/33 DE 1/2
Kelowna 156/157 H 5
Kemerowo 112/113 J 4
Kemijärvi 60/61 F 2
Kempten 32/33 F 5
Kendari 114/115 H 7
Kenia 126/127.1 H 6, 128/129 G 5
Kénitra 128/129 C 2
Keno City 156/157 F 3
Kenora 156/157 J 5
Kentau 112/113 H 5
Kerguelen 170/171 Q 10
Kergueleninsel 142/143 B 8
Kerguelenrücken 170/171 QR 10/11
Kerinci 114/115 F 7
Kerkrade 30/31 B 5
Kermadecinseln 140/141 LM 6/7
Kerman 128/129 I 2
Kertsch 64/65 F 2
Kerulen 114/115 G 2
Ketchikan 156/157 F 4
Kevelaer 30/31 B 4
Khamis-Mushayt 128/129 H 4
Khartoum 126/127.1 H 5, 128/129 G 4
Khartoum North 128/129 G 4
Khon Kaen 114/115 F 5
Khorramabad 128/129 H 2
Khourigba 128/129 C 2
Khulna 114/115 D 4
Kiel 27.2 D 1, 30/31 F 1
Kielce 62/63 Q 4
Kieler Bucht 30/31 F 1
Kieler Förde 30/31 F 1
Kiew (Kiiw) 56/57 H 3, 64/65 F 1
Kiewer Stausee 64/65 EF 1
Kigali 126/127.1 H 7, 128/129 G 6
Kigoma 128/129 F 6
Kiiw (Kiew) 56/57 H 3, 64/65 F 1
Kikwit 128/129 E 6
Kilimandscharo 128/129 G 6
Kilkenny 62/63 C 3
Killarney 62/63 B 3
Kilung 114/115 H 4
Kimbe 144 E 2
Kimberley; Stadt in Kanada 156/157 H 5
Kimberley; Stadt in Südafrika 130/131.1 D 3
Kimberleyplateau 144 B 3
Kimmirut 156/157 M 3
Kinabalu 114/115 G 6
Kindia 128/129 B 5
Kindu 128/129 F 6
Kinginsel 144 D 6
King Sejong 146.2 C 1
Kingston 152.1 O 8, 158/159 E 3
Kingston-upon-Hull (Hull) 62/63 F 3
Kingstown 158/159 F 3
Kinshasa 126/127.1 F 7, 128/129 E 6
Kintyre 62/63 D 2
Kinzig; Fluss in Hessen 32/33 E 2
Kinzig; Fluss in Baden-Württemberg 32/33 D 4
Kirchdorf 32/33 J 5
Kirchheim 32/33 E 4
Kirchheimbolanden 32/33 CD 3
Kirensk 112/113 L 4
Kirgisistan 108/109 I 5, 128/129 K 1
Kirgistan 112/113 I 5
Kiribati 142/143 MN 4
Kırıkkale 128/129 G 2
Kiritimati (Christmasinsel) 140/141 O 3
Kirkenes 60/61 FG 2
Kirkuk 128/129 H 2
Kirn 32/33 C 3
Kirowohrad 64/65 F 2
Kirowsk 60/61 G 2
Kiruna 60/61 F 2
Kisangani 128/129 F 5
Kısılırmak 64/65 F 2
Kismaayo 128/129 H 6
Kisseljewsk 112/113 J 4
Kissingen, Bad 32/33 F 2
Kisumu 128/129 G 5
Kita Kyushu 112/113 O 6
Kitimat 156/157 G 4
Kitwe 130/131.1 D 2
Kitzbühel 32/33 H 5
Kitzbüheler Alpen 32/33 H 5
Kitzingen 32/33 F 3
Kladno 32/33 J 2
Kladrau 32/33 HI 3
Klagenfurt 62/63 N 6
Klaipeda (Memel) 62/63 Q 2
Klarälv 60/61 E 2
Klattau 32/33 I 3
Klausenburg 62/63 R 6
Kleinasiatische Halbinsel 64/65 F 2/3
Kleine Antillen 158/159 F 3
Kleinen, Bad 30/31 G 2
Kleiner Belt 62/63 K 2
Kleiner Hinggan 114/115 H 1/2
Kleine Sunda-Inseln 114/115 GH 7
Kleine Syrte 128/129 E 2
Klerksdorp 130/131.1 D 3
Kleve 30/31 B 4
Klingenthal 32/33 H 2
Kljutschewskaja Sopka 112/113 R 4
Klötze 30/31 G 3
Klützow 30/31 K 2
Knittelfeld 32/33 J 5
Knossos 64/65 E 3
Knoxküste 146.2 C 17
Knoxville 156/157 K 6
Knüll 32/33 E 2
Kobe 112/113 O 6
København (Kopenhagen) 56/57 F 3, 62/63 M 2
Koblenz 32/33 C 2
Kochelsee 32/33 G 5
Kocher 32/33 E 3
Kochi; Stadt in Indien 114/115 C 6
Kochi; Stadt in Japan 112/113 O 6
Kodiak; Stadt 156/157 D 4
Kodiak; Insel 156/157 D 4
Kohima 114/115 E 4
Kohlfurt 30/31 K 4
Kokand 112/113 I 5
Kokenau 144 C 2
Kokořín 32/33 J 2
Kokosinseln; Myanmar 114/115 E 5
Kokosinseln; Australien 170/171 S 7
Koktschetau 112/113 H 4
Kola, Halbinsel 60/61 G 2
Kolbatz 30/31 J 2
Kolberg (Kołobrzeg) 30/31 K 1
Kolding 62/63 K 2
Kolgujewinsel 60/61 H 2
Kolhapur 114/115 C 5
Kolín 32/33 K 2
Kolkata (Kalkutta) 114/115 D 4
Köln 30/31 B 5
Kölner Bucht 30/31 B 4/5
Kołobrzeg (Kolberg) 30/31 K 1
Kolomna 60/61 G 3
Kolpaschewo 112/113 J 4
Kolumbien 153.2 CD 4, 158/159 E 4
Kolwezi 130/131.1 D 2
Kolyma 112/113 Q 3
Kolymagebirge 112/113 QR 3
Kommandeurinseln 112/113 R 4
Komoren; Staat 130/131.1 F 2
Komoren; Inseln 124/125.1 I 8, 126/127.1 I 8
Komotau (Chomutov) 32/33 I 2
Kompassberg 130/131.1 D 4
Komsomolsk 112/113 O 4
Komsomolze 112/113 K 1-M 1
Kongo; Staat 128/129 E 5
Kongo; Fluss 126/127.1 F 7-F 6, 128/129 E 6
Kongobecken 128/129 EF 5/6
Kongur 114/115 C 3
Königgrätz (Hradec Králové) 62/63 N 4
Königin-Charlotte-Inseln 156/157 F 4
Königin-Elisabeth-Inseln 156/157 G 2-J 1
Königin-Mary-Küste 146.2 C 16
Königin-Maud-Land 146.2 B 6-10
Königsberg; Stadt in Polen 30/31 J 3
Königsberg (Kaliningrad); Stadt in Russland 62/63 Q 2
Königshofen, Bad 32/33 F 2
Königssee 32/33 HI 5
Königswinter 32/33 C 2
Königs Wusterhausen 30/31 I 3
Konju 112/113 N 6
Konschakowski Kamen 60/61 I 3
Konstanai 112/113 H 4
Konstantinopel (heute: Istanbul) 83.2
Konstanz 32/33 E 5
Konya 128/129 G 2
Konz 32/33 B 3
Kopeisk 60/61 J 3
Kopenhagen (København) 56/57 F 3, 62/63 M 2
Koper 62/63 M 7
Kopet-Dag 128/129 I 2
Korahe 128/129 H 5
Korallensee 144 DE 3
Koratplateau 114/115 F 5
Korbach 32/33 D 1
Kordilleren (Anden) 151.2 C 4-6, 158/159 E 4/5, 160 BC 1/2
Korea 170/171 U 4
Koreastraße 112/113 N 6
Korf 112/113 R 3
Korhogo 128/129 C 5
Korjakengebirge 112/113 RS 3
Korla 114/115 D 2
Körlin 30/31 K 1
Körös 62/63 Q 6
Korsika 64/65 C 2
Korsør 62/63 L 2
Košice 62/63 Q 5
Köslin (Koszalin) 62/63 O 2
Kosovo; Landschaft 62/63 Q 8
Kosovo; Staat 56/57 G 4, 64/65 E 2
Kostanai 114/115 B 1
Kosti 128/129 G 4
Kostroma 60/61 H 3
Koszalin (Köslin) 62/63 O 2
Kota 114/115 C 4
Kota Baharu 114/115 F 6
Kota Kinabalu 114/115 G 6
Kotelny-Insel 112/113 O 2
Köthen 30/31 G 4
Kotlas 60/61 H 2
Kotzebue 156/157 C 3
Kötzting 32/33 H 3
Koudougou 128/129 C 4
Koulikoro 128/129 C 4
Kourou 158/159 G 4
Kowel 62/63 S 4
Kowrow 60/61 H 3
Kozhikode 114/115 C 5
Kragujevac 62/63 Q 7
Kraichgau 32/33 DE 3
Krakatau 114/115 F 7
Krakau (Kraków) 62/63 PQ 4/5
Krakow 30/31 H 2
Kraków (Krakau) 62/63 PQ 4/5
Krakower See 30/31 H 2
Kralupy 32/33 J 2
Krasino 112/113 G 2
Krasnodar 60/61 G 4
Krasnojarsk 112/113 K 4
Krefeld 30/31 B 4
Kreiensen 30/31 E 4
Krementschuk 64/65 F 2
Krementschuker Stausee 64/65 F 2
Kremsmünster 32/33 J 4
Krenkel-Observatorium 146.1 A 28
Kreta 64/65 E 3
Kreuzberg 32/33 EF 2
Kreuznach, Bad 32/33 C 3
Kreuztal 30/31 C 5
Kribi 128/129 D 5
Kriebstein 32/33 I 1
Krim, Halbinsel 64/65 F 2
Krishna 114/115 C 5
Kristianstad 62/63 N 1
Kriwi Rih 64/65 F 2
Krk 62/63 N 7
Kroatien 56/57 F 4, 62/63 NO 7
Kronach 32/33 G 2
Kronstadt (Braşov) 64/65 E 2
Krumau 32/33 J 4
Krumbach 32/33 F 4
Krusau 30/31 E 1
Kuala Lumpur 108/109 L 9, 114/115 F 6
Kuala Terengganu 114/115 F 6
Kuango 130/131.1 C 1
Kuantan 114/115 F 6
Kuba; Insel 150.1 NO 7
Kuba; Staat 152.1 NO 7, 158/159 DE 2
Kuban 64/65 G 2
Kubany 32/33 I 3
Kuching 114/115 G 6
Kues, Bernkastel- 32/33 C 3
Kühlungsborn 30/31 G 1
Kuito 130/131.1 C 2
Kullen 62/63 M 1
Kulmbach 32/33 G 2
Kumamoto 112/113 O 6
Kumasi 128/129 C 5
Kummerower See 30/31 HI 2
Kunaschir 112/113 P 5
Kundil-Bazar 114/115 E 4
Kunduz 128/129 J 2
Kunlun Shan 114/115 D 3-F 3
Kunming 114/115 F 4
Künzelsau 32/33 E 3
Kuopio 60/61 F 2
Kupang 114/115 H 8
Kura 60/61 H 4
Kurgan 112/113 H 4
Kurilen 112/113 P 5-Q 4
Kurilen-Kamtschatka-Graben 170/171 VW 3/4
Kurisches Haff 62/63 Q 2
Kurnool 114/115 C 5
Kursk 60/61 G 3
Kuschka 112/113 H 6
Kuschmurun 112/113 H 4
Kusel 32/33 C 3
Kushiro 112/113 P 5
Kusnezki, Leninsk- 112/113 J 4
Küstengebirge 156/157 FG 3/4
Küstenkanal 30/31 C 2/3
Küstenkette 156/157 H 6-G 5
Küstrin 30/31 J 3
Kutaissi 112/113 F 5
Kutná Hora 32/33 K 3
Kuujjuaq 156/157 M 4
Kuujjuarapik 156/157 L 4
Kuwait; Staat 126/127.1 I 4, 128/129 H 3
Kuwait; Stadt 126/127.1 I 4, 128/129 H 3
Kvitinsel 112/113 DE 1
Kwangju 112/113 N 6
Kwanza 130/131.1 C 1
Kyffhäuser 30/31 G 4
Kykladen 64/65 E 3
Kyll 32/33 B 2
Kyogasee 128/129 G 5
Kyoto 112/113 O 6
Kyrene 64/65 E 3, 80.2
Kyritz 30/31 H 3
Kysyl 112/113 K 4
Kysylorda 112/113 H 5
Kyushu 112/113 O 6
Kyushu-Palau-Rücken 170/171 U 5/6

L

Laage 30/31 H 2
Laatzen 30/31 E 3
Labé 128/129 B 4
Labes 30/31 K 2
Laboe 30/31 F 1
Labrador 156/157 LM 4
Labradorbecken 170/171 IJ 3
Labrador City 156/157 M 4
Labradorsee 156/157 N 3
Lábrea 158/159 F 5
Lac Allard 156/157 M 4
La Ceiba 158/159 D 3
La Coruña 64/65 B 2
Ladogasee 60/61 G 2
Lae 144 D 2
Læsø 62/63 L 1
Lagan 62/63 M 1
Lage 30/31 D 4
Laghouat 128/129 D 2
Lagos 128/129 D 5
Lagow 30/31 K 3
Lahn 32/33 C 2
Lahore 128/129 K 2
Lahr 32/33 C 4
Lainsitz 32/33 J 4
Lake Charles 156/157 J 6
Lake District 62/63 E 2
Lakkadivensee 114/115 C 6
Lakshadweepinseln 114/115 C 5
La Libertad 158/159 D 5
La Mancha 64/65 B 3
Lambaréné 128/129 E 6
Lambertgletscher 146.2 B 13/14
Lamotrekatoll 114/115 J 6
Lampang 114/115 E 5
Lampertheim 32/33 D 3
Lancaster 62/63 E 2
Landau; Stadt in Bayern 32/33 H 4
Landau; Stadt in Rheinland-Pfalz 32/33 D 3
Landenge von Kra 114/115 EF 5/6
Landenge von Tehuantepec 158/159 C 3
Landes 62/63 F 7
Land Hadeln 30/31 D 2
Land Kehdingen 30/31 E 2
Landsberg 32/33 F 4

Landsberg (Gorzów Wielkopolski) 30/31 K3
Landsberger Heide 30/31 JK3
Land's End 62/63 D4
Landshut 32/33 H4
Landskrona 62/63 M2
Landstuhl 32/33 C3
Land Wursten 30/31 D2
Langeland 30/31 F1
Langelandsbelt 30/31 F1
Langen 32/33 D3
Langenberg 30/31 D4
Langenburg 32/33 EF3
Langensalza, Bad 32/33 F1
Langeoog 30/31 C2
Languedoc 62/63 H8-I7
Lanín 160 B3
Lansing 156/157 K5
Lanzarote 64/65 A4
Lanzhou 114/115 F3
Laoag 114/115 H5
Lao Cai 114/115 F4
La Oroya 158/159 E6
Laos 108/109 L8, 114/115 F5
La Palma 64/65 A4
La Paz; Stadt in Mexiko 158/159 A2
La Paz; Stadt in Bolivien 158/159 F6
La Plata 160 D3
La-Plata-Tiefland 160 CD2/3
Lappland 60/61 F2
Laptewsee 112/113 M2-O2
Laptewstraße 112/113 PQ2
Laredo 156/157 J7
La Rioja 160 C2
Larisa 112/113 D6
Larne 62/63 D2
La Rochelle 62/63 F6
La Romana 158/159 F3
La Ronge 156/157 I4
Larrimah 144 C3
Larsen-Schelfeis 160 C6
La Serena 160 B2
Las Heras 160 C4
Lashio 114/115 E4
Las Palmas 64/65 A4
La Spezia 62/63 K7
Las Plumas 160 C4
Lastovo 62/63 O8
Las Vegas 156/157 H6
Lauban (Lubań) 30/31 K4
Lauchhammer 30/31 I4
Lauenburg 30/31 F2
Lauenstein 32/33 G2
Lauf 32/33 G3
Laufen 32/33 H5
Lauffen 32/33 E3
Laun 32/33 I2
Launceston 144 D6
Laupheim 32/33 E4
Lausanne 62/63 J6
Lausche 32/33 J2
Lausitzer Gebirge 32/33 J2
Laut 114/115 G7
Lauta 30/31 J4
Lauterbach 32/33 E2
Lauterberg, Bad 30/31 F4
Lauwersmeer 30/31 B2
Lawrence 156/157 L5
Lebach 32/33 B3
Lecce 64/65 D2
Lech 26.1 D4
Lechfeld 32/33 F4
Lechtaler Alpen 32/33 F5
Le Creusot 62/63 I6
Leda 30/31 C2
Leeds 62/63 F3
Leer 30/31 C2
Leeuwarden 30/31 A2
Legaspi 114/115 H5
Legnica (Liegnitz) 62/63 O4
Le Havre 62/63 G5
Lehde 30/31 J4
Lehnin 30/31 H3
Lehrte 30/31 E3
Leicester 62/63 F3
Leigh Creek 144 C5
Leine 30/31 EF3
Leinster 62/63 BC3
Leipzig 32/33 H1
Leipziger Tieflandsbucht 30/31 H4
Leisnig 32/33 H1
Leitmeritz (Litoměřice) 32/33 J2
Le Mans 62/63 G5/6
Lemberg; Berg 32/33 D4
Lemberg (Lwiw); Stadt 62/63 RS5
Lemgo 30/31 D3
Lena 112/113 N3
Lenabecken 112/113 MN3
Lengerich 30/31 C3
Lenggries 32/33 G5
Leninogorsk 112/113 J4
Leninsk-Kusnezki 112/113 J4
Lenne 30/31 D4
Lennestadt 30/31 D4
Lens 62/63 H4
Lensk 112/113 M3
Lenzburg 32/33 D5
Leoben 32/33 K5
León; Stadt in Spanien 62/63 D8
León; Stadt in Nicaragua 158/159 D3
León; Stadt in Mexiko 158/159 B2
Leonora 144 B4
Leptis Magna 128/129 E2
Le Puy 62/63 H7
Lesbos 64/65 E3
Leshan 114/115 F4
Lesotho 126/127.1 GH9, 130/131.1 D3
Lethbridge 156/157 H5
Leticia 158/159 F5
Letschin 30/31 J3
Lettland 56/57 G3, 60/61 F3
Leuchtenberg 32/33 H3
Leuchtenburg 32/33 G2
Leutkirch 32/33 F5
Leverkusen 30/31 BC4
Lexington 156/157 K6
Leyte 114/115 H5
Lhasa 114/115 E4
Lianyungang 114/115 G3
Liao He 114/115 H2
Libanon 126/127.1 H3, 128/129 G2
Libau (Liepāja) 62/63 Q1
Liberec (Reichenberg) 32/33 K2
Liberia 126/127.1 CD6, 128/129 C5
Libreville 126/127.1 E6, 128/129 D5
Libyen 126/127.1 FG4, 128/129 EF3
Libysches Becken 128/129 FG3
Lichinga 130/131.1 E2
Lichtenfels 32/33 G2
Lichtenstein 32/33 E4
Lida 62/63 S3
Liebenwerda, Bad 30/31 I4
Liechtenstein 56/57 EF4, 64/65 CD2
Liegnitz (Legnica) 62/63 O4
Liepāja (Libau) 62/63 Q1
Liestal 32/33 C5
Liezen 32/33 J5
Ligurisches Meer 62/63 K8
Likasi 130/131.1 D2
Lille 62/63 H4
Lilongwe 126/127.1 H8, 130/131.1 E2
Lima 153.2 C6, 158/159 E6
Limburg; Stadt 32/33 D2
Limburg; Landschaft 30/31 A5-B4
Limerick 62/63 B3
Limes 82.1
Limmat 32/33 D5
Limoges 62/63 G7
Limón 158/159 D4
Limpopo 130/131.1 E3
Lincoln 156/157 J5
Lindau 32/33 E5
Linden 158/159 G4
Lindenberg 32/33 E5
Linderhof 32/33 F5
Lindi 128/129 G6
Lingen 30/31 C3
Lingga-Inseln 114/115 F7
Linguère 128/129 B4
Linie-Inseln 140/141 NO3/4
Linköping 60/61 E3
Linyi 112/113 M6
Linz 32/33 J4
Liparische Inseln 64/65 D2
Lipezk 60/61 G3
Lippe 30/31 B4
Lippehne 30/31 J3
Lippen 32/33 J4
Lippener Stausee 32/33 J4
Lippspringe, Bad 30/31 D4
Lippstadt 30/31 D4
Lisboa (Lissabon) 56/57 D5, 64/65 B3
Lissabon (Lisboa) 56/57 D5, 64/65 B3
List 30/31 D1
Litauen 56/57 G3, 62/63 RS2
Lithgow 144 E5
Litoměřice (Leitmeritz) 32/33 J2
Little Andaman 114/115 E5
Little Rock 156/157 J6
Litvínov 32/33 I2
Liuzhou 114/115 F4
Liverpool 62/63 E3
Livingstone 130/131.1 D2
Livorno 62/63 L8
Livramento 160 D3
Ljachowinseln 112/113 P2
Ljubljana 56/57 F4, 62/63 N6
Löbau 32/33 J1
Lobenstein 32/33 G2
Lobito 130/131.1 C2
Lobositz 32/33 J2
Loccum 30/31 E3
Löcknitz 30/31 G2
Łódź 62/63 P4
Lofoten 60/61 E2
Logone 128/129 E4/5
Logroño 62/63 E8
Lohme 30/31 I1
Löhne 30/31 D3
Lohr 32/33 E2/3
Loire 62/63 F6
Loja 158/159 E5
Lolland 30/31 G1
Lomami 128/129 F6
Lombardei 62/63 KL7
Lomblen 114/115 H7
Lombok 114/115 G7
Lomé 126/127.1 D6, 128/129 D5
Lomonossow-Rücken 146.1 A
Lomont 32/33 B5
Londinium (heute: London) 81.3
London; Stadt in Großbritannien 56/57 E3, 62/63 FG4
London; Stadt in Kanada 156/157 K5
Londonderry 62/63 C2
London-Greenwich 62/63 FG4
Londrina 158/159 G7
Longreach 144 D4
Longview 156/157 G5
Longwy 32/33 A3
Long Xuyen 114/115 F5
Longyearbyen 112/113 C2
Löningen 30/31 C3
Lord-Howe-Insel 140/141 J7
Lord-Howe-Schwelle 170/171 WX8/9
Loreley 32/33 C2
Lorengau 144 D2
Lorient 62/63 E6
Lörrach 32/33 C5
Los Alamos 156/157 I6
Los Angeles 156/157 H6
Los Ángeles (Chile) 160 B3
Lošinj 62/63 N7
Los Mochis 158/159 B2
Lot 62/63 G7
Lothringen 32/33 AB4, 62/63 IJ5
Loubomo 128/129 E6
Lough Corrib 62/63 B3
Lough Derg 62/63 B3
Lough Erne 62/63 C2
Lough Foyle 62/63 C2
Lough Mask 62/63 B3
Lough Neagh 62/63 C2
Lough Ree 62/63 B3
Louisiade-Archipel 144 E3
Louisville 156/157 K6
Lourdes 62/63 F8
Löwenberg 30/31 K4
Luanda 126/127.1 F7, 130/131.1 C1
Luang Prabang 114/115 F5
Luangwa 130/131.1 E2
Luanshya 130/131.1 D2
Luapula 130/131.1 D2-D1
Lubań (Lauban) 30/31 K4
Lubango 130/131.1 C2
Lübbecke 30/31 D3
Lübben 30/31 I4
Lübbenau 30/31 I4
Lubbock 156/157 I6
Lübeck 30/31 F2
Lübecker Bucht 30/31 G1
Lübeck-Travemünde 30/31 F2
Lublin 62/63 R4
Lubmin 30/31 I1
Lubumbashi 130/131.1 D2
Lübz 30/31 H2
Lüchow 30/31 G3
Luckau 30/31 I4
Luckenwalde 30/31 I3
Lucknow 112/113 J7
Lüdenscheid 30/31 C4
Lüderitz 130/131.1 C3
Ludhiana 114/115 C3
Lüdinghausen 30/31 C4
Ludwigsburg 32/33 E4
Ludwigsfelde 30/31 I3
Ludwigshafen 32/33 D3
Ludwigslust 30/31 G2
Luena 130/131.1 C2
Lugdunum (heute: Lyon) 81.3
Luhansk 64/65 F2
Luhe 30/31 F2
Luknow 114/115 D4
Luleå 60/61 F2
Lund 62/63 M2
Lundaschwelle 130/131.1 CD2
Lüneburg 30/31 F2
Lüneburger Heide 30/31 EF1/2
Lünen 30/31 C4
Lunéville 32/33 B4
Luoyang 114/115 G3
Lure 32/33 B5
Lusaka 126/127.1 G8, 130/131.1 D2
Lusambo 128/129 F6
Luschnitz 32/33 J3
Lusen 32/33 I4
Lutetia (heute: Paris) 82.1
Lütetsburg 30/31 C2
Luton 62/63 F4
Lüttich 62/63 I4
Lützow-Holm-Bucht 146.2 C10/11
Luxemburg; Staat 32/33 AB3, 56/57 E4
Luxemburg; Stadt 32/33 B3, 56/57 E4
Luxeuil-les-Bains 32/33 B5
Luxor 128/129 G3
Luzern 62/63 K6
Luzhou 114/115 F4
Luzk 64/65 E1
Luzon 114/115 H5
Luzonstraße 114/115 H5
Lwiw (Lemberg) 62/63 RS5
Lynn Lake 156/157 I4
Lyon 62/63 I7

M

Maas 62/63 I5
Maaseik 32/33 A1
Maastricht 32/33 A2
Macao (Aomen) 114/115 G4
Macapá 158/159 G4
Macdonnellkette 144 C4
Maceió 158/159 I5
Machala 158/159 E5
Machatschkala 60/61 H4
Machilipatnam 114/115 D5
Machu Picchu; Forschungsstation 146.2 C1
Machu Picchu; Ruinenstätte 158/159 E6
Mackay 144 D4
Mackenzie 156/157 G3
Mackenziegebirge 156/157 FG3
Macon 156/157 K6
Macquarie-Inseln 144 EF7
Macquarieschwelle 170/171 W10
Mac-Robertson-Land 146.2 BC12/13
Madagaskar; Staat 126/127.1 IJ8, 130/131.1 FG3
Madagaskar; Insel 124/125.1 I9-I8
Madagaskarbecken 170/171 PQ8
Madagaskarrücken 170/171 OP8/9
Madang 144 D2
Madeira; Insel 128/129 B2
Madeira; Fluss 158/159 FG5
Mädelegabel 32/33 F5
Madison 156/157 K5
Madras (Chennai) 114/115 D5
Madrid 56/57 D4, 64/65 B2
Madura 114/115 G7
Madurai 114/115 C6
Madüsee 30/31 JK2
Maebashi 112/113 O6
Mafikeng 130/131.1 D3
Magadan 112/113 Q4
Magdalena 158/159 E4
Magdeburg 27.2 D2, 30/31 G3
Magellanstraße 160 C5
Maghreb 64/65 BC3
Magnetischer Pol (Arktis) 170/171 F1
Magnitogorsk 60/61 I3
Magwe 114/115 E4
Mahajanga 130/131.1 F2
Mahalapye 130/131.1 D3
Mahé 128/129 I6
Mähren 62/63 O5
Maiduguri 128/129 E4
Maifeld 32/33 C2
Maikop 60/61 GH4
Mailand (Milano) 62/63 K7
Main 32/33 E3
Main, Weißer 32/33 G2
Mainau 32/33 E5
Mainburg 32/33 G4
Main-Donau-Kanal 32/33 G3
Mainz 27.2 C3, 32/33 D2/3
Maitland 144 E5
Maitri 146.2 BC8
Maja 112/113 O4
Majdanek 62/63 R4
Makassar (Ujung Pandang) 114/115 G7
Makassarstraße 114/115 G6/7
Makurdi 128/129 D5
Malabo 126/127.1 E6, 128/129 D5
Málaga 64/65 B3
Malakal 128/129 G5
Malakka, Halbinsel 114/115 E6
Malakkastraße 114/115 EF6
Malang 114/115 G7
Malanje 130/131.1 C1
Malargüe 160 C3
Mälarsee 60/61 E3
Malatya 128/129 G2
Malawi 126/127.1 H8, 130/131.1 E2
Malawisee (Njassa) 130/131.1 E2
Malaysia 108/109 LM9, 114/115 FG6
Malchin 30/31 H2
Malchiner See 30/31 H2
Malchow 30/31 H2
Male 108/109 I9, 114/115 C6
Malediven; Staat 108/109 I9, 114/115 C6
Malediven; Inseln 106/107 I9
Maledivenrücken 170/171 Q6
Malegaon 114/115 C4
Mali 126/127.1 DE5, 128/129 CD4
Malindi 128/129 G6
Malin Head 62/63 C2
Mallorca 64/65 C3
Malmédy 32/33 B2
Malmö 62/63 M2
Malpelo-Insel 158/159 D4
Malta; Insel 54/55 F5
Malta; Staat 64/65 D3, 126/127.1 F3
Mamberamo 144 C2
Mamelodi 130/131.1 D3
Mamoré 158/159 F6
Man; Stadt 128/129 C5
Man; Verwaltungseinheit 56/57 D3, 62/63 D2
Man, Insel 62/63 D2/3
Manado 114/115 H6

Managua 152.1 N8, 158/159 D3
Manakara 130/131.1 F3
Manama 126/127.1 J4, 128/129 I3
Manantiales 160 C5
Manaus 158/159 F5
Manchester; Stadt in den USA 156/157 L5
Manchester; Stadt in Großbritannien 62/63 E3
Mandalay 114/115 E4
Mandschukuo 206/207.1
Mandschurei 114/115 H2
Mandschurisches Becken 106/107 N5
Mangalore 114/115 C5
Mangfallgebirge 32/33 GH5
Manicoré 158/159 F5
Maniitsoq (Sukkertoppen) 156/157 N3
Manila 108/109 N8, 114/115 H5
Manisa 64/65 E3
Manizales 158/159 E4
Mannheim 32/33 D3
Manning 156/157 H4
Manono 128/129 F6
Mansfeld 30/31 G4
Mantes 62/63 G5
Manus 144 D2
Manytschniederung 60/61 H4
Manzanillo 158/159 B3
Manzhouli 114/115 G2
Maokegebirge 144 CD2
Maoming 114/115 G4
Mapane 114/115 H7
Maputo 126/127.1 H9, 130/131.1 E3
Marabá 158/159 H5
Maracaibo 158/159 E3
Maracaibosee 158/159 E3/4
Maracay 158/159 F3
Maradi 128/129 D4
Marais Poitevin 62/63 F6
Marajó 158/159 GH5
Marambio 146.2 C1
Marañón 158/159 E5
Marble Bar 144 A4
Marburg 32/33 D2
March 62/63 O5
Marcusinsel 114/115 K4
Mar del Plata 160 D3
Mare Adriaticum (heute: Adriatisches Meer) 82.1
Mare Internum (heute: Mittelmeer) 82.1
Margarita 158/159 F3
Maria Laach 32/33 C2
Marianen 140/141 I2
Marianen, Nördliche 114/115 J5, 142/143 IJ2
Marianengraben 170/171 V5/6
Maria Taferl 32/33 JK4
Maribo 30/31 G1
Maribor 62/63 N6
Marie-Byrd-Land 146.2 B31-A29
Marienbad 32/33 H3
Marienberg 32/33 I2
Marienborn 30/31 G3
Marienburg 62/63 P2/3
Marília 158/159 G7
Maringá 158/159 G7
Mariscal Estigarribia 160 C2
Mariupol 64/65 F2
Marka 128/129 H5
Markirch 32/33 C4
Markneukirchen 32/33 H2
Marksburg 32/33 C2
Marktheidenfeld 32/33 E3
Marktoberdorf 32/33 F5
Marktredwitz 32/33 H2/3
Marl 30/31 C4
Marmagao 114/115 C5
Marmarameer 64/65 E2
Marne; Gemeinde 30/31 E2
Marne; Fluss 62/63 H5
Marokko 126/127.1 D3, 128/129 C2
Maros (Mureş) 62/63 Q6
Maroua 128/129 E4
Marquesasinseln 140/141 PQ4/5
Marquette 156/157 K5
Marrakech 128/129 C2
Marree 144 C4
Marsabit 128/129 G5
Marsberg 30/31 D4
Marseille 62/63 I8
Marshallinseln 114/115 KL5, 142/143 K2
Marstal 30/31 F1
Martinique 158/159 F3
Martin Vaz 170/171 K8
Mary 112/113 H6
Maryborough 144 E4
Mary Kathleen 144 C4
Masan 112/113 N6
Masbate 114/115 H5
Maseru 126/127.1 G9, 130/131.1 D3
Mashonahochland 130/131.1 DE2/3
Masindi 128/129 G5
Masjed Soleyman 128/129 H2
Maskarenenbecken 170/171 P7/8
Maskarenenrücken 170/171 PQ7/8
Maskat 126/127.1 J4, 128/129 I3
Masowien 62/63 PQ3/4
Massaisteppe 128/129 G6
Masuren 62/63 QR3
Matadi 128/129 E6
Matagalpa 158/159 D3
Matamoros 158/159 C2
Matanzas 158/159 D2
Mataram 114/115 G7
Matarani 158/159 E6
Mato Grosso, Hochland von 158/159 G6
Matrah 128/129 I3
Matsuyama 112/113 O6
Matterhorn 62/63 J6/7
Maturín 158/159 F4
Maués 158/159 G5
Maui 156/157 D7
Maulbronn 32/33 D3/4, 87.1
Maun 130/131.1 D2
Mauna Kea 156/157 D8
Mauretanien 126/127.1 CD4/5, 128/129 BC4
Mauritius; Insel 130/131.1 G2
Mauritius; Staat 126/127.1 J8, 130/131.1 GH2
Mawlamyine 114/115 E5
Mawson 146.2 C13
Mayen 32/33 C2
Mayotte 130/131.1 F2
Mazapil 156/157 I7
Mazar-e Sharif 128/129 J2
Mazatlán 158/159 B2
Mazedonien 56/57 G4, 64/65 E2
Mbabane 126/127.1 H9, 130/131.1 E3
Mbala 130/131.1 E1
Mbandaka 128/129 E6
Mbeya 128/129 G6
Mbinda 128/129 E6
Mbuji-Mayi 128/129 F6
M'Clure-Straße 156/157 G2
McMurdo 146.2 B23
Mechernich 32/33 B2
Mechtin, Hoher 30/31 FG2
Mecklenburg 101.2
Mecklenburgische Schweiz 30/31 H2
Mecklenburgische Seenplatte 30/31 G2-I2
Mecklenburg-Vorpommern 27.2 DE2, 30/31 HI1/2
Medan 114/115 E6
Medellín 158/159 E4
Medford 156/157 G5
Medicine Hat 156/157 H4
Medina 128/129 G3
Mediolanum (heute: Mailand) 82.1
Meekatharra 144 A4
Meerane 32/33 H2
Meersburg 32/33 E5
Meerut 114/115 C4
Mehlis, Zella- 32/33 F2
Meiktia 114/115 E4
Meiningen 32/33 F2
Meißen 32/33 I1
Meißner 32/33 E1
Meitingen 32/33 F4
Mekele 128/129 G4
Mekka 128/129 G3
Meknès 128/129 C2
Mekong 114/115 F5
Melaka 114/115 F6
Melanesien 140/141 I3-L5
Melbourne 144 D5
Meldorf 30/31 E1
Melekeok 114/115 I6, 142/143 H3
Melibocus 32/33 D3
Melilla 64/65 B3
Melitopol 64/65 F2
Melle 30/31 D3
Mellrichstadt 32/33 F2
Mellum 30/31 D2
Mělník 32/33 J2
Melsungen 32/33 E1
Melun 62/63 H5
Melville 170/171 G2
Melville-Halbinsel 156/157 K3
Melville-Insel 144 C3/4
Melvillesund 156/157 HI2
Memel 62/63 R2
Memel (Klaipeda) 62/63 Q2
Memelgebiet 99.2
Memmingen 32/33 F5
Memphis 156/157 JK6
Menden 30/31 C4
Mendoza 160 C3
Menongue 130/131.1 C2
Menorca 64/65 C2
Mentawai-Inseln 114/115 E7
Meppel 30/31 B3
Meppen 30/31 C3
Merauke 144 D2
Mergentheim, Bad 32/33 E3
Mergui 114/115 E5
Mergui-Archipel 114/115 E5
Mérida; Stadt in Mexiko 158/159 D2
Mérida; Stadt in Venezuela 158/159 E4
Merritt 156/157 G4
Merseburg 30/31 GH4
Mersin 128/129 G2
Meru 128/129 G6
Merzig 32/33 B3
Meschede 30/31 D4
Meschhed 128/129 I2
Mesen; Stadt 60/61 H2
Mesen; Fluss 60/61 H2
Meseritz 30/31 K3
Mesopotamien 128/129 H2
Mespelbrunn 32/33 E3
Messina; Stadt in Südafrika 130/131.1 D3
Messina; Stadt in Italien 64/65 D3
Mestlin 30/31 G2
Meta 158/159 E4
Meteoritenkrater (Russland) 112/113 L3
Metz 32/33 B3
Meurthe 32/33 B4
Mexicali 158/159 A1
Mexiko; Staat 152.1 LM7, 158/159 B3
Mexiko; Stadt 152.1 M7/8, 158/159 C3
Mexiko, Hochland von 158/159 B2
Meymaneh 128/129 J2
Miami 156/157 K7
Miass 60/61 J3
Michigansee 156/157 K5
Michikamausee 150.1 P4
Michipicoten 156/157 K5
Middlesbrough 62/63 F2
Mies; Fluss 32/33 HI3
Mies; Stadt 32/33 H3
Miesbach 32/33 G5
Mikolajiw 64/65 F2
Mikronesien; Staat 114/115 J6, 142/143 IJ3
Mikronesien; Inseln 140/141 H2-L3
Milano (Mailand) 62/63 K7
Milde 30/31 G3
Mildura 144 D5
Milesvsko 32/33 J3
Milet 64/65 E3
Milford Haven 62/63 D4
Miltenberg 32/33 E3
Milwaukee 156/157 K5
Mina al Ahmadi 128/129 H3
Minatitlán 158/159 C3
Mindanao 114/115 H6
Mindelheim 32/33 F4
Minden 30/31 D3
Mindoro 114/115 H5
Minneapolis 156/157 J5
Minsk 56/57 G3, 60/61 F3
Minussinsk 112/113 K4
Mirecourt 32/33 B4
Mirim, Guajará 158/159 F6
Mirny; Stadt 112/113 M3
Mirny; Forschungsstation 146.2 C16
Misdroy 30/31 J2
Miskolc 62/63 Q5
Misool 144 C2
Misratah 128/129 E2
Mississippi 156/157 J6
Missoula 156/157 H5
Missouri 156/157 J5
Mitsiwa 128/129 G4
Mittelamerikanischer Graben 170/171 FG5/6
Mittelberg 32/33 F5
Mittellandkanal 30/31 D3
Mittelmeer 64/65 B3-E3
Mittelrussische Platte 60/61 G3
Mittelsibirisches Bergland 112/113 K3-M3
Mittenwald 32/33 G5
Mitterteich 32/33 H3
Mittlerer Atlas 64/65 B3
Mittlerer Westen 156/157 J5-I6
Mittweida 32/33 H2
Mitú 158/159 E4
Miyazaki 112/113 O6
Mizen Head 62/63 B4
Mladá Boleslav (Jungbunzlau) 32/33 J2
Mława 62/63 Q3
Mljet 62/63 O8
Moa 114/115 H7
Moanda 128/129 E6
Mobile 156/157 K6
Modena 62/63 L7
Moder 32/33 C4
Moers 30/31 B4
Mogadischu 126/127.1 I6, 128/129 H5
Mogilew 60/61 G3
Mohen 114/115 K6
Möhne 30/31 D4
Mohrin 30/31 J3
Moldau; Staat 56/57 G4, 64/65 E2
Moldau; Fluss 32/33 J2
Moldoveanu 54/55 G4
Mollendo 160 B1
Mölln 30/31 F2
Molodeschnaja 146.2 C11
Molokai 156/157 D7
Molsheim 32/33 C4
Molukken 114/115 H7
Molukkensee 114/115 H6/7
Momagebirge 112/113 P3
Mombasa 128/129 G6
Mombetsu 112/113 P5
Møn 30/31 H1
Monaco 56/57 E4, 62/63 J8
Mönchengladbach 30/31 B4
Mönchgut 30/31 I1
Monclova 158/159 B2
Moncton 156/157 M5
Mondsee 32/33 I5
Mongo 128/129 E4
Mongolei 108/109 KL5, 114/115 EF2
Mongolei, Innere 114/115 FG2
Mongolischer Altai 114/115 DE2
Mongolisches Becken 170/171 ST3/4
Mongu 130/131.1 D2
Monrovia 126/127.1 C6, 128/129 B5
Monschau 32/33 B2
Møns Klint 30/31 H1
Montabaur 32/33 C2
Montauban 62/63 G7
Montbéliard 32/33 B5
Montblanc 62/63 J7
Mont Dore 62/63 H7
Monte Amiata 62/63 L8
Montecassino 64/65 D2
Monte Cimone 62/63 L7
Montego Bay 158/159 E3
Montenegro; Landschaft 62/63 P8
Montenegro; Staat 56/57 F4, 62/63 PQ8
Montería 158/159 E4
Monterrey 158/159 B2
Montes Claros 158/159 H6
Montevideo 153.2 E8, 160 D3
Monte Viso 62/63 J7
Montgomery 156/157 K6
Montigny 32/33 B3
Montluçon 62/63 H6
Montpelier 156/157 L5
Montpellier 62/63 H8
Montreal 156/157 L5
Mont-Saint-Michel 62/63 F5
Montschegorsk 60/61 G2
Montserrat 158/159 F3
Mont Ventoux 62/63 I7
Monywa 114/115 E4
Moody Point 160 D6
Moonie 144 D4
Moosburg 32/33 G4
Moose Jaw 156/157 I4
Moosonee 156/157 K4
Mopti 128/129 C4
Morava 62/63 Q7
Morelia 158/159 B3
Morioka 112/113 P6
Moritzburg 32/33 I1
Mörön 114/115 EF2
Morondava 130/131.1 F3
Moroni 126/127.1 I8, 130/131.1 F2
Morotai 114/115 H6
Mors 62/63 K1
Morvan 62/63 HI6
Morwell 144 D5
Mosambik; Stadt 130/131.1 F2
Mosambik; Staat 126/127.1 H9, 130/131.1 E3-E2
Mosbach 32/33 E3
Mosel 32/33 B3
Moshi 128/129 G6
Moskau (Moskwa) 56/57 H3, 60/61 G3
Moskwa 60/61 G3
Moskwa (Moskau) 56/57 H3, 60/61 G3
Mosselbaai 130/131.1 D4
Mossoró 158/159 I5
Most (Brüx) 32/33 I2
Mostar 62/63 O8
Mosul 128/129 H2
Mosyr 112/113 D4
Mould Bay 146.1 B9/10
Moulouya 64/65 B3
Moundou 128/129 E5
Mount Bruce 144 A4
Mount Cook (Aoraki) 144 G6
Mount Egmont 144 G5
Mount Elbert 156/157 I6
Mount Erebus 146.2 B23
Mount Everest 114/115 D4
Mount Hagen 144 D2
Mount Isa 144 C4
Mount Jackson 146.2 B36
Mount Kenia 128/129 G5
Mount Kirkpatrick 146.2 A23
Mount Kosciuszko 144 D5
Mount Logan 156/157 E3
Mount McKinley 156/157 D3
Mount Menzies 146.2 B13
Mount Mitchell 156/157 K6
Mount Morgan 144 E4
Mount Rainier 156/157 G5
Mount Sabine 146.2 B23
Mount Shasta 156/157 G5
Mount Sidley 146.2 B30
Mount Victoria 144 D2
Mount Whitney 156/157 H6
Mount Wilhelm 144 D2
Mount Woodroffe 144 C4
Mount Ziel 144 C4
Moura 144 D4
Moyeuvre-Grande 32/33 B3
Moynoq 112/113 G5

Moyobamba 158/159 E5
Mpanda 128/129 G6
Mtwara 128/129 H7
Mücheln 30/31 G4
Mudanjiang 114/115 H2
Müden 30/31 F3
Mühlacker 32/33 D4
Mühldorf 32/33 H4
Mühlhausen/Thüringen 32/33 F1
Mühlviertel 32/33 J4
Mulde 30/31 H4
Mülhausen (Mulhouse) 32/33 C5
Mülheim 30/31 B4
Mulhouse (Mülhausen) 32/33 C5
Müllheim 32/33 C5
Multan 128/129 K2
Mumbai (Bombay) 114/115 C5
Münchberg 32/33 G2
München 27.2 D4, 32/33 G4
Mungbere 128/129 F5
Munioschwelle 128/129 DE4
Münsingen 32/33 E4
Munster; Landschaft 62/63 BC3
Munster; Stadt 30/31 F3
Münster; Stadt in Frankreich 32/33 C4
Münster; Stadt in Nordrhein-Westfalen 30/31 C4
Münsterland 30/31 B4-D4
Münzenberg 32/33 D2
Mur 62/63 N6
Murcia 64/65 B3
Murdochville 156/157 M5
Mureș 62/63 R7
Murg 32/33 D4
Müritz 30/31 H2
Müritz, Graal- 30/31 H1
Murmansk 60/61 G2
Murnau 32/33 G5
Murom 60/61 H3
Muroran 112/113 P5
Murray 144 CD5
Murray-Darling-Becken 144 CD5
Murrhardt 32/33 E4
Musala 64/65 E2
Musgravekette 144 C4
Muskegon 156/157 K5
Mussau 144 DE2
Mutare 130/131.1 E2
Muztag 106/107 J6
Mwanza 128/129 G6
Myanmar (Birma) 108/109 K7, 114/115 E4
Myitkyina 114/115 E4
Mykenä 64/65 E3
Mysore 114/115 C5
Mzuzu 130/131.1 E2

N

Naab 32/33 G3
Nabereschnyje Tschelny 60/61 I3
Nacala 130/131.1 F2
Nachodka 112/113 O5
Nadelkap (Kap Agulhas) 130/131.1 D4
Nagano 112/113 O6
Nagappattinam 114/115 C5
Nagasaki 112/113 NO6
Nagold 32/33 D4
Nagoya 112/113 O6
Nagpur 114/115 C4
Naha 112/113 N7
Nahe 32/33 C3
Naila 32/33 G2
Nairobi 126/127.1 H7, 128/129 G6
Najran-Oasen 112/113 F8
Nakhon Ratchasima 114/115 F5
Nakhon Sawan 114/115 EF5
Nakhon Si Thammarat 114/115 EF6
Nakskov 30/31 G1
Nakuru 128/129 G6
Naltschik 60/61 H4
Namangan 112/113 I5
Namcha Barwa 114/115 E4
Nam Dinh 114/115 F4
Namib 130/131.1 C2/3
Namibe 130/131.1 C2
Namibia 126/127.1 F9, 130/131.1 CD3
Nampo 112/113 N6
Nampula 130/131.1 E2
Nanchang 114/115 G4
Nanchong 114/115 F3
Nancy 32/33 B4
Nanda Devi 114/115 CD3
Nanded 114/115 C5
Nanga Parbat 128/129 K2
Nanjing 114/115 G3
Nanning 114/115 F4
Nanping 114/115 G4
Nan Shan 114/115 EF3
Nantes 62/63 F6
Nantong 114/115 H3
Nanyang 114/115 G3
Napier 144 G5
Napoli (Neapel) 64/65 D2
Narayanganj 114/115 E4
Narew 62/63 Q3
Narjan-Mar 60/61 I2
Narmada 114/115 C4
Narodnaja 60/61 IJ2
Narva 60/61 F3
Narvik 60/61 E2
Narym 112/113 J4
Nashville 156/157 K6
Nasik 114/115 C4/5
Nassau 152.1 O7, 156/157 L7
Nassersee 128/129 G3
Nässjö 62/63 N1
Natal 158/159 I5
Natalbecken 170/171 O8/9
Natalschwelle 170/171 O9
Natchez 156/157 J6
Natuna-Besar-Inseln 114/115 F6
Nauen 30/31 H3
Naugard 30/31 K2
Nauheim, Bad 32/33 D2
Naumburg 30/31 G4
Nauru 142/143 K4
Navarra 62/63 EF8
Nawoi 112/113 H5
Naypyidaw 108/109 K8, 114/115 E5
Nazcarücken 170/171 G8
Nazwa 128/129 I3
Ndalatando 130/131.1 C1
Ndélé 128/129 F5
N'Djamena 126/127.1 F5, 128/129 E4
Ndjolé 128/129 E6
Ndola 130/131.1 D2
Neapel (Napoli) 64/65 D2
Neapolis (heute: Neapel) 80.2
Neblina 158/159 F4
Neckar 32/33 D3
Necochea 160 D3
Negombo 114/115 C6
Negros 114/115 H6
Neijiang 114/115 F4
Neiße 30/31 J4
Neiva 158/159 E4
Nellore 114/115 CD5
Nelson; Fluss 156/157 J4
Nelson; Stadt 144 G6
Nelspruit 130/131.1 E3
Nemuro 112/113 P5
Nenjiang 114/115 H2
Nepal 108/109 J7, 114/115 D4
Nephin 62/63 B2
Neratovice 32/33 J2
Neresheim 32/33 F4
Neris 62/63 S2
Nerjungri 112/113 N4
Nertschinsk 112/113 M4
Netze 62/63 O3
Netzebruch 30/31 K3
Netzeheide 30/31 K3
Neubrandenburg 30/31 I2
Neubritannien 144 E2
Neuburg 32/33 G4
Neudamm 30/31 J3
Neue Hebriden 140/141 KL5
Neuengland 200/201.1
Neuerburg 32/33 B2
Neufrankreich 200/201.1
Neufundland 156/157 N4/5
Neufundlandbank 170/171 I3
Neufundlandbecken 170/171 IJ4
Neuguinea 144 DE3
Neuhaus (Jindřichuv Hradec) 32/33 JK3
Neuhaus am Rennweg 32/33 G2
Neuholland 200.2
Neuirland 144 E2
Neukaledonien; Insel 140/141 K6
Neukaledonien; Verwaltungseinheit 142/143 K5/6
Neumark 30/31 JK3
Neumarkt 32/33 G3
Neumayer 146.2 B5
Neumünster 30/31 EF1
Neu-Niederlande 200/201.1
Neunkirchen 32/33 C3
Neuquén 160 C3
Neuruppin 30/31 H3
Neusalz (Nowa Sól) 30/31 K4
Neuschottland 156/157 M5
Neuschottlandbecken 170/171 I4
Neuschwabenland 146.2 B6-8
Neuschwanstein 32/33 F5
Neuseeland; Inseln 140/141 K8-L7
Neuseeland; Staat 142/143 LM8, 144 GH6
Neuseeländische Alpen 144 FG6
Neusibirien 112/113 Q2
Neusibirische Inseln 112/113 OP2
Neusiedler See 62/63 O6
Neuss 30/31 B4
Neustadt, Titisee- 32/33 D5
Neustadt (Dosse) 30/31 H3
Neustadt a. d. Aisch 32/33 F3
Neustadt a. d. Donau 32/33 G4
Neustadt a. d. Saale, Bad 32/33 F2
Neustadt a. d. Waldnaab 32/33 H3
Neustadt a. d. Weinstraße 32/33 D3
Neustadt am Rübenberge 30/31 E3
Neustadt b. Coburg 32/33 G2
Neustadt-Glewe 30/31 G2
Neustadt in Holstein 30/31 F1
Neustadt in Thüringen 32/33 G2
Neustrelitz 30/31 I2
Neu-Ulm 32/33 F4
Neuves-Maisons 32/33 B4
Neuwerk 30/31 D2
Neuwied 32/33 C2
Newark 156/157 L5
Newcastle; Stadt in Australien 144 E5
Newcastle; Stadt in Südafrika 130/131.1 D3
Newcastle upon Tyne 62/63 F2
New Delhi 108/109 I7, 114/115 C4
New Halfa 128/129 G4
Newhaven 62/63 G4
New Haven 156/157 L5
Newman 144 A4
New Orleans 156/157 J6
Newport 62/63 E4
Newport News 156/157 L6
New York 156/157 L5
Ngaoundéré 128/129 E5
Ngiva 130/131.1 C2
Nguigmi 128/129 E4
Ngunza 130/131.1 C2
Nguru 128/129 E4
Niagara Falls 156/157 L5
Niamey 126/127.1 E5, 128/129 D4
Nias 114/115 E6
Nicaragua 152.1 N8, 158/159 D3
Nicaraguasee 158/159 D3
Nice (Nizza) 62/63 J8
Nidda 32/33 E2
Nideck 32/33 C4
Nieblum 30/31 D1
Niebüll 30/31 D1
Nied 32/33 B3
Niederbronn, Bad 32/33 C4
Niedere Tauern 32/33 IJ5
Niederguinea 128/129 DE6/7, 130/131.1 C1/2
Niederguineaschwelle 124/125.1 F6/7
Niederkalifornien 158/159 A1/2
Niederlande 56/57 E3, 62/63 IJ3/4
Niederländisch-Indien 202/203.1
Niederlausitz 30/31 IJ4
Niederrheinisches Tiefland 30/31 AB4
Niedersachsen 27.2 CD2, 30/31 C3-F3
Nienburg 30/31 E3
Niers 30/31 B4
Niesky 32/33 J1
Niger; Fluss 128/129 D5
Niger; Staat 126/127.1 EF5, 128/129 DE4
Nigerbecken 128/129 D4
Nigeria 128/129 DE4, 204/205
Niigata 112/113 O6
Nijmegen (Nimwegen) 30/31 A4
Nikobaren 114/115 E6
Nikolajewsk-na-Amure 112/113 P4
Nikopol 64/65 F2
Nikosia 126/127.1 H3, 128/129 G2
Nil 128/129 G3
Nil, Blauer 128/129 G4
Nil, Weißer 128/129 G4
Nîmes 62/63 I8
Nimwegen (Nijmegen) 30/31 A4
Ningbo 114/115 H4
Ninive 128/129 H2
Niš 62/63 Q8
Nischneangarsk 112/113 L4
Nischnekolymsk 112/113 R3
Nischneudinsk 112/113 K4
Nischnewartowsk 112/113 I3
Nischni Nowgorod 60/61 H
Nischni Nowgoroder Stausee 60/61 H3
Nischni Tagil 60/61 I3
Niterói 158/159 H7
Niue; Insel 140/141 N5
Niue; Staat 142/143 N5
Nizza (Nice) 62/63 J8
Njassa (Malawisee) 130/131.1 E2
Njazidja 130/131.1 F2
Nkongsamba 128/129 E5
Noirmoutier 62/63 E6
Nome 156/157 C3
Nong Khai 114/115 F5
Nord (Forschungsstation) 146.1 A35
Nordamerika 170/171 E3-H3
Nordamerikanisches Becken 170/171 HI4/5
Nordatlantischer Rücken 170/171 I4-K2
Norddeich, Norden- 30/31 C2
Norddeutsches Tiefland 64/65 CD1
Norden 30/31 C2
Nordenham 30/31 D2
Norden-Norddeich 30/31 C2
Norderney 30/31 C2
Norderstedt 30/31 EF2
Nordfriesische Inseln 30/31 D1
Nordfriesland 30/31 DE1
Nordhausen 30/31 F4
Nordhorn 30/31 C3
Nordinsel 140/141 LM7
Nordirland 62/63 C2
Nordkanal 62/63 CD2
Nordkap; Neuseeland 144 G5
Nordkap; Norwegen 60/61 F1
Nordkirchen 30/31 C4
Nordkorea 108/109 NO6, 112/113 NO5/6
Nördliche Cookinseln 140/141 NO4/5
Nördliche Dwina 60/61 H2
Nördliche Marianen 114/115 J5, 142/143 IJ2
Nördliches Somalibecken 170/171 PQ6
Nördlingen 32/33 F4
Nordmeer, Europäisches 146.1 C32-B32
Nordostland 112/113 D1
Nordostpolder 30/31 A3
Nord-Ostsee-Kanal 30/31 E1
Nordpol 146.1 A
Nordpolarmeer 112/113 F1-P2
Nordrhein-Westfalen 27.2 BC3, 30/31 B4-D4
Nordrussischer Landrücken 60/61 HI2/3
Nordsee 26.1 AB1
Nordsibirisches Tiefland 112/113 J2-M2
Nordstrand 30/31 D1
Nordwestaustralisches Becken 170/171 ST8
Nordwestkap 144 A4
Nordwestpassage 146.1 C8/9
Nordwestpazifisches Becken 170/171 W4
Norfolk 156/157 L6
Norfolkinsel 140/141 KL6
Norilsk 112/113 J3
Normandie 62/63 FG5
Normanton 144 D3
Norman Wells 156/157 G3
Norrköping 60/61 E3
Norrland 60/61 E2
Norseman 144 B5
Norsk 112/113 NO4
Northampton 62/63 F3
Northeim 30/31 EF4
North Platte 156/157 I5
Nortorf 30/31 E1
Norwegen 56/57 EF2, 60/61 DE2
Norwich 62/63 G3
Nottingham 62/63 F3
Nouâdhibou 128/129 B3
Nouakchott 126/127.1 C5, 128/129 B4
Nova Iguaçu 158/159 H7
Novi Sad 62/63 P7
Novo Hamburgo 160 D2
Nowaja Semlja 112/113 GH2
Nowa Sól (Neusalz) 30/31 K4
Nowgorod 60/61 G3
Nowokusnezk 112/113 J4
Nowolasarewskaja 146.2 BC8/9
Nowomoskowsk 60/61 G3
Noworossisk 60/61 G4
Nowosibirsk 112/113 J4
Nowotscherkassk 60/61 H4
Nowy Port 112/113 I3
Nowy Urengoi 112/113 I3
Nubaberge 128/129 FG4
Nubien 128/129 FG4
Nueva Rosita 156/157 I7
Nuevitas 158/159 E2
Nuevo Laredo 158/159 C2
Nuku'alofa 142/143 M6
Nukus 112/113 G5
Nullarborebene 144 BC5
Nunivak 156/157 C4
Nürburg 32/33 C2
Nürburgring 32/33 B2
Nürnberg 32/33 G3
Nürtingen 32/33 E4
Nuuk (Godthåb) 156/157 N3
Nyala 128/129 F4
Ny Ålesund 146.1 B32
Nyiregyháza 62/63 Q5/6
Nykøbing 30/31 G1
Nymburk 32/33 K2
Nzwani 130/131.1 F2

O

Oahu 156/157 D7
Oakland 156/157 G6
Oasen von Guérara 64/65 C4
Oaxaca 158/159 C3
Ob 112/113 H3
Obbusen 170/171 Q2
Oberammergau 32/33 G5
Oberer See 156/157 K5
Oberguinea 128/129 BC5
Oberguineaschwelle 124/125.1 C5-E6
Oberhausen 30/31 B4
Oberhof 32/33 F2
Oberkochen 32/33 F4
Oberlausitz 30/31 I4-K4
Obernburg 32/33 E3
Oberndorf 32/33 D4
Obernilbecken 124/125.1 H5-G6
Oberpfälzer Wald 32/33 H3
Oberrheinisches Tiefland 32/33 C3-D5
Obersauer See 32/33 A3

Oberstdorf 32/33 F5
Oberstein, Idar- 32/33 C3
Oberviechtach 32/33 H3
Obi 114/115 H7
Óbidos 158/159 G5
Obihiro 112/113 P5
Obra 30/31 K3
Obregón 158/159 B2
Obschtschy Syrt 60/61 HI3
Ocean Falls 156/157 G4
Oceanside 156/157 H6
Ocha 112/113 P4
Ochotsk 112/113 P4
Ochotskisches Meer 112/113 PQ4
Ochsenfurt 32/33 F3
Odense 60/61 E3
Odenwald 32/33 DE3
Oder 26.1 F2
Oderbruch 30/31 J3
Oder-Havel-Kanal 30/31 I3
Oder-Spree-Kanal 30/31 J3
Odesa 64/65 F2
Odessa; Stadt in den USA 156/157 I6
Odessa; Stadt in der Ukraine 54/55 H4
Odilienberg 32/33 C4
Oebisfelde 30/31 FG3
Oelde 30/31 D4
Oelsnitz 32/33 H2
Oettingen 32/33 F4
Oeynhausen, Bad 30/31 D3
Offenbach 32/33 D2
Offenburg 32/33 C4
Ogaden 128/129 H5
Ogbomosho 128/129 D5
Ogden 156/157 H5
Ognon 32/33 B5
Ohio 156/157 K6
Ohre 30/31 G3
Öhringen 32/33 E3
Oimjakon 112/113 P3
Oise 62/63 H5
Oita 112/113 O6
Ojos del Salado 160 C2
Oka 60/61 H3
Okavango 130/131.1 CD2
Okavangodelta 130/131.1 D3
Okayama 112/113 O6
Oker 30/31 F3
Oki-Inseln 112/113 O6
Okinawa-Insel 112/113 N7
Oklahoma City 156/157 J6
Oktoberrevolution 112/113 LM1/2
Öland 62/63 O1
Olbernhau 32/33 I2
Olbia 64/65 C2
Oldenburg 30/31 D2
Oldenburg in Holstein 30/31 F1
Oldenzaal 30/31 B3
Oldesloe, Bad 30/31 F2
Olenjok; Fluss 112/113 MN2
Olenjok; Stadt 112/113 M3
Oléron 62/63 F7
Olinda 158/159 I5
Oljokma 112/113 N3/4
Oljokminsk 112/113 N3
Olmütz (Olomouc) 62/63 O5
Olomouc (Olmütz) 62/63 O5
Olpe 30/31 C4
Olsztyn (Allenstein) 62/63 Q3
Olten 32/33 C5
Olymp 64/65 E2
Olympia; Stadt 156/157 G5
Olympia; Ruinenstätte 64/65 E3, 80.2
Omaha 156/157 J5
Oman 126/127.1 J5-J4, 128/129 I3
Omdurman 128/129 G4
Omo 128/129 G5
Omolon 112/113 Q3
Omsk 112/113 I4
Öndörhaan 114/115 G2
Onega 60/61 G2
Onegasee 60/61 G2
Onitsha 128/129 D5
Ontariosee 156/157 L5
Oodnadatta 144 C4
Opole (Oppeln) 62/63 OP4
Oppeln (Opole) 62/63 OP4
Oppenheim 32/33 D3
Oradea 62/63 Q6
Oran 128/129 C2
Orange 144 D5
Oranienburg 30/31 I3
Oranje 130/131.1 C3
Orb, Bad 32/33 E2
Orcadas 146.2 C2
Ordosplateau 114/115 FG3
Örebro 60/61 E3
Orel 60/61 G3
Orenburg 60/61 I3
Orhon; Fluss 114/115 F2
Orhon; Stadt 112/113 L5
Orient 54/55 HI5/6
Orinoco 158/159 F4
Orinocosenke 158/159 F4
Orinocotiefland 158/159 EF4
Orkney-Inseln 60/61 C3
Orlando 156/157 K7
Orlasenke 32/33 G2
Orléanais 62/63 GH6
Orléans 62/63 G6
Orlicker Talsperre 32/33 J3
Orne 32/33 A3
Orsk 60/61 I3
Ortler 64/65 D2
Örtze 30/31 EF3
Oruro 158/159 F6
Osaka 112/113 O6
Osch 112/113 I5
Oschatz 32/33 I1
Oschersleben 30/31 G3
Oshawa 156/157 L5
Oshkosh 156/157 K5
Oshogbo 128/129 D5
Osijek 62/63 P7
Oskarshamn 62/63 O1
Öskemen 112/113 J4
Ösling 32/33 AB2/3
Oslo 56/57 F3, 60/61 E2/3
Osmanisches Reich 89.2
Osmaniye 64/65 F3
Osnabrück 30/31 D3
Osorno 160 B4
Ostafrikanische Schwelle 128/129 G6-G5
Ostanatolien 64/65 FG3
Ostchinesisches Meer 114/115 H3/4
Oste 30/31 E2
Ostende 62/63 H4
Osterburg 30/31 G3
Osterholz-Scharmbeck 30/31 D2
Osterinsel 170/171 E8
Osterode 30/31 F4
Österreich 56/57 F4, 62/63 MN6
Österreich, Kaisertum 96.1
Österreich-Ungarn 97.2
Östersund 60/61 E2
Osterwieck 30/31 F4
Osteuropäisches Flachland 60/61 GH2/3
Ostfriesische Inseln 30/31 BC2
Ostfriesland 30/31 C2
Ostghats 114/115 CD5
Ostkap 144 G5
Östlicher Indischer Rücken 170/171 R7-9
Östliches Andenvorland 158/159 EF5/6
Östliche Sierra Madre 158/159 BC2
Ostoder 30/31 J2
Ostpatagonien 160 C5-C4
Ostpazifischer Rücken 170/171 F7-E9
Ostpreußen 62/63 P3-R2, 101.2
Ostrau (Ostrava) 62/63 P5
Ostrava (Ostrau) 62/63 P5
Oströmisches Reich 83.2
Ostrow (Schlackenwerth) 32/33 H2
Ostsajan 112/113 KL4
Ostsee 26.1 EF1
Ostsibirische See 112/113 P2-S2
Ostsibirisches Gebirgsland 112/113 O3-Q3
Osumi-Inseln 112/113 O6/7
Otaru 112/113 P5
Ottawa 152.1 O5, 156/157 L5
Otterndorf 30/31 D2
Ottobeuren 32/33 F5
Ouagadougou 126/127.1 D5, 128/129 C4
Ouargla 128/129 D2
Oubangui 128/129 E5
Ouessant 62/63 D5
Ouesso 128/129 E5
Oujda 128/129 C2
Oulu 60/61 F2
Oulusee 60/61 F2
Overijssel 30/31 B3
Oviedo 62/63 D8
Owando 128/129 E6
Owen-Stanley-Gebirge 144 D2/3
Oxford 62/63 F4
Oyo 128/129 D5
Ozarkbergland 156/157 J6
Ozeanien 106/107 O9-Q10

P

Paar 32/33 G4
Pachuca 158/159 C2
Padang 114/115 F7
Paderborn 30/31 D4
Padua 64/65 D2
Paducah 156/157 K6
Pagalu (Annobón) 128/129 D6
Pagan 114/115 J5
Pagny 32/33 B4
Paita 158/159 D5
Pakistan 126/127.1 K4, 128/129 J3
Pakokku 114/115 E4
Pakse 114/115 F5
Palana 112/113 QR4
Palanga 62/63 Q2
Palangkaraya 114/115 G7
Palästina 136/137
Palau 114/115 I6, 142/143 H3
Palau-Inseln 140/141 H3
Palawan 114/115 G5
Palembang 114/115 F7
Palencia 62/63 D8
Palermo 64/65 D3
Palikir 142/143 J3
Palma de Mallorca 64/65 C2
Palmer 146.2 C36
Palmerarchipel 160 C6
Palmerland 146.2 BC36
Palmerston North 144 G6
Palmyra 128/129 G2
Palopo 114/115 GH7
Palu 114/115 G7
Pamir 112/113 I6
Pampa 160 C3
Pamplona 62/63 F8
Panaji 114/115 C5
Panama; Staat 152.1 NO9, 158/159 DE4
Panama; Stadt 152.1 O9, 158/159 E4
Panamakanal 158/159 DE3/4
Panay 114/115 H5
Panevėzys 62/63 S2
Pangnirtung 156/157 M3
Panjin 114/115 H2
Pantanal 158/159 G6
Panzhihua 114/115 F4
Papenburg 30/31 C2
Papuagolf 144 D2
Papua-Neuguinea 114/115 J7, 142/143 I4
Paradies 30/31 K3
Paraguay; Fluss 158/159 G7
Paraguay; Staat 160 CD2
Parakou 128/129 D5
Paramaribo 153.2 E4, 158/159 G4
Paramonga 158/159 E6
Paramuschir 112/113 Q4/5
Paraná; Fluss 160 D3
Paraná; Stadt 160 C3
Parchim 30/31 G2
Pardubice 62/63 N4/5
Parepare 114/115 G7
Paris 56/57 E4, 62/63 H5
Pariser Becken 54/55 E4
Parma 64/65 D2
Parnaíba; Stadt 158/159 H5
Parnaíba; Fluss 158/159 H5
Parry-Inseln 156/157 HI2
Partenkirchen, Garmisch- 32/33 G5
Partisansk 112/113 O5
Pasewalk 30/31 IJ2
Passau 32/33 I4
Passo Fundo 160 D2
Pass von Reinosa 62/63 D8
Pasto 158/159 E4
Patagonisches Tafelland 151.2 C10-D9
Pathein 114/115 E5
Patna 114/115 D4
Patrai (Patras) 64/65 E3
Patras (Patrai) 64/65 E3
Pattani 114/115 F6
Pattaya 114/115 F5
Pau 62/63 F8
Paulatuk 156/157 G3
Paulistana 158/159 H5
Pawlodar 112/113 I4
Paysandú 160 D3
Paz de Río 158/159 E4
Pazifischer Ozean 106/107 O6-R8
Peace River; Fluss 156/157 H4
Peace River; Stadt 156/157 H4
Pearyland 150.1 R1-T1
Pečky 32/33 K2
Pécs 62/63 P6
Peene 30/31 I2
Peenemünde 30/31 I1
Pegnitz; Fluss 32/33 G3
Pegnitz; Stadt 32/33 G3
Peine 30/31 F3
Peipussee 60/61 F3
Peitz 30/31 J4
Pekanbaru 114/115 F6
Peking (Beijing) 108/109 M5/6, 114/115 G2/3
Peleng 114/115 H7
Pelhřimov 32/33 K3
Pelješac 62/63 O8
Pellworm 30/31 D1
Peloponnes 64/65 E3
Pelotas 160 D3
Pematangsiantar 114/115 E6
Pemba; Stadt 130/131.1 F2
Pemba; Insel 128/129 GH6
Peña Ubiña 62/63 D8
Penner 114/115 C5
Pennines 60/61 C3
Pensa 60/61 H3
Pensacola 156/157 K6
Penzance 62/63 D4
Peoria 156/157 K5
Pereira 158/159 E4
Perg 32/33 J4
Pergamon 64/65 E3
Perleberg 30/31 G2
Perm 60/61 I3
Perpignan 62/63 H8
Persante 30/31 K1
Persepolis 128/129 I2
Persischer Golf (Arabischer Golf) 128/129 HI3
Perth 144 A5
Peru 153.2 C6, 158/159 E6
Perubecken 170/171 E8-G8
Perugia 62/63 M8
Perugraben 170/171 G7
Perwouralsk 60/61 IJ3
Peshawar 128/129 K2
Peter-I.-Insel 146.2 C33
Petersberg 30/31 GH4
Petra 128/129 G2
Petropawlowsk 112/113 H4
Petropawlowsk-Kamtschatski 112/113 Q4
Petrópolis 158/159 H7
Petrosawodsk 60/61 G2
Petschenga 60/61 G2
Petschora; Stadt 112/113 G3
Petschora; Fluss 60/61 I2
Pewek 112/113 S3
Pfaffenhofen 32/33 G4
Pfahl 32/33 H3
Pfalz 32/33 C2
Pfälzerwald 32/33 CD3
Pfarrkirchen 32/33 H4
Pfefferküste 128/129 BC5
Pforzheim 32/33 D4
Pfraumberg 32/33 H3
Pfronten 32/33 F5
Pfullendorf 32/33 E5
Phan Rang-Thap Cham 114/115 F5
Philadelphia 156/157 L5
Philippinen; Staat 108/109 N8, 114/115 H5
Philippinen; Inseln 106/107 N8/9
Philippinenbecken 170/171 U5/6
Philippinengraben 170/171 U6
Philippsburg 32/33 D3
Phnom Penh 108/109 L8, 114/115 F5
Phoenix 156/157 H6
Phönixinseln 140/141 M4
Phonsavan 114/115 F5
Phuket 114/115 E6
Piacenza 62/63 K7
Pica 160 C2
Pic de Aneto 54/55 E4
Pic du Midi d'Ossau 62/63 F8
Pico 54/55 B5
Pico Bolívar 158/159 E4
Pico da Bandeira 158/159 H7
Pico de Aneto 62/63 G8
Pico de Itambé 158/159 H6
Pico de Orizaba 158/159 C3
Pico de Teide 64/65 A4
Picton 144 G6
Piedras Negras 158/159 B2
Pielinen 60/61 F2
Pierre 156/157 I5
Pietermaritzburg 130/131.1 E3
Pik Pobeda 112/113 I5
Pik Samani 114/115 I6
Pilcomayo 160 CD2
Pilica 62/63 Q4
Pilsen (Plzeň) 32/33 I3
Pilsting 32/33 H4
Pinang 114/115 F6
Pinar del Río 158/159 D2
Pinatubo 114/115 H5
Pindos 64/65 E2/3
Ping 114/115 E5
Pingxian 114/115 G4
Pingxiang 114/115 F4
Pinneberg 30/31 E2
Pinsk 112/113 D4
Piracicaba 158/159 H7
Pirapora 158/159 H6
Pirmasens 32/33 C3
Pirna 32/33 I2
Pisa 62/63 L8
Pisco 158/159 E6
Písek 32/33 J3
Pitcairn 142/143 Q6
Pitcairninsel 140/141 QR6
Pitești 64/65 E2
Pitsanulok 114/115 F5
Pittsburgh 156/157 KL5
Pityusen 64/65 C3
Piura 158/159 D5
Pjatigorsk 60/61 H4
Pjöngjang 108/109 N6, 112/113 N6
Plane 30/31 H3
Plateau de Langres 62/63 I6
Plateau von Djado 128/129 E3
Plateau von Erdi 128/129 F4
Plateau von Tademaït 128/129 D3
Platte 156/157 I5
Plattensee (Balaton) 62/63 OP6
Plattling 32/33 H4
Plau 30/31 H2
Plauen 32/33 H2
Plauer See 30/31 H2
Pleskau (Pskow) 60/61 F3
Plettenberg 30/31 C4
Płock 62/63 P3
Plöckenpass 62/63 M6
Plöckenstein 32/33 I4
Ploiești 64/65 E2

Plön 30/31 F1
Plöne 30/31 J2
Plönesee 30/31 JK2
Plovdiv 64/65 E2
Plymouth 62/63 D4
Plzeň (Pilsen) 32/33 I3
Po 62/63 L7
Pobeda 112/113 P3
Poděbrady 32/33 K2
Podgorica 56/57 F4, 62/63 P8
Podolsk 60/61 G3
Poebene 64/65 CD2
Poel 30/31 G1
Point Barrow 146.1 B13
Pointe du Raz 62/63 D5
Pointe-Noire 128/129 E6
Poitiers 62/63 G6
Polen 56/57 FG3, 62/63 O3-Q3
Pölitz 30/31 J2
Polokwane 130/131.1 D3
Polozk 60/61 F3
Poltawa 64/65 F2
Polynesien 140/141 L4-Q5
Pommern 30/31 I2-K2, 101.2
Pommersche Bucht 30/31 J1
Pommersfelden 32/33 F3
Pompeji 64/65 D2
Pompey 32/33 B4
Ponape 170/171 W6
Ponca City 156/157 J6
Ponce 158/159 F3
Pondicherry 114/115 C5
Pond Inlet 156/157 L2
Ponta Grossa 160 D2
Pont-à-Mousson 32/33 B4
Ponta Porã 158/159 G7
Pontianak 114/115 F6/7
Pontisches Gebirge 128/129 GH1
Poopósee 158/159 F6
Popayán 158/159 E4
Popocatépetl 158/159 C3
Popondetta 144 D2
Poppberg 32/33 G3
Porbandar 114/115 B4
Porrentruy 32/33 C5
Port Alberni 156/157 G5
Port Augusta 144 C5
Port-au-Prince 152.1 O8, 158/159 E3
Port aux Basques 156/157 N5
Porta Westfalica 30/31 D3
Port Blair 114/115 E5
Port Cartier 156/157 M4
Port Elizabeth 130/131.1 D4
Port-Gentil 128/129 D6
Port Harcourt 128/129 D5
Port Hedland 144 A4
Port Kaituma 158/159 G4
Port Kembla 144 E5
Portland; Stadt in Maine, USA 156/157 L5
Portland; Stadt in Oregon, USA 156/157 G5
Port Lincoln 144 C5
Port Louis 126/127.1 J8/9, 130/131.1 G3
Port Moresby 142/143 I4, 144 D2
Port Nolloth 130/131.1 C3
Porto 64/65 B2
Porto Alegre 160 D3
Porto de Santana 158/159 G5
Port-of-Spain 153.2 D3, 158/159 F3
Porto Novo 126/127.1 E6, 128/129 D5
Porto-Primavera-Stausee 158/159 G7
Porto Torres 64/65 C2
Porto Velho 158/159 F5
Portoviejo 158/159 D5
Port Pirie 144 C5
Port Said 128/129 G2
Portsmouth 62/63 F4
Port Sudan 128/129 G4
Portugal 56/57 D5-D4, 64/65 AB2/3
Port Vila 142/143 K5
Posadas 160 D2
Posen (Poznań) 62/63 O3
Pößneck 32/33 G2
Potosí 158/159 F6
Potrerillos 160 C2
Potsdam 27.2 E2, 30/31 I3
Poza Rica de Hidalgo 158/159 C2
Poznań (Posen) 62/63 O3
Prachatitz 32/33 IJ3
Prag (Praha) 32/33 J2, 56/57 F3
Praha (Prag) 32/33 J2, 56/57 F3
Praha (Berg) 32/33 I3
Praia 126/127.1 B5
Prato 62/63 L8
Preetz 30/31 F1
Pregel 62/63 QR2
Premnitz 30/31 H3
Prenzlau 30/31 I2
Prerow 30/31 H1
Presidente Eduardo Frei 146.2 C1
Pressburg (Bratislava) 56/57 F4, 62/63 O5
Přeštice 32/33 I3
Pretoria 126/127.1 G9, 130/131.1 D3
Preußen, Königreich 96.1, 97.2
Pribilofinseln 112/113 T4
Příbram 32/33 IJ3
Prignitz 30/31 GH2
Prince Albert 156/157 I4
Prince-of-Wales-Insel 156/157 IJ2
Prince Rupert 156/157 F4
Principe da Beira 158/159 F6
Prinz-Eduard-Inseln 170/171 O10
Prinzessin-Astrid-Küste 146.2 B7/8
Prinzessin-Martha-Küste 146.2 B5-7
Prinzessin-Ragnhild-Küste 146.2 B9/10
Priobje 60/61 J2
Pripjet 60/61 F3
Pripjetniederung 60/61 FG3
Priština 56/57 G4, 62/63 Q8
Pritzwalk 30/31 H2
Probstzella 32/33 G2
Progress 146.2 C14
Prokopjewsk 112/113 J4
Prome 114/115 E5
Provence 62/63 IJ8
Providence 156/157 L5
Prowidenija 112/113 T3
Prüm 32/33 B2
Prunn 32/33 G4
Pruth 64/65 E2
Pskow (Pleskau) 60/61 F3
Pucallpa 158/159 E5
Puebla 158/159 C3
Pueblo 156/157 I6
Puerto Aisén 160 B4
Puerto Baquerizo Moreno 158/159 D5
Puerto Barrios 158/159 D3
Puerto Cabezas 158/159 D3
Puerto Cortés 158/159 D3
Puerto Deseado 160 C4
Puerto Madryn 160 C4
Puerto Maldonado 158/159 F6
Puerto Montt 160 B4
Puerto Princesa 114/115 G6
Puerto Rico; Verwaltungseinheit 152.1 P8, 158/159 F3
Puerto Rico; Insel 151.2 D3
Puerto-Rico-Graben 170/171 H5
Pula 62/63 M7
Pulapatoll 114/115 J6
Puncak Jaya 144 C2
Pune 114/115 C5
Punjab 128/129 K2/3
Puno 158/159 E6
Punta Alta 160 C3
Punta Arenas 160 B5
Puntarenas 158/159 D4
Punto Fijo 158/159 E3
Pur 112/113 I3
Pürglitz 32/33 I2
Purus 158/159 F5
Pusan 112/113 N6
Putbus 30/31 I1
Putoranagebirge 112/113 K3
Puttgarden 30/31 G1
Putumayo 158/159 E5
Pyrenäen 62/63 F8-H8
Pyritz 30/31 J2
Pyrmont, Bad 30/31 E4

Q

Qaanaaq (Thule) 156/157 M2
Qaidambecken 114/115 E3
Qaqortoq (Julianehåb) 156/157 O3
Qardho 128/129 H5
Qazwin 128/129 I2
Qena 128/129 G3
Qeqertarsuaq (Godhavn) 156/157 N3
Qingdao (Tsingtau) 114/115 H3
Qinghai Hu 114/115 EF3
Qinhuangdao 114/115 G2/3
Qin Ling 114/115 FG3
Qiqihar 114/115 H2
Qom 128/129 I2
Qongirot 112/113 G5
Quakenbrück 30/31 C3
Quanzhou 114/115 G4
Quebec 156/157 L5
Quedlinburg 30/31 G4
Queenstown; Stadt in Australien 144 F6
Queenstown; Stadt in Südafrika 130/131.1 D4
Queis 30/31 K4
Quelimane 130/131.1 E2
Queque 130/131.1 D2
Querétaro 158/159 B2
Querfurt 30/31 G4
Quetta 128/129 J2
Quezaltenango 158/159 C3
Quezon City 114/115 H5
Quilpie 144 D4
Quimper 62/63 D5/6
Qui Nhon 114/115 F5
Quito 153.2 C5, 158/159 E5

R

Raalte 30/31 B3
Raba 114/115 G7
Rabat 126/127.1 D3, 128/129 C2
Rabaul 144 E2
Rabenstein 30/31 H3
Raby 32/33 I3
Racine 156/157 K5
Radbusa 32/33 H3
Radeberg 32/33 I1
Radebeul 32/33 I1
Radium Hill 144 D5
Radolfzell 32/33 D5
Radom 62/63 Q4
Radstadt 32/33 I5
Rafaela 160 C3
Rain 32/33 F4
Rajahmundry 114/115 D5
Rajkot 114/115 C4
Rajshahi 114/115 D4
Rakovník 32/33 I2
Raleigh 156/157 L6
Ralikgruppe 140/141 K3
Rambervillers 32/33 B4
Rambouillet 62/63 G5
Ramsgate 62/63 G4
Rancagua 160 B3
Ranchi 114/115 D4
Randers 62/63 L1
Randow 30/31 J2
Rangpur 114/115 D4
Rangun (Yangon) 114/115 E5
Rapallo 62/63 K7
Rapid City 156/157 I5
Rappbode-Talsperre 30/31 F4
Ras al Hadd 128/129 I3
Ras Dashan 128/129 G4
Rashid 64/65 F3
Rasht 128/129 H2
Rastatt 32/33 D4
Ratakgruppe 140/141 KL2/3
Rathenow 30/31 H3
Ratinseln 156/157 A4
Ratzeburg 30/31 F2
Ratzeburger See 30/31 FG2
Raudnitz 32/33 J2
Rauher Kulm 32/33 G3
Ravenna 62/63 M7
Ravensburg 32/33 E5
Rawalpindi 128/129 K2
Rawson 160 C4
Recherche-Archipel 144 B5
Recife 158/159 I5
Recklinghausen 30/31 C4
Recknitz 30/31 H1
Red Lake 156/157 J4
Rednitz 32/33 G3
Red River 156/157 J6
Rega 30/31 K2
Regen; Fluss 32/33 H3
Regen; Stadt 32/33 I4
Regensburg 32/33 H3/4
Reggio di Calabria 64/65 D3
Reggio nell'Emilia 62/63 L7
Regina 156/157 I4
Regnitz 32/33 F3
Rehau 32/33 H2
Rehoboth 130/131.1 C3
Reichenau; Insel 32/33 DE5
Reichenau; Stadt 30/31 J5
Reichenbach 32/33 H2
Reichenberg (Liberec) 32/33 K2
Reichenhall, Bad 32/33 H5
Reichenstein 32/33 I3
Reichenweier 32/33 C4
Reichstett 32/33 C4
Reims 62/63 I5
Reinhardswald 30/31 E4
Reit im Winkl 32/33 H5
Remagen 32/33 C2
Remiremont 32/33 B4
Rems 32/33 E4
Remscheid 30/31 C4
Rendsburg 30/31 E1
Rennes 62/63 F5
Reno 156/157 H6
Rentiersee 156/157 I4
Reppen 30/31 J3
Repulse Bay 156/157 K3
Rerik 30/31 G1
Resistencia 160 D2
Resita 62/63 Q7
Réunion 130/131.1 G3
Reuss 32/33 D5
Reutlingen 32/33 E4
Revilla-Gigedo-Inseln 158/159 A3
Reykjavík 56/57 B2, 60/61 A2
Reynosa 158/159 C2
Rheda-Wiedenbrück 30/31 D4
Rheden 30/31 B3
Rhein 62/63 J4
Rheinbach 32/33 B2
Rheinbundstaaten 93
Rheine 30/31 C3
Rheinfall 32/33 D5
Rheinland-Pfalz 27.2 B3/4, 32/33 BC2/3
Rhein-Marne-Kanal 32/33 B4
Rhein-Rhône-Kanal 32/33 BC5
Rheinsberg 30/31 H2
Rheinseitenkanal 32/33 C5
Rheinstein 32/33 C3
Rhin 30/31 H2
Rhin-Kanal 30/31 H3
Rhinluch 30/31 H3
Rhodopen 54/55 G4
Rhodos 64/65 E3
Rhön 32/33 EF2
Rhondda 62/63 E4
Rhône 62/63 I7
Rhume 30/31 F4
Riad 126/127.1 I4, 128/129 H3
Riau-Inseln 114/115 F6
Ribeirão Prêto 158/159 H7
Ribemont 62/63 H5
Riberalta 158/159 F6
Ribnitz-Damgarten 30/31 H1
Richards Bay 130/131.1 E3
Richmond 156/157 L6
Ried 32/33 I4
Riedlingen 32/33 E4
Ries 32/33 F4
Riesa 32/33 I1
Riga 56/57 G3, 60/61 F3
Riiser-Larsen-Halbinsel 146.2 C10
Rijeka 62/63 N7
Rimini 62/63 M7
Rinteln 30/31 E3
Riobamba 158/159 E5
Rio Branco; Stadt 158/159 F5
Rio Branco; Fluss 158/159 F4
Rio-Branco-Senke 158/159 F5-G4
Río Cuarto 160 C3
Rio de Janeiro 158/159 H7
Río de la Plata 160 D3
Río Gallegos 160 C5
Rio Grande; Fluss in Südamerika 152.1 L6/7
Rio Grande; Fluss in Nordamerika 156/157 J7
Rio Grande; Stadt in Brasilien 160 D3
Río Grande; Stadt in Argentinien 160 C5
Rio-Grande-Schwelle 170/171 JK8/9
Rio Negro; Fluss zum Amazonas 158/159 F5
Río Negro; Fluss in Argentinien 160 C3/4
Río Negro-Stausee 160 D3
Riß 32/33 E4
Riwne 64/65 E1
Rjasan 60/61 G3
Roanne 62/63 I6
Roanoke 156/157 L6
Röbel 30/31 H2
Robinson-Crusoe-Insel 160 B3
Rocas 158/159 I5
Rochester 156/157 L5
Rochlitz 32/33 H1
Rockall 60/61 B3
Rockhampton 144 E4
Rock of Cashel 62/63 C3
Rock Springs 156/157 I5
Rocky Mountains 156/157 G3-I6
Rødbyhavn 30/31 G1
Rodrigues 130/131.1 H2
Roer 32/33 AB1
Roermond 30/31 AB4
Rohr 32/33 G4
Rohrbach 32/33 I4
Rokycany 32/33 I3
Rom (Roma); Stadt in Italien 56/57 F4, 64/65 D2
Roma; Insel 114/115 H7
Roma; Stadt in Australien 144 D4
Roma (Rom); Stadt in Italien 56/57 F4, 64/65 D2
Romanshorn 32/33 E5
Ronchamp 32/33 B5
Rønne 62/63 N2
Rooseveltinsel 146.2 B26-B25
Roraima 158/159 F4
Rosario (Argentinien) 160 C3
Roseau 158/159 F3
Rosenberg 32/33 G2
Rosenberg, Sulzbach- 32/33 G3
Rosenberger Teich 32/33 JK3
Rosenheim 32/33 H5
Rosslare 62/63 C3
Roßlau 30/31 H4
Rossmeer 146.2 B26-B24
Rosso 128/129 B4
Ross-Schelfeis 146.2 A26-A24
Rostock 30/31 H1
Rostock-Warnemünde 30/31 H1
Rostow 60/61 G4
Roswell 156/157 I6
Rota 114/115 J5
Rotenburg; Stadt in Hessen 32/33 E1/2
Rotenburg; Stadt in Niedersachsen 30/31 E2
Roter Main 32/33 G2/3
Rotes Becken 114/115 F3/4
Rotes Kliff 30/31 D1
Rotes Meer 128/129 GH3/4
Rothaargebirge 32/33 D1/2
Rothenburg ob der Tauber 32/33 F3
Rothera 146.2 C36
Roti 114/115 H8

Rott 32/33 H5
Rottenburg; Stadt in Bayern 32/33 H4
Rottenburg; Stadt in Baden-Württemberg 32/33 D4
Rotterdam 62/63 I4
Rottweil 32/33 D4
Roubaix 62/63 H4
Rouen 62/63 G5
Rourkela 114/115 D4
Rouyn-Noranda 156/157 L5
Rovaniemi 60/61 F2
Rovuma 130/131.1 E2
Ruanda 126/127.1 GH7, 128/129 FG6
Rubzowsk 112/113 J4
Rudelsburg 32/33 G1
Ruden 30/31 I1
Rüdersdorf 30/31 I3
Rüdesheim am Rhein 32/33 C3
Rudkøbing 30/31 F1
Rudolfsee (Turkanasee) 128/129 G5
Rudolstadt 32/33 G2
Rügen 30/31 I1
Ruhla 30/31 F5
Ruhner Berge 30/31 G2
Ruhr 30/31 C4
Ruhrgebiet 46/47
Rumänien 56/57 G4, 64/65 E2
Ruppiner Kanal 30/31 HI3
Rur 32/33 B2
Ruse 64/65 E2
Rüsselsheim 32/33 D3
Russland 56/57 H2-K3, 112/113 H3-M3
Rustenburg 130/131.1 D3
Ruwenzori 128/129 F5
Rybinsk 60/61 G3
Rybinsker Stausee 60/61 G3
Ryukyugraben 170/171 U5
Ryukyu-Inseln 112/113 N7
Rzeszów 62/63 QR4

S

Sa'dah 128/129 H4
Saalach 32/33 H5
Saalburg 32/33 D2
Saale 62/63 L4
Saalfeld 32/33 G2
Saalfelden 32/33 H5
Saar 32/33 B3
Saarbrücken 27.2 B4, 32/33 BC3
Saarburg 32/33 B3
Saaremaa 60/61 F3
Saargebiet 99.2
Saargemünd (Sarreguemines) 32/33 C3
Saar-Kohlen-Kanal 32/33 BC4
Saarland 27.2 B4, 32/33 BC3
Saarlouis 32/33 B3
Saaz 32/33 I2
Saba 128/129 H4
Sababurg 30/31 E4
Sabha 128/129 E3
Sabrinaküste 146.2 C18/19
Sachalin 112/113 P4
Sachalinsk, Juschno- 112/113 P5
Sachsen 27.2 E3, 32/33 HI2
Sachsen-Anhalt 27.2 DE2/3, 30/31 G3
Säckingen, Bad 32/33 C5
Sacramento 156/157 G6
Sado 112/113 O6
Safi 128/129 C2
Sagan (Żagań) 30/31 K4
Sagar 114/115 C4
Saguenay 156/157 L5
Sahara; Staat 126/127.1 C4, 128/129 B3
Sahara; Landschaft 128/129 C3-F3
Saharaatlas 128/129 CD2
Sahel 128/129 C4-F4
Saidpur 114/115 D4
Saigon (Ho Chi Minh) 114/115 F5
Saimaasee 60/61 F2
Saint-Avold 32/33 B3
Saint-Brieuc 62/63 E5
Saint David's Head 62/63 D4
Saint-Denis 130/131.1 G3
Saint-Dié 32/33 B4
Saint-Étienne 62/63 I7
Saint George's 158/159 F3
Saint Hélier 62/63 E5
Saint-Hippolyte 32/33 B5
Saint John 156/157 M5
Saint John's; Stadt auf Antigua u. Barbuda 158/159 F3
Saint John's; Stadt in Kanada 156/157 N5
Saint Joseph 156/157 J6
Saint Kitts und Nevis 158/159 F3
Saint Louis; Stadt in den USA 156/157 J6
Saint-Louis; Stadt im Senegal 128/129 B4
Saint Lucia; Insel 153.2 DE3
Saint Lucia; Staat 158/159 F3
Saint-Michel 32/33 C4
Saint-Nazaire 62/63 E6
Saint Paul 156/157 J5
Saint-Paul-Insel 170/171 QR9
Saint Petersburg 156/157 K7
Saint-Pierre, Havre- 156/157 M4
Saint-Pierre und Miquelon 156/157 N5
Saint-Quentin 62/63 H5
Saint Vincent und die Grenadinen 158/159 F3
Saipan 114/115 J5
Saissansee 112/113 J5
Sajama 158/159 F6
Sajan 106/107 KL4
Sakamensk 112/113 L4
Sakishima-Inseln 112/113 N7
Salado 160 C2
Salalah 128/129 I4
Salamanca; Stadt in Spanien 64/65 B2
Salamanca; Stadt in Mexiko 158/159 B2
Salawat 60/61 I3
Sala y Gómez 170/171 EF8
Sala-y-Gómez-Rücken 170/171 FG8
Saldanha 130/131.1 C4
Salechard 112/113 H3
Salem; Stadt in Indien 114/115 C5
Salem; Stadt in den USA 156/157 G5
Salerno 64/65 D2
Salina Cruz 158/159 C3
Salluit 156/157 L3
Salmünster, Bad Soden- 32/33 E2
Salomonen 142/143 K4
Salomoninseln 140/141 JK4/5
Salomonsee 144 DE2
Saloniki 64/65 E2
Salta 160 C2
Saltillo 158/159 B2
Salt Lake City 156/157 H5
Salto 160 D3
Saluën 114/115 E4/5
Salum 128/129 F2
Salvador 158/159 I6
Salza 32/33 J5
Salzach 32/33 H4
Salzburg 32/33 I5
Salzburger Alpen 32/33 HI5
Salzdetfurth, Bad 30/31 F3
Salzgitter 30/31 F3
Salzkammergut 32/33 I5
Salzschlirf, Bad 32/33 E2
Salzuflen, Bad 30/31 D3
Salzungen, Bad 32/33 F2
Salzwedel 30/31 G3
Samar 114/115 H5
Samara 60/61 I3
Samaraer Stausee 60/61 HI3
Samarai 144 E3
Samarinda 114/115 G7
Samarkand 112/113 H6
Sambesi 130/131.1 E2
Sambia 126/127.1 G8, 130/131.1 D2
Samoa 142/143 M5
Samoa-Inseln 140/141 MN5
Samsø 62/63 L2
Samsun 128/129 G1
San; Fluss 62/63 R4
San; Stadt 128/129 C4
Sana 112/113 F8
Sanaa 108/109 F8, 128/129 H4
Sanae 146.2 C6
San Ambrosio 160 B2
San Andrés 158/159 DE3
San Angelo 156/157 I6
San Antonio 156/157 J7
San Antonio Oeste 160 C4
San Bernardino 156/157 H6
San Cristóbal; Stadt 158/159 E4
San Cristóbal; Insel 158/159 D5
Sandakan 114/115 G6
Sande 30/31 CD2
San Diego 156/157 H6
San Felipe 158/159 A1
San Félix 160 A2
San Fernando 114/115 H5
San Fernando de Apure 158/159 F4
San Francisco 156/157 G6
San Francisco/Oakland 150.1 J6
Sanga 128/129 E5
Sangar 112/113 N3
Sangerhausen 30/31 G4
Sangihe-Inseln 114/115 H6
Sangli 114/115 C5
San Ignacio 158/159 F6
San José; Stadt in Guatemala 158/159 C3
San José; Stadt in Costa Rica 152.1 N8/9, 158/159 D4
San José; Stadt in den USA 156/157 G6
San Juan; Stadt in Puerto Rico 158/159 F3
San Juan; Stadt in Argentinien 160 C3
Sankt Blasien 32/33 D5
Sankt Florian 32/33 J4
Sankt Gallen 32/33 E5
Sankt-Georgs-Kanal 62/63 CD3/4
Sankt Goar 32/33 C2
Sankt Gotthard 62/63 K6
Sankt Helena; Insel 170/171 L8
Sankt Helena; Verwaltungseinheit 130/131.1 A2
Sankt Ingbert 32/33 C3
Sankt Joachimsthal 32/33 H2
Sankt Johann 32/33 I5
Sankt-Lorenz-Golf 156/157 M5
Sankt-Lorenz-Insel 156/157 B3
Sankt-Lorenz-Strom 156/157 LM5
Sankt-Matthäus-Insel 156/157 B4-C3
Sankt Moritz 62/63 K6
Sankt-Peter-Ording 30/31 D1
Sankt Petersburg 60/61 G3
Sankt Pölten 62/63 N5
Sankt Vith 32/33 B2
Sankt Wendel 32/33 C3
Sankuru 128/129 F6
San Lorenzo; Stadt in Argentinien 160 C3
San Lorenzo; Stadt in Ecuador 158/159 E4
San Luis 160 C3
San Luis Potosí 158/159 B2
San Marino; Stadt 56/57 F4, 64/65 D2
San Marino; Staat 56/57 F4, 62/63 M8
San Martin 146.2 C36
San-Matías-Golf 160 C4
San Miguel 54/55 B5
San Miguel de Tucumán 160 C2
San Nicolás 158/159 E6
San Nicolás de los Arroyos 160 C3
San Pédro 128/129 C5
San Pedro Sula 158/159 D3
San Rafael 160 C3
San Remo 62/63 J7
San Salvador; Stadt 152.1 N8, 158/159 D3
San Salvador; Insel 156/157 L7
San Salvador de Jujuy 160 C2
Sansanding 128/129 C4
San Sebastián 62/63 F8
Sansibar; Stadt 128/129 G6
Sansibar; Insel 124/125.1 HI7
Sanssouci 30/31 HI3
Santa Ana 158/159 D3
Santa Barbara 156/157 H6
Santa Clara 158/159 E2
Santa Cruz; Stadt in Spanien 64/65 A4
Santa Cruz; Stadt in Bolivien 158/159 F6
Santa Cruz; Stadt in Argentinien 160 C4
Santa Fe 156/157 I6
Santa Fé 160 C3
Santa Maria 160 D2
Santa Marta 158/159 E3
Santander 62/63 E8
Santarém 158/159 G5
Santa Rosa; Stadt in den USA 156/157 G6
Santa Rosa; Stadt in Brasilien 160 D2
Santa Rosa; Stadt in Argentinien 160 C3
Santa Rosalía 158/159 A2
Santiago; Stadt in der Dominikanische Rep. 158/159 E3
Santiago; Stadt in Chile 151.2 C8
Santiago de Chile 153.2 C8, 160 B3
Santiago de Compostella 64/65 B2
Santiago de Cuba 158/159 E2
Santiago del Estero 160 C2
Säntis 26.1 C5
Santo Domingo 152.1 P8, 158/159 F3
Santos 158/159 H F1/2
San Valentín 160 B4
São Francisco 158/159 H6
São-Francisco-Becken 158/159 H6
São Luis 158/159 H5
São Miguel 158/159 G5/6
Saône 32/33 A4
São Paulo; Insel 170/171 JK6
São Paulo; Stadt 158/159 H7
São Paulo de Olivença 158/159 F5
São Tomé; Stadt 126/127.1 E6, 128/129 D5
São Tomé; Insel 124/125.1 E6
São Tomé und Príncipe 126/127.1 E6, 128/129 D5
Sapelé 128/129 D5
Saporischja 64/65 F2
Sappemeer, Hoogezand- 30/31 B2
Sapporo 112/113 P5
Sarajewo 56/57 F4, 62/63 P8
Saransk 60/61 H3
Saratow 60/61 H3
Saratower Stausee 60/61 H3
Sardinien 64/65 C3
Sard Kuh 128/129 H2
Sargassosee 170/171 H5
Sarh 128/129 E5
Sarralbe 32/33 C4
Sarrebourg 32/33 C4
Sarreguemines (Saargemünd) 32/33 C3
Sarre-Union 32/33 C4
Sarstedt 30/31 E3
Saskatchewan 156/157 I4
Saskatoon 156/157 I4
Sassandra 128/129 C5
Sassari 64/65 C2
Sassnitz 30/31 I1
Satpuragebirge 114/115 C4
Satu Mare 62/63 R6
Saudi-Arabien 126/127.1 HI4, 128/129 GH3
Sauer 32/33 B3
Sauerland 30/31 CD4
Saulgau, Bad 32/33 E4
Sault-Sainte-Marie 156/157 K5
Saumlaki 114/115 I7
Saurimo 130/131.1 D1
Savannah 156/157 K6
Savannakhet 114/115 F5
Save 62/63 N6
Sawu-Inseln 114/115 H8
Sayhut 128/129 I4
Saynshand 114/115 FG2
Sayun 128/129 H4
Sazawa; Kirche, Kloster 32/33 JK3
Sazawa; Fluss 32/33 J3
Scafell Pike 62/63 E2
Schaalsee 30/31 FG2
Schachty 60/61 H4
Schaffhausen 32/33 D5
Schandau, Bad 32/33 J2
Schantarinseln 112/113 OP4
Schärding 32/33 I4
Scharhörn 30/31 D2
Scharmbeck, Osterholz- 30/31 D2
Scharmützelsee 30/31 IJ3
Schaulen (Šiauliai) 62/63 R2
Schefferville 156/157 M4
Scheibbs 32/33 K4
Schelde 62/63 H4
Schelesnogorsk-Ilimski 112/113 L4
Schelichowgolf 112/113 Q3/4
Scheskasgan 112/113 H5
Schiermonnikoog 30/31 AB2
Schilka 112/113 M4
Schirmeck 32/33 C4
Schitomir 64/65 E1
Schivelbein 30/31 K2
Schlackenwerth (Ostrow) 32/33 H2
Schladming 32/33 I5
Schlei 30/31 E1
Schleiden 32/33 B2
Schleiz 32/33 G2
Schlesien 62/63 N4-P4, 101.2
Schleswig 30/31 E1
Schleswig-Holstein 27.2 CD1/2, 30/31 EF1/2
Schlettstadt 32/33 C4
Schlitz 32/33 E2
Schluchsee 32/33 D5
Schlüchtern 32/33 E2
Schmalkalden 32/33 F2
Schmidta-Observatorium 146.1 C15
Schnackenburg 30/31 G2
Schneeberg; Berg 32/33 G2
Schneeberg; Stadt 32/33 H2
Schneekoppe 30/31 K5
Schneifel 32/33 B2
Schneverdingen 30/31 E2
Schönberg 30/31 F2
Schönebeck 30/31 G3
Schonen 62/63 M2
Schongau 32/33 F5
Schöningen 30/31 F3
Schöninger 32/33 J4
Schöntal 32/33 E3
Schoonebeek 30/31 B3
Schopfheim 32/33 C5
Schorfheide 30/31 I3
Schorndorf 32/33 E4
Schottland 62/63 D2-E1
Schotts, Hochebene der 64/65 BC3
Schramberg 32/33 D4
Schrobenhausen 32/33 G4
Schussen 32/33 E5
Schüttenhofen 32/33 I3
Schüttorf 30/31 C3
Schwaan 30/31 H2
Schwabach 32/33 G3
Schwäbische Alb 32/33 D5-F4
Schwäbisch Gmünd 32/33 E4
Schwäbisch Hall 32/33 E3
Schwabmünchen 32/33 F4
Schwalbach, Bad 32/33 D2
Schwalm; Landschaft 32/33 E2
Schwalm; Fluss 32/33 E2
Schwalmstadt 32/33 E2
Schwandorf 32/33 H3
Schwansen 30/31 E1
Schwartau, Bad 30/31 F2
Schwarze Elster 30/31 I4
Schwarzenberg 32/33 H2
Schwarze Pumpe 30/31 J4
Schwarzes Meer 64/65 F2
Schwarzkoppe 32/33 HI3
Schwarzwald 32/33 CD4/5
Schwaz 32/33 G5
Schweden 56/57 F2, 60/61 E2
Schwedt 30/31 J2
Schweinfurt 32/33 F2
Schweiz 56/57 E4, 62/63 JK6
Schweizer Jura 26.1 B5, 32/33 CD5
Schwenningen, Villingen- 32/33 D4

Schwerin; Stadt in Mecklenburg-Vorpommern 27.2 D2, 30/31 G2
Schwerin; Stadt in Polen 30/31 K3
Schweriner See 30/31 G2
Schwetzingen 32/33 D3
Schwiebus 30/31 K3
Schwielochsee 30/31 IJ3
Scilly-Inseln 62/63 C5
Scott 146.2 B23
Scottinsel 170/171 Y11
Scranton 156/157 L5
Seattle 156/157 G5
Sebnitz 32/33 J2
Sechura 158/159 D5
Seckau 32/33 J5
Sedan 62/63 I5
Seefeld 32/33 G5
Seeland 60/61 E3
Seelow 30/31 J3
Seeon 32/33 H5
Seesen 30/31 F4
Seevetal 30/31 EF2
Sefid-Kuh 128/129 J2
Segeberg, Bad 30/31 F2
Segescha 60/61 G2
Ségou 128/129 C4
Seille 32/33 B4
Seine 62/63 G5
Seja; Stadt 112/113 N4
Seja; Fluss 112/113 N4
Sekondi-Takoradi 128/129 C5
Selb 32/33 H2
Selebi Phikwe 130/131.1 D3
Selenga 114/115 F2
Selenter See 30/31 F1
Sellin 30/31 I1
Semarang 114/115 G7
Semeru 114/115 G7
Semey 112/113 J4
Semil 32/33 K2
Sendai 112/113 P6
Senegal; Staat 128/129 B4
Senegal; Fluss 126/127.1 C5, 128/129 B4
Senftenberg 30/31 IJ4
Sengsengebirge 32/33 J5
Senkaku-Inseln 112/113 N7
Sennar 128/129 G4
Seoul 108/109 N6, 112/113 N6
Sepik 144 D2
Sept-Îles 156/157 M4
Seram 114/115 HI7
Seramsee 114/115 HI7
Serbien; Landschaft 62/63 PQ8
Serbien; Staat 56/57 FG4, 62/63 Q7
Sergijew-Posad 60/61 G3
Serow 60/61 J3
Serowe 130/131.1 D3
Serpuchow 60/61 G3
Serra do Navio 158/159 G4
Seschellen; Staat 128/129 I6
Seschellen; Inseln 124/125.1 J7
Sète 62/63 H8
Sétif 128/129 D2
Severn 62/63 E3
Sevilla 64/65 B3
Sewansee 64/65 G2
Seward 156/157 E3
Seward-Halbinsel 156/157 C3
Sewastopol 64/65 F2
Sewernaja Semlja 112/113 I2-K2
Sewerodwinsk 60/61 G2
Seychellen 126/127.1 J7, 130/131.1 FG1
Sezimovo Úst 32/33 J3
Sfax 128/129 E2
's-Gravenhage (Den Haag) 62/63 I3
Shackleton-Schelfeis 146.2 C16/17
Shahjahanpur 114/115 CD4
Shandong, Halbinsel 114/115 H3
Shanghai 114/115 H3
Shannon 62/63 AB3
Shantou 114/115 G4
Shaoguan 114/115 G4
Shaoyang 114/115 G4
Sheffield 62/63 F3
Shenyang 114/115 H2
Shenzhen 114/115 G4
Sherbrooke 156/157 L5
Sheridan 156/157 I5
Shetlandinseln 60/61 C2
Shijiazhuang 114/115 G3
Shikezi 114/115 D2
Shikoku 112/113 O6
Shillong 114/115 E4
Shimoga 114/115 C5
Shiraz 128/129 I3
Shreveport 156/157 J6
Shuangyashan 114/115 I2
Šiauliai (Schaulen) 62/63 R2
Siberut 114/115 E7
Sibu 114/115 G6
Sichote-Alin 112/113 O5
Sidi-Bel-Abbès 128/129 C2
Sidi-Ifni 128/129 B3
Siebenbürgen 64/65 E2
Sieg 32/33 C2
Siegburg 30/31 C5
Siegen 30/31 D5
Siena 62/63 L8
Sierra de la Demanda 62/63 E8/9
Sierra Leone 126/127.1 C6, 128/129 B5
Sierra-Leone-Schwelle 170/171 K6
Sierra Madre, Östliche 158/159 BC2
Sierra Madre, Westliche 158/159 B2
Sierra Nevada; Gebirge in Spanien 64/65 B3
Sierra Nevada; Gebirge in den USA 150.1 JK5/6
Sigmaringen 32/33 E4
Signalberg 32/33 H3
Signal de Vaudemont 32/33 AB4
Signy 146.2 C2
Sihanoukville 114/115 F5
Sikasso 128/129 C4
Siliguri 114/115 D4
Sima 112/113 L4
Simbabwe; Staat 126/127.1 GH8, 130/131.1 DE2
Simbabwe; Ruinenstätte 144 E3
Simbach 32/33 I4
Simbirsk 60/61 H3
Simeulue 114/115 E6
Simferopol 64/65 F2
Simla 114/115 C3
Simmern 32/33 C3
Simplon 62/63 J6-H6
Simpsonwüste 144 C4
Simrishamn 62/63 N3
Sinai, Halbinsel 128/129 G3
Sincelejo 158/159 E4
Sindelfingen 32/33 DE4
Singapur 108/109 L9, 114/115 F6
Singen 32/33 D5
Sinn 32/33 E2
Sinsheim 32/33 D3
Sint Maarten 158/159 F3
Sinuiju 112/113 N5/6
Sioux City 156/157 J5
Siping 114/115 H2
Sisimiut (Holsteinsborg) 156/157 N3
Sitka 156/157 F4
Sittwe 114/115 E4
Sivas 128/129 G2
Siwa 128/129 F3
Sizilien 64/65 D3
Skagen 62/63 L1
Skagerrak 60/61 D3
Skagway 156/157 F4
Skandinavische Halbinsel 60/61 DE2
Skandinavisches Gebirge 54/55 E3-F2
Skikda 128/129 D2
Sklavenküste 128/129 D5
Skopje 56/57 G4, 64/65 E2
Skoworodino 112/113 N4
Slaný 32/33 J2
Slaper Talsperre 32/33 J3
Slatoust 60/61 I3
Slea Head 62/63 A3
Sligo 62/63 B2
Sljudjanka 112/113 L4
Slochteren 30/31 B2
Slowakische Republik 56/57 FG4, 62/63 P5
Slowakisches Erzgebirge 62/63 PQ5
Slowenien 56/57 F4, 62/63 N6
Słubice (Dammvorstadt) 30/31 J3
Słupsk (Stolp) 62/63 O2
Småland 62/63 MN1
Smolensk 60/61 G3
Snake 156/157 H5
Snaresinseln 144 F6
Sneek 30/31 A2
Snowdon 62/63 D3
Sobat 128/129 G5
Soběslav 32/33 J3
Sobradinhostausee 158/159 H5
Sobral 158/159 H5
Sochaux 32/33 B5
Soest 30/31 D4
Soeste 30/31 C2/3
Sofia (Sofija) 56/57 G4, 64/65 E2
Sofija (Sofia) 56/57 G4, 64/65 E2
Sohag 128/129 G3
Sokodé 128/129 D5
Sokolov (Falkenau) 32/33 H2
Sokoto 128/129 D4
Sokotra 128/129 I4
Solapur 114/115 C5
Soldin 30/31 J3
Solikamsk 60/61 I3
Sol-Ilezk 60/61 I3
Solingen 30/31 C4
Solling 30/31 E4
Solnhofen 32/33 F4
Sologne 62/63 GH6
Soltau 30/31 E3
Solway Firth 62/63 DE2
Somalia 126/127.1 I6, 128/129 H5
Somali-Halbinsel 128/129 H5-I4
Someş 62/63 R6
Somme 62/63 H5
Sömmerda 32/33 G1
Sommerfeld 30/31 J4
Sonderburg 30/31 E1
Sondershausen 32/33 F1
Sondrio 62/63 K6
Songhua Jiang 114/115 H2
Songkhla 114/115 F6
Sonneberg 32/33 G2
Sonthofen 32/33 F5
Sopron 62/63 O6
Sorau (Żary) 30/31 K4
Sorocaba 158/159 H7
Sorolatoll 114/115 J6
Sorong 144 C2
Sør Rondane 146.2 B9
Sörup 30/31 E1
Sosnowice (Sosnowitz) 62/63 P4
Sosnowitz (Sosnowice) 62/63 P4
Sotschi 60/61 G4
Sousse 128/129 E2
Southampton 62/63 F4
Southamptoninsel 156/157 KL3
Southend-on-Sea 62/63 G4
Southern Uplands 62/63 DE2
Soweto 130/131.1 D3
Sowjetsk (Tilsit) 62/63 Q2
Sowjetskaja-Gawan 112/113 P5
Sowjetunion (UdSSR) 208/209.1
Spa 32/33 A2
Spaichingen 32/33 D4
Spanien 56/57 D5-D4, 62/63 C8-E8
Sparta 64/65 E3, 80.2
Speinshart 32/33 GH3
Spencergolf 144 C5
Spessart 32/33 E2/3
Speyer 32/33 D3
Spiekeroog 30/31 C2
Spindlermühle 30/31 K5
Spirdingsee 62/63 QR3
Spitzbergen 112/113 DE2
Split 62/63 O7
Spokane 156/157 H5
Spratly-Inseln 114/115 G6
Spree 30/31 J3
Spreewald 30/31 IJ3/4
Spremberg 30/31 J4
Springbok 130/131.1 C3
Springe 30/31 E3
Springfield; Stadt in Illinois, USA 156/157 K6
Springfield; Stadt in Missouri, USA 156/157 J5
Springfield; Stadt in Massachusetts, USA 156/157 L5
Sprottau 30/31 K4
Sredni Urgal 112/113 O4
Sri Lanka 108/109 J9, 114/115 D6
Srinagar 114/115 C3
Stade 30/31 E2
Stadskanaal 30/31 B2
Stadtallendorf 32/33 E2
Stadthagen 30/31 E3
Stadtlohn 30/31 B4
Staffelsee 32/33 G5
Staffelstein 32/33 G2
Stalingrad (heute: Wolgograd) 102.1
Stams 32/33 FG5
Stanley 160 D5
Stanowoibergland 112/113 M4
Stanowoigebirge 112/113 NO4
Stará Boleslav, Brandys- 32/33 J2
Stara Zagora 64/65 E2
Stargard (Stargard Szczeciński) 30/31 K2
Stargard Szczeciński (Stargard) 30/31 K2
Starnberg 32/33 G4/5
Starnberger See 32/33 G5
Stary-Oskol 60/61 G3
Staßfurt 30/31 G4
Stausee von Tscheboksary 60/61 H3
Stavanger 60/61 D3
Stawropol 60/61 H4
Steben, Bad 32/33 G2
Steenwijk 30/31 B3
Steep Point 144 A4
Stege 30/31 H1
Steigerwald 32/33 F3
Stein 32/33 D5
Steinfurt 30/31 C3
Steinhausen 32/33 E4
Steinhuder Meer 30/31 E3
Steinige Tunguska 112/113 KL3/4
Steinwald 32/33 H3
Stendal 30/31 G3
Sterlitamak 60/61 I3
Sternberg 30/31 G2
Sternstein 32/33 J4
Stettin (Szczecin) 30/31 J2
Stettiner Haff 30/31 J2
Stewartinsel 144 FG6
Steyr; Fluss 32/33 J4/5
Steyr; Stadt 32/33 J4
Stockach 32/33 E5
Stockholm 56/57 F3, 60/61 E3
Stockport 62/63 E3
Stoke-on-Trent 62/63 E3
Stolberg 30/31 B5
Stollberg 32/33 H2
Stolp (Słupsk) 62/63 O2
Stonehenge 62/63 F4
Stör 30/31 E2
Störkanal 30/31 G2
Stormarn 30/31 EF2
Strakonice 32/33 I3
Stralsund 30/31 I1
Stranraer 62/63 D2
Strasbourg (Straßburg) 32/33 C4
Strasburg 30/31 I2
Straßburg (Strasbourg) 32/33 C4
Straße von Dover 62/63 G4
Straße von Gibraltar 64/65 B3
Straße von Hormus 128/129 I3
Straße von Mosambik 130/131.1 F3-F2
Straße von Yucatán 158/159 D2/3
Straubing 32/33 H4
Strausberg 30/31 I3
Stresow 30/31 I2
Strynø 30/31 F1
Stubbekøbing 30/31 H1
Stubbenkammer 30/31 I1
Studenica 62/63 Q8
Stuifen 32/33 E4
Stuttgart 27.2 C4, 32/33 E4
Suakin 128/129 G4
Subotica 62/63 P6
Suchona 60/61 H2
Suchumi 64/65 G2
Sucre 153.2 D6, 158/159 F6
Südafrika 126/127.1 G10, 130/131.1 CD4
Südafrikanische Union 202/203.1
Südamerika 170/171 H7-J7
Sudan 126/127.1 GH5, 128/129 FG4
Südantillenbecken 170/171 IJ10
Südantillenrücken 170/171 IJ10
Südatlantischer Rücken 170/171 K7-L10
Südaustralisches Becken 170/171 U9
Sudbury 156/157 K5
Südchinesisches Bergland 114/115 G4
Südchinesisches Meer 114/115 G4/5
Sudd 128/129 G5
Sude 30/31 FG2
Süderoogsand 30/31 D1
Sudeten 62/63 NO4
Sudetenland 101.2
Südgeorgien 160 F5
Südinsel 140/141 L8
Südkarpaten 64/65 E2
Südkorea 108/109 NO6, 112/113 NO6
Südliche Cookinseln 140/141 NO5/6
Südliche Sierra Madre 158/159 BC3
Südliches Somalibecken 170/171 PQ6/7
Südorkney-Inseln 160 E5
Südostindisches Becken 170/171 S9
Südostkap 144 D6
Südpazifischer Rücken 170/171 X11-Z10
Südpazifisches Becken 170/171 XY10
Südpol 146.2 A
Südsandwich-Graben 170/171 JK10/11
Südsandwichinseln 160 FG5
Südshetlandinseln 160 CD6
Südwestafrikanisches Hochland 130/131.1 C2/3
Südwestindisches Becken 170/171 PQ9
Südwestkap 144 F6
Suez 128/129 G3
Suezkanal 64/65 F3
Suhl 32/33 F2
Suihua 112/113 N5
Sukkertoppen (Maniitsoq) 156/157 N3
Sukkur 128/129 J3
Sula-Inseln 114/115 H7
Sulawesi (Celebes) 114/115 GH7
Sulaymaniyah 128/129 H2
Suleimangebirge 128/129 J2/3
Sulingen 30/31 D3
Sulu-Inseln 114/115 H6
Sulusee 114/115 GH6
Sulzbach 32/33 C3
Sulzbach-Rosenberg 32/33 G3
Sumatra 114/115 E6/7
Sumba 114/115 GH8
Sumbawa 114/115 G7
Sumgait 128/129 H1
Sumi 64/65 F1
Sundagraben 170/171 ST6/7
Sunda-Inseln, Große 114/115 FG6/7
Sunda-Inseln, Kleine 114/115 GH7
Sunderland 62/63 F2
Sundern 30/31 CD4
Sundgau 32/33 C5
Sundsvall 60/61 E2
Sunshine Coast 144 E4
Süntel 30/31 E3
Superior 156/157 J5
Sur 128/129 I3
Surabaya 114/115 G7
Surakarta 114/115 G7
Surat 114/115 C4
Surgut 60/61 K2
Suriname 153.2 E4, 158/159 G4
Sussuman 112/113 P3
Suva 142/143 L5
Suzhou 114/115 H3
Svealand 60/61 E2/3

Sverdrupinseln 156/157 I2-K2
Swakopmund 130/131.1 C3
Swansea 62/63 E4
Swasiland 126/127.1 GH9, 130/131.1 E3
Swinemünde (Swinoujście) 30/31 J2
Swinoujście (Swinemünde) 30/31 J2
Swobodny 112/113 N4
Sydney; Stadt in Kanada 156/157 M5
Sydney; Stadt in Australien 144 E5
Syke 30/31 D3
Syktywkar 60/61 I2
Sylt 30/31 D1
Sylvensteinsee 32/33 G5
Syowa 146.2 C10/11
Syrakus 64/65 D3
Syr-Darja 112/113 H5
Syrien 126/127.1 H3, 128/129 G2
Syrische Wüste 64/65 FG3
Syrjanka 112/113 Q3
Syrjanowsk 112/113 J5
Syrte, Kleine 128/129 E2
Sysran 60/61 H3
Szczecin (Stettin) 30/31 J2
Szeged 62/63 PQ6
Székesfehérvár 62/63 P6
Szombathely 62/63 O6

T

Tabatinga 158/159 F5
Taberg 62/63 N1
Tábor 32/33 J3
Tabora 128/129 G6
Täbris 128/129 H2
Tabuk 128/129 G3
Tachau 32/33 H3
Tacloban 114/115 H5
Tacna 158/159 E6
Tacoma 156/157 G5
Tademaït, Plateau von 128/129 D3
Tadschikistan 108/109 HI6, 112/113 HI6
Taegu 112/113 N6
Taejon 112/113 N6
Tafelfichte 32/33 K2
Taganrog 60/61 G4
Tahat 128/129 D3
Tahiti 140/141 OP5
Tahoua 128/129 D4
Taihang Shan 114/115 G3
Taimyr, Halbinsel 112/113 KL2
Taimyrsee 112/113 KL2
Tainan 114/115 H4
Taipeh 108/109 N7, 114/115 H4
Taischet 112/113 K4
Taitschung 114/115 H4
Taitung 114/115 H4
Taiwan 114/115 H4
Taiyuan 114/115 G3
Taizz 128/129 H4
Tajo 54/55 D4/5
Tajo (Tejo) 64/65 B3
Tajumulco 158/159 C3
Tak 114/115 E5
Talara 158/159 D5
Talaudinseln 114/115 H6
Talca 160 B3
Talcahuano 160 B3
Tal des Todes 156/157 H6
Taldy-Kurgan 112/113 I5
Tallahassee 156/157 K6
Tallinn 56/57 G3, 60/61 F3
Tamale 128/129 C5
Tamanrasset 128/129 D3
Tambow 60/61 H3
Tampa 156/157 K7
Tampere 60/61 F2
Tampico 158/159 C2
Tamworth 144 E5
Tanahjampea-Inseln 114/115 H7
Tanahmera 144 D2
Tanahmerah 114/115 J7
Tanasee 128/129 G4
Tandil 160 D3
Tanga 128/129 G6
Tanganyikasee 128/129 FG6
Tanger 128/129 C2
Tangerhütte 30/31 G3
Tangermünde 30/31 G3
Tanggula Shan 114/115 DE3
Tangshan 114/115 G3
Tanimbarinseln 114/115 I7
Tanjung 114/115 G7
Tannugebirge 112/113 K4
Tansania 126/127.1 H7, 128/129 G6
Tanta 64/65 F3
Tanzplan 32/33 J2
Taolanaro 130/131.1 F3
Tapajós 158/159 G5
Tarakan 114/115 G6
Taras 112/113 I5
Tarawa 142/143 L3
Tarbagatai 114/115 D2
Tarcoola 144 C5
Tarent 64/65 D2
Tarija 158/159 F7
Tarim 128/129 H4
Tarimbecken 114/115 C3-D2
Tarim He 114/115 D2
Tarlac 114/115 H5
Tarn 62/63 H8
Tarnów 62/63 Q4/5
Tarraco (heute: Tarragona) 81.3
Taschaus (Daşoguz) 112/113 G5
Taschkent 108/109 H5, 112/113 H5
Taschtagol 112/113 J4
Tasiilaq (Ammassalik) 156/157 P3
Tåsinge 30/31 F1
Tasmanbecken 170/171 W9/10
Tasmanien 144 D6
Tasmanschwelle 170/171 V10
Tasmansee 144 E5
Tassili der Adjer 128/129 DE3
Tatabánya 62/63 P6
Tatra, Hohe 62/63 PQ5
Tauber 32/33 E3
Tauberbischofsheim 32/33 E3
Tauberland 32/33 EF3
Tauern, Niedere 32/33 IJ5
Taufkirchen 32/33 H4
Taufstein 32/33 E2
Taung-gyi 114/115 E4
Taunus 32/33 CD2
Tauranga 144 G5
Taurus 128/129 FG2
Taus 32/33 H3
Tavoy 114/115 E5
Tawau 114/115 G6
Tawda 60/61 J3
Tébessa 128/129 D2
Teck 32/33 E4
Tedschen 112/113 H6
Tefé 158/159 F5
Tegelen 30/31 B4
Tegernsee; See 32/33 G5
Tegernsee; Stadt 32/33 G5
Tegucigalpa 152.1 N8, 158/159 D3
Teheran 126/127.1 J3, 128/129 I2
Tejo (Tajo) 64/65 B3
Tel Aviv-Jaffa 128/129 G2
Teleno 62/63 C8
Telfs 32/33 G5
Tellatlas 128/129 CD2
Telšiai 62/63 R2
Teltow 30/31 I3
Tema 128/129 D5
Temirtau 112/113 I5
Templin 30/31 I2
Temuco 160 B3
Teneriffa 64/65 A4
Tennant Creek 144 C3
Tennengebirge 32/33 I5
Tennessee 156/157 K6
Teófilo Otoni 158/159 H6
Teotihuacán 158/159 C2
Tepic 158/159 B2
Tepl 32/33 H3
Tepler Hochland 32/33 HI3
Teplice (Teplitz) 32/33 I2
Teplitz (Teplice) 32/33 I2
Terceira 54/55 B5
Teresina 158/159 H5
Ternate 114/115 H6
Ternopil 64/65 E2
Terre Haute 156/157 K6
Tete 130/131.1 E2
Teterow 30/31 H2
Tetouan 128/129 C2
Tetschen (Děčín) 32/33 J2
Tettnang 32/33 E5
Teufelshöhle 32/33 G3
Teufelsmoor 30/31 DE2
Teutoburger Wald 30/31 CD3/4
Tezpur 114/115 E4
Thabana Ntlenyana 130/131.1 D3
Thabazimbi 130/131.1 D3
Thailand 108/109 KL8, 114/115 F5
Thale 30/31 G4
Thanh Hoa 114/115 F5
Thann 32/33 C5
Thaya 62/63 O5
Theben 128/129 G3
Theiß 62/63 Q7
Themse 62/63 F4
The Pas 156/157 I4
The Wash 62/63 G3
Thiès 128/129 B4
Thimphu 108/109 J7, 114/115 D4
Thionville (Diedenhofen) 32/33 B3
Thiruvananthapuram 114/115 C6
Thompson 156/157 J4
Thoothukudi 114/115 C6
Thorn (Toruń) 62/63 P3
Thule (Qaanaaq) 156/157 M2
Thunder Bay 156/157 K5
Thur 32/33 D5
Thüringen 27.2 D3, 32/33 FG1
Thüringer Becken 30/31 FG4
Thüringer Wald 32/33 FG2
Thurstoninsel 146.2 C33-B33
Tiahuanaco 158/159 F6
Tianjin 114/115 G3
Tian Shan 114/115 CD2
Tibesti 128/129 E3
Tibet 114/115 DE3
Tibet, Hochland von 106/107 J6
Tiefland von Turan 112/113 GH5
Tieling 114/115 H2
Tiengen, Waldshut- 32/33 D5
Tierra de Campos 60/61 C4
Tiflis 108/109 F5, 112/113 F5
Tigris 128/129 H2
Tijuana 158/159 A1
Tikal 158/159 D3
Tilemsischwelle 128/129 CD4
Tilsit (Sowjetsk) 62/63 Q2
Timanrücken 60/61 HI2
Timaru 144 G6
Timimoun 64/65 C4
Timiș 62/63 R7
Timișoara 62/63 Q7
Timmendorfer Strand 30/31 F2
Timmins 156/157 K5
Timor 114/115 H7/8
Timor-Leste 108/109 N10/11, 114/115 H7
Timorsee 144 B3
Tindouf 128/129 C3
Tinerhir 128/129 C2
Tirana (Tiranë) 56/57 F4, 64/65 D2
Tiranë (Tirana) 56/57 F4, 64/65 D2
Tiraspol 64/65 E2
Tirschenreuth 32/33 H3
Tiruchchirappalli 114/115 C5
Tirunelveli 114/115 C6
Tiruppur 114/115 C5
Titicacasee 158/159 EF6
Titisee-Neustadt 32/33 D5
Tixi 112/113 N2
Tjumen 60/61 J3
Toamasina 130/131.1 F2
Tobago 158/159 F3
Tobasee 114/115 E6
Tobol 60/61 J3
Tobolsk 60/61 J3
Tocantins 158/159 H5
Tocopilla 160 B2
Todtnau 32/33 C5
Toggenburg 32/33 E5
Töging 32/33 H4
Togo 126/127.1 E6, 128/129 D4/5
Tokar 128/129 G4
Tokelau-Inseln 142/143 MN4
Tokyo 108/109 O6, 112/113 OP6
Toledo 156/157 K5
Toliara 130/131.1 F3
Toljatti 60/61 H3
Tollense 30/31 I2
Tollensesee 30/31 I2
Toluca 158/159 C3
Tölz, Bad 32/33 G5
Tombouctou 128/129 C4
Tommot 112/113 N4
Tomsk 112/113 J4
Tondern 30/31 D1
Tonga 142/143 M5
Tonga-Inseln 140/141 M5/6
Tonghua 114/115 H2
Tongliao 114/115 H2
Tongshuan 114/115 F3
Tongtian He (Jangtsekiang) 114/115 E3
Tonking 114/115 F4/5
Tönning 30/31 D1
Toowoomba 144 E4
Topeka 156/157 J6
Topsee 60/61 G2
Torbay 62/63 E4
Torgau 30/31 HI4
Torgelow 30/31 J2
Torino (Turin) 62/63 J7
Torneälv 60/61 F2
Toronto 156/157 L5
Torpa 62/63 M1
Torre Ceredo 62/63 D8
Torreón 158/159 B2
Torresstraße 144 D2
Toruń (Thorn) 62/63 P3
Toscana 62/63 L8
Toskana 54/55 F4
Totes Gebirge 32/33 IJ5
Totes Meer 124/125.1 H3
Toubkal 128/129 C2
Touggourt 128/129 D2
Toul 32/33 A4
Toulon 62/63 I8
Toulouse 62/63 G8
Tours 62/63 G6
Townsville 144 D3
Traben-Trarbach 32/33 C3
Trabzon 128/129 G1
Tralee 62/63 B3
Transantarktisches Gebirge 146.2 A34-B22
Transhimalaya 114/115 C3-E3
Trarbach, Traben- 32/33 C3
Trasimenischer See 62/63 LM8
Tratzberg 32/33 G5
Traun; Stadt 32/33 J4
Traun; Fluss 32/33 I4
Traunreut 32/33 H5
Traunsee 32/33 I5
Traunstein 32/33 H5
Trave 30/31 F2
Travemünde, Lübeck- 30/31 F2
Trebel 30/31 H2
Treene 30/31 E1
Trelleborg 62/63 M2
Trent 62/63 F3
Trenton 156/157 L5
Treptow 30/31 K1
Três Lagoas 158/159 G7
Três-Marias-Stausee 158/159 H6
Treuchtlingen 32/33 F4
Treuenbrietzen 30/31 H3
Treviso 62/63 M7
Triberg 32/33 D4
Trier 32/33 B3
Triest (Trieste) 62/63 M7
Trieste (Triest) 62/63 M7
Trifels 32/33 CD3
Triglav 62/63 M6
Trimburg 32/33 EF2
Trinidad; Insel 158/159 FG3
Trinidad; Stadt 158/159 F6
Trinidade 170/171 JK8
Trinidad und Tobago 153.2 DE3, 158/159 FG3
Trinkomalee 114/115 D6
Tripoli 128/129 G2
Tripolis 126/127.1 F3, 128/129 E2
Tripolitanien 128/129 E2
Trischen 30/31 D1
Tristan da Cunha 170/171 L9
Troisdorf 30/31 C5
Trois-Rivières 156/157 L5
Troja 80.2, 128/129 F2
Tromelininsel 130/131.1 G2
Tromsø 60/61 E2
Trondheim 60/61 E2
Trosky 32/33 K2
Trossingen 32/33 D4
Trostberg 32/33 H4
Troyes 62/63 I5
Trujillo 158/159 E5
Trukinseln 140/141 J3
Tsaratanana 130/131.1 F2
Tschad; See 128/129 E4
Tschad; Staat 128/129 EF4
Tschadbecken 128/129 E4
Tschagosinseln 170/171 Q7
Tschalkar 112/113 G5
Tschardschu 112/113 H6
Tscheboksary 60/61 H3
Tschechische Republik 56/57 F4, 62/63 M5-O5
Tscheljabinsk 60/61 J3
Tscheljuskin-Observatorium 146.1 B23
Tschenstochau (Czestochowa) 62/63 P4
Tscheremchowo 112/113 L4
Tscherepowez 60/61 G3
Tscherkasi 64/65 F2
Tscherkessk 112/113 F5
Tschernihiw 64/65 F1
Tschernischewski 112/113 M3
Tscherniwzi (Czernowitz) 64/65 E2
Tscherskigebirge 112/113 OP3
Tschimkent 112/113 H5
Tschita 112/113 M4
Tschkent 114/115 B2
Tschuktschenhalbinsel 106/107 T3
Tschuktschen-Halbinsel 112/113 T3
Tschuktschensee 112/113 T2/3
Tschumikan 112/113 O4
Tschuna 112/113 K4
Tsertserleg 114/115 F2
Tshikapa 128/129 F6
Tsingtau (Qingdao) 114/115 H3
Tsumeb 130/131.1 C2
Tuamotu-Archipel 140/141 PQ5
Tuapse 128/129 G1
Tubarão 160 E2
Tübingen 32/33 E4
Tubruq 128/129 F2
Tucson 156/157 H6
Tucuruí 158/159 H5
Tucuruístausee 158/159 H5
Tuguegarao 114/115 H5
Tukangbesi-Inseln 114/115 H7
Tuktoyaktuk 156/157 F3
Tula 60/61 G3
Tulsa 156/157 J6
Tulun 112/113 L4
Tumaco 158/159 E4
Tumbes 158/159 D5
Tunesien 126/127.1 E, 128/129 DE2
Tunguska, Steinige 112/113 KL3/4
Tunguska, Untere 112/113 K3
Tunis 126/127.1 F3, 128/129 E2
Tunja 158/159 E4
Tupiza 158/159 F7
Tura 112/113 L3
Turgaitafelland 106/107 GH4
Turin (Torino) 62/63 J7
Turkanasee (Rudolfsee) 128/129 G5
Türkei 126/127.1 H3, 128/129 G2
Turkestan 112/113 H5
Turkmenbaschi 112/113 G5/6
Turkmenistan 108/109 GH5/6, 112/113 GH5/6

ks- und Caicosinseln 152.1 OP7, 158/159 EF2
ku (Åbo) 60/61 F2
mberg 62/63 P2
nau 32/33 K2
rpan 114/115 D2
rpansenke 114/115 DE2
uchansk 112/113 J3
scaloosa 156/157 K6
tlingen 32/33 D5
valu 142/143 L4
xtla Gutiérrez 158/159 C3
zsee 64/65 F3
ente 30/31 B3
entekanal 30/31 B3
er 112/113 E4
in Falls 156/157 H5
o Harbors 156/157 J5
nda 112/113 N4
rrhenisches Meer 64/65 D2/3

U

beraba 158/159 H6
berlândia 158/159 H6
berlingen 32/33 E5
bon Ratchatani 114/115 F5
bundu 128/129 F6
cayali 158/159 E5
chta 60/61 I2
chte 30/31 G3
ckermark 30/31 IJ2
dachnaya 112/113 M3
daipur 114/115 C4
dine 62/63 M6
ecker 30/31 I2
eckermünde 30/31 J2
eckermünder Heide 30/31 J2
elzen 30/31 F3
etersen 30/31 E2
fa 60/61 I3
ganda 126/127.1 H6, 128/129 G5
glegorsk 112/113 P5
ige 130/131.1 C1
itenhage 130/131.1 D4
jung Pandang (Makassar) 114/115 G7
kraine 56/57 GH4, 64/65 EF2
laangom 114/115 E2
lan-Bator 108/109 L5, 114/115 F2
lan-Ude 112/113 L4
liastay 114/115 E2
lithi-Atoll 114/115 IJ5/6
lm 32/33 E4
lsan 112/113 N6
lster 62/63 C2
meå 60/61 F2
mnakinseln 112/113 TU4
mtata 130/131.1 D4
nalaska 156/157 C4
nayzah 128/129 H3
Undeloh 30/31 E2
Ungarische Tiefebene 62/63 PQ6
Ungarn 56/57 F4, 62/63 O6-Q6
Ungava-Halbinsel 156/157 L3/4
Unstrut 32/33 G1
Unteralterheim 32/33 E3
Unterer Kamastausee 60/61 I3
Untere Tunguska 112/113 K3
Upernavik 156/157 N2
Upington 130/131.1 D3
Uppsala 60/61 E3
Ur; Ruinenstätte 128/129 H2
Ur; Fluss 32/33 B2
Urach, Bad 32/33 E4
Ural 60/61 I4
Uralgebirge 60/61 I2/3
Uralsk 112/113 G4
Uranium City 156/157 I4
Urengoi 112/113 I3
Urfa 128/129 G2
Urganch 112/113 H5
Urk 30/31 A3
Uruapan 158/159 B3
Uruguaiana 160 D2/3
Uruguay; Staat 153.2 E8, 160 D3
Uruguay; Fluss 160 D2
Urumieh 128/129 H2
Urumiehsee 54/55 I5
Ürümqi 114/115 D2
Urup 112/113 Q5
Usbekistan 108/109 H5, 112/113 H5
Uschhorod 62/63 R5
Usedom 30/31 IJ 1/2
Ushuaia 160 C5
Uslar 30/31 E4
Ussa 112/113 G3
Ussuriisk 112/113 O5
Uster 32/33 D5
Ust-Ilimsk 112/113 L4
Ústí nad Labem (Aussig) 32/33 J2
Ust-Ischim 112/113 I4
Ust-Kamtschatsk 112/113 R4
Ust-Kut 112/113 L4
Ust-Nera 112/113 P3
Ust-Urt-Plateau 112/113 G5
Utrecht 62/63 I3
Utsunomiya 112/113 O6
Uummannarsuaq (Kap Farvel) 156/157 O4
Uvs Nuur 114/115 E1/2
Uxmal 158/159 D2

V

Vaal 130/131.1 D3
Vaasa 60/61 F2
Vadodara 114/115 C4
Vaduz 56/57 E4, 62/63 K6
Vaiaku 142/143 L4
Valdez 156/157 E3
Valdivia 160 B3
Valence 62/63 I7
Valencia; Stadt in Spanien 64/65 B3
Valencia; Stadt in Venezuela 54/55 D5
Valenciennes 62/63 H4
Valera 158/159 E4
Valetta 128/129 E2
Valladolid 62/63 D9
Valledupar 158/159 E3
Valletta 56/57 F5, 64/65 D3
Valparaíso 160 B3
Van 128/129 H2
Vancouver 156/157 G5
Vancouverinsel 156/157 FG5
Vänersee 60/61 E3
Van Harinxma-Kanal 30/31 A2
Vansee 64/65 G3
Vanua Levu 140/141 M5
Vanuatu 142/143 K5
Varanasi 114/115 D4
Varberg 62/63 M1
Varel 30/31 D2
Varna 64/65 E2
Värnamo 62/63 MN1
Västerås 60/61 E3
Vatikanstadt 56/57 F4, 64/65 D2
Vättersee 60/61 E3
Växjö 62/63 N1
Vechta 30/31 D3
Vechte 30/31 B3
Veendam 30/31 B2
Veitshöchheim 32/33 EF3
Vejle 62/63 K2
Velebit 62/63 N7
Vellore 114/115 C5
Velmerstot 30/31 DE4
Veluwe 30/31 A3
Velzener Becken 30/31 F2/3
Venedig 62/63 M7
Venezuela 153.2 D4, 158/159 F4
Venlo 30/31 B4
Venn, Hohes 32/33 AB2
Venray 30/31 A4
Venta 62/63 R1
Ventspils 60/61 F3
Veracruz 158/159 C3
Verden 30/31 E3
Verdun 62/63 I5, 98.1
Vereeniging 130/131.1 D3
Vereinigte Arabische Emirate 126/127.1 J4, 128/129 I3
Vereinigte Staaten 152.1 L5-N6, 156/157 I5-K6
Vernadsky 146.2 C36
Verona 62/63 L7
Versailles 62/63 H5, 92.2
Verviers 32/33 A2
Veseli 32/33 J3
Vesoul 32/33 B5
Vesuv 64/65 D2
Vetschau 30/31 J4
Vianden 32/33 B3
Viborg 62/63 K1
Vicenza 62/63 L7
Vichy 62/63 H6
Victoria; Stadt auf den Seychellen 126/127.1 J7, 128/129 I6
Victoria; Stadt in Kanada 156/157 G5
Victoria; Stadt in Mexiko 158/159 C2
Victoria-Insel 156/157 HI2
Victorialand 146.2 B22/23
Victoriasee 128/129 G6
Viechtach 32/33 H3
Viedma 160 C4
Vientiane 106/107 L8, 108/109 L8
Viersen 30/31 B4
Vierzehnheiligen 32/33 G2
Vietnam 108/109 LM8, 114/115 FG5
Viet Tri 114/115 F4
Vigo 64/65 B2
Vijayavada 114/115 D5
Vila Bela 158/159 G6
Villach 62/63 M6
Villa Dolores 160 C3
Villahermosa 158/159 C3
Villamontes 158/159 F7
Villavicencio 158/159 E4
Ville 30/31 B5
Villerupt 32/33 A3
Villingen-Schwenningen 32/33 D4
Vilnius (Wilna) 56/57 G3, 62/63 S2
Vils 32/33 H4
Vilsbiburg 32/33 H4
Vilshofen 32/33 I4
Viña del Mar 160 B3
Vindhayagebirge 114/115 C4
Vindobona (heute: Wien) 82.1
Vinh 114/115 F5
Vinsonmassiv 146.2 B34
Vis 62/63 O8
Vishakhapatnam 114/115 D5
Viti Levu 140/141 L5
Vitoria; Stadt in Spanien 62/63 E8
Vitória; Stadt in Brasilien 158/159 H7
Vitória da Conquista 158/159 H6
Vittel 32/33 A4
Vizekönigreich Neugranada 200.2
Vizekönigreich Neuspanien 200.2
Vizekönigreich Peru 200.2
Vlašim 32/33 J3
Vlotho 30/31 D3
Vöcklabruck 32/33 I4
Vodňany 32/33 J3
Vodochody 32/33 J2
Vogelfluglinie 30/31 G1
Vogelkopfhalbinsel 144 C2
Vogelsberg 32/33 E2
Vogesen 32/33 B5-C4
Vogtland 32/33 GH2
Vohburg 32/33 G4
Vöhringen 32/33 F4
Volkach 32/33 F3
Völklingen 32/33 B3
Voltastausee 128/129 C5
Vorpommern 26.1 EF1/2
Votice 32/33 J3
Vryburg 130/131.1 D3
Vulkangraben 170/171 V5
Vulkaninseln 114/115 J4
Vung Tau 114/115 F5

W

Waag 62/63 O5
Waco 156/157 J6
Wadi Halfa 128/129 G3
Wad Medani 128/129 G4
Wagga-Wagga 144 D5
Wagrien 30/31 F1
Waiblingen 32/33 E4
Waidhofen 32/33 J5
Waigatschinsel 112/113 GH2
Waigeo 144 C2
Wake-Insel 140/141 K2
Wakkanai 112/113 P5
Walachei 64/65 E2
Wałbrzych (Waldenburg) 62/63 O4
Walchensee 32/33 G5
Waldaihöhe 60/61 G3
Waldbröl 30/31 C5
Waldburg 32/33 E5
Waldeck 32/33 E1
Waldenburg (Wałbrzych) 62/63 O4
Waldkirch 32/33 C4
Waldkirchen 32/33 I4
Waldkraiburg 32/33 H4
Waldnaab 32/33 H3
Waldsee, Bad 32/33 E5
Waldshut-Tiengen 32/33 D5
Wales 62/63 E3
Walfischrücken 170/171 M8/9
Walgreenküste 146.2 B32
Walhalla 32/33 H3
Walla Walla 156/157 H5
Walldürn 32/33 E3
Wallisinsel 140/141 M5
Wallis und Futuna 142/143 LM5
Walsall 62/63 EF3
Walsrode 30/31 E3
Waltershausen 32/33 F2
Walvis Bay 130/131.1 C3
Wanadsor 112/113 F5
Wanawara 112/113 L3
Wangen 32/33 E5
Wangerooge 30/31 CD2
Wanxian 114/115 F3
Wanzleben 30/31 G3
Warangal 114/115 C5
Warburg 30/31 E4
Waren 30/31 H2
Warendorf 30/31 C4
Warnemünde, Rostock- 30/31 H1
Warnow 30/31 H2
Warnsdorf 32/33 J2
Warschau (Warszawa) 56/57 G3, 62/63 Q3
Warstein 30/31 D4
Warszawa (Warschau) 56/57 G3, 62/63 Q3
Wartburg 32/33 F2, 90.1
Warthe 62/63 N3
Warthebruch 30/31 JK3
Wasatchkette 156/157 H6-H5
Washington 152.1 O6, 156/157 L6
Waskaganish 156/157 L4
Wasserburg 32/33 H4
Wasserkuppe 32/33 E2
Waterford 62/63 C3
Waterloo; Stadt in den USA 156/157 J5
Waterloo; Stadt in Belgien 62/63 I4
Wattens 32/33 G5
Wattwil 32/33 E5
Watzmann 32/33 H5
Wau 128/129 F5
Webi Shabeelle 128/129 H5
Weddellmeer 160 DE6
Wedel 30/31 E2
Wedemark 30/31 E3
Weert 32/33 A1
Wegscheid 32/33 I4
Weichsel (Wisła) 62/63 P3
Weiden 32/33 H3
Weifang 114/115 G3
Weikersheim 32/33 E3
Weilburg 32/33 D2
Weiler 32/33 C4
Weilheim 32/33 G5
Weimar 32/33 G2
Weingarten 32/33 E5
Weinheim 32/33 D3
Weinsberger Wald 32/33 JK4
Weipa 144 D3
Weiße Elster 32/33 H1
Weißenburg 32/33 F3
Weißenburg 32/33 C3
Weißenfels 30/31 G4
Weißer Main 32/33 G2
Weißer Nil 128/129 G4
Weißes Meer 60/61 G4
Weißrussland 56/57 GH3, 60/61 FG3
Weißwasser 30/31 J4
Welkom 130/131.1 D3
Wellesley-Inseln 144 CD3
Wellington 142/143 L8, 144 G6
Wellingtoninsel 160 B4
Wels 32/33 IJ4
Weltenburg 32/33 GH4
Wendelstein 32/33 GH5
Wendland 30/31 G3
Wenshan 114/115 F4
Wenzhou 114/115 H4
Werchojansk 112/113 O3
Werchojansker Gebirge 112/113 N3-P3
Werdau 32/33 H2
Werder 30/31 H3
Werl 30/31 C4
Wernigerode 30/31 F4
Werra 32/33 F1
Wertach 32/33 F5
Wertheim 32/33 E3
Wesel 30/31 B4
Wesel-Datteln-Kanal 30/31 BC4
Weser 30/31 DE3
Weserbergland 26.1 C2/3
Wesergebirge 30/31 DE3
Wesselinseln 144 C3
Westanatolien 64/65 EF3
Westaustralischer Rücken 170/171 S8/9
Westaustralisches Becken 170/171 ST8
Westaustralisches Tafelland 144 A5-C4
Westerland 30/31 D1
Westerstede 30/31 C2
Westerwald 32/33 CD2
Westeuropäisches Becken 170/171 K3
Westfälische Bucht 30/31 CD4
Westfriesische Inseln 62/63 I3
Westghats 114/115 C5
Westindien 170/171 GH5
Westkap 144 F6
Westlicher Indischer Rücken 170/171 O9-Q8
Westliche Sierra Madre 158/159 B2
Westoder 30/31 J2
West Palm Beach 156/157 K7
Westpatagonien 160 B5-B4
Westport 144 G6
Weströmisches Reich 83.2
Westrussischer Landrücken 54/55 GH3
Westsaharisches Becken 128/129 CD3/4
West-Schelfeis 146.2 C15
Westsibirisches Tiefland 112/113 H3-J4
Westspitzbergen 112/113 BC2
Wetar 114/115 H7
Wetzlar 32/33 D2
Wewak 144 D2
Wexford 62/63 C3
Weyburn 156/157 I5
Weyhe 30/31 D3
Weymouth 62/63 E4
Whangarei 144 G5
Wheeling 156/157 K5
Whitehorse 156/157 F3
Whyalla 144 C5
Wiborg 60/61 F2
Wichita 156/157 J6
Wichita Falls 156/157 J6
Wicklow Mountains 62/63 C3
Wiedau 30/31 D1
Wiedenbrück, Rheda- 30/31 D4

Wiehengebirge 30/31 D3
Wien 56/57 F4, 62/63 O5
Wienhausen 30/31 F3
Wiepersdorf 30/31 I4
Wieren 30/31 F3
Wies 32/33 F5
Wiesbaden 27.2 C3, 32/33 D2
Wiese 32/33 C5
Wiesloch 32/33 D3
Wiesmoor 30/31 C2
Wight 62/63 F4
Wil 32/33 E5
Wilczek-Land 112/113 GH1/2
Wildau 30/31 I3
Wildbad 32/33 D4
Wildenburg 32/33 E3
Wildeshausen 30/31 D3
Wildungen, Bad 32/33 E1
Wilhelmshaven 30/31 D2
Wilhelmshöhe 32/33 E1
Wiljui 112/113 MN3
Wilkesland 146.2 C20-C17
Wilkizkistraße 112/113 KL2
Willingen 32/33 D1
Wilmington 156/157 L6
Wilna (Vilnius) 56/57 G3, 62/63 S2
Wilseder Berg 30/31 EF2
Wilsnack, Bad 30/31 G3
Wiltz 32/33 A3
Wimpfen, Bad 32/33 E3
Windberg 30/31 C3
Windhuk 126/127.1 F9, 130/131.1 C3
Windleite 30/31 F4
Windsheim, Bad 32/33 F3
Windsor; Stadt 156/157 K5
Windsor; Schloss, Burg 62/63 F4
Wingst 30/31 DE2
Winnipeg 156/157 J5
Winnipegsee 156/157 J4
Winnizja 64/65 E2
Winschoten 30/31 C2
Winsen a .d. Luhe 30/31 F2
Winterberg; Stadt in der Tschech. Rep. 32/33 I3
Winterberg; Stadt in Nordrhein-Westfalen 30/31 D4
Winterswijk 30/31 B4
Winterthur 32/33 D5
Wipper 30/31 F4
Wische 30/31 G3
Wisła (Weichsel) 62/63 P3
Wismar 30/31 G2
Witebsk 60/61 G3
Witim 112/113 M4
Witimplateau 114/115 G1
Witjastiefe 170/171 V6
Wittenberg 30/31 H4, 90.1
Wittenberge 30/31 G2/3
Wittenburg 30/31 G2
Wittensee 30/31 E1
Wittingau 32/33 J3
Wittingen 30/31 F3
Wittlich 32/33 B3
Wittlicher Senke 32/33 B3
Wittmund 30/31 C2
Wittow 30/31 I1
Wittstock 30/31 H2
Witzenhausen 32/33 E1
Wjatka; Stadt 60/61 H3
Wjatka; Fluss 60/61 H3
Wladikawkas 60/61 H4
Wladimir 60/61 H3
Wladiwostok 112/113 O5
Wohlen 32/33 D5
Wojwodina 62/63 PQ7
Woleai-Atoll 114/115 J6
Wolfach 32/33 D4
Wolfen, Bitterfeld- 30/31 H4
Wolfenbüttel 30/31 F3
Wolfgangsee 32/33 I5
Wolfratshausen 32/33 G5
Wolfsburg 30/31 F3
Wolga 60/61 H4
Wolgaplatte 60/61 H3
Wolgast 30/31 I1
Wolgodonsk 60/61 H4
Wolgograd 60/61 H4
Wolgograder Stausee 60/61 H4
Wolkowysk 62/63 S3
Wollin 30/31 J2
Wollongong 144 E5
Wolmirstedt 30/31 G3
Wologda 60/61 G3
Wolschski 60/61 H4
Wolverhampton 62/63 E3
Wolynien 64/65 E1
Wolynisch-Podolische Platte 54/55 GH3/4
Wondrebsenke 32/33 H2/3
Wonsan 112/113 N6
Woodlarkinsel 144 E2
Woomera 144 C5
Wörgl 32/33 H5
Wörishofen, Bad 32/33 F4
Workuta 112/113 H3
Wörlitz 30/31 H4
Worms 32/33 D3
Woronesch 60/61 G3
Worpswede 30/31 D2
Wörth 32/33 D3
Wostok 146.2 B17
Wotau 32/33 I3
Wotkinsker Stausee 60/61 I3
Wounded Knee 156/157 I5
Wrangelinsel 112/113 S2
Wrangell 156/157 F4
Wriezen 30/31 J3
Wrocław (Breslau) 62/63 O4
Wuhai 114/115 F3
Wuhan 114/115 G3
Wuhu 114/115 G3
Wu Jiang 114/115 F4
Wümme 30/31 E2
Wunsiedel 32/33 GH2
Wunstorf 30/31 E3
Wuppertal 30/31 C4
Würzburg 32/33 E3
Wurzen 32/33 H1
Wüste Lut 128/129 I2
Wüste Taklimakan 114/115 D3
Wustrow; Halbinsel 30/31 G1
Wustrow; Stadt 30/31 H1
Wutach 32/33 D5
Wuwei 114/115 F3
Wuxi 114/115 H3
Wuzhou 114/115 G4
Wyk 30/31 D1
Wyndham 144 B3
Wytschegda 60/61 I2

X

Xaintois 32/33 AB4
Xai-Xai 130/131.1 E3
Xanten 30/31 B4
Xiamen 114/115 G4
Xi'an 114/115 F3
Xiangfan 114/115 G3
Xianggang (Hongkong) 114/115 G4
Xiangtan 114/115 G4
Xigaze 114/115 D4
Xi Jiang 114/115 FG4
Xingtai 114/115 G3
Xingu 158/159 G5
Xingyang 114/115 G3
Xining 114/115 F3
Xinxiang 114/115 G3
Xisha-Inseln 114/115 G5
Xuzhou 114/115 G3

Y

Yakeshi 114/115 H2
Yakutat 156/157 F4
Yalu Jiang 112/113 N5
Yamagata 112/113 OP6
Yamoussoukro 126/127.1 D6, 128/129 C5
Yampi Sound 144 B3
Yanbu al Bahr 128/129 G3
Yancheng 114/115 H3
Yangon (Rangun) 108/109 K8, 114/115 E5
Yangquam 112/113 M6
Yangquan 114/115 G3
Yanji 114/115 H2
Yantai 114/115 H3
Yapen 144 C2
Yapgraben 170/171 V6
Yapinseln 114/115 I6
Yaraka 144 D4
Yaren 142/143 K4
Yarlung Zangbo Jiang 114/115 D4
Yarmouth 156/157 M5
Yaxian 114/115 F5
Yazd 128/129 I2
Ybbs; Stadt 32/33 K4
Ybbs; Fluss 32/33 J5
Yellowknife 156/157 H3
Yibin 114/115 F4
Yichang 114/115 G3
Yichun 114/115 H2
Yinchuan 114/115 F3
Yining 114/115 D2
Yipinglang 114/115 F4
Yitulihe 114/115 H1
Yogyakarta 114/115 G7
Yokohama 112/113 O6
Yola 128/129 E5
Yonne 62/63 H6
York 62/63 F3
Yorkton 156/157 I4
Yos Sudarso 144 C2
You Jiang 114/115 FG4
Ystad 62/63 M2
Yucatán, Halbinsel 158/159 D2/3
Yueang 114/115 G4
Yueyang 112/113 M7
Yukon 156/157 D3
Yukonplateau 156/157 D3-F3
Yulin 114/115 G4
Yuma 156/157 H6
Yumen 114/115 E3
Yunnan 114/115 E4
Yunnanplateau 170/171 S5

Z

Zabern 32/33 C4
Zaberner Senke 32/33 C4
Zabol 128/129 J2
Zacatecas 158/159 B2
Zadar 62/63 N7
Żagań (Sagan) 30/31 K4
Zagazig 64/65 F3
Zagreb 56/57 F4, 62/63 NO7
Zagrosgebirge 128/129 HI2/3
Zahedan 128/129 J3
Zahlah 64/65 F3
Zaire (Demokratische Republik Kongo) 126/127.1 G7, 128/129 EF6
Zakopane 62/63 PQ5
Zamora 62/63 D9
Zanjan 128/129 H2
Zaozhuang 114/115 G3
Zapala 160 B3
Zaragoza 64/65 B2
Zaria 128/129 D4
Zauche 30/31 H3
Zehdenick 30/31 I3
Zehn-Grad-Straße 114/115 E6
Zeitz 30/31 H4
Zelenograd 60/61 G3
Zell 32/33 C2
Zella-Mehlis 32/33 F2
Zell am See 32/33 H5
Zellerfeld, Clausthal- 30/31 F4
Zenica 62/63 O7
Zentralafrika 126/127.1 FG6, 128/129 EF5
Zentralafrikanische Schwelle 128/129 F5-G7, 130/131.1 DE1/2
Zentralasien 124/125.1 KL2
Zentrales Tiefland 150.1 MN6
Zentralindischer Rücken 170/171 Q7-R9
Zentralindisches Becken 170/171 R7/8
Zentralmassiv 62/63 H7
Zerbst 30/31 H4
Zeulenroda 32/33 G2
Zeven 30/31 E2
Zgorzelec (Görlitz) 32/33 K1
Zhangjiakou 114/115 G2
Zhangye 114/115 F3
Zhangzhou 114/115 G4
Zhanjiang 114/115 G4
Zhengzhou 114/115 G3
Zhongshan 146.2 C14
Zibo 114/115 G3
Ziegenort 30/31 J2
Zielenzig 30/31 K3
Zielona Góra (Grünberg) 30/31 K4
Ziguinchor 128/129 B4
Žilina 62/63 P5
Ziller 32/33 G5
Zimljansker Stausee 60/61 H4
Zinder 128/129 D4
Zingst; Halbinsel 30/31 H1
Zingst; Stadt 30/31 H1
Zinna 30/31 HI3
Zinnowitz 30/31 I1
Zinnwald-Georgenfeld 32/33 I2
Zittau 32/33 J2
Zlín 62/63 O5
Zomba 130/131.1 E2
Zonguldak 128/129 G1
Zossen 30/31 I3
Zruč 32/33 K3
Zschopau; Stadt 32/33 I2
Zschopau; Fluss 32/33 I1/2
Zugspitze 32/33 G5
Züllichau 30/31 K3
Zunyi 114/115 F4
Zürich 32/33 D5
Zürichsee 32/33 D5
Zutphen 30/31 B3
Zweibrücken 32/33 C3
Zwettl 32/33 K4
Zwickau 32/33 H2
Zwickauer Mulde 32/33 H1/2
Zwiefalten 32/33 E4
Zwiesel 32/33 I3
Zwischenahn, Bad 30/31 D2
Zwolle 30/31 B3
Zypern; Staat 126/127.1 GH3, 128/129 G2
Zypern; Insel 124/125.1 H3

REGISTER